"十二五"国家重点图书出版规划项目
国家出版基金资助项目
国家社会科学基金重点项目
国家211工程重点学科建设项目
中国特色社会主义道德文化协同创新中心项目
教育部人文社会科学重点研究基地重大项目

国家出版基金项目
NATIONAL PUBLICATION FOUNDATION

唐凯麟 / 主编

中华民族道德生活史

近代卷

李培超　李彬 / 著

中国出版集团　東方出版中心

目 录

绪　论

中华民族道德生活的近代变革

众所周知，学界对于中国近代史分期及其具体的历史阶段划分看法并不一致。由于重点不在探讨此类问题，故本书采用这样一种观点作为铺陈全书内容的前提：中国近代史从时间跨度上是指从1840年鸦片战争到1949年中华人民共和国成立这一历史时期；从1840年鸦片战争到1919年五四运动前夕，是旧民主主义革命阶段；从1919年五四运动到1949年中华人民共和国成立，是新民主主义革命阶段。

依据上述界定，那么中华民族道德生活史近代卷所研探、呈现的内容就是中华民族在自鸦片战争到中华人民共和国成立这百年间道德生活的基本样貌。本书将基于中国近代经济、政治、文化、社会诸方面发展演变的史实，立足于旧民主主义革命和新民主主义革命两个历史阶段的分界，通过对经济道德生活、政治道德生活、婚姻家庭道德生活、职业道德生活、公共生活道德和民族道德生活六个具体层面的阐述，力求系统、全面地描绘出近代中华民族道德生活的图景。

在中华民族五千年的文明史中，近代的百年是一段非常特殊的历史。虽然从时间跨度上看，这段历史在中华民族历史长河中并不漫长，只是五千年历史的五十分之一，但是无论是对于生活在这百年之间的几代国人来说还是对于此后的国人来说，一方面，百年之旅显得特别漫长、特别崎岖、特别艰难、特别压抑，另一方面也特别激愤、特别热血、特别勇毅、特别励志。这是因为：中国近代史，是一部充满灾难、落后挨打的屈辱史，是一部中国人民探索救国之路，争取自由、民主的探索史，是一部中华民族抵抗外国侵略，打倒帝国主义以实现民族解放，打倒封建主义以实现人民富强的斗争史，也是追寻实现中华民族伟大复兴的中国梦的起点。

中国百年近代史，在很大的程度上改变了以往中华民族历史演进的固有节奏，因而近代的历史图景中增添了许多特别的内容，这些内容已经溢出了中华民族的历史在日积月累的过程中通过自然递嬗而塑成的一种“自然伸展”的性状，而呈现出新旧杂陈、旧的试图拖住新的但新的终于胜过旧的这样一种反复纠缠、斗争的历史发展态势，这也在客观上决定了中华民族近代道德生活的趋向。所以，从总体来看，对于近代中华民族道德生活的特质应当有这样三个方面的基本认识：

首先，历史是有连续性的，这是历史的最基本的属性。当我们论及中华民族近代道德生活史时，实际上是在以古代道德生活史和现当代道德生活史为参照背景的前提下把近代这段历史特别凸显出来加以观照。但这或许在一定程度上只是为了理论研究上的“方便”而人为地“框设”出一个历史片段，以体现这段历史的特殊内涵和意义。同样，所谓古代道德生活史的研究或现当代道德生活史的研究也是如此。但这种人为的框设并不是要隔断整体历史，当然历史也是割不断的，不管理论研究所使用的“裁刀”如何锋利，毕竟史实是不容任意裁剪的。无论历史中某一阶段具有何等特殊的内涵和意义，体现出何等“偶然性”的特征，它都是历史发展所塑成的结果，都会体现出历史一脉相承、绵延串流的统绪来，因而，这段历史内涵和意义也需要通过“整体观览”方可准确定位。就中华民族近代的百年而言，虽然我们的民族经历了“三千年未有之变局”，道德生活领域中也必然发生了很大的变动，但是我们仍然能够发现，在变化、改革或革命的节奏中还有不变的东西存在。这也就说明，在中华民族波澜起伏的近代道德生活世界中，仍然沿袭、保留着一些生活的“常态”，而通过分析这些生活的常态，我们就能够更加客观地厘定中华民族近代道德生活史中之“变”究竟是何等程度上的“变”：是全方位的变化还是局部的变化，是只发生在思想层面的变化还是在规范或德目抑或是道德价值标准的改变，是社会公序良俗的变化还是个人道德行为的改变抑或是公共生活、职业生活、婚姻家庭生活都发生了改变，等等，这是本书必然要体现的内容。

其次，历史也是具有延展性的，因而发展、变化也必然是历史的属性。但是对于历史的变化，有时仅仅是量上的堆积，就像随天气渐冷而慢慢加衣一样，在时间流逝的过程中，它的“容量”会越来越大，但是其演化路径和价值取向并没有发生转折性的改变，我们可以把历史中的这种变化称之为“量变”。具体来说，中华民族近代道德生活中固然存在着许多变化的现象，但是有些变化只是发生在表层上的，或者说只是传统道德元素辐射范围的扩大，并未触及道德生活根基层面，而表现出“死水微澜”的症候。而梳理清楚这些量变的现象，对于我们理解和把握中华民族近代道德生活的内在演变逻辑和演变过程是非常必要的环节。

再次，近代中华民族道德生活史是一段充满了“道德变革”或“道德革命”

意蕴的历史,即近代中华民族道德生活的场域中充满了许多新的、与传统道德生活格局不契合或不一致的"新质"元素。因而,研究中华民族近代道德生活就需要检视和发现其中的"质变",发现中华民族道德生活在近代发生的重大转折。也就是说,聚焦这段历史不是仅仅要留存中华民族近代道德生活场域中曾经发生的事件,更要洞悉中华民族走向未来、在道德上获得新生的"秘密"。

一、中华民族近代道德生活中的"常态"

历史是变化的,但又总是在变中蕴涵着不变,我们就把这种不变称之为历史的常态。中华民族近代道德生活史中的常态主要体现在这样几个方面:

第一,中华民族近代道德生活史仍然是中华民族谋生存、求发展的生动写照,这也是梳理任何一个历史阶段中华民族道德生活史所必须认可的前提和确立的基础。

历史唯物主义认为,从归根结底的意义上来说,历史的延续不是缘于纯粹的思想和观念的流转,而是由于人的生命的延续,所以历史是人的生存史、发展史,而不是纯粹的观念史。这就是马克思、恩格斯所指出的,首先必须确定的是,人类历史的第一个前提无疑是有生命的个人存在,现实的个人是历史的起点。因为一切人类生存的第一个前提,也就是一切历史的第一个前提是:"人们为了能够'创造历史',必须能够生活。但是为了生活,首先就需要吃喝住穿以及其他一些东西。因此第一个历史活动就是生产满足这些需要的资料,即生产物质生活本身,而且这是人们从几千年前直到今天单是为了维持生活就必须每日每时从事的历史活动,是一切历史的基本条件。"①人为了生存而进行的生产物质生活本身的活动,一方面体现了人与自然的交往,另一方面也发展出了人与人的交往,在特定历史条件下展开的人与自然的交往形成了一定的生产力,人与人的交往则形成了具体的生产关系。生产力与生产关系的矛盾运动构成了历史发展的根本动力。由于人的生存需要不会始终停留在一个恒定的水平上,"已经得到满足的第一个需要本身、满足需要的活动和已经获得的为满足需

① 马克思、恩格斯:《德意志意识形态》(节选本),人民出版社 2003 年版,第 23 页。

要而用的工具又引起新的需要，而这种新的需要的产生是第一个历史活动”①。因而人与自然之间的交往即生产力的发展水平也不会始终保持不变，生产力的发展又必然会带动人与人之间的交往即生产关系发生改变。这样，生产力与生产关系之间的矛盾运动就成为历史发展的根本动力。而至于人们的“思想、观念、意识的生产最初是直接与人们的物质生产活动、与人们之间的物质交往，与现实生活的语言交织在一起的。人们的想象、思维、精神交往在这里还是人们物质行动的直接产物。表现在某一民族的政治、法律、道德、宗教、形而上学等的语言中的精神生产也是这样。人们是自己的观念、思想等等的生产者”②。

历史唯物主义这一基本原理为我们思考和分析中华民族道德生活的历史演变提供了非常重要的理论依据和方法参照。尽管在几千年的历史发展过程中，中华民族的道德生活样态在发生着变化，但是这种变化仍然没有逃离这样几个基本的要素规定：首先，无论在何种历史空间或哪个历史断面来梳理中华民族道德生活的发展样态，都要基于中华民族谋取生存和发展的实际状况，即要从她的生产力发展水平和生产关系状况为基础来探寻、发掘其道德生活的内在蕴涵和演变逻辑。换句话来说，一定历史阶段的经济、政治、社会关系等客观要素成为了特定历史时期中华民族道德生活架构的基础。其次，不能从虚构的概念和预设的理论前提出发来构建道德生活史。也就是说，中华民族道德生活史在任何时候都不表现为纯粹的伦理思想史或道德观念史，而就是人们鲜活的生活样态。当然，研究任何一个历史时代的道德生活史不能停留在简单地记录、复写或描述日常生活的层面，把道德生活史变成一部机械地记录生活的“流水账”，而应该从鲜活的生活中捕捉到价值选择的蕴涵。再次，道德生活不是孤立的生活场域，除了是由于其扎根于纷繁多样的现实生活或渗透于现实生活的特征之外，还在于，即便在思想和观念的层面，它也不是孤立的，道德的元素与法律、政治、艺术、宗教等元素都存在着交融、互动、重叠的关系，所以应当在宏阔的历史和社会背景下洞开近代道德生活史的门扉。

① 马克思、恩格斯：《德意志意识形态》(节选本)，人民出版社 2003 年版，第 23 页。
② 同上书，第 16 页。

第二，中华民族近代道德生活史的核心内涵仍然是民族精神的凝结，这也是整部中华民族道德生活史贯穿始终的主线。近代的内忧外患虽然给中华民族带来了很大的牺牲和伤痛，可谓元气大伤，但是她的魂魄未灭，精神未倒，意志未懈，根脉未断，民族的向心力和凝聚力未散。

从根本上说，中华民族的精神、魂魄、意志、根脉、向心力和凝聚力都来源于对祖国深深的热爱和对祖国统一、完整的高度认同与维护，而这一点在华夏文明初萌的时候即可见端倪。“根据现有资料，我们可以肯定地说，在周朝建立的时候，以黄河流域为中心，中国人已经形成了非常稳固的文化大一统的观念，这个观念还可以往前追溯，应该说，至少从中国历史中的‘三代’（夏、商、周）以来，这个观念就已经存在。”①大一统观念就是中华民族爱国主义的基础，就是民族精神之根，也是民族凝聚力、向心力形成发展的内在动力。

从历史上看，改朝换代、分分合合本是国家生活的常态，但是与世界上其他民族不同的是，中华民族始终对国家的统一、民族的融合、团结倍加珍惜。因而尽管中国历史上也可谓战乱纷争频仍、割据不断，但是分裂国家、破坏民族团结始终被视为逆流，为世人所唾骂。所以在中国历史上，中华民族的成长壮大都不是通过侵略或武力征服的方式来实现的，而是通过文化或文明的熏陶、引导，让更多的“他者”自愿选择融入其中。中华民族的这种成长发育的路径成就了她非常自然的“多元一体”和包容差异的风范，也就是说，她的任何一个成员在这个大家庭里都会在保留自身个性、特色的基础上被接纳、认同和护佑。而这与世界上其他靠武力征服而壮大的民族的结局是截然不同的。因而越是随着时间的积累，中华民族的民族认同感就越强，内聚力就越大，大一统的格局就越稳固，而非任何其他外力所能轻易支离、瓦解。所以，在中国历史上，尽管有诸如“五胡乱华”等事件发生，但是结果却都是中华民族大家庭“添丁增员”而日益壮大。

1840 年鸦片战争以后，西方列强试图吞灭中国。外敌的入侵也的确给中华民族带来了深重灾难，但是，“西方帝国主义虽然不像中国古代西北方的游牧民族，但也是一种外力；太平天国、捻军、陕甘回民等一连串的起义，说明中

① 吕正惠：《中华文明史上的黄金时代》，《读书》2015 年第 4 期。

国内部也出现了大问题。这就正如东汉末年至西晋初年，内部先有‘黄巾之乱’，接着外部又有边疆少数民族的窥视。只是因为西方的侵略，让我们意识到这是‘三千年未有之变局’，因而把问题看得非常严重。可谁会想到，我们花了不到一百年的时间就把中国重新统一；统一以后，花了六十年的时间就把经济全面搞上去。恐怕连我们自己都不敢相信我们已经达到了中华文明第三次黄金时代的入口。”①

由此可见，近代百年，虽然民族危机空前，但是中华民族精神并未因此而溃散，所以才有了国家的重新统一和民族伟大复兴梦想的起航。

第三，中华民族近代道德生活史的重要内容仍然是民族文化的薪火相传。在中华民族的历史上，民族文化是承载和传播民族精神和价值信仰的重要载体，所以，民族文化的传承是近代道德生活史必须关涉的重要内容。

近代以来，中华传统文化无论从物质层面还是精神层面，都受到了西方文化冲击，许多观念都受到了解构。如，由视科技造物为“奇技淫巧”到倡导“师夷长技以制夷”，从“祖宗之法不可变”到倡导设立议院、实行“君民共治”；从坚决维护纲常伦理到主张废弃体用之辩，兴西学，开民智；从贬斥洋人“饮毛茹血”的生活方式到逐渐接受了“洋油”、“洋火”，也看惯了“洋人”、“洋服”、“洋俗”，再到“新生活运动”的开展，等等。那么，在这种纷繁复杂的生活世界中，应该如何看待中华民族近代道德生活中民族文化的存量及其命运？

前文已述，近代中国民族危机深重，救亡是第一要务。而在挽救民族危机的过程中，反省落后挨打的原因是很自然的事情。从对器物落后的认识到对制度落后的反省再到对文化落后的分析，这一过程被看成是近代民族自我批判意识发展的逻辑过程。很显然，这一过程的深化便是对民族传统道德文化的批判。而从史实来看，近代中国，随着民族危机的加深，反传统文化的声浪的确声势浩大，传统的许多东西都被视为中国衰弱的因素而成为革命的对象。如太平天国在定都南京后，洪秀全就对儒家伦理学说采取了激烈的“摒弃”态度，下令“凡一切孔孟诸子邪说者，尽行焚除。皆不准买卖收藏读者也，否则问罪也”。②

---

① 吕正惠：《中华文明史上的黄金时代》，《读书》2015年第4期。
② 中国近代史资料丛刊：《太平天国》(一)，上海人民出版社1957年版，第312页。

戊戌变法时期，康有为、梁启超、严复、谭嗣同等人也对中国传统伦理文化进行了批判，认为以三纲五常为核心的封建纲常伦理的教化、禁锢是造成国民奴性的重要原因："三纲之说之中于人心也，已至于不可救药，以君为臣纲，而奴隶著于政治；以父为子纲，而奴隶见于家庭；以夫为妻纲，而奴隶伏于床笫。"①以孙中山为代表的资产阶级民主主义者呼吁改造国民道德，而改造的重要路径就是"取法西人的文明"，西人文明"经纬万端，要其一贯之精神，则为自由、平等、博爱"②。新文化运动时期更是直接喊出了"打倒孔家店"的口号。中国共产党成立以后，把马克思主义与中国革命的实际相结合，在领导劳苦大众谋求民族解放和国家独立的革命斗争过程中，也对中国封建纲常道德进行了批判，形成了具有崭新内涵的"革命道德"。总之，在近代史册中，关于对中国传统道德文化进行反思批判的言论可谓洋洋大观。

若依上述之论，很容易得出这样一个结论：中华民族近代道德生活的一个显明的主题是批判而不是传承传统文化。缘何而论民族文化的薪火相传也是近代道德生活的"常态"的体现？

对此，我们以为有三个方面是需要明示的：

第一，中国近代社会由于外敌入侵，社会动荡不宁，各种思想观念和行为方式纷纷出现，但是人们往往都是围绕着相同的问题而企图寻找解决之方，这个问题就是民族和国家的救亡图存，尽管他们提出的思想主张不尽相同，产生的效果也存在着巨大差别。在这样的复杂局面面前，以革命的与反革命的或保守的与激进的等"二分法"来看待这些思潮、事件和人物未免过于简单和草率。在中国近代这种特殊的历史条件下，许多人物的思想和行为都是复杂的，难以简单地予以定性。包括太平天国的领袖洪秀全和洪仁玕，维新派阵营的康有为、梁启超，甚至领导辛亥革命的孙中山等人，他们的确对中国传统文化特别是纲常伦理进行过激烈的批判，但是他们又没有完全否定中国传统道德，甚至许多人又主张传统道德的回归。这说明简单地套用"一个公式：凡是介绍西方伦理道德学说，就对历史起正面的推进作用；凡是株守中国传统伦理道德观的，则对

① 伤心人：《说奴隶》，《清议报》第 69 册（1901 年 1 月 11 日）。
② 《孙中山全集》第 1 卷，中华书局 1981 年版，第 278 页。

历史起消极的促退作用。这样一个不成文的公式包括不了中国近代伦理思想的全部内容，也是很不科学的”。① 也就是说，不能由于近代中国救亡图存的任务的迫切而使得我们对激进的反传统道德文化的思想行为予以更多的关注，而对于守持传统道德文化的思想行为缺乏客观公允的考量。

第二，传承文化不意味着原封不动地照搬，一方面要在新的时代背景下重新诠释，另一方面要对优秀的道德传统继续阐扬。从中华民族道德生活的整个历史上看，这基本上是各个历史时期的恒常现象。从前者来看，中国近代史上即便是“保守派”或“守旧派”，他们固然对中国传统道德抱有一种“誓死捍卫”的情结或态度，但是他们仍然会结合特定的时代背景对传统道德规范或德目做出一些新的阐释。被称为晚清保守派代表人物的倭仁在阐述程朱理学时自然也不是完全“照着讲”，他十分强调程朱理学道德论中的“力行”观点，认为“讲学以为行也，明体必须达用，明善尤贵诚身。我辈今日宜就当下地位讲求践履，步步踏实，尽一方职分，即尽一方性分，方见讲学实功不是空谈心性”。② 而对“力行”的强调是与他对时局的认识和判断分不开的。他说：“且夷人吾仇也，咸丰十年，称兵犯顺，凭陵我畿甸，震惊我宗社，焚毁我园囿，戕害我臣民，此我朝二百年未有之辱，学士大夫无不痛心疾首；饮恨至今，朝廷亦不得已而与之和耳，能一日忘此仇耻哉？”③当然他开出的避免“夷祸”的药方以及“雪耻”的举措与维新派和革命派是有很大区别的，倡导“力行”的价值圭臬也是根本不同的。

从后者看，近代的社会危机和社会矛盾不但没有湮没、遮蔽中华优秀传统道德文化，反而为中华优秀传统道德文化的“出场”提供了一种特殊的历史境遇。中国传统道德文化至晚清已经氤氲发展了几千年之久，在历史长河的沉淀过程中，中华民族优秀道德文化已经获得了广泛的民族认同，可以说与中华民族的生命机体已经融为一体。这些优秀的道德文化传统在价值导向上主要体现在：(1) 注重国家和民族利益，强调对社会、民族和国家的责任意识和奉献精神。(2) 坚持强不执弱、众不暴寡、富不侮贫的精神。(3) 讲求谦敬礼让，强调克骄防矜。(4) 倡导言行一致，强调恪守诚信。(5) 追求道德境界，把道德理想

① 张岂之、陈国庆：《近代伦理思想的变迁》，中华书局 2000 年版，第 6 页。
② 倭仁：《答吴竹如》，《倭文端公遗书》卷八，第 10 页。
③ 中国近代史资料丛刊：《洋务运动》(二)，上海人民出版社 1957 年版，第 30 页。

的实现看成是一种高层次的需要。(6)重视道德践履和道德修养,倡导道德主体的自我完善。此外,廉洁自律、宽厚待人、艰苦朴素、勤劳节俭、孝敬父母、尊老爱幼以及刚健有为、自强不息、舍生取义、见义勇为和奋发图强也都是中华民族优秀道德传统的重要内涵。尽管近代中国,国家衰败,山河破碎,但是中华民族的这些优良道德传统并没有被丢弃,还仍然渗透、存留于我们整个民族的思维方式、价值观念、行为方式和风俗习惯之中。

第三,近代中国社会充满了变动,但是从道德生活的层面来看,这种变动在某种程度或某个阶段来说仍然是"死水微澜"。

道德生活并不是某个孤立的生活领域,其最核心的内涵就是人们在日常生活中所表现出的具有价值选择或价值取向意义的行为方式以及价值观念。因而道德生活是附着于日常生活世界之上的,或者说道德生活是需要通过对日常生活进行过滤后方能敞开的。道德生活的这一特点就决定了它具有一种相对稳定的构造性特点或滞后性的变化节奏。因而,虽然说社会环境发生了明显的变化,这种变化也会影响到道德生活,但是这种影响常常并不是直接就能显现出来的,社会价值系统的变化是需要经过适应性的调整过程的。

以中国近代社会的具体情况而言,毫无疑问,民族救亡的政治斗争是当时社会环境中最显性的要素,"也是国家前进和倒退的关键。民主革命的先驱者首先不能不在这个问题上提方案,并为民族的独立而进行革命实践。因而伦理思想往往只是作为当时政治斗争的一个附属品,只是革命宣传工作中的一个项目。因此,很容易造成一种看法,仿佛政治可以代替伦理道德;政治问题解决了,伦理道德问题便迎刃而解。事实上,政治斗争对伦理思想虽起很大的作用,但它不能代替伦理思想,也代替不了伦理思想"①。政治对道德的影响如此,经济对道德的影响也大致如此。所以,尽管近代中国社会动荡不宁,但是支撑整个社会的价值系统并没有像爆破一栋残破的楼房那样可让其瞬间崩解,道德生活领域的变化是有的,但是在很多方面(包括社会阶层、社会生活的具体领域、具体地域等)的变化程度和节奏是存在差异的。

以上所论旨在说明,我们在分析中华民族近代道德生活时,应当在这种历

① 张岂之、陈国庆:《近代伦理思想的变迁》,中华书局2000年版,第6页。

史变局中看到中华民族的道德精神的恒定性和稳定性。在道德生活领域，虽有西风，但也只是东渐，并未产生瞬间席卷的效果。中华民族虽然遭受沉重苦难，但是民族精神和气节并未倒下。

二、中华民族近代道德生活中的“量变”

从哲学上看，稳定与变化都不是绝对的，稳定不意味着僵化、静止，变化也不意味着变动不居。当然，相对于以往的道德生活样态，中华民族近代道德生活中的变化因子是非常多的。因而，许多学者在论及近代道德生活的特征时，都往往以“变”来定调。[①] 但是我们应该看到，近代道德生活中的变化属性是不一样的，有些只是“量变”，就像是新瓶装老酒，形式上变化了一些，骨子里并没有多少改变；有些方面的变化则是“质变”，即发生了性质上的根本改变。此处先论“量变”。

本书开篇即指出，中国近代时期可以分为旧民主主义革命和新民主主义革命时期：从鸦片战争到五四运动称之为旧民主主义革命时期；五四运动到中华人民共和国成立是新民主主义革命时期。在旧民主主义革命时期，面对中华民族的生存危机，农民阶级、地主阶级和资产阶级都试图通过学习、改良和革命的方式来改变中国的命运，他们在旧民主主义革命时期先后发起了“六大运动”：(1) 太平天国运动——反封建反侵略的农民革命战争；(2) 洋务运动——地主阶级的一次自救运动；(3) 戊戌变法运动——资产阶级政治改良的首次尝试；(4) 义和团运动——农民反帝爱国运动；(5) 辛亥革命——伟大的资产阶级民主革命；(6) 新文化运动——资产阶级民主主义性质的思想文化运动。[②] 帝国主义的入侵和这“六大运动”的展开，对中国社会的方方面面都产生了很大的影响，对道德生活的影响和改变也是明显的。但是认真考量这些变化不难发现，旧民主主义时期道德生活的变化在许多方面都只是“量变”，即不彻底的改变。

首先，以太平天国和义和团为代表的农民阶级在伦理观念和道德实践方面

---

① 参阅张怀承：《天人之变——中国传统道德的近代转型》，湖南教育出版社 1998 年版；张岂之、陈国庆：《近代伦理思想的变迁》，中华书局 2000 年版。

② 参阅贾猛：《旧民主主义革命时期的“六大运动”》，《文教资料》2007 年 3 月号中旬刊。

的确有很多“新”的变化。太平天国的领袖洪秀全虽然对儒家传统道德大加斥责，简单地移植和加工了基督教的一些道德元素，在太平天国内部也实行了一些道德革命，以期建立一个“有无相恤、患难相救、门不闭户、路不拾遗、男女别途、举选上德”的太平社会；但是实际上他对封建礼教又十分依赖，太平天国的内部统治从实质上来说仍然是以传统的宗法伦理为纲纪。义和团运动充分体现了农民阶级朴素的爱国情怀，但是由于农民小生产者的阶级地位和狭隘的眼界使他们无法从阶级本质上对封建主义和帝国主义进行客观的分析和认识，最终为封建势力所利用。

其次，处在封建统治阶级阵营的地主阶级在国家危亡的关头出于维护封建统治和自身利益的目的，也试图对传统道德进行改造。一些开明或主张变革的地主阶级思想家如魏源、林则徐、张之洞、曾国藩、左宗棠等人都对当时的道德沦丧表达了忧虑和愤懑，提出了一些整肃道德风尚和加强道德教化的主张，而且在接触西学、师夷长技的过程中，他们也对西方人的一些价值观念，如以商为本、重视事功等予以肯定。以倭仁、杨廷熙等人为代表的地主阶级保守派尽管固守传统伦理纲常，但是面对西学的渗透和改革的呼声，他们也不得不根据世局变化而对传统道德进行一些新的诠释。可想而知，地主阶级作为统治阶级，他们无论如何也不会做出颠覆和危害自己统治地位的改革来，道德上的变化也只是为了更加有力地维护他们的统治地位。

再次，旧民主主义革命时期在批判旧道德、倡导新道德方面表现得最为激进的当属资产阶级。戊戌变法时期的思想家，如康有为、梁启超、严复、谭嗣同等人，他们对封建纲常伦理进行了尖锐的批判，主张开民智，新道德，移植或嫁接西方伦理思想，但是他们出于传统而反传统的姿态决定了他们道德革命的不彻底性。以孙中山、黄兴、宋教仁为代表的资产阶级革命者，领导了辛亥革命，推翻了清朝统治，也试图建立一种全新的道德生活格局。但是正如马克思所说，资产阶级的政治革命总是带有私人利益的牵挂，因而他们不可能彻底地改变为本阶级谋利益的价值立场，也就不可能与旧道德彻底决裂。另外，资产阶级革命所依靠的革命主体并不是最广大的下层社会民众，因而他们的道德启蒙总是有局限性的。

再从社会具体生活领域来看，旧民主革命时期，经济生活领域、政治生活领域、文化生活领域和公共生活、职业生活、婚姻家庭生活领域都出现了一些新的变化，这些变化也都体现出价值取向的变迁。如在经济生活领域，随着商品经济的发展，传统的重农抑商、重义轻利的观念有所动摇，主张富国固本的观念受到越来越多的人的认同和赞赏；在政治生活领域，主张学习西方，改变国家政治管理模式的思想和观念也不断有人提出；在文化生活方面，在厚重的传统文化织就的"幕布上"也不断地出现一些鲜亮的颜色，特别是城市文化生活领域也呈现出开放多元的征候，一些大都市竟然也慢慢"光怪陆离"了；在公共生活领域，随着公共生活空间的逐渐扩展，人们的公共生活方式逐渐丰富，人际交往的范围和内容也有了新的变化，公共生活的道德准则也慢慢丰富起来了；职业生活的变化也是十分明显的，这种变化主要源于在近代社会背景下，随着商业领域的缓慢发展，职业分化越来越频繁，新的职业不断出现，各种职业行规也必然会不断完善；婚姻家庭领域的变化也是非常明显，传统家族文化在新的时代中受到了冲击，传统的生育观、贞操观受到批判，倡导"家庭革命"也意味着倡导建构新的婚姻家庭伦理。

上述这些内容将在下文详述，在此只是简单地罗列。我们在这里要强调的是，在旧民主主义革命时期道德生活领域的这些变化是我们研究中华民族近代道德生活所必须要关注的内容，忽视了这些内容，毫无疑问就无法完整地呈现中华民族近代的道德生活图景。但是对于这些变化我们又必须进行审慎的判析：在某种意义上说，这些变化只是在为近代真正意义上的道德革命积蓄力量，它们本身还被许多传统道德"陋俗"拖拽着，因而只是"量变"。

三、中华民族近代道德生活中的"质变"

近代中华民族道德生活最根本的变化是发生在新民主主义革命时期，标志就是中国共产党在领导全中国劳苦大众争取民族独立和国家解放过程中所逐渐形成和发展的"中国革命道德"。这也是中华民族近代道德生活中所发生的最深刻的变化，也可以称之为"质变"。

1919 年 5 月爆发的五四运动，是中国近代史上一个划时代的事件，它以彻底的反帝反封建姿态将近代中华民族的革命斗争提升到了一个新的高度，而它的彻底性的重要体现就是群众的广泛参与，同时五四运动促进了马克思主义在中国的传播及其与中国工人运动的结合。五四运动拉启了中国新民主主义革命的序幕。

实际上,五四运动以前道德生活领域的变化已经非常明显了,五四运动后这种变化仍然在延续着,而且在很多方面上升到了新的高度。如在思想文化层面,五四运动之前的新文化运动以批判孔学为名实际上是要提倡资产阶级民主主义,并不能为整个民族提供一种认识中国和改造中国的思想武器,虽然提出了道德革命和改造国民性的口号,但是这种思想启蒙并没有以调动广大民众参与为目标,因而是有明显局限性的。但是五四运动以后的思想启蒙运动则上升到了一个新的高度,主要是因为一批先进知识分子在接受马克思主义之后,把反封建思想斗争的立足点,从争取个人的个性解放发展到争取人民群众的社会解放的高度,把反封建的方式,从少数人进行的思想批判,逐步发展为人民群众的革命实践。他们在很大程度上克服了以往启蒙者的弱点,把反封建的启蒙运动有力地向前推进。这些启蒙为新道德观的建立和新的道德生活的秩序的确立开辟了道路,奠定了重要的思想文化基础。

尽管五四运动以后思想启蒙运动在继续推进,但是当时中华民族的生存境遇仍然十分艰难,除了继续受到外国帝国主义、本国封建主义的压迫外,还要遭受官僚资本主义的压迫,这"三座大山"沉重地压在中华民族头上,中国的经济、政治、文化和社会生活都受到了很大禁锢或钳制,特别是日本帝国主义的入侵给中华民族带来了深重的灾难。但是,黑暗中终于透显出了耀目的光芒,这就是中国共产党的诞生。毫无疑问,中国共产党的诞生是中国近代史上"开天辟地的大事件"。

1921 年 7 月,中国共产党第一次全国代表大会在上海召开。大会确立了党的纲领是以无产阶级革命军队推翻资产阶级,采用无产阶级专政以达到阶级斗争的目的——消灭阶级,废除资本私有制,以及联合第三国际等。同时大会提出,要特别注意组织工人,以共产主义精神教育他们。中国共产党的成立,给灾难深重的中国人民带来了光明和希望。

中华民族是一个勤劳且敢于为正义事业而斗争的民族。近代以来,他们为民族解放和国家独立而展开的抗争之所以一次次遭受挫折和失败,一个十分重要的原因就是缺少坚强的、先进的政党领导。中国共产党成立后,这种局面开始从根本上改变了。1922 年 7 月，中共二大召开，大会更加明确地指出，中国共产党是为无产阶级奋斗的政党，要坚持群众路线的方法，到群众中去，要组成一个大的“群众党”。党的最高纲领是实现社会主义、共产主义。而在当前阶段的纲领是打倒军阀，推翻国际帝国主义的压迫，统一中国为真正的民主共和国。经过共产党人的努力，一向被视为一盘散沙的中国人民的力量逐步组织起来了，凝聚起来了，到 1927 年 4 月中共五大召开时，中国共产党领导下的工会会员已经达到 280 万人，工人队伍已经基本组织起来了，加入农会的农民已经达到了数千万之众。中国共产党的纲领、目标、风范和信仰已经获得了中国大部分民众的支持和信赖。

中国共产党的成立和发展壮大是充满曲折、苦难和艰辛的，许多人为此付出了生命的代价。中国共产党成立之后，中国就存在着大资产阶级、民族资产阶级以及工人阶级、农民阶级和城市小资产阶级三种政治力量，他们对于中国未来的命运选择和在建国方略上都有着很大的分歧。中国共产党代表无产阶级和最广大劳动人民的利益，明确提出要团结一切可以团结的力量，为建立一个工人阶级领导的、以工农联盟为基础的人民民主专政的共和国而奋斗。阶级属性和立场上的根本差别最终必然演化成现实的残酷的斗争。

五四运动以后，中国共产主义运动一兴起就引发了反动势力的恐慌，遭到了中外反动势力的联合压制。随着中国共产党领导的工农联盟力量的不断壮大，反动势力最终露出了狰狞面目，大革命失败后，以蒋介石为代表的大地主大资产阶级反动势力就开始对共产党展开了残酷的镇压和绞杀，白色恐怖笼罩着整个中国，大批共产党人在白色恐怖中遭到逮捕和屠杀，中国革命也转入了低潮。在严峻的局势面前，中国共产党人没有被吓到、被征服，他们重新振作起来，擦干身上的血迹，掩埋好战友的尸体，又继续投入到战斗中去了。他们领导人民群众在全国发动起义暴动，将力量转移到农村，建立农村革命根据地，不断探索中国革命的新道路，使得革命浪潮重新高涨起来。当然，中国革命的复兴是非常曲折的，在革命形势有所好转以后，中国共产党内又几次犯了“左倾”错误，给中国革命造成了重大损失，中国共产党领导的工农红军被迫踏上了北上长征的征途。在长征途中，遵义会议的召开确立了以毛泽东为代表的马克思主义的正确路线在中共中央的领导地位，从而在极其危急的关头挽救了工农红军，挽救了党，挽救了中国革命。1936 年 10 月，红二、四方面军的胜利会师标志着红军长征的胜利结束，中国革命的新局面也开始了。

1937 年 7 月 7 日，卢沟桥事变发生，日本全面侵华战争开始，中华民族到了最危险的时候，全民族的抗战打响了。在抗日战争时期，中国共产党率先举起了武装抗日的大旗，号召全国工农武装起来，要求每一名共产党员发挥模范带头作用，勇敢地走上抗日战争的战场；同时，呼吁“停止内战，一致对外”，建立民族统一战线，共同抵抗日本帝国主义的侵略。在抗日战争期间，中国共产党始终坚持全面抗战和持久战的战略，发挥了中流砥柱的作用，为抗日战争的胜利做出了巨大贡献。1945 年抗日战争胜利后，中华民族看到了和平的曙光，万千民众都希望尽快医治战争创伤，建立一个崭新的国家。但是代表大地主大资产阶级的国民党集团为了维护自己的独裁统治，于 1946 年 6 月悍然挑起内战。战争初期，国共双方力量悬殊，中国共产党再次面临严峻的考验。但是中国共产党及其所领导的人民军队得到了人民群众的大力支持，迅速扭转了战局，使国民党统治集团很快陷入人民战争的汪洋大海之中，经过三年奋战，彻底打败了国民党军队，中华民族终于迎来了和平、胜利的曙光。

中国共产党在领导中国革命的斗争过程中形成了具有崭新内涵的“中国革命道德”。概括地说，“中国革命道德是指中国共产党人、人民军队，一切先进分子和人民群众在中国新民主主义革命和社会主义革命与建设过程中所形成的优良道德”①。中国革命道德虽然并不仅仅是新民主主义革命时期的产物，但是新民主主义革命时期是中国革命道德形成的非常重要的阶段。中国革命道德具有崭新的内涵，是中华民族近代道德生活中的“质变”元素，主要是基于这样几个方面：

第一，中国革命道德具有崭新的思想基础。它是马克思主义同中国革命相结合的产物，是对中华民族优良道德传统的继承和发展，是中华民族精神的高度凝结和升华。

第二，中国革命道德具有鲜明的价值立场和目标。它引导中华民族以实现社会主义和共产主义为奋斗目标，以全心全意为人民服务为宗旨，以集体主义

① 《中国革命道德》丛书“编者的话”，中央党校出版社 1999 年版。

为基本原则,以爱国主义为旗帜,高扬无私奉献、顽强拼搏、艰苦奋斗、勇于牺牲、忠诚人道、勤俭节约的革命精神。

第三,中国革命道德既是理论更是实践。在它的引领下,中国共产党人和广大人民群众(特别是根据地的人民群众)以一种崭新的生活方式为近代中华民族道德生活史增添了鲜亮的色彩:消灭了剥削和压迫,实现了人与人之间的平等;建立了军民鱼水关系,中国共产党的军队就是人民的子弟兵;密切了干群之间的关系,"只见公仆不见官";提倡婚姻自由,解放妇女,建立和谐的革命家庭;提倡劳动光荣,形成了人人争奉献的劳动氛围;倡导革命同志之间相互关心、相互帮助,形成了崭新的人际关系……

随着中国革命的胜利,中国革命道德从根据地辐射到了全中国,中华民族的道德生活史也翻开了崭新的篇章。

第一章

近代道德生活的现实基础

当中国的历史走到1840年时，近代中华民族的道德生活也进入了一个新的阶段——近代时期。由于近代中国社会展示了林林总总的矛盾与问题，从而使得中华民族近代的道德生活图景也呈现出了另外的样态。

近代中华民族道德生活史从时间跨度来说，是指1840年鸦片战争爆发到中华人民共和国成立这一百多年的时光。鸦片战争的失败，西方列强迫使清政府签订了丧权辱国的《南京条约》，从此中国开始丧失国家主权，一步步沦为半殖民地半封建国家。“中华民族遭受的苦难之重，付出的牺牲之大，在世界历史上都是罕见的。”①但是中华民族并没有就此屈服，在强大的敌人面前，她的刚强、坚毅，巨大的生存发展潜能和强大的民族精神也被逐步激发起来了。毫无疑问，近代百年是中华民族历史上一个特殊的转折时期，这是一个中华民族在屈辱中觉醒并奋起抗争，最终迎来了民族新生的百年之旅，充分展示了中华民族伟大的民族精神。

近代中华民族承担着启蒙与救亡双重任务：一方面是维新变法运动的失败、义和团运动的失败、八国联军的入侵，中华民族面临着亡国灭种的危机；另一方面，孙中山、黄兴、宋教仁等一批爱国志士孜孜以求救国救民的革命道路，他们领导的辛亥革命推翻了清王朝，但是并没有从根本上摧垮封建势力在中国的统治。1921年中国共产党的诞生，给灾难深重的中国人民带来了光明和希望。面对帝国主义掀起的瓜分中国的狂潮，特别是日本帝国主义侵华引发的更加严重的民族危机，一批接受了马克思主义的先进分子——以毛泽东等为代表的中国共产党人领导中国人民拉开了反帝反封建的新民主主义民主革命的序幕，并最终实现了中华民族的独立与解放。

近代百年，风云际会。中国的政治、经济、文化和国际环境都发生了空前的变化，而近代中华民族的道德生活也就在这样的社会历史背景下展现开来。

① 习近平：《习近平谈治国理政》，外文出版社2014年版，第35页。

第一节　半殖民地半封建社会的形成和演变

鸦片战争之前，中国作为一个封建制国家已经发展演进了几千年，创造了辉煌的文明，取得了令世人瞩目的成就。鸦片战争之后，中国社会的性质发生了根本性的改变，由一个封建制国家逐步沦为了半殖民地半封建国家。

国人对于近代中国社会性质的判析也是经历了一个历史过程的。鸦片战争后，面对中国社会的变化，一些知识分子曾经进行过研究和剖析。十月革命以后，马克思列宁主义传入中国，为分析研究中国近代社会的性质提供了重要的理论依据，中国已经成为一个“半殖民地半封建”社会的结论逐步获得了广泛认同。

“半殖民地”这一概念是列宁首先提出来的，他在《帝国主义是资本主义的最高阶段》这部著作中指出：帝国主义“时代的典型的国家形式不仅有两大类国家，即殖民地占有国和殖民地，而且有各种形式的附属国”①。列宁认为，在各种附属国中，那种形式上是独立的，财政与外交却沦为附庸的半殖民地国家，如中国，由于政治上受外国金融资本的支配正在成为向完全丧失政治独立的殖民地转变，是“半独立国”。“半殖民地”是相对于“独立国家”和“殖民地”而言的，它强调由于帝国主义的入侵所引起的国家政治地位的变化，但又不仅仅包含国家政治地位的改变。它包括被侵略国在经济、政治、思想、文化各方面的地位或独立程度的变化。因此，“半殖民地”是指帝国主义通过各种手段，在一定程度上控制了被侵略国的经济、政治、思想、文化等主权，但还使其部分或至少在形式上保持着独立，从而使得一个独立国家变成了半独立国即附属国。

“半封建”这个概念早在马克思、恩格斯的著作中就出现了。1851 年恩格斯在《德国的革命与反革命》一文中，分析 1848 年革命前夕的德国社会状况时使

① 《列宁选集》第 2 卷，人民出版社 1995 年版，第 648 页。

用了“半封建”一词。他说：“这个国家（指德国）的拥有资本和工业的阶级已经成熟到这样一种程度，它再不能在半封建半官僚的君主专制的压迫下继续消极忍耐了。”①列宁继承了这一思想，他在《中国的民主主义和民粹主义》一文中，第一次提出中国是一个“落后的、半封建的农业国家”，并就中国半封建的经济、政治特征分析道：“农业生活方式和自然经济占统治地位是封建制度的基础；中国农民这样或那样地受土地约束是他们受封建剥削的根源；这种剥削的政治代表就是以皇帝为政体首脑的全体封建主和各个封建主。”②列宁认为，由于资本主义的发展，导致原来完整的封建社会遭到破坏，也正是在这个意义上列宁称中国的社会性质为“半封建”。“半封建”是相对于“封建社会”和“资本主义社会”而言的，它反映了原来的封建社会已经不完整，正逐渐向资本主义社会转变，但又未达到完全的资本主义社会的这样一种过渡社会状态。它表明社会从经济基础到上层建筑都发生了从封建主义到资本主义的部分质变，即蕴涵了资本主义的经济、政治、思想、文化等因素。

列宁从不同角度分析过中国是“半殖民地”或“半封建”社会，但是从未把两者合在一起分析过中国的社会性质。中国共产党人继承了马克思、恩格斯、列宁的观点，对中国的社会性质进行了深入分析与讨论，将中国定性为“半殖民地半封建”社会。1926年，蔡和森首次把“半殖民地”和“半封建”两个概念合在一起表述中国的社会性质。他在《中国共产党的发展》一文中说：“中国共产党的政治环境是资产阶级德莫克拉西尚未成功，而是半殖民地和半封建的，共产党不仅负有解放无产阶级的任务，并且负有民族革命的责任。”③毛泽东继续沿用了这一提法。毛泽东在1939年12月的《中国革命和中国共产党》一文中明确指出：“自从1840年的鸦片战争以后，中国一步一步地变成了一个半殖民地半封建的社会。”④“帝国主义列强侵略中国，在一方面促使中国封建社会解体，促使中国发生了资本主义因素，把一个封建社会变成了一个半封建社会；但是在另一方面，它们又残酷地统治了中国，把一个独立的中国变成了一个半殖民地

---

① 《马克思恩格斯选集》第1卷，人民出版社1972年版，第509页。
② 《列宁选集》第2卷，人民出版社1995年版，第426页。
③ 蔡和森：《蔡和森的十二篇文章》，人民出版社1980年版，第10页。
④ 《毛泽东选集》第2卷，人民出版社1991年版，第626页。

和殖民地的中国。”①“半殖民地半封建”这一术语成为中国共产党认识中国社会性质的定型概念。

1840年的鸦片战争至1864年太平天国运动的失败是中国半殖民地化的开始阶段，这一阶段签订的不平等条约使得中国开始在经济、政治、思想、文化等方面受到帝国主义的控制，初步丧失了主权和独立，从而开始了中国近代半殖民地化的历程。1864年太平天国运动的失败到1901年八国联军侵华，《辛丑条约》的签订是中国半殖民地的形成阶段。这期间，帝国主义通过五次赤裸裸的武装侵华战争，强迫清政府签订了一系列不平等条约，即：第一次鸦片战争，签订了《南京条约》、《望厦条约》和《黄埔条约》等；第二次鸦片战争，签订了《天津条约》、《北京条约》；中法战争，签订了《中法会订越南条约》；中日甲午战争，签订了《马关条约》；八国联军侵华战争，签订了《辛丑条约》。

帝国主义通过各类条约从经济、政治、军事等方面基本上全面控制了清政府，危害深重，使国家主权遭到严重破坏，具体体现在：

1. 领土主权惨遭破坏

鸦片战争后，帝国主义掀起了一股瓜分中国的狂潮。英国通过两次鸦片战争与清政府签订了一系列不平等条约，每一个不平等条约都记录了我国国家主权的沦丧和割让领土的屈辱。1842年清政府在鸦片战争中战败，与英国签订的《南京条约》规定：“割让香港岛给英国。”《南京条约》是中国近代史上清政府签订的第一个不平等条约，英国以武装侵略的方式迫使中国接受其不合理要求，使得中国的国家主权和独立地位遭到了破坏。1844年，中英《南京条约》签订的消息传到美国，美方采取了软硬兼施的手段迫使中方谈判代表接受了美方预先拟定的条约草案，这就是《中美望厦条约》。条约规定美国除获得《南京条约》及其附件规定的各种特权外，美舰还可以自由出入通商口岸，进一步损害了中国的独立自主权，成为加在中国身上的又一道沉重的枷锁。1846年，美国驻上海代理领事在英租界内设立领事馆，与英国产生冲突，发生了“升旗事件”。于是美国圣公会主教就暗地里在苏州河北岸广置土地，建造房屋。1852年，美国驻上海代理领事直接公告美国公民，宣布美国取得在上海的租地权。法国紧跟其

---

① 《毛泽东选集》第2卷，人民出版社1991年版，第593页。

后，于 1849 年与清政府签订换文协定，并发布告示，宣布勘定上海北门外一处地段，允准法人租地，面积约为 986 亩，成为法租界。到了 1854 年，西方列强感到《上海租地章程》已经不能满足他们的需要，遂要求修改。同年 7 月 18 日，英、法、美三国公使草拟的《上海英法美租界租地章程》在未与清政府商议的情况下通过并在租界内实施，允许各国都可以占居留地，改由外国侨民直接向中国业主租地，由租地人将租金直接付与中国业主，规定中国人可进入租界租地建屋，但须得外国领事"允准"，租界可征收地税或码头税，等等。根据这个新的租地章程，租界内成立了工部局，负责租界内的治安等日常事务。这样一来，上海租界俨然成了中国境内的"国中之国"。

1860 年第二次鸦片战争失败，英国、法国、俄国强迫清政府签订的《北京条约》增加了侵略的条款，列强迫使清政府割让了九龙司地方一区，进而抢占了整个香港地区，此外又强租威海卫，并把中国最富庶的长江流域划为其势力范围。第一次鸦片战争后，葡萄牙还逐步霸占了澳门。1858 年，沙俄政府得知英法联军攻占广州，趁机武力威胁清政府签订了《瑷珲条约》。《瑷珲条约》共 3 条，主要内容为：黑龙江以北、外兴安岭以南 60 多万平方公里的中国土地划归俄国，瑷珲对岸精奇里江（今俄罗斯结雅河）上游东南的一小块地区（后称江东六十四屯）保留中国方面的永久居住权和管辖权；乌苏里江以东的中国领土划为中俄共管；原属中国内河的黑龙江和乌苏里江只准中、俄两国船只航行。清政府当时没有批准《瑷珲条约》，但是 1860 年签订《中俄北京条约》时认可了《瑷珲条约》的内容。《瑷珲条约》使中国的领土和主权都遭到重大损失，为沙皇俄国进一步侵占中国的土地开了一个极其恶劣的先例。随后，俄国又借助武力抢在英、法、美之前同清政府签订了《天津条约》。通过《天津条约》，沙俄又取得了第一次鸦片战争后企图在中国获取的沿海通商权利，并凭借最惠国待遇条款，一举取得了英、法、美等国日后在中国可能获得的侵略权益。同时，该条约为俄国以勘定边界为名进一步侵占中国的领土、破坏中国的主权埋下了伏笔。1860 年 11 月 14 日，沙俄利用英法联军侵华的时机，强迫清政府签订了《中俄北京条约》。该条约确认了《瑷珲条约》的效力，再次承认了沙皇俄国对中国黑龙江以北地区领土的侵占，极大地破坏了中国的领土完整。根据这一条约，中俄又于 1864 年签订了《中俄勘分西北界约记》，共 10 条。这是中俄之间的又一个不平等条约，它将巴尔喀什湖以东、以南和斋桑卓尔西北 44 万多平方公里的中国领土，割给俄国。沙俄通过这一系列不平等的条约，先后割走我国 150 多万平方公里的土地，并强租旅顺、大连湾，把东北三省、蒙古、热河、察哈尔等省份划分为其势力范围。1881 年，中俄签订了《伊犁条约》。条约规定：俄国将伊犁地方归还中国；中国将霍尔果斯河以西、伊犁河南北一带地方划归俄国；根据本约规定的界线，在塔尔巴哈台地区“酌定新界”；在喀什噶尔地区照两国现管之界勘定、安设界牌。《伊犁条约》使得中国收回了特克斯河流域 2 万平方公里的土地，但却要付给俄国 400 万银卢布的赔款，而且沙俄又借机侵占了我国霍尔果斯河以西和斋桑湖以东等 7 万多平方公里的领土。1883 年 12 月，中法战争爆发，清军接连战败。1885 年 3 月，中国军队在镇南关、谅山等地大败法军，战争在总体上形成了均势。6 月，清政府代表李鸿章与法国公使巴特纳在天津正式签订了《中法新约》。条约规定：清政府承认法国对越南的保护权，并要清政府任用法国人修筑铁路。《中法新约》的签订，使得法国打开了中国的后门，确立了法国的侵略权益，使中国的西南地区逐渐成为法国的势力范围。早在 18 世纪 70 年代，英属印度就已经开始寻找打开中国西藏门户的通路。1888 年英国借口藏兵出境，阻塞商路，发动了侵藏战争。1890 年 3 月，清政府与英印政府在加尔各答签订了《中英会议藏印条约》，该条约迫使清政府承认哲孟雄归英国保护，划定了西藏地方与英属哲孟雄边界。《中英会议藏印条约》的签订，使哲孟雄彻底脱离了中国，而关于边界及缓议诸项则为英印进一步侵略西藏铺设了道路。

1894 年，日本蓄意挑起了中日甲午战争，1895 年初又侵占了山东威海。清政府腐败无能，一心求和，于 1895 年 4 月，签订了丧权辱国的《马关条约》。《马关条约》规定：中国割让辽东半岛、台湾及澎湖列岛给日本，并把福建划为其势力范围。条约签订后，由于俄、德、法三国的干涉，日本将辽东半岛归还给中国，中国为此支付白银三千万两。《马关条约》是 1860 年中英、中法等《北京条约》以来西方列强强加给中国的最恶毒的不平等条约。甲午战争后，为了扩大俄国在中国的势力范围，沙皇俄国于 1896 年与李鸿章秘密谈判，签订了《中俄密约》。《中俄密约》是沙皇俄国以不正当手段诱使清政府签订的强盗条约，它实际上把中国东北变成了俄国的势力范围。继《中俄密约》之后，德国也迫使清政府签署了《胶澳租界条约》。通过《胶澳租界条约》,山东全省成为德国的势力范围,并以山东为基地,把黄河中下游都扩展为其势力范围。中德《胶澳租界条约》是外国通过武力强占中国港口、割占租界地的第一个不平等条约,德国以租界为名,驻扎军队,实行赤裸裸的殖民统治,使得中华民族的亡国危机变得更加深重。与此同时,俄国也不甘示弱,于1898年同清政府签订了《续订旅大租地条约》。1898年,英国也不甘落后,积极参与瓜分中国的狂潮,与清政府签订了《展拓香港界址专条》,但是英国仍然不满足,竟于1899年5月调动军队强占九龙城,又通过《香港英新租界合同》、《香港英新租界水面照会》等继续扩大租界面积,而且使租借地完全变成了由英国管辖的殖民地。在英军的武力恫吓下,清政府被迫签订了《订租威海卫专条》。该专条的签署,使得华北门户渤海湾的控制权完全沦落到了帝国主义的控制中。法国也同英、俄、德一样,在瓜分狂潮中再向清政府提出了要求,于1899年签订了《广州湾租界条约》。其主要内容有:中国允许将广州湾租与法国,租期99年;法国所租之地,全归法国一国管辖,中国不得过问。法国可制定章程征收进口船舶的入港费;可在租借地内驻扎军队,修筑炮台及各种军事设施;中国船只驶入广州湾须向法国缴纳各项税钞。

1900年爆发了轰轰烈烈的义和团运动,八国联军侵入中国,在镇压了义和团运动后,迫使清政府于12月签订了《辛丑条约》。条约将北京东交民巷划定为使馆区,成为国中之国。在区内中国人不得居住,各国可派兵驻守。设立外务部,将总理衙门改为外务部,班列六部之首,成为清政府与列强交涉的专门机构。《辛丑条约》的签订标志着中国半殖民地半封建社会地位的进一步加深。1910年,清政府为了防止沙俄扩大侵略,提议双方派员会勘边界,于1911年签订了《满洲里界约》。这是清王朝签订的最后一个丧权辱国的边界条约。1911年12月沙皇俄国策动外蒙古分裂分子宣布独立,又于1913年11月迫使中国政府签订了《中俄声明》文件,承认外蒙古所谓的"自治权"和沙俄对外蒙古的实际控制。1915年6月,中、俄、蒙三方代表签订了《中俄蒙协约》,该协约是北洋政府同沙俄签订的有关外蒙古的不平等条约,严重损害了中国在外蒙古地区的主权,使中国的外蒙地区沦为沙俄的势力范围。

2. 经济主权和司法主权严重受损

经济独立和司法独立是国家独立的重要内容,近代中国的经济主权和司法主权也随着一个个不平等条约的签订遭到严重破坏。

1842 年签订的《南京条约》规定：清朝政府开放广州、福州、厦门、宁波、上海五处为通商口岸；另订关税则例，以便英国商人按例交纳；废除公行制度，准许英国商人自由贸易；开放五口通商，并准许英国商人在通商口岸与中国商人自由贸易，进出口货物的关税由双方共同商议。这些要求践踏了中国政府的对外贸易主权。通商口岸成为西方列强对中国进行殖民掠夺和不平等交易的平台，逐步加重了中国的半殖民地化程度。鸦片战争后，英国政府利用清政府对国际惯例的无知，引诱清政府就通商口岸的细则继续谈判，于 1843 年达成海关税则，即《虎门条约》。《虎门条约》的签订使中国的经济主权和司法主权遭到严重损害，给中国的经济与社会发展带来了灾难性的影响。1845 年签署的《中美望厦条约》使得美国在通商等方面，取得了与英国同等的权利，甚至其危害比英国更为严重。从 18 世纪末开始，沙俄不断谋求扩大对华陆路通商范围。1851 年，中、俄签订《伊利塔尔巴哈台通商章程》。沙俄通过该章程取得了在中国沿海通商的权利，并凭借最惠国待遇条款，取得了英、法、美等国日后在中国可能获得的侵略权益。

1858 年美国利用英、法武装侵略给清政府造成的压力，不费一兵一卒就实现了自己的侵略要求，与清政府签订了体现其扩大侵略要求的中美《天津条约》。条约规定，“增开潮州（后改汕头）、台南为通商口岸”。该条约使美国享受到最惠国待遇，坐享英、法等国在第二次鸦片战争中取得的一切特权，是美国侵害中国主权的罪证。

为了进一步打开中国市场，索要更多的特权，英法联军挑起了第二次鸦片战争，与清政府签订了中英《天津条约》。英国凭借《天津条约》将其资本主义的侵略势力扩展到了华南、长江流域和东北，更加靠近进出口货物的产地和行销地，从而更加有利于其向中国倾销商品和掠夺原材料，对中国社会的经济造成了巨大的破坏，进一步加剧了中国经济和社会的半殖民地半封建化。同年，清政府在法国的威逼下签订了不平等的中法《天津条约》。该条约是法国对中国主权的进一步破坏，中国被迫开放新的口岸，允许内江通航通商，使得法国得以进一步侵入中国进行资本侵略，加速了中国的半殖民化。

19 世纪中叶，西方各列强的工业有了长足的发展，为了适应经济发展对世界市场的需求，他们对中国加强了经济上的侵略。1860 年签订的中英《北京条约》规定，凡有情愿出国做工之华民，俱准与英民立约为凭，无论单身或愿携带家属一并赴通商各口，下英国船只，毫无禁阻；开放天津为通商口岸。中英《北京条约》不仅确认了英国通过《天津条约》获取的侵略权益，而且让英国得到了公使驻京的权利，天津被作为通商口岸，使英国的势力开始向中国的政治中心地区扩张。同时，条约准许华工出洋，使自鸦片战争以来西方列强贩卖华工的行为合法化。英、法发动的第二次鸦片战争及其《天津条约》的签订，激发了德国从中国攫取利益的欲望。当时的德意志国家尚未统一，普鲁士派出远征队，于 1861 年与清政府签订了《通商条约》。中普《通商条约》使得普鲁士取得了与英、法等列强在华的同等特权，为普鲁士展开对华的资本主义侵略提供了便利。中普《通商条约》签订 10 年后，德意志统一，这个条约为德国所继承，成为中国与德国之间的第一个不平等条约。

英、法等国在打开中国沿海的门户与长江后，又想进一步打开中国的内陆市场。1876 年英国与清政府签订了中英《烟台条约》，亦称《滇案条约》。中英《烟台条约》实现了英国十余年来企图在华扩大通商特权的意愿，得到了入侵我国西南边境的特权。

1881 年中俄签订的《伊犁条约》规定俄商在蒙古地区贸易照旧免税，在新疆各城贸易暂不纳税；准许俄商前往肃州（即嘉峪关）贸易，由俄国运入该处的货物，按旧例减税三分之一。俄商贩货由陆路运入中国，可照旧经张家口、通州前赴天津，或由天津运往别口和内地市场销售；俄人得在设领各城及张家口建造铺房、行栈。俄国得在肃州、吐鲁番两处增设领事；科布多、乌里雅苏台、哈密、乌鲁木齐、古城五处，俟商务兴旺后陆续添设领事；俄国领事馆有权与中国地方官共同查办两国人民在中国境内发生的一切事端。伊犁居民愿迁居俄国入俄国籍者，中国官员不得阻拦。另据中俄《改订陆路通商章程》，陆路商路除恰克图至天津一路外，增辟尼布楚—张家口—天津及科布多—张家口—天津两条新线；俄商所往通商路线各处如通州等也准销售货物；所有完纳税饷等事，均按新章办理；俄商来蒙古、新疆贸易的过境卡伦增至 35 处。中、俄签订的《伊犁条约》和《改订条约》都是损害中国主权的不平等条约。

1885 年中、法签订《中法合约》。合约规定，中越陆路交界开放贸易，中国边界开辟两个通商口岸，一在保胜以上，一在谅山以北，允许法国商人在此居住并设领事。降低中国云南、广西同越南边界的进口处税率。此后，中、法又相继签订了《越南边界通商章程》、《续议界务专条》、《续议商务专条》等条约，从经济上逐步控制了中国的西南地区和越南。《中英会议藏印条约》签订后，双方就关于通商、游牧权利及文移往来等问题继续交涉，于 1896 年签订了《中英会议藏印续约》。条约规定：在西藏亚东开关通商，听任英国诸邑商民前往贸易；英印政府可派员在此驻扎查看贸易；自亚东开关之日起，5 年内藏印贸易互免关税；亚东开关一年后，西藏人在哲孟雄游牧应照英国所立章程办理等。《中英会议藏印续约》打开了中国西藏的大门，亚东开关后，大量英、印的货物进入西藏，并被卖到川、滇边，西藏逐渐沦为英、印商品的销售市场。

1895 年，中、日签订的《马关条约》规定开放重庆、沙市、苏州和杭州为商埠；日本可以在中国通商口岸开设工厂。日本通过《马关条约》的签订，获得了巨大的利益，也满足了西方列强向中国输出资本的需求；此后又于 1896 年与清政府签订《中日通商行船条约》，在中国取得了领事裁判权和最惠国待遇。至此，日本全部实现了其在中国意欲得到的所有要求。1895 年甲午战争失败后签订的《马关条约》是中国半殖民地化严重加深的标志。《马关条约》第一次允许帝国主义对华资本输出，各列强争先恐后在中国投资办厂，修铁路，开矿山，逐步控制了中国的工业、交通、资源等经济命脉。1901 年《辛丑条约》的签订，标志着中国半殖民地社会的完全形成。帝国主义通过该条约从经济、政治、军事等各方面基本控制了清政府，而清政府至此也彻底投靠了帝国主义。甲午战争前，各列强对华资本输出数量较少，投资总额约两三亿美元，其中工业投资只有 1 400 万美元。而《辛丑条约》签订后的 1902 年，外国对华投资总额达“15 亿美元”①之多。“1895—1912 年间，帝国主义各国与清政府签订掠夺中国矿权的主要条款、协定、合同等达 42 项之多。八国联军侵华之役后，它们利用这些特权大肆掠夺中国矿产资源。”②“在中国现代工业中，外国资本高达 71.6%；外国银行资产也要比华商银行多三分之一。”③帝国主义利用巨额投资控制了中国的经济主权，肆意攫取中

① 参阅孙瑞新、刘治泰：《〈辛丑条约〉与中国半殖民地半封建财政》，《现代财经》1992 年第 1 期。
② 孙瑞新、刘治泰：《〈辛丑条约〉与中国半殖民地半封建财政》，《现代财经》1992 年第 1 期。
③ 沙健孙：《中国近现代史纲要》，人民出版社 1995 年版，第 83～84 页。

国的财富。

1905年，日俄战争结束，俄国政府以中国政府之允许，将旅顺口、大连湾并其附近领土、领水之租借权内一部分之一切权利及所让与者，转移至日本政府，于1905年12月中、日签订《中日会议东三省事宜正约》。该协约扩大了日本在中国东北的侵略权益，实际上使我国的东三省划为日本独占的势力范围。

从1853年开始，外国人参与我国海关的治理。帝国主义迫使清政府将巨额战争赔款转为外债后由关税作担保，就这样各列强完全控制了中国的关税与海关的行政权。中国海关成为帝国主义对华经济侵略的重要工具。中国的海关、邮局和盐政"实际上有诸多方面听命于它的外国领导人以及各级要害部门的大批外籍雇员"①。帝国主义利用一系列不平等条约，控制了中国的通商口岸，利用经济特权，不断扩大对中国的商品倾销，就地掠夺中国廉价的原料和劳动力，并在通商口岸实行殖民统治，把通商口岸变成了帝国主义经济侵略的前沿阵地。不仅如此，有的借款合同还规定，到期不能还本付息，债权国有权直接往我国的各通商口岸征收关税。

3. 控制了中国的财政

帝国主义利用战争赔款逐步控制了清政府的财政。每一次中外战争之后都要签订不平等条约，每一个不平等条约都有清政府承担战争赔款一项。1842年的《南京条约》规定："清政府向英国赔款2 100万银元，其中600万元赔偿被焚鸦片，1 200万元赔偿英国军费，300万元偿还商人债务。其款分4年缴纳清楚。"中法《天津条约》规定："中国赔偿法国商民损失及军费200万两，赔款缴清，法军退出广州城。"中英《北京条约》规定："赔偿英国军费600万两和英商的损失200万两；占领天津、大沽、登州、北海、广州等处英军，候赔款交清时方才撤离。"英国再一次从中国勒索了大笔赔款，使清政府的财政背负了沉重的负担。而中、法签订的《北京条约》更是把赔偿法国的军费提升至白银800万两。中英《烟台条约》则赔款15万两。《马关条约》规定赔款日本军费2.3亿两。1900年签订的《辛丑条约》规定："中国赔款白银4.5亿两，分39年还清，年息4厘，本息共计9.8亿两，以海关税、常关税和盐税作担保。"《辛丑条约》是中国近

① 费正清：《剑桥中华民国史》第1卷，上海人民出版社1991年版，第189页。

代史上赔款数目最大、主权丧失最严重的不平等条约。除此之外，帝国主义还利用清政府无力偿还甲午战争的战争赔款，强迫清政府向他们借贷 3 亿两白银，本息共计 7 亿两，并以中国的关税、盐税作抵押，而这两项税收几乎占到了清政府年财政收入的一半。因此，通过政治贷款，帝国主义在很大程度上控制了清政府的财政。《辛丑条约》的签订标志着帝国主义从财政上控制了清政府。清政府的主要税收就是三税再加上田赋，四税被控制了三税，清政府只能靠各列强的残羹冷炙以自存。甲午战争之前清政府也曾向外国借款用以办理海军、河工、铁路等事宜，其最大数额不过1 600万两白银；但为了偿还甲午战争和庚子赔款而大举外债，终于形成了不能独支的财政困局。“甲午战争爆发后，因清廷筹款无策，加之军需孔亟，不得不先后向汇丰银行等借四笔外债，共 41 089 936.3 两。清政府在甲午战争中共支出军费五六千万两。”①清政府在甲午战败以后，根据与日本签订的《马关条约》要赔偿日本军费 2 亿两。又加上俄、德、法三国阻止日本归还我国的辽东半岛，向清政府索取所谓的“抵偿费”3 000 万两。还要给日本对威海卫所谓的“守备费”150 万两，合计共赔偿日本 23 150 万两，几乎等于当时清政府三年财政收入的总和。为了支付巨额的赔款，清政府从 1895 年 7 月到 1898 年 2 月先后向俄国、英国、法国借款三笔，共计 30 936 余万两。不仅如此，甲午战争和战后所借的七笔外债，直到 1900 年每年要偿还外债本息2 490 余万两。巨额的借款使得晚清政府陷入了庞大的债务负担，使得清末的财政危机终成不可逆转之势。帝国主义强迫清政府借款的结果，一方面导致清政府入不敷出，失去了独立自主的能力；另一方面迫使清政府不得不增加地方财政的负担，滥增赋税，最终将国家的财政困难转嫁到劳动人民身上，从而造成财源枯竭。不仅如此，帝国主义还垄断中国的金融业来操控中国的财政命脉。晚清时期银行业很不发达，1897 年才设立第一家银行，而帝国主义很早就在中国设立了银行。“1895 年以后至 1913 年，各帝国主义国家在华增设 13 个行 85 个分支机构。”帝国主义通过作为财政资本中枢的银行对中国进行政治贷款、经营投资、贸易往来等业务，垄断了中国国内的金融活动。“帝国主义各国利用银行对中国财政的控制，具体表现有四：一是利用特权在华大量发行纸币以赚取巨额

① 梁义群：《试论中国半殖民地半封建财政的形成》，《宝鸡师院学报（哲学社会科学版）》1992 年第 3 期。

利润，而不受中国财政的监督；二是垄断中国外汇，操纵汇价，获取暴利；三是大量吸收私人存款，其中官僚、买办、地主等人都在外国银行存款……从而成了控制中国金融的主宰力量；四是凭借雄厚金融势力控制中国的财政，例如清政府为付战争赔款或办洋务、铁路、工矿、邮电等，因财政匮乏不得不向各国借款。实际上这些借款是通过外国银行办理的。”①因此帝国主义在财政上基本控制了清政府。

帝国主义试图从经济、政治、财政上控制中国之外，还企图从军事上操控中国。《辛丑条约》规定改总理衙门为外务部，位居六部之首，使外务部成为帝国主义在华的代理机构；还把东交民巷设为使馆区，中国人不允许在此居住，而帝国主义可以在此驻兵，并拆毁北京至大沽的炮台，准许各国派兵驻守北京到山海关铁路沿线的战略要地，成为帝国主义侵华的兵站与大本营。条约还责成清政府和各级政府要负起镇压中国人民反帝爱国运动和保护外国人的责任。

中国半封建社会始于1840年第一次鸦片战争，形成于1912年中华民国的建立。其中从1840至1895年甲午战争，洋务运动从兴起到破产，是半封建社会的开始形成阶段，主要表现为封建社会开始解体，出现了资本主义的经济、政治力量。从1885年甲午战争的失败到1912年中华民国的成立是中国半封建社会的形成阶段。这一时期中国的自然经济遭到进一步的破坏，民族资产阶级的经济、政治和文化力量逐渐加强，并且用革命的手段推翻了封建专制王朝，至少在形式上确立了资产阶级的共和政体，中国的半封建社会基本形成，或者说，中国已经不是完全的封建社会了。1912年到1918年，即第一次世界大战期间，是中国的民族资本主义的“黄金”时期，半封建的经济制度和政治制度得到进一步的确立，日趋完备。

鸦片战争之前的中国，同历代封建王朝一样，是封建中央集权制国家。在封建王朝中，皇帝拥有至高无上的权力，在各地方设立官职，并依靠地主、绅士作为全部封建统治的基础。鸦片战争之后，这种自我封闭的“超稳定结构”开始了其自身结构分化，形成半封建社会的曲折历程，资本主义开始在中国畸形发展起来。1939年12月，毛泽东在其《中国革命和中国共产党》一文中指出，“外

---

① 孙瑞新、刘治泰：《〈辛丑条约〉与中国半殖民地半封建财政》，《现代财经》1992年第3期。

国资本主义对于中国的社会经济起了很大的分解作用，一方面，破坏了中国自给自足的自然经济的基础，破坏了城市的手工业和农民的家庭手工业；另一方面，则促进了中国城乡商品经济的发展”，“促使中国封建社会解体，促使中国发生了资本主义因素，把一个封建社会变成了一个半封建的社会”。① 但是，我们不能仅以社会经济形态的变化来界定“半封建”的内涵，“‘半封建’应是指封建社会已经全面解体，不再是封建经济、政治和思想文化结构的一统天下，产生和发展了资本主义的经济、政治、思想文化因素，即资本主义的生产关系已经形成和发展；资产阶级和无产阶级等新的政治力量也随之产生和发展，资产阶级甚至在一定程度上参与了政权；作为这种新的经济力量和政治力量之反映并为它们服务的资产阶级的思想文化，已有一定程度的传播”。② 中国的半封建社会的特征主要体现在这样几个方面：

第一，自然经济开始解体，资本主义开始在中国畸形发展起来。之所以说近代中国的资本主义社会形态是畸形的，原因在于它是一个外有帝国主义入侵，内有封建势力的强大统治条件下，强迫中国的封建主义发展轨迹发生改变的过程。毛泽东指出：“中国自从发生了资本主义经济以来，中国社会就逐渐改变了性质，它不是完全的封建社会了，变成了半封建社会，虽然封建经济还是占优势。这种资本主义经济，对于封建经济来说，它是新经济。”③我国著名历史学家胡绳说：“旧中国是一个半殖民地半封建的国家。所谓半封建也就是半资本主义，不是完全的封建主义。……而是半封建半资本主义的社会。”④鸦片战争前中国封建社会经济的基本特征是自给自足的自然经济，商品经济并不发达。外国资本主义经济势力的入侵，对中国广袤的农村土地关系和封建剥削没有引起根本性的变化，但却瓦解了我国传统自给自足的自然经济结构。第一次鸦片战争后，外国侵略者利用其经济、政治特权，在中国倾销商品，使得中国沿海的手工业者逐渐破产，农产品开始进入市场成为商品，传统小农业与家庭手工业相结合的自然经济结构开始解体。自然经济的破坏，为资本主义造就了商品市

① 《毛泽东选集》第2卷，人民出版社1991年版，第626～630页。
② 韩廉：《对中国“半殖民地半封建”社会性质的再认识》，《湖南师范大学学报》1998年第2期。
③ 《毛泽东选集》第2卷，人民出版社1991年版，第695页。
④ 胡绳：《关于中国近代史研究的若干问题》，《光明日报》1981年4月20日。

场，大量农民和手工业者的破产，又为资本主义提供了自由买卖的劳动力。

中国的资本主义生产关系就在这种旧的封建生产关系的夹缝中产生了。19世纪60年代到90年代，在洋务派的领导下，中国兴起了近代资本主义工业。洋务运动创办了一些企业，雇佣工人，进行市场交换，成为中国早期的官僚资本主义企业。随后，60年代末到70年代初，商办的民族资本主义工业也应运而生。随着我国资本主义经济的产生，出现了资本主义的政治力量，即资产阶级，它包括早期官僚资产阶级和民族资产阶级。官僚资产阶级主要是领导洋务运动的官僚们，例如李鸿章、盛宣怀、张之洞、刘坤一、袁世凯等，这些洋务派官僚、军阀集封建地主和官僚资本家的身份于一身。而民族资产阶级则主要是一些采用机器生产的手工业工厂主和投资引进机器生产的地主、官僚、商人。而饱受剥削的无产阶级则诞生于官僚资本主义与民族资本主义的企业里。毛泽东指出："帝国主义的侵略刺激了中国的社会经济，使它发生了变化，造成了帝国主义的对立物——造成了中国的民族工业，造成了中国的民族资产阶级，而特别是造成了在帝国主义直接企业中、在官僚资本的企业中、在民族资产阶级的企业中做工的中国的无产阶级。"①他们在苦难与屈辱中等待壮大，来掘挖资本主义的坟墓。

半封建的中国社会还培植了一个官僚买办资产阶级。无论是晚清的洋务派，还是北洋军阀，以及国民党统治时期的"四大家族"，他们所经营的企业无不依赖外国资本来兴办与发展，垄断社会的经济命脉，积累起巨额的官僚资本，从而形成中国社会特有的官僚买办资产阶级。官僚资本主义是占优势的官僚资本，而民族资本则始终处于受挤压盘剥的地位。民族资本除了少数近代工业形式外，还有大量资本主义性质的手工业作坊、工场手工业和商人资本支配下的家庭工业的落后形态。受到排挤的民族资本主义一直无法走上独立发展的道路。在我国半封建社会的开始阶段，洋务运动受到由顽固派控制的中央政府极大的牵制，其官僚资本主义企业受到封建国家的控制，具有浓重的封建性，而且存在经营管理混乱、不计成本等问题，亏本、破产的企业占了大部分。民族资本主义企业则因晚清政府限制民间投资办企业，在甲午战争之前的发展受到很大

① 《毛泽东选集》第4卷，人民出版社1991年版，第1484～1485页。

限制。因此，这一时期，中国资产阶级的经济、政治力量在社会中还没有真正发挥出来，直到甲午时期，这种状况都没有得到改变。

中华民国成立以后，我国的民族资本主义工业得到了较快的发展。“据统计，中国民族资本主义在1895—1911年的16年间的投资总额为1.1亿元，而民国成立后，1912—1919年的7年间投资额已近1.4亿元；民国成立时的1912年，全国有商会794所，入会人数19.66万人，1915年，商会增至1 211所，入会人数达23.85万人；1911年至1913年我国注册设厂72家，平均每年设厂24家，1914年至1918年五年间，注册设厂183家，平均每年达37家，其中以棉纺厂、面粉厂为最多；1914年民族资本纱厂只有21家，产纱锭503 104枚，到1922年纱厂增加到65家，当年共产纱锭1 632 074枚；这一时期，全国华商机器采煤量从1912年的180万吨，增加到1919年的330万吨。”①辛亥革命后，尤其是第一次世界大战期间，由于帝国主义对中国经济掠夺的暂时放松与民国政府颁布的一系列促进民族工业发展的措施，我国的民族资本主义经济迅速发展，出现了民族资本主义经济发展的“黄金时代”。一战期间，我国的不同工业部门都从中受益，如矿业，“欧洲战争，其影响之及于吾国矿业者，至重至大。盖战争期中，矿物金品，价值骤增，北方之业煤者，因得借以立足”。“南方之金属矿，与北方之煤矿同受欧战之影响，故湖南之锑，民国三年不过值200余万元，至五、六年，殆值千万。其他如锡，如水银，如锡铅，产额既有增加，价值亦皆骤涨。”②在各产业中其工业的发展尤其迅速，如面粉业。“1914年我国面粉出口数量仅8.7万余担，1915年为21.6万余担，1918年则达到201万余担，1920年更达到396万余担。”③这一时期，民族资本家抓住机遇，经济实力获得了极大的发展。虽然这一时期资本主义经济在一定程度上发展了，但是封建主义仍然根深蒂固、盘根错节，在社会生活中占据明显优势，封建地主阶级土地所有制仍然占据经济生活的主导地位。“到1920年，中国资本主义近代工业才占国民经济的4.9%，其余95.1%都是农业经济。”④随

① 李迎超、梅倩：《一战后民族工业短暂兴盛原因的再分析》，《成功》2008年第7期。
② 陈真、姚洛：《中国近代工业史资料》第1辑，三联书店1957年版，第226页。
③ 《面粉产销状况及历年贸易情形》，《中外经济周刊》1923年第34期。
④ 韩廉：《对中国“半殖民地半封建”社会性质的再认识》，《湖南师范大学社会科学学报》1998年第2期。

着一战的结束，帝国主义卷土重来，中国民族工业的快速发展犹如昙花一现，再度陷入了艰难发展的“寒冬”。

第二，政治制度方面的变化。1840 年鸦片战争之后，英国、葡萄牙、日本等列强相继侵占了中国的香港、澳门、台湾等地区，并对这些地区实行殖民统治，把他们的资本主义政治制度直接植入上述地区，施行统治。沙皇俄国也在我国东北、西北被割占的广大区域内建立了资本主义政治制度。

在中国大陆范围内，也开始出现资本主义政治制度的因素。林则徐、龚自珍、魏源等作为开眼看世界的第一批人物，提出了“师夷长技以制夷”的主张，他们的思想虽然在一定程度上反映了资本主义因素的发展要求，但是其主要目的还是力图挽救清王朝的统治危机，维护中国的封建基础。太平天国时期，洪仁玕率先提出了发展资本主义的思想。1859 年洪仁玕提出了一个资本主义的施政纲领——《资政新篇》，试图通过施行资本主义政治制度来振兴太平天国。他提出要把资产阶级民主精神灌输于太平天国的君主制中，走资本主义的发展轨道。洪仁玕说，“照得治国必先立政”①，立政的关键又“以法法之”②，即主张建立资本主义的政治制度，订立资本主义的法律制度。洪仁玕把法律视为治国之本，认为“其事大关世道人心，如纲常伦纪、教养大典，则宜立法以为准焉”③。洪仁玕盛赞英国之所以国力强盛，就在于其“法善”。洪仁玕还主张兴新闻馆，以反映“民心公议”；设新闻官，独立于行政之外，监察众官；设暗柜即检举箱，以实现“上下情通”。洪仁玕还主张改革封建的司法制度，建立带有西方资本主义色彩的司法制度。洪仁玕在《资政新篇》中提出的带有资本主义政治体制内涵的改革方案基本上涵盖了发展资本主义的各种要素，但是随着太平天国运动的衰落和失败，《资政新篇》的内容也就没有机会得以推行了。

近代以来，随着中国资本主义经济力量的增强，必然产生改革政治制度的要求。1898 年，由康有为、梁启超领导的戊戌变法试图通过一场资产阶级的政治改革运动在中国发展资本主义，从而挽救民族危亡。在政治上，维新派主张

① 《太平天国文书汇编》，中华书局 1979 年版，第 96 页。
② 《中国近代史资料选编》上册，中华书局 1977 年版，第 86 页。
③ 同上书，第 89 页。

用资产阶级君主立宪制代替封建君主专制，要求新兴的资产阶级参与国家政权，提出了“兴民权”、“开议院”、“君民共主”的主张。1898年1月29日，康有为上书光绪皇帝，即《应诏统筹全局折》，提出实行资本主义的君主立宪制。他认为：“维新之始，百度甚多，惟要义”在于“开制度局而定宪法”，“近泰西政论，皆言三权：有议政之官，有行政之官，有司法之官。三权立，然后政体备。以我朝论之，皇上则为元首”，“军机号为政府”，“若部寺督抚，仅为行政之官”，“若御史为耳目之官，刑曹当司法之寄”。① 戊戌变法奏响了中国近代资本主义政治制度改革的序曲，它表明一批近代资产阶级知识分子已经初步登上了政治舞台。虽然戊戌变法遭到了晚清守旧势力的强烈抵制与镇压，但是对当时中国社会的发展产生了深远的影响，它反映了封建社会内部资本主义因素已经有所发展壮大。

1911年孙中山领导的辛亥革命是中国近代史上第一次完全意义上的反帝反封建的资产阶级民主革命，最终推翻了清王朝的封建统治，结束了延续几千年的封建专制，使民主共和的观念深入人心。辛亥革命“结束了中国两千多年封建帝制，建立了中华民国和临时革命政府，制定了中华民国《临时约法》。辛亥革命以后，谁要再想做皇帝，就做不成了”②。辛亥革命建立了中国第一个资产阶级的民主共和国，选择了典型共和制的政体形式，开启了中国政治现代化的大门。1912年1月建立南京临时政府，确立总统共和制，临时大总统孙中山宣誓“以忠于国，为众服务”，树立了政府“天下为公”的现代形象。孙中山说：“是用黾勉从国民之后，能尽扫专制之流毒，确定共和，普利民生，以达革命之宗旨，完国民之志愿，端在今日。”③中华民国旨在发展资本主义以实现富国强民的目的。1912年3月颁行的《中华民国临时约法》明确了中华民国的性质。《临时约法》规定：“中华民国以参议院、临时大总统、国务院、法院，行使其统治权。”④中华民国确立了立法机关和行政机关权力分立的原则，“在中国实施的共和政治，是除立法、司法、行政三权外还有考选权和纠察权的五权分立的共和政治”⑤。为了防止袁世凯专权独裁，修改总统共和制为责任内阁制，形成了代表

① 《中国近代史资料选编》上册，中华书局1977年版，第84～85页。
② 《毛泽东文集》第6卷，人民出版社1999年版，第345～346页。
③ 《中国近代史资料选编》下册，中华书局1977年版，第244页。
④ 同上书，第246页。
⑤ 《孙中山全集》第1卷，中华书局1981年版，第319页。

制度、选举制度、分权制度、司法制度等国家制度。《临时约法》显然是一部资本主义性质的法典，它以根本大法的形式宣示了近代中国资产阶级共和国的正式确立，设计了“五权分立”、“分权制衡”的政治制度，昭示了中国资产阶级的崛起。《临时约法》还正式确定了主权在民的原则，即“中华民国之主权属于国民全体”，主权在民成为“民国之通义”，中国人获得了自由的新起点。虽然袁世凯的篡权，使得这个政权性质蜕变为封建君主专制，资本主义的政治实践落空，资本主义政治制度没有最终作为我国的社会制度确立下来。

中华民族近代道德生活史就是在中国沦为半殖民地半封建社会的大背景下展开的，近代道德生活的许多变化都与社会经济政治的变化密切相关。中国半殖民地半封建化的历史进程使得整个社会充满了矛盾、冲突、纠葛和彷徨，中国由一个封建制发育得“烂熟”的国家变成了一个“半生不熟”的国家——既有封建国家的一套东西，同时又慢慢生长出资本主义的要素，因而各种力量相互角力，各种观念相互激荡，各种人物粉墨登场……这些现象都在道德生活中有所体现：自然经济的解体瓦解了传统的义利观，政治制度的变化动摇了宗法血缘伦理，商品经济的发展促进了职业的分化和职业道德的发展，等等。也就是说，社会经济和政治的基础动摇了，道德生活领域的波澜就生成了。

第二节　救亡图存与民族民主革命的展开

“哪里有压迫，哪里就有反抗。”中国近代史是中华民族的屈辱史，也是中华民族的抗争史，由此也就决定了19世纪与20世纪是中华民族道德生活史中一段特殊的转折时期。

中国在鸦片战争中的战败，一方面撼动了沉醉在“天朝上国”美梦中的清朝统治者，另一方面震撼了一批有政治眼光的官吏与爱国知识分子，他们感慨风云多变，悲愤时局难料，孜孜以求救国救民的道路。因此，从某种意义上说，19世纪中叶的中国正是在救亡与启蒙的双重变奏中拉开了自己的历史大幕，许多爱国志士从一开始就肩负着"非同凡响的历史使命，既要开展反帝反封建的民族民主革命以求国家的独立、民族的尊严，又要开展反帝反封建的思想道德革命以启迪人们的心智，健全国民的人格"①。

林则徐、魏源，他们试图给封闭的中国社会引入西方的进步思想与观念，成为第一批"睁眼看世界"的人。林则徐在广州禁烟时，十分重视翻译西方书报。"日日使人刺探西事，翻译西书，又购其新闻纸。"②其中主要有《四洲志》、《美理哥合省国志略》、《澳门新闻纸》、《华事夷言》、《万国公法》等，介绍外国的地理、历史、政治、科技等。不仅如此，林则徐还从西方购买大炮与商船，进行研制与仿造。他还不断询问西方的思想与技术，追求新知，以为反侵略的斗争制定政策时参考使用。魏源也冲破封建思想的束缚，认为要使中国富强起来，必须学习西方的先进技术，"师夷长技以制夷"。魏源明确指出夷之长技不是奇技淫巧，提出了学习西方长技的主要内容，即战舰、火器与养兵练兵之法。具体措施是引进西方的坚船利炮，在国内设厂制造；发展对外贸易，与西方各国互通有无；培养掌握西方长技的人才；翻译介绍西方的书籍。魏源自己则率先垂范，撰写了《海国图志》，成为我国近代第一部全面系统介绍西方各国的百科全书。魏源的主张摆脱了守旧派"以不变应万变"的救亡思路，提出了通过改变自身来实现国家救亡的思路。他主张学习西方，以改变中国的落后面貌。虽然这种学习更多地停留在物质和技术层面，而且由于封建最高统治集团的故步自封，大多束之高阁，但却开创了向西方寻求救亡图存真理的先河，为日后中国的爱国志士寻求变法图强投石问路，奠定了思想基础。

洋务派富国强兵的主张也是停留在学习西方以武器为重点的先进技术上，把军事上的强大与经济上的富有视为中国探索救亡图存之路的实际内容。李鸿章说："中国文物制度，事事远出西人之上，独火器不能及。"③如果"中国但有开发大炮、轮船二样，西人即可敛手"④。洋务派学习西方"工业立国"的思想，创办近代企业，发展商业，试图让中国富强起来，认为只有如此才能抵御西方列强

① 唐凯麟、王泽应：《20世纪中国伦理思潮》，高等教育出版社2003年版，第4页。
② 《魏源集》，中华书局1976年版，第174页。
③ 曾健敏：《近代中国救亡图存与思想启蒙的二律背反难题的选择及其现代意义》，《内蒙古农业大学学报》2003年第2期。
④ 同上。

的侵略。正如郑观应所说:"富强之求,不尽在船坚炮利,而在议院上下同心,教养得法,兴学校,广书院,重技艺,别考课,使人尽其才,讲农学,利水道,使地尽其利,造铁路,设电线,薄税收,保商务,使物畅其流。"①"中体西用"是洋务派处理中西文化关系的核心指导原则。"中学"是指以三纲五常为核心的儒家学说,"西学"是指近代传入中国的自然科学、商务、教育、法律等社会科学。"中体西用"主张把传统的儒学作为根本,在维护清王朝统治的基础上采用西方的造船炮、修铁路、开矿山、架电线、文教体育等方面的具体措施来挽救统治危机。1898年,洋务派的代表人物张之洞出版了《劝学篇》,对"中体西用"进行了概括:"中学为内学,西学为外学;中学治身心,西学应世事。"②洋务派阐明了其伦常不可变,"旧学为体,新学为用"的原则,反对政治制度上的改革。洋务派对"西学"教育的合理性所做的有效论证,促进了资本主义在中国的传播,在当时起到了打击顽固派、解放思想的积极作用。但是洋务派"救亡图存"的实际工作相当有限,他们的实际行动仅仅局限于一定的领域和一定的范围内,不仅西方的坚船利炮在当时领先于中国,更重要的是产生近代西方先进科学的更为根本的经济制度、政治体制、意识形态和人文环境也是当时的中国所不具备的。正如史华兹所说,洋务运动的推动者们"逐渐理解军事技术是不能与'增加财富'的整个西方技术(我们称之为工业化体系)相分离的。……他们至此理解到,若不较大范围内地系统地致力于'富国'的目的。'自强'是无法实现的"。③ 更不幸的是,甲午战争的失败使得洋务运动的全部努力付之东流,并且使中国亡国灭种的危机更为严重。曾经弱小的日本竟然打败了中国,这深深地刺激了中国的爱国志士,洋务派实行的西学不过是"盗西法之虚声,而沿中土之实弊"④,使得"救亡图存"的要求显得更加迫切,从而围绕着如何使中国社会真正变成一个富强的国家展开了更深一层的思考。

戊戌变法,是全方位向西方学习的一场改革运动。学习的内容涉及政治、经济、文化、教育等社会各个领域。甲午战败之后,亡国灭种的阴霾笼罩着中华

① 曾健敏:《近代中国救亡图存与思想启蒙的二律背反难题的选择及其现代意义》,《内蒙古农业大学学报》2003年第2期。
② 同上。
③ (美)本杰明·史华兹:《寻求富强:严复与西方》,江苏人民出版社1989年版,第133页。
④ 吴廷嘉:《戊戌思潮纵横论》,中国人民大学出版社1988年版,第5页。

大地，以康有为、梁启超、谭嗣同、严复为代表的维新派启蒙思想家在救亡图存的历史责任感的驱动下，以西方进化论、民权观等为理论武器，大力宣传介绍资产阶级的政治思想，猛烈抨击封建专制主义，形成了近代中国第一次大规模的思想解放潮流，也是中国近代第一次把救亡图存与思想启蒙联系起来的一次文化革新运动。自此，中国近代开启了变革制度的政治尝试和思想启蒙。

维新派面对的是外敌入侵引发的“亡国灭种”危机，其直接目的就是救亡图存。严复曾说：“日本以寥寥数舰之舟师，区区数万人之众，一战而翦我最亲之藩属，再战而陪京戒严，三战而夺我最坚之海口，四战而覆我海军。今者款议不成，而畿辅且有旦暮之警矣。”①受资产阶级维新思想影响的强学会也把关心国家、民族的前途与命运写进了自己的章程。如上海强学会章程规定：“本会专为中国自强而立，以中国之弱，由于学之不讲、学之未修，故政法不举。今者鉴万国强盛弱亡之故，以求中国自强之学。”②这种对民族危机的忧虑正是缘于维新派救亡图存的紧迫感。

为挽救民族危亡，维新派主张从更广泛的范围展开向西方的学习，对西方政治制度和学术思想的学习构成了维新派救亡图存的主要内容。不仅如此，在维新派看来，要实现国强民富的目的，仅实行经济上和军事上的变革是不够的，必须对原有的政治体制进行变革，从根本上实行变法。梁启超说：“从鸦片战争开始，中国人最先从在器物上感觉不足，但觉得外国的船坚炮利，确是我们所不及，对于这方面的事项，觉得有舍己从人的必要，但自从和日本打了一个败仗下来，国内有心人都认为中国衰败到这种程度是由于政治不良，觉得我们的政治法律等等，远不如人，恨不得把人家的组织形式，一件件搬进来，以为但能够这样，万事都有办法了。所以拿变法维新做一面大旗，在社会上开始行动。”③

严复的重要译著《天演论》把进化论引入到社会领域，反对国家制度的一成不变，倡导民族的觉醒、制度的变革与价值观念的转换，为变革政治制度寻求理论基础。康有为根据社会进化原理，描述了中国社会“据乱世”、“升平世”、“太

① 《严复集》，中华书局 1986 年版，第 7 页。
② 汤志钧、陈祖息：《中国近代教育史资料汇编》，上海教育出版社 1993 年版，第 77 页。
③ 梁启超：《五十年中国进化概论》，中华书局 1989 年版，第 43～45 页。

平世”的演进轨迹，为我国封建社会向资本主义社会的迈进摇旗呐喊，为宣传变法、启发民智不遗余力。维新派还在此基础上论证了变法与救亡的密切关系。康有为说：“观大地诸国，皆以变法而强，守旧而亡……观万国之势，能变则全，不变则亡，全变则强，小变仍亡。”[①]梁启超也说：“变者，天下之公理也。”[②]自由、平等、权利、独立、进取等是欧洲国家最美、善、高尚之主义。中国要救亡，必须兴民权，仿效欧洲三权分立的模式实行君主立宪制，这是中国最理想的政治制度。康有为认为，封建专制制度已经阻碍了中国社会的发展，必须引进西方的民主制度才能上下疏通，启迪民智。若中国立宪法，行国会，行三权鼎立之制，则中国的强盛就指日可待。立宪才是实现国家富强的手段。主张在经济上发展资本主义，修铁路，开矿山，办工厂，兴实业，发展资本主义工商业，在政治上实行君主立宪，揭开了中国政治制度现代化变革的序幕。康有为还认为，中国社会落后的根本原因在于缺人才，而缺人才的原因在科举和八股，科举制度“为中国痼弊文明之一大根源”，“覆中国，亡中国，必自科举愚民不学始也”。[③] 因此，以康、梁为首的维新派希望以教育改革为突破口，培养新型的资产阶级人才，从而达到改革政治制度、发展资本主义经济、挽救民族危亡的目标。戊戌变法关于文化教育制度改革的内容主要有：改革科举制度，废除八股文，兴办学堂，创设京师大学堂，提倡办报、译书、出国留学。戊戌变法虽然失败了，但是这些举措对中国的近代社会产生了深远的影响。不仅如此，维新派创办了《新民丛报》、《清议报》、《湘报》等，大张旗鼓地开展社会启蒙工作，广泛宣传和介绍资产阶级的民权主义理论。上海的《时务报》和天津的《国闻报》居于舆论界的领导地位，倡导变法思潮。在维新思潮的影响下，出现了包括强学会、南学会、时务学堂等一批具有资产阶级性质的学会组织。在维新派的大力宣传、组织和影响下，全国议论时政的风气逐渐形成。

维新派领导的戊戌变法是中国近代史上第一次影响深远的思想解放运动，是一场试图以变法挽救民族危机的爱国运动。维新派积极倡导西学，猛烈抨击封建专制，打破了几千年来沉淀的顽固守旧的传统思想，其影响可谓是石破天

---

① 宋富安：《启蒙：中国近代爱国主义的历史主题》，《江汉论坛》1996 年第 2 期。
② 同上。
③ 汤志钧、陈祖息：《中国近代教育史资料汇编》，上海教育出版社 1993 年版，第 19 页。

惊，振聋发聩，对唤醒人民的觉醒，万众一心起来救亡，摆脱封建主义的侵蚀起了重要的启蒙作用。但是戊戌变法最终还是失败了，它的失败彻底浇灭了一批爱国志士不切实际的幻想，在帝国主义和封建地主阶级仍然很强大的半殖民地半封建的中国，资本主义改良道路是行不通的。于是许多革命者纷纷拿起了武器，走上武装起义的救亡道路。

1911年爆发的辛亥革命，是中华民族近代道德生活史上的一个重要转折点，在中国延续千年的封建专制走向了终结，开启了中国现代民主政治发展的新起点。自此，力图救亡图存的有识之士开始尝试以西方资产阶级革命所提供的经济、政治与文化经验为范本，推进中国的现代化道路，探索推翻中国封建专制统治的方法，追寻实现民族独立与国家富强的革命和建设道路。虽然由于时代条件的限制，辛亥革命未能完成所有的革命目标，也没有从根本上改变中国半殖民地半封建社会的性质，更没有从此带领国家走上统一富强的道路，但是它标志着中国从此走出了治乱循环的传统怪圈，开始了根除封建残余消极影响的历史进程，迈出了从封建专制到民主政治的第一步。辛亥革命推翻了封建帝制，建立了共和制度，虽然它最终也失败了，但是它是新民主主义革命和社会主义革命的必经阶段。

辛亥革命是近代以来中国人民救亡图存的一个里程碑，“中国反帝反封建的资产阶级民主革命，正规地说起来，是从孙中山先生开始的”①。鸦片战争之后，中国近代的启蒙思想家就开始了漫长的探索救亡图存的道路。资产阶级革命派的代表人物陈天华、邹容、章太炎、孙中山等纷纷著书立说，宣传革命，其中孙中山是最重要的代表。1905年11月，孙中山在《民报》发刊词中系统阐释了其三民主义学说。他总结了历史教训，吸取了近代启蒙思想家的成果，肩负起了历史与时代赋予的使命，进行了思想创新。孙中山认为，要改变中国积贫积弱的局面，必须改变中国人一盘散沙的现状，团结各民族、各阶级、各阶层的力量，树立起一面共同的旗帜，这就是三民主义。三民主义是资产阶级民主革命的纲领，由民族主义、民权主义和民生主义构成，简称“三民主义”。它反映了中国旧民主主义革命时期的社会基本矛盾，是针对当时中国面临的民族独立、民主革命和社会革命三大历史任务而提出的政治主张。民族主义的基本内容是

① 《毛泽东选集》第2卷，人民出版社1991年版，第563页。

用革命手段推翻以满清贵族为代表的清政府，建立起对外独立、对内统一的民主国家，实现民族革命。概括起来就是"驱除鞑虏，恢复中华"。它反映了近代中国社会错综复杂的民族矛盾，既有帝国主义与中华民族的矛盾，又有以满清贵族为首的清朝统治者与被统治的广大人民的矛盾。民族主义既要推翻帝国主义，争取民族独立，避免中国被西方各列强瓜分、共管的厄运，又要打倒与帝国主义勾结起来的清朝统治集团。民权主义的基本内容是以国民革命推翻封建帝制和封建专制主义，建立资产阶级共和国，实行政治的民主化，它是三民主义的核心。概括起来就是"创立民国"。它集中反映了封建主义和人民大众这一近代社会的主要矛盾。民生主义是孙中山的"社会革命"纲领，它的主要内容是平均地权和发展资本主义经济，使中国由贫弱至富强，它的主要目的是为了实现中国的近代化的问题。具体办法是："核定天下地价，其现有之地价，仍属原主。所有革命后社会改良进步之增价，则归于国家，为国民所共享。"孙中山认为这一方案的实施可以防止垄断，从而促进社会发达。他认为中国的近代化是历史发展的必然趋势，只要"人尽其才，地尽其力，物尽其用，货畅其流"，中国就可以变为"驾欧洲而上之"的富强国家。孙中山在其《实业计划》中描绘了发展社会经济的宏伟蓝图，把发展社会经济的途径归结为节制资本和发展国家资本主义，主张把铁路、电气和水利等大实业收归国有，这样就可以合全国之资力，得全国之发展。民生主义的实质是最大限度地发展资本主义经济。

孙中山的三民主义在旧民主主义革命时期表达了中国各族人民渴望建立一个独立、平等、富强的资产阶级共和国的强烈愿望。辛亥革命失败以后，帝制复辟，军阀独裁，各种尊孔复古逆流而上，中国的前途等待着更先进的革命力量来挽救。

毛泽东曾经指出，辛亥革命"有它胜利的地方，也有它失败的地方"，"辛亥革命把皇帝赶跑，这不是胜利了吗？说它失败是说辛亥革命只把一个皇帝赶跑，中国仍旧在帝国主义和封建主义的压迫之下，反帝反封建的革命任务并没有完成"。[①] 中国资产阶级的阶级局限性，尤其是民族资产阶级的软弱性决定了中国资产阶级不能彻底完成反帝反封建的革命任务，也决定了近代中国不可能

① 《毛泽东选集》第4卷，人民出版社1991年版，第551～552页。

走上资本主义道路。1840年鸦片战争失败以后，林则徐、魏源、洪秀全、康有为、严复、孙中山等一批爱国志士曾经不遗余力向西方寻求救亡图存和国富民强的真理，但事实证明，西方资产阶级的理论武器不适用于中国革命。正如毛泽东所说："在一个很长的时期内，即从1840年的鸦片战争到1919年'五四'运动的前夜，共计七十多年中，中国人没有什么思想武器可以抵御帝国主义。旧的顽固的封建主义的思想武器打了败仗的，抵不住，宣告破产了。不得已，中国人被迫从帝国主义的老家西方资产阶级革命时代的武器库中拿来了进化论、天赋人权论和资产阶级共和国等项思想武器和政治方案，组织过政党，举行过革命，以为可以外御列强，内建民国。但是这些东西也和封建主义的思想武器一样，软弱得很，又是抵不住，败阵下来，宣告破产了。"①国家独立和民族解放的重任必须要有新的担当者。

辛亥革命失败以后，探索中华民族救亡图存真理的重任，历史地落在了一批先进的爱国志士身上。1917年俄国十月革命一声炮响，给中国送来了马列主义，在它的影响下，陈独秀、李大钊等一批激进的民主主义者迅速转变成了共产主义者，马列主义开始在中国传播开来。"如果我们不是马克思主义者，没有对马克思主义的充分信仰，或者不是把马克思主义同中国自己的实际相结合，走自己的道路，中国革命就搞不成功，中国现在还会是四分五裂，没有独立，也没有统一。"②1919年五四运动爆发，中国无产阶级开始登上历史舞台，从此中国革命的性质就由旧民主主义革命转变为新民主主义革命。1921年中国共产党的第一次全国代表大会的召开，宣告了中国共产党的诞生，"自从有了中国共产党，中国革命的面貌就焕然一新了"③。

中国共产党自成立开始，就把探索中国民主革命胜利的道路视为自己义不容辞的责任。1922年党的二大制定了反帝反封建的民主革命纲领，标志着党对中国革命的任务的初步把握，作为中国共产党的创始人之一，毛泽东系统分析了中国社会的实际情况与中国革命的规律，形成了中国新民主主义革命的一系列重大策略与方针，成为中国革命的指南。

---

① 《毛泽东选集》第4卷，人民出版社1991年版，第1517～1518页。
② 《邓小平文选》第3卷，人民出版社1993年版，第63页。
③ 《毛泽东选集》第4卷，人民出版社1991年版，第1357页。

毛泽东认为，在该阶段的中国社会中，压迫和阻止中国社会向前发展的正是帝国主义和封建主义，这是由中国社会的性质和主要矛盾决定的。“不是别的，就是帝国主义和封建主义，就是帝国主义国家的资产阶级和本国的地主阶级。因为，在现阶段的中国社会中，压迫和阻止中国社会向前发展的主要的东西，不是别的，正是它们二者。二者互相勾结以压迫中国人民，而以帝国主义的民族压迫为最大的压迫，因而帝国主义是中国人民的第一个和最凶恶的敌人。”①中国社会的矛盾决定了近代中国革命的任务，“毫无疑义，主要地就是打击这两个敌人，就是对外推翻帝国主义压迫的民族革命和对内推翻封建地主压迫的民主革命，而最主要的任务是推翻帝国主义的民族革命”②。

当时中国革命的对象决定了中国革命的性质是资产阶级民主主义革命，但是由于革命的领导权掌握在无产阶级手中，又区别于资产阶级领导的旧民主主义革命。毛泽东明确指出新民主主义革命的前途是社会主义。他认为，新民主主义革命是社会主义革命的必要准备，社会主义革命是新民主主义革命的必然趋势。因此，中国的革命必须分两步走。毛泽东在深刻分析中国社会各阶级的基础上明确说明，新民主主义革命的动力包括无产阶级、农民阶级、城市小资产阶级、民族资产阶级，而无产阶级不仅是中国革命的动力，而且由于无产阶级所受压迫的严重性与残酷性，必然成为中国革命的领导力量。

毛泽东还阐述了新民主主义革命的政治、经济、文化纲领：新民主主义的政治纲领是在中国建立一个以无产阶级为领导的，以工农联盟为基础的，一切反帝反封建的人们联合专政的民主共和国，即新民主主义共和国。新民主主义的经济纲领是发展社会主义的国营经济和具有社会主义因素的合作经济，允许不操纵国计民生的私营经济的发展，没收大银行、大工业、大商业，实行孙中山先生“耕者有其田”的口号，把土地变成农民的私产。新民主主义的文化纲领是无产阶级领导下的，以共产主义思想为指导的人民大众的反帝反封建的文化。

新民主主义理论的提出，标志着毛泽东思想的成熟。1945 年在中国共产党第七次全国代表大会上，毛泽东思想被正式确立为党的指导思想。在毛泽东思想

---

① 《毛泽东选集》第 2 卷，人民出版社 1991 年版，第 633 页。
② 同上书，第 637 页。

的正确领导下，我们取得了抗日战争和解放战争的胜利。1949年新中国的成立，象征着历经一个多世纪的探索和不懈努力，中国的民主民族革命终于取得了伟大的胜利。旧民主主义革命的失败与新民主主义革命的胜利表明，建立资产阶级共和国的道路在中国是走不通的。没有中国共产党的领导，中国的独立与解放是不可能的。

总之，近代一百多年来，中国人民反帝反封建的斗争经历了无数次的失败，以毛泽东为代表的中国共产党人，运用马克思主义的基本立场、观点和方法，深入研究中国的具体国情，与中国的实际情况相结合，产生了适合中国国情的指导中国革命的科学理论，即毛泽东思想。正如刘少奇所说："由于中国社会、历史的发展有其极大的特殊性，以及中国的科学还不发达等条件，要使马克思主义系统地中国化，要使马克思主义从欧洲形式变为中国形式，就是说，要用马克思主义的立场与方法来解决现代中国革命中的各种问题……这乃是一件特殊的、困难的事件。""不是别人，正是我们的毛泽东同志，出色地成功地进行了这件特殊困难的马克思主义中国化的事业。这在世界马克思主义运动的历史中，是最伟大的功绩之一"。"如果没有毛泽东，至少我们的革命还要在黑暗中摸索更长的时间"。①

中华民族近代道德生活，内容繁杂，主题多样，但是最激越的声音就是救亡与启蒙，最高亢的旋律就是爱国，最激动人心的篇章就是中国共产党领导中国人民推翻了压在中国人民头上的帝国主义、封建主义和官僚资本主义"三座大山"，最终实现了国家的独立和民族的解放，这也是中华民族近代道德生活史中应该大书特书的篇章。

第三节　文化论争与中国文化向何处去

文化变迁是道德生活变化的晴雨表，文化之争必然会影响到社会价值系统

① 《刘少奇选集》上卷，人民出版社1981年版，第335～336页。

的建构或解构，也会直接关涉到道德生活领域的各种具体问题。近代中国是中国历史上文化碰撞、论争最为频繁、激烈的时期，内容涉及古今中西。早在洋务运动时期就展开了关于中西文化的“体用之辩”，但是文化之争最为激烈当是在新文化运动时期。

从 1915 年《新青年》的创刊到 30 年代中期，中国的思想文化界爆发了一场东西文化论战。这场规模空前、影响深远的东西文化论战围绕着东西文化的差异、如何看待新旧文化的关系和中国文化向何处去等中心议题而展开，参加者达数百人，发表文章近千篇，专著数十种，形成了马克思主义、自由主义西化派和东方文化派三大思潮。以陈独秀、李大钊等为代表的马克思主义派，以胡适、吴稚晖为代表的自由主义西化派，以杜亚泉、梁漱溟为代表的东方文化派和现代新儒家，面对着不断加重的内忧外患、国耻家仇，深沉而痛苦地思索着东西方文化孰优孰劣，中国向何处去，中国的伦理文化向何处去，如何才能寻找到救国救民的真理，以及如何才能使我国的民族伦理尽快走出困境等问题。五四运动的东西文化论争在中国革命由旧民主主义向新民主主义的重大历史转折时期占据了重要的位置，促进了马克思主义在中国的传播，在很大程度上决定了此后中国文化的发展方向。

五四运动时期的东西文化论争是继洋务与守旧、维新与洋务、革命与立宪之争而继续，并日益形成的中华民族近代道德生活史上的一个论战高潮。这个高潮的产生不是偶然的。“一定的文化是一定社会的政治和经济在观念形态上的反映。”①随着我国逐渐沦为半殖民地半封建社会，传统中国建立在宗法血缘关系上的人伦关系及其伦理思想也遭受到前所未有的打击，温情脉脉的道德观念及其道德风尚被列强带来的工业文明、商品经济的浪潮所冲毁，相伴而生的是深刻的民族危机与伦理道德挑战。辛亥革命虽然推翻了清王朝，但是没有从政治、经济上摧毁封建专制主义的统治基础，更没有在思想文化领域撼动封建专制的根基。一方面是体制、观念、风俗、信仰，随着封建王朝的崩溃开始动荡，另一方面是旧的保守势力疯狂反扑，不断掀起尊孔复辟的逆流，使一批先进的知识分子意识到：“盖伦理问题不解决，则政治、学术皆枝叶问题，纵一时舍旧谋

① 《毛泽东选集》第 2 卷，人民出版社 1991 年版，第 663 页。

新，而根本思想未尝变更，不旋踵而仍复旧观者，此自然必然之势也。”①“继今以往，国人所怀疑莫决者，当为伦理问题。此而不能觉悟，则前之所谓觉悟者，非彻底之觉悟，盖犹在惝恍迷离之境。吾敢断言曰，伦理的觉悟，为吾人最后觉悟之最后觉悟。”②只有通过批判中国传统的旧文化与旧思想，引进新文化与新思想，才能改造国民性，获得“伦理之觉悟”。“在这万马齐喑、密不透风的黑暗社会里，历史趋势和民族命运在文化上向‘五四’提出的主要课题，不是如何保存传统文化和如何全面地估价传统文化，而是要彻底冲决传统文化的种种桎梏，为新文化的产生扫清障碍。”③

面对当时深刻的民族危机，三大文化思潮都带有强烈的民族主义情绪，都希望中国社会与中国文化能够走向现代化，完成救亡图存与振兴中华的历史使命。东方文化派对儒家伦理传统的认同以及对儒家伦理的阐发，自由主义西化派对传统伦理的批判以及全盘西化的要求，马克思主义者对马克思主义中国化的主张，都是出于挽救民族危亡、寻求国富民强与中华文化出路的考虑。在东方文化派看来，一个民族的伦理文化，对于这个民族来说，绝不仅仅具有一种象征意义，而是一个民族存续的价值基础。因此，挽救民族危亡必须先挽救这个民族的伦理文化。正如余英时所说：“中国人爱自己的民族是因为它创造了自己的文化；中国人爱自己的文化是因为我们只有生活在自己文化所孕育出来的价值系统和行为模式中才觉得自由自在。而我们爱我们的国家则是由于国家为民族文化的存在和延续提供了最基本的保证。”④因此，东方文化派把民族振兴的问题归结为中国伦理文化复兴的问题。贺麟认为：“民族复兴本质上应该是民族文化的复兴。”⑤以杜亚泉和梁漱溟为代表的东方文化派并不讳言传统儒家伦理文化的严重缺陷，他们同样主张吸纳和学习西方先进的伦理文化，并对传统儒家伦理作出补充与阐释，从而实现中国传统伦理文化由传统向现代的转型。贺麟认为，如果不能实现思想道德的现代化，单求实业、军事、政治的现代化是不可能的。他说：“为思想道德的努力所建设的经济实业，方是真正的经济

① 陈独秀：《宪法与孔教》，《新青年》1915 年第 2 期。
② 《陈独秀著作选编》第 1 卷，上海人民出版社 2009 年版，第 204 页。
③ 程佐林、徐绍清：《论五四对传统文化的批判与继承》，《社会科学战线》1993 年第 3 期。
④ 《民族主义》，台湾时报出版公司 1982 年版，第 562 页。
⑤ 贺麟：《儒家思想的新开展》，《思想与时代》1941 年第 1 期。

实业。不然,未经过思想的计划,道德的努力而产生的物质文明,就是贵族的奢侈、贪污的赃品、剥夺的利润、经济生活的病态。”[①]他主张吸收西方伦理文化的长处来促进儒家伦理的现代化,并指出:“儒家思想的新开展,不是建筑在排斥西洋文化上面,而乃建筑在彻底把握西洋文化上面。”“真正认识了西洋文化便是超越西洋文化,能够理解西洋文化,自能吸收、转化、利用、征服西洋文化以形成新的儒家思想。”[②]自由主义西化派极力宣扬个人主义和个性解放,其目的也是服务于民族的救亡图存与民族振兴大业的。胡适说:“争你们个人的自由,便是为国家争自由!……自由平等的国家不是一群奴才建造得起来的!”[③]以胡适为代表的自由主义西化派对中国传统伦理文化的缺点和弊病有着切肤之痛的认识,主张彻底抛弃传统伦理文化,全盘引进和输入西方伦理,认为只有这样才能实现我国伦理文化的现代化。胡适说:“有伟大历史的民族,只要有急起直追的决心,终还有生存自立的机会。自然虽然残酷,但他也还有最慈爱的一点:就是后天的变态大部分不致遗传下去。一千年的缠足,一旦放了,仍然可以恢复天足,这是使我们对于前途最乐观的。”[④]只有先实行全盘西化或充分世界化,才最终有可能实现民族伦理文化的现代化。中国的马克思主义本身也是寻求民族独立和民族振兴道路的产物,是在领导全国人民进行新民主主义革命的伟大实践中探索出来的反帝反封建的革命理论。以陈独秀、李大钊为代表的马克思主义者更是力主批判地继承人类历史上一切优秀的伦理文化,以马克思主义伦理观为指导,推动中国传统伦理文化的现代化。李大钊主张建设新的伦理价值观,以“冲决历史之桎梏,涤荡历史之积秽,新造民族之生命,挽回民族之青春”。[⑤] 围绕着中国传统伦理文化如何发扬光大的问题,三大流派展开了古今中西之争。当然,三大流派有上述种种的同一性,并不是说它们之间不存在分歧和斗争,事实上,它们之间的差别和对立则是更主要的。

五四运动时期参与中国思想文化论争的东方文化派、自由主义西化派与马克思主义三大伦理思潮,由于代表着不同的阶级或阶层利益,观察问题的理论

---

① 贺麟:《物质建设现代化与思想道德现代化》,《今日评论》三卷一期。

② 贺麟:《儒家思想的新开展》,《思想与时代》1941 年第 1 期。

③ 《胡适文集》第 5 卷,北京大学出版社 1998 年版,第 511～512 页。

④ 《胡适文集》第 3 卷,北京大学出版社 1998 年版,第 196 页。

⑤ 《李大钊选集》,人民出版社 1978 年版,第 71 页。

视野和立场的差别，对中国文化与中国社会现代化的设想不同，因而相互间展开了旷日持久的错综复杂的价值论争和理论斗争。大体来说，东方文化派与现代新儒家不仅反对自由主义西化派的观点，也大肆诋毁马克思主义学说；自由主义西化派在抨击东方文化派的同时，也非难马克思主义伦理思潮；马克思主义伦理思潮既反对全盘西化论的民族虚无主义，也反对东方文化派的伦理守旧主义。五四运动时期，三大流派拉开了东西文化论争的序幕。以杜亚泉、梁启超、梁漱溟为代表的东方文化派坚持东方伦理文化本位主义的立场，同以胡适、陈序经为代表的自由主义西化派和以陈独秀、李大钊为代表的马克思主义展开了激烈的斗争。

首先，东方文化派主张以中国伦理文化为本体去汲取西方伦理文化，实现返本基础上的开新。1918 年杜亚泉在《东方杂志》第 15 卷 4 号上发表《迷乱之现代人心》一文，一方面反对保守不进的文化立场，提出："夫先民精神上之产物，遗留于吾人，吾人固当发挥而光大之，不宜仅以保守为能事；故西洋学说之输入，夙为吾人所欢迎。"①另一方面指责西洋学说输入中国后，使得国人"信以为是，复弃其适所以为是者而从之"，造成"吾人之精神界中，种种庞杂之思想，互相反拨，互相抵消，而无复有一物之存在"。② 杜亚泉认为，以纲常名教为代表的伦理文化是我国文明的核心，也是标明我国固有文明之特质的主要因素，"乃经无数先民之经营缔造而成，为我国文化之结晶体。吾国所以致同文同伦之盛而为东洋文明之中心者，盖由于此"。③ 因此，对待中国传统伦理文化的正确态度是从西方伦理文化中寻求医治中国传统伦理文化病痌的药方，吸取西方伦理文化之长以补中国伦理文化之短，来实现以中国伦理文化为本的中西伦理文化的融会调和。在东方文化派看来，以孔孟为代表的传统儒家伦理文化不仅能够吸收西洋伦理文化，而且还可以通过创造性的转化从而实现自身的现代化。"能够理解西洋文化，自能吸收、转化、利用、征服西洋文化以后以形成新的儒家思想。新的民族文化，儒家思想的新开展，不是建筑在排斥西洋文化上面，而乃

---

① 杜亚泉：《迷乱之现代人心》，《东方杂志》15 卷 4 号。
② 同上。
③ 同上。

建筑在彻底把握西洋文化上面。”①东方文化派认为，传统儒家伦理文化的基本精神是正确的，是我们解除世界道德之弊，避免走西方伦理文化老路的救世良方。儒家伦理文化强调人与人、人与社会的和谐，强调克己奉公、先义后利，这无疑有助于弥补西洋文明重物质生活而轻精神生活的种种弊端。杜亚泉说："吾国固有之文明，正足以救西洋文明之弊，济西洋文明之穷者。"②杜亚泉认为，儒家道德伦理在中国传统文化中居于主体地位，"其意义为抽象理想最高之境"。③ 但是要把一些现代精神注入传统文化中，杜亚泉极力主张开拓传统文化中可与现代人权、民主等观念相契合的思想资源。但是在东方文化派那里，吸收和接纳西方的伦理文化，并不是要以此来重建新的中华伦理文化，而是为了补足传统伦理文化，使之更加完善，进而成功实现传统伦理文化的现代化进程。梁启超在其《欧游心影录》中历数西欧各国科学万能之梦的破灭，宣称西方伦理文化已经陷入绝境。梁启超指出："大海对岸那边有好几万万人，愁着物质文明破产，哀哀欲绝的喊救命，等着你来超拔他哩。"梁漱溟在其名著《东西文化及其哲学》一书中更是认为以意欲向前为主要标志的西洋伦理文化违背生命本性，不可能给人们带来幸福，未来文化的发展是以意欲调和持中为根本精神的中华伦理文化的复兴。东方文化派强调儒家伦理文化的世界意义和精神价值，发掘和弘扬儒家伦理文化的德性主义、群体主义和义务主义的现代合理性，认为儒家伦理文化"其价值原自有光芒万丈，举世非之而不减，举世誉之而不增"。④ 同时，他们也肯定西方近现代伦理文化中自由、平等以及科学、民主的道德价值，主张吸收和接纳西方伦理文化中的自由、平等、科学、民主等思想以充实儒家伦理文化，使其实现内圣与外王的统一，达成返本基础上的开新。历史唯物主义不否认，每一时代的伦理道德文化，都包含了可为后代所继承的合理的伦理道德因素，但又不可避免带有时代和阶级的印迹和局限性。对中国传统伦理文化含有普遍性意义的伦理道德因素，必须经过认真的清理和改造，剔除其封建专制的糟粕，才可为我们继承和弘扬。因此，东方文化派反对新文化运动对旧道

① 贺麟：《儒家思想的新开展》，《思想与时代》第1期。
② 杜亚泉：《静的文明与动的文明》，《东方杂志》1916年第10期。
③ 陈寅恪：《挽王静安先生》，《王国维学术经典集》，江西人民出版社1997年版，第497页。
④ 唐君毅：《文化意识宇宙的探索》，中国广播电视出版社1992年版，第456页。

德的批判和对新道德的提倡是错误的，是道德上的保守主义立场。这种旧道德的实质是维护人与人之间不平等的尊卑关系，助长了君主专制主义的盛行，不利于把人们从被压迫、被奴役的不平等的境遇下解放出来，以实现其自主自由之人格。因此，东方文化派的主张背离了历史的趋势，最终成为微弱的呼声，淹没于追求富强的历史洪流中。

其次，自由主义西化派所理解的中国传统伦理文化现代化就是全盘西化，认为只有西方近现代伦理文化才能够解救中国传统伦理文化的危机，使中国传统伦理文化走向现代化。在自由主义西化派看来，中国应该采取西方文明，走西方资本主义的道路。胡适认为，“凡文明都是人的心思智力运用自然界的质与力的作品，没有一种文明单是精神的，也没有一种文明单是物质的”。① 与其把西方文化看作是物质的，倒不如把西方文化看作是精神的。西方文明绝不是什么单一的物质文明，而是真正理想主义的文明。我们“应睁开眼睛看看自己，再看看世界，我们所有的，欧洲也都有；我们所没有的，人家所独有的，人家都比我们强”②。因此，我们应当全盘西化才能实现充分现代化，因为西方文明即“神圣的不知足是一切革新一切进化的动力”。③ 反观中国文明，既无物质文明可言，又无精神文明可言。胡适说：“我们固有的文化实在是很贫乏的，谈不到太丰富的梦话。……至于我们所独有的宝贝，骈文、律诗、八股、小脚、太监、姨太太、五世同居的大家庭、贞节牌坊、地狱活现的监狱、廷杖、板子夹棍的法庭……究竟都是使我们抬不起头来的文物制度。”④“中国几千年之久的固有文化是不能迷恋的，是不能引我们向上的。那里面浮沉着几个圣贤豪杰，其中当然有值得我们崇敬的人，但那几十颗星儿终究照不亮那满天的黑暗。”⑤中国文化与中国社会的唯一出路就在于全盘西化和充分世界化。西方文化倡导自由、平等、人权，注重个人的权利、尊严和价值，其个人本位主义和功利主义比中国传统伦理文化倡导的家族本位、群体至上、重义轻利等更能够激发个人的道德意识与创造力，其趋乐避苦的自然人性论比中国传统伦理文化倡导的德性主义人性论

① 《胡适文集》第 4 卷，北京大学出版社 1998 年版，第 3 页。
② 汪永平：《20 世纪初东西文化论战中‘西化派’的历史困境》，《西北工业大学学报》2004 年第 1 期。
③ 《胡适文集》第 4 卷，北京大学出版社 1998 年版，第 13 页。
④ 《胡适文集》第 5 卷，北京大学出版社 1998 年版，第 388 页。
⑤ 同上书，第 396 页。

更适合人的生存和发展。胡适极力反对和抨击三纲五常的宗法等级道德和纲常名教,向往一种健全的个人主义,主张把发展人的个性、自己拯救自己当作新道德的核心。不仅如此,自由主义西化派还认为,西方近现代以个人为本位,以自由平等为核心,以功利效用为目的的伦理文化,既是过去三四百年人类伦理文化发展的“大潮流”、“大方向”,也是今后世界伦理文化发展的大趋势。中国传统伦理文化不能指望其自身的自然转型来完成,唯一正确的出路就是一心一意地走全盘西化的道路。由上述观点出发,自由主义西化派一方面猛烈抨击中国传统伦理文化,认为中国传统伦理文化是造成中国衰败落后的根本原因,使中国人不成其为人的罪魁祸首,依靠中国传统伦理文化绝对造就不出具有现代伦理觉悟和道德意识的公民,最多只能培养出安于现状、不思进取、毫无人格尊严的奴隶。胡适认为,正是封建孝道造成了人的个性软弱、依赖性强、缺乏责任感,束缚了个性的健康发展和人格独立。可惜的是社会中封建遗毒仍然根深蒂固,这恰是中国社会最大的忧虑。胡适说:“中国今日最可忧虑的,是政治的形态,社会的组织和思想的内容与形式,处处都保持中国固有种种罪孽的特征,太多了,太深了,所以无论什么良法美意,到了中国都成了逾淮之橘,失去了原有的良法美意。”①另一方面,竭力传播介绍西方近现代的伦理道德,主张以自然主义来对抗德性主义,以个人本位来取代家庭本位,以功利主义来取代道义论,以自由平等来取代等级服从。他们认为,只有这样,才能从根本上革除中国传统伦理文化的弊病,造就健康的个人与健全的社会,才能实现中华文化的现代化。自由主义西化派对传统文化的批判对于清除传统文化的消极影响,对克服夜郎自大的守旧心理不失为一个当头棒喝,有助于中国传统伦理文化从传统形态向现代形态的转变,但是,他们对中国传统伦理文化的批判并没有区分其精华与糟粕,对西方伦理文化过分的美化与对中国传统伦理文化的全盘否定,开启了对待民族伦理文化虚无主义的通途。

再次,马克思主义文化思潮既反对东方文化派的伦理保守主义,又反对全盘西化派的民族虚无主义,主张超越二者的对立,走一条融汇和扬弃中西伦理文化进而建构一种适应中国社会的新的中国伦理文化的现代化道路。马克思

① 胡适:《充分世界化与全盘西化》,《大公报》1935年6月30日。

主义文化思潮在反对伦理现代化就是西方伦理化或东方伦理化的斗争中，主张将先进的西方伦理学说与中华民族固有的优秀伦理思想结合起来，即建设一种以马克思主义伦理观为核心，批判地继承民族传统伦理和西方乃至全人类一切优秀的伦理文化，立足本国又面向世界的高度发达的新的社会主义伦理文化。十月革命的成功，为中国的有识之士提供了除中国传统伦理文化与西方近代伦理文化之外的新的文化选择路径。他们从十月革命的成功中得到了巨大的鼓舞，开始自觉运用马克思主义来作为观察国家命运的工具，重新思考民族的救亡图存的问题。马克思主义的传入使精神上徘徊苦闷的中国爱国志士欢欣鼓舞，加速了人们对马克思主义的选择过程。以李大钊、陈独秀为代表的一批革命民主主义者开始转向社会主义与共产主义。他们认为，中国传统的伦理道德不符合现实生活的需要。陈独秀认为，西方文明肯定要比东方文明先进，中国要实现伦理文化的现代化，就不要拿什么国粹、什么国情的鬼话来捣乱。李大钊与胡适一样，把两种文明概括为静的文明与动的文明，东方文明是静的文明，西方文明是动的文明。李大钊认为，若以"守静的态度，持静的观念，以临动的生活，必至人身与器物，国家与制度，都归粉碎"，中国伦理文化的现代化需要"竭力以受西洋文明之特长，以济吾静止文明之穷"。[①] 李大钊要求中国吸收西方文化，但不要求一切取法西洋，西洋文明的弊端已现，我们应以西学之长克自身之短，坚决反对盲目的排外主义。李大钊认为，绝不是以中国传统儒学来统整世界文明，必须是东西两种文明各"以异派之所长补本身之所短，世界新文明始有焕扬光彩、发育完成之一日"。[②] 他们一方面同东方文化派的伦理保守主义展开斗争，另一方面也开始清算对西方文化的盲目崇拜，运用马克思主义的唯物史观揭露西方文化的缺陷和弊端。陈独秀认为，近几百年来，西洋物质的科学进步很快，而道德的进步却跟不上，充满着侵夺、争杀、贪婪、嫉妒、虚伪、自私、利己等种种不道德的现象，归根结底是西方的私有制造成的。私有制助长了人的恶德，造成了社会上的悲惨现状。陈独秀说："我们主张的新道德，正是要彻底发达人类本能上光明方面，彻底消灭本能上黑暗方面，来救济全社会悲

---

① 谭双泉：《五四时期的东西文化论战》，《湖南师范大学社会科学学报》1999 年第 6 期。
② 同上。

惨不安的状态”，我们要“抛弃私有制度之下的一个人一个阶级一国家利己主义的旧道德，开发那公有、互助、富有同情心、利他心的新道德”。[①] 李大钊运用马克思主义的观点来揭示伦理道德的基础，他说：“孔子的学说之所以能支配中国人心有两千余年的缘故……因他是适应中国两千余年来未曾变动的农业经济组织反映出来的产物……因为经济上有他的基础。”[②]中国马克思主义者既反对仅仅只从自然属性上谈论人性的自然主义，亦反对仅仅把人性归结为道德属性的德性主义，认为不能离开人的社会存在和社会关系抽象地谈论人性；既反对仅仅以个人作为伦理本位的个人主义，又反对以家庭或群体作为伦理本位的家族主义或群体主义，主张将个人与他人、个人与社会群体的价值联系起来思考；既反对重义轻利的道义论，又反对重利轻义的功利论，主张把二者结合起来；既反对道德决定论，又反对道德无用论，认为二者的关系是辩证的；主张一种革命的功利主义，要求把全心全意为人民服务、为绝大多数中国人谋利益当作自己行动的出发点和最终目的，并在此基础上讨论了道德与利益的关系以及个人利益与社会集体利益的关系。在对待中西文化遗产上，马克思主义者强调贯彻批判继承的方针，主张吸收其精华，抛弃其糟粕，“古为今用，洋为中用”，以马克思主义伦理观为指导和基础，批判继承民族传统伦理文化的优良成分，吸收西方近现代伦理的合理因素，建立起一种既立足本国又面向世界，既有民族性又有全球性，融公平与效率、活力与秩序于一身的新的社会主义伦理文化。

在东西文化论争的中后期还爆发了“科学与玄学”之争和“问题与主义”之争。科学与玄学的论战又称为科学与人生观论战，主要发生在以张君劢为代表的玄学派与以丁文江、胡适为代表的科学派之间。玄学派的立场实际上就是东方文化派的立场，科学派的主将丁文江、胡适、吴稚晖等都是自由主义西化派。张君劢认为，科学不能支配人生观，伦理价值之学不同于科学事实之学。人的精神生活与物质自然界完全分属于性质不同的领域；科学不能解决精神问题，应将其限制在物理世界范围内；对科学的迷信崇拜，会导致物质主义与战争，必

---

① 陈独秀：《调和与旧道德》，《新青年》第7卷1号，1919年12月。
② 李大钊：《由经济上解释中国近代思想变动的原因》，《新青年》第7卷2号，1920年1月。

须用形而上学统御科学。在科学所面对的实然世界之外，尚有科学无能为力的精神世界和观念世界，科学不能解释意义与价值问题，亦不能取代传统伦理文化精神的价值。丁文江、胡适等则针锋相对，认为科学可以支配也应当支配人生观，道德领域亦应受科学真理所支配。他们认为，科学是世界无限完善的一个象征，是反对传统伦理文化的有力支柱，是作为传统文化的挑战者、现代文明的代表以及新的信仰形式而获得其广泛社会意义的。科学派提倡的"科学的人生观"充当着反对传统意识形态的支柱的作用。马克思主义者陈独秀、瞿秋白等人也介入了科学与人生观的论战，他们选择更多地支持科学派的进步主张。问题与主义的论战，是在马克思主义者李大钊和自由主义西化派的代表胡适之间展开的。胡适从实用主义伦理观的立场出发，认为一切学说的真实与否，完全看它实用上的效果如何而定，真理、道德都是人造的并供人使用的工具，因此研究实际的问题包括道德问题是比奢谈主义更有意义和价值的。为了驳斥胡适的谬论，李大钊论述了问题与主义之间不可分割的关系，认为政治、伦理问题的研究离不开一定思想学说的指引，社会问题的解决必须依靠作为社会上多数人的共同理想的主义的宣传，即应该使社会上可以共同解决这个那个社会问题的多数人，先有一个共同趋向的理想或主义。

五四运动时期东西方文化论争中产生的中国马克思主义文化思潮的实质是在儒家传统文化无力于救亡图存、锻造出国富民强的国魂、民魂，而西方近现代文化因第一次世界大战而暴露出种种弊端的情势下产生的，它代表了先进的中国人对中国文化向何处去，中国社会的现代化等问题的崭新思索。到 20 世纪 30 年代中期，马克思主义者运用唯物史观研究中国的传统文化，正确分析了近代以来的东西文化论争，逐渐在中西文化论争中占据了理论制高点。他们认为："其一，传统的旧文化中有许多东西根本就带有一般性和共同性，不是某一时代所独有，与现代生活没有什么冲突，很容易接受。其二，传统的旧文化中有些东西，原来的具体形态和现代生产不能相容，然而由于时代转变，它的形态早已消亡，对现代生活没有多大影响，但它留下的某些精神在现代生活中能发生某种有益作用或暗示，这些东西也可以接受。其三，传统的旧文化中有些东西是乌烟瘴气的，但其中却含有某些真理或近代的思想因素，可取其内核。其四，传统的旧文化中有些东西，用现代眼光来看已经过时了，但在当时却是进步的，对此要历史地看，肯定它在当时的进步意义。”①在毛泽东看来，中国固有的伦理文化不切于现实的道德生活，西方近现代的伦理文化亦未必尽是。② 只有产生于资本主义社会又对资本主义的伦理文化作过批评、抨击，并对人类一切有价值的伦理文化成果予以批判继承、创造发展的马克思主义伦理学说，才最适合于20世纪中国的反帝反封建的民族民主革命，适合于无产阶级领导的以工农联盟为基础的民族民主革命。在中国马克思主义看来，解决中国革命和建设的道德问题，铸造适合于世界之潮流的新型人格乃至铸造能够改变中国贫穷落后的面貌，使中国繁荣富强的国魂和民魂，非马克思主义伦理观及其现实化的共产主义道德莫能担当。先进的中国人选择和传播马克思主义及其伦理学说，不仅因为马克思主义是人类历史上一种科学而先进的思想体系，而且因为借助于马克思主义学说，可以较好地实现中国伦理文化的现代转型，可以创造出一种新的救亡图存的伦理文化。五四运动时期的文化论争与中国的社会转型和政治制度变革交织在一起。李大钊、陈独秀等人对文化保守主义采取的坚决否定的态度、对封建专制制度的猛烈抨击以及对马克思主义在中国传播的大力推动，适应了中国文化与中国社会现代化的迫切要求。五四运动时期的东西文化论争，使得马克思主义在思想文化领域占据了有利地位，在很大程度上决定了此后中国文化朝着马克思主义的方向发展。

第四节 复杂动荡的国际环境对中国近代社会的影响

从世界历史的角度看，西方从16世纪开始一直到二战结束，这几百年的时间里，始终处于一种亢奋、躁乱的节奏中。特别是在工业革命的狂飙推进中，许多国家很快完成了资本主义制度的转型和社会的重建，迅速积蓄起了强大的物

① 嵇文甫：《漫谈学术中国化问题》，《理论与现实》1940年第4期。
② 参阅毛泽东：《致黎锦熙信》(1917年8月23日)，载《毛泽东早期文稿》，湖南人民出版社1990年版，第86页。

质力量。相对于原始文明和农耕文明来说，工业文明本身是一种扩张性的文明形态，这种文明形态与资本主义制度结合在一起，在资产阶级的驾驭下越发显示出暴虐和野性的一面，整个世界也随之被搅得动荡起来了。这正如马克思、恩格斯在《共产党宣言》中所谈到的："生产的不断变革，一切社会状况不停的动荡，永远的不安定和变动，这就是资产阶级时代不同于过去一切时代的地方。一切固定的僵化的关系以及与之相适应的素被尊崇的观念和见解都被消除了，一切新形成的关系等不到固定下来就陈旧了。一切等级的和固定的东西都烟消云散了，一切神圣的东西都被亵渎了。"中国近代的百年也被裹挟在这种动荡的节奏中了。

一、从鸦片战争开始到清王朝灭亡，中国的经济、政治、军事与外交等都受到了外力的很大影响和制约，中国社会发展的道路也因外力的胁迫而向世界经济、政治发展的轨道靠拢

打开晚清中国社会的历史画卷，社会的动荡不安均源自鸦片战争。鸦片战争的爆发具有复杂的历史渊源。最明显的因素是这样两个：

第一，英国力图挽回贸易逆差。自 18 世纪后期开始，随着英国工业革命的如火如荼，英国攫取中国市场的意愿急剧加强，相继派遣使团来华洽谈贸易事项。1792 年马嘎尔尼使团来华访问的主要使命就是"增进与中国的来往，以便导致在（中国）整个帝国范围内销售祖国及我们的印度领地的产品"，为此希望中国给予英国"一块比广州地位更加便利的小地方或邻近的小岛"，充作英国的货物补给站，并在"靠近优良茶叶产地，即位于北纬 27°～30°之间的地方"取得一块土地建立商站；除此之外，还要求允许英国商人在"（中国）内地贸易或旅行"。① 马嘎尔尼到达中国以后以照会形式向清政府提出了六条要求：(1) 开放舟山、宁波和天津对英贸易；(2) 援俄国旧例，准许英人在北京设一货栈，买卖货物；(3) 将舟山附近一个岛屿让与英国，以便英人居住和存放货物；(4) 将广州附近一块类似的地方让与英国；(5) 英货自澳门运往广州减免过境税；(6) 英

① 《东印度公司对华贸易编年史》第三卷。

商只按清廷公布的税率纳税，不另纳税。① 1815 年英国在英法战争中胜利以后，立刻又派阿美士德使团启程来华。英国外交大臣卡斯尔雷指示此行的任务是要“保证不断地进行贸易”，争取中国开放多口通商；保卫东印度公司的在华权益，以及公使驻京等。当时，中、英两国的贸易最初主要是以毛织品、印度棉花等小宗商品为主，但是中国生产的茶叶、丝绸、瓷器等源源不断地销往欧洲，对国外商品的需求却很少。“从 1760 年到 1833 年的中英贸易中，中国几乎年年出超。如 1820 至 1824 年，中国的出超便达 329 万多两白银。”②英国商人不甘心这种对华贸易的逆差，遂以让人吸食成瘾的鸦片代替纺织品、棉花成为对华贸易的代替货物。19 世纪，英国对华输入的鸦片持续增长。1834 年，英国政府取消了东印度公司的对华贸易垄断权，由英国外交部直接向广州派遣驻华商务监督，直接进行鸦片买卖。“自 1800 年英国东印度公司确立鸦片政策到 1839 年鸦片战争爆发前，以英国为首的西方殖民者共向中国输入鸦片 63.8 万箱，为此从中国掠走 6 亿多银元。仅鸦片战争前十年(1830 至 1839 年)，便向中国输入鸦片 34.4 万箱，掠走中国 3.2 亿多银元，其中英商每年获利约在 80%到 90%以上。”③英国商人通过不正当的鸦片贸易实现了对中国贸易的顺差，“比如 1837 年 7 月到 1838 年 6 月这一年，中国从英国(包括印度)进口总值为 560 万英镑，其中鸦片便达 340 万英镑，占 60%。中国向英国出口总值为 310 万英镑”④，中国的贸易地位由顺差变为逆差，输出 250 万英镑的白银。

第二，保护鸦片贸易。鸦片战争的爆发是英国政府蓄谋已久的，其直接原因就是保护英国走私、贩卖鸦片，赚取中国大量的白银。鸦片战争的直接导火索虽然是 1839 年的林则徐禁烟，但是英国政府早已在为发动侵略战争做准备。1832 年英国政府就组织一批英国商人乘坐武装间谍船“阿美士德号”，在中国北起山东南至福建的沿海地区进行侦察活动。1836 年美国传教士裨治文主办的《澳门月报》载文分析了广州的海防情况。根据收录于《英国外交档案》中的《巴

① 参阅《东印度公司对华贸易编年史》第二卷。
② 严中平：《中国近代经济史统计资料选辑》，中国社会科学出版社 2012 年版，第 21 页。
③ 蒋大椿：《关于鸦片战争的评价问题》，《安徽师范大学学报》1999 年第 3 期。
④ 同上。

麦尊子爵致奉命与中国政府交涉的全权公使(懿律海军少将和义律大佐)函》,能充分了解当时英国政府给英国远征军的命令是“远征军封锁中国所有的重要港口,以向中国人显示英国的力量;要求获得军费赔偿,占领舟山直到赔款全部付清;要求中国政府在白河给予答复,当然谈判可在其他地方进行”①。清政府于1839年派林则徐为钦差大臣到广东查禁鸦片,面对罪恶的鸦片贸易给中华民族带来的巨大灾难,林则徐上书道光皇帝,直陈若再不禁烟,“数十年后,中原几无可以御敌之兵,且无可以充饷之银,兴思及此,能不股栗”!②6月3日,林则徐亲赴虎门,主持了销烟的壮举。“截至6月25日,历时23天,当众销毁收缴到的鸦片19 179箱、2 119袋,总计2 376 254斤。”③面对中国的禁烟运动,英国反应强烈。伦敦、曼彻斯特、利物浦、利兹、格拉斯哥等地的商会,纷纷主张采取武力行动,逼迫中国开放口岸、协定关税、赔偿烟款等。布里斯托尔商人在向政府的请愿书中明确写道:“对华鸦片走私是经英国立法机关批准的。”④1840年4月10日,英国议会通过了发动侵华战争的决议案。随后,所谓的“东方远征军”从印度出发,其中包括兵船16艘、武装汽船4艘、运输船28艘,士兵约4 000人,由曾任印度总督的乔治·义律任总指挥,鸦片战争一触即发。由此可见,鸦片战争是一场英国“为保护鸦片贸易而打起来的战争”。⑤

鸦片战争以后,西方列强又多次发动对中国的侵略战争:英、法于1856年发动的第二次鸦片战争,法国于1884年发动的中法战争,日本于1894年挑起的中日甲午战争,1900年八国联军悍然发动的侵华战争,这些战争无不以清政府丧师失地、签订丧权辱国的不平等条约而告终。西方列强通过战争等手段,强迫清政府签订了一系列不平等条约,中国逐渐沦为半殖民地半封建社会。连年的战火导致整个晚清社会的动荡和经济的凋敝,使中国社会产生了第一个显著变化,即贫困化。战争所到之处,人民流离失所。战争在消耗大量社会财富的同时,也对人民的生产和生活直接、间接造成了毁灭性的破坏,山河破碎,民

① 徐中约:《中国近代史》,世界图书出版公司2002年版,第181页。
② 林则徐:《林则徐集·奏稿》,中华书局1965年版,第601页。
③ 戴鞍钢:《国际背景下的鸦片战争》,《军事历史研究》2010年第2期。
④ 余绳武、刘存宽:《19世纪的香港》,中国社会科学出版社2007年版,第42页。
⑤ 《马克思恩格斯选集》第1卷,人民出版社1995年版,第719页。

不聊生。“在中国内地，那些曾被富裕的城市和良田所覆盖的大片土地现在荒芜了。”①另外一个明显的变化就是畸形化，即中国的经济、政治乃至社会生活的“前和谐状态”②被打破。“以第一次鸦片战争为开端，来自西方的工业文明作为一种整体水平已经超前的文明形态，以入侵者的姿态首先从军事上继而从经济上、政治上和文化上给中国人以当头棒喝，宣布东方农耕文明优势地位及封闭状态的历史性终结。”③西方列强通过鸦片战争打开中国的大门之后，对中国社会经济的影响日益加深。清政府与西方列强签订的一系列不平等条约使得中国的经济命脉受到外国资本主义的控制，民族资本主义在帝国主义的夹缝中生存，畸形发展的殖民地贸易决定了中国近代经济带有浓重的殖民色彩。还有一种明显的改变就是对外力侵入的回应，推动了晚清社会的自我变革运动。为应对西方列强在经济、政治与文化上的挑战，一批爱国志士开始了主动学习西方的自我变革运动。第一次鸦片战争之后，基于对西方列强船坚炮利的感性认识，以林则徐、魏源、严复等为代表的一批有识之士提出了“师夷长技以制夷”的口号，开始向西方学习。在19世纪六七十年代，以冯桂芬、郑观应、李鸿章、张之洞为代表，兴起了一场以学习西方先进技术，力图富国强兵为目的的洋务运动。19世纪90年代以康有为、梁启超为代表的维新派，把目光转向了技术背后的思想与政治体制，力图推行西方的政治制度，发动了戊戌变法运动。变革对传统的社会秩序也带来了巨大的冲击，晚清社会由一个独立的、实行高度中央集权的封建国家，一步步滑向半殖民地半封建的深渊，丧失了独立自主的国家主权。

从鸦片战争开始，中国人民就掀起了前仆后继的反对侵略、争取独立的民主民族革命。中国的封建统治者与外国侵略者之间虽然也有矛盾，但是当中国人民的革命斗争对中外反动势力的统治和利益造成威胁时，它们便勾结起来，联合绞杀革命。在英法联军的联合镇压下，声势浩大的太平天国运动失败了，义和团运动也失败了。

---

① 芮玛丽：《同治中兴》，中国社会科学出版社2002年版，第187页。
② 这里主要指的是中国在漫长的封建社会以宗法血缘关系为纽带和以自然经济为基础而形成的一种超稳定的发展格局。
③ 冯天瑜：《中华开放史》，湖北人民出版社1996年版，第48页。

1904至1905年爆发的日俄战争，是日本与沙皇俄国为争夺中国东北而在中国的领土上进行的一场帝国主义的战争，是19世纪末20世纪初各列强瓜分中国产生的利益之争，是列强侵略政策的必然结果。这场战争不仅是中华民族近代道德生活史上的重大事件，也是世界历史上的重要事件，它给中国人民带来了深重的灾难和无穷的耻辱，对中国和东北亚的历史进程产生了深远的影响。日俄战争是因为日俄两国在中国东北的利益发生了冲突而引发的，日本为了从俄国手中夺回辽东半岛和巩固在朝鲜的地位而发动了以中国为战场的战争。日俄战争是20世纪重要的国际战争之一，交战双方在中国东北投入了200余万的兵力，俄国花费了65亿卢布的战费，伤亡达14万余人之多，日本则付出了19亿日元战费和阵亡8.44万人、伤14.3万人的巨大代价。[①] 战争前夕，日本为了保证通过战争夺取俄国在中国东北的权利，并且独享胜利果实，就坚决反对中国参战。1904年1月15日，日本向清政府提出：一旦日、俄两国发生战争，中国不要参战，应宣布中立，其目的是为了在日本战胜俄国后，中国"将听凭日本人任意处置"。[②] 同时，为了避免其他列强乘机瓜分中国，日本又照会英、美、法等国，申明日俄战争打响后，四国不必从中调停。1905年8月，在美国的调停下，日、俄在美国的朴茨茅斯开始谈判，并签订了《朴茨茅斯条约》。沙俄把旅大租借地、长春到大连的铁路以及与这些租借地和铁路有关的一切权利转让给日本，并割让库页岛南半部给日本。日本又威逼清政府签订《中日满洲协约》，承认沙俄转让日本的一切权益，并攫取在我国东三省开埠通商、开采森林等特权。

1904至1905年在中国土地上进行的日俄战争，极其粗暴地侵犯了中国的领土主权，是我国东北地区在遭受了沙皇俄国的野蛮蹂躏之外，又加上了日本帝国主义的残暴统治，这对于灾难深重的中国人民无异于雪上加霜。

第一，侵犯了中国的国家主权。战争期间，日、俄两国的军队在我国东北肆意残杀中国人民，掠夺财物，焚毁房屋，给东北人民造成了巨大损失。"据统计，中国人民无辜死难者达2万人，损失财产价值银6 900万两。"[③]在战争中，日、

① 参阅刘志超、关捷：《争夺与国难——甲辰日俄战争》，辽海出版社1999年版，第110页。
② 参阅日本外务省：《日本外交文书》第36卷第1册，第50号文书。
③ 刘丽君：《日俄战争对中国、日本的影响》，《闽江学院学报》2004年第3期。

俄两国均以中国民房“有碍军务”为由，轰平村庄。不仅如此，他们还到处杀人奸淫，抢占财物。俄军到辽西筹办粮草，“直入民间恫吓追迫，见民间所积粮草，辄勒令交出，或道中遇民车，亦即掳去”。① 鉴于日俄战争给中国造成的巨大损失，晚清政府要求日、俄赔偿损失。然而日本却振振有词说：“清国置满洲地方为中立地区，事实上已认可满洲为日、俄两国战场，因此断不能答应赔款的要求。”②日本的蛮横立场充分暴露出其帝国主义的侵略本质。

第二，为日本帝国主义的扩大侵华埋下了祸患。日本通过日俄战争把长春以南的东北地区纳入其势力范围，并得陇望蜀，企图霸占整个东北，为此而屡生事端，贻害无穷。清政府在日俄战争中宣示中立，暗中却联日拒俄的立场，既有两害相权取其轻的权益考虑，也有眼前自顾不暇、遑论长远的顾此失彼。

第三，促动了清政府的预备立宪。日俄战争日本打败了专制的沙皇俄国，促使一些中国人开始考虑中国实行立宪的必要性。1904 年日、俄两国宣战不久，《中外日报》就撰文称：“以日、俄之胜负为吾国政体之从违，则不为俄国之专制，必为日本之立宪。”③日本在日俄战争中的胜利使得公论更多趋向于日本的立宪政体。《立宪纪闻》对当时舆论界的反应也做出了如实记载：“及甲辰日俄战起，识者咸为之说曰：此非日俄之战，而立宪专制二政体之战也。自海陆交绥，而日无不胜，俄无不败，于是我国人民乃群起而为立宪之争，吾国士夫亦恍然知专制昏乱之国家不足容于甘祀清明之世界，于是立宪之议，主者渐多。”④经过反复权衡利弊，光绪三十二年（1906 年）七月戊申，清政府发布《仿行宪政谕旨》，宣布以“大权统于朝廷，庶政公诸舆论，以立国家万年有道之基”为原则，仿行宪政。《仿行宪政谕旨》的发表，标志着清政府“预备立宪”的开场，虽然只是作为一种预备，极不情愿，但是其作为一项国策确定下来，可见日俄战争对清政府统治当局的震动。

1911 年辛亥革命推翻了清王朝的统治，成立了以孙中山为首的南京临时政府，帝国主义采取军事威胁、外交孤立和经济封锁等手段，对革命政权施加压

① 《日俄战纪》第 14 期，商务印书馆 1905 年版，第 54 页。
② 谷寿夫：《机密日露战史》，东京原书房 1978 年版，第 683 页。
③ 《论日胜为宪政兆》，《中外日报》光绪三十一年四月十八日。
④ 荣孟源：《辛亥革命》第 4 册，上海人民出版社 1981 年版，第 4 页。

力，并帮助袁世凯篡夺了革命政权。辛亥革命的失败使得中国很快又进入了一个黑暗的军阀混战的时期。在半殖民地半封建社会的中国，军阀为了自己的私利，对外投靠帝国主义，丧心病狂地出卖民族利益，对内横征暴敛，压榨人民。帝国主义竞相争夺中国殖民地，他们根据各自的势力范围与利益，分别支持一派或几派军阀，作为维护各自在华利益的工具，从此，军阀们在帝国主义的支持下连年不断地混战。1927 年南京国民政府的成立，从形式上结束了北洋军阀的混战局面，中央政权由更替、动荡进入到了一个相对稳定的时期。

二、第一次世界大战后到中华人民共和国成立，世界格局又发生了新的变化，这些变化对中国革命的发展产生了重大影响，对中国的前途和命运也产生了很大影响

第一次世界大战结束以后，中国作为战胜国之一参加巴黎和会，为了收回丧失的主权与利益，中国代表团进行了艰苦的斗争而最后失败，代表团拒绝在和约上签字。至此，中国人民力图废除不平等条约，实现民族独立与主权完整的希望彻底落空。中国在巴黎和会上遭受的屈辱和失败，使中国人民看清了帝国主义战胜国为“和平”、“民主”和“公理”而战的面具，看透了他们对殖民地半殖民地人民的伪善以及对世界舆论的欺骗、愚弄，看穿了帝国主义的真面目，在国内引发了轰轰烈烈的五四运动，为中国人民指引了探索国富民强的新的革命道路。

作为巴黎和会中国代表团的实际主持者，顾维钧为中国代表团草拟了一项计划，主要内容是：“(1) 解决‘二十一条’和山东问题；(2) 归还租借地；(3) 取消在华领事裁判权；(4) 归还在华各地租界；(5) 撤走外国驻军；(6) 取消外国在华设立的邮电机构；(7) 恢复中国关税自主。”[①]顾维钧等人维护国家主权的活动是在十分困难的环境中进行的。一是 1915 年“二十一条”关于山东问题的条款和 1918 年山东问题的换文，为日本白占山东权益提供了口实，使中国代表团陷入被动的局面。二是英、法等国支持日本，这使得中国代表团势单力薄，孤军奋战。从日本方面看，早在一战尚未结束时，它为了夺取我国山东的主权与

① 李淑娟、杨晓梅：《略论顾维钧在巴黎和会拒签对德和约中的作用》，《北方论丛》1998 年第 2 期。

利益，长期以来处心积虑，利用第一次世界大战的时机，对德宣战，企图把德国在山东的权益占为己有，造成既成事实。同时，为了使这一事实合法化，日本一方面诱逼中国当局签订不平等条约，另一方面与英、法等列强达成秘密协定，为战后彻底占有我国山东的权益制造依据。第一次世界大战是帝国主义瓜分殖民地和重新划分势力范围的战争，目睹英、法、俄等国瓜分君士坦丁堡和达达尼尔海峡的协议成交，日本答应英国的要求支持的请求，并趁机要求英国在战后支持日本攫取山东的目的。1917 年 1 月日本本野外相召见驻日英国大使，说："帝国政府就帝国具有最大利害关系的山东省及现在占领中的赤道以北德国诸岛向敌国政府提出请求时，期待英国政府支持，希望英国政府现在予以保证。"① 英国外交大臣格雷于 2 月正式回复日本，"对于在和会之际日本提出对德国在山东省的诸权利和德属赤道以北诸岛屿的要求时希望得到（英国）支持的保证，英国政府在此表示欣然应诺之意"②，同时，"英国政府要求日本政府在和会召开时，也以同样精神欢迎英国对赤道以南德属岛屿的要求"。③ 对此，日本政府于七日后便向英国政府表示："贵国政府在和会中就德属赤道以南诸岛屿提出要求时，帝国政府也欣然以同样的精神，慨然予以支持。"④接着，日本和法国、俄国和意大利也进行了同样的秘密交易。对此，法国政府于 1917 年 3 月 1 日，俄国政府于 3 月 5 日，意大利政府于 3 月 18 日复函保证支持日本。1917 年 9 月日本政府就中国问题和美国国务卿蓝辛进行谈判，双方达成妥协。1917 年 11 月 2 日以换文的形式发表了《蓝辛—石井协定》，协议规定，"合众国承认日本国于中国有特殊之利益"，"两国政府声明，在中国经常支持所谓的门户开放和对工商业的机会均等主义"。⑤ 换句话说，美国以日本承认美国在华的机会均等为交换条件，默认了日本在山东的既得利益。1919 年 1 月 18 日巴黎和会在法国外

① 日本外务省：《日本外交文书》，大正六年第三册，第 668 号文书，日本国际联合协会 1936 年版，第 639 页。
② 日本外务省：《日本外交文书》，大正六年第三册，第 673 号文书，日本国际联合协会 1936 年版，第 644 页。
③ 日本外务省：《日本外交文书》，大正六年第三册，第 688 号文书，日本国际联合协会 1936 年版，第 660 页。
④ 日本外务省：《日本外交文书》，大正六年第三册，第 679 号文书，日本国际联合协会 1936 年版，第 655 页。
⑤ 日本外务省：《日本外交文书》，大正六年第三册，第 837 号文书，日本国际联合协会 1936 年版，第 813～817 页。

交部会议厅正式开幕，帝国主义列强都野心勃勃地希望按照自己的贪欲来瓜分战后的世界。巴黎和会关于山东问题的“四人会议”，日本全权代表列席参加，而中国作为胜利国之一的代表却被拒之门外。在会议上，英国、法国按照协定支持日本对山东的占有，美国的态度经过反复后也表示对日本的支持立场。中国代表团竭尽全力抗争，但效果甚微，虽然节节退让，却屡遭拒绝。在国内外的压力下，为了维护国家民族的根本利益，在列强云集的巴黎和会上，中国代表团拒签对德合约，再次申明了维护国家主权的原则立场。

中国代表团在巴黎和会上失败的消息传来，群情激愤，导致国内爆发了伟大的五四爱国运动。北京13所学校的3 000多名学生在天安门前集会，举行了声势浩大的示威游行。中国代表团在巴黎和会外交的失败作为导火线，掀开了中国人民彻底反帝反封建的新民主主义革命的序幕。北京的星星之火，迅速形成了燎原之势，席卷了大江南北、长城内外。5月7日，天津、上海、南京、武汉、长沙、广州、重庆等地的学生分别举行了集会和示威游行，全国20多个省份的几十万学生相继投入了五四运动的风暴之中。6月3日，中国工人阶级也投入了示威游行的队伍之中，无产阶级作为一支独立的政治力量登上了政治舞台。

五四运动是1911年辛亥革命失败以来中国社会阶级矛盾和民族矛盾日益激化的必然产物，它反映了中国长期以来积贫积弱，国力衰微，内乱纷争，四分五裂，早已沦为列强可以肆意宰割的事实。巴黎和会外交的失败在较短的时间内迅速点燃了新的反帝反封建的革命烈火，使这场运动具有了彻底的反帝反封建的历史意义，极大地提高了中华民族反对帝国主义的觉悟。陈独秀在《每周评论》中载文指出：“巴黎的和会，各国都重在本国的权利，什么公理，什么永久和平，什么威尔逊总统十四条宣言，都成了一文不值的空话。”“分赃会议，与世界永久和平、人类真正幸福，隔得不止十万八千里，非全世界的人民都站起来直接解决不可。”李大钊也愤怒地揭露：“巴黎会议所决议的事，哪一件有一丝一毫人道、正义、平和、光明的影子，哪一件不是拿着弱小民族的自由、权利，作几大强盗国家的牺牲！”①总之，中国在巴黎和会上的失败告诉人们，想摆脱“人为刀俎，我为鱼肉”的境遇，就要靠提升国家的实力。“真正的解放，不是央求人家

① 李大钊：《李大钊选集》，人民出版社1978年版，第212页。

‘网开三面’，把我们解放出来，是要靠自己的力量，抗拒冲决，使他们不得不任我们自己解放自己。不是仰赖那权威的恩典，给我们把头上的铁锁解开，是要靠自己的努力，把它打破，从那黑暗的牢狱中，打开一道光明。”①也就是说，中国只有自强于世界民族之林，才能获得独立自主与民主平等的国际地位。

五四运动以后，马克思主义在中国的传播速度进一步加快。以李大钊为代表的初步具有共产主义思想的知识分子，在十月革命和马列主义的引导下，开始站在无产阶级的立场上观察帝国主义，得出了帝国主义是强盗的结论。李大钊在《秘密外交与强盗世界》一文中明确指出：“日本所以还能拿他那侵略主义在世界上横行的原故，全因为现在的世界，还是强盗世界。那么不止夺取山东的是我们的仇敌，这强盗世界中的一切强盗团体，秘密外交这一类的一切强盗行为，都是我们的仇敌。”②中国人民的革命斗争不仅要反对日本的侵略，也要反对在其幕后支持它的一切帝国主义。由此，李大钊提出了“把这强盗世界推翻”的彻底反帝的革命性口号，这就使得中国人民对帝国主义本性的认识上升到理性层次，具有重大的历史意义。

马克思主义在中国的传播使得中国人民的解放斗争具有了世界性的意义，与世界人民的革命斗争产生了密切的互动关系。为了领导全世界人民的革命斗争，1919 年 3 月共产国际成立。1921 年，为了领导中国革命的迫切需要，中国共产党诞生了。中国共产党于 1922 年加入共产国际，成为共产国际的一个支部，得到了共产国际和苏联等革命力量的大力援助。

共产国际与中国共产党的关系几乎贯穿了中国新民主主义革命的全过程，对中国近代民主民族革命的进程产生了深远的影响。“中国共产党自 1922 年加入共产国际而成为国际的一个支部以后，同国际的关系都是上级与下级、领导与被领导的关系。中国党的主要领导人都是由共产国际提议或经国际同意的，中国党的思想理论、路线政策都是与国际有着密切不可分割的关系的。中共中央的重要决议、决策都得经过国际审批或由国际代表直接参与制定。”③共产国际对中国的民主民族革命作出了重要贡献，在一定程度上促进了马克思主

---

① 李大钊：《李大钊选集》，人民出版社 1978 年版，第 226 页。
② 同上书，第 214 页。
③ 郑德荣：《郑德荣文存》第 3 卷，辽宁人民出版社 2006 年版，第 861 页。

义的中国化，但是共产国际对中国革命也有消极方面的影响。正如《中国共产党中央委员会关于建国以来党的若干历史问题的决议》做出的基本结论所指出的那样："本世纪二十年代后期和三十年代前期在国际共产主义运动中和我们党内盛行的把马克思主义教条化、把共产国际决议和苏联经验神圣化的错误倾向，曾使中国革命几乎陷入绝境。毛泽东思想是在同这种错误倾向作斗争并深刻总结这方面的历史经验的过程中逐渐形成和发展起来的。"①总的来说，共产国际对中国革命的影响是积极的，其影响是巨大的、深刻的，它改变了中国历史发展的方向，给中国人民送来了马列主义，使中国人民找到了争取民族解放与独立的强大思想武器。十月革命的胜利使中国的爱国志士认识到俄国革命道路的正确，开始从向西方国家寻求救亡图存的道路，转而学习俄国革命胜利的经验，从而使中国人民走向了崭新的胜利，使中国的民主民族革命成为无产阶级世界革命的组成部分。

第二次世界大战结束后，代表两种完全不同制度的国家——以苏联为首的社会主义国家和以美国为首的资本主义国家，由合作走向对峙，由对峙走向对抗，两大阵营之间的对抗和斗争成为世界政治格局的主调，美、苏主宰世界的两极格局形成。第二次世界大战给全世界广大被压迫、被剥削的民族和国家带来了深重的灾难和痛苦，也极大地促进了广大亚非拉民族争取解放与独立意识的觉醒和斗争。二战中随着反法西斯联盟的建立和反法西斯战争的胜利，使得德国、意大利和日本被彻底击败，英国和法国受到严重削弱，沉重打击了帝国主义的势力，广大亚非拉地区的工农革命运动、反战运动和民族解放运动如火如荼，很多殖民地和半殖民地国家取得了民族独立，瓦解了帝国主义的殖民体系，很多国家走上了社会主义道路，社会主义和共产主义事业蓬勃发展起来。第二次世界大战的胜利，给世界工人阶级和被压迫民族的解放事业提供了更加宽阔的道路和更加现实的可能性，也坚定了毛泽东对中国走社会主义道路的决心和信心。正如毛泽东所说："第二次世界大战后，中国和许多国家得到了解放。第二次世界大战产生了两种结果：第一，产生了像中国、波兰、捷克斯洛伐克等由共

① 中共中央文献研究室：《关于建国以来党的若干历史问题的决议（注释本）》，人民出版社1983年版，第47页。

产党管事的国家；第二，像在印尼、印度、缅甸这样的许多亚非国家中，民族主义者所领导的运动使这些国家成为独立自主或接近独立自主的国家。”①面对不断发展起来的社会主义事业，出于对自身利益的考虑，以美国为首的资本主义阵营，逐渐形成了对以苏联为首的社会主义国家的冷战政策。在两大阵营严重对峙的大格局下，任何一个国家在制定政策、安全战略时都难以摆脱意识形态的影响。新中国就诞生在两大阵营的对峙环境中。美国拒绝承认中华人民共和国，反对恢复中华人民共和国在联合国的合法席位，坚持在政治上孤立、军事上打击、经济上封锁的敌对政策，企图把新生的人民政权扼杀在摇篮里。资本主义阵营的其他国家也跟在美国后面亦步亦趋。相反，以苏联为首的社会主义阵营，不仅迅速承认中华人民共和国，还与中国建立了外交关系，给予新中国各方面大力支持。以苏联为首的社会主义阵营和以美国为首的资本主义阵营对待新中国所持的不同态度，无疑对新中国所走的道路产生了巨大的影响。

从世界历史的普遍意义上看，近代时期是民族国家自我发现的时代，即通过国家之间的交往、斗争，人们的国家意识和民族意识逐渐觉醒、强化，一个个民族国家也纷纷独立。对于中华民族来说，虽然近代史写满了屈辱和血泪，但它却是民族国家自我重新发现的一个时代。漫长的封建社会，辉煌的古代文明，自适自我的生活态度，使得长期以来我们对自己的民族和国家失去了准确的定位。近代的历史变动，虽然是以一种带有很大负面效应的惨烈的方式进行的，但是毕竟在经过剧痛之后分娩出了一个新生的国家，并彻底改变了中华民族的地位和面貌。

在近代的历史巨变中，中华民族的道德生活也经过了洗礼，很多方面发生了蜕变。其根本原因也是由于我们对自己的道德观念、行为准则、人生态度、人生价值和生命境界有了新的认识和觉解，这种新的认识和觉解是与我们在世界历史进程中获得了一种广阔的价值参照有关系的，更是与中国共产党在领导中国革命过程中所进行的彻底的道德革命分不开的。中华民族赢得了新生，中华民族的道德精神获得了新的跃升。

---

① 《毛泽东文集》第 6 卷，人民出版社 1999 年版，第 411 页。

第二章

商品、资本、竞争与经济道德生活

中国近代经济道德生活总体上是在由传统自给自足的自然经济占主导地位向以交换、流动为中心的商品经济或市场经济转型的过程中开启并展现其繁复内容的，商品、资本、竞争和着帝国主义的坚船利炮裹挟而来，屈辱、痛苦与抗争、革命在其间交叠呈现，使得这一时期的经济道德生活具有矛盾尖锐、斗争复杂且发展极不平衡等特点。虽然中国早在宋元时期就已经产生了原初市民经济的因素，但是中国近代经济道德生活则不是原初市民经济的自然发展，而是伴随着外国资本主义的入侵而被强行拖入一个半殖民地半封建的社会，国家主权的丧失，民族资本自由发展的艰难，给中国近代经济道德生活以深刻的影响。诚如毛泽东所说："帝国主义列强侵略中国，在一方面促使中国封建社会解体，促使中国发生了资本主义因素，把一个封建社会变成了一个半封建社会；但是在另一方面，它们又残酷地统治了中国，把一个独立的中国变成了一个半殖民地和殖民地的中国。"[①]与此相关，封建时代自给自足的自然经济基础虽然被破坏了，但是封建剥削制度的根基即地主阶级对农民的剥削依然存在，并且同买办资本和高利贷资本的剥削结合在一起，在中国经济生活领域仍然占有突出的地位。民族资本主义虽然有了某些发展，但是由于它先天不足，后天不良，使得它并没有也不可能成为中国社会经济的主要形式或力量，它的软弱决定了它对外国帝国主义和国内封建主义的妥协与依赖。帝国主义操纵了中国的财政和经济的命脉，使得中国经济状况每况愈下，劳动人民生活更加艰难。正是这些基本状况决定了中国近代经济道德生活有着明显不同于以前或此后的独特性和复杂性。

第一节　外国资本的入侵与对传统经济道德的冲击

中国是一个历史悠久的国家，自公元前 5 世纪战国时代到 1840 年鸦片战

① 毛泽东：《中国革命和中国共产党》，《毛泽东选集》第 2 卷，人民出版社 1991 年版，第 630 页。

争，中国的封建社会经过了两千多年漫长的发展，已步入了暮气沉沉的封建社会末期。清王朝从1644年统治中国，经过顺治、康熙、雍正、乾隆一百多年的恢复，出现鼎盛气象，至18世纪末19世纪初进入嘉庆、道光时期，整个清王朝阶级矛盾越发尖锐，危机四伏，衰相尽显。中国已经远远落后于西方资本主义国家。

鸦片战争前，中国封建社会内部虽然早已孕育资本主义萌芽，但由于清王朝一直奉行重农抑商政策，禁止海外贸易，禁止私人开矿，设立关卡对流通商品层层盘剥征税，限制和阻碍了资本主义因素的生长，在整个社会经济中占统治地位的还是个体小农业和家庭作坊手工业相结合的以自给自足为特征的自然经济。所以，商品经济很不发达，长期停滞不前。当时，封建皇室、贵族、官僚大地主大肆兼并占有土地。如乾隆时期的军机大臣和珅，霸占土地80多万亩，就连他的刘姓和马姓两个管家也各占有6万余亩土地。道光年间直隶总督琦善占地达256万亩，竟是和珅占地的3倍多。土地兼并的结果是，富者田连阡陌，贫者无立锥之地，广大的农民失去土地，变成了农奴和佃户，只好租种地主的土地，地租率高达七八成。“田之归于富户者，大约十之五六，旧时有田之人，今俱为佃耕之户。”[①]除地租之外，农民还要负担繁重的劳役和缴纳高额的赋税。由于贪官污吏的横征暴敛、地主和高利贷者的重利盘剥，广大农民饱受饥寒交迫之苦，一遇灾荒，甚至流离失所，辗转沟壑，生活在水深火热之中，社会生产力遭到严重的破坏，国家的经济财政收入急剧下降。被逼而起的农民起义此起彼伏，1796年爆发的白莲教起义，1813年发生的天理教起义，还有1814年的河南捻军起义，1820年的新疆回民起义，1831年的湖南瑶民起义等，沉重地打击了清王朝的封建统治，加上西方殖民主义势力的入侵，清朝的国势从此由盛而衰，各种内忧外患纷至沓来。从鸦片战争、洋务运动、中国资产阶级改良派的百日维新到辛亥革命推翻两千多年的封建帝制、再到开天辟地的新民主主义革命，从商品贸易的出现发展、外国资本的疯狂入侵，到民族资本的兴起和衰退、官僚垄断资本的急剧膨胀，再到新民主主义革命时期土地改革和解放区大生产运动的蓬勃开展，中国的经济随着时代的巨大变迁发生着天翻地覆的变化，反映在

---

① 贺长龄主编：《清经世文编》中册，中华书局1992年版，第958页。

人们思想观念中的经济道德生活也在历史沧桑巨变中随时代一起脉动、变化、发展和前行。

外国资本主义企业属于资本主义性质的近代机器生产企业，也是中国近代所出现的最早的近代企业。它资金、技术力量雄厚，且可以利用中国廉价的雇佣劳动力和资源以及中外之间不平等的经济秩序，榨取超额利润。外国资本主义经济是适应西方列强侵略需要而在中国出现的经济形式，随着中国半殖民地化程度的逐步加深，其在中国的势力不断增强，近代前期列强纷争，英、法为先；近代后期，日、美争雄。外国资本主义经济是造成中国人民苦难、阻碍中国发展的主要因素。

中国近代由于西方资本主义的入侵，使中国不可能从封建社会的历史形态发展成为资本主义社会，而是在畸变的半殖民地半封建状态下艰难喘息爬行。反映在经济道德生活上，一方面，中国传统经济道德思想仍根深蒂固，其痕迹始终挥之不去，另一方面，中国近代的一些资产阶级学者和实业家又乐于或被迫被动地接受西方资本主义的经济道德思想，在他们的经济道德生活中，使得其于中国味之中又掺杂着一股"洋味"。从而，形成了中国近代社会转型期经济道德生活的独特形态。

一、资本主义国家武力入侵对中国经济的影响

16 世纪到 19 世纪初，中国还处于封建社会由盛而衰的更替时期，西方资本主义已经产生、发展。1640 年英国资产阶级革命标志着资本主义社会的到来。至 18 世纪，英、美、法等国都先后通过资产阶级暴力革命，推翻了封建统治，建立起资产阶级政权。资产阶级的迅速崛起，离不开其由工业革命所带来的生产力的突飞猛进，大机器生产取代了传统的手工作坊工业，使西方资本主义经济得到迅速发展。"资产阶级在它的不到一百年的阶级统治中所创造的生产力，比过去一切世代创造的全部生产力还要多，还要大。"①与此同时，西方殖民主义势力也对国外虎视眈眈，不断延扩各自的殖民统治。列宁曾一针见血地指出："资本主义如果不经常扩大其统治范围，如果不开发新的地方并把非资本主义

① 马克思、恩格斯：《共产党宣言》，《马克思恩格斯选集》第 1 卷，人民出版社 1995 年版，第 277 页。

的古老国家卷入世界经济的漩涡，它就不能存在与发展。”①殖民主义正是适应西方资本主义的发展要求而产生的，它也随着资本主义生产方式的演进而发展。殖民主义者通过军事入侵、资本入侵等各种手段的侵略，使殖民国家沦为他们所垄断的商品倾销市场、廉价的劳动力廉价原料的供应基地和自由投资市场，加大对当地人民的剥削、掠夺和压迫、奴役，给传统的经济道德生活带来极大的冲击。

西方资本主义的资本入侵是伴随着资本主义国家武力入侵而来的。西方资本主义延扩其殖民范围从来就是恃强凌弱、以血腥暴力乃至残酷战争为主要手段。19世纪初，英国在基本完成工业革命后，为了对外扩张，掠夺殖民地，扩大商品销售市场，就开始了野心勃勃的对外侵略，在接连挫败了16世纪、17世纪称霸海上的葡萄牙、西班牙、荷兰后，成为“海上霸主”，在美洲、非洲、亚洲、大洋洲建立了号称“日不落”的殖民大帝国。法国在18世纪推翻了封建统治，建立了资产阶级政权，为资本主义的发展扫清了道路。美国经过独立战争以后，资本主义经济也有了一定的发展。沙皇俄国是一个富于侵略性的封建帝国，也是最早侵略中国的强盗之一。之所以西方资本主义列强的武力入侵能够长驱直入，给中华民族和人民带来深重灾难，一方面是资本扩张侵略的本性所决定；另一方面则是由于腐朽的封建王朝长期的闭关锁国、妄自尊大，对世界科学技术的发展，对世界形势的变化浑浑噩噩，一无所知，所以在外敌的坚船利炮之下只得被动挨打，屈辱投降。

1. 清初的闭关锁国酿成落后挨打的厄运

清初，为了抵拒欧洲殖民者、商人、冒险家不断在我国东南沿海进行海盗式活动，对外采取闭关锁国的政策。在平定“三藩”之乱后，康熙皇帝开始允许中国商民装载500石以下的船只出海捕鱼、贸易，并指定了广州、漳州、宁波、云台山四处为外商来华通商口岸，设关收税，给严实的关门开了一道小小的缝，从此大批中国商船远航到日本、南洋，外国的商船也纷纷来到中国沿海互市交易。海外贸易的发展不仅给中国带来了丰厚的利润，也促进了沿海地区社会经济的发展。但1717年清政府担心内地反抗力量与海外势力联合反清，又下禁海令。

① 《列宁全集》第3卷，人民出版社1984年版，第547页。

1757年，清廷以洋商所到之处，容易败坏当地风俗民情、滋扰闹事为由，关闭了广州以外的各口岸，只留下广州一地为通商口岸，并规定进出口贸易只能由清政府特许的“十三行”商人居间经办。外商只准在广州商馆居住，不得任意外出行动。1792年英国资本主义为了开辟国外资本市场，打开中国闭关自守的大门和改变英国对外贸易逆差的不利地位，英王乔治三世以补贺乾隆皇帝八十大寿为名，派遣马嘎尔尼率团来北京，提出开放宁波、舟山和天津为通商口岸，减免关税等要求，遭到了乾隆皇帝的断然回绝，在乾隆皇帝给乔治三世的复信中竟称“天朝物产丰盈，无所不有，原不藉外夷货物，以通有无”。只是表示“体恤”外国，才没有完全禁止通商。这种闭关锁国政策的影响与后果是十分严重的，尽管起到了一定的民族自卫作用，但却使中国长期处于闭目塞听的自我封锁的小天地里，影响了中国对外经济文化和科学技术的交流，不利于中国经济生产和商品贸易的发展；同时，更助长了当朝统治者的愚昧无知、妄自尊大和盲目排外，束缚了中国社会的进步。年代愈久，与国外差距愈大，终至酿成近代中国落后挨打的厄运。

2. 鸦片战争启开中华民族深重苦难的屈辱史

英国资本主义处心积虑想打开中国这个理想的市场，遭到了闭关政策的顽强拒斥。18世纪末，在多次碰壁后，他们终于找到了一种特殊的商品——鸦片。通过以走私鸦片作为牟取暴利和改变贸易逆差的方式，强迫其殖民地印度种植鸦片，再由英国东印度公司垄断收购、加工，然后走私到中国贩卖。至19世纪30年代，英国鸦片走私每年已达34万箱，从中国掠走了3亿至4亿银元。鸦片走私使英国商人和资本家获得了惊人的暴利，而且，英国殖民政府通过征收鸦片税及进出口税也获得了巨大的收入。英国的鸦片走私不仅造成了中国白银大量外流和财政危机，还导致银贵钱贱，加重了劳动人民的负担；更可怕的是，直接残害了中国人的体魄，摧垮了中国人的精神。马克思愤怒地谴责“非法的鸦片贸易年年靠摧残人命和败坏道德来填满英国国库……”[①]鸦片的输入遭到了中国人民的强烈反对和奋起反抗。1839年6月，钦差大臣林则徐在广东虎门收缴并销毁了英国等国不法商人运来的2万多箱鸦片。虎门销烟完全是维护中国国家利益和民族尊严的正义之举。针对中国的禁烟，英国议会下院于1840

① 马克思：《英人在华的残暴行动》，《马克思恩格斯选集》第1卷，人民出版社1995年版，第704页。

年4月通过了对华作战的决定；6月，英军封锁珠江海口和广东海面，先后进犯福建、浙江、江苏等地，并陈兵天津大沽口；最后在1842年夏闯进长江下游，从上海一直打到南京江面。英军从登上中国土地的那一刻起就肆行暴虐，烧杀抢夺，无恶不作。如1840年7月，英军首次攻占舟山、定海后，“暴力地闯入每一幢房子，劫掠每一只箱箧”。① 1841年5月，英军闯进珠江内河，围困广州城期间，周围“被火者不下千余家，难民提男挈女，号呼之声，遍于道路”②。除在江面上英军“拦截搜船”，又一日之内，妇女等“辱污而死及被逆劫去者共计一百数十口”。③ 腐败清王朝统治下的落后中国敌不过新兴的且有200多年殖民经验的船坚炮利的资本主义强国。鸦片战争及战后英、美、法等西方国家迫使清政府签下了《南京条约》、《虎门条约》、《中美望厦条约》等第一批一系列丧权辱国的不平等条约，它们使当时世界上最先进的几个资本主义强国开始踏上了中国国土，使中国主权遭到破坏，开始了沉沦与上升并存，传统与近代纠结，苦难与抗争相伴的极其复杂的矛盾运动。这些条约中出现的割地、赔款、开放通商口岸、协定关税、片面最惠国待遇等，成了以后历次签订不平等条约效仿的基本模式。这是中华民族陷入深重苦难的开端。

3. 资本主义列强对中华财富的大肆掠夺

从19世纪40年代起，外国商人在中国通商口岸非法开办了一批船坞和工厂，外商企业在华兴起。19世纪60年代起至19世纪末20世纪初，逐步控制了中国经济命脉。《马关条约》中允许日本在通商口岸设立工厂，从而使外国在华投资设厂取得合法地位；19世纪末，帝国主义大规模在华进行资本输出，抢夺路权矿权，开设银行，办工厂，外国资本在华势力不断增加。

1856至1860年间的第二次鸦片战争的结果是清王朝与俄、美、英、法四国签订《天津条约》，并与英、法、俄签订《北京条约》。在这次战争中，西方列强充分暴露其强盗本性，最令人发指的就是火烧圆明园。被称为万园之园的圆明园是北京西北郊的清朝别宫，始建于1709年，综中西园林之美，聚无数珍宝和稀世文献典籍，侵略者初见无不目乱神迷，惊叹其为“世界最宏伟美丽的宫殿”。

① 古柏尔：《殖民地保护国新历史》上卷第2册，新中国书局1949年版，第261页。
② 中国近代史资料丛刊：《鸦片战争》第3册，神州国光社1954年版，第498页。
③ 广东文史研究馆编：《三元里人民抗英斗争史料》(修订本)，中华书局1978年版，第66页。

可是英法联军竟纵兵抢掠，据当时《泰晤士报》随军记者称，“被劫掠和被破坏的财产，总值超过了六百万镑”。为掩盖滔天罪行，联军统帅额尔金最后下令将圆明园“予以荡平”。三天的大火，将圆明园化为断壁残垣，给中华民族割开了一道永不能抚平的伤口。当时并没参战的俄国，也兵不血刃地取得了与英、美、法并驾齐驱甚至凌驾其上的诸多权益。

中法战争和中日甲午战争的结果，使中国既败于西方资本主义大国，又辱于东方“蕞尔小国”日本。1895 年 4 月《马关条约》所提的割地、赔款等苛刻要求，其胃口大大超过之前西方列强，举世震惊。《马关条约》使日本跻身于列强行列，其在条约中提出的“日本臣民得在中国通商口岸城邑任便从事各项工艺制造”的要求，反映了列强向中国输出资本的强烈愿望。中国在甲午战争失败之时，也正是帝国主义瓜分世界浪潮涌起之际。西方列强纷纷在华抢占租借地，划分势力范围，中国陷入空前深重的民族危机。20 世纪初，八国联军以遏制黄祸为名，联合发动侵华战争。八国联军在整个侵略战争中，烧杀抢掠，无恶不作。故宫、颐和园、中南海等处的奇珍异宝，清政府国库中的数百万两白银，天文台的古铜仪器，翰林院的《永乐大典》等数以万计的珍本图书，都被外国强盗们劫掠一空，一般民家被抢去的财物更是无法统计。① 最后，清政府彻底屈服，与俄、英、美等 11 国签订了丧权辱国《辛丑条约》。此条约仅要求中国赔款数目本息就高达 9.8 亿元之巨，这是对中国的一次空前掠夺。从 1895 至 1915 年，日本一直就觊觎着中国，它利用当时特殊的国际形势，动荡的中国时局和后来袁世凯称帝的野心，提出“二十一条”，并于 1915 年签订了《中日民四条约》，充分暴露了其独霸中国的企图，预示着中、日之间更大的冲突将不可避免。

通过侵华战争和一系列不平等条约的签订，西方资本主义国家攫取了开辟通商口岸、协定关税、沿海贸易、内河航运、内地通商，在租界地、口岸开办工厂等特权，使中国日益沉沦，陷入了半殖民地半封建社会的深渊。

二、外国资本入侵对中国经济的冲击

鸦片战争以后，中国的社会经济发生了重大变化。西方资本主义列强对中

---

① 参阅中国科学院历史研究所第三所编：《庚子记事》，科学出版社 1959 年版，第 392 页。

国的侵略给中国经济社会造成了巨大破坏，侵略者的烧杀抢掠和转嫁到人民头上的巨额赔款“补偿”，造成了人民生命财产的巨大损失。战争的动荡使民失其时、流离失所，无法正常从事生产、经营活动，社会生活呈现出巨大的震荡。

1. 巨额的战争赔款“补偿”加重了人民的经济负担

巨额的战争赔款“补偿”，极大地增加了中国的财政困难和人民的经济负担，影响了正常的经济运转，无法进行正常的生产和扩大再生产，直接破坏了和阻碍了中国经济的发展。比如《马关条约》，日本强迫中国赔款 2 亿两白银，再加上“赎辽费”3 000 万两，威海卫日军“守备费”150 万两，共 23 150 万两，相当于清政府三年的财政总收入。据统计，从鸦片战争到清王朝灭亡，中国对外赔款共计 13 亿多两白银，这比 1894 年甲午战争前清政府十年的财政收入总和还多 4 亿两。清政府不得不将财政收入的相当一部分用于赔款，同时，又更变本加厉地向人民横征暴敛，致使人民生活更加困苦。赔偿也使得清政府无力投资近代新式工业。如果用近代 13 亿多两白银赔款办工厂，像江南制造总局那样规模的可办 2 400 个，汉阳铁厂那样的规模可办 220 多个。①

2. 商品贸易等方面的不平等竞争加剧了自然经济的解体

不平等条约的签订赋予了资本主义列强的特权，造成了中外之间在商品贸易等方面处于不平等竞争局面。关税自主权是国家的重要经济主权。1842 年《南京条约》规定，英国商人进出口货物税率，清政府均宜“秉公议定则例”。1858 年《天津条约》还规定，外国商船可以自由在各通商口岸转口，其商品不需要重新课税，洋货只要在海关交纳 2.5%的子口税就可以在中国内地通行无阻。而中国商品要经“逢关抽税、过卡抽厘”的厘卡加税。这样导致了中外商品的不平等竞争，从而使得外国廉价的商品在中国市场上大量倾销，排挤了中国的工业品和手工业产品，获得高额利润。关税协定使得中国海关不仅不能抵制外国商品倾销，保护民族工业和民族经济的发展，反而演化为外国对中国进行经济侵略、操控中国财政的重要工具。西方资本主义国家还直接在中国的“条约通商口岸”开设洋行来开辟市场，进行垄断性的进出口贸易，推销棉纺织品之类的西方工业品，出口中国原料。这些所谓的“通商关系”，其实质“就是马克思、恩

① 参阅武吉庆主编：《中国近代史》，高等教育出版社 1999 年版，第 4 页。

格斯在《共产党宣言》(1848 年)中所说的西方资产阶级按照自己的面貌用恐怖的方法去改造世界”。[1] 至 19 世纪 90 年代,这类洋行多达 500 多家。其中规模较大的有英国的怡和洋行、太古洋行、沙逊洋行,美国的旗昌洋行,德国的礼和洋行。这些洋行成了西方资本主义国家对华输出资本的基地,在贸易活动中,在破坏中国关税主权和海关行政权的基础上,根据本国市场需求和他们在中西贸易中的各种有利条件,左右了中国的出口货物的数量和价格。中国的一些较大的商人在外资的强大压力下,相继破产,中国的商人资本不得不仰承外国资本的鼻息,为资本主义侵略者推销商品和掠夺原料服务。就这样,列强运用挤垮中国某些商业、凭借雄厚财力操纵中国一些钱庄等手段,从中牟取利润,并逐步取得了对中国商业网络的支配地位。[2]

西方资本主义国家自从在中国取得沿海和内河航行权以后,陆续在上海、天津等地建立轮船运输公司,其中规模较大的,如美国的旗昌轮船公司,英国的会德丰洋行、上海拖驳公司、大沽驳船公司,俄国的黑龙江贸易轮船公司。在 1872 年轮船招商局成立之前,中国没有自己的轮船运输业,招商局成立以后中国的轮船运输业发展缓慢。所以,西方资本主义一直垄断着中国的航运业。这不仅排挤了中国航运业的发展,更大大地便利了外国商品倾销和原料掠夺。西方资本主义侵略者利用不平等条约的特权,通过他们培养的买办和他们所建立的商业高利贷剥削网,他们的商品运销到中国的繁华都市、穷乡僻壤,又从中国的穷乡僻壤收购农产品。半殖民地半封建社会的中国逐渐成为资本主义各国工业品的市场和工业原料的供应地。

1880 年前后中外进出口贸易总额都呈迅速增加之势,半殖民地半封建的中国已经被卷入资本主义世界市场,中国从出超变为入超,而且入超额连年增加。1890 至 1894 年,每年平均入超额达 770 余万海关两。这说明了中国封建的自然经济遭到了严重的破坏。人们需要越来越多的西方资本主义国家运来的工业品,为了购买工业品,人们被迫廉价出售农产品和工业原料。比如,中国出口货物,原以茶叶、生丝等农产品为大宗,棉花、大豆等出口较少;中法战争后,茶

① 毛泽东:《唯心历史观的破产》,《毛泽东选集》第 4 卷,人民出版社 1991 年版,第 1513 页。
② 参阅胡德坤主编:《中国近代史纲要》,武汉大学出版社 2005 年版,第 27 页。

叶出口数量逐渐减少，生丝增加数量不多，大豆和棉花出口量迅速增长。其原因是，印度、日本茶叶在世界市场上排挤了中国茶。而中国对东北的开发和对豆类出口的解禁，使得中国大豆输出迅速增加。日本棉纺业的快速发展使得中国棉花原料的出口量大大增加。中国生产原料的出口，几乎全部由外商所操控，服务于世界资本主义市场。在生产原料低价掠夺的同时，外国的工业品纷纷涌入中国市场。“洋布、洋纱、洋花边、洋袜、洋巾入中国，而女红失业；煤油、洋烛、洋电灯入中国，而东南数省之柏树皆弃为不材；洋铁、洋针、洋钉入中国，而业冶者多无事投闲，此为大者。尚有小者，不胜枚举。所以然者，外国用机制，故工致而价廉，且成功亦易；中国用人工，故工笨而价费，且成功亦难。华人生计，皆为所夺矣。”[①]由于英国、印度、日本棉纱入口增多，江苏、浙江、湖南等地的纺织工业开始衰落，有些地方用洋纱作经线来织布，纯土纱织成的布匹销路越来越小，甚至有的地方出现停织土布的现象。随着国外棉织品的大量输入，东南沿海地区的纺织业纷纷破产。洋布以其物美价廉的优势打入中国市场，土布无法与之竞争，销路不畅，生产萧条。在厦门“今自夷人来厦开市……兼运洋布、洋棉，其物充积于厦口，内地之商贩，皆从厦运入各府销变，其质既美，其价复廉，民间之买洋布、洋棉者，十室而九，由是江浙之棉、布不复畅销，商人多不贩运，而闽产之土布、土棉，遂亦因之壅滞，不能出口”。[②] 上海开埠后，盛产棉布的松江和太仓，因“近日洋布大行，价才当梭布三分之一”，而出现“无纱可纺，松、太布市，消减大半”情形。上海嘉定“往日匹夫匹妇，五口之家，日织一匹，赢钱百文。自洋布盛行，土布日贱，计其所赢，仅得往日之半耳”。[③] 一部分手工业还购买外国材料进行加工。中国几千年来自给自足的自然经济受到严重破坏，大批的手工业者和农民失业破产。

3. 西方资本主义国家在华强行投资操纵中国经济命脉

西方资本主义国家对中国经济的入侵，以商品输出为主，但也开始了对中国的资本输出，利用中国的廉价原料和劳动力，建立工厂，开办银行，垄断铁路和航运。为了倾销本国工业商品和掠夺廉价原料，西方资本主义国家从 19 世

---

① 郑观应：《盛世危言》卷七，第二 O 卷。
② 彭泽益：《中国近代手工业史资料》第 1 卷，第 494 页。
③ 李文治：《中国近代农业史资料》第 1 辑，三联书店 1957 年版，第 503 页。

纪60年代开始，在中国设立轮船公司，并开办一些大型船舶修行厂，如柯拜船坞、香港黄埔船坞分司、祥生船厂、耶松船厂等。除此之外，还在中国开办了一些加工企业，如砖茶厂、机器缫丝厂、蛋粉厂、制糖厂等，主要是为了便于运载出口而在中国进行的一些初步加工工业。另外还有一些小规模的轻工业，如面粉厂、制药厂、制冰厂、火柴厂、造纸厂、酿酒厂和卷烟厂等。1895年以前，外国资本在中国设立的工厂总数有100多家；1895年以后，由于《马关条约》规定允许外国资本在中国办工厂，外国资本家争先恐后地涌向中国投资。1895至1913年间新设立的外资大型厂矿就有130多家。1913年，外国资本占机械采煤投资总额的79.6%，占新式采铁和冶金与冶铁工厂投资的100%，并且控制了41.2%的纱锭与49.6%的布机。这些厂矿企业，以英国最多，其次是日本、德国、俄国、美国。外国资本家所经营的工厂资本雄厚，规模庞大，技术先进，民族资本家根本无力与之竞争。

中国的现代交通业也被西方资本主义列强牢牢掌控着。境内的绝大部分铁路都由外国资本经营。1911年，全国9 618.1公里铁路中，由外国控制的达8 952.5公里，占93.1%。而中国自主修筑的铁路只有665.6公里，仅占6.9%。中国沿海及内河的主要航道的航运业也被国外势力所把控。据海关数据，在各通商口岸进出的中外轮船的总吨位中，1877年，中国占36.7%，外国占63.3%。到1907年，中国只占15.6%，外国占了84.4%。1911年长江航线轮船吨位中，外资的太古、怡和、日清三个轮船公司就占了83.8%，而中国的轮船招商局仅占16.2%。至于远洋航线，几乎全部为外国轮船公司所垄断。①

外国资本侵入的另一种方式，就是在中国设立银行。这是它们对中国进行资本输出的枢纽。自从1843年英国在上海开设东方银行分行后，1854年和1857年又相继设立上海有利银行分行和麦加利银行分行。1864年在香港成立汇丰银行。以后相继有德国德华银行、日本横滨正金银行、俄国华俄道胜银行、法国东方汇理银行、美国花旗银行等纷纷在中国建立或开设分行。这些银行在中国经营国际汇兑，发行纸币，进行商业投机，发行高利贷，操纵汇价，投资工业铁路矿山等。它们凭借各种特权和雄厚的金融实力，攫取极高的利润，扼住中

① 参阅《中国近现代史纲要》，高等教育出版社2013年版，第27页。

国财政金融的咽喉，成为列强对华经济入侵的中心阵地。

三、传统经济道德生活受到了严重的冲击

中国在两千多年漫长的封建社会中，一直保持着农业与家庭手工业主要是手工纺织业相结合的自给自足的自然经济结构。到了明清时期，沿海经济水平发展最高的长江三角洲和珠江三角洲一带，慢慢地开始了初期资本主义的萌芽，出现了分工较细的手工业作坊，有了通过借贷、预付原料、供应生产工具的包买商，出卖体力的劳动工人等。但这些还远达不到催生资本主义生产关系的程度。传统的经济道德生活基础依然十分牢固。

鸦片战争撬开了中国尘封的闭关锁国的沉重大门，随着西方资本主义国家资本的不断入侵，社会的经济结构在慢慢地发生质的变化，自然经济在西方资本的浪涛冲刷下逐渐解体。在谈到国外资本入侵的罪恶时，马克思认为“完全是卑鄙的利益所驱使”，对被入侵国经济社会造成了极大的灾难；同时他又说，“不列颠的蒸汽机和科学在印度斯坦全境彻底地摧毁了农业和制造业的结合”。① 这些分析同样适合外国资本侵华导致中国传统经济结构的变化。毛泽东指出：“外国资本主义对于中国的社会经济起了很大的分解作用，一方面破坏了中国自给自足的自然经济的基础，破坏了城市的手工业和农民的家庭手工业；又一方面，则促进了中国城乡商品经济的发展。这些情形，不仅对中国封建经济的基础起了解体的作用，同时又给中国资本主义生产的发展造成了某些客观的条件和可能。因为自然经济的破坏，给资本主义造成了商品的市场，而大量农民和手工业者的破产，又给资本主义造成了劳动力的市场。”②经济关系的变化必然引起道德关系的变化。“一切以往的道德论，归根结底是当时的社会经济状况的产物。”③受国外资本入侵而导致社会经济状况发生的变化，也同时反映到了当时人们的经济道德生活当中。

中国几千年延续的小农经济及根深蒂固的封建宗法社会一直以来把封建传统道德等同于天命权威，窒息着人的自由意识，钳制着人的思想。1840 年鸦

---

① 马克思：《不列颠在印度的统治》，《马克思恩格斯选集》第 1 卷，人民出版社 1955 年版，第 764 页。
② 毛泽东：《中国革命和中国共产党》，《毛泽东选集》第 2 卷，人民出版社 1991 年版，第 626～627 页。
③ 《马克思恩格斯选集》第 3 卷，人民出版社 1995 年版，第 435 页。

片战争的失败，独立的中国沦为半殖民地半封建社会的中国。国家的沉沦、民族的苦难极大地改变了传统的经济道德生活，很多爱国仁人志士也在为新经济道德生活问题而上下求索。

1. 重农轻商的意识发生改变

在某一个时空点上的一定社会的经济道德生活是相对稳定静止的，但是历时性的经济道德生活会在国内外政治、经济、文化和科学技术等诸多因素的相互作用下，以力的平行四边形合力的方式或快或慢、或深或浅地发生方向性的历史变迁。中国自古就是一个农业大国，自汉代以来，儒家的重农抑商的政治传统与贱工轻商的社会风气，一直深深扎根在中国农耕文化的深厚土壤中。中国传统的职业，士、农、工、商四种，本不应有所轩轾，但是在人们固有的价值观念中，从事工商业者居社会末流，在政治上毫无地位可言。随着明末清初资本主义的嫩幼萌芽的出现和西方资本主义的入侵，一部分具有经世之才的思想家，开始意识到商业对于国计民生的重要性，从而对商业资本的发展采取欢迎和扶持的态度。清朝重臣包世臣认为"给有无者商"，商业在国计民生中具有举足轻重的重要地位。他认为："夫无农则无食，无工则无用，无商则不给，三者缺一，则人莫能生也。"①这是对传统"重农轻商"思想的否定。并且他认为农与工的地位一样重要，相互依存，"利害倚伏，相待以发"。因此，他主张积极发展工商业，发挥商人在社会经济生活中的作用，将其视为"千古治法之宗"和"子孙万代之计"，只有"本末皆富，则家给人足，猝遇水旱，不能为灾"。② 包世臣强调"本末皆富"是对儒家"抑商"思想的否定，实际上具有鲜明的时代特征，是 19 世纪前期中国社会经济的发展在思想道德领域的客观反映。

魏源在鸦片战争失败后认为，不仅要在科学技术等方面"师夷长技以制夷"，在经济上同样也要向西方资本主义国家学习，和其他人谈与外商贸易胆惊色变相反，他大声疾呼，告诫人们："激变绝不由缴烟，而由于停贸易明也！"中国应该扩大进出口贸易，在贸易中给外商减免税收、裁除浮费等优惠，进行正常贸易，"以补鸦片旧额，此外铅、铁、硝、布等有益于中国之物，亦可多运多销"。③ 肯

① 包世臣：《庚辰杂著四》，《安吴四种》卷三。
② 包世臣：《庚辰杂著二》，《安吴四种》卷二六。
③ 魏源：《海国图志·筹海篇》(四)。

定了积极与外商进行贸易的重要性。王韬在游历香港、英国后对资本主义有了更直观透彻的了解，他认为接受和学习西方技术，其实是“富强之末”，而富强之本却是西方的经济、政治制度，这是中国最难学的。中国要富强必须举起重商大旗，先抛弃重农抑商的传统观念。他指出，西方“恃商以为国本”，“英之国计民生全恃乎商，而其利悉出自航海”。[①] 王韬把商业的概念大大地扩大延展，认为不仅货物贸易是商业，而且还几乎包含了他所知道的所有西方的新式工矿及交通运输业。他认为：“西人自入中国以来，所有良法美意足以供我观摩取益者，指不胜屈。”只要认真仿效，这些行业都能“兴大利”，“诸利既兴，而中国不富强者，未之有也”。[②] 他所提出的发展工商业以求富国的思想无疑是正确的，这一思想也由郑观应以更明确的“商战”号召，激励着一大批思想家和实业家为寻找中国的富强之路而努力奋斗。

2. 竞争意识与传统中庸道德观激烈碰撞

竞争，是近代西方资本主义在自由竞争阶段发展中的一种新机制，它为资本主义的前进注入了生机活力，促进了资本主义经济和科学技术的发展。也是因为竞争的需要，西方资本主义国家将贪婪的眼睛盯向了海外市场，成为西方列强扩张殖民地的内生动力。鸦片战争以后，中国被动地卷入了世界列强竞争的国际环境的漩涡之中。睁眼看世界的先进的中国知识分子为了拯救处于苦难深渊的中华民族，反对列强侵华和改革本国弊政，通过翻译传播达尔文的进化论思想，将竞争的观念引入国内，并使之迅速地代替了中庸之道，试图唤起全体中国人的爱国救亡运动的紧迫意识。“它同封建主义的和谐、持中、仁爱的观念发生了碰撞，从碰撞中驾驭着社会道德哲学的变革，传统的‘极高明道中庸’的观念发生了裂变。”[③]

1859 年，达尔文的《物种起源》发表，“物竞天择，适者生存”的生物进化论观念震惊了整个世界。“自然选择”理论的创立，揭示了“自然淘汰”和“生存斗争”是自然万物存之于世的不二法则。此说一出，遭到了神造论、物种不变论的强烈反对。达尔文思想的忠实捍卫者赫胥黎著了《进化论与伦理学》来回击反对

---

① 王韬：《弢园文录外编》卷四。
② 王韬：《弢园文录外编》卷二。
③ 吴熙钊：《中国近代道德启蒙》，吉林文史出版社 1990 年版，第 47 页。

者对达尔文进化论的攻击。1896 年,严复见到赫胥黎著作大为赞同,认为:“赫胥黎氏此书之旨,本以救斯宾塞任天为治之末流,其中所论,与吾古人有甚合者。且于自强保种之事,反复三致意焉。”①于是将此书以《天演论》为名译介到中国。《天演论》给中国人带来了“物竞”、“天择”的新观念。他以“竞争”为标尺,对中国封建社会与西方资本主义国家进行比较,发现当时的中国各种机制,无论是经济、政治,还是文化、道德,都远远落后于西方。他指出:“尝谓中西事理,其最不同而断乎不可合者,莫大于中之人好古而忽今,西之人力今以胜古;中之人以一治一乱、一盛一衰为天行人事之自然,西之人以日进无疆,既盛不可复衰,既治不可复乱,为学术政化之极则。”②正是由于中国在西方资本入侵下的重重危机,“生存竞争”激发了人们对传统的和谐中庸生存之道的深刻反思。处于危亡之期,中国何去何从?只有竞争,通过竞争在资本主义列强的包围中杀开一条血路,才能救得中华民族的生存。所以,“竞争”使先进的中国人自觉扬弃了几千年来一以贯之的和谐、持中、定安的中庸传统道德价值,促进了洋务运动、资产阶级维新变法和辛亥革命。

3. “均平”意识成为经济道德价值的理想取向

先秦儒家把“不患寡而患不均”作为治国平天下的最高道德理想取向。孔子指出:“有国有家者,不患寡而患不均;不患贫而患不安。盖均无贫,和无寡,安无倾。”③“均”就是“均平”,在经济上、在物质利益的获取上机会平均、数量均等。“均”在古代儒家思想中被视为社会和谐稳定的前提和基础。这一“均平”思想,在《礼运》中有具体的设计:“大道之行,天下为公,选贤与能,讲信修睦,故人不独亲其亲,不独子其子……货恶弃于地也,不必藏于己;力恶其不出于身也,不必为己。是故谋闭而不兴,盗贼乱而不作,故外户而不闭,是谓大同。”④这就是大同理想社会。在自给自足、没有竞争的小农自然经济社会,这种均等和谐的大同理想是一种极高明的道德律令,给人们服从不平等的社会现实以幻想、以慰藉。所以后来历代的农民起义都将“均平”作为号召人们反抗的口号。

---

① 严复:《天演论》自序。
② 严复:《论世变之亟》,1895 年 2 月 4 日天津《直报》。王栻主编《严复集》,中华书局 1986 年版,第 1 页。
③ 《论语·季氏篇》。
④ 《礼记·礼运篇》。

从宋代农民起义的“均贫富、等贵贱”，至李自成起义提出的“均田、免赋”都反映了这一理想价值取向。

鸦片战争以后，随着资本主义列强的入侵，新旧更为复杂的各种社会矛盾交织在一起，社会不公的现象更为突显。尽管“均平”的理想在以往历次农民起义中只是一个美丽的泡影，但是“均平”仍旧是近代农民起义和民主革命者的理想追求方向。从龚自珍的《平均篇》，洪秀全的《天朝田亩制度》，无政府主义的“均力说”，康有为的“大同主义”，到孙中山的中国同盟会纲领及“互助社会主义”思想，都以“均平”作为理想的经济政治道德生活价值取向，并不断作出创新。

推动太平天国革命爆发的根本原因，是鸦片战争给中国人民带来的深重苦难，是外国资本入侵带来的巨大冲击，是清王朝日益腐败的暴虐统治所致。1853年颁布的太平天国建国纲领《天朝田亩制度》，以废除封建土地所有制为核心，内容包括政治、经济、军事和社会生活各方面。目标就是建立一个“有田同耕，有饭同食，有衣同穿，有钱同使，无处不均匀，无人不饱暖”的理想社会。其按人口平均分配土地给农民耕种和享有劳动成果的制度，第一次把长期以来广大贫苦农民反封建反剥削的强烈愿望和获得土地的迫切要求化为具体的政策措施，把历史上农民起义提出的“均贫富、等贵贱”、“均田免赋”思想发展到前所未有的高度。列宁曾指出：“在反对旧专制制度的斗争中，特别是反对旧农奴主大土地占有制的斗争中，平等思想是最革命的思想。农民小资产阶级的平等思想是正当的和进步的，因为它反映了反封建反农奴制的不平等现象的斗争。”①尽管这种土地分配制度所体现的绝对平均主义思想，在当时的社会历史条件下是不可能实现的，正如毛泽东所分析的，“绝对平均主义的来源，和政治上的极端民主化一样，是手工业和小农经济的产物”，“只是农民小资产者的一种幻想”，但是，在客观上具有鲜明的反封建性，有利于为资本主义的产生和发展开辟道路。

康有为在他的《大同书》中描绘一个大同社会的理想经济道德生活画面。在这个理想国里，没有私有产业，人人都有工作，没有贫富差别。“举天下之田

---

① 《列宁全集》第13卷，人民出版社1984年版，第217页。

地皆为公有，人无得私有而私买卖之。”“使天下之工必尽归于公，凡百工大小之制造厂、铁道、轮船皆归焉，不许有独人之私业矣。”[①]同时，他还认为这个空想社会没有设立邦国和君主，人与人没有阶级上的不平等，只有职业分工的选择不同，“无邦国故无有军法之重律，无君主则无有犯上作乱之悖事”[②]，“太平之世不立刑，但有各职业之规则”。所以全社会“无复有窃盗、骗劫、赃私、欺隐、诈伪、偷漏、恐吓、科敛、占夺、强索、匿逃、赌博乃至杀人谋财之事”。[③] 他的大同社会经济道德生活图景使人看到了柏拉图《理想国》的许多影子，尽管充满空想色彩，但也反映了当时早期资产阶级改良启蒙思想家们对迫切要求改变经济道德生活现状的强烈愿望，对当时的社会状况来说，还是有进步意义的。

西方近代资本主义工业文明，因先进科学技术的发展和运用而创造了巨额的经济财富，但各国的财富巨额的积累并没有成功地解决民生问题。财富日益积聚在极少数大资本家手中，广大的民众还是处于极度贫困状态。富者愈富、穷者更穷是近代资本主义工业文明之下的一大奇观。为尽力防止这一情况的出现，章太炎认为，国家要运用合适的政策手段进行干预，“抑富强、振贫弱”，其具体方法是“均配土田”、“官立工场”、“限制相续”等。比如“均配土田”，他主张：“田不自耕植者不得有，牧不自驱者不得有，山林场圃不自树艺者不得有，盐田池井不自煮暴者不得有，旷土不建筑穿治者不得有，不使枭雄拥地以自殖也。”[④]避免包括田地在内的自然资源由于占有的严重不均而导致过度贫富两极分化，让劳动者利用开发中国丰富的自然资源，促进经济生产的发展。通过“官立工场”，使“使役佣于商人者，穷则有所归也”。[⑤] 利用官立工场的途径来吸引民众参与生产，从而改变私营企业中劳动者的贫穷状况。而“限制相续”，主要是对于家族的财产的继承，他也提出了自己的主张：“认遗产相续税，凡家主没后，所遗财产与其子弟者，当依其所遗之数抽税。”通过这些措施，以期达以使社会分配均平，确保国民财富在快速增长的同时，成功地解决好民生问题，使中国免蹈西方式的近代大生产覆辙。通观章太炎的经济思想，他是将“人”放在其视

---

① 康有为：《大同书》，第 246 页。
② 同上书，第 193 页。
③ 同上书，第 280 页。
④ 章太炎：《代议然否论》，《章太炎政论选集》（上）。
⑤ 同上。

角的中心来处理生产增长，即生产增长是为了更多人的分配均等，为着更多数人的幸福而考虑。这是他对生产业已发达的欧美社会出现严重弊病，结合中国传统经济结构在外国资本入侵新格局所出现的客观经济现状分析后所作思考的结果。

孙中山在《三民主义》中提出要“平均地权”，实质就是要使农民摆脱现实中受剥削和压迫的境遇，在经济上争取平等的权利。他说：“中国的人口，农民是占大多数，至少有八九成，但是他们由很辛苦勤劳得来的粮食，被地主夺去大半，自己得到手的几乎不能够自养，这是很不公平的。”所以，他主张让耕者有其田，这样更能激起农民生产和创造财富的积极性。“假若耕田所得的粮食，完全归到农民，农民一定是更高兴去耕田。大家高兴去耕田，便可以多得生产。”而且，通过分配的公平实现农民权利的平等。“一则土地归为公有，一则资本归为公有。于是经济学上分配，惟人工所得生产分配之利益，为其私人赡养之需。而土地、资本所得一分之利，足供公共之用费，人民皆得享其一分子之利益，而资本不得垄断，以夺平民之利。斯即社会主义本经济分配法之原理，而从根本上以解决也。”孙中山的经济道德思想是面对当时四万万民众的生计、权利、自由和平等而阐释的，其价值取向是理性而崇高的。他的主张无疑在当时极具有唤醒民众起来争取自身权利，参加革命斗争的作用。但是由于他领导的革命是资产阶级民主革命，其思想体系也只能落入资产阶级思想体系的窠臼之中。由于中国资产阶级的先天软弱性，他的经济道德理想在当时的历史条件下是不可能实现的。

4. 逐步形成了体现资本主义特征的功利主义经济道德

外国资本主义的入侵，使得中国不可能走也没能走从封建社会发展到资本主义社会的道路。在帝国主义和封建主义的双重挤压下，中国的经济发展艰难而曲折，形成了这一时期经济社会背景相关的经济道德生活。一些近代的资产阶级学者接受了西方的经济、政治、道德、社会发展等学说。一些近代带有资产阶级色彩的实业家通过对国外的考察，也接触并接受西方的经济思想，并运用到自己的经营活动中。所以在经济道德生活领域，出现了历史转折期所特有的思想形态，既带有中国传统经济道德的痕迹，又因受西方影响而带上一点洋味。这就是逐步体现资本主义特征的功利主义经济道德思想。在义利的关系上，近代资产阶级改良派启蒙思想家康有为认为利可以转变为义,"义为事宜",给义下了一个全新的定义。"既反对了儒家的义重于利的思想,又区别于传统功利主义把'义'与'利益'直接挂勾的观念。"①他指出:"故礼无定而义有时,苟合于时,义则不独创世俗之所无,虽创累千万年圣王之所未有,益合事宜也。如人道之用,不出饮食衣服、宫室器械,事为先王皆有礼制之,然后世废尸而为用主,废席地而用几桌,废豆登而用盘碟,千年用之,称以文明,无有议其变古者而废之,后此之以楼代屋,以电代火,以机器代人力,皆可例推。变通尽利,实为义之宜也。"②戊戌七君子之一的谭嗣同认为,道德对行为的利益获取具有协调和指导功能。他说,世界万事统一于"仁",以"仁"来协调事物的关系,它们的存在才显合理。仁为通之本,"仁不仁之辩,于其通于塞,通塞之本,惟其仁不仁"。③ 近代维新思想家梁启超则更细致地考察了在生产过程中,个人的道德品质与生产效益的关系。他将人在获利过程所持价值取向和善恶标准的道德当作是"生利"的重要手段。"生利之力","一曰体力,一曰心力;心力复细别为二,一曰智力,一曰德力"。明确指出生产过程及其生产效益,获得利益的多少,除体力外主要是由人的智力和德力即道德品质所决定的,经济利益源自人的自然劳力、智力和德力。他将一向作为获利过程中价值取向和善恶标准的道德当作获取利益的重要手段和支撑力量来理解。梁启超还谈道:"今日生计竞争之世界,一国之荣瘁升沉,皆系于是。君不见联军入京以后,岂尝索我一抔土,而惟汲汲然扩张其商务权力范围之为务。彼岂必潴吾宫,屋吾社,系累吾子弟,然后谓之亡?然后谓之灭?剥吾肤焉,盬吾脑焉,吮吾血焉,驯使我萎黄焦萃干枯瘦死,而其所欲固已给矣!然则吾应之之道奈何?曰:政府当道,固与有责焉。虽然,此必非恃政府当道一二人之力所能拯救也!其最要之著,不可不求一国中生利人多,分利人少。"④解决中国社会的经济问题或生计问题,就是要使从事财富生产的人多,而分享利益的人少,只有这样才能使经济真正走上创新发展的健康道路。整体上看,外国资本主义入侵中国不是为中国创造财富、而是来搜刮财富、抢夺财富

① 王小锡:《道德资本与经济伦理》,人民出版社2009年版,第424页。
② 《康南海文集》第8册,第17页。
③ 《谭嗣同全集》第1卷,第45页。
④ 梁启超:《新民说·第十四节论生利分利》,《饮冰室合集》"专集"之三。

的，故而给中国社会和中国人民带来了严重的摧残和破坏，使中国越来越贫瘠、贫困。故而中国要实现自己的富强，就必须进行反对外国资本主义侵略的斗争。

第二节　民族资本的形成及经济道德生活的窘境

中国的民族资本主义是在中国社会半殖民地半封建化过程中产生和发展起来的，深受外国资本主义和本国封建势力的压迫与束缚，同时又对它们存在一定的依赖性，这在政治上直接表现为民族资产阶级的革命性和软弱性。民族资本主义经济是一种革命和进步的经济成分，既瓦解着自然经济，又对外国经济侵略起抵制作用。中国民族资本主义经济的发展过程历经千难万险，在夹缝中求生存，在困厄中求突破，一路跌跌撞撞，阻力重重，其命运与发展状况曲折地折射出中华民族近代道德生活的窘境。民族资本所经营的，也是中等规模和小规模的资本主义经济，在中国整个资本经济中一直处于弱势地位，其经济道德生活也是处于难堪尴尬的沼泽中。

一、民族资本的历史发展进程

中国长期的自然经济形态的延续使得商品经济起步晚，发展滞缓。近代以来，随着商品经济的发展，民族资本也有了一定的发展空间。近代商品经济的发展充满了曲折，民族资本也在夹缝中顽强地寻找着突破的路径。

1. 民族资本的形成以及体现的进步性

鸦片战争打破了几千年单一平静的中国传统自然经济生活，鸦片战争以后，外国资本的不断侵入，外国商品的不断涌进，使得中国城乡商品经济得到了一定的发展，为中国民族资本的诞生提供了商品市场。国外资本商品对传统手工作坊的冲击和挤压，使得大批的家庭式作坊迅速破产。大量的失业农民和手工业者被迫流亡到城镇靠出卖自己的劳动力为生，又为民族工业的发展提供了廉价的劳动力市场。洋务派兴办近代企业，带动了一部分富裕且有冒险精神的官僚、地主和商人也投资办厂，原有的少数手工业作坊和旧式手工工场由更新机器设备转化为近代工业。正如毛泽东所分析的："事实上，由于外国资本主义的刺激和封建经济结构的某些破坏，还在19世纪的下半期，还在六十年前，就开始有一部分商人、地主和官僚投资于新式工业。"[①]据《中国近代工业史料》统计，从1872年开始，到1894年止，民族资本前后共创办了100多家大大小小规模不等的企业。

1872年，侨商陈启源在广东南海县创办了中国最早的民族工业继昌隆缫丝厂。当时产品很受市场欢迎，一度行销至欧美等地。后来，相继有人在顺德、广州等地创办机器缫丝厂。到19世纪90年代初，广东的缫丝厂发展到60多家，成为了中国近代民族资本缫丝工业的中心。棉纺织业的兴起于90年代初，商人唐松岩在上海开办华新纺织新局，后来有朱鸿度在上海设立裕源纱厂，严信厚在宁波开设通久源纱厂。1878年，朱其昂在天津创办贻来牟机器磨坊，采用蒸汽作动力磨面，磨面的效率和质量都大大高于人力畜力。后来相继在北京、福州等地也出现了一些小型机器面粉厂。此外，火柴厂、造纸厂、印刷厂等民族工业也陆续在北京、上海等一些较发达的城市出现。中国近代上海民族机器工业企业规模最大的一家是1866年由方举赞、孙英德合伙开办的发昌机器厂，主要为外商船舶生产零配件，兼营进口五金，一度获利颇丰。甲午战争前，上海、广州、天津等地先后出现机器修造厂16家。但规模小，设备相对简陋，只能修修补补，造不出成型的机器。

伴随着民族资本的形成与发展，民族资本的代表人物也在价值上提出工商立国等主张，倡导要采用机器大生产来发展中国的工商业，并认为中国之所以落后就在于没有自己的工商业。针对封建地主阶级提出的"机器夺民生计论"，近代早期资产阶级代表薛福成提出"机器殖财养民说"来加以驳斥。在薛福成看来，采用机器生产并不违背以民为本，而是能更好地保障民众的利益，并说，"人力不能造者，机器能造之；十人百人之力所仅能造者，一人之力能造之。夫以一人兼百人之工，则所成之物必多矣"。[②] 这样生产成本就能降低，销售价格低廉，产品竞争力就强，则"四方必争购之矣"。从此商务殷盛，民生富厚，国势

---

① 毛泽东：《中国革命和中国共产党》，《毛泽东选集》第2卷，人民出版社1991年版，第627页。
② 薛福成：《薛福成选集》，上海人民出版社1987年版，第420页。

勃兴。陈炽认为，西方各国制出各种机器后，“推之于农，推之于矿，推之于工，推之于商，而民用丰饶，国亦大富”①。只有工商业的发展才能使民用丰饶，国家富强。为使中国走上工商立国的近代经济发展道路，一些民族资本的代表人物认为首先必须改变传统的“商为四民之殿”的观念，鼓吹工商富国，主张国家要出台“重商、富商、恤商”措施。针对当时仍死抱“重农抑商”信条不放的顽固分子，王韬进行了驳斥，他说：“今日而欲办天下事，必自欧洲始，以欧洲诸大国为富强之纲领，制作之枢纽。”②认为只有学习西方的富强之道，即“兵力、商力二者并用，则方无意外之虞”③。郑观应对封建“重农抑商”政策的批判最为尖锐，在他看来，如今的时势不同，“在古寓兵于农，今则寓兵于商”，要想达到抵制西方侵略、实现救亡图存的目的，就只有振兴自己的商务。为使中国资产阶级工商业能够有个好的发展环境，能与外国资本相抗衡，马建忠从“恤商”出发，主张实行保护关税政策，坚持要求修订外国侵略者强加给中国的不合理关税税则。他把实行关税保护政策看成是“中国转亏为盈，转弱为强之基”，政府保护关税则中国“商民可富，饷源可充”。陈炽在《续富国策》中系统地提出了“商之本在农”、“商之源在矿”、“商之体在工”的理论，认为商业的发展是以农、矿、工等的发展为基础和前提的，只有农、矿、工、商全面发展，才能实现国家富强。与此相关，在义利观上，民族资本的代表人物也一改儒家传统重义轻利的观点，强调兴利对于国家富强和民生幸福的重大意义。王韬说，“诸利既兴，而中国不富强者，未之有也”。“兴利”在这时已成为公然的富国主张。马建忠主张“宜因民之利，大去禁防，使民得自谋其生，自求其利”；郑观应力倡“商战”；陈炽则把财利置于关系人之生命的高度。他们的“义利观”已经发展到怎样来实现利、如何来协调各种利益，并将获利与富国联系起来的高度。

以毛泽东为代表的中国共产党人，深知社会主义不能建立在小农经济基础之上，只能建立在现代大工业和现代生产力基础上，而现代大工业和现代生产力最先是伴随资本主义而发展起来的，但是半殖民地半封建社会的中国既不能走西方资本主义的发展道路，又不能直接进入社会主义，因此中国应当有一个

---

① 陈炽：《续富国策·自叙》，《陈炽集》，中华书局 1997 年版，第 147～150 页。
② 王韬：《弢园文录外编》，中华书局 1959 年版，第 15 页。
③ 同上书，第 11 页。

允许民族资本主义发展的时期。1944 年 7 月，毛泽东在同英国记者斯坦因的谈话中就曾郑重地指出："我们坚信，不管是中国的还是外国的私人资本，在战后的中国都应给予充分发展的机会。"①1945 年 4 月，他在《论联合政府》一文中论述了共产党人关于建国的一般纲领，强调指出："中国也不可能、因此就不应该企图建立一个纯粹民族资产阶级的旧式民主专政的国家，因为在中国，一方面，民族资产阶级在经济上和政治上都表现得很软弱；另一方面，中国早已产生了一个觉悟了的，在中国政治舞台上表现了强大能力的，领导了广大的农民阶级、城市小资产阶级、知识分子以及其他民主分子的中国无产阶级及其领袖——中国共产党这样的新条件。"②尽管中国不能建立一个纯粹民族资产阶级的旧式民主专政的国家，但是中国共产党领导的新民主主义革命会将发展民族资本主义作为一项重要内容，毛泽东指出："在中国的条件下，在新民主主义的国家制度下，除了国家自己的经济，劳动人民的个体经济和合作社经济之外，一定要让私人资本主义经济在不操纵国民生计的范围内获得发展的便利，才能有益社会的向前发展。"③毛泽东还回应了"共产党人为什么不怕资本主义，反而在一定的条件下提倡它的发展"等疑问，认为："拿资本主义的某种发展去代替外国帝国主义和本国封建主义的压迫，不但是一个进步，而且是一个不可避免的过程。它不但有利于资产阶级，同时也有利于无产阶级，或者说更有利于无产阶级。现在的中国是多了一个外国的帝国主义和一个本国的封建主义，而不是多了一个本国的资本主义，相反地，我们的资本主义是太少了。"④民族资本主义的发展在新民主主义政权下是无害有益的。中国的民族资本主义比外国帝国主义和本国封建主义都进步，这种进步性表现在对中国的社会生产力的发展上。民族资本主义这种进步性和对生产力发展的促进作用，正是落后的中国所需要的，中国人民的生产力应该通过民族资本主义来发展。

2. 民族资本的艰难发展

孙中山领导的辛亥革命推翻了几千年的封建专制统治，在一定程度上提高

① 毛泽东：《同英国记者斯坦因的谈话》，《毛泽东文集》第 3 卷，人民出版社 1996 年版，第 186 页。
② 毛泽东：《论联合政府》，《毛泽东选集》第 3 卷，人民出版社 1991 年版，第 1055 页。
③ 同上书，第 1060～1061 页。
④ 同上书，第 1060 页。

了民族资本在中国的发展空间。由于自然经济进一步破坏，人们对工业品的需求日益增长，为民族工业的发展提供了商品销售的广大市场。民族资产阶级投资兴业办厂的热情得到了很大的激发。孙中山在《中国革命的社会意义》中曾信心满怀地展望："中国处在大规模的工业发展的前夜，商业也将大规模地发展起来，再过五十年我们将有许多上海。"在辞去中华民国临时大总统后，他四处奔走，为民族工业的振兴摇旗呐喊，急切希望发展民族工商业。他先后在上海成立铁路公司，兼任铁路协会名誉会长、中华银行总董事长、永年保险开发公司董事长等职。在他的带领和促动下，一批全国性的经济团体如中华民国工业建设会，地方性的经济组织如西北实业协会、安徽实业协会纷纷成立，同仁民生实业会等一些爱国华侨组成的实业团体也积极回国办厂。这一时期，民族资本主义建设掀起了一个小高潮。其原因一方面是，群众反对资本入侵意识增强，大规模的抵制洋货特别是日货，提倡使用国货的运动，有力推动了民族工业的兴起；另一方面原因，正如毛泽东所分析的，"第一次帝国主义世界大战的时期，由于欧美帝国主义国家忙于战争，暂时放松了对中国的压迫，中国民族工业，主要是纺织业和面粉业，又得到了进一步的发展"①。

民族资本主义工业经济以纺织业和食品业等轻工业发展最快。1912 年全国华商纱厂家有纱锭约 50 万枚，1919 年增至 65 万枚，到 1921 年达 124 万枚，较 1912 年翻了一番多。大生纱厂利润最多时，分息达 90%。可观的获利使得其在海门、盐城、南通等地开设了大生第二至第九分厂。面粉业在这个时期也蓬勃发展。1911 年全国面粉厂家约 40 家，至 1919 年增至 120 多家，资本由 600 多万元增至 4 000 多万元。由于产品质量好，所以中国面粉当时畅销到英、法、俄及东南亚等地。对外贸易中，面粉由 1914 年入超 200 万担到 1920 年出超 300 多万担。火柴业发展也不错，到 1919 年资本达 700 余万元。出现了一批"面粉大王"、"火柴大王"、"纺织大王"称号的民族资本家。此外，罐头、蛋粉、皮革、卷烟、针织、制盐、制碱、橡胶、陶瓷、玻璃、榨油、肥皂等轻工业也有相当发展。②

由于忙于第一次世界大战，外国暂时无暇有过多精力顾及中国，所以当时

① 毛泽东：《中国革命和中国共产党》，《毛泽东选集》第 2 卷，人民出版社 1991 年版，第 627 页。
② 严中平等编：《中国近代经济史资料选辑》，第 436 页。

中国重工业也有一定的发展，钢铁冶炼业、采煤业、机器制造业都较前期有所增长。1914 年开始兴建大冶铁厂等 6 个钢铁厂，1918 年北京石景山钢铁厂开始兴建。全国华商机器的采煤量由 1912 年 80 万吨飙升至 1919 年 330 万吨。制造业的产品质量也大大提升，纺织机、磨面机、碾米机、锅炉、榨油机等都机器都很受用户喜爱。另外，电力、运输、金融业也得到发展。金融业，从 1913 年全国共有银行 15 家，至 1919 年 6 年时间就发展到 42 家，新增资本 1 亿元。民族资本主义工商业的发展，加快了资本的集中和积聚，出现了资本上 1 000 万元以上的茂兴、福新、申新总公司及南洋烟草等大型的民族资本企业。

除新办的企业外，一些得以苟延残喘的老厂矿也开始重振旗鼓，积极扩充规模，改进设备技术，向近代化机器工业转轨。如上海丝织厂，“辛亥以前，厂户多用木机、铁机，以制造绸货。至民国四年，物华厂装置电力织机，出品精良，营业大振，于是继之者如雨后春笋”。①

3. 民族资本在夹缝中生存

第一次世界大战后，西方资本主义列强又回过头来重新在经济等方面加强对中国的入侵，不仅逐年增加了对华的商品输出，资本输出也大大增加。1926 年在中国开办的银行由 1914 年的 9 家增加到 14 家，同时，还开始在华设立国际垄断组织的分支机构，加强对中国市场的控制。军阀政府与西方列强狼狈为奸，相互勾结打击民族工业。所以，曾经经历“黄金时代”的民族资本的繁荣期只是昙花一现，不少民族资本企业被迫破产和被兼并。1922 年华商纱厂发表的《联合宣言》称：“就民十（1921 年）以来，纱厂之破产换主者，若大中华破产犹不足偿债；若宝成第一、第二之被并于日人；若裕大、若华丰为日商债权所管理；若宝成第三、若久兴为美商债权所管理；若德大、若大丰、若常州之易主……盖原有公司之消灭或改换面目者，且二十余厂，其余已经成立中途解散之公司，均不与焉。”②棉纺织厂是如此，其他行业的民族工业企业命运也大抵如此。这样，一度出现的发展势头又被活生生地扼杀了。

著名作家茅盾写的《子夜》、《春蚕》、《林家铺子》等作品全面反映了中国民

---

① 彭泽益：《中国近代工业史资料》第二卷，第 689 页。
② 《国闻周报》第四卷，第 19 期。

族资本主义的艰难发展和悲剧命运。《子夜》通过对民族资本家吴荪甫等人的刻画，展示了20世纪30年代初中国社会生活的广阔画卷，史诗性地再现了中国民族工业在帝国主义、买办资产阶级、统治阶级重压下的悲惨厄运。它以上海为中心，反映了中国社会的全貌；写的是1931年两个月（5月至7月）中的事件，而这些事件里又隐伏着中国社会过去和未来的脉络。民族资本家吴荪甫曾经热心于发展故乡双桥镇的实业，打算以一个发电厂为基础建筑起他的“双桥王国”来。但是仅仅10万人口的双桥镇不是“英雄用武”的地方，他要发展中国的民族工业，“目的是发展企业，增加烟囱的数目，扩大销售的市场”。他把一些“半死不活的所谓企业家”全部打倒，“把企业拿到他的铁腕里来”。不仅这样，他还知道如果要发展民族工业，首先需要“国家像个国家，政府像个政府”。因此他除了永不倦怠地注视着企业上的利害关系而外，还“用一只眼睛望着政治”。他具有游历欧美得来的管理现代工业的知识，有魄力，有手腕，炯炯有神的眼光常常能够煽起别人勃勃的事业雄心，愿意和他合作。但是吴荪甫这个工业界的骑士却是生不逢时的。他生活在半殖民地半封建的中国，帝国主义侵略的魔爪紧紧扼住了中国民族工业的咽喉，因而他的发展民族工业的雄心不能不成为一个无法实现的幻想。他不能不过一种“简直是打仗的生活”，而且是在几条战线上同时作战：他要与美帝国主义的掮客——金融资本家赵伯韬进行钩心斗角的斗争；他熄灭不了工厂里风起云涌的罢工运动；他用尽心机收买过来的许多小厂都成了自己脱不下的“湿布衫”，他和孙吉人、王和甫苦心经营的益中信托公司不能不在军阀混战、农村破产、工厂生产过剩、赵伯韬的大规模经济封锁之下一败涂地。他们发起组织益中信托公司，时未两月，“雄图”已成为泡影。野心勃勃、刚愎自用的吴荪甫，也只剩下了一条“投降的出路”。民族资本家吴荪甫具有双重性格：一方面强大、自信、有抱负、有手腕；另一方面却软弱、空虚。一方面对帝国主义、买办资产阶级、封建官僚不满；另一方面又敌视工农。吴荪甫和买办金融资本家赵伯韬之间的矛盾和斗争，是贯串《子夜》全书的主线。《林家铺子》以1932年“一·二八”上海战争前后的江浙农村为背景，那时外受日本帝国主义的军事、经济侵略；内有国民党官吏的敲诈，地主高利贷的剥削，社会动乱，民不聊生。小说通过林家铺子的倒闭，反映了民族商业破产的厄运，生动地描绘了林老板在诸多矛盾冲突中双重的性格特征。林家铺子的林老板精于生意，企图在“大鱼吃小鱼，小鱼吃虾米”的竞争中，力挽狂澜，维持生意。他贿赂党老爷，避过了“声讨日货”的惊险，模仿上海商店“大廉价照码九折”、“大放盘”、“一元货”等办法开创了“镇上近二十年来未有的新记录”。他还殷勤地巴结顾客……这一切显示了他颇善经营的商人特点，也表现了他胆小怕事、委曲求全的性格。同时，作品也描写了林老板唯利是图、损人利己这些民族资本家的阶级特征和性格特征。如他对抵制日货的浪潮波及他的铺子感到气愤；对“一·二八”战事却颇为冷漠，满街人人因上海的战争而没有心思想到生意的时候，林老板始终在筹划他的“正事”。作品把矛盾直指国民党的黑暗统治，指出他们的敲诈勒索是林家铺子崩溃的主要原因。国民党统治阶级利用“抗日”发国难财，到处征收所谓的“困难捐”，借口禁卖东洋货，贪污受贿，谁要不给钱就“封存”。政府当局的卜局长想占林老板的女儿为妾，声称“不管应有许多不便之处”，地方党部又借口外边谣传林老板要卷款潜逃，又将林老板扣留等，这些家伙实际是一群吃人不吐骨头的恶魔，林家铺子在他们的敲诈下倒闭。

国民党反动政府统治下的民族资本主义在西方资本主义列强加紧经济侵略和四大家族官僚资本的搜刮、垄断下，陷入了严重的生存危机中，并迅速衰退。突出表现在新办厂数量的急剧减少和工厂规模的日渐缩小，旧厂解组和倒闭数量的惊人增加。以上海为例：1934 年新设工厂 28 家，改组 291 家，歇业或倒闭 70 家。1936 年改组的达 429 家，歇业或倒闭的达 133 家。以前红火的缫丝厂，1930 年开工的 97 家中，到 1934 年底，只有 13 家还在勉强维持运营。火柴业，到 1936 年全国火柴厂由 148 家减为 88 家。火柴产量只占原来产量的六七成。[①] 民族工业的江河日下，困难重重，显示出民族资本主义在这个时候举步维艰。民族资本的衰落除西方资本的压迫、官僚资本的排挤之外，国民党反动政府的苛捐杂税敲骨吸髓盘剥也是重要的原因。在“简化税收”的名义下，卷烟、面粉、棉纱等都要实行“统税”。如卷烟税在 1931 年达 50%，是以前缴税的一倍多。名义是“简税”，但各种苛捐杂税有增无减。一些大的民族资本企业也日陷破产、半破产的境地。如当时著名的南洋兄弟烟草公司，从 1928 年就开始亏损，到 1937 年最后为宋子文官僚资本所吞并。最大的民族资本集团荣氏系

---

① 参阅王维礼主编：《中国现代史》，辽宁人民出版社 1984 年版，第 309 页。

统企业，到1934年止，申新9个厂的资产总值为6 800万无，而申新负债总额也达到了6 300万元。①

二、民族资本主义经济的畸形发展与道德生活中的窘境

近代中国的历史进程决定了在这样一种社会背景下萌生、曲折发展的民族资本主义经济，很难获得一种健全的形态，因而在人们的道德生活中也会制造出许多道德上的窘境。

1. 民族资本很难适应残酷竞争下的经济道德文化

民族资本主义经济在整个国民经济中所占比重很小，它始终没有成为中国社会经济的主要形式。1936年，它的工业总产值只占中国工农业总产值的10.8%，加上工场手工业产值占20.5%；1949年现代工业产值只占工农业总产值的17%，加上手工业是23%。而在这少量的工业产值里，民族资本经营的又只是其中的一小部分。民族资本工业的资产净值，1949年也不过是20.08亿元。其力量之弱，可见一斑。在民族资本中，占80%的是商业资本和金融资本，工业资本只有20%。而这20%里边，又主要是以轻工业为主，纺织、食品加工等占了很大的比重。缺乏重工业基础，所以在技术、设备、资金上也只看外国垄断资本和本国官僚资本的脸色小心行事。中国的工业只不过是修造工业、为外国零件装配机器的装配工业和以外国原料加工制成日用品的加工企业。商业资本也因没有强大的国内工业，所经营的主要是批发外货和贩卖原料以供应外国资本主义和本国官僚资本企业。和庞大的国外资本及国内官僚资本相比，除深度的依赖以外，没有什么竞争的能力和竞争意识可言。

民族资本由于规模小，经营分散，技术落后，设备简陋，缺乏较科学先进的管理经验，导致生产效率低下，产品成本高。所以面对外国资本主义和本国官僚资本企业的压力，他们只好通过延长劳动时间或提高劳动强度，来榨取雇佣工人的劳动力剩余价值。而这些从农村手工作坊破产失业和失地进城的雇佣劳动工人由个体家庭经济中走出来，直接进入这种高强度的民族资本企业中，在生活上特别是经济文化道德心理上的适应是很困难的。“人们从传统社会关

---

① 参阅《荣氏企业史料》上册，第402页。

系的网点上失落下来，通过劳动市场的激烈竞争后进入这种随时都有可能被解雇而且生活上毫无保障的企业，他们心理上的失落感和不安全感是十分强烈的。"[①]他们的这种不安全感除了源自资本家的残酷剥削和社会福利制度的缺失外，还因为受几千年小农经济思想和儒家家族主义经济道德伦理的熏陶、培养，确实使他们在道德文化心理上对近现代民族工业及企业的运营管理制度不适应，所以他们本能地产生一种反抗情绪。这种情绪在民族资本家为了在外国资本和本国官僚资本双重压力的夹缝中图存而加大对工人剥削强度时，会随时觉醒而爆发。这也是民族资本家们担心工人觉醒而发动革命的一个重要原因。

2. 经济管理道德上的彷徨与融通

中国几千年的小农经济和封建宗法等级制决定了封建制度下的管理思想都只能从修身、齐家、治国、平天下的宏大叙事中去着眼，使得管理过程都带有浓烈的专制和道德强制色彩。民族资本主义和中国的传统思想与封建势力有着千丝万缕的紧密联系。因为相当一部分民族工业的创办者的前身都是有财力、有身份地位的地主和官员，他们成长于诗书礼乐的中国传统儒家思想教育的环境中，在对企业进行运营管理上在思想意识里还是蒙上了一层温情脉脉的道德伦理外衣，在实际的操作管理里中还是会片面强调道德教化，而不注重西方式的契约和法理制度。这种管理模式显然不利于建立现代的理性化企业管理制度。另外，由于经营工商业没有获利的切实保障，还有一些民族资本家经营工商业所获的利润不是去扩大资本再生产，而是返回到农村去广置田地，然后去出租给农民，从而兼有资本家和地主的双重身份。所以在他们的骨子里小农地主的思想相当根深蒂固。也正因为他们同封建土地所有制关系相当密切，他们也就不敢提出彻底地否定封建土地所有制的主张，"从而也就不可能有效地去发动和组织中国反帝反封建的主力军农民的力量"。[②]

但是随着近代民族工业的发展，一些近代思想家和开明的工商企业家也能逐渐扬弃中国传统经济管理思想，合理吸取历史上作为管理手段的优秀道德传统，并较好地与西方先进的经济管理思想相融通。比如近代民族资产阶级的典

① 张鸿翼：《儒家经济伦理》，湖南教育出版社 1987 年版，第 297 页。
② 《中国近现代史纲要》，高等教育出版社 2013 年版，第 89 页。

型代表张謇主张要诚实经营，企业行为以诚信为本，“尽交易之本能，获公开之赢利，必诚必信，不诈不虞”。[①] 当时有“猪鬃大王”美誉的实业家古耕虞就认为：“能不能在竞争中占绝对优势，取决于商品与同类商品是否在任何时间质量均是第一。……就某种意义而言，他们（顾客）是我们的衣食父母。失掉一个顾客，就会减少利润；大部分买主失掉了，就要关门。这问题的严重性，我们一定要有足够的认识。”[②]张謇还非常重视人的因素在企业生产中的力量。认为管企业就是管人，管人就是要通过合适的手段尽可能地调动人的积极性。在他看来，企业中的人应是道德的人，企业可以通过精神激励来促使他们对企业发展尽责尽力。[③] 实业家荣德生在管理中坚持“管人不严，以德服人”，调动了职工的生产积极性，企业生产效率也显著提高。道德型的管理除生产操作环节中的引导和激励外，对企业员工利益的关注也是十分重要的方面。创办民生实业股份有限公司的实业家卢作孚认为，关心职工的家庭、生活等福利，才能赢得职工的信任和支持，公司的发展才有希望。工商企业家范旭东重视个人的德性修养和表率作用，以自己的人格魅力去影响人、感化人。企业的一个员工曾满怀深情地回忆：“范先生遇到的困难远难我十倍，但他总是一意为我解脱，至诚相待，这种相濡以沫的精神，是我一辈子也不敢忘怀的。今日只有一意死拼，谋求技术问题的解决，以报范公之诚。”[④]

第三节　官僚资本对民生幸福的剥夺

官僚资本是指半殖民地半封建国家的垄断资本，内和国家政权相结合，外依附于帝国主义。官僚资本主义是新民主主义革命时期占统治地位的经济成

① 赵靖主编：《中国经济管理思想史教程》，北京大学出版社 1993 年版，第 514 页。
② 中国企协古代管理思想研究会编：《中国传统管理思想的新探索》，企业管理出版社 1988 年版，第 354 页。
③ 参阅赵靖主编：《中国经济管理思想史教程》，北京大学出版社 1993 年版，第 513 页。
④ 赵靖主编：《中国经济管理思想史教程》，北京大学出版社 1993 年版，第 540 页。

分。南京国民政府建立后,采取各种手段建立起了官僚资本对全国经济的统治地位;抗战时期,官僚资本急剧膨胀;内战爆发后,国统区经济危机;新中国成立后,没收官僚资本,结束其统治。官僚资本主义企业的产生不是中国资本主义正常发展的结果,而是半殖民地半封建社会的特殊产物。它是代表大地主大资产阶级利益的国家政权同英、美帝国主义侵华资本结合而形成的国家垄断资本主义。它对外适应帝国主义对华进行商品输出、资本输出和掠夺资源的需要,对内除直接剥削无产阶级外,还利用政治特权,掠夺广大劳动人民,压迫和损害民族资本主义的发展,是中国近代社会中严重阻碍生产力发展的因素,是国民党反动统治的经济基础。官僚资本主义的兴起、迅速扩张和疯狂膨胀,不是像民族资本经济一样在正常的生产和商品自由竞争的基础上积累、发展起来的,而是官僚资本家利用政治特权,主要在从事金融和商业投机过程中,在充当外国资本入侵中的买办者过程中,通过掠取、剥夺广大劳动人民和兼并民族资本企业而畸形发展起来的。在这种畸变发展过程中,它通过官僚资本和国家强制威权来保留原落后的生产方式,严重阻碍了生产力的发展,严重地剥夺了广大城乡居民的民生的幸福权利。

一、洋务运动官僚资本经济的兴起及衰败

19世纪下半叶洋务派官僚开办的"官办"、"官督商办"、"官商合办"的近代企业是中国最早的官僚资本经济雏形。洋务运动是19世纪60年代初,为了挽救遭受到国内外双重打击、风雨飘摇、岌岌可危的晚清王朝,由封建统治阶级中的部分成员如奕䜣、曾国藩、李鸿章、左宗棠、张之洞等一批洋务派官员兴起的。他们在亲自体验到西洋的坚船利炮威力给清朝统治带来的深创巨痛后,对时局十分忧虑。"今则东南海疆万余里,各国通商传教往来自如,麇集京师及各省腹地,阳托和好之名,阴怀吞噬之计,一国生事,诸国构煽,实为数千年来未有之变局。轮船电报之速,瞬息万里;军械机器之精,工力百倍;炮弹所至,无坚不摧;水路关隘,不足限制。"①主张引进、仿造西方先进的科学技术、武器装备和经济管理等,创设近代企业,兴办洋务,以图中国自强。李鸿章认为:"中国欲自强,

① 李鸿章:《李文忠公全书》,《奏稿》第24卷。

则莫如学习外国利器；欲学习外国利器，则莫如觅制器之器。”明确提出要学习和掌握西方资本主义国家的先进军事和工业技术。

洋务运动承接着林则徐、魏源等了解夷情、学习西方的“师夷长技以制夷”论。1861年冯桂芬提出了“始则师而法之，继则比而齐之，终则驾而上之，自强之道，实在乎是”，“以中国之伦常名教为原本，辅以诸国富强之术”①的主张。此后，李鸿章、郭嵩焘、薛福成等人都发表了大致相同的看法。郑观应更明确提出“中学其体也，西学其末也；主以中学，辅以本学”②的“中学为体，西学为用”的指导思想。从1861年曾国藩创办安庆军械所开始至1890年张之洞创办湖北枪炮厂为止，洋务派先后创办了24个近代兵工厂。其中规模较大的有1865年曾国藩支持、李鸿章筹办的当时国内最大的兵工厂江南制造总局。创办经费约54.3万两白银。江南制造总局开近代中国机器制造先河，对近代工业技术进步起到了一定的推动作用。同年，李鸿章将原苏州炮局迁到南京，扩建为金陵机器局，是当时国内设备最新、规模最大的黑色火药生产基地。福州船政局又叫马尾造船厂，是1866年由左宗棠在福建创办的当时最大的船舶修造厂。该局还附设有船政学堂，培养轮船制造和驾驶人才。1867年三口通商大臣崇厚在天津建立天津机器局。1888年，张之洞在两广总督任上，筹办广州枪炮厂，次年，他调任湖广总督，于是将此厂迁至汉阳，是为湖北枪炮厂。湖北枪炮厂机器设备大多从德国订购，生产的汉阳造枪炮既精又新，是洋务运动后期较有成效的重要军事工业。

洋务派在筹办军事工业过程中，遇到了资金等不少方面的许多困难，原料、燃料供给紧张，开始认识到，要想自强，必先自富，提出“必先富而后能强”的口号。从1870年开始兴办了一批“求富”为目的的民用企业，以求解决军工企业资金短缺的窘境。其中主要有1872年李鸿章在上海创办的官督商办的轮船招商局，目的在于“运粮揽货，以济公家之用”，“略分洋商之利”，以缓解清政府的漕运危机。该局拥有轮船30艘，除“叠次装运江浙漕粮”外，还远航“至日本、吕宋、新加坡等处贸易”。轮船招商局的成立，抑制了洋行对中国航运业的垄断野

① 冯桂芬：《校邠庐抗议》卷下，第73页。
② 郑观应：《盛世危言·西学》，图书集成局1896年刊本。

心,但不断遭致外商的排挤,海外的航线也因外商的倾轧而中断。在李鸿章的全力支持下,招商局还是得到了较好的发展。薛福成在《筹洋刍议》中估计,轮船招商局自成立六七年以来,收入运费约 2 000 万两,将中国航运业的利权收回约五分之三。1878 年,李鸿章从英国购入机器设备,并重金聘用英国工程师柏爱特作技术指导和监督,开办了开平矿务局。1881 年正式出煤,以供应轮船招商局、天津机器局及北洋海军,并将余煤大量销往市场,使天津地区洋煤输入量大大减少。但好景不长,1900 年,因经营不善,被英国霸占。1882 年创设于上海杨树浦的上海机器织布局是近代中国第一个官督商办的机器棉纺织工厂。因李鸿章奏准,该局享有免税和专利权,"十年之内,只准华商附股搭办,不准另行设局"。其产品在上海免税销售,运往内地只纳正税,沿途各种税厘全免。至 1892 年"每日夜能出布六百匹"。但是 1893 年一场大火致使工厂厂房设备几乎全部付之一炬。当时较有规模的民用企业还有李鸿章在天津设立的电报局、张之洞在湖北建造的汉阳铁厂。

洋务派开办的民用企业,产品主要供军事工业需要以外,还供给市场。企业雇用工人,榨取其剩余价值。同时它在当时自然经济如汪洋大海、商品经济发展迟滞的社会经济条件下,通过官商合办,把民间部分闲散资金采用股份资本募集的形式,对中国的民族工业起到了首开风气的作用。在开办和运营过程中,这批企业又受到了洋务官僚的扶持和保护,在一定程度上于恶劣的经营环境中,提高了与外商的竞争能力。

但是,洋务运动历时 30 多年,虽然办起了一些民用企业,却没能使中国富起来;虽然大力创办军事工业,建立了海军,却没能使中国强起来。甲午一战,李鸿章付出了毕生心血,让他引以为傲的北洋海军全军覆没,标志着洋务运动黯然失败。其失败原因是多方面的。一方面,洋务运动对西方资本主义国家具有高度的依赖性。企业生产机器设备全赖国外进口,技术也是从列强手中引进。而西方资本入侵的目的是依据不平等条约赋予的种种特权操控中国政治经济命脉。洋务派企图依赖外国来达到"自强"、"求富",无异与虎谋皮。同时,洋务派所兴办的企业都是受官僚的操纵,经营管理也是由其委任的总办、会办、帮办或提调等把持"专派大员,用人理财悉听调度"。由于经营不善,管理腐败混乱,充斥着营私舞弊、贪污受贿、挥霍浪费等官场恶习,所以这些企业最后不是瘫痪停办，就是转让他人，或被西方资本主义侵吞。另一方面，洋务运动的变革与中国传统经济道德生活发生了冲突。作为传统的农业大国，重农抑商是长期以来封建统治者沿袭的基本政策，重义轻利是历代王朝提倡的修身准则，深深地植根中华传统文化中。几千年僵化的单一的农耕生活方式，使人们视安定平静的生活为理想生活方式。面对突如其来的社会大调整、大变革，出于心理惰性，人们往往求稳怕乱，面对竞争，自然产生抗拒、抵制心理。尽管西方资本主义列强的入侵和西学的输入打乱了中华民族缓缓前行的蹒跚步履，但长久以来的民族发展的思维定式，使得很多中国人"仍然按照本民族特有的观念去看待世界和社会，这就妨碍着他们去接受新的东西，同时也妨碍着民族资本主义在中国的发展"。①

二、官僚资本主义经济的急剧膨胀

1927年国民党在全国的统治建立以后，一部分原依附于外国垄断资本的买办性的大资产阶级迅速发展，官僚买办资本急剧膨胀起来，形成了官僚资本主义。旧中国的官僚资本主义经济，是以蒋介石、宋子文、孔祥熙、陈立夫四大家族为代表的。在他们当权的20多年里，他们集中了价值达100亿至200亿美元的巨大财产，垄断了全国的经济命脉。以蒋、宋、孔、陈四大家族为中心的官僚资本，控制了中国的政治、经济和社会生活。

1935年春，由于白银大量外流引起了全国性的金融恐慌，四大家族利用这次危机，采取了一系列手段隐蔽而又十分阴险狡诈的金融财政措施，实现了中央、中国、交通、农民四大银行为中心的金融垄断体系，它们借口复兴金融，发行了"金融公债"1亿元，充当中央、中国、交通三行基金，使中国、交通两行的官股分别增至50%和55%。四大家族利用政治强权，仅以一张空头支票就把中国、交通两大银行控制在自己的手中。同时，国民党政府还成立了以经营进口军火为主的"中央信托局"和以吸收小额存款、经营居民汇兑业务为标榜，广设分支机构的"邮政储金汇业局"。"四行两局"形成了四大家族官僚资本金融垄断体系的核心。同时，它还利用政治和经济特权控制了"小四行"(新华信托银行、中

① 武吉庆主编：《中国近代史》，高等教育出版社1999年版，第131页。

国通商银行、四明银行、中国实业银行)、“北四行”(金城、盐业、中南和大陆银行)和“南三行”(上海、浙江实业、浙江兴业银行)等中小型银行,形成了一个全国范围庞大严密的垄断金融网。1935 年,四大家族垄断的银行推行“币制改革”,发行“法币”,对其全面确定在国内的金融垄断地位是具有决定意义的关键步骤。在军阀混战、各自为政的背景下,统一币制,有利于商品流通,本是一件有意义且有必要的事情。但是长时期内,无限制地发行纸币,一直是国民党政府解决财政危机,发展官僚资本的主要手段。滥发纸币,造成了通货的恶性膨胀和物价的急剧上涨。实行法币政策,帮助官僚资本搜刮了大约 3 亿元的白银,且通过“法币”这一垄断手段,为官僚资本家进行买空卖空、囤积居奇、制造黑市以及吞并其他民族资本企业等投机活动大开方便之门。

举借内债外债是官僚资本扩张的又一个重要手段。国民党政府除包下北洋军阀统治时期遗留下的旧债以外,又续借新债。在抗战爆发前的 10 年中续借新外债达 14 种,最大的债权国是美国。1931 年和 1933 年的两次中美麦棉大借款,计达 2 900 多万美元。① 抗战期间,国民政府举借外债主要来自苏、美、英三国。在整个八年抗战期间,共举外债 25 种。国民党对这些借款的使用作出计划,强调用于发展经济,但很大一部分外债还在商洽期间,国民政府就把它们拨充作为“剿赤”、内战的军费。以建设举借的外债,实际上未真正用于建设方面的债务不胜枚举。上述外债贷款中的相当部分是易货贷款,多以中国的锡、钨等稀有矿产及制品,桐油、茶叶、棉花等农产品偿还。承购内债的,主要是四大银行。内债不是按票面价值发行,而是按五折、六折推销(如购买 100 元公债,只需付 50 或 60 元),但还本付息时则按票面额十足计算,而且票面利息一般也在 6 厘至 8 厘之间。这样,承购内债一年可获利百分之三四十。内债的发行起初是靠政权的强制力高压推行,先由政府向各银行、商行和工业企业单位分配定额,然后由政府办事人员上门征集,在遇到抵制时就采用制造恐怖或绑架进行索款。如上海的棉纺、面粉业大王荣敬宗不满这种摊派后就被以奸商和曾资助过军阀的罪名逮捕。蒋介石亲自下令没收他在无锡的面粉厂,直到他捐出 25 万元后才得以释放。1928 年以后,内债的推行主要是政府与买办官僚资

---

① 参阅张静如:《中国现代社会史》,湖南人民出版社 2004 年版,第 517 页。

本家相互勾结，双方默契配合进行。资本家靠政府内债的高额折扣政策攫取收益，1927 至 1931 年间官僚资本家“理所当然”地获取这种“折扣利益”高达 5.2 亿元之多。抗战八年期间发行的内债达 18 种，150 亿元，实收公债总额 61.08 亿元，为发行额的 40%。货币除英镑、法币、美元外，还有以粮食计算的粮食债券。1937 至 1944 年发行的内债法币累计为 150 亿元，外币内债面额累计折合美元 3.2 亿元。[①] 内债的发行是以捐税作担保的。内债发得越多，人民的捐税负担也就越重。发行内债的实质就是把广大人民主要是农民的财富巧取豪夺，转化为官僚资本集团财产的一种杀人不见血的办法。

四大家族的官僚资本集团凭借自己的政治特权，依靠雄厚的金融资本，在商业方面大肆独占垄断，进行商业投机。官僚资本的一个重要机构是 1932 年成立、1935 年定名的“资源委员会”，从 1936 年起垄断了全国钨、锑的运销和出口，它们以“官运”或“专卖”形式，独占盐业。孔祥熙家族的祥记商行独占煤油、颜料等洋货。宋子文家族的华南米业公司享有洋米进口免税和洋米运销的专权。这类商品成了官僚资本家的专卖品后，由于市场极度缺乏，导致这些商品的黑市价格飞速猛涨，他们又把专卖品变为“转卖品”流入黑市，以黑市高价出售。1946 年陈立夫以中国农村电影教育公司的名义，用 20 元法币合 1 美元的汇率获得官价美元 119 万元，到同年 3 月 1 日，美汇官价调整法币为 2 002 元合 1 美元，黑市更是到 3 000 余元合 1 美元，转手之间，陈立夫获法币暴利 35.7 亿元。这样一方面他们通过“官运”和“专卖”获得了惊人的垄断利润，另一方面又严重地打击和挤压了民族资本经济。

官僚资本集团还对工业和农业实行垄断性掠夺。“资源委员会”下属的厂矿一部分是接收的北洋军阀时期的官僚资本企业，一部分是依靠资本主义国家提供的借款和技术新建的企业，另一部分是通过兼并民族资本企业，由官僚资本控制支配的以“民营”或“官商合办”形式出现的工业企业。1937 年 9 月，新成立的“工矿调整委员会”“以适应非常时期生产上的需要”，对民营厂矿进行疯狂的吞并，“由政府统筹办理或共同经营之”。抗日战争胜利以后，官僚资本又接收了日伪工厂 4 411 家。其中发还原主或标卖的不到十分之一，其余绝大部分在官营企业，或

---

① 参阅杨荫溥：《民国财政史》，中国财政经济出版社 1985 年版，第 149 页。

化公为私，直接成了官僚资本的私产。至1949年，官僚资本已占全国整个工业资本的2/3，它拥有电力的67%，煤炭量的33%，水泥产量的45%，纱锭设备的40%，织布机设备的60%，糖产量的90%，轮船吨位的45%，铁路公路航空运输的100%。在农村，四大家族拥有大量地产，是全国最大的封建主和高利贷主。四大家族通过征收苛捐杂税、抽调壮丁和无偿征用土地等方法剥削和掠夺农民。

三、官僚资本与民生幸福之间的尖锐矛盾

官僚资本垄断金融，控制着中国的“四行二局”，主宰和操纵全国的经济，无限制地大量发行纸币，造成人民手中的纸币一天一天贬值。到新中国成立之前，物价飞涨已如脱缰的野马，甚至一天之内要上涨多次。一个没有诚信的政府做后台的官僚资本对民众是一个巨大的灾难。正如陈独秀所分析的：“人而无信，不独为道德之羞，亦且为经济之累。政府无信，则纸币不行，内债难得，其最大之恶果，为无人民信托之国家银行，金融大权，操诸外人之手。人民无信，则非独资无由创业。当此工商发达时代，非资本集合，必不适于营业竞争。而吾国人之视集资创业也，不啻为骗钱之别名。由是全国资金皆成死物，绝无流通生长之机缘。以视欧美人之资财，衣食之余，悉贮之银行，经营产业，息息流通，递加生长也。其社会金融之日就枯竭，殆与人身之血不流行，坐待衰萎以死，同一现象。是故民信不立，国之金融，决无起死回生之望。政府以借债而存，人民以盗窃而活，由贫而弱，由弱而亡，讵不滋痛！”①国民党官僚资本及其代理人国民党政府，由于其专制独裁的统治和官僚的贪污腐败，早已严重丧失人心、民心。在抗战胜利后曾经对它抱有很大期望的原沦陷区人民，也很快对它感到极端的失望。当国民党到沦陷区接收时，把接收变成了“劫收”，大发胜利财，巨额的敌伪资产转归官僚资本集团控制的部门占有。“连一名国民党接收官员也向蒋介石进言：‘像这样下去，我们虽已收复了国土，但我们将丧失民心，其结果将使政府基础动摇，在一片胜利声中早已埋下了一颗失败的定时炸弹’。”②

---

① 陈独秀：《我之爱国主义》(1916年)，《陈独秀文章选编》，三联书店1984年版，第135页。

② 《中国近现代史纲要》，高等教育出版社2013年版，第179页。

官僚资本大举发行内债是以捐税为担保的，内债的疯狂发行，直接导致人民的捐税负担加重。各种名目繁多的苛税，数不胜数。孔子说“苛政猛于虎”。人民生活在天灾人祸、苛捐杂税的水深火热之中，苦不堪言。就乡村农民而言，1934 年四川资中的地租几年间增加了两到三倍。更严重和荒唐的是，有的地方还推出了田赋预征，四川一些地区，1931 年的田赋预征到了 1961 年，1933 年的已预征到了 1969 年。[①] 除苛重的地租外，农民还受到官僚商业资本和高利贷的剥削，在每年收割新谷时，商人低价收购粮食，到青黄不接时又哄抬粮价。农民用汗水换来的劳动果实被他们转手为云、覆手为雨地不等价倒买倒卖，相当一部分被掠走了。1931 年长江大水灾，受灾达 16 个省，灾民 5 000 万。财产损失 20 亿元以上。1935 年全国受灾的耕地面积达 33 000 余万亩。老百姓只得靠借高利贷交租交税，在猖獗的“驴打滚”、“九出十三归”、“对本利”等名目繁多的高利贷盘剥下，广大农民生活更是雪上加霜。饥荒交迫下的农民奔走他乡，流离死亡。“有的以树皮谷糠野草充饥，随后卖儿鬻女，还有的地方出现了人相食者的悲惨情景。”[②]当时国民党官方权威报纸《中央日报》也作了一番触目惊心的描述：“逃生无路，水藻捞尽，草根掘尽，树皮剥尽……阖室自杀者，时有所闻；饿殍田野者，途中时见……大小村落，鸡犬无声，耕牛绝迹。”[③]另据统计，1935 年全国 1 001 个县 3 960 万农户中全家出走的达 190 余万户，有青年男女离家的达 350 余万户。

老舍的《茶馆》以对话剧本的形式讲述了一幅旧北平社会的浮世绘的黑暗图景。主人公王利发是裕泰茶馆的掌柜，也是整本书的线索。在第一阶段中，一方面是拉皮条的为太监娶老婆，暗探遍布社会，麻木的旗兵无所事事，寻衅打群架，另一方面是破产的农民卖儿鬻女，爱国的旗人常四爷因几句牢骚被捕，新兴的资本家企图“实业救国”，王利发左右周旋，企图使生意兴隆。而在第二阶段的发展中，恶势力越来越肆无忌惮，为所欲为。暗探宋恩子、吴祥子的后代子承父业，继续敲诈勒索，拉皮条的刘麻子的后代青出于蓝，依托当局要员准备开女招待“拖拉撕”，庞太监的侄子、侄媳组成的迷信会道门在

① 参阅《中国近代农业史史料》第 3 辑，第 1018 页。
② 参阅《申报》1931 年 4 月 13 日。
③ 《中央日报》1935 年 4 月 2 日。

社会上称王称霸，甚至做着“皇帝”、“娘娘”的美梦，而一些企图有所作为的良民百姓却走投无路。《茶馆》最后的一部分，三位气数将尽的老人碰在一起，回顾自己的一辈子，让人颇感心酸：心怀浩然正气的常四爷干了一辈子的活却“一事无成”，心怀实业救国理想的秦二爷耗了40年心血建的工厂“拆了”，安分守己的王掌柜“做了一辈子顺民”，结果让人赶出自己开了50年的茶馆。王掌柜，精明能干，谨小慎微，委曲求全，善于应酬，一个典型小商人形象，却无法逃脱自己破产、悬梁自尽的命运。常四爷是一个有爱国心的旗人，是统治阶级内部进步人士的代表，他正直、倔强，敢作敢为，富有正义感，乐于助人，最终没能摆脱饥寒交迫、穷困潦倒的命运。秦仲义出身于北京城大财主家庭，是民族资产阶级进步人士的代表人物，实业报国，开办工厂，最终因工厂被霸占而以失败告终。

第四节 新民主主义经济的发展与道德生活的新貌

新民主主义革命是指由中国共产党领导的旨在推翻“三座大山”，即帝国主义、封建主义和官僚资本主义的民族民主革命。新民主主义革命的前途是社会主义。1939年，毛泽东在《中国革命和中国共产党》一文中，首次明确提出了“新民主主义革命”这个科学概念，从理论和实践的结合上对新民主主义革命的对象、任务、性质、动力和前途等问题，作了全面而深刻的论述，并把新民主主义革命概括为“无产阶级领导之下的人民大众的反帝反封建的革命”。“这种新民主主义的革命是世界无产阶级革命社会主义革命的一部分，它是坚决地反对帝国主义即国际资本主义的。它在政治上是几个革命阶级联合起来对于帝国主义者和汉奸反动派的专政，反对把中国社会造成资产阶级专政的社会。它在经济上是把帝国主义者和汉奸反动派的大资本大企业收归国家经营，把地主阶级的土地分配给农民所有，同时保存一般的私人资本主义的企业，并不废除富农经济。因此，这种新式的民主革命，虽然在一方面是替资本主义扫清道路，但在另一方面又是替社会主义创造前提。”①从革命的阵线看，新民主主义革命是从十月革命开始的世界无产阶级革命的一部分，而已经不是旧的、以建立资产阶级共和国为目的的世界资产阶级革命的一部分；从革命的领导看，新民主主义革命的领导者已经是中国的无产阶级而不再是资产阶级；从革命的前途看，新民主主义革命是社会主义革命的必要准备，社会主义革命是新民主主义革命的必然趋势。1948 年，毛泽东《在晋绥干部会议上的讲话》对新民主主义革命总路线进行了完整的科学表述，第一次全面、系统地提出了新民主主义革命的总路线和总政策，指出新民主主义革命就是由无产阶级领导的，人民大众的，反对帝国主义、封建主义和官僚资本主义的革命。新民主主义革命历程具体可以分成大革命时期（1919—1927 年）、土地革命时期（1919—1927 年）、抗日战争时期（1937—1945 年）和解放战争时期（1945—1949 年）四个阶段。与国统区白色统治下民不聊生的情形形成鲜明对比的是，在红军苏区、抗日根据地、解放区和延安，在中国共产党的领导下，革命根据地的土地革命、解放区的大生产运动得到了老百姓的衷心拥护，各种生产活动开展得有声有色，如火如荼。新民主主义经济的发展为新民主主义革命的最后胜利奠定了坚实基础，人们在经济生产过程中精神面貌焕然一新，新经济道德也在形成和不断发展。

一、新民主主义革命时期的经济建设与道德生活变化

经济是道德的基础。经济结构的变化、经济关系的调整都会引发道德生活领域的变化。新民主主义革命时期经济建设给近代中国经济的发展带来了希望，也在人们的道德生活中激起了阵阵涟漪。

1. 土地革命时期农村根据地的经济建设与道德生活

中国革命的主力军是占全国人口绝大多数的农民，革命的重要内容就是解决农民的土地问题。长期受尽三座大山压迫和剥削的农民都朴素地憧憬着一幅“一亩地一头牛，老婆孩子热炕头”的理想生活图景。“八七会议”以后，根据地开展的打土豪、分田地的土地革命在赣东北、闽西、赣南、鄂豫皖等地陆续展

① 毛泽东：《中国革命和中国共产党》，《毛泽东选集》第 2 卷，人民出版社 1991 年版，第 647 页。

开。这是中国革命史上无产阶级领导的第一次伟大的土地革命运动。“旧中国劳动人民经济上受穷，毛泽东认为根源在于他们没有平等地占有生产资料，而在实践中致力于建立劳动人民的生产资料所有制，这符合马克思主义经济公平观的基本原理。”①1928 年 12 月，毛泽东总结往年的土地革命经验，制定了中国共产党历史上第一个土地法《井冈山土地法》。1929 年 4 月又结合实际经验制定了《兴国土地法》。在这些正确政策的指导下，各根据地出现了“收拾金瓯一片，分田分地真忙”的大好形势。至 1930 年春天，闽西根据地纵横 300 多里的地区内，80 余万贫苦百姓都分到了土地，“田无荒土，野无游民”。1930 年，毛泽东在总结土地革命斗争经验的基础上，提出了“依靠贫农雇农，联合中农，限制富农，保护中小工商业者，消灭地主阶级”的土地革命路线，对土地革命中出现的一些不切实际的问题及时给予纠正。后来毛泽东在回忆中提到：“红色区域在建立的头一二年，农业生产往往是下降的。但是经过分配土地后确定了地权，加以我们提倡生产，农民群众的劳动热情增长了，生产便有了恢复的形势了。”②土地革命的广泛开展，极大地调动了广大农民的革命积极性，对支援前线作战、巩固革命根据地，起了重大的作用。

1933 年 5 月国民党对革命根据地进行疯狂“围剿”的同时，还实行严厉的经济封锁，妄图将根据地困杀。这种状况使得根据地的经济建设、红军的给养、老百姓的生活都遇到了很大的困难。有的党内同志甚至提出了红旗还能打多久的疑问。为解决这些问题，毛泽东提出了《我们的经济政策》和《关心群众生活，注意工作方法》的报告和总结，说明了党在农村根据地进行经济建设的理论和政策。他对当前党的中心任务进行了分析，指出：“中心任务是动员广大群众参加革命，以革命战争打倒帝国主义和国民党。”③但为了保障对敌战争的需要和群众的生活及革命热情，也必须进行必要和可能的经济建设，使之成为支持红色政权和进行革命战争的物质基础。毛泽东还将根据地的经济建设基本方针确定为：“我们经济建设的中心是发展农业生产，发展工业生产，发展对外贸易和发展合作社。”“我们的经济政策的原则，是进行一切可能的和必要的经济方

① 李桂荣：《毛泽东社会公平思想研究》，《辽宁师范大学学报》2008 年第 7 期。
② 毛泽东：《我们的经济政策》，《毛泽东选集》第 1 卷，人民出版社 1991 年版，第 131 页。
③ 毛泽东：《关心群众生活，注意工作方法》，《毛泽东选集》第 1 卷，人民出版社 1991 年版，第 136 页。

面的建设，集中经济力量供给战争，同时极力改良民众的生活，巩固工农在经济方面的联合，保证无产阶级对于农民的领导，争取国营经济对私人经济的领导，造成将来发展到社会主义的前提。”①由于封建地主阶级的压迫和剥削，国民党反动军队侵袭破坏，农村根据地的资金不足，耕牛农具奇缺，劳动力锐减，所以毛泽东指导发动合作化运动，成立耕田队、农具合作社、种粮合作社、劳动互助社等劳动互助组织，将百姓团结起来。1933 年，中央工农民主政府颁布了《劳动组织互促纲要》，促进了劳动互助组织的健康发展。为了生产自助，根据地的农民还在政府的组织下兴修水利，开垦荒地，学习农业生产知识，推广农业生产先进技术，开展大规模的生产劳动竞赛。根据地不但没有被国民党军队剿死，农业生产反而得到了迅速恢复和发展，呈现出欣欣向荣的景象。1933 年，中央根据地的粮食产量比 1932 年增加了 15%。工业生产上主要是创办了一批军需工厂，同时建立了制糖、制盐、纺织、纸张、烟草等民营工业。商品贸易上，针对国民党的严密经济封锁，由工农民主政府直接经营若干重要物质的贸易，并对粮食流通、调剂加强了管理。

2. 抗日根据地的经济建设与道德生活

1939 年 10 月至 1940 年 1 月，毛泽东先后发表了《〈共产党人〉发刊词》、《中国革命和中国共产党》、《新民主主义论》等著作，从中国的历史和现实出发，对中国革命的特点和规律进行了深入研究，比较完整地阐述了新民主主义的基本理论、基本纲领、基本政策，系统回应了人们对抗战的前途和祖国命运的忧虑和关切。

新民主主义的经济纲领是：把操纵国计民生的帝国主义和官僚资本的大银行、大工业、大商业收归国有，使之成为社会主义性质的国营经济；没收地主的土地，分配给无地或少地的农民，在此基础上发展具有社会主义因素的合作经济；允许不操纵国计民生的私人资本主义经济的发展。为了战胜根据地面临的财政和经济上的严重困难，党中央发出了“自己动手，丰衣足食”的号召。各根据地按照毛泽东提出的“发展生产，保障供给”的经济和财政工作总部署，开展起轰轰烈烈的大生产运动。“抗日战争年代，陕甘宁边区以改善

① 毛泽东：《我们的经济政策》，《毛泽东选集》第 1 卷，人民出版社 1991 年版，第 130 页。

生活为主的军队机关生产，开始于1938年，以自给为主的军队机关生产，开始于1941年。”①1941年3月八路军三五九旅在王震的带领下挺进人烟荒芜的南泥湾，发扬艰苦奋斗的革命精神，一边保持作战准备，一边屯田生产。通过三年的努力，将荒山野岭、人烟罕至的南泥湾硬是改造成了“陕北的好江南”。1941年，他们开垦荒地11 200亩，达到粮食自给70%，经费自给78%；1942年，种地26 800亩，粮食自给78%，经费自给90%；1943年自给有余，为全边区的大生产运动树立了典型和标杆。1942年12月，毛泽东在陕甘宁边区高级干部会议上作了《抗日时期的经济问题和财政问题》重要讲话，指出：“发展经济，保障供给，是我们的经济工作和财政工作的总方针。”毛泽东、朱德、周德来、任弼时等领导人也亲自和军民一起纺纱纺线、下地种菜。1940至1942年，边区发扬战天斗地的南泥湾精神，共开垦荒地180万余亩，增产细粮47万余担；1943年，粮食产量除了消费以外，尚余22万余担。部队和机关在1943年以后已达到大部分自给自足。农民上缴的救国公粮一年比一年减少，负担明显减轻，生活显著提高，人们对新生活充满了憧憬。

陕甘宁边区的工业也发展很快。钢铁、石油都能自己提炼，机器修造厂也开始创设。轻工业有造纸、火柴、被服、纺织等。1943年，边区的公营纺织厂增加到23个，年产布32 966匹；纺织生产合作社由1938年一个社增加到38个社，年产6 000匹布；私营的纺织厂，由1938年5个，年产布1 260匹，增至50个，年产布12 000匹。

其他各解放区、敌后各抗日根据地也响应党中央的号召，在“劳力与武力相结合”、“战斗与生产相结合”的原则指导下，因地制宜地开展大生产运动。1943年毛泽东对根据地的大生产运动做出党内指示：“一切机关学校部队，必须于战争条件下厉行种菜、养猪、打柴、烧炭、发展手工业和部分种粮，除各大小单位应一律发展集体生产外，同时奖励一切个人（军队除外）从事小部分农业和手工作的个人业余生产（禁止做生意），其收入归个人所有。”②晋冀鲁豫解放区生产运动开展以后，“1942年，全边区群众开荒扩大耕地40余万亩。开渠、打井、修滩

① 王维礼主编：《中国现代史》，辽宁人民出版社1984年版，第520页。
② 毛泽东：《开展根据地的减租、生产和拥政爱民运动》，《毛泽东选集》第3卷，人民出版社1991年版，第911页。

增加水田 6 万余亩。1943 年全区掀起开荒热潮，部队每人种地 3 亩，自给一季粮食”。[①] 工业上建起了小型兵工厂，其他生活日用品如毛巾、肥皂等都能做到基本自给。1942 年、1943 年晋冀鲁豫边区发生大旱，接着是罕见的蝗灾。灾民纷纷向根据地逃荒。当时太岳区逃来的灾民有 20 多万，太行区也有 5 万多人，严重的天灾加上不断涌入的灾民使得边区的经济形势更为紧张。但是在中国共产党的坚强领导下，军民齐心协力与天灾斗争，终于度过了三年困难岁月。在与天斗争的艰苦磨炼下，边区军民更加团结，斗志更加昂扬。“1941 年到 1942 年，边区开荒 60 多万亩。纺车达 5 万架，纺织妇女 6 万人，每年产土布 56 万余匹。华中解放区也开展了组织互助和以农业为主的大生产运动。据淮北及淮南津浦路东区、苏北盐阜区的不完全统计，有 66 万农民参加了互促组，1944 年共修建和改造较大的水利工程 30 余处，灌溉面积达 120 余万亩。”[②]

3. 解放战争时期土地改革运动与道德生活

1946 年 5 月 4 日，中共中央颁布了《关于清算、减租及土地问题的指示》，（史称《五四指示》），决定将党在抗日战争时期采用的减租减息的政策改为没收地主土地分配给农民，揭开了解放区土地立法的序幕，为实现耕者有其田的土地革命指明了方向。彻底实现土地改革，消灭封建剥削制度，是中国民主主义革命的基本任务。在人民解放战争转入战略进攻后，为了维护广大农民的利益，进一步激发农民的生产积极性，发展生产，改善农民的生活条件，使他们在政治上、经济上真正获得新生，中共中央于 1947 年 7 月至 9 月，在河北省平山县西柏坡村举行了全国土地会议。会议由工委书记刘少奇主持。会议总结了《五四指示》以来全国开展土地改革的经验教训，确定了在解放区彻底平分土地的方针。大会通过的《中国土地法大纲》是中国共产党在民主主义革命时期最彻底、最完善的土地改革纲领。《大纲》规定：“废除封建性与半封建性剥削的土地制度，实现耕者有其田的土地制度。”[③]因此，所有地主的土地所有权都被废除，“乡村中一切地主的土地及公地，由乡村农会接收”。所有乡村在土地改革前的一切债务都被废除。乡村的所有土地一律按人口，不分男女老少，统一平

① 王维礼主编：《中国现代史》，辽宁人民出版社 1984 年版，第 522 页。
② 同上。
③ 《中共党史参考资料》（六），人民出版社 1980 年版，第 328 页。

均分配，在数量上抽多补少，在质量上抽肥补瘦。这一分配方法，“是最彻底地消灭封建制度的一种方法，这是完全适合中国广大人民群众的要求的”。① 这个大纲指引着在封建制度压迫下的亿万农民群众，将自己的力量汇入到民主主义革命的滚滚洪流。

全国土地会议之后，解放区广大农村迅速掀起了土地制度改革（俗称“土改”）的热潮。土地改革是几千年以来中国农村最深刻也是最复杂的群众运动，也是一场矛盾十分尖锐的阶级斗争。因为土地封建制度及地主阶级的统治在农村是根深蒂固的。在党的领导下，广大农民群众，特别是最穷苦的贫雇农积极行动起来，通过贫农团、农会开展土地清查、收缴、平分，斗争不法顽固地主。在这一过程中，中国共产党始终坚持反对工作中的行政强迫命令和恩赐观点，通过土改工作团和农会先进分子，启发群众自觉，使广大农民与地主开展面对面的说理斗争。同时，把分田分地、消灭封建剥削与解放全中国的目的相结合，提出“前方打蒋军，后方挖蒋根，前后方一齐努力打倒蒋介石，建立新中国”。经过土地改革运动，到 1948 年秋，解放区 1 亿人口消灭了封建生产关系，农民翻身获得解放。由于生产力得到解放，农民的生产地位和生活状况有了根本的改善，政治觉悟和组织程度也有了空前提高。在“保田参军”的口号下，大批的青壮年踊跃参加人民军队。当时华北解放区就有近百万农民参军，东北地区达 160 万余人。晋冀鲁豫边区仅 1947 年一年中，就有 30 万人参军。为了支援前线作战，各地农民不仅将粮食、衣被等送到前线，而且尽最大努力抽出人力、畜力、物力组成担架队、运输队、破路队等随军组织，担负战争勤务。山东解放区从 1946 年 7 月到 1948 年 9 月，组织了民工 580 余万人支援前线。在敌后，农民加强民兵建设，巩固解放区后方。翻身解放后的广大农民对革命的巨大支持是解放战争最后胜利的可靠保障。

在 1948 年前，各解放区都有自己的流通货币，约有 10 多种；1948 年后，这些货币从相互通用开始趋向统一。解放区的扩大和中央集中统一的加强，促进了经济工作的统一。1948 年 12 月 1 日，中国人民银行成立，开始发行各区统一的货币——人民币，原有各区的货币慢慢退出流通市场。人民币的发行标志着

① 毛泽东：《目前形势和我们的任务》，《毛泽东选集》第 4 卷，人民出版社 1991 年版，第 1250 页。

解放区财政金融的稳定和生产事业的发展，显示了经济事业的兴旺。

由于解放区认真贯彻土地改革的总路线和发展经济、繁荣经济、公私兼顾、劳资两利政策方针，解放区人与人的关系都发生了重大的变化，人民的生活也大大改善。东北地区耕地面积得到恢复，粮食产量不断提高，1947 年恢复耕地 80 多万垧，1948 年增加 78 万垧，1949 年又增加 50 万垧。粮食产量由 1947 年的 600 万吨上升到 1949 年的 1 400 万吨。工业商业都也有相当的发展，比如石家庄市 1947 年底全市仅有私营工业、手工业 700 家，到 1948 年底发展为 1 700 余家。东北地区的煤产量也由 1947 年的 400 万吨猛增至 1949 年的 1 100 万吨。

土地制度改革，是从根本上摧毁中国封建制度根基的社会大变革。通过土改，解放区农村的经济结构发生了翻天覆地的变化，为解放战争的胜利推进提供了强大的支持。通过这场运动，中国最主要的人民群众——农民也进一步意识到，中国共产党是自身利益的坚决维护者，从而更自觉地团结在共产党周围去迎接新中国的解放。

二、新民主主义经济道德生活思想的来源

新民主主义经济道德生活思想的形成除了土地革命和解放区大生产运动的成功实践以外，毛泽东还成功地借鉴和吸取了孙中山新三民主义经济道德思想以及苏联成立之初列宁所推行的“新经济政策”的成功经验所内蕴的经济道德思想。

1. 孙中山新三民主义对经济道德思想的启示

孙中山毕生致力于建立民主共和制度，打开了中国社会进步的大门。他生前对前期提出的三民主义做了很大的修正，被称为“新三民主义思想”。新三民主义中的“民生主义”思想所内含的经济道德生活思想，为新民主主义的经济道德生活思想提供了重要的思想参考。新民生主义提出：“中国国民党之民生主义，其最重要之原则不外二者：一曰平均地权，二曰节制资本。”更新解释了“平均地权”，提出了新的方针，“农民之缺乏土地沦为佃户者，国家当给以土地，资其耕作”，即“耕者有其田”，明确反对封建剥削。提出了“节制资本”的思想，“凡本国人及外国人之企业，或有独占的性质，或规模过大为私人之力所不能办者，

如银行、铁道、航路之属，由国家经营管理之，使私有资本制度不能操纵国民之生计”。[①] 毛泽东等无产阶级革命家批判地汲取了孙中山新民生主义的积极因素，使之成为新民主主义经济道德思想的合理内核。1940 年 1 月，毛泽东说：“中国的经济，一定要走‘节制资本’和‘平均地权’的路，决不能是‘少数人所得而私’，决不能让少数资本家少数地主‘操纵国民生计’，决不能建立欧美式的资本主义社会”。[②] 在党的七大上，毛泽东充分肯定了新民主主义政权下资本主义的作用，强调这是“符合于孙先生的原则的”。在七届二中全会上，他认为一方面要允许一切有利于国民经济的城乡资本主义成分存在和发展，但同时应对资本主义经济采取限制政策。“孙中山的节制资本的口号，我们依然必须用和用得着”。如果“认为可以抛弃‘节制资本’的口号，这是完全错误的，这就是右倾机会主义的观点”。[③]

2.“新经济政策”所内蕴的经济道德思想

列宁在十月革命结束后实施的“新经济政策”的成功经验，为新民主主义经济建设提供了可资借鉴的成功范例。其所内在的经济道德思想，也成为新民主主义经济道德思想的一个重要来源。“新经济政策”是在无产阶级掌握国家经济命脉的前提下所采取的利用资本主义来发展经济的政策，它极大地促进了苏联的经济发展。“新经济政策”鼓励、动员和引导资本主义性质的经济实体在社会主义政策的指引下积极为社会主义经济社会发展服务。毛泽东在七大的口头政治报告中说：“我们不要怕发展资本主义。俄国在十月革命胜利以后，还有一个时期让资本主义作为部分经济而存在，而且还是很大的一部分，差不多占整个社会经济的百分之五十。”针对党内有的同志急于消灭资本主义，他批评指出：“人家社会主义革命胜利了，还要经过新经济政策时期，又经过第一个五年计划，到第二个五年计划时，集体农庄发展了，粮食已主要不由富农出了，才提出消灭富农，我们的同志在这方面是太急了。”[④]十月革命后苏联“新经济政策”的成功实施，为毛泽东等领导人对开展新民主主义经济建设提供了宝贵的经

---

① 毛泽东：《论联合政府》，《毛泽东选集》第 3 卷，人民出版社 1991 年版，第 1057 页。
② 毛泽东：《新民主主义论》，《毛泽东选集》第 2 卷，人民出版社 1991 年版，第 678～679 页。
③ 毛泽东：《在中国共产党第七届中央委员会第二次全体会议上的报告》，《毛泽东选集》第 4 卷，人民出版社 1991 年版，第 1431～1432 页。
④ 顾龙生：《毛泽东经济年谱》，中共中央党校出版社 1993 年版，第 396 页。

验，为他们在指导当时的经济建设时有样可循，成竹在胸。“新经济政策”成功实践所形成的经济道德思想，也影响着新民主主义经济新道德的形成和发展，并进一步影响了人们的经济道德生活实践。

三、新民主主义革命时期新道德的形成和发展

新民主主义革命时期，国民党之所以迅速失去民心，主要是由于它违背了全国人民迫切要求休养生息、和平建国的意愿，执行反人民的内战政策。中国共产党之所以能深得民心，得到广大人民特别是农民群众的衷心拥护，主要是由于党所实施的政治经济路线、方针、政策顺应民心，顺乎民意，最大限度地将全国各阶层的人民团结起来。新民主主义革命的胜利推进、新民主主义经济建设取得的巨大成就，极大地促成了新民主主义新道德的形成和发展。新民主主义新道德具有鲜明的时代进步性和革命性。

1. 土地改革制度对民众权利的争取和保护

几千年封建制度下的农民起义，最中心的问题就是土地问题。中国近代史上的太平天国运动和孙中山领导的辛亥革命也都将实现“耕者有其田”作为其奋斗、追求的理想。但是这些美好的愿望都因自身的落后或软弱，没有先进的阶级和科学的思想引领而最终成为水中月、镜中花。新民主主义革命在中国共产党的领导下，在革命的实践中，开始实施并根据形势的需要不断地完善土地改革制度，带领广大民众将几千年上下求之而不得的“耕者有其田”的理想逐步化为现实，争取和维护了最广大民众的根本权利。1927 年 7 月中共闽西一大关于《土地问题决议案》指出：“中国现在的土地制度，是一种半封建制度，农民受重租重税剥削，田地集中在地主手中……土地革命是中国民权革命的主要内容，地主官僚军阀不除，中国农民得不到土地，民权革命就不算成功。”①所以，中国共产党通过土地革命，真正实现了社会的权利平等，“一切私有土地完全归组织成苏维埃国家的劳动平民所公有”，“一切没收的土地之实际使用权归之于农民，租田制度和押田制度完全废除”。② 农民迫于生计而向地主、高利贷者借下

---

① 许毅主编：《中国革命根据地财政经济史长编》，人民出版社 1982 年版，第 243 页。
② 卫兴华等主编：《中国共产党经济思想史论》，江苏人民出版社 1994 年版，第 58 页。

的欠债也被宣布一律无效或废除。同时,土地革命坚持了人道主义原则,对地主家属,经核准没有其他生活来源的,也得酌量分与田地。1946年5月4日中共中央颁发的《五四指示》是在抗战胜利背景下,根据新形势和农民的新要求制定的一个土地改革的纲领性文件,文件强调要坚决拥护农民一切正当的和正义的行动,批准农民获得和正在获得的土地;并且通过减租和清算,迫使地主把土地"出卖"给农民,从而消灭封建剥削,实现农民土地所有权。同时,《五四指示》明确要求,对大地主恶霸、中小地主、富农、中农要区别对待。对开明绅士,要谨慎处理,适当照顾;对富农要着重减租,保存其自耕部分;对中农要保护,用一切办法吸收他们参加斗争。这个纲领是在当时内战危机重重的情况下,中国共产党人为了团结一切可以团结的力量,最大限度地争取国内和平而发出的指示。1947年的《中国土地法大纲》则规定乡村的所有土地一律按人口,不分男女老少,统一平均分配,从而通过土地革命一步一步真正使几千年来民众孜孜以求的梦想,也是新民主主义革命的主要目标之一的"耕者有其田"得以化为现实。

2. 倡导以全心全意为人民服务为核心的共产主义道德

在新民主主义革命实践中,只有和人民群众血肉相连,与人民同呼吸、共命运,才能攻无不克,战无不胜,始终立于不败之地。人民群众是社会财富的真正创造者,是推动历史前进的动力。相信群众、联系群众、依靠群众,从群众中来,到群众中去,全心全意为人民服务,是中国共产党的根本路线和根本宗旨,这是中国共产党与其他党派、政党相区别的显著标志之一,也是共产主义道德的基本要求和规范。

毛泽东在《为人民服务》、《纪念白求恩》等许多文章中对为人民服务的思想作了全面深刻的阐述。他指出,全心全意为人民服务的思想是建立在坚信人民是历史的主人,是创造历史的动力的历史唯物主义基础上的。这和某些资产阶级以救世主的姿态向人民施恩的思想是根本不同的。"人民,只有人民,才是创造世界历史的动力。"①对党员干部来说,就是要把自己当作是人民的勤务员,当作人民的公仆,发扬"俯首甘为孺子牛"的精神。"全心全意地为人民服务,一刻也不脱离群众,一切从人民的利益出发,而不是从个人或小集团的利益出

① 毛泽东:《论联合政府》,《毛泽东选集》第3卷,人民出版社1991年版,第1031页。

发……这些就是我们的出发点……共产党人的一切言论行动，必须以合乎最广大人民群众的最大利益，为最广大人民群众所拥护为最高标准。”①所以每一个共产党人必须襟怀坦白，忠诚老实，以人民利益、革命利益为第一生命；忠心耿耿为民族、为人民和党工作，要做到对工作极端负责，对人民满腔热忱，毫无自私自利之心，毫不利己，专门利人。“自私自利，消极怠工，贪污腐化，风头主义等等，是最可鄙的；而大公无私、积极努力、克己奉公、埋头苦干的精神，才是可尊敬的。”②他高赞扬了张思德、白求恩、刘胡兰等人，为共产党人道德理想人格树立了典型。他认为，合乎全心全意为人民服务的共产主义道德的人，就是共产主义道德的理想人格。一个普通的人，只要做到毫不利己，专门利人，全心全意为人民服务，他就是一个高尚的人。“一个人能力有大小，但只要有这点精神，就是一个高尚的人，一个纯粹的人，一个有道德的人，一个脱离了低级趣味的人，一个有益于人民的人。”③

刘少奇也指出：“我们革命，不是为老婆，为吃饭，为出风头，而是为了人民群众的解放，一切为了群众，否则，革命就毫无意义。”④一个优秀的共产党人必须心里时刻装着群众，将群众的忧乐始终放在最重要的位置，想群众之所想，急群众之所急，大公无私，具备“先天下之忧而忧，后天下之乐而乐”的崇高品德和情操。“在党内、在人民中，他吃苦在前，享受在后”；“他能够在患难时挺身而出，在困难时尽自己最大的责任”⑤；为了人民的利益，他可以奉献自己的一切。一个真正的共产党人应该一切向群众负责。刘少奇指出：“人民的利益，即党的利益。除了人民的利益之外，党再无自己的特殊利益。最广大人民群众的最大利益，即真理的最高标准，即我们党员的一切行动的最高标准。”“凡对人民不利的事业，即是对党不利的事业。”⑥明确说明了党员的利益观，把人民的利益和党的利益统一，把对人民负责和对党负责高度统一。他批评了那种只对上不对

---

① 毛泽东：《论联合政府》，《毛泽东选集》第 3 卷，人民出版社 1991 年版，第 1095～1096 页。
② 毛泽东：《中国共产党在民族战争中的地位》，《毛泽东选集》第 2 卷，人民出版社 1991 年版，第 522 页。
③ 毛泽东：《纪念白求恩》，《毛泽东选集》第 2 卷，人民出版社 1991 年版，第 660 页。
④ 刘少奇：《关于减租减息的群众运动》，《刘少奇选集》上卷，人民出版社 1981 年版，第 234 页。
⑤ 刘少奇：《论共产党员的修养》，《刘少奇选集》上卷，人民出版社 1981 年版，第 132 页。
⑥ 刘少奇：《论党》，《刘少奇选集》上卷，人民出版社 1981 年版，第 350 页。

下，只唯官不为民，不顾人民利益，只顾讨好上司的作风。指出："如果发现自己领导机关和领导人所指示的任务、政策和工作作风有缺点、错误时，即应以对人民负责的精神，向领导机关与领导人建议改正，要弄清是非，不应马虎敷衍。否则，就是对人民没有负起责任，也就是对党没有负责任。"①

3. 正确处理动机与效果、个人与集体的关系，树立集体主义道德原则

人们在现实生活中进行道德判断时，常常要在动机与效果的问题上进行权衡，因而伦理思想史上就形成了"唯动机论"和"唯效果轮"的争辩。在新民主主义革命时期，毛泽东从马克思主义认识论出发，既反对片面强调动机的唯心论，又反对片面强调效果的机械论，提出了辩证唯物主义的动机效果统一论。他说，"社会实践及其效果是检验主观愿望或动机的标准"，"真正的好心，必须顾及后果，总结经验，研究方法"②。认为动机和效果是在实践基础上辩证发展的一个相互联系的过程。他强调功利主义具有鲜明的阶级性，无产阶级反对封建阶级、资产阶级和小资产阶级的功利至上，但却提倡以广大人民群众长远利益为目的的，以他们目前利益和长远利益相统一的"无产阶级的革命的功利主义"。将广大人民群众的利益作为最高道德标准。"我们是以最广和最远为目标的革命的功利主义者，而不只看到局部和目前的狭隘的功利主义者。"③

以损人利己为特征的个人主义是私有制条件下产生的，不管是封建地主还是资本家，都是为了谋求个人最大利益而残酷地剥削受压迫的民众，把自己的幸福建立在别人受折磨、受苦难的基础之上。"一切剥削者要发展自己都必须损害别人。资本家要发展自己的财产，或者要在经济恐慌时不致破产，他就必须挤倒很多的较小资本家，就必须使无数的工人饥饿。地主要发展自己，他就必须剥削农民，使许多人失去土地。"④无产阶级反对个人主义，提倡集体主义。他们认为，自私自利、损人利己、损公肥私是最可耻的，只有大公无私、舍己为人、克己奉公才是最光荣的、真正的有道德的行为。在新民主主义革命队伍中，人们来自五湖四海，成长于不同的环境中。个人主义思想在一些人的思想意识

① 刘少奇：《论党》，《刘少奇选集》上卷，人民出版社 1981 年版，第 350 页。
② 毛泽东：《在延安文艺座谈会上的讲话》，《毛泽东选集》第 3 卷，人民出版社 1991 年版，第 874 页。
③ 同上书，第 864 页。
④ 刘少奇：《论共产党员的修养》，《刘少奇选集》上卷，人民出版社 1991 年版，第 144 页。

和行为习惯中总有所体现。毛泽东、刘少奇等党的领导人都坚决反对个人主义，深刻揭露其危害。并指出，对于无产阶级来说，集体利益不仅代表个人利益，而且高于个人利益。个人利益必须也完全能够融于集体利益之中。“在个人利益和党的利益不一致的时候，能够毫不踌躇、毫不勉强地服从党的利益，牺牲个人利益。为了党的、无产阶级的、民族解放和人类解放的事业，能够毫不犹豫地牺牲个人利益，甚至牺牲自己的生命，这就是我们常说的‘党性’或‘党的观念’、‘组织观念’的一种表现。这就是共产主义道德的最高表现。”①当然，又必须要反对根本抹杀个人利益的“左”的错误。因为正当个人利益内含着个人生活成长的物质条件和精神需要，它和集体利益并不矛盾。因为集体是由活生生的个体组成的，因此集体利益是个人利益的集中反映。新民主主义革命的最终目的就是为了充分满足最广大民众的生活需要，促进人的全面而自由的发展。所以，要尽可能地顾全和保护广大人民群众不可缺少的利益，包括个人的和家庭的利益。中国共产党所持的关于正确处理动机与效果、个人与集体的关系，树立集体主义道德原则的观点，对共产主义新道德和新风尚的树立起了巨大的作用，培育和激励着广大的党员和民众为了新民主主义革命和建设奉献自己的青春和热血。

4. 热爱劳动、爱护公物、艰苦奋斗道德规范的培育和践行

在新民主主义革命时期，党领导进行了土地革命，使广大民众实现了“耕者有其田”的千年梦想，而且还创办了很多公有制企业。但民众由于传统观念和习惯影响，不少人还是以旧的态度来对待新的劳动，以旧的观念来看待集体的工厂和公有财产。所以培育热爱劳动、爱护公物和艰苦奋斗的新道德规范就更显得十分必要和紧迫。“在国民党、地主资产阶级政权的统治下，工厂、矿山及一切生产交通工具，是拿在资本家、地主或国民党政府手里。资本家、地主为着他们少数寄生虫穷奢极欲的生活，强迫工人饿着肚子牛马似的为他们劳动，生产利润。工人为了吃饱饭，为着工作与生活条件的改善，而反对工厂主，反对剥削者寄生虫，不惜采用罢工、怠工，用各种带破坏性质的手段，是完全应该的、必要的。但是在苏维埃政权下，苏维埃的工厂企业与合作社企业，是工农大众所

① 刘少奇：《论共产党员的修养》，《刘少奇选集》上卷，人民出版社 1991 年版，第 131 页。

共有的财产。它不是为着剥削工人、生产利润去供养一部分寄生虫，而是为着供给战争，为着供给工农大众的需要，为着创造人类最大的幸福而生产。因此，国家企业与合作社企业中的工人、职员，应该爱护自己的——民众的工厂企业，把自己所有的技能与天才贡献出来。"①因此，毛泽东要求共产党员在各项工作中要做多奉献、少索酬的模范，1949年，《新华月报》创刊号上他的题词就对人们提出了"爱劳动，爱护公物"的道德要求。同时，他指出贪污和浪费是极大的犯罪。为了争取新民主主义革命在全国的最后胜利和建设新中国，他提倡发扬克服困难、艰苦奋斗的精神，要求全党认清形势："夺取全国胜利，这只是万里长征走完了第一步……革命以后的路程更长，工作更伟大，更艰苦。"②因此，他告诫全党继续地保持艰苦奋斗的作风，跳出历史兴亡的周期律。热爱劳动、爱护公物、艰苦奋斗的道德规范的培育和践行，促进了新道德的形成，激发了人们劳动热情和艰苦奋斗的革命斗志，是中国人民用以战胜强大敌人的宝贵精神武器。

---

① 转引自张锡勤等编著：《中国近现代伦理思想史》，黑龙江人民出版社1984年版，第364页。
② 毛泽东：《在中国共产党第七届中央委员会第二次全体会议上的报告》，《毛泽东选集》第4卷，人民出版社1991年版，第1438页。

第三章

近代政治道德生活

中国近代社会，经济领域的变化是非常明显的，而半殖民地半封建社会的形成对中国政治生态的影响也是非常明显的。政治领域的变化必然在中华民族的道德生活中留下印痕。

近代中国的政治舞台上，国内政治元素与国际政治元素紧张胶着，民族矛盾、阶级矛盾、政党矛盾和地方势力之间的矛盾交织，政权的出现或者更替如同鲁迅所说的“城头变幻大王旗”那样频繁，政治舞台上不断上演着各种悲喜剧。在这一复杂多变的政治环境中，近代中国人的政治伦理观念发生了深刻变化，其政治价值追求在不断地改变，其政治道德生活与以往朝代有着明显的区别。这种不同是由反帝、反封建、反军阀、反独裁的时代根本政治任务决定的，主要表现在近代中国人担负着实现民族独立、致力国家富强和争取人民解放等政治道德责任上。

第一节　追求民族独立的不懈努力

中国近代社会存在着多种多样的政治矛盾，其中，“帝国主义和中华民族的矛盾，封建主义和人民大众的矛盾，这些就是近代中国社会的主要矛盾。……而帝国主义和中华民族的矛盾，乃是各种矛盾中的最主要的矛盾”①，其他政治矛盾都与这一矛盾有着直接或者间接的关系，它们的解决也都与此密切相关。因此，中华民族救亡图存，实现民族独立，就是中国近代政治道德生活的根本内容。要实现中华民族独立，不仅要抵御外敌入侵，而且要遏制帝国主义列强对中国的瓜分。

一、抵御外敌入侵

自从英国侵略者于1840年用武力打开中国国门以后，帝国主义列强为了实现各自的利益，以各种借口悍然发动对中国的侵略。面对这些侵略，当时的

① 《毛泽东选集》第2卷，人民出版社1991年版，第594页。

中国政府和民众的基本态度是予以坚决抵抗。

坚决抵抗外敌入侵是一种积极态度，主要表现在以下三个方面：

1. *广泛发动*

政府（包括官员）对民众的广泛发动，是抵御外国侵略者、取得战争胜利的根本保证。就其所涉及的民众数量而言，这种发动分为对部分民众的发动和对全民的发动。对部分民众的发动，是一种小范围的发动，这与政府及其官员认为战争是一场局部的并且可以在短期内结束的判断有关。如为了取得鸦片战争的胜利，林则徐等清朝官员意识到了民众在抵御外国侵略者过程中的伟大作用，因此，他们在战前就注重充分发动民众，鼓励民众投入到抗击侵略者的战争中去，拟定了奖励民众击杀侵略者的规定："每杀白洋人者赏银二百元，黑洋人半之，斩首逆义律者赏银二万元。其下领兵头目，以次递降，获兵艘者，除火药炮械缴官外，余尽充赏。"①林则徐还与广东巡抚怡良一起到处张贴奖励民众击杀侵略者的告示："本部堂院今与尔约：如英夷兵船一进内河，许尔人人持刀痛杀。凡杀有白鬼一名，赏洋一百元；杀死黑鬼一名，赏洋五十元。如持首级来献，本部堂院验明后，即于辕门立时给赏。擒夹带鸦片之侦船者倍之，擒及杀死鬼夷官者又倍之。如能夺其炮位，亦照炮之大小，分别给赏。"②这些奖励规定使英国侵略者心惊胆战，也使英国商人为了保住自己的生命而不得不解雇其商船上所雇佣的全部华人。为了鼓励所招募的壮丁英勇杀敌，林则徐等还作出了奖励壮丁杀敌和抚恤的规定："若杀得白人一名，将头带回者，即应许赏银一百元；打仗时若壮丁有被杀死者，每人给回其家眷银二百元。"③然而，林则徐等人对民众参与战争的发动，只是对部分民众的发动，它局限于广东省，准确地说，局限于广东省内英国人进行活动的地区。这种对民众的发动虽然是有效的，在防务部署上是切实的，但是，其效果却是有限的。

为了抵御外敌入侵而发动民众的最有效的方式则是对全民的发动。这种方式往往是剥削阶级政府意识不到且不愿意运用的，只有中国共产党所领导的苏维埃或解放区政府才自觉地运用了这种方式。在抗日战争时期，中国共产党

---

① 中国史学会主编：《鸦片战争》第 6 册，神州国光社 1954 年版，第 142 页。
② 杨国祯著：《林则徐传》，人民出版社 1995 年版，第 345 页。
③ 中国史学会主编：《鸦片战争》第 2 册，神州国光社 1954 年版，第 489 页。

从全民抗战的策略出发，充分而又深入地发动所有民众参与抗日，最终取得了抗日战争的胜利。中国共产党对于这种方式的运用不仅是自觉的，而且是全方位的，具有如下特征：

第一，领导民众进行发动。如1935年在北平所爆发的“一二·九”运动，是中国共产党所领导的发动全体民众进行的抗日运动。虽然12月9日当天直接参加游行请愿的共产党员并不多，但是，这场运动却是由中国共产党所领导和推动的。早在1935年7月至8月，共产国际在苏联首都莫斯科召开了第七次代表大会。会议期间，中国共产党驻共产国际代表团以中国苏维埃政府和中共中央的名义发表了《为抗日救国告全体同胞书》的宣言（即《八一宣言》），指出，日本侵略者悍然发动“九一八”事变后“不到四年，差不多半壁山河，已经被日寇占领和侵袭了”。长此下去，“我五千年古国将完全变成被征服地，四万万同胞将都变成亡国奴”。在这“抗日则生，不抗日则死”、面临“国亡种灭”的紧急关头，“抗日救国，已成为每个同胞的神圣天职”。[①] 并发出这样的号召：“无论各党派间在过去和现在有任何政见和利害的不同，无论各界同胞间有任何意见上或利益上的差异，无论各军队间过去和现在有任何敌对行动，大家都应当有‘兄弟阋于墙外御其侮’的真诚觉悟，首先大家都应当停止内战，以便集中一切国力（人力、物力、财力、武力等）去为抗日救国的神圣事业而奋斗”[②]，“有钱的出钱，有枪的出枪，有粮的出粮，有力的出力，有专门技能的贡献专门技能”。[③] 正是在《八一宣言》的感召下，1935年12月9日，北平爱国学生爆发了抗日游行请愿活动。学生们高呼“反对日本侵略”、“打倒日本帝国主义”、“反对华北自治”、“停止内战，一致抗日”等口号，并要求国民党政府放弃其对日本侵略采取不抵抗主义、“攘外必先安内”、集中力量消灭中国共产党的方针，以中华民族的利益为重，实行抗日。然而，这次爱国活动却遭到了国民党政府的镇压，30多名学生被捕，100多名学生受伤。“一二·九”运动爆发后，中国共产党多次发表宣言，高度肯定和支持学生的爱国行动。1935年12月20日，共青团中央发表了《为抗日救国告全国各校学生和各界青年同胞宣言》，指出：“当国亡种灭，大祸临头，

---

① 中央档案馆编：《中共中央文件选集》第9册，中共中央党校出版社1985年版，第483页。
② 同上书，第486页。
③ 同上书，第488页。

抗日则生，不抗日则死的紧急关头，爱国青年的血，决不会白流的，全国有血气的青年，全国不愿做亡国奴的同胞，必定一致奋起，在抗日救国的旗帜之下，踏着爱国青年的血迹前进！”进一步号召学生：“到工人中去，到农民中去，到商民中去，到军队中去！唤起他们的觉悟，推动他们建立抗日救国大联合，和实行全国各界同胞武装抗日的共同战斗！”①学生们听从这一召唤，采取了到工农群众中去发动全体民众参与抗日的方式，并组织了南下扩大宣传团，号召全民进行抗日救亡。

第二，以发动全民为目标。在发动全民抵抗日本侵略的过程中，中国共产党所领导的苏维埃和解放区政府还意识到，只有发动所有民众，才能取得抗日战争的胜利。因此，在“一二·九”运动爆发后不久，即1935年12月27日，毛泽东就明确地指出：“学生运动已经有了极大的发展，将来一定还要有更大的发展。但学生运动要得到持久性……只有工人、农民、兵士的斗争配合起来，才有可能。”②为了更好地发动所有民众参与抗战，中国共产党所领导的苏维埃或者解放区政府调整了处理民族利益与阶级利益之间、爱国主义与国际主义之间关系的态度和原则。这种态度和原则是：“在抗日战争中，一切必须服从抗日的利益，这是确定的原则。因此，阶级斗争的利益必须服从于抗日战争的利益，而不能违反抗日战争的利益。”③坚持民族利益高于阶级利益的原则，并不是放弃对阶级利益的考虑，相反，在考虑工人阶级和农民阶级的利益的同时，也要兼顾其他阶级的利益。因此，“企图否认阶级斗争存在的理论是完全错误的理论。我们不是否认它，而是调节它……为了团结抗日，应实行一种调节各阶级相互关系的恰当的政策，既不应使劳苦大众毫无政治上和生活上的保证，同时也应顾到富有者的利益，这样去适合团结对敌的要求”。④ 在抗日战争的过程中，“我们的口号是为保卫祖国反对侵略者而战。对于我们，失败主义是罪恶，争取抗日胜利是责无旁贷的。因为只有为着保卫祖国而战才能打败侵略者，使民族得到解放。只有民族得到解放，才有使无产阶级和劳动人民得到解放的可能。中国

① 《一二九运动资料》第一辑，人民出版社1981年版，第12～14页。
② 《毛泽东选集》第1卷，人民出版社1991年版，第151页。
③ 《毛泽东选集》第2卷，人民出版社1991年版，第525页。
④ 同上。

胜利了,侵略中国的帝国主义者被打倒了,同时也就是帮助了外国的人民。因此,爱国主义就是国际主义在民族解放战争中的实施”。① 显然,这些原则和态度是以发动所有民众为目标的,在事实上的确起了充分发动所有民众参与抗战的作用。

第三,建立联合民众共同抗战的组织形式。抵抗日本侵略既然必须全民参与,要以发动全民为目标,那么,为了团结抗战,就必须建立一个可以团结全民抗战的组织——抗日民族统一战线。在中国共产党所领导的苏维埃和解放区政府看来,这种统一战线的建立是可能的。毛泽东在进行了深入的分析后指出:“半殖民地的国家如中国,其主要矛盾和非主要矛盾的关系呈现着复杂的情况。当着帝国主义向这种国家举行侵略战争的时候,这种国家的内部各阶级,除开一些叛国分子以外,能够暂时地团结起来举行民族战争去反对帝国主义。这时,帝国主义和这种国家之间的矛盾成为主要的矛盾,而这种国家内部各阶级的一切矛盾(包括封建制度和人民大众之间这个主要矛盾在内),便都暂时地降到次要和服从的地位。中国1840年的鸦片战争,1894年的中日战争,1900年的义和团战争和目前的中日战争,都有这种情形。”②在抗日战争中,国内各阶级、各政党之所以能够团结抗战,是因为它们将中华民族的利益放在首位,以阶级利益服务于民族利益。显然,只有“坚持民族统一战线才能克服困难,战胜敌人,建设新中国,这是毫无疑义的。但是在同时,必须保持加入统一战线中的任何党派在思想上、政治上和组织上的独立性,不论是国民党也好,共产党也好,其他党派也好,都是这样”③。只有这样,才能真正地发动全民进行抗战,才能有力地加强各阶级、各政党在抗战中的团结。通过中国共产党和各民主党派的有理有节的斗争,民族抗日统一战线最终建立起来,全国人民团结在抗日的旗帜下。在此过程中,中国共产党起了极为重要的作用,积极地推动了全国抗日救国会的成立。1936年5月31日至6月1日,来自全国各地的60多个救国团体的代表出席了在上海召开的全国各界救国联合会成立大会,大会通过了《全国各界救国联合会成立大会宣言》、《抗日救国初步政治纲领》、《全国各界救国联

① 《毛泽东选集》第2卷,人民出版社1991年版,第520～521页。
② 《毛泽东选集》第1卷,人民出版社1991年版,第295～296页。
③ 《毛泽东选集》第2卷,人民出版社1991年版,第524页。

合会章程》等重要文件。中国共产党立即表示同意并无条件地服从这些文件，诚恳地愿意与全国各界救国联合会进行合作，“愿意牺牲一切力量来拥护这些运动与组织”，共同“挽救中国人民的危亡”。

第四，以转变国民党官兵的消极抗战态度为重点。在中国共产党所领导的人民政府看来，建立民族抗日统一战线的目的，在于国内各阶级、各政党都应当有“兄弟阋于墙外御其侮”的精神，为了抗日救国而停止内战。毛泽东代表共产党响应蒋介石“知道全国应战以后之局势，就只有牺牲到底，无丝毫侥幸求免之理。如果战端一开，那就地无分南北，人无分老幼，无论何人皆有守土抗战之责任”①的庐山讲话。为了达到这一目的，中国共产党从民族大义、民族利益出发，改变了以往对待民族资产阶级、地主阶级、军阀、国民党的策略，实施与抗日救国相适应的新策略，即“不但要团结一切可能的、反日的基本力量，而且要团结一切可能的反日同盟者”。② 在“一切可能的反日同盟者”中，国民党官兵是势力最强大的力量，但却是消极抗日、集中兵力进行内战的力量。因此，转变国民党官兵的消极抗战态度，就成了中国共产党广泛发动民众进行抗日的重点。如1935年被授予国民党陆军二级上将，担任平津卫戍司令、冀察政务委员会委员长及冀察绥靖主任的第29军军长宋哲元，最初是冯玉祥部的军官，后来被张学良整编。“九一八”事变爆发后的第三天，他就率领第29军全体官兵向全国发出抗日通电，坚决表示“宁为战死鬼，不作亡国奴，奋斗牺牲，誓雪国耻”，并曾经在长城喜峰口与日本侵略者进行血战，取得了该战役的胜利。可是，由于蒋介石国民党对日本侵略者采取消极抵抗、“攘外必先安内”、先集中力量消灭共产党的方针，卢沟桥事变发生后，宋哲元服从蒋介石的“绝对不抵抗”命令，对中国共产党所领导和推动的平津抗日爱国运动进行镇压，逮捕共产党员等进步人士和爱国青年学生。在这种腥风血雨的环境中，中国共产党仍然坚持自己所提出的“停止内战，一致对外”的政治伦理理念，在中共中央北方局及刘少奇的领导下，不但没有采取对抗的策略，反而尽弃前嫌，千方百计地团结和扩大抗日的爱国力量，通过中华民族解放先锋队（又称“民先”或者“民先队”）和北平学生救国

① 《毛泽东选集》第2卷，人民出版社1991年版，第344～345页。
② 中央档案馆编：《中共中央文件选集》第9册，中共中央党校出版社1985年版，第610页。

联合会，来做29军抗战态度的转变工作。为了使29军官兵的抗战态度变得积极，“民先队”和北平学生救国联合会主要做了如下事情：(1) 提出了与抗日形势相适应的游行口号，如“拥护宋将军领导抗日”、“拥护蒋委员长抗日”、“拥护29军抗日”、“拥护29军保卫华北”、“中国人不打中国人”、“各党派联合起来一致抗日”等口号。(2) 与29军官兵尤其是基层官兵进行联欢，参观29军的演习，组织共产党员、“民先队”队员和进步学生赴29军进行暑期军训，既争取了29军基层官兵积极参加抗日，又改变了29军高层的消极抗战态度。(3) 以北平学生救国联合会的名义向29军官兵献旗，高度肯定29军在长城喜峰口的抗日爱国行动；最后，在29军官兵抗击进犯绥远和察东的日本侵略者时，“民先队”和北平学生救国联合会一方面发动北平各大中学校女生和教职员工家属为29军官兵赶制棉衣，号召爱国者为29军官兵捐献万件皮衣，另一方面派出慰问团，组织支援绥远前线的服务团，使29军官兵深受鼓舞，坚定了抗日的决心。中国共产党所领导和推动的抗日爱国运动，不仅改变了国民党地方武装（如陕西的张学良、绥远的傅作义、山西的阎锡山、广西的李宗仁等）的抗日态度，而且也改变了蒋介石的嫡系部队（如汤恩伯部）的抗战态度，进一步改变了国民党内部抗日派与亲日派的力量对比，推动了国民党政府内部抗日力量的增长。

2. 周密准备

抵御外敌入侵，仅仅靠爱国情感、道德义愤是不够的，是不能“足以制敌之命”的，必须以周密的准备为前提。做好周密准备，既是对国家负责，又是保护民众的具体体现。为了抗击英国侵略者，林则徐受命禁售销毁鸦片，来到广州之后，就对禁烟备战进行了通盘考虑，以“为万全必胜之计”。(1) 他向各界人士表明自己的态度：禁售销毁鸦片“万无中止之势”，获得了国人的普遍支持。(2) 他通过各种方式，“日日使人刺探夷事，翻译夷书，又购其新闻纸，具知夷人极藐水师而畏沿海枭徒及渔船疍户”。① (3)“令洋商招集壮丁，以为保守地方。现招集之壮丁，共有五千名，内二千名归洋商出银，二千名归盐商出银，一千名归潮客商出银，致洋行会馆已满住壮丁，每人每月费用银六元，安家银六元，俱

---

① 中国史学会主编：《鸦片战争》第6册，神州国光社1954年版，第111页。

用渔船装载出海，与封港兵船打仗……又已预备许多船只，以为打仗之用”。[①] 他所准备的这些壮丁和船，是用来在海上对付英国舰船的进犯的。同时，林则徐考虑到“以舟师出洋，不能如夷船帆炮之得手，令水师不必在洋攻剿，但固守口岸藩篱，备火船，乘月黑潮退，出其不意，分起潜出，乘上风攻其首尾，火器皆从桅掷下。又招募渔、疍，董以兵弁，潜伏岛屿，随时挈小船攻扑，先炼钉夷船四旁，使受火一时难脱，重给赏资。与兵勇约法七章，训练既娴，人知运用，踊跃争先”。[②]（4）他“于虎门之横档屿设铁链木筏，横亘中流”，购置了西洋各国洋炮二百余门，将其“增排两岸”。（5）他“将前派暗防之兵役酌量加添，凡远近要隘之区，俱令明为防守，不许夷人出入往来，仍密谕弁兵不得轻举肇衅”。[③] 这些主要措施“以静制动，意在不恶而严，而诸夷怀德畏威，均已不寒而栗”，[④]为林则徐顺利地进行禁烟、抵抗英国侵略者提供了条件。

3. 英勇杀敌

英勇杀敌，消灭进犯中国领土的侵略者，是抵御外敌入侵的关键环节，是每个社会组织和国民对中华民族的共同责任。由于抵御外敌入侵的主体可以分为主权国家与普通民众，因此，杀敌就可以分为代表主权国家的政府所组织与民间所组织两种。两者在中华民族抵御外敌入侵的过程中一直同时存在着，它们是中国人自觉地履行对国家的道德责任的重要方式。

就政府所组织的杀敌而言，由于不同政府所代表的阶级利益不同，它们对外国侵略者的态度往往存在着某种区别。代表人民利益的政府必定会始终一贯地坚决消灭敌人，而代表剥削阶级利益的政府则会对外国侵略者妥协甚至屈服。如在抗日战争时期，虽然全国抗日民族统一战线已经建立，全国各阶级、各政党的抗日爱国力量已经联合起来，但是，国民党政府的总的抗战态度是消极的，不但没有完成好正面战场抵御日本侵略者的作战任务，反而在其兵力处于优势的情况下节节败退。不可否认，在抗日战争初期，国民党政府是意识到了自己对中华民族生存的政治道德责任的，是主动地承担了全面抵御日本侵略者

---

① 中国史学会主编：《鸦片战争》第 2 册，神州国光社 1954 年版，第 489 页。
② 中国史学会主编：《鸦片战争》第 6 册，神州国光社 1954 年版，第 19 页。
③ 《林则徐集·奏稿》，中华书局 1965 年版，第 629 页。
④ 同上。

的作战任务的，并布局了一个包括华北、华中和华东在内的防御体系。这种积极态度在国民党军队先后组织的忻口、武汉、徐州和淞沪四大会战中表现得尤为明显。徐州会战中的台儿庄战役，是抗日战争初期国民党政府所组织的一次重要战役，是国民党军队抗战表现得最为勇敢的一次著名战役。这一战役在1938年3、4月间进行，由第五战区司令长官李宗仁直接指挥。孙连仲第二集团军驻守台儿庄，从正面阻击日本侵略者；汤恩伯第二十军团开进运河以北地区，从侧面积极攻击临（城）枣（庄）地区的日本侵略军，并切断进犯台儿庄的日本侵略军的退路；孙桐萱第三集团军主动攻击济宁、嘉祥的日本侵略军；第三军团庞炳勋部坚守临沂，并与张自忠第五十九军配合攻击日本王牌军板垣师团；韩德勤第二十四集团军在宝应、高邮一带阻击由扬州北犯的日本侵略军；李品仙第十一集团军、廖磊第二十一集团军、于学忠第五十一军则分别积极阻击或者牵制淮河和苏北方面的日本侵略军。参加台儿庄战役的中国部队，虽然也有蒋介石的嫡系部队，但是，大部分兵力都是国民党的地方势力。这些部队不仅兵员不足，后勤保障不充分，而且其装备远不如蒋介石的嫡系部队，与日本侵略军的装备相差就更远了。尽管参战的中国部队是杂牌军，然而，这些部队都有尽雪卢沟桥事变以来日本侵略者让中国人蒙上耻辱的急切愿望，都有强烈的爱国心，都有报效祖国与战死沙场的决心。因此，他们都认为可以亲赴前线英勇杀敌，是自己早已期盼的难得的机会。正如李宗仁对其部下所说："今日天如人愿，让我们这一辈子人有一个抗日报国的机会，今后如能为国家民族而战死沙场，才真正死得其所。"①他们都能够抛开私人恩怨，同心协力消灭日本侵略者，如张自忠尽弃与庞炳勋部的旧隙，出于对中华民族的道德责任，向李宗仁发誓："职一息尚存，决与敌奋战到底！"②亲率其部队日夜兼程赶赴临沂去支援庞炳勋部队担任主力的临沂保卫战。他们都不顾一切，一心杀敌。如在台儿庄城争夺战中，孙连仲第二集团军的战斗异常激烈，伤亡最为惨重。4月3日，当台儿庄北泥沟车站的第二集团军守军即将伤亡殆尽时，孙连仲向李宗仁立誓："第二集

---

① 中国人民政治协商会议广西壮族自治区委员会文史资料研究委员会编：《李宗仁回忆录》（下），广西人民出版社1980年版，第720页。

② 党德信、杨玉文主编：《抗日战争国民党阵亡将领录》，解放军出版社1987年版，第13页。

团军牺牲殆尽不足惜，连仲亦以一死报国家。”[①]因此，在死守城中最后一个据点的三十一师师长池峰城电话请求撤退时，他下了无比坚定的命令：“士兵打完了，你就自己上前填进去。你填过了，我就来填进去。”[②]他亲自督战，并命令守城的池峰城部组织了一支57人的敢死队，准备在午夜袭击日本侵略军。当池峰城宣布给每个敢死队员奖赏30元大洋时，勇士们都说：我们打仗不是为了钱，而是为了让子孙后代不做日本人的奴隶，争取中华民族的生存。他们全身挂满手榴弹，义无反顾地冲向敌营，持长枪、大刀与日本侵略军拼杀。在滕县保卫战中，二十二集团军一二二师奉命守城，师长王铭章及其守军面对5倍于己的日本侵略军，毫不畏惧，“誓与滕县共存亡”。王铭章亲自督战死守，血战三昼夜，全师官兵殉国。王铭章壮烈牺牲前仍然在高喊：“抵住！抵住！死守滕县！”

面对外来的侵略者，除了爱国将士不惧强暴、英勇抵抗之外，广大民众也自觉地承担起了对中华民族的道德责任，纷纷拿起武器，保家卫国。在侵略者看来，中国的老百姓没有爱国心，不关心并远离政治，不与政府合作，因此，只要不直接触动老百姓的切身利益，他们是不会对外来侵略进行抵抗的。如在鸦片战争期间，有一个英国鸦片商人向其政府献计献策，认为，中国的“一般人民并不喜欢他们的政府”，这就意味着，“除非等到中国政府拒绝我们的正义的要求，迫不得已时，不可对一般的中国人加以损害，否则便使我们的利益与政策受到损失”[③]。这一建议被英国“远征军”所采纳。英国“远征军”刚到广东时就“向中国人保证，这次远征对于和平居民并无恶意，远征完全由于林则徐虐待英人而起，大军所攻击的，仅仅是政府的官员、军官以及兵士”[④]，企图迷惑并拉拢中国的民众。然而，英国侵略者却打错了算盘，他们不知道中国民众受到了儒家政治伦理的深刻影响，不知道传统的“夷夏之辨”所产生的巨大效力。当英国侵略者的铁蹄刚踏上中国的国土，他们的所作所为就不只是如他们的声明所说的那样只针对中国“政府的官员、军官以及兵士”，同时也对老百姓为所欲为，奸淫掳掠，无恶不作。在英国侵略者于1841年占据广州市越秀山蟠龙岗顶的四方炮台并

---

① 《团结报》1986年7月26日。

② 中国人民政治协商会议广西壮族自治区委员会文史资料研究委员会编：《李宗仁回忆录》（下），广西人民出版社1980年版，第735页。

③ 中国史学会主编：《鸦片战争》第2册，神州国光社1954年版，第663页。

④ 中国史学会主编：《鸦片战争》第5册，神州国光社1954年版，第63页。

设司令部后，他们就“容纵兵卒，扰乱村庄，抢我耕牛，伤我田禾，坏我祖坟，淫辱妇女，鬼神共怒，天地难容”。① 当英国侵略者企图奸淫三元里一位村民的妻子时，广大村民再也忍无可忍，群情激愤，一呼百应，同心协力击杀多名侵略者。事后，三元里人民在三元古庙前召集会议，准备以更大规模的暴力来打击英国侵略者，由此而走上了有组织的抗英斗争道路。1841 年 5 月 30 日，三元里各乡村民无所畏惧地向四方炮台集结，准备进攻炮台的守敌。一个英国军官记叙了当时的情形：“30 日上午，一大群一大群的敌人集合在军营的后面，以长矛、盾牌和剑为主要武器……在两小时以内，敌人增加到七千人以上，露出许多军旗和几枝火绳枪。”②当英国侵略者恐惧至极，出击村民时，村民们果断地使出诱敌深入的计谋，有意逐步后退。当英国侵略者被诱至三元里时，村民们就将其包围，以长矛、锄头等为武器击杀英军。英国侵略者见势不妙，竞相逃命。由于当时下起了大雨，英国侵略者的火枪不能使用，因此，村民抓住机会，合围击杀，“夷兵方舍命突围出，无奈人如山积，围开复合，各弃其鸟枪，徒手延颈待戮，乞命之声震山谷”③。第二天上午，三元里各乡及南海、佛山、番禺、增城、从化等地的数万群众又将四方炮台团团围住，准备全歼英国侵略者。侵略者头目义律则以攻入广州城相威胁，请求清朝政府中的投降派代表人物、广州知府余保纯出面施压群众，奕山、杨芳知道此事后立即命令余保纯到三元里解除对英国侵略者的围困，义律、马礼逊等侵略者得以逃离四方炮台，并胆怯地撤出了广州。

二、遏制列强瓜分

中华民族的独立，不仅表现在保持中国领土的完整上，而且表现在中国政府有权独立地行使自己的政治权利和经济权利上，为此，必须遏制列强瓜分。遏制列强瓜分不只是控制各个帝国主义国家在我国划分势力范围，同时也是对中华民族独立和国家主权的维护。

1. 近代列强对中国的瓜分狂潮

自鸦片战争起，帝国主义列强就对中国虎视眈眈，开始了瓜分中国的历程；

---

① 中国史学会主编：《鸦片战争》第 4 册，神州国光社 1954 年版，第 1 页。
② 中国史学会主编：《鸦片战争》第 5 册，神州国光社 1954 年版，第 225～226 页。
③ 中国史学会主编：《鸦片战争》第 6 册，神州国光社 1954 年版，第 43 页。

1894 年日本侵略者蓄意发动甲午战争并击败清朝军队以后，帝国主义列强就明显地意识到偌大的中国如同一只纸老虎，积贫积弱，软弱可欺，于是，掀起了瓜分中国的狂潮，加速了瓜分中国的进程。

各个帝国主义强国对其在中国的势力范围的索取并非都是采取同样的方式，有的直接诉诸武力，有的则寻找冠冕堂皇的借口。如紧邻我国新疆的地处中亚细亚的浩罕国于 1865 年派遣其将军阿古柏率兵入侵新疆，用武力先后侵占了喀什噶尔、叶尔羌、和田、阿克苏等 7 座城市。阿古柏于 1867 年公然宣布将其所侵占的这 7 座城市成立一个国家——“哲德沙尔”，自封为国王。此后，阿古柏进一步扩张，攻占了吐鲁番、乌鲁木齐等天山南北广大地区。俄国一方面争取和利用阿古柏作为其实现侵占中国领土的工具，另一方面直接出兵攻占伊犁。而日本侵略者对中国的领土觊觎已久，为了不断地侵占，借口各种理由出兵。义和团运动时，日本侵略者打着中日“友好”、帮助中国政府镇压义和团运动以“维持秩序”的幌子，公然出兵厦门，并欲侵占整个福建。借口处理朝鲜问题，日本侵略者悍然发动甲午战争，其目的在于侵占中国领土。日本侵略者对于这场战争的发动蓄谋已久。早在同治十二年(1873 年)，日本使臣副岛种臣来京换约时向中国询问了三事：“一询澳门是否中国管辖，抑由大西洋主张？一询朝鲜诸凡政令，是否由朝鲜自主，中国向不过问？一询台湾生番戕害琉球人民，拟遣人赴生番处诘问等语。”①觊觎中国领土的野心暴露无遗。同治十三年(1874 年)，日本兵船突然分兵三路进犯台湾番社，清朝政府对此表示抗议，而日本公使柳原前光在其递交清朝政府的照会中竟然申明：“台湾生番为无主野蛮，本不必问之中国。”清朝军队因此而加强了对台湾及其附近岛屿的防务。日本侵略者没有找到进犯中国、侵占中国领土的最好机会，但是，它野心不死，一直在寻找和制造这样的机会。光绪十年(1884 年)，朝鲜维新党发动叛乱，其首领金玉均、洪英植、朴泳孝、徐光范、徐载弼经常出游日本，将日本人“倚为外援”。于是，“日本进兵，以保护使馆为名，又以中国兵枪伤日本兵为口实，十一年正月，派参议伊藤博文为全权大臣，来华议事，并递国书，进谒李鸿章”。最后与清朝政府议定：“一，议定两国撤兵日期；二，中、日均勿派员在朝教练；三，朝鲜若

---

①　赵尔巽等撰：《清史稿》卷 158《志一百三十三》，中华书局 1977 年版。

有变乱重大事件，两国或一国要派兵，应先互行文知照。"[1]光绪二十年(1894年)三月，"朝鲜东学党乱作，乞援于中国，中国派兵前往"，"五月，电谕驻日公使汪凤藻，按光绪十一年条约，告日本外部以朝鲜请兵，中国顾念藩服，遣兵代平其乱。日本外务卿陆奥宗光复凤藻文谓：'贵国虽以朝鲜为藩服，而朝鲜从未自称为属于贵国。'乃以兵北渡，命其驻京公使小村寿太郎照约告于中国总署。复文谓：'我朝抚绥藩服，因其请兵，故命将平其内乱，贵国不必特派重兵。且朝鲜并未向贵国请兵，贵国之兵亦不必入其内地。'日使复文谓：'本国向未认朝鲜为中国藩属。今照日朝济物浦条约及中日两国天津条约，派兵至朝鲜，兵入朝鲜内地，亦无定限。'"[2]日本政府毫不理睬清朝政府的建议，也不顾朝鲜东学党叛乱已经平定，"仍陆续出兵"。在经过充分的准备之后，日本侵略者于中国旧历六月突然袭击清军舰船，击沉了清朝政府高价租用的运载了两营官兵的高升号船，并向驻扎在牙山等地的援朝清军发起进攻。在求助"美使调停无效"的情况下，清朝政府于七月初一被迫宣战，并"着李鸿章严饬派出各军，迅速进剿，厚集雄师，陆续进发，以拯韩民于涂炭"。[3] 由于李鸿章遵照慈禧太后的旨意消极应战，无论陆战还是海战，清朝军队均遭到惨败，日本侵略者则渡过鸭绿江，进犯中国大陆，"九连城、凤凰城、金州、海城、大连、旅顺、盖平、营口、登州次第失守，又破威海卫，袭刘公岛"。[4] 战场上的失败迫使清朝政府不得不向日本侵略者屈膝投降，被迫同日本签订丧权辱国的《马关条约》，被迫割让辽东半岛(后因俄、法、德三国出面干涉，日本被迫放弃，但却从清朝政府索取了3 000万两"赎还"银)、台湾全岛以及附属各岛屿及澎湖列岛给日本，向日本开放沙市、重庆、苏州、杭州等通商口岸，赔偿日本军费白银2万万两，并允许日本人在中国各通商口岸开设工厂。

帝国主义列强虽然以各种借口来瓜分中国，但其主要手段却是战争或者侵占。通过战争或者侵占，不仅中国的大片领土被列强侵占和瓜分，如英国占领了香港和九龙，俄国侵占了东北三省和西北的大片领土，日本侵占了台湾、澎湖

---

① 《清史稿》卷158《志一百三十三》。
② 《清史稿》卷526《列传三百十三》。
③ 同上。
④ 《清史稿》卷159《志一百三十四》。

列岛、福建等，德国占领了胶东半岛，而且还瓜分了中国所应该行使的某些主权。至1904年，中国丧失了如下主权："一、全国税务属于英人；二、东清铁道属于俄人（蒙古铁道同，铁道仅举其大者）；三、关内外铁道属于英人；四、芦汉铁道属于比人；五、津镇铁道属于英人；六、正太铁道属于俄人；七、津保铁道属于英人；八、山东铁道属于德人；九、粤汉铁道属于美人；十、江宁、上海、杭州间铁道属于英人、法人；十一、江宁、汉口至重庆铁道将属于英人；十二、云南铁道将属于英人、法人；十三、京口及福建铁道将属于美人；十四、满洲之矿属于俄人；十五、河南北境及山西之矿属于英人、意人；十六、山东之矿属于德人；十七、浙江之矿属于意人；十八、安徽之矿属于英人、日人；十九、四川之矿属于法人；二十、云南之矿属于英人；二十一、福建之矿属于法人；二十二、天主教徒属法人保护；二十三、耶稣教徒属英人、美人保护；二十四、佛教徒将属日本保护；二十五、回教徒将属土人保护；二十六、凡商家必用一外人为代表；二十七、凡达官必用一外人为奥援；二十八、各省以赔款之故，自借洋债，各有抵押之件；二十九、各商因银根紧急，借用外国银行之款，亦各有抵押之件；三十、尚有船局铁厂之类，专隶于一国权下者。"①

2. 近代中国政府对列强瓜分中国的遏制

帝国主义列强对中国的瓜分造成了两个严重的后果，一是侵犯了中国的国家主权，二是掠夺了中国的多种资源。对于瓜分中国的各个帝国主义国家来说，这两者是紧密地联系在一起的：只有侵犯了中国的国家主权，才能掠夺中国的多种资源；而要掠夺更多的中国资源，就必须以侵犯中国的国家主权为前提。而对于中国人来说，要想享用和保护本国的资源，就必须捍卫中国的国家主权；而要捍卫中国的国家主权，就必须抵制、粉碎列强对中国的瓜分。事实上，在近代中国政治生活中，捍卫国家主权和抵制列强对中国资源的掠夺就是遏制列强瓜分中国的两大任务，是近代中国政府和中国人所应该承担的政治道德责任。

在捍卫中国的国家主权方面，除了抵御外敌入侵以外，近代中国政府主要从以下两个方面来承担自己的政治道德责任：

第一，利用列强矛盾。各个帝国主义国家早有觊觎中国、瓜分中国的野心，

---

① 《论瓜分变相》，《外交报》第100期，1904年12月。

在对中国资源的掠夺和领土的侵占方面，它们或者暗中勾结，互相利用，或者助纣为虐，明火执仗。正是因为帝国主义列强都将中国作为它们实现其利益的共同对象，因此，它们之间同时也存在着利益矛盾。这种矛盾使近代中国不至于变成完全意义上的殖民地国家，而只是被迫变成了半殖民地半封建社会。正是因为帝国主义列强之间存在利益矛盾，中国政府才有可能抑制某一帝国主义强国对中国的进犯或者掠夺，一定程度地捍卫中国的国家主权。如甲午战争期间，清朝政府就利用了帝国主义列强之间的矛盾，采取“以夷制夷”的外交策略。沙皇俄国是直接与中国领土接壤的邻国，是最早与清朝政府订约通商的国家，“订约在康熙二十八年，较诸国最先”。① 在不断地要求清朝政府增设通商口岸的同时，俄国提出了占领中国领土的要求。咸丰五年（1855 年），沙皇派遣木喇福岳福等来清朝划定中俄边界，木喇福岳福“指地图语我，谓格尔毕齐河起，至兴安岭阳面各河止，俱属俄界，而请将黑龙江、松花江左岸及海口分给俄；又以防备英、法为辞，且登岸设炮，逼迁屯户”②。此后，俄国一直力图将中国东北三省纳入它的版图。因此，在日本侵略者发动甲午战争并与清朝政府签订《马关条约》、清朝政府被迫割让辽东半岛给日本后，“俄联法、德劝阻辽南割地，日本不允。俄忽调战舰赴烟台，日本允还辽，惟欲于二万万外加偿费。俄皇特命户部大臣威特见出使大臣许景澄，云欲为中国代借巨款，俾早日退兵。许景澄以闻。总署命与俄商办，遂订借法银四万万佛郎，以海关作保，年息四厘，分年偿还”。③ 为了维护领土这一根本国家利益，清朝政府不得已以牺牲经济利益甚至次要的海关自主权为代价。

第二，废除违犯中国国家主权的不平等条约。帝国主义列强用武力轰开了中国的国门，由此而坚信只有用炮火才能将中国的领土进行瓜分与占领。于是，它们借口各种理由发动对中国的战争。通过中英战争、中法战争、中日战争等，帝国主义列强强迫在战场上惨败的中国政府签订了一系列丧权辱国的条约。这些条约都是不平等的，基本上是通过武力或者以武力为威胁手段而签订的。如沙皇俄国不仅觊觎中国的东北三省，而且欲独吞中国的新疆。同治元年

① 《清史稿》卷 153《志一百二十八》。
② 同上。
③ 同上。

(1862 年),沙皇俄国遣人"在伊犁属玛呢图一带私设卡伦,阻中国赴勒布什之路,复于沙拉托罗海境率兵拦阻查边人,声称哈萨克、布鲁特为其属国,又于各卡伦外垒立鄂博。乌里雅苏台将军明谊等诘责之,不听"。不久,俄国"忽遣兵队数百人,执持器械炮车,于伊犁卡伦附近伐木滋扰"。[①] 第二年,"又遣队往伊犁、科布多,又派兵数千分赴斋桑淖尔等地耕种建屋,遣兵四出潜立石垒,为将来议界地步。明谊等议筹防,并与交涉,不省。五月,俄人以哈萨克兵犯伊犁博罗胡吉尔卡伦,击之始退。六月,复来犯沿边卡伦,复击之"。"三年秋八月,俄人复遣兵进逼伊犁卡伦。"同治四年(1865 年)和五年(1866 年),伊犁将军因回民作乱,曾经两次向俄国借兵助剿,俄国虽然表面上答应支援,但是,它因欲趁乱坐收渔人之利,所以,迟迟不发兵。[②] 在支持阿古柏侵略中国的同时,于"十年夏五月,俄人袭取伊犁,复欲乘胜收乌鲁木齐……既又出兵二千,欲剿玛纳斯贼,以有妨彼国贸易为词。……俄人既得伊犁,即令图尔根所驻索伦人移居萨玛尔屯"。[③] 光绪元年(1875 年),俄国官员来兰州后对左宗棠说:"奉国主之命,欲与中国永敦和好,俟中国克复乌鲁木齐、玛纳斯,即便交还。"[④]沙皇俄国厚颜无耻地说,它出兵伊犁是为了帮助中国,替清朝政府"代为收复"伊犁,在清朝军队无力顾及的情况下,"权宜派兵驻守"。可是,在陕甘总督左宗棠收复乌鲁木齐、玛纳斯、吐鲁番等地之后,沙皇俄国却不兑现诺言,拒绝归还伊犁。在这种情况下,光绪四年(1878 年)五月,清朝政府"命吏部左侍郎崇厚使俄,议还伊犁及交白彦虎诸事。十二月抵俄。五年二月,与俄外部尚书格尔斯开议。格尔斯提议三端:一通商,一分界,一偿款。而通商、分界又各区分为三。通商之条:一、由嘉峪关达汉口,称为中国西边省份,听其贸易;二、乌鲁木齐、塔尔巴哈台、伊犁、喀什噶尔等处,称为天山南北各路,妥议贸易章程;三、乌里雅苏台、科布多等处,称为蒙古地方,及上所举西边省份,均设立领事。分界之条:展伊犁界,以便控制回部;一、更定塔尔巴哈台界,以便哈萨克冬夏游牧;二、新定天山迤南界,以便俄属浩罕得清界线。崇厚皆允之,惟偿款数目未定。"[⑤]在克里米亚

---

① 《清史稿》卷 153《志一百二十八》。
② 同上。
③ 同上。
④ 同上。
⑤ 同上。

半岛的里瓦几亚所签订的这一条约即为《里瓦几亚条约》，使中国国家权益蒙受了极大损失，引起了朝野内外的普遍反对。在全国人民一致要求改订该条约的舆论压力下，清朝政府也拒绝批准该条约，于光绪六年（1880 年）正月改派大理寺少卿曾纪泽为使俄大臣，“续议各款”。当时，朝廷大臣“多主废约，曾纪泽以为废约须权轻重”，并上疏分析：“伊犁一案，大端有三：曰分界，曰通商，曰偿款。三端之中，偿款固其小焉者也。即通商一端，亦较分界为稍轻。查西洋定约之例有二，一则长守不渝，一可随时修改。长守不渝者，分界是也。分界不能两全，此有所益，则彼有所损，是以定约之际，其慎其难。随时修改者，通商是也。通商之损益，不可逆睹，或开办乃见端倪，或久办乃分利弊，是以定约之时，必商定年限修改，所以保其利而去其弊也。俄约经崇厚议定，中国诚为受损，然必欲一时全数更张，而不别予一途以为转圜之路，似亦难降心以相从也。臣以为分界既属永定，自宜持以定力，百折不回。至于通商各条，惟当即其太甚者，酌加更易，余者宜从权应允。”①他从国家根本利益出发，否定了主张废约的观点，主张“保其利而去其弊”，适当顾及俄国的利益诉求，“方能替国家保全大局”。俄国坚持《里瓦几亚条约》不让步，而清朝政府又旨令曾纪泽“以在俄定议为要”，这使曾纪泽在改订条约时举步维艰。为了维护中华民族的根本利益，曾纪泽不理俄方的任何侮辱和威胁，不惜自己的性命，更不顾自己的荣辱毁誉，适度让步，据理力争，终于成功地于光绪六年（1881 年）2 月签订了《改订条约》和《改订陆路通商章程》（即通常所说的《伊犁条约》），收回了崇厚在《里瓦几亚条约》中所割让的伊犁等中国领土，捍卫了中国的国家主权和中华民族的根本利益。

然而，积贫积弱的清朝政府不可能废除全部的违犯中国国家主权的不平等条约，即使到了中华民国，孙中山明确地提出“一切不平等条约，如外人租借地、领事裁判权、外人管理关税权以及外人在中国境内行使一切政治的权力侵害中国主权者，皆当取消，重订双方平等、互尊主权之条约”②，然而，与外国所签订的不平等条约也并没有被全部废除。只有中国共产党所领导的苏维埃或解放区政府，才真正地不承认和废除了违犯中国国家主权和中华民族根本利益的不平

① 《清史稿》卷 153《志一百二十八》。
② 《孙中山全集》第 9 卷，中华书局 2011 年版，第 122 页。

等条约。

3. 近代中国人对列强瓜分中国的遏制

在遏制列强瓜分中国方面，近代中国人主要承担了如下政治道德责任：

第一，进行武装抵抗。受儒家“华夷之辨”、“天下乃天下人之天下”、“天下兴亡，匹夫有责”等政治伦理观念的影响，近代中国人普遍都有自觉地承担遏制列强瓜分中国的责任观念，不仅男人是这样，而且女人也如此。如向警予就认为，在中国这样一个被迫沦为半殖民地半封建的国家，“无处不是外国帝国主义和北洋军阀政府主奴结托恣睢横行的把戏”[①]，奢谈妇女争取解放和拥有权利是没有意义的。因为，在外国帝国主义和北洋军阀政府的统治下，“不独女子没有女权，就是百分之九十以上的男子也并没有得到民权”[②]。因此，中国人要想不做帝国主义列强的奴隶，就必须而且有责任打倒帝国主义列强及其各自在中国的走狗——北洋军阀。正是在这样的政治道德观念的支配下，在面临帝国主义列强瓜分中国时，近代中国老百姓就会义无反顾地投入到遏制列强瓜分中国的队伍中去，甚至英勇无畏地对帝国主义列强进行武装抵抗。如新疆各族人民不仅自发地抵抗浩罕国阿古柏对新疆的入侵，反抗其在新疆的统治，而且在左宗棠率领军队收复新疆的过程中，尽心尽力地支援清朝军队，提供情报，充当向导，献粮献马，寻找水源，目的在于将阿古柏侵略军消灭，维护中华民族的根本利益。腐败无能的清朝政府在1894年由日本侵略者所发动的甲午战争中失败之后，不得不同日本于1895年4月签订丧权辱国的《马关条约》。当了解到台湾及澎湖列岛被割让给日本时，台湾各族人民群情鼎沸，认为《马关条约》的签订，是中华民族的奇耻大辱，更是台湾各族人民的耻辱，纷纷表示强烈抗议。台湾绅士丘逢甲等人打电报给清朝政府，希望清朝政府收回成命，表示决不允许割让台湾给日本。台湾各族人民立誓“愿人人战死而失台，决不愿拱手而让台”，抱定“桑梓之地，义与存亡”的抗敌决心，自发组织武装进行抗日。在丘逢甲等人的推动下，台湾军民成立了以巡抚唐景崧为首的抗日组织，武装抵抗日本侵略者。在唐景崧不战而逃的情况下，台湾坚持抗日的官员和各地义军首领

① 向警予：《向警予文集》，湖南人民出版社1985年版，第151页。
② 同上书，第199页。

又一致推举刘永福为抗日组织的统帅，继续进行抗战。

第二，表示抗议。表达义愤，进行抗议，是近代中国人遏制列强瓜分中国的一种重要方式。每当帝国主义列强入侵中国时，中国老百姓都会自觉地抗议外国侵略者的侵略，进而抗议腐败无能的本国政府。1918年11月，协约国取得了第一次世界大战的胜利。1919年1月，各协约国在巴黎召开和平会议。作为协约国的成员，中国派遣代表团参加了此次会议，并向会议提出了废除外国在中国的势力范围，归还租借地，归还租界，撤去外国的军队和巡警，撤销领事裁判权，拥有关税自由权等七项主张；后来又提出了取消日本侵略者于1915年向袁世凯提出而袁世凯出于实现其复辟帝制的野心的需要已完全同意的妄图灭亡中国的“二十一条”，然而，这两项提案却遭到了会议的断然拒绝。在这种情况下，与会中国代表团的唯一希望就是要求将德国在中国山东所霸占的一切权利全部归还中国，并据理力争。可是，与会的日本代表却强调日本在对德国的作战中有“不小的牺牲”，并借口与北洋政府所秘密签订的“二十一条”，否定中国的正当要求，最后竟然要起了无赖的手段，叫嚣“现在所讨论的土地是在日本人的掌握之中”。在日本与美国、英国、法国暗中进行了利益交易之后，其他协约国竟然不顾中国的正当要求，在4月30日达成了关于山东问题的最后条款，即：(1)德国放弃其所攫取的在中国山东的一切特权和利益，并将这些权益无代价地全部让给日本；(2)德国在山东胶州的国有动产及不动产全部归日本所有；(3)德国应将有关山东胶州领土内的军政、司法、民政、财政等项档案文件全部移交日本。这些条款使中国由战胜国变成了帝国主义列强分赃的牺牲品，使中国人民收回中国所丧失的主权尤其是被战败国德国所霸占的权利的愿望落空。中国代表团在巴黎和会上的外交努力遭到惨败的消息传到国内，举国震惊，对于帝国主义列强瓜分中国的罪恶行径无不愤慨。最先行动起来的是北京的学生。当北京大学学生许德珩于5月2日从校长蔡元培处获知这一消息之后，马上就约集参与编辑《国民杂志》的各校学生代表，召开紧急会议，讨论对策，并决定于5月3日晚7时在北京大学法科大礼堂召开北京13所中等以上学校的学生代表大会。会议如期举行，与会者踊跃发言，悲情激荡，对于中华民族有着强烈的忧患意识。当北京大学学生谢绍敏咬破其中指，撕裂其衣襟并在其上血书“还我青岛”时，与会代表更加情绪激昂。大会不仅推选了领导学生示威游行活动的负责人，而且通过了如下决议："（一）联合各界一致力争；（二）通电巴黎专使，坚持和约上不签字；（三）通电全国各省市于五月七日国耻纪念日举行群众游行示威运动；（四）定于五月四日（星期日）齐集天安门举行学界大示威。"[①]5 月 4 日下午，来自北京大学等学校的 3 000 多名学生齐聚天安门广场，人人手持写着"还我青岛"、"保我主权"、"取消二十一条"、"反对强权"、"誓死力争"、"打倒卖国贼"、"诛卖国贼曹汝霖、陆宗舆、章宗祥"等口号的小旗，以精忠报国、视死如归的英雄气概进行示威游行活动。他们不顾北洋政府的极力阻止，来到了东交民巷使馆区，向美国、英国、法国等公使递交了"请伸公道之函"，表达了中国人民抗议帝国主义列强瓜分中国的诉求。游行队伍来到日本使馆门前，却被日本卫兵阻止，北洋政府则派来大批军警准备镇压，学生们非常愤怒，以致后来出现了火烧赵家楼曹汝霖住宅、殴打章宗祥的事件。北洋政府派大批军警前来镇压，因大部分学生已经陆续返校，只有 32 人被军警逮捕。5 月 5 日下午，北京所有专科学校以上的学生在北京大学法科大礼堂召开各校全体联合大会，准备实行各校总罢课，要求释放被捕学生，惩办卖国贼曹汝霖、陆宗舆、章宗祥。天津、上海、长沙等地的学生和社会各界纷纷发出通电，声援北京学生的爱国运动，强烈要求北洋政府释放被捕的学生。值得指出的是，不仅近代中国男人承担起了遏制帝国主义列强瓜分中国的责任，而且妇女也自觉地承担这种责任。早在辛亥革命时期，先进的中国妇女就从实际生活中感受到"瓜分之祸，身受之者不仅男子"，意识到"排除瓜分之祸之责，亦不能仅持者男子"，"国亡而不能补救，则匹夫与匹妇，皆与有罪；国将亡而思补救，则匹夫与匹妇，兼与有责也"。[②] 五四运动时期，北京学界的爱国示威游行活动进行之后，5 月 5 日晚上，直隶第一女子师范学校的女生召开了积极分子会议，在"爱国不分男女"、"救国不能后人"观念的支配下，声援和响应北京学界的爱国运动，筹划发动女生成立爱国团体。5 月 6 日下午又召开了各班代表会议，邓颖超、郭隆真、刘清扬、李毅韬、郑季清、王贞儒等参加会议。会议决定：（1）打电报给北洋政府，强烈要求拒签巴黎和约，营救北京被捕学生；（2）联络本校毕业生及女子学

---

① 中国社会科学院近代史研究室编：《五四运动回忆录（续）》，中国社会科学出版社 1979 年版，第 51 页。

② 柳隅：《留日女学会杂志题辞》，《留日女学会杂志》第 1 期，1911 年 4 月。

校教员学生,建立妇女爱国组织;(3)联络中等以上男校学生采取一致行动;(4)对日经济绝交,抵制日货,提倡国货。她们不顾禁止女生与外界联系、不许外出的校规,毅然邀请男校学生,外出为在五四运动中献身的北京大学学生郭钦光召开追悼大会,有女校学生还断指书写血书进行悼念。她们游行示威,高喊"惩办卖国贼"、"不做亡国奴"等口号,通过组织讲演队、成立女界爱国同志会、出版《醒世》周刊、演出话剧等来宣传爱国保家、妇女解放思想。

第三,抵制资源掠夺。帝国主义列强入侵和瓜分中国的目的无非是两个,一是侵占中国的领土,二是掠夺中国的资源。在受到中国人民的坚决抵抗,不能将中国变为其殖民地的情况下,帝国主义列强就以掠夺中国的资源作为其目的。帝国主义列强对中国资源的掠夺,主要是通过与中国订立条约来实现的,以便使其对中国资源的掠夺合法化。为了最大限度地掠夺中国的资源,帝国主义列强往往以发动对腐败无能的清朝政府的战争为主要手段,迫使清朝政府屈服,在与清朝政府订立条约时强取大量特权,将中国变成其原材料供应地和商品倾销市场。如鸦片战争就是英国侵略者因为清朝政府正当地禁止鸦片在中国的倾销而发动的。清朝政府虽然实行较严苛的海禁政策,但是,鸦片却早在康熙朝时就走私到中国。最早从事鸦片贩卖的是荷兰人和葡萄牙人,后来加入进来的有英国人、美国人等。起初,走私到中国的鸦片数额较小,后来鸦片流入量不断增加,至嘉庆朝时,流入的鸦片急剧增加,至道光朝时,贩运到中国的鸦片更多,导致大量的白银外流。道光元年(1821 年)至十年(1830 年),中国每年因鸦片贸易而外流的白银约 1 000 万两。道光十一年(1831 年)至二十年(1840 年),每年外流的白银增加到二三千万两,约占清朝政府年财政收入的一半,接近中央和地方政府每年的总支出。因鸦片的流入而导致大量的白银外流,不仅严重地影响了清代的经济,而且极大地毒害了中国人的体质和精神,于是,清朝政府不得不实行禁烟政策,并掀起了一场禁烟运动。禁烟政策和禁烟运动影响了帝国主义列强对中国资源的掠夺。英国侵略者因此而悍然发动对中国的鸦片战争。对中国的战争不仅使帝国主义列强取得了长期掠夺中国资源的合法手段,而且直接得到了清朝政府的赔款。仅就帝国主义列强因其发动对中国的战争所得到的赔款而言,第一次鸦片战争以后,英国通过逼迫中国签订《南京条约》而获得了2 100 万两银元的赔款;第二次鸦片战争以后,英国和法国通过签订《天津条约》及《北京条约》分别向中国索取了白银400万两和200万两的赔款；甲午战争以后，日本通过签订《马关条约》向中国索取了白银23 000万两的赔款(其中包括日本因俄、德、法三国的干涉而不得不将辽东半岛退还给清朝政府所索取的白银3 000万两)；借口帮助清朝政府镇压义和团运动以后，英、俄、德、法、日、美、意、奥八国通过签订《辛丑条约》，总共向中国索取了白银45 000万两的赔款。通过签订这些不平等条约，帝国主义列强还从中国攫取了土地租借居住权、通商权、沿海及内河的通航权、修筑及管理铁路权、租借地海关控制权、"最惠国待遇"等特权。如中英《南京条约》第2款规定："准英国人民，带同所属家眷，寄居沿海之广州、福州、厦门、宁波、上海等五处港口，贸易通商无碍。"①中美《天津条约》第30款规定："现经两国议定，嗣后大清朝有何惠政、恩典、利益施及他国或其商民，无论关涉船只海面、通商贸易、政事交往等事情，为该国并其商民从来未沾，抑为此条约所无者，亦当立准大合众国官民一体均沾。"②中俄《瑷珲条约》第1款规定："由黑龙江、松花江、乌苏里河，此后只准中国、俄国行船，各别外国船只不准由此江河行走。"③中法《天津条约》第6款规定："中国多添数港，准令通商，屡试屡爽，实为近时切要，因此议定，将广东之琼州、潮州，福建之台湾、淡水，山东之登州，江南之江宁六口，与通商之广东、福州、厦门、宁波、上海五口准令通市无异。其江宁俟官兵将匪徒剿灭后，大法国官员方准本国人领执照前往通商。"④

在这些不平等条约的保护下，帝国主义列强从中国掠夺了大量的资源，大大地增加了清朝政府的经济负担，最终使近代中国老百姓的生活愈加贫困。近代中国民众意识到了帝国主义列强给自己的祖国和家庭所带来的灾难，自觉地抵制帝国主义列强对中国资源的掠夺。这种抵制主要有两种方式：

第一种方式是反对帝国主义列强对中国资源的掠夺。这是近代中国民众所采取的较为激烈的反对帝国主义列强瓜分中国和抵制列强掠夺中国资源的方式。其具体表现多种多样，如在反对帝国主义列强租借中国土地方面，近代

---

① 王铁崖编：《中外旧约章汇编》第1册，三联书店1957年版，第31页。
② 同上书，第95页。
③ 同上书，第85页。
④ 同上书，第105页。

中国民众认为,土地不仅是自己的栖息之地,而且是自己得以生存的资源和财富,都有“安土重迁”的观念。因此,作为外夷的洋人欲租借中国土地,剥夺中国老百姓的居住之所和生活之源,就会立即遭到近代中国民众的坚决反对。在反对帝国主义列强向中国民众征税方面,近代中国民众认为,交税是自己对国家的义务,有责任向本国政府交税,没有任何义务向租借中国土地的外国政府交税,换句话说,自己会自觉地服从中国政府的征税,而对外国政府的征税予以坚决抵制。因此,当葡萄牙驻澳门总督于1846年下令征收澳门中国居民的人头税、地租等税时,就遭到了澳门中国居民的一致反对,澳门中国渔民还组织了自己的武装,向澳门葡萄牙市政厅发动进攻。声势浩大的抵制帝国主义列强对中国资源的掠夺则是对中国铁路主权的维护。这场发生在20世纪初的保路权运动,是近代中国民众反抗帝国主义列强侵略中国、抵制列强掠夺中国资源的爱国运动。至20世纪初,日本、英国、俄国、美国、德国等国家践踏中国的主权,不顾中国人民的利益,在中国修筑了铁路,并拥有和享受了有关各自所筑铁路的各种权益。为了抵制帝国主义列强对中国资源的掠夺,更为重要的是为了建设国防,清朝政府决定由国家集资自主修筑铁路。然而,由于民间资金匮乏,尤其是因多次战争赔款所导致的国库亏空,清朝政府不得不作出以向外国举债为主要集资方式的决定。宣统三年(1911年)四月,清朝政府发布上谕,向全国颁布了主要铁路国有化的政策。这一政策意味着主要铁路不再由商办,商办铁路公司不再享有原有的权益,政府要赎回原属于商办铁路公司股民手中的股票。这一上谕颁布之后的第10天,清朝政府即与英、美、德、法四国的银行签订了借款合同。在与清朝政府签订贷款合同时,这四国银行附加了除享有债权以外的不应该享有的权利,如铁路的材料采购权、用人权、管理权等权利。尤为严重的是,合同还规定了中国必须以铁路的全部产业作为借款抵押,如果不能到期还本付息,外国贷款公司就有权将铁路占为己有,这不仅剥夺了中国的铁路主权,而且损害了中国人民的利益。对于外国贷款公司的这些无理要求,中国民众表示异常愤慨,纷纷予以反对。表示强烈反对并严厉斥责清朝政府出卖国家利益和人民利益的有四川、湖北、湖南和广东四省的民众,其中,四川省民众反对最为激烈。四川省民众,尤其是那些集资兴办川汉铁路的股东,因为清朝政府罔顾自己的投资损失,在成都商办铁路公司的召集下,在成都召开了临时会议,共同商议应对清朝政府将商办铁路收归国有的对策。会议上形成了两种不同的观点。温和派主张，虽然应该反对铁路收归国有，但是，更为重要的是让清朝政府弥补给自己的投资所造成的损失。激进派则认为，清朝政府将商办铁路收归国有，不仅是与民争利，而且，更为严重的是出卖国家主权，让中国的铁路被外国控制，让帝国主义列强掠夺中国的资源，最终会“招亡国之祸”。在“路亡”即“国亡”的共识下，随着保路运动的发展，温和派放弃了自己的立场，同激进派一起，共同开展反对外国人控制中国铁路的爱国主义行动。不久，成都正式成立了“保路同志会”，四川省其他地方的保路组织逐个建立起来，并公开地进行活动，四川省的保路运动已成燎原之势。这一运动震动了四川省官场，激发了有些官员的爱国主义情怀。如四川护督王人文请求朝廷顺应四川省民众的正当利益诉求，收回铁路国有化的政策，并严厉指责负责向四国银行借款的盛宣怀“欺君误国”。然而，清朝中央政府不但不为这些所动，其态度反而变得越来越强硬。针对清朝政府的这种态度，成都市民群情激愤，全体商人罢市，学校停课。取代王人文任四川总督的赵尔丰深感事态严重，逮捕了激进派的几个主要代表。成都市民闻知此事件，纷纷聚集在总督府前，却被清朝军队射杀数十人。保路权运动因此走向高潮，并为推翻清朝政府统治的武昌起义提供了有利条件。

第二种方式是抵制洋货。在通过享有中国的国家主权或产权来攫取资源的同时，帝国主义列强还通过与中国进行贸易来掠夺中国的资源。近代中国民众是明确地意识到了这一点的。他们不仅抵制外商向中国贩卖损害国人健康和精神的鸦片，而且拒绝日常生活所需的洋货。他们对洋货的拒绝是其民族意识和爱国主义的具体体现，拒绝哪一国家的商品，表明他们反对该国对中国的侵略或者瓜分。中英鸦片战争之后，中国民众尤其是广州市居民对英国侵略者恨之入骨，因而厌恶英国人。为了支持广州市居民坚决反对英国人进入城区，也为了保护自己的利益，广州市商人停止了与英国商人之间的贸易，也不销售英国商人贩运的货物。在中国近代史上，几乎每次反对帝国主义列强的侵略或者瓜分的爱国主义行动都伴随着抵制洋货的行为。其中最典型的是五四运动时期抵制日货的爱国行动。自从闻悉日本在巴黎和会上窃取了德国在中国山东所攫取的一切特权和利益的消息之后，中国民众就掀起了多种拒日救亡运动，抵制日货是其中一种重要的爱国运动。为了有效地抵制日货，中国民众采取了多种方式。有的进行演讲，如长沙市各所女校的学生认为，即使妇女不能如男人那样驰骋疆场，英勇杀敌，然而，抵制日货却是全体妇女都能够履行的对国家的责任，于是，她们积极地进行“抵制日货，提倡国货”的演讲。“各女生仿各男校办法，组织演讲、调查、交际、编辑各部，分股办事，无稍懈怠。惟其讲演方法与男校稍异，每日由演讲部轮流四五人，往各公馆对各太太、奶奶、小姐将某国如何虐待我国及抵制某货、提倡国货种种情形，仔细讲演，并劝平日所用之装饰品均须改购国货。”①有的将日货陈列，如五四运动爆发后的第二天，北京总商会就发出通知，要求各商户将所有日货堆集于一处进行陈列，以便让居民了解哪些是日货，不再购买。有的对日货进行调查，民众在拒买拒卖日货的同时，要求原来销售日货的商户据实向有关组织申报，如果发现有隐瞒不报的情况，就会上门进行调查。如天津学生联合会发现了曾经销售日货的奸商魁发成隐藏日货，就派学生前去进行调查，却遭到了魁发成所勾结的日本浪人的殴打，民众因此纷纷指责魁发成的卖国行径。有的罢市。罢市是销售日货的商户及使用日货的服务商主动抵制日货、宣示爱国的一种方式。它最先发生于上海。上海商界罢市的目的不只是停定、停运和停售日货，还在于支持学生的爱国行动，要求惩办曹汝霖、章宗祥、陆宗舆等国贼。通过抵制洋货运动，近代中国民众增强了民族意识，实实在在地履行了对自己国家的道德责任。

第二节　致力国家富强的艰难历程

在近代中国人看来，中华民族能否抵御外敌入侵，能否遏制帝国主义列强瓜分中国，能否实现民族独立，是需要一定的前提的。这前提就是中国摆脱积贫积弱的状态，迅速地富强起来。当时中国人有着这样的共识：要救国就要富民强国，只有富民强国才能救国。为了达成富民强国这一目标，近代中国人提出了各种各样的思路，并尽心尽力地将其付诸实践。其中，最主要的思路和实

---

① 《女学生按户宣讲　阃以内则君主之》，《湖南大公报》1919年6月12日。

践则是实业强国、变法强国和文化强国，它们分别从器物、制度和文化的层面反映了近代中国人对于救国救民真理的不懈探索。

一、实业强国

实业强国是近代中国人最先提出并大力倡行的救亡图存方案。它在鸦片战争时期就已经萌芽，首先由林则徐和魏源所提出。从当时中国与英国之间军事技术悬殊的事实出发，林则徐提出了“师敌之长技以制敌”的观点；魏源将这一观点进一步普遍化，提出了“师夷之长技以制夷”的主张。洋务运动时期，这一主张发展为一种社会思潮并成为一种社会运动。这一社会思潮和社会运动后来与其他的救亡强国方案并存，是近代中华民族被迫向西方学习、进行现代化的社会运动。

实业强国方案在此时提出和实施，主要有两个目的：其一是抵御外敌入侵和遏制帝国主义列强对中国的瓜分。遏制帝国主义列强对中国的瓜分，这是近代中国人提出实业强国的最初动因，是他们爱国的一个重要内容。如洋务派人士认为：“维制造轮船，实中国自强要着，臣于闽浙总督任内请易购雇为制造，实以西洋各国恃其船炮横行海上，每以其所有傲我所无，不得不师其长以制之。”①在他们看来，只有办实业、兴实业，才能御外敌。如光绪三年（1876年），西班牙“因索伯拉那船遭风案，声称欲派兵船来台湾”。时任福建巡抚的丁日昌在其奏书中指出：“西班牙属岛小吕宋之北，即连台湾之南，海中山势，断续相接，较之日本尤为迫近。本年五六月间，用兵苏禄，攻破其城，故有狡焉思逞之意。非亟加整备，速办矿务、垦务、水雷、铁甲船、轮路、电线诸举，无以图自强。”“已而兵船不果来。”②其二是调整中国现有的经济体系，使中国变得富强起来。这种意义上的实业强国，不仅事关如何使国家实力强大，而且关系着如何增加国家财政收入和提高民众的物质生活水平，是“富”与“强”的结合。正如薛福成所强调的：如果工商业得不到振兴，那么，“中国终不可以富，不可以强”。因此，近代中国的实业强国方案及其实施，并非只有经济方面的目的，还有政治方面的目的，

① 中国史学会主编：《洋务运动》第5册，上海人民出版社、上海书店出版社2000年版，第110页。
② 《清史稿》卷159《志一百三十四》。

在某种意义上，更重要的是政治方面的目的，即增强国家的综合实力，增强抵御外敌入侵和遏制帝国主义列强瓜分中国的本领。

实业强国方案所设计的用来富民强国的实业指的是什么？或者说，近代中国人所强调的“实业”具体指的是什么？简单地说，实业就是一定社会历史时期的物质生产行业。然而，在中国近代社会里，实业特指中国近代社会使用机器进行物质生产的行业，其实质是以机器生产替代手工生产，是整个社会物质生产的工业化过程。洋务派人士就是这样理解实业的。孙中山说得更明确：“今日所谓实业，实机器生产之事业而已。”这种实业与以往的生产工艺存在很大的不同，借助机器而达到的社会生产力远远地超过了手工操作所能具有的生产力，其生产效率远远超过了以往的生产。“古代一人耕田，劳身焦思，所得谷米，至多不过供数人之食。近世农学发达，一人所耕，千人食之不尽，因为他不是专用手足，是借机械的力来帮助人工，自然事半功倍。”①这种用来挽救国家危亡和力求国家富强的实业是全方位的，其中，首要的是工业，所谓“今日振兴实业，必首工业”。而工业中最重要的是军事工业，这是中国抵御外敌入侵和遏制帝国主义列强瓜分中国所直接依凭的。由于军事工业离不开机器和钢铁，因而，需要兴办生产机器和开采矿产并冶炼钢铁的工业。同时，机器和钢铁也是发展农业所必需的。所以，要强国富民，就“必首工业”。否则，兴办实业所要做的任何事情，“无不须购自外洋”，就必定会受到帝国主义列强的牵制。其次是商业。近代中国人从帝国主义列强通过商业来掠夺中国的资源的事实中感悟到，只有兴办中国的商业，才是遏制外国商业肆意掠夺中国资源的最好方法。因此，中国兴办商业，不只具有单纯的对外贸易价值，更具有强国的重要意义。在此意义上，薛福成主张，中国兴办商业就是抵御帝国主义列强的经济侵略，就是通过“与西商并驾齐驱而潜夺其权”，就是与帝国主义列强进行“商战”。郑观应则把兴办商业的地位提得更高，提出“习兵战不如习商战”，主张“欲制西人以自强，莫如振兴商务”，认为兵战只可御敌，不可富民强国，而兴办商业，则中国可以在无形之中收回经济权利，改善民生，振兴国家。再次是与兴办工商业有关的交通业和通讯业。近代中国人认为，交通业一旦兴办起来，那么，“各处矿产均可

---

① 《孙中山选集》(上)，人民出版社1956年版，第76页。

开采”，“商贾便于贩运”；如果通讯业兴办起来，那么，“商贾贸易藉电报以通达市价”，互通有无，降低成本，消费者就会因生产领域和流通领域费用的减少而得到实惠。

为什么近代中国人会首先以兴办实业为救国、强国和富民之本呢？这主要是由他们对中国在鸦片战争中的失败的反思所决定的。在他们看来，中国之所以会在鸦片战争中失败，就是因为英国等西方列强“船坚炮利”，西方列强所拥有的正好是中国所缺失的，在其他方面，中国远胜于西方列强。如李鸿章在1864年的一篇奏折中就十分自信地指出：“中国文武制度，事事远出西人之上，独火器万不能及。中国欲自强，则莫如学习外国利器；欲学习外国利器，则莫如觅制器之器。”①在甲午战争爆发之前，这种看法并非李鸿章所独有，而是清朝官员们的一致观点。他们并没有发现（准确地说，没有打算去发现）西方列强在其他方面的长处，也不会去审视中国在其他方面的不足。正如梁启超后来所指出的：“朝士即有言西法者，不过称其船坚炮利制造精奇而已，所采用者，不过炮械军兵而已，无人知有学者，更无人知有政者。”②洋务派人士曾国藩早在1862年就是这样认为的：“欲求自强之道，总以修政事、求贤才为急务，以学作炸炮、学造轮舟等具为下手工夫。但使彼之所长，我皆有之。”③这种观点实际上是后来的“中学为体，西学为用”、“中学为本，西学为末”观点的雏形。在甲午战争结束之后，这种观点仍有一定的市场，即使是力主变法强国的康有为也有这样的主张。在戊戌变法惨遭失败后，他边游历一些西方国家，边思考中国为什么会在与西方国家的战争中失败这样的问题，指出：“我国人今之败于欧人者，在此一二百年间，而所最大败远不如之者，即在一二百年间新发明之工艺兵炮也。凡欧人于百年来所以横绝大地者，虽其政律学论之有助，而实皆借工艺兵炮以致之也。夫工艺兵炮者，物质也……然则吾国人之所以逊于欧人者，但在物质而已。……然则今而欲救国乎？专从事于物质足矣。于物质之中，先从事于其工艺兵炮之至粗者，亦可支持焉。”④他甚至认为：“校量中西之得失，以为救国至急

① 文庆等编：《同治朝筹办夷务始末》卷二十五，故宫博物院1930年版。
② 中国史学会主编：《戊戌变法》第2册，上海人民出版社2000年版，第18页。
③ 曾国藩：《曾国藩全集·日记》（二），岳麓书社1988年版，第748页。
④ 汤志钧编：《康有为政论》上册，中华书局1981年版，第568～569页。

之方者,则惟在物质一事而已。物质之方体无穷,以吾考之,则吾所取为救国之急药,惟有工艺、汽电、炮舰与兵而已。"①

为了救国、强国和富民,近代中国人殚精竭虑,尽其所能地采取了多种措施。其主要措施有如下几种:

1. 正确地对待西方国家

在先进的近代中国人看来,兴办实业是整个中国社会物质生产的工业化过程,是被迫向西方国家学习、模仿的过程。由于帝国主义列强侵略中国,瓜分中国,掠夺中国的资源,因此,中国民众都痛恨洋人。从道义的角度来看,中国民众的这种态度是无可指责的。可是,这种态度可能会影响到中国人正确地对待西方国家,闭关锁国,进而影响到建设富强中国的事业。这就要求中国人理性地把学习和借助西方国家的技术等某些因素与反对帝国主义列强的侵略、瓜分区分开来。首先,不要盲目排外,否则,实业强国就会欲速则不达。曾纪泽是清醒地意识到了这一点的。他在光绪四年(1878 年)指出:"办洋务,难处在外国人不讲理,中国人不明事势。中国臣民当恨洋人,不消说了。但须徐图自强,乃能有济;断非毁一教堂、杀一洋人,便算报仇雪耻。"②其次,要知己知彼。在近代中国人看来,实业可否强国,关键在于新技术会不会得到使用。因此,要更快更好地兴办实业,就必须了解"彼之所长,我之所短",学习西方国家的新技术。最后,要引进外资和人才。在先进的近代中国人看来,在敌强我弱,帝国主义列强瓜分中国的严峻形势下,实业强国是一件迫在眉睫的大事,必须利用一切可以利用的因素来完成。除了学习和使用西方国家的新技术之外,还要加大对外开放的力度,合理地引进外资和外国的人才。如孙中山主张,在国内"款既筹不出",而"时又等不及"的情况下,中国就应该实行"开放主义";既然中国缺乏资本,"即借外国资本";既然中国缺乏人才,"即用外国人才",甚至欢迎外国人来中国兴办实业,其前提是合法经营,尊重中国的权益。

2. 重视科技

通过科学知识的普及和技术的使用来兴办中国的实业,以达到救国、强国

---

① 汤志钧编:《康有为政论集》上册,中华书局 1981 年版,第 574 页。
② 曾纪泽:《曾纪泽日记》(中),岳麓书社 1998 年版,第 776 页。

和富民目的的思想，是鸦片战争以后先进中国人一直持有的主张，在洋务运动时期和五四新文化运动时期更成为一种重要的社会思潮和社会实践。虽然近代中国人重视科技的目的都在于强国富民，但是，不同时期的中国人对于科技的重视是有所侧重的。如果说在洋务运动时期，近代中国人因为认识到由于中国技术的落后而导致了鸦片战争等战争的失败，因而更加重视对于西方国家技术的引进和设备的购买的话，那么，甲午战争失败以后，近代中国人就意识到，仅仅靠引进西方国家的技术，尤其是购买西方国家生产的设备，是难以使中国走上富强的道路的。于是，他们分析洋务派只注重技术的弊端，主张同时重视科学，广泛地传播科学知识，进行科学启蒙。如康有为对于洋务派只注重技术而忽视科学的做法进行了批评，指出西方国家的富强并非仅靠技术，更为重要的是重视科学。他说："泰西之强，不在军兵炮械之末，而在其士人之学、新法之书。凡一名一器，莫不有学：理则心伦、生物，气则化、光、电、重，气则农、工、商、矿，皆以专门之士为之。此其所以开辟地球，横绝宇内也。"①五四新文化运动时期对于科学在强国富民中的重大作用则更为重视。

3. 培养人才

先进的近代中国人已经意识到，民族国家之间的竞争，抵御帝国主义列强对中国的侵略和掠夺，必须有一大批能够担负起振兴中华民族重任的、掌握了先进科学技术并致力于兴办实业的高素质人才。他们认为："横览环球各邦，其国运之隆替，莫不系乎人材；而人材之盛衰，莫不关乎教化。其教养有道者，勃然以兴；教养失道者，忽然以亡。"②他们的逻辑是，要强国富民就必须兴办实业，要办好实业就必需人才，要培养人才就必须进行教化。于是，他们对于如何有效地进行教化作了各种探索。如洋务派人士恭亲王奕䜣等认为"欲悉各国情形"、"不受人欺蒙"，就"必先谙其言语文字"，奏请设立同文馆；在全国各地创办军事学校、技术学校等新式学堂，以造就强国富民所需要的军事、科技、外交、文化等方面的专门人才；向外国派遣留学生；通过技术操作来培养人才，如左宗棠创办福州船政局的真正用意"不重在造，而重在学"，培养了严复、邓世昌等

---

① 《康有为全集》第 3 集，上海古籍出版社 1992 年版，第 583～584 页。

② 中国史学会主编：《戊戌变法》第 1 册，上海人民出版社、上海书店出版社 2000 年版，第 73 页。

人才。

4. 创办工厂

自19世纪60年代洋务运动兴起，创办工厂就被视为兴办实业的核心而受到重视。在中国近代社会里，工厂的创办经历了一个发展军事工业到创办民用工业的过程。之所以会如此，是因为在近代中国人看来，救国、强国是首要的，必须优先创办中国的军事工厂。于是，江南制造局、金陵制造局、福州船政局、汉阳枪炮厂、天津机器局等先后创办起来。为了"求富"、富民，近代中国人又创办了与民众的日常生活息息相关的工厂。

5. 政治变革

在先进的近代中国人看来，洋务派那种兴办实业的效果是非常有限的，甚至会事与愿违，"使得事情越来越坏"。之所以会如此，是因为，一方面，洋务派模仿帝国主义列强的做法兴办实业，不只是在进行"洋化"，还会受到帝国主义列强的限制和阻挠；另一方面，洋务派没有认识到封建统治是造成中国贫穷落后的真正根源，他们没有意识到，在专制腐败的封建制度下兴办实业，实际上是在为腐败大开方便之门。因此，中国要真正兴办好实业，就必须进行政治变革，建立新的具有道德合理性的政治制度和政治关系。这种政治变革主要有两方面的任务：一是推翻腐败的封建统治，建立"贤良政府"、"进步的政府"，终结帝国主义列强对中国的侵略和掠夺，以便为中国独立地兴办实业开辟道路；二是让人民当家作主，自觉地承担起强国富民的道德责任。如孙中山在广西昭平关于如何更好地兴办实业的演讲中指出："诸君既为广西之主人，更当尽主人之责。诸君今日当先尽之责，莫若开辟道路，切不可以无钱卸责，只须全体人民出力可也。……如全省开辟大路，推而及于全国，则交通便利，中国之富强可敌世界也。"①

二、变法强国

与实业强国这一在器物层面的强国方案和社会运动不同，变法强国是近代中国人着眼于从制度层面提出的强国方案和社会运动，是比实业强国更根本、

① 《孙中山全集》第5卷，中华书局2011年版，第633页。

更深刻的救国主张和强国富民实践。

在近代中国社会里，虽然早就有“朝士即有言西法者”，主张“崇尚西学，仿效西法”，但是，变法强国的主张到1895年中日签订《马关条约》后才真正地提出，比实业强国方案和社会运动晚了30多年。它在此时被提出，主要是基于两个事实：第一，自甲午战争始帝国主义列强对中国的瓜分。1894年爆发了中日甲午战争，清朝军队被日本军队打败，清朝政府被迫签订了丧权辱国的《马关条约》，自此开始了帝国主义列强瓜分中国的历程。日本通过《马关条约》合法地占据了台湾及澎湖列岛，沙皇俄国强占了东北三省，德国强占了山东胶州海湾，英国在觊觎云南，法国企图占据广西。面对这种前所未有的时局，先进的近代中国人进行了分析，认为，帝国主义列强对中国的瓜分与以往历史上夷狄对中原的入侵有着根本的区别，这种区别在于：“古所称夷祸，犹是同洲同种之人，偶见为内外耳；今则别是一种，横来吞噬，又各有本领，特视此为外府、为鱼肉，岂复有相容之理。”①这就是说，帝国主义列强瓜分中国，从一开始就没有想过要与中国“相容”，而是为了占据中国的领土，将中国作为其殖民地，视中国民众“为鱼肉”，肆意宰割。那些借口“利益均沾”，要求同享最惠国待遇的帝国主义列强，即使在中国尚未进行殖民统治，然而，其要求“利益均沾”、同享最惠国待遇的行径与强占中国领土并没有实质的区别。这些国家表面上是在掠夺中国的资源，增值自己的财富，然而，其要害之处却在于将其与中国的贸易视为一种控制、操纵和瓜分中国的手段，在某种意义上，这种贸易就是“商战”。在西方人那里，“虽以商战为国，然所以为战者即所以为商。商之一道，足以灭人国于无形，其计至巧而至毒”。② 在先进的近代中国人看来，中国要从根本上防止帝国主义列强的这些罪恶行径，救亡图存，仅仅靠实业强国是无济于事的。第二，兴办实业并不能真正地救国、强国。中国在甲午战争中的失败让朝野上下都异常震惊，有人甚至还悲愤交加，失声痛哭，它对于中国人内心世界尤其是自信心的打击程度是前所未有的。因为，首先，中国人口数量远比日本要多，将士数量远远地超过日本；其次，中国于19世纪60年代上半期就开始了实业强国的社会运

① 《谭嗣同全集》上册，中华书局1981年版，第156页。
② 同上书，第160页。

动，军事工业是其中优先发展的实业。仅就甲午战争的关键战役来看，清朝政府所投入的主要战力——北洋水师(又称北洋舰队)是在1867年提出组建的，至1874年正式筹建，清朝政府每年投入400万两白银建设经费，由李鸿章领衔建设，至1888年基本上建成了一支近代化的在当时排名东亚第一、全球第六的海军舰队。这支舰队拥有大小军舰25艘，辅助军舰50艘，运输船只30艘，将士4 000余人，与日本舰队相比，只是行驶速度不及日本舰艇。然而，战争的结果却出人意料，它以鲜活的事实证明了仅仅通过实业来救国、强国是难以奏效的。于是，先进的中国人就主张通过变法来救国、强国，有人甚至主张通过变法来强国比兴办实业更为优先和重要，如王韬就明确地强调："盖洋务之要，首在借法自强。非由练兵士，整边防，讲火器，制舟舰，以竭其长，终不能与泰西诸国并驾而齐驱。"①这是当时朝野部分人的共识，其价值指向都在于救国、强国。就民间而言，先进的中国人认为，兴办实业不能救国、强国，而必须诉诸变法，是因为封建社会的制度太坏，政治体制弊端太深，如果不进行变法维新，中华民族就会马上面临灭国亡种的危险。梁启超甚至认为，中国之所以会在抵御帝国主义列强的入侵过程中屡屡失败，并不是因为清朝军队的将士不英勇，并不是因为中国民众不爱国。不过，中国人的爱国心却是"隐而未发"的。造成这种现象的根本原因在于封建专制制度"压制民权"，封建社会的意识形态愚弄民众，使民众都"不务各伸其权"。因此，要将民众的爱国主义精神发挥出来，积极地进行救国、强国，就必须首先"兴民权"。他明确地指出："国者何？积民而成也。国政者何？民自治其事也。爱国者何？民自爱其身也。故民权兴则国权立，民权灭则国权亡。为君相者而务压民之权，是之谓自弃其国；为民者而不务各伸其权，是之谓自弃其身。故言爱国必自兴民权始。"②既然"兴民权"是"国权立"的前提条件，那么，"君相者"要遏制帝国主义列强对中国的瓜分，维护中国的国家主权，就应该承担起"兴民权"这一道德责任。因此，就朝廷而言，"君相者"就不应该为其私利打算，而应该以中国的国家利益为其根本利益，一切都从救国、强国的价值目标出发，切实地采取真正可以救国、强国的措施。光绪皇帝当时的道德

---

① 王韬：《韬园文录外编》卷二，中华书局1959年版，第33页。
② 梁启超：《饮冰室合集·爱国论》文集之三(第1册)，中华书局1989年版，第73页。

选择就是如此。他强调:“朕惟时局艰难,非变法不能救中国,非去守旧衰谬之大臣而用通达英勇之士不能变法。”①当大学士孙家鼎以变法维新将导致“君权从此替矣”来警醒自己时,光绪皇帝毅然决然地回答:“吾变法但欲救民耳”,如果变法能够强国救民,那么,“君权之替不替何计焉”。光绪皇帝的逻辑是:皇帝的权位是否保住不是自己要考虑的,关键在于救民;要救民,就要救国;要救国,就要强国;要强国,就要变法。

朝野部分人清醒地意识到要救国、强国就必须变法维新,而且必须立即着手进行变法。当日本逼迫中国签订丧权辱国的《马关条约》的消息传来北京后,康有为就意识到了中华民族面临着严重的危机,产生了强烈的民族危机意识和忧患意识,立即发动在京应试的1 300多名举人联名上书光绪皇帝(即所谓的“公车上书”),提出了拒和、变法等主张,开启了变法维新的序幕。

为了达到救国、强国的目的,康有为对于变法的内容进行了思考,提出了变法的总体设计。在康有为看来,在封建制度和帝国主义列强的夹击之下,变法不能是一场仅仅涉及官僚体制或者政治体制的改良,而应该是改革社会生活方方面面的全面变法,只有如此,才会取得变法的成功。因为中国面临着如此严峻的现实:“积习既深,时势大异,非尽弃旧习,再立堂构,无以涤除旧弊,维新气象。若仅补苴罅漏,弥缝缺失,则千疮百孔,顾此失彼,连类并败,必至无功。”②为了让变法维新不致顾此失彼,避免“无功”的结局,变法的内容就应该包括经济、政治、军事、文化、教育等社会生活的所有方面。然而,所有这些方面的变法不能同时铺开,而应该分清轻重缓急,从最主要、最关键之处着手,对于其他方面则“徐徐图之”。由于“吾国行专制政体,一君与大臣数人共治其国,国安得不弱”③,“中国败弱之由,百病丛积,皆由体制尊隔之故”④,都由封建政治体制所造成,因此,变法的最主要、最关键的方面就在政治体制方面。这一方面就是将封建专制体制改变为君主立宪政治体制,而且是急需变法的方面。

---

① 梁启超:《饮冰室合集·戊戌政变记》专集之一(第6册),中华书局1989年版,第65页。
② 中国史学会主编:《戊戌变法》第2册,上海人民出版社、上海书店出版社2000年版,第178页。
③ 同上书,第236页。
④ 同上书,第204页。

自“公车上书”之后，康有为等又多次上书光绪皇帝敦促进行变法，且在帝国主义列强加紧瓜分中国、给中华民族造成的危机日益深重的情况下，其变法之心越来越焦急，他在给请求光绪皇帝立即着手变法的第五份奏疏中疾呼：中国面临的严峻局势是“外衅日迫”，帝国主义列强瓜分中国的进程在加快，如果清朝政府再不进行变法，那么，“事变之患，旦夕可至”，到那时，“皇上与诸臣，虽欲求为长安布衣而不可得矣”。谭嗣同的变法之心比康有为更为迫切，他敏锐地意识到：“时局之危，有危于此时者乎？图治之急，有急于此时者乎？”[①]变法派人士请求变法维新之心之所以如此急切，是因为他们意识到，在奉行“天不变，道亦不变”、“祖宗之法不可变”等政治伦理理念的顽固守旧势力异常强大的封建社会里，要仿照西方制度来对中国进行维新变法，其难度是可以想象的。因为，变法维新表面上是将中国现有的君主专制制度改良为君主立宪制度，而在其实质上是对权利与义务之间关系的一场大调整，会影响到统治阶层的根本利益。如仅仅就维新变法所涉及的政治领域而言，维新派人士就明确地意识到：“变法之本，在育人才。人才之兴，在开学校。学校之立，在变科举。而一切要其大成，在变官制。”[②]在光绪皇帝所颁布的变法诏书中有关政治领域的改革规定得更加具体，如：“广开言路，提倡官民上书，言事；准许自由开设报馆、学会；撤除无事可办的衙门，裁减冗员；废除满人寄生特权，准许自谋生计”[③]。在清代社会里，仿照西方政治制度来进行政治改革就是革官员的命，剥夺权力行使者的某些利益。这势必会遭到顽固守旧势力的坚决抵制和肆意破坏。

然而，维新变法，时不我待。针对顽固守旧势力的抵制和反对，为了尽快地救国、强国，维新派人士主要从三个方面来推动和进行变法：

1. 千方百计地进行宣传发动

为了树立变法维新所需要的政治伦理观念，发动人们理解并参与维新变法，变法派人士着手制造变法维新的舆论。这种舆论，除了对时局发表议论，力倡变法以求救国、强国，以求得朝野达成共识之外，就是从中国传统文化上想办

---

① 《谭嗣同全集》下册，中华书局 1981 年版，第 444 页。

② 梁启超：《饮冰室合集·变法通议·论变法不知本原之害》文集之一（第 1 册），中华书局 1989 年版，第 10 页。

③ 胡绳：《从鸦片战争到五四运动》下册，人民出版社 1997 年版，第 533 页。

法。如在光绪皇帝于1898年6月11日颁布“明定国是”诏书、宣布变法维新之前，康有为先后刊发了《新学伪经考》与《孔子改制考》两本著作，他从自己的变法维新立场出发阐释儒家经典，将孔子装扮成“托古改制”者，认为孔子编撰六经，创立儒教，重新确立了一套超越于尧、舜、禹、汤、文、武的政教礼法，并提出了“三世”观念，即人类社会的发展要经历一个从“乱世”到“升平世”再到“太平世”的过程。在康有为看来，由于孔子身处乱世，因而，他就自觉地肩负起了改革“乱世”，“进以升平，升平之后进以太平”，推动社会进步的历史使命，即“孔子拨乱、升平”，在此基础上，“托文王以行君主之仁政”，尤其注重“太平，托尧、舜以行民主之太平”。康有为如此作为的目的，在于在朝野达成了以维新来实现救国、强国的共识基础上，力图为变法维新进行辩护，统一朝野的思想，减少维新变法的阻力。

2. 依靠最高统治者来推行变法

清代末年推行的变法有两次，第一次是戊戌变法，第二次是“仿行宪政”。戊戌变法的准备工作是从1895年的“公车上书”开始的，自1898年6月11日光绪皇帝颁布“明定国是”诏书后正式推行，终结于当年9月21日慈禧太后所发动的政变。“仿行宪政”(被后人称之为“清末新政”)是经过立宪党人多年的推动才不得不进行的，至1906年，清朝政府借口条件不成熟而宣布“预备仿行宪政”，至于何时实施宪政，则要“视进步之迟速，定期限之远近”，一旦条件具备，宪政就会实施。然而，清朝政府并没有发自内心打算实施宪政，因此，它总是想方设法地推迟实施宪政的进程。由于立宪党人的努力和国会请愿活动的推动，清朝政府才不得不于1908年颁布《钦定宪法大纲》，开始实施宪政，但却将预备立宪的期限规定为9年。戊戌变法是变法派人士依靠光绪皇帝来强行推行的，“仿行宪政”则是立宪党人依靠慈禧太后所代表的清朝政府来假心假意地进行的，都是自上而下的、不发动民众参与变法的模式。

3. 义无反顾地进行变法

变法维新是一场突破原来的权利与义务之间的关系、建立新的权利与义务之间关系的运动，它必定会影响到既得利益集团的利益。既得利益集团对此是十分清楚的，因此，他们总是想方设法地反对变法，阻碍变法，甚至与变法者进行你死我活的斗争。变法者对于顽固守旧势力的这种态度自然是了然于心的，于是,他们从打算推动变法维新开始,就必须着手进行两方面的工作:一是与顽固守旧势力针锋相对,对其破坏甚至反扑进行不屈不挠的斗争;二是团结一切可以团结的力量,相互勉励,共同推进变法维新事业。在清代末年的两次变法中,变法者的义无反顾是有所区别的。如果说在“仿行宪政”时期,由于以慈禧太后为代表的清朝中央政府表面上达成了变法改革的共识,因此,立宪党人用不着担心来自清朝政府高层的反对,即使政府高层实际上是假心假意推行变法的,他们所需要果敢地做的主要有两件事,一是真心诚意而又责无旁贷地推动变法,二是揭露和遏制地方势力(包括地方官员)对变法的阳奉阴违,那么,戊戌变法时期,变法派人士在推动变法过程中所遇到的困难却要大得多,他们不仅要与慈禧太后、荣禄等所把持的清朝政府高层针锋相对,而且还要与地方势力(包括地方官员和知识分子)进行斗争,随时都可能会功败垂成,性命堪忧,然而,他们为了救国强国,为了中华民族的生存发展,可以不惜一切。如谭嗣同深知“各国变法无不从流血而成”,中国的变法也不例外。当慈禧太后发动政变并囚禁光绪皇帝之后,谭嗣同所想的不是自己如何保命,而是想方设法地营救光绪皇帝,以保住变法图强的势力。在其努力失败以后,他坚决地拒绝了王五及外国公使要其出逃的劝告,坚定地表示:“中国以变法流血者,请自嗣同始。”在其被捕以后,谭嗣同又拒绝了王五打算劫狱救他的想法。

三、文化强国

同实业强国一样,事实证明,变法维新也没有使中国强大起来。它们之所以会如此,是因为兴办实业和变法维新都是在封建制度的框架内进行的改良主义运动。同怀疑通过兴办实业能否真正救国、强国一样,近代中国人也怀疑通过变法维新能否真正救国、强国,甚至有的变法派人士也有这样的心态。如坚定、积极甚至最为激进的变法维新者谭嗣同在其《上欧阳中鹄书》中也有这样的想法:“然则变法固可以复兴乎?曰:难能也,大势之已散也。然苟变法犹可以开风气,育人才,备他日偏安割据之用,留黄种之民于一线也。”[①]既然变法维新和兴办实业都不能达到救国、强国的目的,那么,还有没有其他的措施能够救

① 《谭嗣同全集》上册,中华书局 1981 年版,第 155 页。

国、强国？这就迫使近代中国人去寻求救国、强国的新路，这条新路就是文化强国之路。

那么，用什么样的文化来救国、强国？先进的近代中国人较为一致的看法是：要坚决地抵制基督教文化对于中国的侵略。之所以他们会抱有这样的态度，原因在于：首先，儒家“华夷之辨”的政治伦理观念仍然深刻地影响着他们。他们坚信“非我族类，其心必异”，认定外夷（即西方人）以其基督教文化来影响中国人必定居心叵测，因此，他们对于洋人来中国传教总是有着深深的忧虑。其次，中国历史上对于基督教文化基本上实行严禁的政策。由于基督教同儒家伦理观念相冲突，与封建社会的政治伦理秩序相抵牾，因而，它自传入中国以后就遭到了中国政府和中国人民的反对，尤其在清朝建立至鸦片战争之前这段时间基本上被严禁。如乾隆朝就颁发了如下一道谕旨：“西洋人传教惑众，最为风俗人心之害……尤当严禁。”[①]再次，基督教传教士是帝国主义列强侵略和瓜分中国的帮凶。从鸦片战争到八国联军对中国的侵略，大大小小的侵华战争中都有传教士的身影，他们为本国及其他列强搜集情报，充当向导，参与决策，施行救助，对中国政府和中国人民犯下了种种罪行。先进的近代中国人撕下基督教传教士的博爱伪装，揭露其侵略中国的本性，指出：“今之洋人者，海船通商，耶稣传教，夺小民农桑衣食之计，废大圣君臣父子之伦，以洋烟毒中土，以淫巧荡人心。自道光以迄于今，其焰益涨，其行强暴。由是煽惑我民心，奸淫我妇女，侮慢我朝廷，把持我官府，占据我都城，巧取我银钱；小儿嗜如菜果，国债重如丘山；焚我清宫，灭我属国，既占上海，又割台湾，胶州强立埠镇，中国意欲瓜分。”[②]在近代中国人看来，基督教不但不能被中国用来救国、强国，反而会让中国灭种亡国。因此，中国人必须反对基督教，因为反对基督教就是反对帝国主义列强的侵略。

在什么样的文化可以用来救国、强国的问题上，近代中国人可谓见仁见智，有着不同的主张。主要有三种看法：第一种看法认为是中国传统文化；第二种看法认为是西方自由主义文化；第三种看法认为是马克思主义文化。围绕着这

① 《清稗类钞·宗教类》。
② 王明伦选编：《反洋教书文揭贴选》，齐鲁书社 1984 年版，第 93 页。

三种主要看法形成了关于文化强国的三大阵营，即文化保守主义阵营、自由主义阵营和马克思主义阵营。在近代中国社会里，虽然这三大阵营互竞优长，互相攻讦，但是，它们都有一个一致的强国思维和方案，即：要救国、强国，改造中国，就必须改造中国人；而要改造中国人，就必须进行文化传播和文化教育。

在先进的近代中国人看来，要肩负起时代所赋予的救国、强国的历史使命，人们首先就要清楚救国、强国的优先之处和根本之处是什么。对于这种优先之处和根本之处，近代中国人使用了不同的语词来表述，如梁启超使用“新民”概念，陈独秀使用“伦理的觉悟”概念，梁漱溟使用“人生哲学”概念，毛泽东使用“改造主观世界”概念，等等，然而，无一例外地都指向人的内心世界，都指向改造中国人（用近代学者的话来说，就是“改造国民性”）。在他们看来，改造中国人是救国、强国的前提，如果中国人得不到改造，那么，救国、强国就会面临诸多问题，甚至是难以顺利进行的。陈独秀对此的认识是最深刻的。他在《吾人最后之觉悟》一文中指出：“自西洋文明输入吾国，最初促吾人之觉悟者为学术，相形见绌，举国所知矣；其次为政治，年来政象所证明已有不克守缺抱残之势。继今以往，国人所怀疑莫决者，当为伦理问题。此而不能觉悟，则前此之所谓觉悟者，非彻底之觉悟，盖犹在惝恍迷离之境。吾敢断言曰：伦理的觉悟，为吾人最后觉悟之最后觉悟。”①这一自明代开始的中国人对西方文明由“学术”至“政治”再到“伦理”之觉悟的过程，是中国人在中西文明之间的冲突中不断觉悟的过程。由于“欧洲输入之文化，与吾华固有之文化，其根本性质极端相反。数百年来，吾国扰攘不安之象，其由此两种文化相触接相冲突者，盖十居八九。凡经一次冲突，国民即受一次觉悟”②。这样的冲突及中国人在此冲突中所生发的觉悟自明代以来总共经历了 7 个时期，自第四期开始才有了中西政治文明之间的冲突，因“甲午之役，军破国削，举国上中社会，大梦初觉，稍有知识者，多承认富强之策，虽圣人所不废。康、梁诸人，乘时进以变法之说，耸动国人，守旧党尼之，遂有戊戌之变”③。此时期之后的“清末新政”、辛亥革命以及“共和国体之下”的专制政治都没有取得救国、强国的效果。“然自今以往，共和国体果能巩固无虞

① 任建树、张统模、吴信忠编：《陈独秀著作选》第 1 卷，上海人民出版社 1993 年版，第 179 页。
② 同上书，第 175 页。
③ 同上书，第 176 页。

乎？立宪政治果能施行无阻乎？以予观之，此等政治根本解决问题，犹待吾人最后之觉悟”①，即“伦理的觉悟”。这就是说，在陈独秀看来，购置西方的设备，学习西方的技术，仿效西方的政治制度和体制，都是细枝末节，不可能真正地救国、强国，只有从道德文化入手改造中国人，才是救国、强国的根本。这种主张也得到了文化保守主义者的赞同。如梁漱溟认为陈独秀等新文化派的“意思要想将种种枝叶抛开，直截了当去求最后的根本。所谓根本就是整个的西方文化——是整个文化不相同的问题。如果单采用此种政治制度是不成功的，须根本的通盘换过才可。而最根本的就是伦理思想——人生哲学”②。

在确定了救国强国的优先之处和根本之处之后，先进的近代中国人就着手对中国人进行改造。虽然在改造中国人的问题上存在着不同的主张，如有“中学”与“西学”之争、“继承”与“启蒙”之争、“问题”与“主义”之争、“改良”与“革命”之争，但是，先进的近代中国人基本上倾向于以个人与社会相结合、权利与义务相统一为其核心。如在梁启超看来，改造中国人就是“新民”。“新民”的途径较多，主要在于进行观念改造、制度改造和“生计”改造，而贯穿其中的无非是“公德”与“私德”的统一。他所说的“公德”就是“人人相善其群”，“私德”就是“人人独善其身”。这两个方面是人所应该具有的，必须养成的，因为，个人或者国民与国家之间的关系如同人的身体与四肢等之间的关系，国家是“积民而成”，“国之有民，犹身之有四肢、五脏、筋脉、血轮也”。如同四肢、五脏、筋脉、血轮之是否健全决定身体健康与否一样，国家要求得独立富强，就必须以有好国民为前提。对于中国而言，要有好国民，就必须“新民”。要“新民”，就必须进行“道德革命”。中国所必需的“道德革命”，就是革儒家伦理思想只重“私德”的命。不过，这不是简单地摈弃儒家伦理思想和中国传统道德，而是将其合理因素继承下来。他在其所创办的《新民丛报》创刊号上的《本刊告白》中鲜明地表明了这种态度：“本报取《大学》新民之意，以为欲维新吾国，当先维新吾民。中国所以不振，由于国民公德缺乏，智慧不开，故本报专对此病而药治之，务合乎中西道德以为德育之方针，广罗政学理论以为智育之本源。”“合乎中西道德”之

---

① 任建树、张统模、吴信忠编：《陈独秀著作选》第 1 卷，上海人民出版社 1993 年版，第 177 页。
② 梁漱溟：《梁漱溟全集》第 1 卷，山东人民出版社 1989 年版，第 334 页。

所以必要，是因为“我国民所最缺者，公德其一端也。公德者何？人群之所以为群，国家之所以为国，赖此德焉以成立者也。”[①]一旦国民有了“公德”，就会“新道德出焉，而新民出焉”，社会群体就会不再涣散软弱，国家就会不再积贫积弱。与梁启超通过着眼于揭露旧道德的弊端，主张以“伸民权”、“开民智”、尚“独立”（或者自治）等为内容的“道德革命”来改造中国人不同，梁漱溟认为，“中国问题并不是什么旁的问题，就是文化失调——极严重的文化失调。其表现出来的就是社会构造的崩溃，政治上的无办法”[②]。中国社会问题之所以出现，中国之所以难以富强，就是因为文化失调，而不是因为实业不兴，政治体制制度不良。在梁漱溟看来，不同于帝国主义列强对中国的入侵和瓜分，文化失调是造成中国社会结构崩溃、国家日趋衰弱的根本的内在因素。既然如此，那么，中国富强起来的出路就在于解决文化失调问题。由于中国是一个农业文明为主的国家，乡村文化是构建和维持中国社会结构的根本因素，因此，他认为，中国的富强和前途命运的出路首要的在于“乡村建设”。基于这一考虑和设计，他于 20 世纪 30 年代在山东邹平进行了为期 7 年的“乡村建设”实验。这一实验是从文化建设入手，从各方面恢复中国的“伦理本位”，重建全新的社会秩序的宏大方案，其“理想是‘政’‘教’‘富’‘卫’合一。我们在邹平正在实验着行政机关教育化和教育机关化的理想，用村学代替村公所，用乡学代替区公所；县自治机关的系统，就是县政府——乡学——村学”。[③] 这意味着“乡村建设，实非建设乡村，而意在整个中国社会之建设，或可云一种建国运动”。[④] “乡村建设本没有旁的意思，就是要求中国社会的平均发展真是进步，其不能不归于教育一途，势所当然。”[⑤]在其实质上，乡村建设就是乡村教育，就是“用教育的力量提倡一种风气，从事实上去组织乡村”[⑥]，通过乡村教育来“组织乡村”，恢复被西方文化所破坏了的乡村社会，只是“乡村建设”的一个方面，这一方面就是“救济乡村”。而“救济乡村便是乡村建设的第一层意义，至于创造新文化，那便是乡村建设

---

① 梁启超：《饮冰室合集·新民说·论公德》文集之四（第 6 册），中华书局 1989 年版，第 12 页。
② 梁漱溟：《梁漱溟全集》第 2 卷，山东人民出版社 1990 年版，第 164 页。
③ 梁漱溟：《梁漱溟全集》第 5 卷，山东人民出版社 1992 年版，第 582 页。
④ 梁漱溟：《梁漱溟全集》第 2 卷，山东人民出版社 1990 年版，第 161 页。
⑤ 同上书，第 471 页。
⑥ 同上书，第 393 页。

的真意义之所在。乡村建设除了消极地救济乡村之外，更要紧的还是在积极地创造新文化。所谓乡村建设，就是要从中国旧文化里转变出一个新文化来”。① 由此可见，梁漱溟是主张并力图以文化来对中国人进行改造的，即使他所说的文化是儒家伦理道德。因为在他看来，只有强调“伦理本位”的中国文化，才不会如强调“个人本位”的西方文化所导致的西方人将个人权利放在第一位那样，才会注重自己的义务，注重对于伦理关系方的义务和责任，才会使国家富强，社会和谐。

第三节　争取民族解放的伟大斗争

除了履行实现民族独立和致力国家富强的政治道德义务之外，近代中国人还担负着争取人民解放的政治道德责任。虽然这三个方面紧紧地联系在一起，存在于同一历史过程之中，但是，它们之间在价值目标上还是有所不同的。如果说，近代中国人履行实现民族独立和致力国家富强的政治道德义务主要是为了“外争国权”的话，那么，近代中国人承担争取人民解放的政治道德责任主要就是为了“内争民权”。争取人民的权利和解放，既包括争取自由和平等，又包括实现民主，经历了一个从农民起义到旧民主主义革命再到新民主主义革命的过程，其主要政治道德义务就是推翻封建制度和反对军阀独裁，以求得人民翻身得解放。

一、推翻封建制度

封建制度在中国社会里存在了两千多年的历史，逐渐地表现出它的不合理性。它之所以不合理，就是因为它所实行的是等级制度。在等级制度下，人们既没有自由又没有民主，感受最深的是没有基本的平等。到了清代，不平等的程度在不断地加深，不仅人与人之间的不平等在继续恶化，而且民族之间的关

① 梁漱溟：《梁漱溟全集》第1卷，山东人民出版社1989年版，第611页。

系也变成了等级关系，尤其是汉族与满族之间的不平等被清朝政治制度所固化和维护。在近代中国社会里，由于帝国主义列强对中国的入侵和瓜分，中国人更加清楚地认识到了封建制度所固有的弊端及其对中国和中国人民所造成的祸害。对于封建制度所存在的弊端或者不合理性，近代中国人有着两种不同的政治道德态度，一种是改良主义态度，另一种是激进主义态度（即革命）。洋务运动和变法维新运动都是旨在对封建制度进行改良的运动，都力图一定程度地克服封建制度所存在的弊端或者不合理性。然而，洋务运动和戊戌变法都失败了，都证明了改良主义的方案和运动是行不通的。于是，近代中国人不得不走上激进主义的道路，不得不对封建制度进行革命。

近代中国人之所以要对封建制度进行革命，推翻封建制度，一是因为封建制度奴役民众，只追求和实现统治阶级的利益。梁启超在反思洋务运动失败的原因时指出：李鸿章、张之洞等洋务派人士的“病根”在于“不以民为重”，“其一切法制皆务压制其民”。封建制度不仅“不稍伸民权”，对民众进行奴役，而且具有极端自私的本性。梁启超指出：“秦汉以后，取天下于马上，制一切法草、一切律则，咸为王者一身之私计，而不复知有民事。”①所有封建制度“皆为保王者一家而设，非为保天下而设”，根本就没有考虑并维护老百姓的利益，以致“千疮百孔，代甚一代。二千年来之中国，虽谓之无政焉可已”。② 二是因为封建制度腐败无能，不但不能有效地抵御和遏制帝国主义列强对中国的入侵和瓜分，反而被帝国主义列强所掠夺、控制、奴役。自鸦片战争以后，“列强之帝国主义如怒潮骤至，武力的掠夺与经济的压迫，使中国丧失独立，陷于半殖民地之地位。满洲政府既无力以御外侮，而钤制家奴之政策，且行之益厉，适足以侧媚列强”③，出现了如中国近代史上第一批女报人陈撷芬所说的如下现象：“大官则受制于朝廷，小吏则受制于大官，百姓则受制于小吏，今且举朝廷、大官、小吏、百姓而悉受制于外人”，甚至将枪口对准抵御帝国主义入侵和瓜分的广大人民群众，残酷地镇压反帝爱国的普通百姓。

由于封建制度祸害中国和中国人民，人民因此而得不到自由和平等，因此，

---

① 梁启超：《饮冰室合集·西政丛书叙》文集之二（第1册），中华书局1989年版，第62页。
② 同上书，第63页。
③ 《孙中山全集》第9卷，中华书局2011年版，第114页。

近代中国人进行了多次反抗封建统治、推翻封建制度的革命,力图建立一个人人享有权利、实现平等的新社会。在这些革命中,对于推翻封建制度起了最重要作用的革命主要有两次,第一次是太平天国农民起义,第二次是辛亥革命。前者是农民阶级所领导的革命,后者是资产阶级所领导的革命。

太平天国农民起义是在土地兼并日趋严重,民众被剥削奴役的程度不断加深,清朝政府对帝国主义列强的入侵不仅无能为力而且还割地赔款的情况下发动的。虽然它也反对外国侵略者,但是,它却以清朝统治者为直接的革命对象,以建立农民自己的政权为最终目标。同中国历代农民起义所提出的"等贵贱,均贫富"口号一样,引领这次农民起义并在其政权中所奉行的政治道德精神,就是与封建制度的根本政治道德精神即"等级"理念相反的"平等"。在太平天国农民起义兴起的时候,洪秀全就鲜明地提出了"天下多男子,尽是兄弟之辈;天下多女子,尽是姊妹之群"①的政治主张。太平天国对于各个生活领域的平等都予以了规定,如"天下人人不受私,物物归上主",凡缴获的"金银绸帛宝物等项,不得私藏,尽交归天朝圣库"。平等这一政治道德理念最为详尽的规定,就是《天朝田亩制度》中关于土地分配上的平等:"凡分田照人口,不论男妇,算其家口多寡,人多则分多,人寡则分寡,杂以九等,如一家六人,分三人好田,分三人丑田,好丑各一半。凡天下田天下人同耕,此处不足则迁彼处,彼处不足则迁此处;凡天下田丰荒相通,此处荒则移彼丰处以赈此处荒,彼处荒则移此丰处以赈彼荒处,务使天下共享天父上主皇上帝大福,有田同耕,有饭同食,有衣同穿,有钱同使,无处不均匀,无人不饱暖也。"②在太平天国的政权实践中,它奉行"天下总一家,凡间皆兄弟"③的原则,在政治上不再存在如同封建专制中的等级关系,上下级之间的关系都是兄弟关系,如天王洪秀全与天弟冯云山、杨秀清、石达开、韦昌辉等之间的关系就是兄弟关系,天弟们对天王不称臣只称弟;官兵之间也是平等的,彼此之间"无参拜揖让之仪,凡打躬叩首,皆呼为妖礼"④;男女都是兄弟姐妹关系,女人同男人一样可以做官。而在其他人与人之间的关系上同样

① 中国史学会主编:《太平天国》第1册,神州国光社1951年版,第92页。
② 同上书,第321页。
③ 同上书,第92页。
④ 中国史学会主编:《太平天国》第3册,神州国光社1951年版,第202页。

注重平等，如太平天国实行“不论门第出身”的科举制度，女人同男人一样都可以接受教育并参加科举考试；实行国库统一收缴粮物、按工种和年龄定量供给制度，在粮食分配上，“男馆如泥水匠一斤半，各伪衙一斤四两，各匠一斤，牌尾半斤”。[①] 由于倡导和奉行“平等”道德理念，太平天国迅速壮大，并占领了天京（今南京）。然而，在天京事变的破坏，尤其是清朝军队及外国军队的反扑下，太平天国未能保住自己的政权。虽然这次农民起义失败了，但是，它沉重地打击了清朝政府的统治。

虽然清朝政府的统治得到了喘息的机会，但是，封建制度在充满着社会危机和思想危机的境况中只会是苟延残喘、气息奄奄了。在清朝军队遭到惨败的甲午战争结束后，帝国主义列强对中国更加虎视眈眈，加快了瓜分中国的步伐，而清朝政府却腐败无能，只能任人宰割。在这种情势中，近代中国人对于中国的前途命运有着前所未有的深深的担忧，殚精竭虑于救亡图存的爱国大业，一场新的革命在此环境中开始孕育。1894 年 11 月，孙中山在檀香山创立了具有资产阶级性质的革命团体兴中会。兴中会声明自己的革命宗旨是“亟拯斯民于水火，切扶大厦之将倾”，并在《檀香山兴中会盟书》中提出了以“驱除鞑虏，恢复中华，创立合众政府”为中国资产阶级的革命纲领。1905 年 8 月，孙中山又在日本东京成立了中国同盟会。同盟会将其革命纲领明确地规定为“驱逐鞑虏，恢复中华，创立民国，平均地权”，这是对兴中会所提出的中国资产阶级革命纲领的继承和发展。它们之间的不同在于同盟会的革命纲领中增加了“平均地权”这一内容，这是一个事关民生的大问题。因为孙中山明确地意识到，必须“采取民生主义，以与民族、民权问题同时解决”[②]，否则，资产阶级革命会明显地存在着缺陷，而且是其重要的缺陷。同盟会所提出的更为完整的资产阶级革命纲领就是孙中山所提出的“三民主义”。其中，“民族主义”就是“驱逐鞑虏，恢复中华”，它主要有两个方面的要求：“一则中国民族自求解放；二则中国境内各民族一律平等。”[③]这就是说，一方面要遏制帝国主义列强对中国的瓜分，争取民族独立和解放；另一方面又要推翻封建

① 中国史学会主编：《太平天国》第 4 册，神州国光社 1951 年版，第 656 页。
② 《孙中山选集》（上），人民出版社 1956 年版，第 172 页。
③ 《孙中山全集》第 9 卷，中华书局 2011 年版，第 118 页。

制度，结束清朝政府的统治，改变清朝政府统治下的不平等的民族关系，建立以汉族为主体的各民族“共和”的国家，实现各民族之间的平等。所谓“民权主义”就是“创立民国”，推翻封建专制制度，废除皇帝，废除等级关系，建立政治上人与人之间的平等关系，让“凡为国民皆平等以有参政权”。所谓“民生主义”，“其最要之原则不外二者：一曰平均地权；二曰节制资本”。[①] 它要求实行土地国有制度，充分利用国家的力量去“开辟交通，振兴工业，发展商业，提倡农业，把中华民国变成一个黄金世界，达到这个目的之后，大家都可以享人生的真幸福，子子孙孙便不怕穷”[②]；同时，还要让人们知道，“中国今是患贫，不是患不均。在不均的社会……我们主张解决民生问题的方法……是要用一种思患预防的办法来阻止私人的大资本，防备将来社会贫富不均的大毛病”。[③] 孙中山所提出的“三民主义”是中国资产阶级革命的理论指南，在此意义上，毛泽东明确地指出：中国只是“从孙中山先生开始，才有比较明确的资产阶级民主革命”。[④] 孙中山所领导的资产阶级民主革命即旧民主主义革命经历了十多年前仆后继的武装斗争，终于在 1911 年 10 月 10 日发动武昌起义后取得了胜利，推翻了清朝政府的统治和存在了两千多年的封建制度，建立了以“平等”政治道德理念为核心的共和制度。

二、反对军阀独裁

孙中山所领导的中国旧民主主义革命取得胜利之后，建立了中华民国。孙中山被推选为中华民国临时大总统，并于 1912 年 1 月 1 日正式就职宣誓。在就任临时总统后不久，由于难以摆脱新建立的资产阶级共和国所面临的诸多困境，孙中山不得不把总统的职位让给政治投机分子袁世凯。为了保住资产阶级革命的成果，限制袁世凯的权力，在 3 月 11 日即袁世凯就任临时大总统的第二天，孙中山就颁布了《中华民国临时约法》，规定“中华民国之主权，属于国民全体”，国民享有各种民主权利，国家政体按照立法、司法和行政的三权分立原则

① 《孙中山全集》第 9 卷，中华书局 2011 年版，第 120 页。
② 同上书，第 578 页。
③ 同上书，第 392 页。
④ 《毛泽东选集》第 2 卷，人民出版社 1991 年版，第 564 页。

来构建，并采取责任内阁制。虽然袁世凯曾经表示“永不使君主政体再行于中国”，但是，他本人却无意于做资产阶级共和国的总统，只有当封建专制皇帝的野心。在其长子袁克定和杨度等人的鼓动下，袁世凯一直在做着当皇帝的准备，并于1915年12月12日在“亿兆推戴”且自己多次“辞让”的情况下接受“皇帝”的尊号。袁世凯的行径立即遭到国人的坚决反对。当时在日本留学的李大钊就指出：“盖民与君不两立，自由与专制不并存，是故君主生则国民死，专制活则自由亡。而专制之政与君主之制，如水与鱼，如胶与漆，固结不解，形影相依。今犹有敢播专制之余烬，起君主之篝火者，不问其为筹安之徒与复辟之辈，一律认为国家之叛逆，国民之公敌而诛其人，火其书，殄灭其丑类，摧拉其根株，无所姑息，不稍有优容，永绝其萌，勿使滋蔓。”[①]这是当时欲求得自身解放的人民的一致心声。即使曾经是袁世凯建立独裁统治的追随者梁启超，此时也站在立宪党人的立场上反对袁世凯称帝，他意识到“当此普天同愤之时”也应该及时发表谴责袁世凯称帝的以民为敌的行为，并通过其好友蔡锷赴云南发动倒袁斗争。在蔡锷等所发动的护国战争的讨伐下，袁世凯只做了83天的皇帝就不得不宣布取消帝制，从此一病不起，两个月后不治而亡。

袁世凯死后，为了再寻找和培养在中国的自身利益代理人，帝国主义列强纷纷争夺和支持各地的军阀，于是，借着护国战争而成长起来的各地军阀互不相属，彼此割据，各自为政，成为打着民主独立的幌子实行专制独裁的独霸一方的诸侯，造成了军阀割据的局面。这些军阀主要分为北洋军阀和西南军阀两部分，他们都与不同的帝国主义国家和国内反动势力相勾结，成为不同帝国主义列强和国内反动势力进行利益争夺的打手。正如毛泽东所指出的那样：“帝国主义和国内买办豪绅阶级支持着的各派新旧军阀，从民国元年以来，相互间进行着继续不断的战争。”[②]“中国内部各派军阀的矛盾和斗争，反映着帝国主义各国的矛盾和斗争。故只要各国帝国主义分裂中国的状况存在，各派军阀就无论如何不能妥协，所有妥协都是暂时的。”[③]各派军阀表面上维护中华民国，实行民主制度，拥护孙中山的权威，然而，实际上却否定民主，实行独裁，肆无忌惮地奴

---

① 《李大钊选集》，人民出版社1959年版，第56页。
② 《毛泽东选集》第1卷，人民出版社1991年版，第49页。
③ 同上书，第47～48页。

役和剥削民众，为了其自身利益和其主子帝国主义国家的利益，可以为所欲为地大动干戈，罔顾民众的利益和生命。虽然孙中山又发起了旨在“拥护约法，恢复国会”的护法运动，但是，由于卷入到护法运动的各地军阀都只为自己的利益考虑，护法运动最终失败了。在各地军阀进行独裁统治、军阀混战的时期，整个中国社会毫无民主，资产阶级建立的中华民国被“官僚、武人所摧残”，这是中华民国初年最大的政治祸害。孙中山一针见血地指出：“吾国之大患，莫大于武人之争雄，南与北如一丘之貉，虽号称护法之省，亦莫肯俯首于法律及民意之下。故军政府虽成立，而被选之人多不就职，即对于非常会议犹莫肯明示其尊重之意。”①他痛心疾首于这种局面的出现：“我们因满清政治不良，所以要革命；但革命的结果，所呈的现象比满清尤坏。这个原因，不是革命党的罪，是前清遗毒——武人与官僚的罪。”②正如毛泽东所指出的那样，在此时期，“国家坏到了极处，人类苦到了极处，社会黑暗到了极处”。③

在南北军阀混战和北洋军阀内部勾心斗角的时期，“徒有民国之名，毫无民国之实”，军阀所造成的政治罪恶登峰造极。因此，军阀不仅使中国旧民主主义革命走向失败，而且是中国新民主主义革命的最大敌人。为了保住旧民主主义革命的成果，捍卫共和政体，孙中山领导中国革命党人（包括中国共产党人）与军阀进行了英勇的斗争。对于这场斗争的性质，孙中山于1924年进行了分析，认为它并不是“南北之争”，而是爱国之士对军阀和卖国贼的讨伐，是共和主义对军阀主义的宣战。然而，孙中山逝世后，这场斗争的性质开始发生变化。以蒋介石为首的国民党右翼势力违背了《中国国民党第一次全国代表大会宣言》的联共、扶助农工、争取民主等共同纲领，千方百计破坏第一次国共合作，采取卑劣手段暗杀廖仲恺等国民党左派人士，并在北伐战争取得决定性胜利后立即着手在“已克复的各省一致实行清党”，发动了震惊中外的屠杀中国共产党人和革命群众的反革命政变，不久，在南京成立了代表帝国主义列强、大资本家和大地主的国民党反动政府。

然而，此时的国民党政府并不是一个内部统一的政府，不仅存在着只谋求

① 《孙中山全集》第4卷，中华书局2011年版，第471页。
② 《孙中山全集》第5卷，中华书局2011年版，第126页。
③ 《毛泽东早期文稿》，湖南人民出版社2008年版，第312页。

各自利益的蒋介石派、汪精卫派、胡汉民派等政治派别，而且军阀派系林立。此时的中国形成了北洋军阀和国民党新军阀并存的格局。各个军阀对其统治区域内的民众进行独裁统治，对其他的军阀则明争暗斗甚至大动干戈。在军阀混战中，尤其在与冯玉祥、李宗仁及阎锡山三派所展开的中原大战中，蒋介石派的军事实力大为增强，蒋介石因此而成了其地位不能被其他军阀撼动的最大军阀。

在国民党军队进驻京津以后，国民党政府宣布中国已经实现了"统一"，并通过了《训政纲领》、《国民政府组织法》、《训政时期约法》等文件和法律，将国民党一党专政和蒋介石个人独裁以法律的形式确定下来。抗日战争爆发后，蒋介石国民党的独裁统治获得了新的历史机遇。为了更有效地抵抗日本帝国主义的侵略，维护中华民族的生存，各种爱国力量都义无反顾地尽弃前嫌，组成全国抗日民族统一战线，并自愿地接受宣称高举抗日旗帜的蒋介石国民党的统一指挥。然而，蒋介石国民党将这种统一指挥演变成了国民党一党专政和蒋介石个人独裁，压制和打击民主运动和革命势力。蒋介石国民党的这种态度可以从其掌控的《国民参政会第一届第一次大会宣言》一目了然："大中华民国独立自由之国家也！神圣不可侵犯之统治大权，既以国民公意，托之国民政府，而蒋委员长则我国家之最高统帅，而全国军民所共认为代表我国家意志之领袖也！今敌阀否认我政府，仇视我领袖，大兵进攻，百端摧毁，一面扬言，将与其自设之伪组织提携，此徒证明其决心吐吞中国，完全消灭中国独立！一言蔽之，否认国民政府，即否认中国国家；而仇视我蒋委员长，即为仇视全中国民族之国家意识，而欲我全国军民投降屈服，甘为亡国亡民而后快也！"①这一宣言恰好表明了蒋介石国民党政府随时都可以置中华民族的根本利益于不顾，随时都有可能打击爱国民主运动。

面对蒋介石国民党的独裁统治，国内的进步政党和进步人士深刻地认识到独裁必定会引起分裂，不利于抗日民族统一战线的巩固和对日本帝国主义侵略的抵御，因此，呼吁实行民主政治，团结一切可以团结的抗日力量——呼吁实行民主政治的力量主要有国民党内部的民主派、民主党派和无党派人士及中国共

① 彭明主编：《中国现代史资料选辑》第五册（下），中国人民大学出版社1989年版，第104页。

产党三类。国民党内部的民主派包括宋庆龄、何香凝、柳亚子、张治中、李济深、于右任、邵力子等人，他们可以分为坚定的民主派和对于民主的同情者，虽然都反对蒋介石所进行的独裁统治，要求实行民主政治，但是，其程度还是存在着一定的差异。即使存在这样的差异，然而，他们的言论和行为对于蒋介石国民党的独裁统治都起了某种遏制作用。民主党派和无党派人士是反对蒋介石国民党进行独裁统治的第二支主要力量，黄炎培、梁漱溟、沈钧儒、费孝通、谭平山、许德珩、陈铭枢、张君劢、章乃器、左舜生、章伯钧、马君武、张澜、罗文干、李璜、张志让、杨赓陶、胡厥文等是其中的著名民主人士。他们在抗日战争爆发后不久，就提出了实行民主政治的强烈要求，并要求提前召开国民大会，使蒋介石国民党不能在任何时候都可以一意孤行；同时，他们还揭露蒋介石国民党反民主、搞独裁的真相，参加“反内战”、“反独裁”的民主运动，有的民主人士因此而被国民党特务所暗杀。中国共产党则是反对蒋介石国民党的独裁统治的领导力量，引导着国统区的民主运动。抗日战争开始后，中国共产党就将抗战与民主紧密结合起来，并于1937年8月提出了著名的《抗日救国十大纲领》，主张“召集真正人民代表的国民大会，通过真正的民主宪法，决定抗日救国方针，选举国防政府……国民政府采取民主集中制”①；建立和维护抗日民族统一战线，通过运用民主的方式来“反投降、反分裂、反倒退”；要求进行真正的民主选举，制定真正尊重民主的宪法，实行所有民主党派一律平等的民主宪政，让民众享有言论自由、思想自由等权利；立即结束国民党一党专政，建立广泛的民主联合政府等。中国共产党的这些主张都被民主党派所认同和传播，形成了反对蒋介石国民党独裁统治的巨大舆论力量。同时，中国共产党还无情地揭露国民党所玩弄的“一面谈宪政，一面却不给人民以丝毫的自由”的宪政骗局，领导国统区各阶层民众的民主运动，使实行独裁统治的蒋介石国民党承受着强大的压力。在反对蒋介石国民党独裁统治的各种爱国民主力量的共同努力下，全国的民主运动一浪高过一浪，蒋介石国民党反动派越来越孤立，中国共产党所领导的革命力量越来越壮大，最终通过正义的解放战争推翻了蒋介石国民党的独裁统治。

---

① 中央档案馆编：《中共中央文件选集》第11册，中共中央党校出版社1991年版，第382页。

三、实现革命根据地人民当家作主

第一次国共合作破裂、中国共产党和国民党并肩作战的大革命失败以后，中国共产党清醒地认识到了独立领导中国革命的重要性，并于1927年8月1日领导了南昌起义，从此走上了工农武装割据的道路。自此时起，整个中国大陆形成了中国共产党所领导的人民军队占领的革命根据地、蒋介石国民党实行独裁统治的国统区和日本侵略者侵占的日占区共存的格局。这三个不同的区域在人民是否享有民主权利方面存在着根本的区别，革命根据地的人民充分地享有了应有的民主权利，国统区的人民却被国民党独裁统治所压迫，日占区的人民则被日本侵略者所奴役，毫无自由和尊严。

革命根据地就是中国共产党所领导的人民群众管理其政权的区域，就其历史形态而言，先后经历了苏区、抗日根据地和赶走了国民党反动统治的解放区。与除了国民党以外的其他党派不同，中国共产党是革命根据地的执政党，建立了自己的政权，拥有自己所领导的军队，实行不同于国民党统治区的人民真正当家作主的民主政治。

革命根据地的民主政治的性质是由中国共产党纲领所规定的。中国共产党的最高纲领就是废除私有制，消灭阶级差别，实现社会主义和共产主义。它规定了革命根据地民主政治的努力方向，确立了人民当家作主的最高政治道德价值目标。其最低纲领就是推翻帝国主义的压迫，实现中华民族的完全独立；消除内乱，打倒军阀，建设国内和平；实现中国统一，建立真正的民主共和国。这是中国共产党在民主革命时期的纲领，它规定自己的主要政治道德义务就是“外争国权”和“内争民权”。“外争国权”就是求得中华民族独立，实现中国拥有神圣不可侵犯的国家主权。“内争民权”就是反对军阀的独裁统治，建立民主共和国，让民众享有民主权利。这就是说，要真正地实现革命根据地人民当家作主，就必须以“外争国权”和“内争民权”为前提条件，否则，人民的解放是不可能实现的。上述这些方面决定了革命根据地人民解放的过程、实质和民主政治的状况。

1. 革命根据地人民的解放是一个过程

革命根据地的民主建设和人民解放并不是与革命根据地之外的任何因素

都没有联系的，而是与整个中国的不同社会发展阶段和所要完成的革命任务密切相关的。近代中国社会是一个半殖民地半封建的社会，它“决定了中国革命必须分为两个步骤。第一步，改变这个殖民地、半殖民地半封建的社会形态，使之变成一个独立的民主主义的社会。第二步，使革命向前发展，建立一个社会主义的社会”。① 其“第一阶段，第一步，虽然按其社会性质，基本上依然还是资产阶级民主主义的，它的客观要求，是为资本主义的发展扫清道路；然而这种革命，已经不是旧的、被资产阶级领导的、以建立资本主义的社会和资产阶级专政的国家为目的的革命，而是新的、被无产阶级领导的、以在第一阶段上建立新民主主义的社会和建立各个革命阶级联合专政的国家为目的的革命。因此，这种革命又恰是为社会主义的发展扫清更广大的道路。这种革命，在其进行中，因为敌情和同盟军的变化，又分为若干的阶段，然而其基本性质是没有变化的”。② 换句话说，“这个中国革命的第一阶段（其中又分为许多小阶段），其社会性质是新式的资产阶级民主主义的革命，还不是无产阶级社会主义的革命……这个革命的第一步、第一阶段，决不是也不能建立中国资产阶级专政的资本主义的社会，而是要建立以中国无产阶级为首领的中国各个革命阶级联合专政的新民主主义的社会，以完结其第一阶段。然后，再使之发展到第二阶段，以建立中国社会主义的社会”。③ 虽然革命根据地的民主性质保持不变，人民当家作主的地位没有变化，但是，这两个步骤的存在，意味着人民民主和人民解放必须经历两个不同的阶段，意味着人民解放和人民当家作主在不同历史时期存在着某些差异。尤其是在“新式的资产阶级民主主义的革命”第一阶段，由于其革命对象的变化，即由蒋介石国民党反动派到日本侵略者再到蒋介石国民党反动派的变化，因此，在革命根据地，哪些人享有民主权利、哪些人成为专政的对象也是随之变化的。无论发生了多么大的变化，革命根据地的民主有一点是始终保持不变的，这就是人民的解放，是各个革命阶级对敌人的联合专政。

2. 革命根据地人民的解放在其实质上就是人民利益的实现

在中国近代社会里，中国资产阶级所领导的民主革命之所以脱离人民，不

---

① 《毛泽东选集》第 2 卷，人民出版社 1991 年版，第 666 页。
② 同上书，第 668 页。
③ 同上书，第 671～672 页。

让人民享有民主权利，就是因为要实现资产阶级的利益。与之不同，中国共产党在领导新民主主义革命的过程中始终依靠和发动人民，明确地意识到："革命战争是群众的战争，只有动员群众才能进行战争，只有依靠群众才能进行战争"①，坚信"人民，只有人民，才是创造世界历史的动力"。② 因此，在革命根据地的政治实践中，中国共产党始终坚持这样的"基本原则，就是要使群众认识自己的利益，并且团结起来，为自己的利益而奋斗"。③ 这就是说，人民的解放是人民自己的事情，只有人民才能解放自己，才能推动社会历史进步；而且，革命根据地的人民当家作主，就是人民从自己的利益出发的，是为了维护和实现人民的利益的。在革命根据地的政治实践中，人民的解放是与人民利益的实现同步的。

在革命根据地的人民看来，人民的利益既不是某个特殊人物的私人利益，又不是少数人的利益，而是革命群众的利益。在革命战争年代，人民利益就是特定阶级的利益，主要包括无产阶级和农民阶级的利益，而这种利益总是与社会历史条件相联系的，是与必须完成的社会历史任务密切相关的。这就意味着人民利益同中华民族所要解决的重大历史问题直接相关，与国家利益根本上一致。在中华民族与日本帝国主义之间的矛盾上升为中国社会的主要矛盾的抗日战争年代，革命根据地的人民就自觉地以"一切必须服从抗日的利益，这是确定的原则。因此，阶级斗争的利益必须服从于抗日战争的利益，而不能违反抗日战争的利益"。④ 他们清醒地认识到，打败日本侵略者是高于一切的利益，是中华民族的根本利益，也是人民的最高利益。为了实现中华民族的利益，为了顺利地实现人民的利益，革命根据地的人民就自觉地坚持民族利益高于阶级利益的原则，从中华民族的利益出发来调整与其他阶级或者社会力量之间的关系，在考虑工人阶级和农民阶级的利益的同时兼顾其他阶级或者社会力量的利益，即"为了团结抗日，应实行一种调节各阶级相互关系的恰当的政策，既不应使劳苦大众毫无政治上和生活上的保证，同时也应照顾到富有者的利益，这样

---

① 《毛泽东选集》第 1 卷，人民出版社 1991 年版，第 136 页。
② 《毛泽东选集》第 3 卷，人民出版社 1991 年版，第 1031 页。
③ 《毛泽东选集》第 4 卷，人民出版社 1991 年版，第 1318 页。
④ 《毛泽东选集》第 2 卷，人民出版社 1991 年版，第 525 页。

去适合团结对敌的要求”。[①] 随着这种政治道德态度的调整，革命根据地人民的政治道德立场也从打倒蒋介石为代表的国民党反动派转到了打败日本侵略者上来，其“口号是为保卫祖国反对侵略者而战。对于我们，失败主义是罪恶，争取抗日胜利是责无旁贷的。因为只有为着保卫祖国而战才能打败侵略者，使民族得到解放。只有民族得到解放，才有使无产阶级和劳动人民得到解放的可能”。[②] 为了实现人民的利益和中华民族的利益，中国共产党确立了为人民服务的宗旨和集体主义道德原则，坚持“全心全意地为人民服务，一刻也不脱离群众；一切从人民的利益出发，而不是从个人或小集团的利益出发；向人民负责和向党的领导机关负责的一致性；这些就是我们的出发点”[③]，要求“共产党员无论何时何地都不应以个人利益放在第一位，而应以个人利益服从于民族的和人民群众的利益”。[④] 在中国共产党人的一切行动中，他们始终坚持以合乎最广大人民群众的最大利益和为最广大人民群众所拥护为最高标准，“完全是为着解放人民的，是彻底地为人民的利益工作的”。[⑤] 同时，中国共产党呼吁在全国实行民主政治，并在革命根据地充分尊重和发挥人民当家作主的作用，并不是为了笼络人心，不是将人民视为自己争权夺利的工具，而是意识到了“为民主即是为抗日。抗日与民主互为条件……民主是抗日的保证，抗日能给予民主运动发展以有利条件”[⑥]，民主能够使人民群众的救国爱国意识空前高涨，建立广泛的抗日民族统一战线，使各个阶层和所有民族的民众都自觉地意识到自己的解放是自己的事情，主动地承担相应的政治道德责任，团结一心，夺取抗日战争的胜利，最终实现人民的利益。

3. 革命根据地人民的解放集中体现在对人民实行民主和对反动派实行专政的民主政治上

革命根据地人民的解放在实质上就是人民利益的实现，除了必须具备更为广泛的国际国内条件以外，革命根据地还必须具备相应的条件。其中，最为重

---

① 《毛泽东选集》第 2 卷，人民出版社 1991 年版，第 525 页。
② 同上书，第 520～521 页。
③ 《毛泽东选集》第 3 卷，人民出版社 1991 年版，第 1094～1095 页。
④ 《毛泽东选集》第 2 卷，人民出版社 1991 年版，第 522 页。
⑤ 《毛泽东选集》第 3 卷，人民出版社 1991 年版，第 1004 页。
⑥ 《毛泽东选集》第 1 卷，人民出版社 1991 年版，第 274 页。

要的是实行民主政治。这种民主政治不同于资本主义国家的民主政治，它是中国共产党领导的、以工人阶级和农民阶级为主体的革命时期的民主政治。它具有如下主要内容和特征：

第一，分清敌我。革命战争年代的民主不同于和平时期的民主，它是以分清敌我为前提的。政治实践证明，“谁是我们的敌人？谁是我们的朋友？这个问题是革命的首要问题。中国过去一切革命斗争成效甚少，其基本原因就是因为不能团结真正的朋友，以攻击真正的敌人。革命党是群众的向导，在革命中未有革命党领错了路而革命不失败的。我们的革命要有不领错路和一定成功的把握，不可不注意团结我们的真正的朋友，以攻击我们的真正的敌人”。① 在近代不同的历史阶段，革命根据地有着不同的朋友和敌人。在国内革命战争时期，包括绝大部分半自耕农、贫农、小手工业者、店员和小贩在内的半无产阶级，及包括小知识阶层、自耕农、小手工业主、小商人在内的小资产阶级，他们都是中国共产党所领导的革命的朋友。中产阶级，尤其是其中的民族资产阶级，“他们对于中国革命具有矛盾的态度：他们在受外资打击、军阀压迫感觉痛苦时，需要革命，赞成反帝国主义反军阀的革命运动；但是当着革命在国内有本国无产阶级的勇猛参加，在国外有国际无产阶级的积极援助，对于其欲达到大资产阶级地位的阶级的发展感觉到威胁时，他们又怀疑革命”。② 他们在外在政治因素的影响下，必定会发生分化，“或者向左跑入革命派，或者向右跑入反革命派”。因此，这一“动摇不定的中产阶级，其右翼可能是我们的敌人，其左翼可能是我们的朋友”。③ 而“一切勾结帝国主义的军阀、官僚、买办阶级、大地主阶级以及附属于他们的一部分反动知识界，是我们的敌人”。④ 到了抗日战争时期，“中国现阶段革命的主要对象或主要敌人……就是帝国主义和封建主义，就是帝国主义国家的资产阶级和本国的地主阶级。……二者互相勾结以压迫中国人民，而以帝国主义的民族压迫为最大的压迫，因而帝国主义是中国人民的第一个和最凶恶的敌人。在日本武力侵入中国以后，中国革命的主要敌人是日本帝国主义

---

① 《毛泽东选集》第1卷，人民出版社1991年版，第3页。
② 同上书，第4页。
③ 同上书，第9页。
④ 同上。

和勾结日本公开投降或准备投降的一切汉奸和反动派”。[①] 除了充当日本侵略者的走狗之外，留在抗日民族统一战线内的一部分大地主和大资产阶级、亲欧美派大资产阶级（顽固派）、“中小地主出身的开明绅士即带有若干资本主义色彩的地主们”、民族资产阶级等，都有可能成为中国革命的朋友；包括广大的知识分子、手工业者、小商人和自由职业者在内的小资产阶级，以及富农和中农，都是中国共产党所领导的革命的朋友。到了解放战争时期，只有蒋介石为首的国民党反动派才是中国革命的敌人，而一切反对蒋介石国民党独裁统治的社会力量都是中国革命的朋友。由于中国革命的敌人异常强大，不择手段地追求自己的私利，对人民群众进行残酷统治，因此，国内毫无民主可言，就遑论实现人民的解放和人民的利益了。正是因为如此，在革命根据地，对待敌人的主要形式就只能是武装斗争，就只能是专政；对待人民就应该实行民主，让人民当家作主。

第二，正确处理人民与执政党之间的关系。在中国共产党领导的中国革命时期，中国共产党就是革命根据地的执政党，而人民却是一个具有历史性的概念，由于革命阶段和革命对象的不同，人民的构成也在发生变化。这就要求作为执政党的中国共产党必须首先弄清楚这样的问题：哪些人何时是人民的构成成员，哪些人享有革命根据地的民主权利，哪些人有无权利当家作主。这是革命根据地的最大的政治道德问题，是一个有关中国革命的依靠力量的问题。只有解决了这一问题，才能更好地实行有利于中华民族利益和人民利益实现的民主政治，才能更好地处理与人民之间的各种关系。

在革命根据地的政治道德实践过程中，中国共产党十分注重处理好自己与人民之间的关系，首要的是树立了这样的观念：“有无群众观点是我们同国民党的根本区别，群众观点是共产党员革命的出发点与归宿。”[②]没有这样的政治道德观念和政治道德立场，中国共产党是不可能处理好与群众之间的关系的。二是中国共产党非常清楚自己是人民中的一员，植根于人民之中，“共产党人好比种子，人民好比土地。我们到了一个地方，就要同那里的人民结合起来，在人民

---

① 《毛泽东选集》第 2 卷，人民出版社 1991 年版，第 633 页。
② 《毛泽东文集》第 3 卷，人民出版社 1996 年版，第 71 页。

中间生根、开花”。[①] 中国共产党只有以人民为其赖以生存发展的深厚基础，才能完成好自己所肩负的历史所赋予的伟大使命。三是来自人民之中的共产党员，虽然是人民群众中的先进分子，但是，共产党员要求自己何时何地都“决不可脱离群众的多数，置多数人的情况于不顾，而率领少数先进队伍单独冒进；必须注意组织先进分子和广大群众之间的密切联系”[②]；“在民众运动中，应该是民众的朋友，而不是民众的上司，是诲人不倦的教师，而不是官僚主义的政客”[③]；同时，还始终将自己置于与人民群众平等的位置，他们清楚地知道：“如果把自己看作群众的主人，看作高踞于‘下等人’头上的贵族，那末，不管他们有多大的才能，也是群众所不需要的，他们的工作是没有前途的。”[④]四是中国共产党所做的“一切为群众的工作都……从群众的需要出发，而不是从任何良好的个人愿望出发”。在这些工作中始终坚持“两条原则：一条是群众的实际上的需要，而不是我们脑子里头幻想出来的需要；一条是群众的自愿，由群众自己下决心，而不是由我们代替群众下决心”。[⑤]为了符合这两条原则的要求，作为执政党，“我们十分注意倾听人民的意见。我们通过村、乡镇、区、县的群众大会，也就是我们区域内任何地方的群众大会，通过党员同各阶层人士的交谈，通过各种会议、报纸和群众的来电来信等等一切能听到人民呼声的渠道，总是能发现群众的真正的意见”。[⑥] 通过充分尊重和切实落实合理的群众意见，中国共产党受到了革命根据地人民群众的普遍拥护。

第三，建立人民当家作主的民主制度。如果说实现人民利益是革命根据地人民解放的实质的话，那么，建立人民当家作主的民主制度就是人民解放的制度保障，是中国共产党所实行的民主区别于国民党所谓的民主的根本标志。

革命根据地人民当家作主的民主制度主要具有三个特征：

一是尊重和保持革命根据地民主制度的人民性。革命根据地的民主制度又可以称之为“人民民主专政，或曰人民民主独裁，总之是一样，就是剥夺反动

① 《毛泽东选集》第4卷，人民出版社1991年版，第1162页。
② 《毛泽东选集》第2卷，人民出版社1991年版，第525～526页。
③ 同上书，第522页。
④ 《毛泽东选集》第3卷，人民出版社1991年版，第864页。
⑤ 同上书，第1012～1013页。
⑥ 同上书，第189页。

派的发言权，只让人民有发言权。……对于人民内部，则实行民主制度，人民有言论集会结社等项的自由权。选举权，只给人民，不给反动派。这两方面，对人民内部的民主方面和对反动派的专政方面，互相结合起来，就是人民民主专政”。① 为了保障革命根据地民主制度的人民性，中国共产党及其所领导的政府主要采取了两方面的措施：一方面，限制某些人的权利。如在第一次国内革命战争时期，由于人民包括无产阶级、半无产阶级和小资产阶级，因此，革命根据地首先剥夺了地主阶级与官僚资产阶级的权利，既不给其选举权，更不让其享有被选举权；其次，在民主制度的实践过程中，在有的时候和有的革命根据地施行左的政策，将中产阶级或者其他中间势力排除在人民范围之外，不让其享有民主权利；最后，在人民内部，按照其革命的彻底性不同，不同的阶级或者阶层实际上享有了有差别的民主权利，如有的革命根据地对于选举农民阶级内部参加工农兵代表大会的代表作出了这样的规定：雇农每 5 人中选出 1 名代表，贫农每 10 人中选出 1 名代表，中农每 20 人中选出 1 名代表。革命根据地这种限制不同阶级或者阶层者的权利的政策和实践，是随着中国革命对象的变化而变化的，而这种变化又是根据不同阶级和阶层对于革命的道德态度来确定的，其目的在于确保人民在革命根据地的政治优势，保障人民当家作主，最终实现人民的利益。另一方面，通过法制建设来保障革命根据地民主制度的人民性。加强和健全法制建设被革命根据地视为确保人民当家作主的重要前提。在中国共产党所领导的中国革命的不同阶段，革命根据地根据变化了的革命形势，不断制定和调整法律，及时对人民的权力和权利作出相应的规定。如 1931 年 11 月中华苏维埃第一次全国代表大会所通过的《中华苏维埃共和国宪法大纲》就明确规定：苏维埃的全部权力“属于工人、农民、红军兵士及一切劳苦民众”，而官僚、军阀、资本家、地主、富农、僧侣及一切剥削者和反革命分子都没有参加政权等政治上的权利。通过制定和执行诸如此类的法律，中国共产党所领导的政权确保了人民在革命根据地当家作主的权利，剥夺了人民的所有敌对者的任何政治权利。

二是建立人民当家作主的民主政权。革命根据地民主制度的人民性不仅

① 《毛泽东选集》第 4 卷，人民出版社 1991 年版，第 1475 页。

要求建立人民当家作主的政权与之相适应，而且与之唇齿相依，相辅相成，前者离不开后者，如果没有后者，前者就如同镜中花、水中月。可以说，人民真正当家作主的民主政权是体现、尊重和保持革命根据地民主制度的人民性的有力保证。两者的这种内在关联性，意味着革命根据地的政府，或者说，中国共产党“所要求的政府，必须是能够真正代表民意的政府；这个政府一定要有全中国广大人民群众的支持和拥护，人民也一定要能够自由地去支持政府，和有一切机会去影响政府的政策”。①

人民心甘情愿地支持的“能够真正代表民意的政府”具有三个主要特征：

第一个特征，革命根据地坚持以民主集中制原则构建民主政权。中国共产党所领导的革命根据地的民主政权是与新民主主义革命相适应的，是新民主主义革命内在地要求建立的政体。这种政体“指的一定的社会阶级取何种形式去组织那反对敌人保护自己的政权机关。没有适当形式的政权机关，就不能代表国家。中国现在可以采取全国人民代表大会、省人民代表大会、县人民代表大会、区人民代表大会直到乡人民代表大会的系统，并由各级代表大会选举政府。但必须实行无男女、信仰、财产、教育等差别的真正普遍平等的选举制，才能适合于各革命阶级在国家中的地位，适合于表现民意和指挥革命斗争，适合于新民主主义的精神。这种制度即是民主集中制。只有民主集中制的政府，才能充分地发挥一切革命人民的意志，也才能最有力量地去反对革命的敌人”。② 革命根据地自一开始就实行民主集中制，所不同的是，在不同历史时期和不同历史条件下，民主集中制的具体形式有着某种差异。在第一次国内革命战争时期，苏区的民主制度是中国共产党所实行的第一种政治制度，它以间接民主为主要形式，表现在选举上，就是民众直接推选出自己的代表，这些代表再选出上一级的代表，这一级的代表又选出更上一级的代表。这种由下级代表选出上级代表的选举制在革命根据地民主政权的运行过程中不断调整，最终在抗日战争时期确立了以“三三制”原则为主要内容的新民主主义革命时期的民主制度。“三三制”原则不是阶级性原则或者革命性原则，而是更加具有普选制和竞选制特征

① 《毛泽东选集》第2卷，人民出版社1991年版，第383页。
② 同上书，第677页。

的民主制度，是一项充分地调动所有抗日爱国力量、反对反动势力的原则。“根据抗日民族统一战线政权的原则，在人员分配上，应规定为共产党员占三分之一，非党的左派进步分子占三分之一，不左不右的中间派占三分之一。”①这项原则规定了革命根据地所建立的民主政权不再只是工人阶级和农民阶级的政权，而是具有更大包容性的、所有抗日力量的联合政权。同时，这项原则也改变了革命根据地选举的原有做法，重新制定的《陕甘宁边区选举条例》便明确规定，“凡居住边区境内之人民，年满十八岁者，无阶级、职业、男、女、宗教、民族、财产与文化程度之区别，经选举委员会登记，均有选举权与被选举权”②，不再限制工人阶级和农民阶级以外的其他阶级和宗教人士的选举权与被选举权。革命根据地民主制度及政权组建原则的变化，改变了中国共产党一党参政的格局，受到了其他党派、无党派人士等社会各界的一致拥护。其他党派和非党派人士因此而改变了对待中国共产党的消极态度，积极地参与革命根据地民主政权的建设，与中国共产党精诚团结，直言不讳地向中国共产党提出各种意见和建议，为革命根据地的发展献计献策，促进了中国革命事业的发展。自 1940 年根据“三三制”原则建立民主政权以来，革命根据地积累了民主政治建设的经验，中国共产党也更加明确了对待其他党派和无党派人士的政治道德态度。中国共产党将这种民主政治建设经验和政治道德态度熟练地运用到解放战争时期解放区的民主政治建设中，吸引了更多的人加入到反对蒋介石国民党独裁统治的队伍中来。

第二个特征，革命根据地的人民都享有平等的民主权利。如果说在苏区只有工人阶级和农民阶级平等地享有民主权利，那么，在抗日根据地和解放区，只要是抗日爱国的和反对反动派的人，无论属于哪个阶级和阶层，都可以平等地享有民主权利。如在抗日根据地，人民在享有民主权利方面的平等表现在多个层面。在革命根据地政权的党派构成方面，根据“三三制”原则，共产党员、非党的左派进步分子及中间派各占三分之一，由此组成的参议会不再只是工人阶级和农民阶级所选举的、中国共产党一党执政的权力机关，而是在抗日根据地人

---

① 《毛泽东选集》第 2 卷，人民出版社 1991 年版，第 742 页。
② 陕西省档案馆、陕西省社会科学院编：《陕甘宁边区政府文件选编》（第一辑），档案出版社 1986 年版，第 160 页。

民进行普选后由各党派所共同组成的最高权力机关。在此方面，中国共产党高度自觉，诚恳地兑现自己所提出的根据“三三制”原则建立民主政权的承诺。当陕甘宁边区一次普选所选出的代表中多出1名共产党员时，徐特立主动地提出退出参议会的请求，维护了党外人士应该享有的平等的民主权利。在性别方面，1937年通过的《陕甘宁边区选举条例》规定了妇女应该享有与男子同样的选举权与被选举权，妇女们因此而获得了行使抗日根据地各级政权权力的资格，平等地行使民主权利。在是否接受教育方面，革命根据地既为接受了不同程度教育的选民提供了其可以行使民主权利的适宜方式，又为那些识字少或者完全不识字的选民提供了如举手法、投豆法、画圈法、画点法等多种可用的投票办法，以便确保他们平等地行使民主权利。由于人民都获得了平等的民主权利，因此，革命根据地的各阶级各阶层都把根据地政权的建设当作自己的事情，开诚布公地而又积极主动地行使民主权利。如开明绅士李鼎铭在经普选而被选为米脂县的参议会议长、陕甘宁边区副议长和边区政府副主席之后，积极建言献策，提出了一些有利于扩大和巩固抗日爱国民族统一战线，加强抗日根据地民主建设及解决根据地经济困难等方面的建议。如针对陕甘宁边区军政人员众多，又被日本侵略者和国民党反动派所包围和封锁，边区财政经济愈益困难这一情况，李鼎铭指出：“在今日人民困苦，资源薄弱之状况下，欲求不因经济枯竭而限制军政发展，亦不因军政发展而伤害经济命脉，惟有政府彻底计划经济，实行精兵简政主义，量入为出，制定预算，以求得相依相助，平衡发展之效果。”① 李鼎铭所提出的这一“精兵简政”的建议被中共中央所采纳，成了抗日根据地施行的一项非常重要的政策，起到了减轻人民负担、加强军民团结、巩固抗日根据地的作用。

第三个特征，革命根据地政府坚持为人民谋利益。人民是否在革命根据地真正地当家作主，行使民主权利，关键在于革命根据地的政府如何对待人民，会否真心诚意地、始终如一地为人民谋利益。在中国共产党看来，只有急人民之所急，坚持为人民谋利益的政府，才是人民真正当家作主的民主政权。中国共产党所领导的民主政府意识到，在人民真正当家作主的问题上，“一切空话都是

---

① 《李鼎铭文集·纪念·传略》，中共中央党校出版社1991年版，第5页。

无用的，必须给人民以看得见的物质福利。……我们的第一个方面的工作并不是向人民要东西，而是给人民以东西。我们有什么东西可以给予人民呢？就目前陕甘宁边区的条件说来，就是组织人民、领导人民、帮助人民发展生产，增加他们的物质福利，并在这个基础上一步一步地提高他们的政治觉悟与文化程度”①。坚持为人民谋利益的政府或者政权，首先，它不是为所欲为、与人民为敌的，而是想方设法为人民谋利益的；它不是搜刮民脂民膏的政府，而是“帮忙政府”。毛泽东指出，“有两种政府，一种只知道刮刮刮，另一种则帮老百姓的忙——边区政府就是这种帮忙政府”。② 即使在革命根据地异常困难的情况下，其政府也是坚持为人民谋利益的，而不是对人民竭泽而渔的。在日本侵略者和国民党反动派对抗日根据地进行包围和封锁的时候，为了坚持为人民谋利益，抗日根据地政府自觉地进行了政治上的调整，意识到：“假若我们还要维持庞大的机构，那就会正中敌人的奸计。假若我们缩小自己的机构，使兵精政简，我们的战争机构虽然小了，仍然是有力量的；而因克服了鱼大水小的矛盾，使我们的战争的机构适合战争的情况，我们就将显得越发有力量，我们就不会被敌人战胜，而要最后地战胜敌人。”③其次，它实实在在地解决人民的各种生活问题，如“领导农民的土地斗争，分土地给农民；提高农民的劳动热情，增加农业生产；保障工人的利益；建立合作社；发展对外贸易；解决群众的穿衣问题，吃饭问题，住房问题，柴米油盐问题，疾病卫生问题，婚姻问题。总之，一切群众的实际生活问题，都是我们应当注意的问题”。④ 中国共产党所领导的革命根据地政权千方百计地解决人民群众的这些问题，并以土地改革、建立新的土地所有制为中心，目的是在经济基础上保证人民当家作主的权利。再次，它照顾革命根据地各方的利益。在革命根据地政府看来，它不仅要维护工人阶级和农民阶级的利益，而且应该维护一切抗日爱国和反对国民党反动派的阶级阶层的利益。尤其在抗日战争时期，抗日根据地政府根据工人阶级和农民阶级以外的其他阶级阶层“赞成抗日”、“赞成民主”、“赞成减租减息”的政治道德态度，制定了兼顾各方利

① 《毛泽东文集》第 2 卷，人民出版社 1993 年版，第 467 页。
② 中央文献研究室编：《毛泽东年谱》中卷，人民出版社、中央文献出版社 1993 年版，第 160 页。
③ 《毛泽东选集》第 3 卷，人民出版社 1991 年版，第 882 页。
④ 《毛泽东选集》第 1 卷，人民出版社 1991 年版，第 136～137 页。

益的制度，如根据中共中央的精神，晋察冀边区先后制定并颁布了《晋察冀边区减租减息单行条例》、《晋察冀边区租佃债息条例》等制度，既维护工人阶级和农民阶级的利益，又维护富农、地主等其他阶级阶层的利益。最后，它勇敢地坦承和改正其工作中的失误或者错误。勇敢这一政治道德品质是民主政府应有的品质，它会使革命根据地政府义无反顾地坚持为人民谋利益，为人民利益改正一切错误和缺点，而决不会文过饰非。正是因为改正错误与坚持为人民谋利益存在着这样的关系，因此，“共产党人必须随时准备坚持真理，因为任何真理都是符合于人民利益的；共产党人必须随时准备修正错误，因为任何错误都是不符合于人民利益的”①。

三是充分尊重和发挥人民对于革命根据地政府的监督作用。在中国共产党所领导的革命根据地政府看来，作为人民当家作主的政府，应该接受人民的监督。正如毛泽东于1941年11月6日《在陕甘宁边区参议会的演说》中所指出的：“共产党是为民族、为人民谋利益的政党，它本身决无私利可图。它应该受人民的监督，而决不应该违背人民的意旨。它的党员应该站在民众之中，而决不应该站在民众之上。”②之所以需要接受人民的监督，是因为“我们同志的思想，我们党的工作，也会沾染灰尘的，也应该打扫和洗涤”③，是因为革命根据地政府的干部及其他工作人员可能会有官僚主义作风，可能会搞特殊化，在工作中可能会出现失误，甚至会存在违反政策、侵犯民众权益、贪污腐化等行为。为了加强革命根据地政府的廉政建设，防治政府工作人员的贪腐行为，一方面，“在党内，在党外，都大大地提倡民主作风。不论什么人，只要不是敌对分子，不是恶意攻击，允许大家讲话，讲错了也不要紧。各级领导人员，有责任听别人的话。实行两条原则：（一）知无不言，言无不尽；（二）言者无罪，闻者足戒。如果没有‘言者无罪’一条，并且是真的，不是假的，就不可能收到‘知无不言，言无不尽’的效果”④。另一方面，中共中央先后制定了《抗日救国十大纲领》、《陕甘宁边区选举条例》、《陕甘宁边区政府惩治贪污暂行条例》、《陕甘宁边区各级参

---

① 《毛泽东选集》第3卷，人民出版社1991年版，第1095页。
② 同上书，第809页。
③ 同上书，第1096页。
④ 《毛泽东文集》第3卷，人民出版社1996年版，第242～243页。

议会组织条例》、《陕甘宁边区施政纲领》等制度，旨在将革命根据地政府建设成为一个人民真正当家作主的廉洁政府。这些制度明确地规定了反对官僚主义作风、一律不准领导干部在生活上搞特殊化、严惩贪污腐败分子，明确了政府机关的内部监督责任，同时也要求民众对于政府及其工作人员的行为进行监督，并以人民真正享有民主权利作为其进行监督的前提，强调"保证一切抗日人民(地主、资本家、农民、工人等)的人权、政权、财权及言论、出版、集会、结社、信仰、居住、迁徙之自由权，除司法系统及公安机关依法执行其职务外，任何机关部队团体不得对任何人加以逮捕审问或处罚，而人民则有用无论何种方式，控告任何公务人员非法行为之权利"。① 有了这些法律法规等制度的保障，革命根据地的人民敢于罢免那些不代表民意、不称职的政府工作人员，也可以理直气壮地检举贪污腐败分子。如陕甘宁边区某乡的乡长杨洪林及指导员史志才，就被当地村民大会罢免了。

4. 革命根据地人民的解放突出地表现在妇女解放上

虽然自太平天国农民起义开始就揭开了中国妇女解放的序幕，但是，在清朝政府、北洋军阀及国民党新军阀统治下，妇女并没有真正获得解放，相反，却受着政权、族权、神权、夫权"四条极大的绳索"的支配②，既没有任何政治地位，又没有丝毫人身自由。然而，在中国共产党所领导的革命根据地，妇女的政治地位和人身自由发生了根本的变化，她们不再受那"四条极大的绳索"的束缚和控制，同男人一样成了革命根据地的主人，获得了彻底的解放。

革命根据地的妇女之所以会真正获得解放，是因为：

第一，革命根据地确立了妇女解放的观念。一是妇女解放与民族独立相结合的观念。它强调，妇女要求得解放，其前提在于中华民族求得独立，在于推翻帝国主义列强的侵略和殖民统治。由于中华民族独立的过程也是中国妇女获得解放的过程，因此，中国妇女就应该承担求得中华民族独立的政治道德责任。事实上，在抗日战争时期，"假如中国没有占半数的妇女的觉醒，中国抗战是不会胜利的"③，中国妇女也不可能真正获得解放，只会被日本侵略者所奴役和欺

---

① 中央档案馆编：《中共中央文件选集》第 13 册，中共中央党校出版社 1991 年版，第 91 页。
② 参阅《毛泽东选集》第 1 卷，人民出版社 1991 年版，第 31 页。
③ 中华人民共和国全国妇女联合会编：《毛泽东主席论妇女》，人民出版社 1978 年版，第 7 页。

凌。二是妇女解放与阶级胜利相结合的观念。与旧民主主义革命时期的资产阶级女权运动不同，革命根据地“劳动妇女的解放与整个阶级的胜利是分不开的，只有阶级的胜利，妇女才能得到真正的解放”。① 因为只有工人阶级和农民阶级取得了革命的胜利，才会真正建立人民当家作主的政权，才会为妇女的彻底解放奠定坚实的基础。三是妇女具有伟大力量的观念。与旧民主主义革命时期资产阶级政党否定妇女的社会历史作用不同，中国共产党自从登上中国政治舞台的那天开始就非常强调和重视妇女在中国革命和中国社会进步中的作用，毛泽东就多次强调“妇女在革命战争中的伟大力量”。妇女之所以是中国革命中的伟大力量，不只是因为妇女占了人口的一半，更重要的是因为她们同男人一样，也是社会历史的创造者和社会进步的推动者，她们在抵御帝国主义列强的侵略、反对国民党反动派的统治和建设革命根据地的过程中做出了巨大的贡献。四是男女平等的观念。在革命根据地政府看来，妇女不仅在人格上与男人平等，而且在政治上也应该享有与男人相同的权利。中国共产党“依据男女平等原则”，从政治、经济和文化上“提高妇女在社会上的地位”，并制定各种制度来保障妇女的各种权利，强调“没有这些权利，就谈不上自由平等”。② 五是保护和实现妇女特殊利益的观念。在革命根据地政府看来，妇女除了应该享有同男人平等的权利以外，还有因妇女生理特点而应该享有的特殊利益。妇女的这种特殊利益应该得到革命根据地政府的特殊照顾，尤其是“女工农妇代表会，首先应该抓紧妇女群众的切身利益问题，跟着这些问题的动员，联系到一切政治的动员”③，以便通过求得中华民族独立和推翻蒋介石国民党反动统治来实现妇女的其他利益。

第二，革命根据地制定了保障妇女解放的制度。为了保障妇女解放，维护妇女的各种权益，革命根据地先后制定了相应的法律法规。1931 年 11 月 7 日召开的中华工农兵苏维埃第一次全国代表大会通过了《中华苏维埃共和国宪法大纲》，规定：“中国苏维埃政权以保证彻底地实行妇女解放为目的。承认婚姻自由，实行各种保护妇女的办法，使妇女能够从事实上逐渐得到脱离家务束缚

① 中华人民共和国全国妇女联合会编：《毛泽东主席论妇女》，人民出版社 1978 年版，第 4 页。
② 《毛泽东文集》第 2 卷，人民出版社 1993 年版，第 171 页。
③ 《毛泽东文集》第 1 卷，人民出版社 1993 年版，第 314 页。

的物质基础，而参加全社会经济的、政治的、文化的生活。”①革命根据地政府不仅以法律形式规定妇女应该享有的民主权利，而且规定妇女享有与男人一样同等获得土地、共同支配和使用家庭财物、继承财产等经济权利，还制定了禁止买卖妇女、禁止童养媳习俗、禁止一夫多妻和一妻多夫、禁止妇女缠足、禁止打骂妇女等一切歧视妇女、损害妇女权益的制度。

第三，革命根据地提供了妇女解放的物质条件。中国共产党所领导的革命根据地政府在以法律政策来保障妇女享有同男人平等的权利的同时，还强调：“提高妇女的政治地位、文化水平、改善生活，以达到解放的道路，亦须从经济丰裕与经济独立入手。”②因此，革命根据地政权在其所颁布的土地法中就明确规定妇女同男人一样都有不可剥夺的获得土地的权利，而且，不论男女都应该得到同样面积的土地。妇女的经济独立还表现在妇女参加生产劳动上。由于参加生产劳动被革命根据地政府视为妇女解放的重要途径，是争取男女平等的有效方式，因此，革命根据地政府就致力于动员妇女参加生产劳动。正是因为自己拥有了一份土地，从事了生产劳动，革命根据地的妇女摆脱了家务的束缚，争取到了对于家庭事务的发言权，自主地承担了对于革命根据地和中华民族的道德责任。

第四，革命根据地成立了妇女组织。在革命根据地政府看来，在以往社会里，妇女之所以没有享有政治权利，一个重要的原因在于妇女被家庭所禁锢、所分散，没有形成有组织的社会力量。因此，妇女要获得解放，就必须组织起来，成为取得中国革命胜利和推动社会进步的“伟大力量”。为了帮助妇女解放，革命根据地政府专门设立了妇女工作机构，要求各级政府设立妇女工作部门，强调这些妇女工作机构和部门都由妇女来负责，倡导妇女自我组织起来，并对轻视妇女组织工作的人提出了警告，指斥那些轻视妇女组织工作的人“就是动员妇女抗战和争取妇女解放的罪人”③。在这样的政治环境中，革命根据地的妇女积极地成立自己的组织，妇女界救国会等组织如雨后

---

① 厦门大学法律系、福建省档案馆选编：《中华苏维埃共和国法律文件选编》，江西人民出版社 1984 年版，第 8 页。

② 中央档案馆编：《中共中央文件选集》第 14 册，中共中央党校出版社 1992 年版，第 25 页。

③ 中央档案馆编：《中共中央文件选集》第 12 册，中共中央党校出版社 1991 年版，第 37 页。

春笋般建立起来。通过这些组织，妇女们得到了成长的机会，获得了应有的社会地位。

第五，革命根据地对妇女进行了培养。中国共产党所领导的革命根据地政府意识到："没有一批能干而专职的妇女干部，要开展妇女运动是不可能的"①，"要达到妇女解放必须提高她们的文化水准、政治觉悟和培养她们的工作能力。……设立各种训练班，同时，在各种实际工作中培养与提拔妇女干部和领袖"。② 出于这样的认识，革命根据地政府非常重视妇女干部的培养，并专门在延安创办了中国女子大学。毛泽东非常重视该大学创办的意义，指出："女大的成立，在政治上有着非常重大的意义。它不仅要培养大批有理论武装的妇女干部，而且要培养大批做实际工作的妇女运动的干部，准备到前线去，到农村工厂中去，组织二万万二千五百万妇女，来参加抗战。假如中国没有占半数的妇女的觉醒，中国抗战是不会胜利的。妇女在抗战中有非常重大的作用：教育子女，鼓励丈夫，教育群众，均须要通过妇女；只有妇女都动员起来，全中国人民也必然会动员起来了，这是没有问题的。"③此外，革命根据地还创办了培养妇女干部的其他各类学校，群众依靠自己的力量开设了方便妇女学习的夜校、识字班等。通过这些学校和培训班的培养，革命根据地涌现了一大批专职而又能干的妇女，提高了妇女的各方面素质，锻炼了妇女独当一面的政治本领。

第六，革命根据地妇女自主地进行活动。妇女是否解放，集中表现在妇女能否自主地进行活动上。"团结起来，参加生产和政治活动，改善妇女的经济地位和政治地位"④，这是革命根据地政府和妇女的共识。为了获得自身解放，革命根据地的妇女们积极地开展各种活动。为了揭露蒋介石国民党所玩弄的宪政骗局，陕甘宁边区妇女们成立了"延安妇女界宪政促进会"，发表了《告全国姊妹书》，提出了召开国民大会和实行宪政的具体要求。为了更好地行使妇女的民主权利，边区妇女成立选举工作组，深入各地对妇女选民进行细致的宣传动

---

① 《毛泽东文集》第 2 卷，人民出版社 1993 年版，第 225 页。
② 中央档案馆编：《中共中央文件选集》第 12 册，中共中央党校出版社 1991 年版，第 37 页。
③ 中华人民共和国全国妇女联合会编：《毛泽东主席论妇女》，人民出版社 1978 年版，第 7 页。
④ 同上书，第 13 页。

员，及时解决她们在选举中所面临的各种困难，帮助她们参加投票选举。为了取得中国革命的胜利，她们还积极开展土地改革、生产建设、革命宣传、军事动员、支援前线、战地服务、文化教育等活动。在这些活动中，革命根据地的妇女真切地感觉到自己的主人翁地位，显示了自己的"伟大力量"。

第四章

婚姻家庭的变化与婚姻家庭道德生活

中国传统婚姻家庭道德是在自给自足的小农经济的基础上形成的，与高度集权的封建制度密不可分。鸦片战争后，随着西方列强的入侵，中国遭遇数千年未有之大变局，固有的经济基础及上层建筑均遭受极大破坏，一系列新兴事物不断涌现，相应地，中国婚姻家庭道德生活在近代也呈现出一系列新变化，而这种变化是在政治变革、经济发展、新社会思潮及价值观念的冲击下产生的，是对传统家庭道德进行批判和对理想家庭不断憧憬、探索和积极实践的结果。

第一节　女性解放与婚姻道德的变化

中国传统社会的婚姻关系，从择偶到婚姻缔结再到婚后的夫妻关系，一直处于封建伦理纲常的束缚之中。近代社会以来，由于西方思想的传入和中国民众自身的觉醒，尤其是近代女性平等意识的觉醒和女性解放运动的不断兴起，给传统的婚姻道德注入了新鲜的血液，社会开始反思传统婚姻道德对人性，尤其是对女性人格的压迫和禁锢。伴随着封建社会自给自足的经济基础和中央集权的政治体制的瓦解，婚姻道德也开始发生嬗变。

一、近代女性平等意识的觉醒

鸦片战争之后，西方思潮不断涌入中国，公私领域的二分逐步被打破，女性开始走出家庭，走入社会，探寻新的发展机遇。在近代知识分子对封建礼教的大力批判和对女性解放的大力提倡下，女性开始反观自身与男性、与社会的关系，开始为争取自身在社会和家庭的平等权利和独立人格而努力。

1. 争取女性社会权利的平等

(1) 争取参政权。中国传统社会里，由于女性地位的低下，女性几乎没有参与政治事务的权利与自由。《尚书·牧誓》曰："牝鸡无晨。牝鸡之晨，惟家之索。"封建宗法制度主张"女不言外"，就是女性缺乏参政权的形象写照。近代以来，女性参政运动不断高涨，为女性获得与男性平等的参政权起到了很好的推动作用。

太平天国期间，伴随着农民运动的兴起，中国历史上第一次出现支持女子参政议政的现象。定都天京后，太平天国开设女试，专设女官，为女性进入政治生活领域提供途径。“棘闱先设女科场，女状元称傅善祥。”①维新派认为想要治理好国家，必须让女性同男性一样，参与国家大事，“天下之治，本非一人之力。人人共此心，男女共此志，治内治外，各展良图，则国之贫弱，又何足患”。② 辛亥革命之后，女性参政运动更是进入一个高潮，社会上成立了女子参政团体。1911 年，社会党林宗素成立的“女子参政同志团”是辛亥革命后成立的第一个女子参政团体，以“普及女子之政治学识，养成女子之政治能力，期待国民完全参政权”③为目标。之后新文化运动时期的知识分子，更是将女性获得参政权从理论上进行了系统而详细的论证。“男子是人、女子也是人，男子参得政、女子也要参政。”④同时，他们认为中国若要跟上西方国家发展的步伐，必须实现女性参政，女性参政是一个国家先进性和文明程度的重要体现。“妇人参政运动，亦现代文明妇人生活之一端。”⑤“女子参政与国家教育、国力发展、国际体面，均有莫大的关联。”⑥

在五四妇女参政思潮的推动和中国共产党的领导下，新民主主义革命时期的女性参政运动更是如火如荼地进行。如 1922 年，《中国共产党第二次全国代表大会宣言》规定了妇女与男子同等的权利，包括：“在各级议会市议会有无限制的选举权，言论、出版、集会、结社、罢工绝对自由。”“废除一切束缚女子的法律，女子在政治上、经济上、社会上、教育上一律享受平等权利。”1925 年，党的四大《对于妇女运动之议决案》指出：“本党妇女运动应以工农妇女为骨干，在妇女运动中切实代表工农妇女的利益，并在宣传上抬高工农妇女的地位，使工农妇

① 中国史学会：《中国近代史资料丛刊 · 太平天国》(四)，上海人民出版社 2000 年版，第 432 页。
② 中华全国妇女联合会妇女运动历史研究室编：《中国妇女运动历史资料(1840—1918)》，中国妇女出版社 1991 年版，第 95 页。
③ 转引自罗检秋：《近代中国社会文化变迁录》第三卷，浙江人民出版社 1998 年版，第 34 页。
④ 中华全国妇女联合会妇女运动理事研究室编：《五四时期妇女问题文选》，三联书店 1981 年版，第 33 页。
⑤ 同上书，第 102 页。
⑥ 《民国丛书》编辑委员会编：《民国丛书》第一编《中国妇女问题讨论集上》第二册，上海书店出版社 1989 年版，第 82 页。

女渐渐得为妇女运动中的主要成分。”第二次国内革命期间，中国共产党创建了革命根据地，颁布和实施了一系列保证女性参政权的政策和纲领。1931年，《中华苏维埃共和国宪法大纲》规定：在红色政权内，无论男女，在法律面前一律平等，皆享有选举权和被选举权以及讨论国家事务的权利。随着农民运动和妇女解放运动的发展，封建礼教所倡导的“女不言外”的观念遭到了严厉的抨击和挑战。

同时，近代以来，在妇女参政思潮的推动下，女性参政运动在事实和法律层面上也取得了不少进展。“最早广东临时省议会，即会限定女子有选权，前后于一百六十名女选民中选出女议员十人。”①湖南省宪法规定：无论男女，人民在法律上一律平等，21岁以上享有选举权和被选举权。在湖南省的选举中，“得有女省议员一人，女省视学一人，女县议员十数人，及少数女子得供职于省议会等各行政机关”②。同时，各种女性参政团体也发展迅速。“各地的女性参政团体以各种方式要求北京参、众两院‘将宪法草案及附属法注意增改，明白规定女子参政条文’。”③事实表明，中国女性在经历了上千年的“妇无公事”的封建道德压迫之后，终于开始逐步迎来了自身参加政治事务的自由。

（2）争取教育权。“争取妇女和男子有平等的受教育权利，是中国近代教育发展史上的一大课题，也是中国近代妇女解放运动的重大课题之一。”④中国传统社会倡导“女子无才便是德”的道德原则，将女性挡在了教育的门外，这也是造成女性智力低下、能力不如男性的重要原因之一。随着西方思想的传入，女性开始意识到要想取得与男性平等的权利，必须加强自身的素质和知识文化水平。于是随着女性自主意识的觉醒，争取平等的教育权成为近代女性解放运动的重要内容。

近代女性争取平等教育权的第一次高潮出现在戊戌变法时期。维新派批判了封建时期“女子无才便是德”的观念。“我中国欲图自强，莫亟于广兴学校，

---

① 陈东原：《中国妇女生活史》，商务印书馆1937年版，第427页。
② 中华全国妇女联合会妇女运动史研究室编：《中国妇女运动历史资料（1921—1927）》，人民出版社1986年版，第181页。
③ 陈文联：《冲决男权传统的罗网：五四时期妇女解放思潮研究》，中南大学出版社2003年版，第260页。
④ 吕美颐、郑永福：《中国妇女运动1840—1921》，河南人民出版社1990年版，第316页。

而学校之本原，尤莫亟于创兴女学。”[①]在维新派男性精英的帮助下，1898年，知识女性在维新派的支持下创办了中国第一份女性读物——《女学报》。在戊戌变法女性教育改革的影响之下，辛亥革命期间，女学发展十分迅速，全国出现了大量的民办或者私立的女校，一时间，当女学生成为一种热潮。据记载，当时全国的女校多达400多所，而女学生更是多达上万名，这不可不说是中国女性教育史上的重大进步。五四时期延续了戊戌变法时期和辛亥革命时期对于女性教育平等权的解放。“我们天天说男女知识不平等，请问这种教育制度——女子教育和男子教育不同的制度——又怎能造出男女知识、职业的平等结果呢？”[②]因此女性接受同等的教育的重要性显而易见。梁华兰曾指出：“男女教育平等者，非种类之平等，乃教育人格之平等。”[③]贤妻良母式的教育遭到了五四知识分子的猛烈抨击，如果“仍是把那些三纲四德如传教式的讲给学生听，既不合于世界潮流，又不顾当如何的依女子身心发育的程序来施训练。这样的教育，是逆着潮流的教育，是退后的死的教育”[④]。同时，五四知识分子提出男女同校和大学开女禁的要求，被称作女性教育史上的重大变革，成为女性接受高等教育的先河。邓春兰是中国女子接受高等教育第一人。邓春兰多次写信给时任北京大学校长的蔡元培，表达了希望北京大学附属中学开设女班的愿望，后多次号召女性团结起来争取入大学的权利。之后邓春兰进入北京女子高等师范补习学校，成为中国女性获得高等教育机会第一人，并掀起大学开女禁的高潮。徐彦之指出：“教育是人的教育，男子是人，女子亦是人，男子受教育，女子同样的受教育，这是自然的现象，就当该如此。学校是人的学校，女子是人，男子亦是人，男女共校，是当然应该的办法。”[⑤]在邓春兰事件的推动下，高校女禁开始打破，1920年，北京大学正式对外招收28名女大学生，同时，很多教会学校也开始招收女生，如上海沪江大学、江苏东吴大学、北京燕京大学等。

---

① 经元善著，虞和平编：《经元善集》，华中师范大学出版社1988年版，第213页。

② 《民国丛书》编辑委员会编：《民国丛书》第一编《中国妇女问题讨论集上》第二册，上海书店出版社1989年版，第130页。

③ 张宝明、王中江编：《回眸〈新青年〉社会思潮卷》，河南文艺出版社1997年版，第223～224页。

④ 中华全国妇女联合会妇女运动理事研究室编：《五四时期妇女问题文选》，三联书店1981年版，第291页。

⑤ 同上书，第262页。

新民主主义革命时期，共产党领导的根据地在政策方面进一步保证了女性的受教育权。党提出妇女应该通过学习提高自身的职业技能，更好地为社会做出贡献，认为政府应“成立成年妇女补习学校，训练她们参加政权和政府机关群众团体的工作能力，如政治军事及普通办事的常识和学习生产技能提高妇女职业地位”。[①] 经过这些政策的推动，农村妇女的受教育水平得到极大的提高。各个根据地都举办了各种形式的妇女夜校、妇女识字班、补习学校。据 1934 年中央教育委员会统计，赣、闽、粤三省共有夜校 6 000 余所。如当时的兴国夜校共有学生 15 740 人，其中妇女占 10 753 人，占 69%；兴国识字组 22 519 人，妇女 13 519 人，占 60%。

（3）争取经济权。经济独立是女性获得自由与平等的前提性条件。传统社会里“男主外，女主内”的观念和公私领域二分造成女性在经济上弱势地位，只能依赖于男性而生存。近代知识分子和先进女性意识到争取独立的经济权的重要性，开始号召女性走出家庭，走向社会，争取就业权，获得独立的经济能力，从而打破男性在经济上对女性的压迫。

辛亥革命时期，先进的女性创办女性工商业团体，为女性提供更多的就业机会。如中华女子实业进行会就是“以振兴女子工艺，提倡女子经商，结合女工团体，俾我国实业大昌，以立富强之基础为宗旨”。[②] 五四时期，知识分子开始从理论上批判男性对女性的经济压迫。“妇女要争回已丧失的人格，不被人视为男子的寄生虫，万不能不有职业。”[③]“妇女职业问题，要算是妇女问题的中心问题。……倘使不能把妇女经济问题解决，其他什么‘社交公开’、‘婚姻自由’等等，皆是空谈了！”[④]缺乏经济权的女性需要通过就业来摆脱家庭对自身的束缚，从而获得在各个领域的平等权。“要经济平等，教育平等，机会均等，不能不快快地解决职业问题，丢去寄生生活求独立生活。”[⑤]当时的马克思主义者通过对

---

① 全国妇联妇运史研究室编：《中国妇女运动历史资料(1927—1937)》，人民出版社 1991 年版，第 75 页。
② 转引自刘巨才：《中国近代妇女运动史》，中国妇女出版社 1989 年版，第 381～382 页。
③ 《民国丛书》编辑委员会编：《民国丛书》第一编《中国妇女问题讨论集上》第二册，上海书店出版社 1989 年版，第 22 页。
④ 中华全国妇女联合会妇女运动理事研究室编：《五四时期妇女问题文选》，三联书店 1981 年版，第 309 页。
⑤ 《民国丛书》编辑委员会编：《民国丛书》第一编《中国妇女问题讨论集上》第二册，上海书店出版社 1989 年版，第 32 页。

财产私有制的批判,推动女性争取平等的经济权。“经济独立,为女子解放的唯一条件。……经济应该如何样的独立?……首先宜注意的,就是财产私有制应不应当存在。财产私有制这位先生,是个人快乐主义孕育出来的,他是万恶之源。”①中国共产党成立之后,女性经济独立问题更是受到党的高度重视。1928年,中国共产党制定的《井冈山土地法》明确规定:“以人口为标准,男女老幼平均分配土地。”这表明中国女性开始同男性一样,以独立人的身份获得生产资料。1931年《中华苏维埃共和国土地法》中规定:劳动人民不分男女都有得到分配土地的权利。

伴随着女性经济独立思想的传播,近代公私领域的二分被逐步打破,社会开始为女性提供一些职业,如“当教师这件事已变成女子最普遍的职业,除此之外,从事商业的也有,如京津沪粤以及诸大都市往往有令女子营业的商店,女子在职业上算已得到了解放,只要有可做的事便可被人延用。不至于因‘性别不同’而见外于男子了”②。女性甚至可以自己开办实业,如1921年,北京女界陈丽华、赵君默、张佩芬等“为提倡女子职业、促成女子经济独立起见,发起中国女子商业储蓄银行,资本五十万”③。同时,随着女性职业角色的多变,女性职业教育也慢慢发展起来。“据中华教育改进社调查,1922—1923年,全国甲种职业学校共有学生20 360人,其中女生1 452人,占7.13%。全国各类女子职业学校在5年内已经达到76所。”④

(4) 争取社交权。封建伦理道德强调的“男女授受不亲”,是传统女性社交情况的真实写照。这种伦理纲常强调,为了保持女性的贞操,减少与其他男性接触的机会,女性的主要活动场所应该是家庭。传统习俗还规定女性必须缠足,以限制行动。近代以来,“男女大防”、缠足等陋俗遭到批判,女性取得平等的社交权开始随着反帝反封建斗争的深入而逐步受到认可。

近代以来,随着自由平等思潮不断传入中国,男女大防开始被打破。太平天国期间,《原道醒世训》曰:“天下多男子,尽是兄弟之辈;天下多女子,尽是姊

① 中华全国妇女联合会妇女运动理事研究室编:《五四时期妇女问题文选》,三联书店1981年版,第70页。
② 陈东原:《中国妇女生活史》,商务印书馆1937年版,第396页。
③ 谈社英编著:《民国丛书》第二编《中国妇女运动通史》,妇女共鸣社1936年版,第163页。
④ 乔素玲:《教育与女性—近代中国女子教育与知识女性觉醒1840—1921》,天津古籍出版社2005年版,第42页。

妹之群，何得存此疆彼界之私，何可起吞我并我之念。”到五四时期，男女社交自由更成为知识分子讨论的热点。“男女社交是男女之平等人格的表示，反对男女社交，就是反对男女平等。”[①]胡适认为通过中、美的对比分析，认为中国的礼防让女性从小养在深闺，缺少与男性接触机会，导致其对男性的甄别能力差，一旦有机会接触男性，更容易发生不道德的行为。反之，美国女性自小接触男性，更容易忘记男女之间的差异和界限，反而不容易发生“苟且”之事。这说明，所谓的礼防不仅未起到道德约束的作用，反而成为男女之间“苟且之事”的原因之一。

在这些思想的推动下，当时的先进分子也用自己的实际行动打破礼防，践行社交自由。如 1919 年，周恩来与一些知识青年，在天津成立“青年进步团体觉悟社”，该团体以男女权利平等为基本原则，以要促进男女社交自由为目标。社团内男女数量的比例达到 1∶1，当时邓颖超就是该社的成员。

同时，为了促进女性社交自由，缠足这一限制女性行动的陋俗也成为批判封建伦理纲常的重点。《资政新篇》曰：“女子喜缠足……皆小人娇奢之习。”[②]维新派认为，废缠足是变法胜利的前提性条件之一，“缠足之事不早为之除，则变法者，皆空言而已矣”。[③] 五四时期，有的女校拒绝缠足的女子入校。经过新文化运动的洗礼，缠足运动成效显著，“除掉穷乡僻壤，风气闭塞的地方，还不免有缠脚的妇女，都市省会，差不多全是天足，再也看不见小脚伶仃的了”[④]。新民主主义革命时期，《中国共产党第二次全国代表大会宣言》规定了妇女与男子同等的社交权利，在抗战时期的陕北地区，为废除封建陋俗对女性的束缚，边区政府要求禁止妇女缠足，颁布缠足禁令，限期 6 个月，全部妇女要以天足参与生产，为妇女参加救亡图存运动奠定了良好的群众基础。

2. 批判封建家庭道德对女性的压迫，争取女性人格独立

近代以来，女性教育的不断发展和女性参政运动的不断高涨，推动女性独立意识的不断觉醒。随着女性职业权利和经济独立权的获得，女性开始在家庭

---

① 茅盾：《茅盾全集》第 14 卷，人民文学出版社 1987 年版，第 258 页。
② 王承仁主编：《太平天国研究论文集》，武汉大学出版社 1994 年版，第 168 页。
③ 严复著、胡伟希编：《中国启蒙思想库 论世变之亟—严复集》，辽宁人民出版社 1994 年版，第 38 页。
④ 梁景和：《近代中国陋俗文化嬗变研究》，首都师范大学出版社 1998 年版，第 222 页。

中要求与男性享有平等的地位。社交权利的获得则是女性不断要求恋爱自由和婚姻自主。总而言之，女性在争取社会权利方面的不断斗争，推动了女性对封建家庭道德，尤其是封建家族制度的反抗。

封建家族制是维护封建男权制和封建统治的重要工具，是我国封建社会家庭存在的主要方式。“若我中国两千年来，家庭之制度太发达，条理太繁密，父子、兄弟、夫妇之间的爱情太笃挚，家法族制、丧礼祀典、明鬼教孝之说太发明；以故使民家之外无事业，家之外无思虑，家之外无交际，家之外无社会，家之外无日月，家之外无天地。”①封建家族制有着严格的宗法等级秩序，而中国妇女则处于这一秩序的最低端，没有任何独立和自由可言。近代之后，随着女性解放运动的不断高涨，对封建家族制的反抗也愈演愈烈。

戊戌变法时期，梁启超在天赋人权理论的基础上批判封建礼教对中国女性的压迫。“为男者从而奴隶之。臣妾奴隶之不已，而又闭封其耳目，缚其手足，冻其脑筋，塞其学问之涂，绝其治生之路，使之不能不俯首帖耳于此强有力者之手。久而久之，安于臣妾，安于奴隶，习为固然，而不自知。”②中国女性的奴隶地位使女性丧失独立意识，而事实上“扶阳抑阴之说”不过是男性维持自身统治地位的借口而已。这种思想发展到辛亥革命，变成对封建家族制的深刻的批判。“呜呼！革命何物乎，权利之代价，奴隶之变相，不得已而一用之爆药也。故今日非处专制下不必言革命，非处再重专制压制下，更不必言女子家庭革命。”③辛亥革命时期，为了挣脱封建家庭道德对女性的束缚，一些知识女性提出“女子家庭革命”，号召广大女性从家庭的樊笼中挣脱出来，争取人格独立。女子家庭革命的目的是“拔千万女同胞于家族之火坑，而登之莲花之舞台也”④。之后的新文化运动更加强调女性独立人格的重要性。“人格完全的人……他总要做社会上一个独立健全的分子。女子被人把‘母’、‘妻’两字笼罩住，就轻轻把人格取消了。”⑤陈独秀对中国封建社会的“三纲”进行了系统的批判：“君为臣纲，则民于

---

① 张玥、王忍之：《辛亥革命前十年间时论选集》第 1 卷，三联书店 1960 版，第 834 页。
② 梁启超：《饮冰室合集·文集之一》，中华书局 1944 年版，第 41 页。
③ 张玥、王忍之：《辛亥革命前十年间时论选集》第 1 卷，三联书店 1960 版，第 926 页。
④ 同上书，第 927～928 页。
⑤ 中华全国妇女联合会妇女运动理事研究室编：《五四时期妇女问题文选》，三联书店 1981 年版，第 124～127 页。

君为附庸品，而无独立自主之人格矣；父为子纲，则子于父为附庸品，而无独立自主之人格矣；夫为妻纲，则妻于夫为附属品，而无独立自主之人格矣。率天下之男女，为臣、为子、为妻，而不见有一独立自主之人者，三纲之说为之也。”①李大钊认为，中国的家族宗法制是封建社会的基础构造，宗法制要求女性顺从、依附男性，但是随着资本主义的发展，大家族制度和孔子主义必将陷入“崩颓粉碎的运命”，其结果，“不但妇女向男子要求解放，便是男子也渐要解放妇女了”②。

中国近代以来对封建家庭道德的批判和女性解放运动对女性独立人格的争取，都显示出女性自我意识的觉醒。在不断获得社会权利后，先进分子和知识女性将批判的矛头直指封建家族制，直言其是造成几千年封建社会女性地位低下，丧失独立人格的重要原因所在。随着对封建家庭道德的批判，中国女性由依附人格向独立人格不断蜕变，使其在婚姻家庭生活中的地位不断提高，最终争取与男性平等的地位。这也为婚姻道德变革奠定了基础。

二、从追求家族利益到追求爱情的婚姻目的的转变

传统两性婚姻结合的主要目的是为了传宗接代和实现整个宗族的利益，因此适婚男女在选择对象时，主要以对方的家世背景、经济基础等作为择偶标准，选择与自身条件相等的异性作为结婚对象，个人喜好和情感在择偶过程中并不会被考虑进去。一般而言，不同阶层、不同背景的男女并没有结成夫妻的机会，如《唐律》就明确规定：良贱不得通婚。《廿二史札记》也说：“凡婚嫁，无不以财币为争，争多竞少，恰不足怪也。”嫁女之家，“受于六礼，布席于庙，以告祖先，用示为一姓之祖宗嫁其后裔，非仅父母个人之嫁女”③。即婚姻不仅仅是个人的事，其中包含了巨大社会价值，如扩大家族、延续血脉、增进利益等。近代以来，随着社会对整个封建伦理纲常批判的日益加剧，这种纯粹地以“门当户对，追求利益”为择偶标准的婚姻道德也成为先进知识分子抨击的对象。

1. 批判“门当户对，追求利益”的婚姻目的

旧式婚姻以家族利益为首要目标，忽视了婚姻中爱情的因素。李大钊对此

① 陈独秀：《一九一六年》，《青年杂志》第1卷，第5号。
② 李大钊：《李大钊文集》下册，人民出版社1984年版，第183页。
③ 陈顾远：《中国婚姻史》，商务印书馆1998年版，第7页。

批判道："不成于人而成于物，不因于感情而因于势力，男女之当事者，非为其自身而嫁娶，乃为他人而嫁娶，非为其人生幸福而缔缘，乃为其门阀地位而缔缘。"①因此，"家长忽略子女自身意愿，为增进家庭（家族）利益而为子女择偶的行为并不违背社会公认的道德准则"。② 如魏冰心《我之婚姻谈》中所言："欧美人子女自主的叫做'自由结婚'。中国人父母代操的叫做'专制结婚'，有什么害处，受过新教育的人都知道了。不问子女心理情愿勿情愿，勿管子女实在相配勿相配，什么年龄的大小，才学的优劣，容貌的妍丑，都勿要问他，只要自己有依靠，有做官发财的机会，就勿惜牺牲他的子女。若是门第高，势力大，铜钱多，那是求之不得。双方父母就立刻答应，那样很重大的婚姻问题也就此成立了。"③

同时，这种对以追求利益为主要目的的婚姻道德的批判还反映在婚礼的变革上。旧式婚姻的缔结须经历烦琐的程序，即六礼：纳彩、问名、纳吉、纳征、请期和亲迎。鸦片战争之后，西方新式婚礼传入中国，大大简化了婚礼的程序。1905 年 8 月 17 日，上海《时报》登载了《文明结婚》一文，较为详细地描绘了新式婚礼的具体情形：秀水张君鞠存、王女士忍之，于 11 日 3 时假爱文牛路沈宅举行结婚礼。先由女士王某某唱祝歌，次由介绍人褚君幼觉报告结婚之原由，次由主婚人陶君哲存宣读证书。两新人及介绍、主婚人签名毕，主婚人为两新人换一饰品，两新人相和两揖，复同谢介绍、主婚人，叩谒男女家尊长，男女又各同致贺。末由马相伯先生及穆君抒斋、沈君步洲演说，两新人各致答辞。礼毕，拍掌如雷动。两新人同车出，男女客亦即赴一品香宴饮，尽欢而散。张君仍入复旦肄业，王女士亦即拟入务本研究学术。民国以后，新式婚礼的范围不断扩大，从大都会到小县城，均可见到。在浙江定海，"流行一种新婚礼节，即所谓文明结婚，士族多仿行之"。在江苏武进，婚仪"民国以来，旧式未改，参用新礼"。河北清苑县，"有行新式婚礼者"。④ 这种新式婚礼的传入，淡化了中国传统婚礼中的财物等因素，婚姻中追求利益的目的正在逐步转变。

在一些风气较为开放的地方已经开始以法律的形式规定婚姻缔结不得以

---

① 李大钊：《李大钊文集》（上），人民出版社 1984 年版，第 455 页。
② 同上。
③ 魏冰心：《我之婚姻谈》，《妇女杂志》1920 年，6 卷 3 号。
④ 鲍宗豪：《婚俗与中国传统文化》，广西师范大学出版社 2006 年版，第 241～242 页。

财物为目的，崇尚朴素节俭的婚礼。1933年7月，广西省政府颁布了《广西省改良风俗规则》，规定“凡婚嫁、丧祭、生寿如有奢侈行为及其他一切陋俗，悉依本规则取缔之”。其中有关婚姻方面的规定为：（1）订婚礼物最多不得超过20元，结婚礼物不超过160元，男女双方不得向对方强求财物；（2）来宾送礼不得过2元，婚家以茶会宴友，也可设宴，但每席不得超过3元，繁盛城市不得过10元。1930年3月闽西根据地第一次工农兵代表会议发布了《婚姻法》和《保护青年妇女条例》，提出男女结婚以双方同意为原则，不受任何人干涉，取消聘金及一切礼物。

1940年12月10日，沈钧儒女儿沈谱和著名记者范长江结婚，几乎没有任何新旧仪式，但气氛热烈。下面一段文字记录了当时的场面：

> 住在三楼的茅盾夫妇主动为他们把新房布置得简朴、雅洁，新郎和新娘既激动万分又十分感谢这诚挚的友情。
>
> ……周恩来亲临祝贺……周恩来称，邓颖超因为有病，不能前来参加，但是送来了贺礼，并专门写来了一封热情洋溢的信……接着，李公朴带来两朵大红花，到处喊着找新郎新娘，当发现他们两人后，拥上前去边戴边说：“你们两个都穿着蓝大褂，跟大家一样，简直认不出谁是新郎新娘了！”博得大家一片欢笑声。

婚礼没有酒菜筵席，桌上摆的只是些糖果、糕点之类，大家川流不息，谈笑风生，实际上这也是革命同志借机一次难得的聚会。正如范长江和沈谱在“结婚启事”中所说：“新旧仪式，一概从删。”这里虽没有什么隆重的仪式，但“谈笑有鸿儒，往来无白丁”，也非同凡俗。宾客们有的送来了花篮，有的送来了马列主义书籍，更令人注目的，是冯玉祥先生和于右任院长的贺联。此外，还有黄炎培、王昆仑、郭沫若、田汉诸先生的贺诗，以及周恩来写的“同心同德”贺词。① 这一些事例表明当时革命家摒弃封建婚姻中重礼重财的习俗，追求简单、朴素的婚姻形式，表达了博大的革命情怀，并推动者革命地区婚姻道德生活的变革。

---

① 参阅周简段：《神州轶闻录：名人篇》，华文出版社1998年版，第153～155页。

2. 提倡“相互爱慕，追求爱情”的婚姻目的

恩格斯有言：“如果说只有以爱情为基础的婚姻才是合乎道德的，那么也只有继续保持爱情的婚姻才会合乎道德。”①随着西方先进思想传入中国，这种以追求爱情为目的的择偶观给当时的青年男女指明了一条新的婚姻道路。太平天国时期就曾提出：“凡天下婚姻不论财。”②戊戌变法时期，很多知识分子将放眼西方，开始研究西方的婚俗。如刘锡鸿在《英招私记》中写道：“女有所悦于男，则约男至家相款洽，常避人密语，相将出游，父母不知禁。”③这种崇尚追求爱情的观念随着西学东渐传入中国，冲击着中国传统的伦理纲常。到五四时期，这种观念在社会上更加常见。陈望道在《我底恋爱观》一文中认为：“恋爱绝不是占据的冲动，只是创造的冲动。两心交感，两性融合，伊会渐渐消了缺点，渐渐变成近于他底理想底要求，他也会历历长出优点，历历近于伊底幻想底实现。”“恋爱是道德感底融合，所以必须有伟大的人格者才有伟大的恋爱。不然，定只是轧姘头底别名。恋爱之神最厌恶的，便是这等肉臭的俗人俗事。新思想家所危心的，也便是这等肉臭的冒牌假装。”④胡适指出：婚姻的基础应该是“人格的爱”，正当的夫妻关系应该建立在“以异性的恋爱为主要元素”的基础上，“没有爱情的夫妇关系，都不是正当的夫妇关系，只可说是异性的强迫同居”。“若在‘爱情之外’别寻夫妇间的‘道德’，别寻‘人格的义务’”⑤，是不可能的。这就意味着，当时以爱情为择偶因素已经成为许多先进知识分子的共识。并且，随着思想的不断解放，越来越受到普通大众的认同。《妇女杂志》刊登秋心的《我之理想的配偶》中就指出希望与未来丈夫的结合是出于爱情，并希望丈夫在婚后依旧能够对她说：“我爱你，我用心爱你，我爱你胜于爱我自己。”⑥

20 世纪 20 年代，社会学家潘光旦在一次关于婚姻家庭的调查中发现，当被问及婚姻目的时，在所列的“浪漫生活及伴侣”、“父母之侍奉”、“性欲满足”、“良善子女之生产与教育”四个选项中，选择“浪漫生活及伴侣”的人仅次于选择“良

---

① 《马克思恩格斯选集》第 4 卷，人民出版社 1972 年版，第 78～79 页。
② 中国史学会：《中国近代史资料丛刊 ·太平天国》(一)，上海人民出版社 2000 年版，第 322 页。
③ 钟叔河主编：《走向世界丛书》，岳麓书社 1985 年版，第 107 页。
④ 陈望道：《陈望道文集》第 1 卷，上海人民出版社 1979 年版，第 66 页。
⑤ 《胡适文集》，燕山出版社 1995 年版，第 9 页。
⑥ 《我之理想的配偶》，《妇女杂志》1923 年，卷 9 号 11。

善子女之生产与教育”的人，而多于选其余两项的人。①

除了思想观念上的变革之外，“为爱而结婚”也在现实生活中得以实现。周恩来与邓颖超，梁思成与林徽因，钱钟书与杨绛，冰心与吴文藻等例子，完美地诠释了追求爱情、追求个体幸福在婚姻中的重要性。而由于缺乏爱情造成离婚的例子也不在少数，如《妇女杂志》上刊登的一则文章叙述道：东南大学教授郑某，16 岁由父母包办与一位旧式妇女订婚，20 岁完婚，在结婚十年之后的 1923 年离婚。离婚的理由是：她的无爱情，实在是一般旧式女子的通病，我虽然可以原谅她，又如何能爱她呢？当时社会兴起的一种择偶方式——征婚，也随着思想的解放流行起来。如 1905 年，留日学生王建善在《时报》刊登了一则征婚广告：西人言中国人婚配如牛马，任人牵弄。此言殊酷。近人所以有自由结婚之说也。然吾国教化幼稚，骤令男女会合，或反紊纲纪。识者又忧之。余以为宜由男女互通信，先各抒衷曲，质疑问难，徐议订婚，既可免嫌疑，又不致妍媸误配。诚一夫一妻偕老同穴之善法也，创法请自我始。敢告女同志，如欲与余通信，藉通信以讲学，亦文明风俗所许，正不必拘于婚字也。若欲就医学上之质疑问难，而除去婚姻思想者，予亦愿与为友焉。这起征婚广告注明了要重视双方思想、情感等方面的交流。这些事例都充分证明，当时的中国社会已经开始形成男女婚姻以追求爱情和幸福为目的的社会风气。

三、从包办婚姻到婚姻自由的婚姻观念的转变

传统社会追求家族利益的婚姻目的导致包办婚姻、买卖婚姻盛行，“父母之命，媒妁之言”成为男女双方结成夫妻最重要的因素。“不待父母之命，媒妁之言，钻穴隙相窥，逾墙相从，则父母国人皆贱之。”②由此可见，青年男女自由恋爱是不被封建道德所允许的。传统社会的法律对此有严格的规定，如《大清律例》中规定：“嫁娶皆由祖父母、父母主婚，祖父母、父母俱无者，从余亲主婚。”这种完全由父母做主，罔顾个人意志的包办婚姻在近代个人意识开始觉醒之后，遭到先进知识分子的猛烈抨击，恋爱自由、婚姻自主的观念开始得到社会的认同，

---

① 李文海主编：《民国时期社会调查丛编·婚姻家庭卷》，福建教育出版社 2005 年版，第 279 页。
② 《孟子·滕文公下》。

并在实际生活中得到实践。

1. 批判“父母之命，媒妁之言”的包办婚姻

遵从“父母之命，媒妁之言”的包办婚姻剥夺了男女青年选择对象的自由，成为压迫个人自由意志的枷锁。1887 年的《申报》刊登《原俗》一文，批判封建传统道德下的包办婚姻，文中写到“中国之婚姻，男女初不谋面，但凭媒妁之言，重以父母之命，强合成婚”，根本不考虑男女双方的年龄、体貌和品德，其结果是“受媒妁之欺”，“或竟至终身郁郁以迄于死，虽悔之无及也”。戊戌维新时期，《女学报》刊登《贵族婚姻》，详细列举了传统包办婚姻的危害性。维新人士康有为有言：“不得自由之事，莫过于强行牉合，夫夫妇为终身之好，其道至难，少有不合，即为终身之憾，无可改悔。”[①]“中国婚姻一事，最为郑重，必待父母之命，媒妁之言。礼制固属谨严，然因此而贻害亦正无穷。凤鸦错配，抱恨终身；伉俪情乖，动多反目。”[②]谭嗣同揭露包办婚姻是伦理纲常造成的恶果，他说：“本非两情相愿，而强合漠不相关之人，絷之终身，以为夫妇，夫果何恃以伸其偏权而相苦哉？实亦三纲之说苦之也。”[③]。鲁迅也对中国传统婚姻的模式进行了批判，他在《随感录四十》中转述了一位渴望爱情，却不得不遵从父母的意见的青年人的话：“我年十九，父母给我讨老婆。……可是这婚姻，是全凭别人主张，别人撮合：把他们一日戏言，当我们百年的盟约。仿佛两个牲口听着主人的命令：‘咄，你们好好的住在一块儿罢！’”由此可见，当时的青年大都是没有婚姻自由的，只能凭着父母的意见，爱情一词对于他们来说，是一种奢侈品。而青年们自我意识的觉醒使他们开始对当时这种禁锢的婚恋观进行反抗。

当时包办婚姻的危害性得到社会的广大关注，起因是五四运动时期的湖南长沙赵五贞自杀事件。当时年仅 21 岁的长沙女学生赵五贞，因不满父母的包办婚姻，在多次反抗无效之后，走投无路，最终于结婚当日在迎亲的花轿内自杀。这一事件震惊全国，当时的青年毛泽东发表《社会万恶与赵女士》一文，批判封建制度对女性的残害。他说：“母家、夫家是有罪恶的，但是他们罪恶的来

---

① 康有为：《大同书》，中华书局 1956 年版，第 136 页。
② 《贵族联姻》，《女学报》1898 年第 5 期，8 月 27 日。
③ 《谭嗣同全集》下册增订本，中华书局 1981 年版，第 348～349 页。

源，仍在社会。”[①]造成赵五贞悲剧的最根本的原因是封建道德对婚姻的束缚，“这事件的背后，是婚姻制度的腐败，社会制度的黑暗，思想不能独立，恋爱不能自由”。[②]

除了在思想观念上对封建包办婚姻进行批判之外，在现实生活中，具有先进思想的青年男女，通过自己的实际行动，如逃婚、抗婚等来表达自己对传统婚姻制度的反抗。如1894年，直隶省大名县年仅13岁的郭隆真，被父母许配给当地一个有钱有势的大财主，之后郭隆真准备赴天津直隶第一女子师范学校读书，而男方希望能够尽早完婚。为了躲避这场婚事，郭隆真假期一般不回家，之后母亲以病危为由将她骗回，央求她完婚。结婚这天，“郭隆真不梳妆打扮，依旧是一身学生装……到了男家的门口，郭隆真用力地推开众人，走到院里的供桌前，面向来看热闹的人群高声演讲”，宣布抗婚。[③] 郭隆真抗婚之后回到天津继续上学，轰动大名县。后来，她成为中国共产党妇女运动领导人。

又如，1922年，女子师范学生龚某在婚礼当天逃走，并留言说明自己逃婚的原因：“第婚姻大事，为毕生幸福荣辱所攸关，苟非意洽情投，焉能唱随偕老。缘妹之于先生，素昧平生，从未谋面，能否列入朋侪，尚在疑问之中，岂可遽订夫妇，偕白首乎？……审查民国暂行民律，有言婚约之订，先由男女双方磋商妥协，然后并行请命于父母作主施行。……今先生之与妹订婚也，只凭媒妁之言，仅得家母一面之允。……就法律言之，此实碍难承认此种婚约也。”[④]龚某的留言从法律、道德等方面对封建包办婚姻进行了批判，是当时先进女性的一个代表。同时，在风气开放地区，这种抗婚、逃婚行为开始受到先进人士的支持和声援。1904年，顺德女子梁保屏，刚成年时听从父母之命，嫁给一周姓人家的亡子，按传统道德要求须为其守节一辈子。后来，她与一照相馆店主相识并相爱，受到了各方面的非难。梁保屏毅然与情郎奔赴香港结婚。此举在当时无疑是扔下了一颗重磅炸弹。虽是个人行为，但是在香港的《广东日报》上，有人撰文

① 中共湖南省委《毛泽东早期文稿》编辑组编：《毛泽东早期文稿（1912.6—1920.11）》，湖南出版社1990年版，第425页。
② 同上书，第414页。
③ 参阅河北省政协文史资料委员会编：《河北文史集粹》，河北人民出版社1991年版，第188页。
④ 转引自李长莉、左玉河主编：《近代中国社会与民间文化》，社会科学文献出版社2007年版，第272页。

为梁保屏摇旗呐喊，文中称："喜吾粤有此奇女，能牺牲其富贵家之势力，犯天下之大不韪，以为女界自由结婚之破天荒……吾惊、吾喜、吾敬、吾爱。"①

新民主主义革命时期，反抗包办婚姻的法律和现象更是多见。如1930年闽西根据地发布的《婚姻法》，宣布男女结婚不受任何人干涉；废除童养媳制度，禁止买卖婚姻，违者枪决。《中华苏维埃共和国婚姻条例》规定："废除一切包办强迫和买卖的婚姻制度，禁止童养媳。"陈赓大将"14岁那年，为了逃婚，离了家"，后"考进黄埔军校成为第一期学员"。②革命青年刘茜（原名董秋月）被逼婚未遂的红军将领黄克功枪杀，黄克功亦被处以极刑。此案在延安和全国引起不小的震动，表明在当时的抗战根据地，反对包办婚姻，提倡婚姻自由已经以法律的形式确立下来。

2. 提倡"恋爱自由，婚姻自主"的婚姻

婚恋自由是近代以来婚姻道德领域变革的重大内容。太平天国期间，对于贵族阶级来说，婚姻具有一定的自主性，如"当官长的女儿跟有权力的首领结亲的时候，也从未采取过强迫的方式，而是使男女双方首先有各种机会互相熟识起来"。③ 且太平天国已经开始承认涉外婚姻和国际婚姻，这也是近代史上婚姻领域的重大变革。之后的维新派、辛亥革命、五四时期的先进分子，无不将抨击的矛头直指封建包办婚姻，倡导婚姻自由。如康有为认为，"天既生一男一女，则人道便当有男女之事。既两相爱悦，理宜任其有自主之权"。④ 谭嗣同主张"同会虽可互通婚姻，然必须年辈相当，两家情愿方可。不得由任指一家，以同会之故，强人为婚"。⑤ 辛亥时期，受革命的影响，婚姻领域的变革已经有了质的突破，婚姻自由得到了一定的认可。"辛亥革命后，男女交际自由，结婚自由，和男子平权的呼声很高……女子开始冲破了旧礼教的封锁线，要求有选择配偶的自由……而自由结婚也不是家长所能阻止的。"⑥五四新文化运动之后，对恋爱婚姻自由的提倡更是到了一个前所未有的高潮，成为知识分子反抗封建礼教、

---

① 《纪自由结婚之禀词感言》，《广东日报》1904年，7月5日。
② 陈知建等口述：《将军、家国、梦》，《中国国家地理》2007年第6期。
③ 呤唎：《太平天国亲历记》（上），中华书局1961年版，第244页。
④ 康有为：《康有为全集》第1集，上海古籍出版社1987年版，第281页。
⑤ 谭嗣同：《谭嗣同全集》下册增订本，中华书局1981年版，第396页。
⑥ 转引自杨剑利：《女性与近代中国社会》，中国社会出版社2007年版，第155页。

构建新型道德的重要内容。"自由恋爱是建立在坚定的人生观基础之上的，只有在追求共同事业、目标的过程中相互了解而结交的朋友才有可能产生爱的萌芽，这才是自由恋爱；而那些对自由恋爱观念错误的理解只能更加阻碍包办婚姻乃至传统大家庭制度的打破"。①新民主主义革命时期，共产党颁布《中华苏维埃共和国婚姻条例》，这是当时第一部较为完整的婚姻法。其中规定：确立男女婚姻，以自由为原则，开始确立以恋爱自由和婚姻自主为主要内容之一的新型婚姻伦理。

20 世纪初，恋爱自由、婚姻自主在社会上引起广泛讨论和关注。"当时上海、北京各大报纸的社会新闻里，每天平均至少有两条是有关婚姻问题的记载。"②人们的观念在逐步发生着变化。据一项调查表明，在 1910—1920 年期间结婚的人当中，有 78.5％的人没有恋爱，19.2％的人有过一年左右的恋爱，只有 2.3％的人谈过两年以上的恋爱。而 1920—1930 年结婚的人当中没有恋爱的人数下降为 51.9％，短期恋爱的上升为 37.5％，谈过长期恋爱的人数则增长到了 10.6％。这组数据表明，恋爱婚姻自由越来越成为人们普遍认同的观念。并且在一些风气早开的地方，婚姻自由已经被付诸实际行动，如河北盐山县，"民国以来，蔑古益甚，男女平权之说倡，而婚配自择"③。

离婚自由是结婚自由的必要补充，在近代知识分子的努力下，离婚自由越来越被普通大众接受。如陈独秀在《恶俗篇》中认为："如果不同时鼓吹自由离婚，那么这种自由婚制也成了锁镣。"④《中华苏维埃共和国婚姻条例》规定："确立离婚自由，男女一方坚决要求离婚的，即可离婚。" 在现实生活中，离婚自由，尤其是女性提出离婚的现象也越来越常见。20 世纪 30 代，在成都法院的 70 件离婚案中，女性主动提出离婚的有 56 件，占到了 80％，男性主动提出离婚的只有 11 件。⑤ 在上海 1928 年 8 月到 1934 年 8 月的离婚案件中，女性主动提出离婚的有 480 件，男性主动提出离婚的为 458 件。同期，广州，女性主动要求离婚

---

① 王政、陈雁：《百年中国女权思潮研究》，复旦大学出版社 2005 年版，第 149 页。
② 王新宇：《民国时期婚姻法近代化研究》，中国法制出版社 2006 年版，第 238 页。
③ 转引自杨剑利：《女性与近代中国社会》，中国社会出版社 2007 年版，第 155 页。
④ 陈望道：《恋爱 婚姻 女权 陈望道妇女问题论集》，复旦大学出版社 2010 年版，第 107 页。
⑤ 参阅李文海主编：《民国时期社会调查丛编·婚姻家庭卷》，福建教育出版社 2005 年版，第 413 页。

的占77.7%,天津为85.7%,北平为66.1%。[①] 这些数据说明女性主动离婚已经不是新鲜事。至于离婚的原因,以下两则案例有其代表性。案件一:1938年9月甘某某与刘某某离婚,妻供:“我与甘某某之结婚,完全受人欺诈,在家时常受翁虐待,去年4月16日受夫殴伤,有医院证明,请求离异,并判给赡养费3600元。”案件二:1937年11月田某及田周氏离婚案,“妻供:我与田某结婚以来,(一)性情不合;(二)被告赋闲;(三)时常虐待,请求离异。”[②]这充分说明,家庭中男性虐待、压迫女性或者夫妻性格不合,女性可通过申请离婚摆脱困境。又如中国第一位女影星王汉伦,16岁时,父亲去世,由兄嫂做主,远嫁给东北本溪煤矿一个留学日本的张督办。由于反对丈夫为日本人买地皮,遭到虐待和毒打,在忍无可忍的情况下,便与丈夫离婚,自谋生路,后来有了自己的事业。[③] 鉴湖女侠秋瑾与丈夫王廷钧思想异趣,离家参加革命后主动向丈夫提出离婚,尽管因为种种原因并未解除婚姻关系,但是秋瑾还是以离家出走追求理想的实际行动宣告了对婚姻的自主权利。这充分说明当时女性自主意识的觉醒,封建婚姻道德越来越不适应于社会的发展,新的婚姻道德正在逐步地获得认可。

同时,近代先进人士提出,那些已经离婚或者丧偶的女性是应该同男性一样,有再婚的权利。“离婚之后,男女两造,各自回复原状,当然又有再婚自由。”[④]“法律既不能断定寡妇再嫁为不道德,即不该褒扬不嫁的寡妇。”[⑤]亚卢说:“倘有彩凤随鸡,明珠投雀,遇人不淑,则急当宣布离婚,任其再嫁。”[⑥]潘光旦在20世纪20年代作的社会调查中也发现,对于“不论有无子息,鳏宜再娶,寡宜再嫁”这个问题,赞成者达到62.9%。[⑦] 这些事实说明,曾为封建礼教不容的女性再婚问题已逐步受到关注并获得认可,并构成了新型婚姻道德的内容之一。据湖北省浠水县史料记载,仅1927年上半年,全县妇女要求婚姻自由包括寡妇改嫁的案件就有260多起。

---

① 参阅邵先崇:《近代中国的新式婚丧》,人民文学出版社2006年版,第45页。
② 李文海主编:《民国时期社会调查丛编·婚姻家庭卷》,福建教育出版社2005年版,第412~413页.
③ 周简段:《神州轶闻录:名人篇》,华文出版社1998年版,第226页。
④ 中华全国妇女联合会妇女运动理事研究室编:《五四时期妇女问题文选》,三联书店1981年版,第235页。
⑤ 同上书,第111页。
⑥ 转引自杨剑利:《女性与近代中国社会》,中国社会出版社2007年版,第152页。
⑦ 李文海主编:《民国时期社会调查丛编·婚姻家庭卷》,福建教育出版社2005年版,第288页。

独身主义，在封建社会曾经被认为是大不孝的行为，在近代逐步开放的社会风气下，也逐渐被允许。有女子大呼："我愿在我未死之前完全享受我的自由，我绝不愿为婚姻，失去自由。"①这是一种对封建礼教的抗议和争取对自身命运主宰的行为，因为在旧礼教束缚下，"她们感到畸形社会背景下结婚的痛苦，又感到缺少新旧社会奋斗的勇气，于是在这种情形之下，产生消极的思想，在无抵抗中，探求孤独之生活"。②

独身现象在当时引起了社会的广泛关注，《妇女杂志》、《京报》等刊物开辟专号讨论当时社会的独身风气。周建人表示："从来社会上存活不住的，一生只有从母家走到夫家一条路的女子，今日居然能够高叫独身，觉悟旧家庭的压迫，在社会上独立起来，这不能不说是思想、社会的进步，和一切奋斗能力的进步；实在是女子有点觉悟，在社会上已经有一部分地位的表现。"③1922—1923 年，社会学家甘南引对 840 位青年人就独身问题进行了调查，结果显示，有 110 人赞成独身主义，占到总数的 13%。④

同时，在现实生活中，不少女性以实际行动践行独身主义。如 1916 年底，"南京石坝街地方，有富家少女 15 人，组织一会，曰不嫁会，会中规则，不但以终身不嫁为誓，且禁为种种冶艳之姿态"。⑤ 由此可见，当时封建婚姻道德已经逐步被人们所抛弃，代之以新型的提倡婚姻自由的道德观念。

四、从男尊女卑到男女平等的夫妻关系的转变

"男尊女卑"是中国封建伦理道德的重要组成内容，"夫为妻纲"作为三纲五常的内容之一，明确地规定了男女两性在婚姻家庭生活中的地位。男女婚后，虽然男性名义上的妻子只有一个，但是对于男子纳妾却没有严格的限制，实际上在中国，从奴隶社会开始，中国女性就一直没有摆脱一夫多妻的限制。且妻子如果犯了所谓的"七出之条"，则丈夫可以休掉妻子，重新结婚。这些事实都

---

① 转引自李贞德、梁其姿主编：《妇女社会》，中国大百科全书出版社 2005 年版，第 430 页。
② 同上书，第 434 页。
③ 同上书，第 427 页。
④ 接受调查的人的年龄跨度从 15 岁到 41 岁，但是 15 岁只有 1 人，33 岁以上总共只有 5 人，受调查人数的年龄段集中在 17 岁到 30 岁，又尤以 22 岁为最多。
⑤ 转引自刘志琴主编、罗检秋著：《近代中国社会文化变迁录》，浙江人民出版社 1998 年版，第 306 页。

表明，封建社会里的女性在婚姻中与丈夫并不处于同等的地位上。随着太平天国、戊戌变法、辛亥革命等反帝反封建运动的兴起和西方女权主义等思想的传入，中国婚姻道德也从“男尊女卑”向“男女平等”转变。

1. 批判“一夫多妻，夫尊妻卑”的旧式伦理纲常

传统婚姻关系中，男性完全处于主动的地位，女性地位低下，没有独立的人格。女性最大的作用是传宗接代，毕生努力的目标是如何成为一个相夫教子的贤妻良母。总而言之，“家庭是妇女的牢狱。丈夫在家时，服侍他，淫媚他；不在家时，做他们的门役，替他们料办家政，看护子女；行踪不明时，还替他守活寡；死了的时候，又自称‘未亡人’”。[①] 维新人士对中国传统的“三纲”进行了猛烈的抨击。康有为指出，“夫为妻纲”毫无根据可言，是“天下最奇骇不公不平之事”。他在《大同书》中指出：“入专制国而见其民枯槁屈束，绝无生气者是也。若妇女之嫁一夫，许之以身，听其奴役，终身以之，甚或鬻卖杀毒，惨不忍言。姑挟尊威以虐其媳，既于妇女之苦言之矣。苦夫民族阶级之分，以投胎之不幸，为压制之荼毒，一为奴贱，等于禽鸟，其违背公理，害人道，大逆无德，未之有比者也。”谭嗣同在《仁学·三十七》中指出：“三纲五伦之惨祸烈毒，由是酷焉矣。君以名桎臣，官以名轭民，父以名压子，夫以名困妻，兄弟朋友各挟一名以相抗拒，而仁尚有少存焉者得乎？”吴虞在《对于祀孔问题之我见》一文中对儒家经典中歧视妇女的条文逐项作了剖析，指出：“《论语》中以女子与小人并称，《礼记·昏义》中关于帝王应享有一后、三夫人、九嫔、二十七世妇、八十一御妻的规定，《白虎通》宣称大夫功成受封，得备八妾，乡大夫一妻二妾，等等，都是‘视妇女为奴隶，为玩物，主张多妻制’的谬论，是在宣传夫权至上的‘士人习惯’，‘士人道德’。”他在《书女权平议》一文中说，“夫妻在伦理上的名分显然不同，但在法律上的人格则应平等。所谓‘天尊地卑，扶阳抑阴、贵贱上下之阶级，三从七出之谬谈，其于人道主义皆大不敬，当一扫而空之’”。“七出之条”是中国传统男权制社会压迫、剥削女性的工具。近代知识分子对这一封建礼教展开了批判。瑟庐在《从七出中看中国妇女的地位》一文中质问道：“女子也是一样的人，也是一样的具

---

① 《民国丛书》编辑委员会编：《民国丛书》第一编《中国妇女问题讨论集上》第三册，上海书店出版社1989年版，第152页。

有口舌……如果为妻的多言,夫便可对她提出离婚,难道妻也可为了夫的多言,对他提出离婚吗? ……这是何等的专制、残酷的法律。”[①]

五四时期,挪威作家易卜生的话剧《傀儡之家》传入中国,引起社会广泛关注和讨论,成为知识分子批判不平等夫妻关系的典型。该话剧讲述的是女主角娜拉在婚后与自己的丈夫相处和睦,偶然有一次由于经济问题,娜拉发现自己在家里根本毫无地位可言,为了自己的人格与尊严,娜拉毅然离开丈夫。胡适说:“易卜生所写的家庭,是极不堪的。……做丈夫的便是自私自利的代表。……做妻子的完全是一个奴隶。他丈夫喜欢什么,他也该喜欢什么。……丈夫要妻子守节,妻子却不能要丈夫守节。”[②]因此,在这种不平等的夫妻关系的压迫下,娜拉最终选择出走来解脱。胡适通过分析易卜生的作品和其中体现出来的思想,抨击中国封建道德的腐败与落后。他指出,在传统家庭中做妻子的完全是一个奴隶。相比胡适来说,鲁迅看到了更为深层次的原因。他认为,人们看到的娜拉出走成为西方妇女反抗不平等夫妻关系格的典范,但是易卜生没有给出娜拉出走之后的结局。鲁迅认为对于没有经济独立能力,常年生活在丈夫的羽翼之下的娜拉来说,一旦离开家庭,就意味着失去经济来源,为了维持生计,娜拉或许堕落,或者会对丈夫妥协,重新回到丈夫身边。所谓的娜拉出走,其实并没有摆脱夫权枷锁的束缚。

这种对一夫多妻、夫尊妻卑观点的批判在当时也逐步被普通民众认可。社会学家甘南引在20世纪20年代通过对841位青年人调查发现,有87%的人不赞成多妻制,其原因有:“多妻制有蔑女性。不人道极。”“人各有人格,男女平等,一女多男,世人鄙之,一男多女,岂平等乎?”“因他辱及女子人格,不合人道。”[③]陈鹤琴、潘光旦等学者通过社会调查也发现相似的结果。“不娶妾的比要娶妾的多七倍有余,这可见得学生之人格高贵了。”反对娶妾,因为娶妾不是“人的行为”。[④] 这些调查结果说明,旧式一夫多妻的婚姻形态正在逐步退出历史的舞台,“夫为妻纲”的男权社会正在逐步瓦解,新型婚姻道德正逐步深入人心。

---

① 中华全国妇女联合会妇女运动理事研究室编:《五四时期妇女问题文选》,三联书店1981年版,第168页。
② 季羡林编:《胡适全集》第1卷,安徽教育出版社2003年版,第601页。
③ 李文海主编:《民国时期社会调查丛编·婚姻家庭卷》,福建教育出版社2005年版,第115～116页。
④ 同上书,第11页。

2. 提倡"一夫一妻，夫妻平等"的新式夫妻关系

建立在"男尊女卑"基础上的不平等的夫妻关系，是封建男权制的集中体现。近代以来，通过知识分子和先进人士的不断努力，"一夫一妻，夫妻平等"的理念越来越受到社会的关注，得到人们的认可。

王韬通过反省先秦儒经中夫妇之伦、男女并重观念，通过对乡里小民和西国夫妇关系现实的比照，站在齐家治国平天下的高度，指出了一夫一妇是家庭和睦的基础，而家庭和睦又是社会安定的基础，因此反对一夫多妻的习俗，而提倡实行一夫一妇制。他认为："欲齐家治国平天下，则先自一夫一妇始！"①戊戌变法时期，梁启超创"一夫一妻世界会"，专门宣传一夫一妻的婚姻伦理。新民主主义革命时期，苏区农民运动婚俗改革主张一夫一妻，反对蓄婢纳妾。如《晋察冀边区婚姻条例》规定：严格实行一夫一妻制，禁止重婚、纳妾、蓄婢，及类似一夫多妻，或一妻多夫之各种婚姻。《山东省婚姻暂行条例》确立了婚姻家庭三项基本原则：男女平等、婚姻自由及一夫一妻制。并规定：禁止租妻、抢婚等陋习。《中华苏维埃共和国婚姻条例》规定："实行一夫一妻，禁止一夫多妻。"1945年，毛泽东《论联合政府》中明确提出，"实现婚姻自由，男女平等"。

据1927年潘光旦所做的一项调查显示，大部分人赞同一夫一妻制，反对纳妾。"对于男子厉行一夫一妻制，无论如何，不宜置妾，赞成者达到79.8%，反对者仅20.2%。对于艰于子嗣时，不妨置妾，赞成者29.6%，不赞成者70.4%。对于婚姻多不美满者，离婚不便，重婚又不可，宜许其置妾，赞成者19.2%，不赞成者80.8%"②

近代以来，在一些思想先进的地区，一夫一妻、夫妻平等的婚姻道德不仅在观念上得到群众的认可，也已经开始获得法律的支持。如上海人李某"被其妻李谢氏在检察厅控告弃妻纳妾，请求离婚"，审判厅"以李重婚罪已成立，判拘役40天，准缴洋40元赎罪，谢氏交李领回，不许虐待"。③ 又如，北京古董商赵某在上海设肆贸易，"托词断弦，央媒聘娶王氏……王氏侦知赵已有妻，且将其置

---

① 转引自李长莉著：《晚清上海社会的变迁——生活与伦理的近代》，天津人民出版社2002年版，第526页。

② 潘光旦、麦惠庭：《中国之家庭问题研究》，上海书店出版社1990年版，第79页。

③ 《本埠新闻·定重婚罪》，《申报》1913年2月25日。

不顾，因即以赵骗婚作妾等词具控公廨”。经判决，“今王氏既以骗婚作妾不愿跟随，求请离异，应予照准”①。

由此可见，夫妻平等、一夫一妻的道德观念已经随着对封建男权制的批判深入人心。近代以来很多知识分子通过在思想观念上的批判，推动现实生活中夫妻平等的实现。如沈沛霖夫妇制定“治家规约”，保证男女在家庭里平等的地位和权利，同时禁止纳妾、重婚，实行真正的一夫一妻制。

第二节 批判传统的贞操观与现代性道德的萌发

传统贞操观是封建社会强加在女性头上的枷锁，它反映了性道德上对待男女的双重标准。近代社会以来，这种野蛮的贞操观受到猛烈的批判，“从一而终”的贞节观念有所淡化，现代性道德观念开始萌芽。

一、近代思想家对传统贞操观的批判

贞操观是传统社会要求女子单方面实行性禁锢的性道德观。所谓贞操是指女子不失身或从一而终的操守。贞操的类别有寡妇守节、烈妇殉夫、贞女守节、烈女殉夫四大类。对于女子专用的“贞”、“节”、“烈”的概念，其含义是指：女子操行端正，未嫁而能自守，已嫁从一而终，谓之贞；夫死守寡而不再醮，谓之节；无论已嫁未嫁，夫死以身相殉，或遇强暴凌辱而以死相抗，谓之烈。

传统社会通过旌表制度、家规族法以及教育、文化等系列手段，鼓励和表彰妇女坚守贞操。贞操不仅是封建社会女子处身立世的基本道德规范，也是妇女的最高美德，被誉为“人伦之大，风化之美”②。许多女性视贞节为第一生命，近乎宗教信仰，一旦有什么变故，即便夫妻间本无感情，为赢取道德美誉，也会采

---

① 转引自刘志琴主编、罗检秋著：《近代中国社会文化变迁录》第3卷，浙江人民出版社1998年版，第96页。
② 魏象枢：《寒松堂集》，山西人民出版社1992年版，第729页。

取“毁容、割耳、断指、剪发、怀刀、永不沐浴等手段以明志”。[①] 对生养女儿的许多家庭而言，也期望女儿的节烈表现为家庭增光添彩。福建一带流行的诗歌便反映了这一点：“闽风生女半不举，长大期之作烈女。婿死无端女亦亡，鸩酒在尊绳在梁。女儿贪生奈逼迫，肠断幽怨填胸臆。族人欢笑女儿死，请旌藉以传姓氏。三丈华表朝树门，夜闻新鬼求返魂。”[②]在贞节观念浓厚的明清时期，许多妇女将年轻的生命祭献于贞节牌坊，直到20世纪初，仍有许多妇女依然如此，“以她们的青春与生命去博礼教先生的一篇铭赞，或志书‘烈女’门里的一个名字”。[③] 当贞操观日益暴露出“以礼杀人”的狰狞面目时，必然招致有识之士的猛烈抨击。

1. 五四前对贞操观的批判

近代社会对贞操观的批判是从维新派开始的。谭嗣同曾控诉：“自秦垂暴法，于会稽刻石，宋儒炀之，妄为‘饿死事小，失节事大’之瞽说，直于室家施申、韩，闺闼为岸狱，是何不幸而为妇人，乃为人申韩之，岸狱之！”[④]他认为贞操实是男人的自私观念，男人可以纵淫无忌，但女一淫即罪致死。康有为认为“人为有欲之物，则必好偶而相合”[⑤]。因而他认为：“寡之酷毒，人道所无，该天上人间所难者焉。”[⑥]他进一步历数强迫寡妇守节的四大害处：“一，苦寡妇数十年之身，是为害人；二，绝女子天与生育之事，是为逆天；三，寡人类孳生之数，是为损公；四，增无数愁苦之气，是为伤和。”像这种“害人、逆天、损公、伤和”之事没有一丝一毫的合理性，“以人权平等之义，则不当为男子苦守；以公众孳生之义，则不当以独人害公；以人道乐利之宜，则不当令女子怨苦。”于是康有为得出结论，寡妇守节是“万不可行”的。[⑦]

清末民初，贞操观受到进一步的批判，认为妇女守节不仁道、不平等。无政府主义者刘师复从批判男女不平等入手，彻底否定贞操观，进而主张废除婚制，

---

① 石方：《中国性文化史》，黑龙江人民出版社2003年版，第394页。
② [清]俞正燮：《癸巳类稿·贞女说》卷31，转引自杨剑利：《女性与近代中国社会》，中国社会出版社2007年版，第128页。
③ 胡适：《名教》，转引自《中国现代思想史资料简编》第3卷，浙江人民出版社1983年版，第136页。
④ 谭嗣同：《仁学三十七》，《谭嗣同全集》下卷，中华书局1981年版，第349页。
⑤ 康有为：《大同书》，古籍出版社1956年版，第27页。
⑥ 同上书，第28页。
⑦ 同上书，第159页。

自由交合。在他看来，贞淫之说，不过是“没尽天良之男子，用以欺压女子之谰言。女子二夫，谓之不贞；男子多妻，则为帝王圣贤所制定治礼义法律所明许。甚至于外遇狭邪，社会上也未尝以为不可，而无或加以不贞之名。然则所谓贞淫之说，显然男子借以束缚女子之具，出于垄断妒忌之私心，而非所论于公道也，非论于真理也。男女两人之配合，比体力、年龄、性行、智识等等，两两相适然后可。而人之体力智识，无永久不变之理。（既或有之，亦极鲜矣。）及既变之后两人之情意，必有不适，自当随时离开。……若其既离之后，或别于情意相适合者，此亦合理之自由。盖当其与甲恋爱之时，出于两人之合意，为正当之配合；及既离之后，别与乙恋爱，亦出于两人之合意，亦为正当之配合。既前后两者皆为正当，即不得訾议其非，更何贞淫之足之哉。”①

民初，“为挽救人心，维持国运”，在思想文化界掀起了尊孔复古逆流。1914年3月北洋政府公布了《褒扬条例》，规定“妇女节烈贞操可以风世者”“得受本条例之褒扬”②，由大总统给予匾额题字和金质或银质褒章。1917年中华民国副总统冯国璋公布《修正褒扬条例》并“实行细则”，规定呈请褒扬的节妇“以年在三十以内守节至五十岁以上者为限，若年未五十而身故，以守节满十年为限”；所称的烈妇烈女，“凡遇强暴不从致死或羞忿自尽及亡夫殉节者属之。其遭寇殉节者同”。③ 一时间表彰节烈的陋习沉渣泛起。这一时期各地报刊不断报道节妇烈女守节殉夫的消息，一些女子报刊也为女子所谓贞烈大唱赞歌。《妇女鉴》斥责先进女性“每醉心于自由平等之说，以贞烈无足重轻”，为“世风日下，道德沦丧”之举，并攻击女性剧场看戏为“荡检逾嫌”，极为反感女子鞋袜在商店出售。④《女子世界》甚至专辟《扬芬集》，为贞妇烈女立传。其中《郑烈女传》记载的是女子郑氏，闻未婚夫龚某死，欲绝食殉夫。郑氏曾梦见龚某至窗前，劝其不要自杀。“妇谢之曰：君有二聘，我无二适，无复劝我。”⑤后终于服毒自杀于龚某墓门前。另还刊登了《郭烈妇传》，说的是郭邓氏在丈夫死后，抚孤守节，后儿子夭折，她悬梁自尽以殉夫。母亲发现后，将其解下，并请某少男为

---

① 《废婚主义》，《师复文存》革新书局1927年8月初版，第111～112页。
② 《褒扬条例》，《政府公报》第662号，1914年3月12日。
③ 《政府公报》第664、673期。
④ 马庚存：《民国初年新旧势力较量中的妇女运动》，《青岛大学学报》1991年第3期。
⑤ 《女子世界》第1期，1914年。

她“布气”。她醒后竟用剪刀把自己的嘴唇剪掉,“从容而复瞑逝”。[1] 这些贞烈典范也误导着人们。当舍身炸死良弼的彭家珍的未婚妻王氏请求过门守节时,许多革命党人也认为这是嘉行美德。

正是由于当局表彰节烈的闹剧,促使新文化运动中的先进知识分子对封建贞操观进行了深入的批判。

2. 五四时期对贞操观的批判

在中国历史上,对贞操观进行最深刻、最尖锐批判的是五四时期。当时的先进知识分子高举个性自由和解放的大旗,对封建贞操观展开了全面的剖析。

1918 年 5 月《新青年》四卷五号上发表了周作人翻译的日本作家谢野晶子的《贞操论》,正是这篇译文引发了一场轰轰烈烈的贞操观的讨论。

谢野晶子认为:如果只是女子守贞,那就是人生一大破绽。这种失调的道德,是不足为信的。“在男子一方面既没有贞操道德自发的要求,也没有社会的强制。若在女子一方面,既然做了人妻,即使夫妇间毫无交感的爱情,只要跟着这个丈夫,便是贞妇。社会上对于女子所强要的,也便是这种贞妇。甚至于爱情性交都已断绝,因此受着极大的苦闷,但是几十年仍同丈夫住在一处,管理家务、抚养小孩,这样妇人,也都被称赞是个贞妇。又或爱情已经转在别人身上,只是性交除丈夫外不肯许人,这样妇人,也都被称赞是个贞妇。”由此谢野晶子揭露了封建礼教的虚伪一面,她指出,贞操不是道德,而是一种趣味,是一种信仰、一种洁癖。这些观点在当时的中国无疑是惊世骇俗之言。

随后胡适发表《贞操问题》,鲁迅发表《我之节烈观》,清算贞操观。主要观点如下:

第一,贞操观是对女子的性禁锢。胡适说,“贞操是男女相待的一种态度,乃是双方交互的道德,不是偏于女子一面的”,“男子对于女子,丈夫对于妻子,也应有贞操的态度”,“妇女对于无贞操的丈夫,没有守贞操的责任”。如果男子

---

① 《女子世界》第 1 期,1914 年。

不守贞节，也“不配享受这种贞操的待遇”。① 也有人直接提出质问：“既提倡贞女、烈女、节妇、烈妇，为什么不提倡贞男、烈男、节夫、烈夫？”②还有人一针见血地指出封建贞节观迫害妇女的实质：将贞节观片面地压在女性头上，不过是“男子压迫女子的手段，就是用‘贞节’、‘纲常名教’几个字成了一条绳索，把女子紧紧的缚牢了”。③

第二，贞操观扼杀人性。鲁迅认为，贞操使女子处于“苦”、“难”、“死”的境地。“假使女子生计已能独立，社会也知道互助，一人还可勉强生存。不幸中国情形，却正相反，所以有钱尚可，贫人便只能饿死。”④胡适也认为劝女子节烈，“罪等于杀人”⑤。鲁迅认为，节烈这事，“极难，极苦，不愿自受”，是“不利自他，无益社会国家，于人生又毫无意义的行为，现在已经失去了生命和价值”。⑥ “节烈”也绝不道德。道德必须具有普遍性，每个人应做，而且能做，既利于自己，又利于他人，才有存在的价值。而“节烈”这件事绝不是人人能行，人人愿行，人人能遇到这种机会的，所以它“绝不能认为道德，当作法式”。⑦ 鲁迅号召人们起来铲除这害人、害己的节烈观，他发誓“要除去虚伪的脸谱，要除去世上害人害己的昏迷和强暴”，“要人类都受正当的幸福”。⑧

五四时期的知识分子从男女平等、尊重人性出发，认为必须摒弃封建的贞操观，让女性自由地追求个人的人生幸福。

第三，提出新式贞操观。首先，守节问题是个人问题，是否守节取决于各人的自由意志。“妇人若是对他已死的丈夫真有割不断的情意，她自己不忍再嫁，或是以有了孩子，不肯再嫁；或年纪已大，不能再嫁；或是家道殷实不愁衣食，不必再嫁；——妇女处于这种境地，自然守节不嫁。还有一些妇人，对她丈夫，或有怨心，或无恩义，年纪又轻，不肯抛弃人生正当的家庭快乐；或是没有儿女，家

---

① 胡适：《贞操问题》，《新青年》五卷第一号。
② 《特载·淫乱与贞操》，《解放画报》第 18 期，转引自杨剑利《女性与近代中国社会》，中国社会出版社 2007 年版，第 159 页。
③ 《男子贞节问题》，《民国日报》，1919 年 9 月 11～14 日，转引自杨剑利：《女性与近代中国社会》，中国社会出版社 2007 年版，第 159 页。
④ 鲁迅：《我之节烈观》《新青年》五卷第二号。
⑤ 胡适：《贞操问题》，《新青年》五卷第一号。
⑥ 鲁迅：《我之节烈观》《新青年》五卷第二号。
⑦ 同上。
⑧ 同上。

又贫苦，不能度日：——妇人处于这种境遇没有守节的理由，为个人计，为社会计，为人道计，都该劝他改嫁。”[①]其次，婚姻的贞操应建立在爱情的基础之上，男女双方都有严守贞节的义务。“贞操乃是夫妇相待的一种态度。夫妇之间爱情深了，恩谊厚了，无论谁生谁死，无论生时死后，都不忍把这爱情移于别人，这便是贞操。夫妻之间若没有爱情恩意，即没有贞操可说。”“因为贞操不是个人的事，乃是人对人的事；不是一方面的事，乃是双方面的事。女子尊重男子的爱情，心思专一，不肯再嫁别人，这就是贞操。贞操是一个‘人’对别一个‘人’的一种态度。因为如此，男子对于女子，也该有同等的态度。若男子不能照这样还敬，他就是不配受这种贞操的待遇。”[②]“这维持贞操的责任，不该专由女子负担，应该由男女双方面共同负担的。”[③]再次，打破“处女”迷信。胡适认为，女子不论什么原因失身，贞操并没有损失，为强暴所污，也不必自杀。娶一个被污了的女子，与娶一个“处女”没有区别。“正如我们无意中砍伤了一只手，或是被毒蛇咬了一口，或是被汽车碰伤了一根骨头，社会上的人应该怜惜他，不应该轻视他。”[④]

后五四时期，先进知识分子对传统贞节观的批判虽未对社会产生预想的影响，但是，传统贞节观已经日益受到侵蚀是不言而喻的，传统伦理观念乃至社会习俗已经开始缓慢地出现了某些变革的迹象。1935年，麦惠庭的《中国家庭改造问题》一书对当时寡妇再醮情形作了一段比较平实的叙述。“民国以来，社会上一般人对于寡妇守节，已经不像从前一样的重视了。并且有许多新学者反对强迫寡妇守节的风气，而提倡寡妇再醮；因此寡妇再醮也渐渐地增多起来。依照各地的婚俗来看，再醮的情形，虽然因各地的风俗习惯不同而有差别，但从大体看来，都没有什么顶大的区别。现在女子，死了丈夫之后，再嫁与否，大概可以随她自便，因此强迫守寡的事情也渐少了。再醮的女子，大多是嫁给贫家的未婚男子，丧妻的人，或嫁给人做妾。平常未婚男子愿意娶再醮者却是很少，可见社会上一般人对于再醮妇仍有贱视的观念。有许多寡妇，因为种种缘故（如

---

① 胡适：《贞操问题》，《新青年》五卷第一号。
② 同上。
③ 瑟庐：《产儿限制与中国》，《妇女杂志》第8卷第6号。
④ 《论女子为强暴所污》，《胡适文存》卷4，《民国丛书》第一编第93册。

被人看不起，自己有了子女，自己能够经济独立，为夫家所不许或不得相当的配合），而不愿再嫁的也有。再醮的妇人，大概都是为了贫穷，无子为多。说到再醮的手续，并不是由父母执行的，却是由当事两人，经做媒的介绍和说合后，就可以相订婚期，举行婚礼。至于再醮的婚礼，通常由男方给女方先夫的翁姑多少身价或聘金，翁姑则略给女方嫁妆费就是了。再醮时大多数在黑夜举行（与古代抢婚略同）。因为社会上许多人仍然以为再醮是不大正当的，所以在黑夜举行，不使惊动别人的视觉，而避免社会上一般人的讪笑。从上说的情形来看，再醮的事情，虽然比从前通行一点，但仍未达到我们所希望的地步。"①

抗日战争时期边区政府倡导移风易俗，打破了"好女不嫁二男"的封建贞操观，帮助和支持寡妇重新缔结婚姻。1942 年，山西武乡县妇救会在石门村主持召开寡妇改嫁大会，十几位寡妇戴着大红花开始新的生活。② 新民主主义革命时期人民民主政权的婚姻法的执行在一定的地域有效地推动婚姻家庭道德的变化。

二、提倡现代性道德

从某种意义上而言，贞操观成为传统性观念的代名词，性本身在传统社会成为不可言说的道德禁忌，人特别是女性只有传宗接代的性义务，而无追求、满足正当欲求的性权利。

然而，近代以来特别是五四以后，在封建贞操观遭受批判的同时，也萌生出迥异于传统贞节观的新型性道德，大致包括以下内容：

1. 倡导性自然观，肯定性的正当合理

传统社会早期国人对性持开放肯定的态度，孟子认为"食、色，性也"③。古代的"房中术"也发达，马王堆出土的西汉墓中的帛书医书部中有《养身方》和《杂疗方》两篇，连同竹简中的《十问》、《合阴阳方》、《天下至道谈》三篇文章，所言皆为房中术，可以算得上保留至今的世界最早的性学著作。而且汉唐时期我国有关性的书籍和图册并非禁品，是新婚夫妇必备必读之物。只是封建社会后

① 麦惠庭：《中国家庭改造问题》，商务印书馆 1935 版，第 309～310 页。
② 参阅顾秀莲主编：《20 世纪中国妇女运动史》，中国妇女出版社 2008 年版，第 512 页。
③ 《孟子·告子上》。

期，随着封建礼教的不断发展，性禁锢愈演愈烈，性成为人们不敢问津的禁区，性成了淫秽的代名词。正如周建人所说："中国向来看两性关系是非常卑下而且秽亵；以为男女之间，除了严防以外，更无他法。"①因此近代社会的知识分子首先肯定了性的自然和圣洁。"性欲本能，于人生的重要，并不亚于饮食本能。"②性欲本能繁衍后裔的功用是神圣而天经地义的。

康有为从顺应自然天性的角度肯定了性的正当性。他指出："人为有知之物，则必恶独而欲群；人为有欲之物，则必好偶而相合。……太古之时，雌雄作乱于前，故圣人顺天之道，因人之欲，知其不可已也，故制为夫妇以相判合。始之以顺天性，令其相欢相乐；继之以成家室，令其相保相爱。……人人有天授之体，即人人有天授自由之权。故凡为人者，学问可以自学，言语可以自发，游观可以自如，宴飨可以自乐，出入可以自行，交合可以自主，此人人公有之权利也。禁人者，谓之夺人权，背天理矣。"③康有为将性看作是像人说话一样的自然而然之事，是人类自然而正当的需求，以礼教禁止人的性行为，就是剥夺人权，违背天理，自然谈不上道德。

谭嗣同反对把性神秘化，反对动辄称"淫"的说法。他认为实行性禁锢，就像藏物于箧，人愈不得见而愈想见。他从生理学的角度对性行为进行了阐释："男女构精，持两动之机，毫无可羞丑。……凡人皆不可不知之，若更得西医之精华学者，详考交媾时筋络肌肉如何动法，涎液质点如何情状，绘图列说，毕尽无余，兼范蜡有人形体，可拆卸谛辨，多开考察淫学之馆，广布阐明淫理之书，使人人皆悉其所以然，便无所淫也。"④谭嗣同认为只有让大家知道性，这样才能揭开蒙在性上的神秘面纱，剥去附于其上的道德礼教，使其回归于最普通的人的自然行为。

鲁迅揭露封建礼教以禁欲为中心的性专制观和性污秽观，提倡以生物科学为基础的性自然观。他认为人的性欲是保存和发展生命的天然需要。"生物之所以为生物，全在有这生命，否则失去了生命的意义。生物为了保存生命起见，

---

① 周建人：《性教育的理论与实际》，《中国妇女问题讨论集》第 5 册，《民国丛书》第 1 编第 18 册，第 174 页。
② 章璞：《性欲教育谈》，《平民教育》第 70 期，1923 年 11 月 31 日。
③ 康有为：《大同书》，转引自石方：《中国性文化史》，黑龙江人民出版社 2003 年版，第 415 页。
④ 谭嗣同：《仁学》，转引自石方：《中国性文化史》，黑龙江人民出版社 2003 年版，第 417 页。

具有种种本能，最显著的是食欲。但生物是个体，总免不了老衰和死亡，为了继续生命起见，又有一种本能，便是性欲。所以食欲是保存自己，保存现在生命的事；性欲是保存后裔，保存永久生命的事。饮食并非罪恶，并非不净，性交也就并非罪恶，并非不净。”①鲁迅从生物学的角度肯定了人类的“食色”本性，他用中国人最推崇的吃来说明中国人最忌讳的性。一个社会可以堂而皇之说“吃”，为什么非得鬼鬼祟祟地谈“性”？吃饭和性交都是生命之要义，都是人生的基本需求，人们有理由去满足这种需要和为满足这种需要去奋斗。礼教的“存天理，灭人欲 ”，“饿死事小，失节事大”，从根本上扼杀了人类保存生命和发展的欲望，正因为如此，鲁迅认为两千年的仁义道德，说穿了就是两个字——吃人。

性是人的一种自然本能，是不能压抑的。压抑的结果就是强化，甚至是病态的强化。中国人在性压抑的状态下，心理是变态的，常常表现为意淫。鲁迅在《小杂感》中对此嘲讽道：“一见短袖子，立刻想到白臂膊，立刻想到全裸体，立刻想到生殖器，立刻想到性交，立刻想到私生子。中国人的想象惟有在这一层能够如此跃进。”②他反对当时的政府当局把一些涉及性的书籍扣上“淫书”的帽子而查禁，他对性学书籍的作用评价很高，认为如果禁止关于性的书，就会造成性无知，尤其是使妇女和儿童处于愚昧和恐惧中，似乎一谈性，就是下流，就是堕落。鲁迅自己就是中国现代性教育的先驱者。1909 年 8 月，鲁迅从日本回国担任浙江杭州两级师范学堂生理卫生教员，在全国到处充斥旧思想和旧习惯的环境下，他毫不畏惧地传播性知识，倡议加讲生殖系统的内容，并坦然传授给学生。

林语堂也充分肯定性的自然。他认为性是大自然对人的恩赐，每个人都有享受它的权力。当时劳伦斯的《查泰莱夫人的情人》已传入中国，但被视为淫书。林语堂则认为：“这种文字，可谓淫辞了。但是我已说过淫字别有意义，用在劳伦斯总觉不大相宜。这其间的不同，只在毫发之差。性交在于劳伦斯是健康的，美妙的，不是罪恶，无或羞惭，是成年人人人所常举行的，羞耻才是罪恶。”③林语堂反对抽象、纯粹精神的恋爱观，他认为男女的爱情是与肉欲联系在

① 鲁迅：《坟·我们现在怎样做父亲》，《鲁迅全集》第 1 卷，人民文学出版社 1981 年版，第 131 页。
② 《鲁迅全集》第三卷，人民文学出版社 1959 年版，第 533 页。
③ 转引自刘达临：《20 世纪中国性文化》，上海三联书店 2000 年版，第 189 页。

一起的，不可分离。他在《生活的艺术》中说："我也完全不能把心灵和肉体的欢乐分别开来。世上可有什么人对于女人只在精神上爱她，而不在肉体上爱她。"接着他又指出："我们必须有肉体，并且我们肉体上的欲望必须都能够得到满足，否则我们便应该变成纯粹的灵魂，不知满足为何物，因为都是由欲望而产生的。"①林语堂肯定肉体欲望满足的合理性，承认性欲必须得到满足，并且认为它是人生的一大乐趣，但他认为享受不是纯粹的身体欲望的满足，他反对纵欲，提出要用做父母的本能控制好色的本能。

2. 主张性解放，宣传性科学

封建礼教将"性"与"淫"相提并论，认为万恶淫为首。性是一种与生俱来的罪恶，性成为传统道德规范禁止的对象，而且性行为个体也有强烈的负罪感，不仅认为不合礼法的"淫奔"是犯罪，就连在合法的婚姻中，人们也要祷告"非为色也，为后也"，以减轻罪恶感，人的性爱欲求被压抑和限制。因此摆脱封建礼教的束缚，使性爱获得解放，便成为近代性道德的重要内容。

近代中国，性问题是个性主义倡导者关注的焦点。正如周作人所说，"除了个人的食息以外，两性的关系是天下最私的事"。② 假如对这样一种私人的问题都没有决定权，那么人的解放和自由便无从谈起。周作人明确肯定："相信在文明世界里，这性的解放实是必要，虽比经济的解放或者要更难也未可知。"③在周作人看来，性解放成为构建新道德、促进社会文明的必不可少的内容。周作人可谓主张性解放的男性知识分子的代表。五四以后同样有一大批女性知识分子表达了对性解放的认可态度，如庐隐、冯沅君、石评梅、苏青等女作家，通过笔下塑造的角色，或明或暗，或直接或间接地表达出性解放的新型性观念。主张性解放就是要承认人对性的正常欲求，苏青在《结婚十年》中，借文中的主人翁直白地表达道："女子是决不希望求男子的尊敬，而是很想获得他的爱的！只要他肯喜欢她，哪怕是调戏，是恶谑，是玩弄，是强迫，都能够使她增加自信，自信自己是青春，是美丽的，但要是男子对她很尊敬呢？那可又不同了，尊敬有什么

---

① 林语堂：《生活的艺术》，陕西师范大学出版社 2003 年版，第 22 页。
② 周作人：《读报的经验》，《晨报五周年纪念增刊》1923 年 12 月 1 日。
③ 《周作人民俗学论集》，上海文艺出版社 1999 年版，第 88～89 页。

用呀?"①从中不难看出,对性的欲求超过了对道德形象的维护。

性解放的出现与近代西方性学的传入直接相关。其中罗素的性道德思想对中国青年影响较大。1920年英国哲学家罗素偕学生、助手勃拉克应北京大学之邀任客座教授一年。他在华期间也曾就婚姻、性道德问题发表过见解。他在中国的演讲被辑成《罗素五大讲演》出版。罗素认为爱情是婚姻的基础,使婚姻有价值的就是爱情。他批判传统性道德,提出了新性道德主张,即以个人自由为出发点,认定两性关系是自由的,法律和舆论都不应过分干预。"传统的道德专注重于不应当发生的事情而不着重于应该发生的事情,这是错误的,重要的是男女之间迟早应该找到他们本性上可能有的最好的关系。"②而罗素与其学生、助手勃拉克相偕来华,俨然夫妇的行为本身更引人关注。他在致《申报》的信函中阐明两人的关系,"如果现在我介绍我的妻子是'布莱克(即勃拉克)小姐,我的情人',那么从字面上讲并不对",所以"我只是简单地介绍她为布莱克小姐,其他的由对方猜去吧;她也只称我为罗素先生"。为消除中国知识分子和学生的猜疑,他明确指出:"余与勃拉克除法律之解释外,其关系与夫妇无异。"③这种罗素式的婚姻给当时争取恋爱自由的青年男女以极大的刺激和启发。在民国时期的知识分子中,婚外恋具有一定的普遍性,像胡适、陈独秀、张大千等都曾有过婚外恋。

性解放的出现也与"新思潮运动"有关。"五四"后中国的先进知识分子又掀起了"新思潮运动",即不断引进西方资产阶级思想,对中国传统性文化的糟粕继续进行批判,传播性科学。其中的卓越代表有张竞生和潘光旦。两人都是留学生。张竞生是里昂大学哲学博士,曾任北京大学教授;潘光旦是生物学家,曾在西南联大和云南大学任教。

张竞生以改革社会为己任,提出研究性科学,实施性教育,并身体力行。他认为:"性教育一问题,关乎人生比什么科学与艺术更大。性与情感有直接关系,而对于理智也有莫大的交连……性教育的公开研究岂不胜于道学先生的一味不说与压抑为能事,以至于少年于暗中愚昧无知地一味去乱为吗?性譬如

---

① 《苏青文集》上册,上海书店出版社1994年版,第93页。
② 罗素:《社会改造原理》,张师竹译,上海人民出版社1986年版,第113页。
③ 参阅《本馆与罗素博士来往之函件》,《申报》1920年10月16日。

水，你怕人沉溺么，你就告诉他水的道理与教他会游泳，则人们当暑气炎热满身焦燥时才肯入浴，断不会在严冬寒冷投水受病，又断不会自己不识水性，就挽颈引领，闭目伸头，一直去跳水死。故要使青年不至于跳水寻死，最好把性教育传给他，我想这个性教育的运动极关紧要。”①张竞生在其备受非议的代表作《性史》中提出了许多新的性学思想，诸如：性是自然的、合理的，也是美好的，性生活是构成美好人生和美好社会的重要基础，人们不应该回避，而应该大胆地去享受；男女的平等也应该表现在性上的平等；提倡恋爱自由、婚姻自由甚至性交自由；两性关系应以爱情为基础，而爱情是可以变迁，人们在性问题上必须学习和提高等等。

潘光旦着重从心理学角度深入研究性观念。他翻译了英国心理学家霭理士的《性心理学》。该书 1946 年出版，这是中国人最早译入的性心理学著作。潘光旦从性科学的角度引进一些先进的观念和看法，并通过对译文的注释，提出了自己的观点。他认为：“无论那一个人，都有性的要求，既有要求，就非想法解决不可。有一部分心理学家说，性欲可以升华，其实升华者，不过拉开而已，并不能真正使性欲消散。性欲是一种特殊的力量，不是一般的精力，可以随便转移运用的。精力好比水，人的各种行为好比水管子，不出于此，即出于彼；但性欲不是这样，它并不能真正的升华。”②潘光旦认为，我们要认可青年的性欲要求的正当性，真正解决青年的性问题，只有提倡适当的早婚，在婚姻内解决个人的性问题。潘光旦反对霭理士的试婚、见习期或伴侣婚姻一类的解决方案。他主张在社会规范和个人自由之间进行调和。他在译注中指出：“所谓个人的责任实在包括两部分，一是事先的修养，一是事后的不躲避因多恋而引起的种种责任。显然的，为维持社会的道德起见，事先的修养要比事后的负责重要得多。‘发乎情，止乎礼义’的功夫是可以修养出来的，在一般的欲望上应当修养，在性欲的活动上更有修养的必要，因为这种活动特别容易影响到第二者以至于第三者的治安、利益以至于人格。这种修养的功夫无它，就是一种裁节的功夫……”③他说的“裁节”是个人自觉的节制，并不是礼教强加的抑制或禁止，而

---

① 张竞生：《美的社会组织法》，北新书局 1926 年 1 月第 1 版，第 129～131 页。
② 《潘光旦文集》第 9 卷，北京大学出版社 2000 年版，第 123～124 页。
③ 《潘光旦文集》第 12 卷，北京大学出版社 2000 年版，第 610 页。

节制的最佳结果就是"发皆中节",是情欲有分寸的舒展。在他看来,放纵一己的情欲,只能是情欲的奴仆,而懂得裁节的人,能够对一己的情欲收放自如,才是真正自由的人。

20世纪30年代,性解放在上海等大城市演变为性开放的社会风气,"30年代以后,依托先进技术的裸体女人的照片和性交照片在上海滩大举登陆,翻旧为新的性文学和秘戏图又开始广为流传,天真青年搞起了'天体(裸体)运动'和自由同居"①。性解放或性开放意味着传统男女大防的瓦解,为男女间的自由交往、实现婚姻自主提供了条件。在性解放观念的影响下,甚至有人主张"废除婚姻制度,男女自由结合(我不说结婚!),以恋爱为基础的自由结合,提倡自由性交"。② 虽然有点矫枉过正,却也真实地反映了新时代下,人们对待性问题的开放态度,性也不再简单地被贴上"不道德"的标签。当然,思想家提倡的性解放并不等于性放纵,而是一种基于科学认知的性道德,是灵肉结合、理欲平衡的道德精神的体现。鲁迅先生就反复强调性交要以爱为基础,他坚决反对不负责任的杂交和淫乱,在他看来一夫多妻制,就是一种堕落。

3. 反对封建贞操观,强调男女有平等的性权利

传统的"贞操"只是男人们送给女人的一副枷锁,体现了在性道德上男女不平等。女人被要求绝对保持性的贞节,成为男人生儿育女和发泄性欲的工具;而男人在这方面却没有任何限制,享受极大的性自由。近代以来,这种局面有所改善,无论在道德观念还是法律层面,都在一定程度给予女性与男性同等的性权利。

周作人是中国近代较早承认"女性拥有独立自主的性欲望"的思想家。早在晚清时期他就指出,男女之性欲是正常的生理需求,旧道德所批判的"淫恶"恰恰是由道德压制导致的。③ 他认为女子之性欲是正常健康的自然需求,既不肮脏也不低贱,只有作为人性的一部分满足它,才是道德上的善。张竞生也认为,男女平等也应该体现在性上,女子在性方面也应该享受性快乐,要采取主动,理直气壮地实现性高潮。女子必须从贞操观、处女膜和"从一而终"中解放

① 潘绥铭:《性文化:怎样走到今天的》,《东方》1995年4月。转引自尚静宏、王振军、王凤玲、陈永明:《中国女性文学教程》,现代教育出版社2010年版,第88页。

② 潘光旦:《中国之家庭问题》,李文海主编《民国时期社会调查丛编·婚姻家庭卷》,福建教育出版社2005年版,第296页。

③ 参阅钟叔河:《周作人文类编》,湖南文艺出版社1998年版,第5页。

出来。①

针对男权文化中含有道德贬义的"娼妇"一词，周作人从女性主体的角度进行了新的诠释："所谓娼妇类女子，她的性要求不是为种族的继续，乃专在个人的欲乐。娼妇在现今是准资本主义原则卖淫获利的一种贱业，所以字面上似有侮辱意味。如换一句话说女子有种族的继续与个人的欲乐这两种要求，有平均发展的，有偏于一方的，则不但语气很是平常，而且也还是极正当的事实了。"②与传统良妇被男人把玩的境遇相比，这类"专在个人的欲乐"的女性更懂得如何满足和驾驭自己的身体欲望，是身体真正的主人。

近代知识分子承认女性拥有满足自身欲望的主体选择权。一些启蒙者认为，既然承认女子也是人，她便有权利为满足自己的身心欲望而自主地选择男性，舆论道德不得干预。肖楚女指出："伊们是'人'，是一个生物的'人'，伊们也是和男子一样的有心身快乐的要求，有生理上相当的性欲满足的要求。"③周作人曾经提出一条原则：两性生活只要是不妨碍他人，不妨碍社会，不损害自己的健康，就完全是自己的事情。他甚至说："我的女儿今年已经十八岁，她到底是不是处女，我不知道，我也不感兴趣。因为身体是属于她的，她应该处理她自己的身体，我作为父母不知道，也不感兴趣，我也不过问。"④他认为女性同男性一样，作为性的主体，她具有自主的选择权。周作人的思想为女性的性解放奠定了理论基础。

当时的舆论对独守空房的妇女择人再嫁予以宽容。以商人妇为例，近代之后，商品经济空前发展，一些地方的男性远赴他乡经商，留下妻子在家操持家务。商人离家外出，往往一走就是一年半载或数十载不归，还有的可能因遇上战乱、灾害、疫病等而客死他乡，他们的妻子则在家中独守空房。尽管与其他务农的人家相比，商人妇能享受更为富足的物质生活，但是她们"不仅要带着子女苦熬岁月，而且还要经受生理上压抑性欲的煎熬"。有的妇女无法忍受孤独寂寞，于是"抛弃虚无的贞节道德观念，勇敢地选择两情相悦的另一位男子"。⑤ 这说明女性再不以传统贞节观为是，自身有了新的伦理价值观念，而这种观念也

---

① 参阅刘达临：《20 世纪中国性文化》，上海三联书店 2000 年版，第 157 页。
② 钟叔河：《周作人文类编》，湖南文艺出版社 1998 年版，第 103～104 页。
③ 肖楚女：《取缔女学生离婚问题》，《民国日报》1924 年 10 月 18 日。
④ 钱理群：《话说周氏兄弟》，山东画报出版社 1999 年版，第 40 页。
⑤ 段友文：《黄河中下游家族村落民俗与社会现代化》，中华书局 2007 年版，第 123～124 页。

得到社会的认同。在祁县,"WQ 村的 YLY 老人回忆,他的师娘 15 岁嫁给了一个买卖人,丈夫一走七八年没有音讯,谣传已经死了。师娘当时才 22 岁,便自己做主嫁给了他的师傅。后来,原夫回到村里,知道情由后到师傅家要人,师娘执意不回,原夫无奈只好作罢。对这件事村里人并没有什么非议"。① 社会舆论对女性违背传统贞节观的事不再进行道德谴责,而是肯定女性拥有与男性同样的性权利,表达了对人性的尊重。

又如,司法实践对女性的性权利也予以确认。早在 1906 年,天津有一妇女在结婚后发现丈夫没有性功能,要求退婚,得到官府应允:"河东住之李九,因天阉,女家退婚一案,现经府讯,饬令仍照县断,呈缴昏(婚)帖完案。"②

民国以后的关于离婚方面的法律法规,也体现了对女性性权利的肯定,规定女性和男性一样有离婚的权利,打破了过去离婚是男性专利的规定。《亲属法》第 1052 条规定,有 10 种情况可向法院请求判决离婚。其中第 7 种是有不治之恶疾者,第 9 种是生死不明已逾三年者。女性可以拿起法律的武器反抗传统的不平等的婚制,捍卫自己的婚姻自主权和作为人的性权利。

第三节 传统孝道的式微与新型亲子关系的倡导

近代以来,由于几千年的自然经济解体,西方自由民主思潮的传入,民族民主革命运动的兴起,促使中国的婚姻家庭无论在实体还是在观念方面都发生了巨大的变化,家庭关系中的亲子关系也出现了新的趋向。

一、近代社会孝道的基础动摇

近代社会,资本主义在中国得到一定程度的发展,工商业化程度提高,自给

① 韩晓莉:《从祁太秧歌看晋中社会女性观》,山西区域社会史学术讨论会会议论文(内部资料),转引自段友文:《黄河中下游家族村落民俗与社会现代化》,中华书局 2007 年版,第 125 页。

② 《退缴昏(婚)帖》,《大公报》1906 年 2 月 15 日。

自足的自然经济日渐衰落。有些家庭成员,尤其是妇女和子女,离开赖以生存的土地、离开家庭进工厂做工。通过外出做工的机会获得的收入,也不再愿意交给家长,而是用来置办自己的小家庭的家业、家产,或者投资于经营、生产活动。子女的经济独立性增强,这使子女逐渐摆脱了家长的控制,家长也失去了过去的经济控制权。原来的大家庭逐渐涣散,分裂为小家庭,家庭原来作为生产、分配、交换、消费的基本单位的职能也出现弱化,父权家长制的经济基础开始动摇。

随着近代化过程的继续,各种社会机构建立,人们活动的社会空间不断扩展。在人们交往日甚、风气日开的情况下,社会结构也便发生了由纵的组织向横的组织的变迁,各类社会成员都有了家族以外的社会群体联系。在这些近似业缘性的群体社团中,有一定的人格平等的意志的表达,人的独立地位和尊严开始得到社会的承认。

这一时期欧风东渐,西方的种种思想不断被介绍到中国,尤其是自由平等学说为一些启蒙思想家极力提倡,并得到一定程度的传播,这大大提高了人们的思想觉悟。近代启蒙思想家严复最早提出了"以自由为体,以民主为用"①的思想,他认为个人的自由与不自由是导致中西方落后与先进差别的根本所在。中国几千年来个人在社会和家庭中都没有自由,"父为家君,君为国父"。严复将自由观介绍到中国来,人们用它作为参照系和批判武器,去反思中国的家庭制度,发现并认识到了中国封建家长制的弊端,于是展开了对中国传统家庭制度的批判。

与此同时,西方文明的生活习俗也开始慢慢传入中国。外国人来中国带来了西方的生活习俗,中国出国的公使和留学生撰文专门介绍西方家庭的风俗,人们对小家庭制度、自由恋爱、自由结婚等风俗由好奇到模仿,进而从亲身体验中感到其进步和科学,从而促进了中国家庭生活习俗的变化。新民学会会员罗学瓒在法国看到西方家庭的进步,在 1920 年写给毛泽东的信中说道:"前日在蒙尼达会议,以言及家庭,即有无限的悲感,家庭!家庭!真是杀尽中国[人]的

---

① 《严复集》第 1 册,中华书局 1986 年版,第 23 页。

牢狱！我等不能不设法赶急求解决也。”①

随着新的生产方式的产生，新的生活方式的渗入，人们的传统观念开始发生变化，中国传统的孝道也开始走向式微。

民国时期，有一则“骂娘孝子”的故事：“宁波某甲，富于财而性殊忤逆。父早殁，家惟一母，一日因小事拂其意，甲大恚，立倩画师为其父母合画一像，父坐于上，母跪于下，父手执竹板，个若训责其母也者。值母寿，大张筵 273 席，高宴亲朋，夜间又因小忿，将母痛诋。母曰：‘如此虐待我，不如不为我做生日。’甲曰：‘做生日是我自己场面，于汝何干？’甲之行为，大率类此。迨甲病殁，其行述盛谀其如何孝事其母，虽曾、闵不得专美于前。噫！世之一切寿文、墓志，皆作如是观可也。”②在私心、利益的侵蚀下，孝悌之道树立的家长权威已不复存在。

这种情形也同样发生在婆媳之间。传统婆媳关系的要求是儿媳绝对顺从婆婆，婆婆作为家长代表对儿媳具有绝对的控制权力。但是，到了近代，这种婆媳规范受到重利轻义思想的侵扰。如果媳妇家的经济实力远远强于婆家，那么不是媳妇听命于婆婆，反而是媳妇给婆婆气受。民国时期，河北省有位贫穷的老太太对前去进行社会调查的人说：“这个年头，若是没有钱，千万可别娶儿媳妇，娶得来是受罪。我儿子前年娶了媳妇，依仗着娘家有钱，她成天不是说东不合适，就是说西不好，常常当我面骂我儿子是穷鬼。后来爽性鼓动着我儿子与我分了家，儿子与媳妇都到她娘家去住了。这倒也好，谁知她竟不许我儿子来看我。所以自从他们分出之后，我只好穷日子穷过，儿子也指不得了。”③传统孝道在经济利益面前已完全坍塌，丧失了它的约束力。

上述事例已说明，经济实力的强弱决定了家庭中权力的掌控。当然，这些抛弃亲情的不孝行为，并不代表当时社会的主流价值观，但在一定程度反映了封建孝道的衰落。

---

① 《罗学瓒给毛泽东的信》，《新民学会资料》，人民出版社 1980 年版，第 118～119 页。

② 陈无我：《骂娘孝子》，民国史料笔记丛刊之《老上海三十年见闻录》，上海书店出版社 1997 年版，第 273～274 页。

③ 潘玉梅：《一个村镇的农妇》，李文海主编：《民国时期社会调查丛编·婚姻家庭卷》，福建教育出版社 2005 年版，第 453 页。

二、封建孝道遭受批判

中华民族历来注重孝道，孝道中的孝养、孝敬等是其精华，它既为中国历史上一切思想家所推崇，也为普通民众所熟知和践履，成为中华民族的传统美德。但如果把孝推崇过头，被人为地强化，将它置于至高无上的地位，必须使孝失去其本义而发生扭曲。至秦汉后，孝道已超越出家庭伦理规范的范围，将孝从家庭伦理上升为政治伦理，并提升到纲常的高度。所谓“父为子纲，君为臣纲”，“君要君死，臣不得不死；父要子亡，子不得不亡”，导致愚忠、愚孝，孝成为传统中国社会政治、文化生活中贯通性、统领性的意识。中国社会是宗法社会，是建立在父家长制基础上的封建宗法专制社会，这使得统治阶级非常看重“孝”，发展出“移孝作忠”，“以孝治天下”。孝道作为封建道德的基石，带有鲜明的封建主义色彩，在近代社会必然受到先进思想家的抨击。这种批判主要体现在以下几个方面：

1. 认为孝是封建专制的精神基础

孝通过服从、听话、顺民的精神移孝作忠，充当了维护封建专制统治的作用，孝的本质就在于此。维新派思想家中谭嗣同对传统纲常礼教的批判是最为激烈的，可以说在几千年的中国历史上第一次对传统的封建纲常礼教、伦理道德进行了正面的理论剖析。谭嗣同指出封建社会之所以强调孝道，从根本上说是为了维护父、君的特权。他说：“君、父以责臣、子，臣、子亦可反之君、父，于箝制之术不便，故不能不有忠孝廉节等一切分别等衰之名，乃得以责臣子曰：‘尔胡不忠？尔胡不孝？是当放逐也，是当诛戮也。’忠孝既为臣、子之专名，则终必不能以此反之。……施者固泰然居之而不疑，天下亦从而和之曰：‘得罪名教，法宜至此。’”①在他看来，孝与忠，不过是为维护封建等级专制的遮羞布及进行专制奴役的工具而已。

易家钺总结道：“孝是宗法社会遗传下来的一种偶像的道德。”②陈独秀进一步阐述：“吾国大家庭合居制度，根据于儒教之伦理见解，倘欲建设新式的小家

---

① 《仁学·八》。

② 《中国的家庭问题》，北京《晨报》1920 年 8 月 23 日，《吴虞文录》卷上，转引自刘志琴：《近代中国社会文化变迁录》第 3 卷，浙江人民出版社 1998 年版，第 400 页。

庭,则亲去其子为不慈,子去其宗为不孝,兄去其弟为不友,弟去其兄为不恭。此种伦理见解倘不破坏,新式的小家庭势难生存于社会酷评之下。”①陈独秀认为传统社会重孝在于政治、社会生活中的家长制,因而必须以西方的“个人本位主义”代替中国传统的“家族本位主义”。傅斯年明确提出,在大家庭中,在孝的名义下,人没有了个性,而“‘善’是从‘个性’发展出来的。没有‘个性’就没有了‘善’”。“然则什么是破坏‘个性’最大势力?”“是中国的家庭。”②依照傅斯年的逻辑,因为家庭孝悌之道压制了人的个性,使人失去了“善”的品质,成为“非善”,那么,非善即恶,使人非善的旧式家庭自然就是恶的源头。李大钊认为支配中国两千余年的孔门伦理是牺牲被统治者个性的伦理,而牺牲个性的第一步就是“尽孝”,“只用一个字,使子的一方完全牺牲于父”③,并且指出忠就是孝的放大。“个人的个性、权利、自由都束缚禁锢在家族之中,断不许他有表现的机会。”④

吴虞揭露道,“孝悌是顺德”,孝与忠一气相连,忠建立在孝的基础上,所谓“忠臣出于孝门”,“孝之义不立,则忠之说无所附;家庭之专制既解,君主之压力亦散”。⑤ 忠是孝的直接推行,也是孝的最终实践。封建统治者之所以不遗余力地推崇“孝道”,“就是教一般人恭恭顺顺地听他们一干在上的人愚弄,不要犯上作乱,把中国弄成一个‘制造顺民的大工厂’”。⑥ 因而孝说到底就是尊者长者用来“遂他们专制的私心”的工具。

鲁迅先生对“节”、“孝”等道德观念进行了批判。“孝”是封建道德的一个重要规范,鲁迅把被封建统治者扭曲了的所谓孝道与封建君权、父权结合起来批判,认为社会越是到了“人心日下”、国将不国的时候就越是提倡节孝,以维护统治者岌岌可危的统治。皇帝要臣子尽忠,男人便要女人守节,父亲便要儿子尽孝。君权、夫权和父权之间有着内在关联。

---

① 《独秀文存》,安徽人民出版社 1987 年版,第 666 页。
② 傅斯年:《万恶之源》,《新潮》第 1 卷第 1 号。
③ 《李大钊选集》,人民出版社 1959 年版,第 296 页。
④ 《李大钊全集》第 3 卷,河北教育出版社 1999 年版,第 439 页。
⑤ 吴虞:《家族制度为专制主义根据论》,《民国丛书》第二编《吴虞文录》卷上,上海书店 1990 年版,第 9 页。
⑥ 吴虞:《说孝》,《民国丛书》第二编《吴虞文录》卷上,上海书店 1990 年版,第 15 页。

2. 揭露封建孝道的危害

近代思想家揭露了孝道的残酷性、保守性、虚伪性。残酷性就在于它从精神上牺牲子辈的人格独立，扼杀子辈的自由意志。保守性在于孝道之祖先崇拜，“三年无改于父之道”就是一种崇古保守取向。虚伪性在于泛孝主义的流弊，从而使孝道形成了种种不近人情、做作、形式化的陋习。

康有为说：“中国人孝为空义，罕有行者。”①因为“孝”本身包含着上下相互关爱的道德情感，但实际上所谓的孝道，不过是子女对家长的绝对服从，偏离了“孝”的本来意义，因此封建孝道是虚伪的。同时，在封建孝道的压制下，“个人无权利，一家之人，听命家长”，“损坏个人独立自尊之人格”，“窒碍个人意思之自由”，“剥夺个人法律上平等之权利”，“戕贼个人之生产力”。② 封建孝道使个人完全失去了应有的独立人格，其结果是“不从则极逆，从之则极苦”。而且，“其礼法愈严者，其困苦愈深”，“其孝友之名愈著，则其闺闼之怨愈甚”。③ 这些批判揭露了封建孝道有孝之名而无孝之实的事实，揭露了封建孝道实质上是毫无道德地对人性的残害，因此，康有为呼吁要“去家界”。

胡适犀利地攻击了“孝子”这个概念。他指出：“现在‘孝子’两个字究竟还有什么意义？现在的人死了父母都称‘孝子’。孝子就是居父母丧的儿子（古书称‘主人’），无论怎样忤逆不孝的人，一穿上孝衣，带上高粱棒，人家就称他做‘孝子’。我的意思以为古人把一切做人的道理都包在孝字里，故战阵无勇、莅官不敬等等都是不孝。这种学说，先生也承认他流弊百出。”④此外，胡适对传统丧礼所体现出的孝的虚伪性也进行了揭露，并提出了简化丧礼的一些主张。

鲁迅认为封建孝道牺牲了孩子的精神健康，使“人的能力十分萎缩，社会的进步，也就跟着停顿”。⑤ 因此鲁迅发出了“救救孩子”的呼声，他要求父辈们觉醒并竭力奉献给孩子们以幸福。

---

① 《大同书·己部·去家界为天民》。
② 《陈独秀文章选编》，三联书店 1984 年版，第 89 页。
③ 《大同书·己部·去家界为天民》。
④ 胡适：《关于“我的儿子”的通信》，《父父子子》，人民文学出版社 1990 年版，第 20 页。
⑤ 《坟·我们现在怎样做父亲》，《鲁迅全集》第 1 卷，人民文学出版社 1981 年版，第 132 页。

近代社会对孝道的危害进行深刻批判的是吴虞。他在《说孝》一文中列举了孝道的种种危害：

（1）造成纳妾、溺女等社会陋习盛行。儒家孝学说认为无后为最大的不孝，因而一个人一生最大的任务就是为家族传宗接代，“所以生子不待成年”，早婚现象非常自然，所谓“早生儿子早享福”。结婚成家的目的既是为延续祖宗血脉，一旦妻子不能担此重任，那丈夫可任意休妻再娶或纳妾，这被视为天经地义，如果妻子不满，则被套上“妒妇”之罪名，何况妻子在家中根本无说话的权利。儒家伦理认为唯男子才能续香火，女生外相，是不算家中人的。因而为了保证养育儿子，贫穷人家不惜将亲生女儿溺死。男女的人格从他们一出生便有了不同，“重男轻女”的旧观念由此产生。

（2）大悖人道。按儒家的观点，孝道是最大的人道，不孝父母则是反人道。孔子孟子都将不孝之人斥之为“禽兽”。但儒家的孝道只讲子女对父母的孝，并把这种孝推到极点，对杀子、割体、疗亲等非人道行为却大肆赞扬。《汪氏孝友传》记载：汪灏、汪晨两兄弟，在父亲患病时，竟割下自己的肉，炼成细末，来医治父亲的病。吴虞认为，这都是大悖人道之事，却得到政府的褒扬、文人的歌颂，简直是荒谬透顶。

（3）造成人格的虚伪。儒家的孝为统治者所重视和大力提倡，在社会形成一种风尚。更重要的是它被制度化为取仕的一条途径，因而人人不得不言孝。但孝的许多要求如守三年之丧等，又是大多数人难以做到的，于是弄虚作假，沽名钓誉者有之。

（4）阻碍中国社会的发展。吴虞在《说孝》一文中指出："片面讲的孝，'父母在不远游'，美洲就没有人发现了。'身体发肤，受之父母，不敢毁伤'，朝鲜就没有人闹独立了。'不登高，不临深'，南北极就没有人探险，潜艇飞机也就无人试行了。"他指出孝的实质是扼杀人的主体意识，消灭了人的独立人格，从而也阻碍了中国人对自由和科学的追求，使中国人“遂流行保守，使四万万之人作亿兆死人之奴隶，不能自拔”①，严重阻碍了中国社会的发展。

吴虞用浅显生动深刻的话语揭露了封建孝道的流弊，它的号召力和影响力

① 吴虞：《说孝》，《民国丛书》第二编《吴虞文录》卷上，上海书店 1990 年版，第 22～23 页。

不可低估。

三、新型父子关系的提倡和建立

1. 主张父子平等

谭嗣同否定了“父为子纲”的合理性，提出“父子，朋友也”的命题。他说：“子为天之子，父亦为天之子，父非人所得而袭取也，平等也。且天又以元统之，人亦非天所得而陵压也，平等也。”①因此，谭嗣同认为父与子是平等关系，“父为子纲”不过是家长以“天”之名压迫子女的借口，这便从理论根基上动摇了父为子纲的合理性。

1907年，刊在《新世纪》上的《三纲革命》一文也从自然角度论证了父子关系的平等性。文章说：“子幼不能自立，父母养之，此乃父母之义务，子女之权利；父母衰老不能动作，子女养之，此亦子女之义务，父母之权利。故父母子女之义务、权利平等，故父母之于子女，无非平等而已。”这是从义务和权利的对等性来进行论证。文章还指出：“父，人也；子亦人也，故父子平等。”“父之生子，惟一生理之问题，一先生，一后生而已，故有长幼之遗传，而无尊卑之义理。”文章论证了父子平等是自然而然之事，并认为封建孝道改变这种平等关系，不过是家长压制子女的工具，结果造成“为人子者，自幼及长，不能脱于迷信与强权之范围。己方未了，又以教人，世世相传，以阻人道之进化，败坏人类之幸福”②等危害。

胡适认为，父母生子不曾征得子女的同意，也不是有意要给他这条生命，因此，父母于子无恩，只有抱歉，而且应对子女以后在社会上的行为负一部分责任。而一个孩子应该爱敬他的父母，他也要问这个父母值不值得他爱。胡适把西方尊重个性、尊重子女权利之理念引入到中国的代际关系中。

吴虞提出自己的看法，他指出：“父子母子，不必有尊卑的观念，却当有互相扶助的责任。同为人类，同做人事，没有什么恩，也没有什么德，要承认子女自有人格，大家都向‘人’的路上走。从前讲孝的说法，应该改正。”③

---

① 《仁学·三十七》。
② 转引自刘海鸥：《中国传统家庭伦理的道德嬗变》，中国社会科学出版社2005年版，第188～199页。
③ 吴虞：《说孝》，《民国丛书》第二编《吴虞文录》卷上，上海书店1990年版，23页。

五四运动时期最早运用马克思主义唯物史观对孝道进行分析批判的是李大钊。他预言，随着社会的进步、公育制度的推广，“亲子关系日趋薄弱”。[①] 因此他得出结论，孝观念的变化与经济因素有关，并且认为“随着新经济势力输入的自由主义、个性主义，又复冲入家庭的领土，他（指孝亲观念）的崩颓破灭也是不能逃避的运数，不但子弟要向亲长要求解放，便是亲长也渐要解放子弟了”。[②]

2. 以父子之爱代替父子之恩

按照儒家的逻辑，孝道的根据就在于，子女的身体发肤受之父母，己身出自父母之身，更重要的是父母有 3 年的哺育之恩和 10 余年的教养之恩，因此孝的本义是报答父母。儒家这种推理是建立在感性直观基础上的，具有一定的合理性。但是中国的孝“抹煞了‘爱’，一味说‘恩’，又因此责望报偿，那便不但败坏了父子间的道德，而且也大反于做父母的实际的真情，播下乖剌的种子”[③]。“我们的误点，便在长者本位与利己思想。”[④]认为子乃父所生，幼者的全部就应为长者所有。

鲁迅认为人类和其他生物一样，具有食欲和性欲两种本能，有食欲才能保存生命，有性欲才能延续生命。这两种本能是非常自然的。因此饮食和性交并非罪恶，并非不净。“饮食的结果，养活了自己，对于自己没有恩，性交的结果，生出子女，对于子女当然也算不了恩——前前后后，都向生命的长途走去，仅有先后的不同，分不出谁受谁的恩典。”[⑤]因而鲁迅认为强调父母对子女的恩是人伦认识史上的谬谈，因而必须用爱代替恩。“有了子女，即天然相爱，愿他生存，更进一步的，便还要愿他比自己更好，就是进化。这离绝了交换关系利害关系的爱，便是人伦的索子，便是所谓有‘纲’。”[⑥]这种父母对于子女无恩的思想，父母应多点义务意识、少点权利意识的思想，与胡适、吴虞等都是一致的。鲁迅指出这种亲子间的“爱”包含三个方面的内容：理解、指导与解放。“开宗第一，便是理解……孩子的世界与成人在；倘不先行理解，一味蛮做，便大碍于孩子的发

---

① 《李大钊选集》，人民出版社 1959 年版，第 269 页。
② 《李大钊选集》，人民出版社 1959 年版，第 301 页。
③ 《坟·我们现在怎样做父亲》，《鲁迅全集》第 1 卷，人民文学出版社 1981 年版，第 133 页。
④ 同上书，第 133 页。
⑤ 同上书，第 131 页。
⑥ 同上书，第 133 页。

达。所以一切设施，都应该以孩子为本位……第二，便是指导。时势既有改变，生活也必须进化。所以后起的人物，一定尤异于前，决不能用同一模型，无理嵌定。长者须是指导者、协商者，却不该是命令者。第三，便是解放。子女是即我非我的人。但既已分立，也便是人类中的人。因为即我，所以更应该尽教育的义务，交给他们自立的能力；因为非我，所以也应同时解放，全部为他们自己所有，成为一个独立的人。"①

鲁迅强调："父母对于子女，应该健全的产生，尽力的教育，完全的解放。"②觉醒了的父母，应该是义务的、利他的、牺牲的，决不再以什么"恩威、名分、天经、地义"来束缚幼者，而是"自己背着因袭的重担，肩住黑暗的闸门，放他们到宽阔光明的地方去，此后幸福的度日，合理的做人"。③

3. 新型亲子关系的产生

近代社会中亲子关系仍然处于家庭关系的核心地位，子女处于家长的权威之下，对家长以孝字当先，以顺从为主。家长继续保持家庭事务决策人的地位，家长制在家庭管理过程中起主导作用。但从总体上来说，家长的权威和地位开始受到挑战并松动，父权观念开始变迁，子女在家庭中的地位上升，亲子关系由主从关系向平等关系过渡。这可以从两个方面进行说明：

第一，从家庭财产支配权观念的变化能观察出家庭关系的民主化、平等化的趋向。传统家庭中，"出入款项，由家长管理一切，无须个人储蓄"，"子无私财之制，成为地义天经。有敢违此经义者，则为士林所不齿"。④ 民国时期这种观念有了变化，在知识分子的理想家庭中，"子女父母终须脱离关系，故必须自己早行储蓄，以裕后此之岁月"⑤。财产属于得产之人，家庭成员之间经济独立。观念的变化也促使法律作出改变，承认成年子女的财产权。民国大理院先后通过判例发展了 16 岁以上成年子女的财产权。民国四年（1915 年）统字 228 号解释允许成年之子就个人所有私财自由处分。大理院民国五年（1916 年）上字第

---

① 《坟·我们现在怎样做父亲》，《鲁迅全集》第 1 卷，人民文学出版社 1981 年版，第 135～136 页。
② 同上书，第 316 页。
③ 同上书，第 130 页。
④ 吴贯因：《改良家庭制度论》，《大中华杂志》第 1 卷第 4 期。
⑤ 高思廷：《理想家庭》，《妇女杂志》第 9 卷第 8 号，1923 年 9 月。

833 号判决确认，卑幼于人出立担保字句为有效。[①] 这些都反映了亲子关系的平等化趋势。

第二，从婚姻决定权的变化可看出亲子关系的民主化、平等化的趋向。传统社会婚姻的决定权在父母，青年男女择偶必须遵循“父母之命、媒妁之言”，子女即使成年以后，即使仕宦在外，也没有婚姻自主权，除非得到父母的同意。近代社会这种没有自主权的包办婚姻遭到思想家的猛烈抨击，主张“夫妇择偶判妻，皆由两厢情愿”。民国时期的法律也规定了成年子女自由意思于订婚、结婚有最终决定效力。大理院民国七年（1918 年）上字第 1365 号判决，确立订婚有效的实质要件是“必须订婚人两方合意”，该判例要旨称：“订立婚书，受授聘财，必须出自订婚人两方之合意，该婚约始能成立。”民国十一年（1922 年）上字第 1009 号判决则进一步指出，“父母为未成年子女所订婚约，子女成年后不同意，则为贯彻婚姻尊重当事人意思之主旨，对于不同意之子女，不能强其履行”。社会生活中一部分青年男女则将这种观念与法律变成实际行动。长沙自治女校学生李欣淑不满父母安排的婚姻，于 1920 年 2 月毅然离家出走。并登报声明：“我于今决计尊重我个人的人格，积极的和环境奋斗，向光明的人的大路前进。”[②]然后去北京工读去了。中国共产党早期妇女活动家向警予曾以“以身许国，终身不婚”的态度婉转而坚决地拒绝了湘西军阀周则范的求婚。在留法勤工俭学期间，向警予和蔡和森在自由恋爱的基础上自由结婚。“婚后他们给国内亲人寄的一张结婚照片上，两人肩并肩地坐着，共同捧着一本打开的《资本论》，表明他们的结合，是建立在马克思主义的共同信仰的基础之上的”。[③] 青年毛泽东等进步人士对他们的结合给予高度称赞，“我听得‘向蔡同盟’的事，为之一喜，向蔡已经打破了‘怕’”，他们冲破了旧的婚姻制度，应成为大家的榜样。在婚姻问题上要奉“向蔡做首领”。[④]

民国时期，婚姻逐渐自主，自由结婚成为时尚。无锡有一男，聘结一女，已择日迎娶。女方寄信告知男方，言这门婚事是家兄一人之意，本人死不顺从，男

---

① 参阅张国刚主编：《中国家庭史》第五卷，广东人民出版社、人民出版社 2013 年版，第 212 页。
② 香苏：《李欣淑女子出走后所发生的影响》，长沙《大公报》1920 年 2 月 29 日。
③ 戴绪恭：《向警予传》，人民出版社 1981 年版，第 51 页。
④ 《致罗学瓒信》，《毛泽东早期文稿》，湖南出版社 1990 年版，第 567 页。

方晓知真相后，便退还了庚帖。[①] 长沙南门外一常姓女青年对父母的包办婚姻不满意，而自愿与左姓男子结婚，跑入左家求婚，其母反对，经警署判决，婚姻成立。[②] 河北盐山，“民国以来，蔑古益甚，男女平权之说倡，而婚配自择”。[③] 山西忻县（今忻州），读书人的婚嫁“不完全由父母主持，一般先征得子女同意”。即使定了亲，在正式结婚前，双方都还有机会拜见父母及配偶，如不满意，可退婚。[④] 这说明子女的意愿在婚姻中逐渐受到重视，亲子关系也慢慢从专制走向民主、平等，父辈开始尊重子女的人格和自由。当然这与现代亲子关系相比仍然有很大差距，但毕竟打破了传统的亲子关系中子女处于被支配、被统治的地位的局面。

自由恋爱、自由结婚在近代社会是摆脱封建家长对子女人身支配权的重要环节，现实生活中真正能做到的是少数城市青年知识分子，在广大的农村，人们仍然恪守着传统的孝道。亲子关系的民主平等新趋向并没有普遍性，在时间和空间上存在明显的差异，城市的变化比农村更快些。

抗日战争时期，各抗日根据地政府先后颁布婚姻条例，改革传统婚姻家庭制度，传统的家庭内部的家长制被民主和平等的风气所改变。抗日根据地的婚姻制度以男女平等、一夫一妻为原则，婚姻中男女双方自由、自主、自愿，禁止包办买卖婚姻，不许纳妾、蓄婢，不得干涉寡妇改嫁等。1943 年赵树理创作的根据真实事件改编的短篇小说《小二黑结婚》，描述的就是当时边区情况的缩影。小说讲述了抗日战争时期边区农村青年小二黑和小芹通过与迷信思想及封建势力作斗争，争取婚姻自由的故事。民主根据地刘家峧村的青年队长、杀敌英雄小二黑，与本村俊美聪慧的姑娘小芹相爱，但因违背了封建迷信思想严重的父母亲的意志，遭到了各自家长二诸葛和三仙姑的强烈反对。当二诸葛为儿子收留了一个八九岁的女孩作童养媳时，小二黑坚决地说：“您愿意养，你就养着，反正我不要！”当三仙姑要将小芹嫁给一个旧军官做续弦时，小芹坚决反对，并明确表示：“我不管，谁收了人家的东西，谁跟人去！”后在党和民主政府的支持下，

---

① 参阅《中外近事·婚嫁自由》，《大公报》1903 年 9 月 6 日。
② 参阅《又一婚姻奇案：新妇自往男家》，长沙《大公报》1919 年 11 月 18 日。
③ 参阅孙毓、王秀主修：民国《盐山县志》卷二十五，《故实略四·瑶俗篇下》。
④ 参阅石作玺：《忻县婚丧事概况》，《山西文史资料》第 7 辑，内部发行，1963 年印。转引自张国刚主编：《中国家庭史》第五卷，广东人民出版社、人民出版社 2013 年版，第 214 页。

小二黑和小芹争取到了自由婚姻，二诸葛和三仙姑也表示支持儿女的婚事。在当时的边区，青年男女反对包办婚姻和买卖婚姻已成潮流，政府在法律上也给予大力支持。当时其最著名的一个案件是封棒儿婚姻案。甘肃华池县女子封棒儿的父亲贪图钱财，将女儿先后卖给两家，引起纠纷。封棒儿告到政府，边区法官马锡五处理此案，将买卖双方绳之以法，封棒儿与自己的意中人结婚。这件事轰动整个边区。① 陕甘宁根据地的文艺工作者以封棒儿为原型，将她的故事改编成《刘巧儿告状》搬上舞台，传播广影响大，成为了根据地宣传婚姻法的生动形象的教材。

第四节　传统家族制度的衰落与家庭道德生活的新格局

家族是中国封建社会的基本构成单位，家庭和宗法制度是传统中国社会结构中的基本制度。近代以来由于商品经济的发展，封建家族及其制度开始出现衰落，而一系列的革命运动也使封建家族制度受到沉重打击，人们在要求改造封建政治制度的同时，也要求变革家庭制度。

一、对封建家族制度的批判和打击

家族又叫宗族，是以父系血缘为纽带，由拥有共同祖先的多个个体家庭结合而成的共同体。家族是个体家庭的扩大，家庭的扩大意味着人际关系的复杂，为维护家族秩序，传统家族以血缘亲疏为准，立规定制，以正父子兄弟之道，明长幼贵贱之序，严男女之别。家族内等级分明，上尊下卑，配合整个家族有序运转。在家族系统中，父权家长高高在上，是权力的核心。家长权力在一族之内延伸出个体家庭，就是族权，集中于族长一人之手。族长、家长的权力具有至

① 参阅陕甘宁妇联编：《陕甘宁边区妇女运动大事记述》（内部资料），1987 年版，第 135 页。转引自秦燕：《抗日战争时期陕甘宁边区的婚姻家庭变革》，《抗日战争研究》（京）2004 年第 3 期，第 181～200 页。

高无上的权威。有着同一祖先的宗族成为人们的心理归宿，血缘关系不仅将宗族成员相互联系起来，也把他们的历史和现实连接起来。宗族不仅是一种形式——“聚族而居，绝无杂姓”，“有千百年祖墓，有千百年祠宇，有千百年乡村”，“千年之冢不动一坯，千丁之族未尝散处，千载之谱系丝毫不紊”[①]——也是一种情感，有学者解释这是因为人们对宗族的需要“主要不是功能性的，而是‘内源’性的”。[②] 这是由中国自给自足的小农经济决定的。小农经济决定了人们在封闭的地域之内生产、生活，需要依靠家族宗族团体力量的庇护，崇祖敬宗自然成为人们的不二选择，宗族也因此在族人心中及调节族内关系的实际生活中都有着崇高的地位。家族的这种地位来自它有族产（族田）作为经济后盾，可以说族田是家族的经济命脉，它使家族成为牢固的经济实体而具有持久的生命力，使家族能够凝聚为一个整体，从而强化了人们的家族观念。总之，“宗族为本位，权利有等分，亲疏有尊卑”的宗法道德是宗族社会生活的道德规范。

1. 对封建家族制度的批判

（1）反对祖先崇拜。太平天国时期洪秀全把基督教的上帝改造成“皇上帝”，作为信奉的真神，认为其他的神佛偶像等统统都是妖魔，人们对他们的膜拜是由于被魔鬼迷心，是非颠倒。[③] 因此太平军所到之处，“无庙不焚，无像不灭”[④]，太平天国对封建家族制度进行了猛烈的冲击。清末思想家提出了祖宗革命的主张。他们指出，祖先崇拜是一种地道的迷信，是反科学的愚昧行为。“家庭中之最愚谬者，更莫甚于崇拜祖宗”。他们列举了祖宗迷信的四大罪恶：第一，反背真理，颠倒是非，阻碍知识改良，阻碍人类进化。第二，“肆行迷信之专制，侵犯子孙自有之人权”。第三，“耗民力民财于无用之地”。第四，“攘夺生民养命之源”。[⑤] 而解决的办法主要是：通过舆论宣传，破除迷信；以公理抗拒含有祖宗迷信性质的礼仪；平坟墓、火神牌以为警世之钟和传布之法；身体力行，

---

① 赵吉士：《寄园寄所寄》，《故老杂记》；许承尧《歙事闲谭》卷一八，《歙风俗礼教考》；凌友彤《沙溪集略》卷七，《异性考》，转引自张研、毛立平：《19 世纪中期中国家庭的社会经济透视》，中国人民大学出版社 2003 年版，第 392 页。

② 钱杭：《论汉人宗族的内源性根据》，《史林》1995 年第 3 期。

③ 参阅洪秀全：《原道觉世训》，《中国近代史资料丛刊·太平天国》第 1 册，上海人民出版社 1957 年版，第 97 页。

④ 曾国藩：《讨粤匪檄》，《曾文正公全集·文集》卷二。

⑤ 真：《祖宗革命》，《辛亥革命前十年间时论选集》第 2 卷下册，三联书店 1960 年版，第 982 页。

从自身做起，以科学及公理为务，不再施行祖宗崇拜。祖宗革命实质上是革宗法观念的命，宗法观念是封建家族制度的思想基础。

(2) 揭露封建家族制的危害。近代思想家对封建家族制的危害和弊端作出了深刻的分析，主要有以下三个方面：

第一，专制。建立在专制基础上的家族制度，讲究亲疏有别，等级严格，个人只能按等级规范行事，无独立人格。国人在家族制度支配下，形成了畏惧权威和尊长的心态。家庭成员只能通过牺牲个人的人格去恪守祖传的家规和家法，去服从家长的意志，稍有越轨，便要遭受家法的严厉制裁，如此个人在家庭中毫无独立、自由，完全成了家长的孝子顺孙。因而清末的家庭革命的一个重要内容便是去国人之奴隶之根性。所谓奴隶，"既无自治之力，亦无独立之心，举凡饮食、男女、衣服、居处，莫不待命于主人，而天赋之人权，应享之幸福，亦莫不奉之主人之手，衣主人之衣，食主人之食，言主人之言，事主人之事，倚赖之外无思想，服从之外无性质，谄媚之外无笑语，奔走之外无事业，伺候之外无精神"①，安其本分，不知自己应有独立人格。"天赋人权"是家庭革命的出发点，既然人权是平等的，家庭成员之间应当是平等的。"五四"时期思想家则直接提出以个人本位主义易家族本位主义。在启蒙学者看来，家庭(家族)制度的要害就在于无视人的主体价值和人的尊严，泯灭人的个性和独立人格，从而使个人沦为族权、夫权、皇权的附属物。这种吞噬个体的专制主义，造成了窒息民族生机的主奴根性，与尊重人的价值、崇尚人的自由的现代文明格格不入。于是"五四"启蒙学者以个体主义作为思想的武器，批判了传统的家族至上的价值取向，实现价值主体由家族到个体人格的转换。

第二，依赖。传统的家族结构及其机制易养成国人的依赖性和惰性。传统家族讲求同居共财，平均分配和消费，不得自藏私财。如此无论干多干少，所获都一样，难以激发积极性；且家长大权在握，包办一切，家族成员只须服从，安坐而食，缺乏创造性；家族扶贫助弱，也使一些人滋生依赖的习性，而不思进取，从而惰性十足。

第三，狭隘。传统家族制强调家族利益高于一切，因而人们一切言行无一

① 邹容：《革命军》，转引自邓伟志：《近代中国家庭的变革》，上海人民出版社 1994 年版，第 39 页。

不是为了家族的利益，读书、入学、登科、升官发财、经商、求田问舍，“则皆由家族主义之脚根点而来也”。[①] 而历史上各朝政府都允许家庭成员顾其家庭利益，法律上有父为子隐、子为父隐的条文，为家庭利益不顾国法，家庭利益被置于首位，养成了国民重视家庭利益而缺乏国家思想的意识和心态。梁启超认为这种“舍家族制度之外无他物”[②]的国人，只有“族民资格而无市民资格”[③]。孙中山对中国的家庭本位观也曾痛下针砭：“中国人最崇拜的是家族主义和宗族主义，所以中国只有家族主义和宗族主义，没有国族主义。外国旁观的人说中国人是一片散沙，这个原因是在什么地方呢？就是国家一般人民只有家族主义和宗族主义，没有国家主义。”[④]

2．革命运动对封建家族制度的打击

（1）太平天国革命对家族制度的打击。《天朝田亩制度》规定，凡天下田天下人同耕，这意味着对地主、家族、寺院土地所有权的否定。太平军在安徽、江西、湖北一带“查索”僧道、香火、祠祭及民间公产[⑤]，或将庵观、寺院田产实行没收、查封“充公”[⑥]，还在一些地方对族产公田实行了没收、查封，消灭家族制度的物质基础。

（2）新民主主义革命时期中国共产党对家族制度的打击。中国共产党的领导人明确指出，农村中大量的族产族田是封建家族制存在的物质基础，要消灭家族制度，必须消灭这种以“公田”的形式出现的族产族田[⑦]。这种族产族田的收入的一部分虽然用来资助贫困的族人、兴办各种公益事业，但从所有权、管理者和经营方式看，是地主阶级独占或共占的土地财产，是封建土地所有制的一部分，故此将它转为农民所有，是土地革命的重要内容。在1927年5月中共第5次全国代表大会《决议案》中最早指出：“所谓公有田产之管理制度，尚遗留于

---

① 家庭立宪者：《家庭革命说》，《江苏》第7期。
② 梁启超：《中国人之缺点》，《辛亥革命前十年间时论选集》第1卷下册，三联书店1977年版，第788页。
③ 同上。
④ 《孙中山全集》第9卷，中华书局1986年版，第185页。
⑤ 参阅涤浮道人：《金陵杂记》，《中国近代史资料丛刊·太平天国》第4册，上海人民出版社1957年版，第642页。
⑥ 参阅储蓉塘：《皖樵纪实》卷上，《太平天国史资料丛编简辑》第2册，第94页。
⑦ 参阅瞿秋白：《中国革命中之争论问题》，《六大以前》上册，人民出版社1981年版，第678页。

乡村间,作为乡村中宗法社会政权之基础。”提出:“要消灭乡村宗法社会政权,必须取消绅士对于所谓公有的祠堂寺庙的田产的管理权。”[①]毛泽东在《湖南农民运动考察报告》提出政权、族权、神权、夫权是束缚农民的四大绳索。他认为族权通过族长的活动而体现,他们压迫族下子孙,对违背家族法规的族人施行“打屁股”、“沉塘”、“活埋”的惩罚。他们不许女人和穷人进入祠堂吃酒,还侵占祠堂公款。[②] 为此他主张唤起农民的觉悟,用政治斗争的胜利推翻族权和封建政权。1931 年中国共产党在苏区提出的土地法草案和中华苏维埃第一次全国代表大会通过的《土地法》中均有没收家族祠堂的族产族田的条款。各个根据地依据此法,具体规定了没收家族祠堂的土地的细则和办法。如江西省苏维埃关于没收和分配土地的条例规定,凡祠堂、庙宇、公堂、会社的土地、房屋、财产、用具,须一律没收[③]。在土地革命中,还镇压了一些臭名昭著的族长。在根据地,家族势力受到沉重打击。

抗日战争时期和人民解放战争初期,中国共产党的农村政策发生变化,由打土豪、分田地转变为团结地主阶级共同抗日的减租减息的政策,对族产族田也由没收改为暂时保留。1942 年中共中央政治局通过的《关于抗日根据地土地政策决定》的附件,就承认族地的存在,但不得由族长独占,必须由本族人员组织管理委员会经管。这是适应当时抗战需要的暂时的政策,也是政策上的暂时退让。解放战争开始后,党的农村政策转变为彻底消灭封建制度的土地改革,对于族产族田则采取没收政策,沉重打击了家族制度。而在中国大陆彻底消灭封建家族制度,是在新民主主义革命胜利前后,通过全国范围的土地改革运动实现的。

二、家庭改制的主张和新式家庭的出现

1. 家庭改制的观点

近代社会知识分子在对传统家族制度进行批判和思考的同时,对家庭改制

① 《六大以前》上册,人民出版社 1981 年版,第 830~832 页。
② 参阅《毛泽东选集》,人民出版社 1966 年版,第 33 页。
③ 参阅《江西省苏维埃政府对于没收和分配土地的条例》,《六大以来》上册,人民出版社 1981 年版,第 309 页。

问题作出进一步探讨。五四时期,“北平、上海等地,有了‘家庭研究社’的组织,企图以科学的方法,讨论关于家庭的各项问题,以谋具体改造”。[①] 如何改造,可以归纳以下三种观点:

(1) 稳步改革,改变传统的家庭生活方式。认为旧的家庭制度需要改革,但不能一概否定,对于其有价值的部分应虚心接受并维护,不主张照搬西方的核心家庭制。认为传统家族制中尊贤养老、遵守礼节、互助合作的精神有保存的价值,模仿西方家庭的分居制,推崇直系家庭,即家庭容纳祖父母、父母、夫妇及子女一起居住,由两代或两代以上直系亲属组成,叔侄、兄弟、姊妹、妯娌分居,并轮流侍养父母。

(2) 建立小家庭制。认为大家族同居制已不能适应社会生活的现实要求,与现代文明倡导的民主、科学发生冲突,而且弊端严重,应该以欧美的小家庭制取而代之。这种新制的特点:第一,分居。每个家庭只有一对夫妇及其子女,家庭成员平等,以减少同居带来的家庭纠纷和不睦,使家庭凝结坚固。第二,婚制。实行一夫一妻制,婚姻以男女恋爱为基础,由婚姻当事人自由择偶,父母不能决定子女的婚姻。第三,财产。财产属于得产之人,家庭成员经济独立。养成独立自主的能力,去除依赖心。认为:“为了个人的幸福,家庭的安宁,民族的进步,国家的强盛起见,不可不把旧有数代同居的家庭,改为欧美一夫一妇的小家庭制度。”[②]这种婚姻“具有保护儿女,增进爱情、亲情,促进社会上的爱他心和不自私心等好处”。[③]

(3) 废除家庭。要求废除婚姻和家庭的观点主张者依据社会组织进化论,认为社会组织基本单位的进化有五个阶段。第一阶段是种族,第二阶段是氏族,第三阶段是大家庭,第四阶段是小家庭,第五阶段是个人,当前的社会,家族仍是社会的基本单位,还处于进化的第三或第四阶段,进化到以个人为单位是必然,所以未来社会必然没有家庭。他们还认为个人本来是绝对自由的,不应用婚姻这种彼此互相专利的形式去附属某某所有。个人要成为自由人,就必须脱离家庭。中国的大家族制和欧美的小家庭制不过是五十步和一百步之差,都

---

① 陈素:《五四与妇女运动》,《群众》第 7 卷第 8 期。
② 瑟庐:《家庭革新论》,《妇女杂志》1923 年 9 月,第 9 卷第 9 号。
③ 叶启芳:《社会学的家庭观》,《妇女杂志》1923 年 7 月,第 9 卷第 7 号。

应该废除。只有这样，人们才能回归最自然的生活，男女自由恋爱和自由结合，合则同居，不合则离。他们认为："无家庭、废婚制，两事之传播，实为今日底要图。"①

2. 家族意识弱化，新式家庭道德出现

思想文化的论争也促使国人的家族观念发生变化。传统家族观念重视宗法血缘，强调"宗族本位"，追求人丁兴旺、多子多福，明差序尊卑，重男轻女，到了近代，这一系列观念都在不同程度弱化并表现在现实的家庭道德生活之中。

（1）家族意识逐渐弱化。浓厚的家族观念是传统婚姻家庭道德生活的重要特征。家族的凝聚力来源于同一血统，抛开崇祖观念、同祖意识，家族便失掉了其凝聚力。任何一个家庭都将崇祖祭祖作为最神圣的义务，作为最重要的活动。为此许多家族都修族谱、建祠堂、重墓所、立宗子等，并且设有祭田、祠田、墓产，将其收入用来祭祀祖先，修整祖墓。这一切都由族长主持，族长总管全族事务。"凡族中事，皆听其一言为进止，无敢违。"

宗族权威集中体现于族长的权力，如河北省良乡县"凡一家中年长者为家长，一族中辈数较高者为族长，家族之事咸取决于家长及族长"。但在20世纪三四十年代，在冀东农村，族长已成为一个历史概念，许多村庄已经没有了族长。据对乐亭、滦县、迁安、迁西、遵化、丰润、丰南、昌黎9个县24个村庄的调查，无族长的有18个，占总数的75%。②

宗族成员共同祭祀祖先，统一修缮族谱等都是宗族之内的大事，也是宗族权威的重要体现。祭祀和修谱，要讲资格和尊卑。山西新绛丁村高氏家族规定，在本家族参加祭祀的人必须是本族成员，且女子不具备祭祀资格。对行为不端者，家族中的老人有权取消其祭祀资格。家谱上名字排列有讲究，父辈是兄弟横排，但子辈兄弟必须竖列，且要标明长次。谱中也无女子。③ 民国后这些活动都在时代的变迁中逐渐减少，其重要性在人们的思想中渐渐淡化。20世纪

---

① 李焯：《告主张"小家庭"反对"废婚制"者》，《觉悟》1920年7月10日。

② 参阅魏宏运：《二十世纪三四十年代冀东农村社会调查与研究》，天津人民出版社1996年版，第367～369页。

③ 参阅段友文：《黄河中下游家族村落民俗与社会现代化》，中华书局2007年版，第473～475页。

20年代,《时事新报·学灯》刊登了有关中国家庭问题的调查,列举了有关宗族的问题,如:“祖宗之祭祀,有充分之宗教神秘价值,宜维持而加笃之。”对此论点,有85.5%的人表示反对;对“中国社会正力求进步,祖宗纪念适足以助长守旧崇古之心理,宜绝对废除”这一点,赞成者达到72.6%;对“答案人之宗族现有宗祠否”这个问题,32.8%的人回答为“无”;对“答案人之宗族修有谱系否”这个问题,答案为“无”的占了31.9%;对“答案人能不假参考,举其曾祖之名字否”这个问题,34.4%的人选择了“不能”;对“答案人能不假参考,举其高祖之名字否”这个问题,回答“不能”的人高达55.5%。① 这些数据充分说明了人们的家族意识已开始淡化,宗法势力衰微。

家族内部民主化管理的趋势已出现。比如,萍乡刘氏1931年修谱《凡例》中说:“自治主义,首先家族约法不敢私议,家规自当明订。”②讲家族自治,就应当讲求民主,家规族约就需要族人集体讨论议定。苏州严氏为修族谱,于1919年、1921年先后在上海《申报》、《新闻报》刊登修谱广告,要求各地族人提供本人家世与自身资料,家谱修成后,又按照议会的方式,于1933年6月召开会议,讨论《提备严氏修谱永远基金议案》,与会者公推主席和记录人,由与会者严庆祺做出《提案意见书》,意为要设立修谱基金会,以保证以后续修。基金来源是此次族谱出售和族人所交金额;意见书由1人提议,5人附议,始得成立;提案经讨论通过,并作出记录。与此相关联的,有《基金保管案》,亦行议决,决议案最后由主席、记录人签字。③ 从这里可看出议会制移植到家族管理中,不仅是管理体制的近代化,也是运用民主思想改造家族宗法性。

(2) 现代家庭道德生活已露端倪。

第一,家庭规模小型化。据1927年调查显示,“对于中国大家庭制有种种价值这一观点,317人中有29%表示赞同,其余71%表示反对”。④ 但是对于是否照搬西方模式,还是有大部分人表示反对,认为中国有中国特殊的历史发展背景,不应该照搬西方经验,而是应该采取一种折中的方法,有

---

① 参阅潘光旦:《中国之家庭问题》,李文海主编:《民国时期社会调查丛编·婚姻家庭卷》,福建教育出版社2005年版,第275～277页。

② 民国萍乡《刘氏家谱》卷1《凡例》。

③ 参阅1933年《六修江苏洞庭安仁里严氏家谱》卷12《杂录》。

④ 潘光旦、麦惠庭:《中国之家庭问题研究》,上海书店出版社1990年版,第39页。

“64.7%的人赞同欧美之小家庭制，可以采用，但祖父母与父母宜由子或孙辈轮流同居奉养”①。这些数据说明当时人们的观念已经发生了改变，大部分人赞同小家庭制。“这种小家庭最早在上海、天津等一些的城市等少数文明发达地区出现。随着社会的发展，农村家庭的规模也日趋缩小。据1921年至1925年对安徽、河北、河南、山西、浙江、福建、江苏等7省16处2 640户农家的调查，以及1922年夏对直隶等5省240村7 097户农家的调查表明，当时农村户平均人口为4～6人，一般由一夫一妻、未婚子女及夫妻一方的父母等祖孙三代成员组成，已婚兄弟姐妹在一起生活的一户多家的现象已经极少。”②据统计，20世纪20年代平均家庭人口规模为5～6人，30年代为4.7～5.5人，40年代为4.4～4.8人。③ 可以看出近代中国无论城市还是农村，家庭规模都在不断缩小，在实际生活中以小家庭居多，复合式大家庭不占优势。

家庭规模变小的一个重要原因是国人多子多福及重男轻女的道德观念有了很大改变，不再追求子嗣数量和重男轻女。在20世纪30年代，金陵女子文理学院社会学系对鼓楼医院中的75位妇女进行了调查，在问她们愿意要几个孩子时，其中，“11个连自己都不能决定愿意要几个孩子，有几个说她们不知道怎样才可节制生育，6个说不愿意有小孩，52个希望有1至4个小孩，4个希望有1至5个孩子，2个希望有5个以上小孩”。④ 由此可见，绝大多数妇女不想要太多的孩子。不单是女性，一部分男性也不在乎后代的多少，甚至追求少生子女。在20世纪20年代末的一次社会调查中，有16.78%的男性和13.33%的女性认为：“中国人生男育女之事，久受礼教及家族主义之支配与把持，有志于改革者宜特别少生子女，或竟暂时禁绝生育以示反抗精神。”这次调查结果显示了生育后代不仅是家长个人喜好的问题，也是与封建礼教抗衡的社会问题。更有人站在国家的高度，认为应该限制生育。在对“中国人口过剩，人人宜竭力利用生育限制之方法使所生子女愈少愈好”的调查中，有44.06%的男性和

---

① 潘光旦、麦惠庭：《中国之家庭问题研究》，上海书店出版社1990年版，第41页。
② 王章维等：《“五四”与中国现代化》，北京师范大学出版社1999年版，第206页。
③ 参阅杨子慧：《中国年代人口统计资料研究》，改革出版社1996年版，第1460页。
④ 《鼓楼医院中75位妇人之调查》，李文海主编《民国时期社会调查·婚姻家庭卷》，福建教育出版社2005年版，第437页。

42.22%的女性赞成。[1] 这在相当程度说明了旧的子嗣观念的弱化，子女多寡在许多人看来不再与宗法道德有必然联系。

关于生男生女问题，1924年6月，《社会学杂志》登载了《中国青年婚姻问题调查》一文，在有关生男生女的调查中，总共832人接受调查，其中就有482人不看重只生男性，占到了受调查人数的57.93%。究其原因，有“听其自然，随便”，“现在是男女平等时代，当然是没有成见”，“既然赞成生育制裁，无子嗣必要的观念自无男女之好恶”，“男女都好，唯不要太多”。[2] 这些观点，都说明了传统家庭中重男轻女的思想有所改观，女儿可以在一定程度享受与儿子同等的权利，比如女儿拥有同儿子一样的受教育的权利。许多女子学校的创建及学校男女共收现象的出现，说明了女子同男子一样接受教育在民国时期成了普通寻常之事。

此外，随着社会经济的发展，在城市中警察、市政、消防（时称“救火队”）、邮电、公交等各种公共机构的建立，将原来由大家庭承担的职能转移至国家，弱化了传统家庭的基本职能，也促使大家庭衰落。最直接的表现就是分家析产的逐渐增多。不仅父母去世，兄弟之间发生分家析产，甚至父亲健在时，分家之事也出现。刘大鹏在其日记中写道：“每见近世，父母在堂，兄弟尚觉和翕，迨父母没而心遂变矣。或兄憎其弟，或弟恶其兄，概不念同气枝连，相视胜于仇人，每欲荡析离居，由是将家产判为数段，兄弟东西，各操其业，甚至有父母在堂，即分家离居者。”[3]近代的民俗材料表明，子女皆已婚嫁，就要分家。[4] 而且民国以来，随着专制制度被推翻，革命运动风起云涌，社会交往不断扩大，国家权力渗透宗族组织，削弱了宗族对族众的控制力，宗族对大家庭制度存在的大家庭与派生出来的小家庭的矛盾无力解决。为了防止家庭矛盾激化，有的家庭作出族人应及时分家的决定。如福建安溪谢氏家族的《族训》就规定：“示后世子孙有财产当分者，即便请族长立阄书均分给予，不可姑息延迟岁月。一旦无常，不免后

---

① 参阅周叔昭：《家庭问题的调查——与潘光旦先生的调查比较》，李文海主编《民国时期社会调查丛编·婚姻家庭卷》，福建教育出版社2005年版，第377页。

② 甘南引：《中国青年婚姻问题调查》，李文海主编《民国时期社会调查丛编·婚姻家庭卷》，福建教育出版社2005年版，第116～119页。

③ 刘大鹏：《退想斋日记》“光绪十八年十月初六日”条。

④ 参阅山曼：《山东民俗》，山东友谊出版社1988年版，第229～230页。

患,破家荡产,皆此然也。”①

另外,近代以来社会动荡不安,战争不断,也是导致家庭规模变小的重要原因。由于战争,大家庭尤其是累世而居的大家族所依存的社会环境及物质条件遭受严重破坏。“1944年5月,重庆《妇女新运》月刊,登出了一篇对200个高等教育妇女的调查报告,其中已婚的101位女性,原来占有半数的大家庭,都因战争关系解体为小家庭。”②家庭规模的小型化使传统家族观念失去了得以存续下去的基础,也使宗法道德失去了依附的根基,而催生出适应现实需要的新的道德观念。

第二,家庭关系民主化、平等化。传统宗法道德以维护宗法家族的整体利益为基本特征,家法族规按等级差序规范族人行为,束缚了族人的平等自由的主体资格。民国时期的民法典贯彻主体平等之原则,以契约代替宗法,弱化了“尊长”特权,给予了族员平等的资格,这在法典对人的有别于宗族习惯的称谓等方面可表现出来。

1914年北洋政府颁布《商人通例》,以是否有独立订结契约的能力来作为能否成为商人的标准:“凡有独立订结契约负担义务之能力者,均得为商人。”(第四条)这种独立订结契约的能力主要依年龄及心智健全与否来决定,凡年满20岁之心智健康人,即可为商人。这一年龄标准不再受到继承清代宗法习惯的《现行刑律民事有效部分》中的“丁年”的限制。在《商人通例》中不再出现“家长”的字样,而称之为法定代理人,至少在形式上去除了封建宗法色彩。③ 以南京国民政府民法典中民事行为能力年龄标准的确定为标志,中国最终取消了传统宗法道德在财产制度方面家长对于卑幼缔约行为的限制,而代之以行为能力的规定。一个人是否具有缔约能力,并不由其在家庭中的身份来决定,而取决于其自然状况,如是否达到了法定的年龄,是否具有健全的智力等。在法律中不再有“尊长”、“卑幼”之分,而只有完全行为能力人与限制行为能力人之别。如果说,北洋政府时期在《现行刑律民事有效部分》和大理院的判例、解释例中

---

① 安徽《安溪谢氏宗谱》,转引自陈之平:《近500年来福建的家族社会与文化》,上海三联书店1991年版,第138页。

② 转引自吕芳上:《另一种“伪组织”:抗战时期婚姻与家庭问题初探》,刑义田、林丽月主编《社会变迁》,中国大百科全书出版社2005年版,第416页。

③ 参阅李倩:《民国时期契约制度研究》,北京大学出版社2005年版,第83页。

仍然沿袭清代多次使用“尊长”与“卑幼”的语词，保留有宗法道德习惯的话；《中华民国民法》则完全奉行主体平等的原则，对此完全摒弃，而代之以“成年人”、“未成年人”、“限制行为能力人”、“限制行为能力人之法定代理人”等中性语词，以明主体平等之宗旨，已经取消“尊长”与“卑幼”之分。如大理院将《现行刑律民事有效部分》中“丁年”的规定转化为完全行为能力年龄，即16岁为成丁，有完全行为能力（1914年上字第797号）。又如卑幼的财产权也受法律保护，国民法规定旁系尊亲属擅自处分卑幼财产的契约无效。

近代以来，夫妻关系也日趋平等。由于自由恋爱、自由婚姻思潮风行，夫妻对婚姻满意度增加，妻子也参与家庭事务，丈夫也愿意倾听她们的意见，夫妻关系得到改善，由原来的单向被动型向双向互动型转变。这一点已在婚姻道德生活部分有详细论述，这里不赘述。

家庭关系中男女平等是近代以来一个引人注目的现象，这突出表现在女子财产继承权的取得。传统社会女性是没有财产继承权的。1919年北京的李超事件引发了人们对女性继承权的思考。李超是广西梧州人，李超的父母双亡后，家中无子，便将李超的堂兄过继过来作为李家的儿子，继承李家的遗产。结果堂兄堂嫂不愿继续出资给当时在北京高等女子师范学校读书的李超，用断其经济来源的手段逼其辍学出嫁。最后李超在贫困交加中去世。这一事件引起了全国的关注，一些先进的知识分子开始提出要改革家庭继承制度，宣扬女子也有继承权的观点。陈独秀反问道：“倘若不用男系制做法律习惯底标准，李女士当然可以承袭遗产，那么是否至于受经济的压迫而死？”①李超只是千千万万受男子继承制压迫的一个例子而已，在长达几千年的封建制里，无数妇女因为没有继承权而受到男性的迫害，过着悲惨的生活。因此陈独秀最后得出结论，李女士之死，“不是个人问题，是社会问题，是社会底重大问题”。②

在“五四”先进分子和女性解放运动的共同推动下，1926年，“中华民国第1138条法律规定‘女子有财产继承权’”。③ 这是中国女子财产权第一次得到法律的明确保障。在一些先进分子家庭，女子可以和男子一样继承家产，如廖一

① 陈独秀：《独秀文存》，安徽人民出版社1987年版，第581页。
② 陈独秀：《男系制与遗产制》，《独秀文存》，安徽人民出版社，1987年版，第581页。
③ 赵凤喈：《女子财产继承权之过去与未来》，《东方杂志》1947年。

平在五四运动爆发之后，响应当时的法律，将部分产业分给了自己的女儿。1930年12月民国政府颁布了中央政治会议审核通过的《民法》“亲属编”和“继承编”，“继承编”第1144条明确规定：配偶有相互继承遗产之权，承认已嫁女子及亲女在法律上与男子有相等的继承权。女子继承权的取得，打破了封建的男尊女卑的陋俗，初步反映了男女平等精神。时人称为“亘古未有之大改革”①，使“一声晴天的霹雳竟震破了四千年陈腐的空气”②。

妻子财产继承权都是丈夫死后才有，尽管文本上有夫妻财产制的约定，但事实上只要丈夫活着，妻的存在就等于零。所以探讨的是寡妻和寡媳的财产继承权。

案例：常黄氏的丈夫常润峰是前清太监，没有子女，夫妇俩领养了常润峰兄弟在襁褓中的儿子为嗣。1935年常润峰被土匪绑票遇害。1936年嗣子常振泰去世，留下一妻二子，根据以前的法律，常润峰的所有财产都将归二子所有，但根据民国《民法》，常黄氏在1940年为自己争得了其丈夫的一半财产（包括一幢房子，5.2亩房基地和1 220亩良田）。③

此案例中寡妻得到了丈夫一半财产，捍卫了女性自己的权利。过去寡母是没有财产继承权的，她们在夫家只能委曲求全，忍气吞声。尤其是对那些有亲生儿子，但儿子不孝，或没有亲儿但收养过继嗣子，但嗣子只贪图家财而与寡母不睦的家庭而言，寡母这项权利的获得对她们而言就是一个莫大的安慰，她们得到了丈夫财产合法的继承权，在家庭里有了自己的地位。

再来看涉及寡媳的财产继承权案例。按照清代和民国初年的法律，财产是家庭的财产，每个儿子都有份。析分家产时实行诸子均分制，以房作为析分单位，即按家庭房分均分家产。在均分家产时，如果几个儿子中有的已经死亡，但只要其遗有子孙在世，他就仍然是析分家产的房分之一。即使他没有男性子嗣，这份财产仍然可以由她的寡妻（只要没有改嫁）监护。而且不论儿子是死于父亲之前或之后，他的寡妻对其在家产中的份额都拥有权利。但这一规定在

---

① 《时事新报》1929年5月24日。

② 刘郎全：《我国女子取得财产继承权的经过》，《妇女杂志》1931年3月，第17卷。

③ 参阅北京市档案馆：《北京地方法院1942年6772号》，转引自张国刚主编：《中国家庭史》第五卷，广东人民出版社、人民出版社2013年版，第278～279页。

1930年颁布的民法中被修改为只有直系后代可以享受这样的分家权益。这也就是说，在这部民法颁布后，假如儿子死于父亲之前，那他的没有儿女的寡妻将分不到公公的任何家产，因为公公的法定继承人是他的婆婆、公公健在的子女或孙子女而不包括她。夫家最多担负赡养义务，而前提条件是寡媳与他们同居，否则就可以拒绝赡养。而在民法颁布前是不能拒绝的。

1932年大理院审理江西南昌寡妇柯魏氏就死去公公财产起诉亡夫两个兄弟和另一个兄弟的寡妻上诉一案。柯魏氏主张作为无子女的守贞寡妇，她有权得到她丈夫应得的家产的一份。但被告认为她的丈夫死在其父亲（她公公）之前，因而她对财产没有任何权利。在这个案件中最关键的是公公的去世日期。如果公公死于新民法颁布前，那寡媳柯魏氏按照旧民法就有权得到她亡夫应得的家产的那一份；如果公公死于1931年5月5日新民法正式生效后，那柯魏氏就什么也得不到。案件的结局是公公死于新民法颁布前，根据旧民法判给她亡夫应得的财产。①

女儿的财产继承权主要涉及女子在娘家的财产继承，这主要集中在大城市的富裕之家。争取女子继承权最为轰动的一个案例是盛宣怀子女的遗产分配。1927年至1928年上半年的《申报》有详细报道。

盛宣怀死于1916年，留下1 295.6万两白银的家产。庄夫人死于1927年，也留下巨额遗产。盛宣怀去世前命令将他的财产在适当安排了他的寡妻的扶养和女儿的嫁妆后，分成2份，一份在其5个儿子间均分，另一份用来建立愚斋义庄。1927年庄夫人病逝。同年江苏国民革命政府命令把义庄财产的四成230万两白银充作军需。1928年盛家兄弟子侄将剩下的六成350万两白银平均分配。而把盛爱颐和盛方颐（七小姐和八小姐）排除在外。盛爱颐和盛方颐两人认为未嫁女子应与同胞兄弟同等享有继承财产的权利，于是她们重金聘请了陆鸿仪、庄曾笏两位律师据理力争。尽管官司打了9个月之久，但最终七小姐与八小姐胜诉。② 同样已嫁女子也享有财产继承权。已婚妇女高梁毓秀

① 参阅上海法学编译社编：《最高法院判例汇编（1929—1937年）》第13册，会文堂新记书局1938年版，第21～24页。转引自张国刚主编：《中国家庭史》第五卷，广东人民出版社、人民出版社2013年版，第280～281页。

② 参阅张国刚主编：《中国家庭史》第五卷，广东人民出版社、人民出版社2013年版，第281～282页。

1939 年向地方法院起诉后母和 4 个同父异母的兄弟，他们的父亲死于 1937 年，1939 年被告拟定分家单，将财产分成 5 份，没有给她应得的六分之一的份额。法院判决分给她六分之一的财产。①

南京国民政府法律规定的女子继承权的影响主要是大都市地区的有产家庭，“五四”时期，女子财产继承权一般只存在于某些开明家庭中，并未普遍存在。“城市中教育较为普及，亦未必每一妇女能安享此权利，况在守旧之家庭。”②而小城镇和广大乡村家庭仍然是按照传统习俗来行事的。按照习俗，女儿可以通过奁产陪嫁获得部分娘家财产，但奁产陪嫁不是财产继承。而妇女在婆家并没有因继承而产生对财产的继承权，而只有管理权。《大清律例》规定：“妇人夫亡无子守志者，合承夫份，须凭族长择昭穆相当之人继嗣。其改嫁者，夫家财产及原有妆奁，并听前夫之家为主。”这虽然是大清的法律，但在民国仍大行其道。

第三，家庭核心功能发生程度不同的变化。人类家庭类型的演变大致分为三个阶段：生育制度的家庭、生产制度的家庭和生活制度的家庭。家庭的功能有生育功能、抚养功能、教育功能、宗教功能、生产功能、消费功能、情感功能等等。有些功能是家庭成立就有的，有些功能则是在家庭的发展过程中逐渐形成的，它们共同构成为一个整体。其中有的功能居于主导地位，决定其他功能的作用范围与目标，这就是家庭的核心功能。家庭的变革或转型的标志就是家庭核心功能的变化。

近代中国城市和农村家庭的功能都有一定的变化。只是城市家庭的核心功能相比传统社会的家庭更是发生了根本性的变化，农村家庭的核心功能即生产功能并没有根本性的变化。但由于近代中国商品经济的发展，家庭成员特别是妇女和子女的外流，天灾人祸的打击，使得家庭的生产功能已有不同程度的削弱。而乡村基层政权组织的建立，新式学校的出现，警政和司法制度的建立和加强，使得家庭的原有功能逐步转移到社会结构，如农村的教育功能、社会控制功能就基本转引到政府和社会结构。与此同时，农村家庭的情感功能等进一

① 参阅白凯：《中国的妇女与财产：960—1940 年》，转引自张国刚主编：《中国家庭史》第五卷，广东人民出版社、人民出版社 2013 年版，第 282 页。

② 赵凤喈：《女子财产继承权之过去与未来》，《东方杂志》1947 年。

步强化。从家庭功能体系和核心功能的变化看，农村家庭仍然是传统家庭类型，但其核心功能的弱化和功能体系的变化亦表明，它已在向现代家庭转型的道路上迈出了第一步。

近代中国的城市家庭则在家庭的核心功能和家庭功能体系上产生了根本性的变革。城市家庭的核心功能已转化为生活功能(以消费和情感功能为主)，家庭已成为私人生活的世界，家庭生活对于维持家庭的存在更显重要。当家庭成员不能共同生活时，家庭的解体就不可避免，如兄弟之间分家更早，离婚率大幅度上扬。在家庭功能体系上，城市家庭的生产功能基本消失，家庭的大部分功能已外化到社会，这说明城市家庭已经是作为生活制度的现代家庭类型。

近代社会家庭的情感交流功能变得愈益重要，又由于家庭处于变迁中，家庭问题增多，家庭冲突激化。据上海市社会局统计，1929 年全市共发生 1989 起自杀事件，其中因家庭问题而图谋自杀的 1 101 起，因失恋 32 起，因婚姻问题 4 起，这几项共计 1 137 起，占 57.16%；其他因经济、疾病、失业等图谋自杀 852 起，占 42.84%。[①] 可见婚姻家庭问题对个人精神的创伤。家庭冲突导致家庭关系失调，甚至使家庭关系破裂，家庭的情感功能无法实现，影响人的精神健康。据上海社会调查局分析指出，1931—1932 年上海市总共离婚数为 2 552 件，其中意见不合而离婚的案件占绝大多数(79.8%)，为 2 038 件；其次对方不道德(7.68%)，为 196 件，这两宗自然是感情因素。而因对方疾病、经济压迫等原因离婚的案件不及 1%[②]。另据吕方上对重庆《中央日报》上 1937 年到 1945 年刊登的离婚启事的统计，因“意见不和”“感情恶劣”而离婚的分别占 49.05% 和 27.25%。[③] 可见因感情而离异在当时成为大城市离婚的主要原因。可以看出近代的城市家庭的情感功能地位已开始上升，家庭越来越具有现代的特征。

近代中国的家庭正处于转型中，它必定经历由旧到新、由社会失范到重建规范的过程。在这一过程中，家庭道德生活呈现过渡性、不平衡性、矛盾性及偏激性的特征。

---

① 参阅《上海市社会局业务报告》，1929 年第 2、3 期合刊。转引自邓伟志：《近代中国家庭的变革》，上海人民出版社 1994 年版，第 145 页。

② 参阅沈登杰、陈文杰：《中国离婚问题之研究》，《东方杂志》第 32 卷第 13 期，1935 年 7 月。

③ 参阅吕芳上：《另一种伪组织：抗战时期婚姻与家庭问题初探》，《近代中国妇女史研究》1995 年第 3 期。

第五章

职业变迁与职业道德生活

近代中国面临内忧外患，但是中国社会并没有完全停滞不前。在救亡图存的过程中，中国社会的一些具体生活领域也在发生着变化。

商品经济的初步发展，民族工业的兴起，促使了新的社会职业的产生和丰富，带来了职业道德生活的新变化。除了传统的官德在近代变革的社会背景下发生了变化外，在近代中国最早的职业人群中出现了产业工人，并且在文化教育、新闻出版、诉讼事务等领域新的从业人员也新鲜登场。在特定的新旧交替的时代和民族危机来临的局面下，形成了具有近代特色的职业道德内涵。

第一节　中国近代职业道德生活的新变化

近代中国社会职业道德领域的新变化主要体现在：新行业不断出现，新职业人群逐渐形成，新的职业道德规范开始出现。

一、新职业人群的出现

1840 年鸦片战争中国的战败成为中国社会发生深刻变革的起点和刺激性动力。1851 年开始的太平天国起义，从内部进一步摧毁了清王朝的统治基础。在内忧外患面前，以奕䜣、李鸿章、曾国藩、左宗棠、张之洞为代表的洋务派官员主张学习西方的工业技术和商业模式，利用官办、官督商办、官商合办等模式发展近代工业，其目的是增强军备，增加收入，提升国力，以使清廷苟延残喘。洋务运动是近代中国第一次大规模的模仿、学习西方工业化的运动。洋务运动的主要做法，一是大量引进西方的 18 世纪以后的科学技术成果；二是翻译引入了大量各类西方的文献，主要是科教文献；三是选派优秀少年出国留学，培养了我国近代第一批具有西学背景的科技和人文人才；四是模仿西方的近现代公司体制兴建了一大批工业及化学企业，开启了日后中国的工业发展和现代化之路。

早在甲午战争战败的1895年7月，清政府就提出“以恤商惠工为本源”①，李鸿章等提出商是立国之本。1895年康有为公车上书之后，清廷发布谕旨，表示要改变洋务运动时期的官督商办体制，允许民间自由创业。1898年的戊戌变法，提出学习西方，提倡科学文化，改革政治、教育的制度，发展农工商业，虽然失败了，但作为一次尝试对中国社会的下一步改变起到了深远的影响作用。清末新政时期，政府和官员开始把发展工商业放在争取国家富强的首要地位。1903年清政府成立商部，从制度上保护和推进实业发展。清末政府的重商政策一定程度上促成了与此有关的职业的诞生。

1911年封建帝制被推翻，成为中国近代史上的标志性事件，是中国几千年未有的变局。中华民国成立后，孙中山更是积极落实实业兴国计划。帝制退出历史舞台对中国思想的解放和新的社会结构的再造起到了开天辟地的作用，民国的建立促使了新的产业和职业的兴盛。

随着工商立国政策的确立和振兴实业活动的展开，政府和社会各界对商人的态度发生明显转变，从鄙视转向联合和尊重。如改良主义知识分子何启、胡礼垣说：“振兴中国，首在商民。”有人甚至认为商人的品格和作用优于士，是以要出士林而入商界。与此同时，商人重新树立了新的自我意识，传统的那种商人低人一等的意识已经发生了改变。由于重商意识的觉醒和金钱观的改变，商人甚至认为高人一等，颇为骄傲。如上海沪南商学会的会员说：“我们经商的人，生在西历一千九百余年，叫什么二十世纪实业竞争的时代，也真正尊贵得很了。”“天下最有活泼的精神，最有发达的能力，能够做人类的总机关，除了商，别的再也没有这种价值。”②这种观念的变化，也增强了商人对自己职业的价值认同，不仅促进了商业实业的发展，而且对形成近代职业道德和催化近代职业道德生活的改变具有不可小视的影响。

清末民初新职业人群的出现有两个背景：一是随着西方现代以电气和化工为代表的社会化大生产的发展，与之相适应的公司、学校、自治性组织等相继建立，并随着西方经济进入中国，在中国的沿海开始出现早期的公司、学校、医院

① 朱寿朋编：《光绪朝东华录》，中华书局1984年版，第3631页。

② 张楠、王忍之编：《辛亥革命前十年间时论选集》第一卷下册，三联书店1978年版，第890页。转引自《近代中国社会生活与观念变迁》，第293页。

等。二是随着科举制度的废除、民国的建立，社会人群开始分化，传统的知识分子作为士大夫的意识减弱，由于政治控制力的下降使大量的原来居于社会边缘的人群快速崛起，加入到新的行业中来。这些新的职业人群被称为中国最早的白领职员，发展成为当时中国的新中产阶层。这些人包括买办、医生、高校教师、律师等等。

买办是最早出现的职员人群。买办是清政府走向开放的产物，同时也是开放不足的产物。用现在的话说，买办就是中介或经纪人。鸦片战争前，清政府实行闭关政策。清政府为了限制外人对华贸易，仅开放广州一口与西方通商，并设立海关，指定了13家官办机构，专门担任管理和经营中外进出口贸易。这就是所谓的公行制度，又称广州制度。为招待外国商人，并帮助他们解决交易过程中的困难，特派了一批办事人员，分别担任供应船舶、办理伙食、管理金钱出纳及雇佣工役等事务。早期来华贸易的葡萄牙人称这些办事人员为Comprador，西语意思是“采买者”。当时中国人把这些招待外国商人并为之服务的办事人员称为“买办”。在上海方言，买办也叫“康白度”，又称“江北大”①。鸦片战争后，清政府被迫开放广州、厦门、福州、宁波、上海为通商口岸，外商在华纷纷设立洋行，买办随之发展起来，成为社会上引人注目的职业，买办的队伍也越来越大。由于买办成为国内外联系的桥梁，在商业活动中，向往西方的各种制度，因此，买办较早产生了变革中国的意识，并形成了早期的竞争意识。

这一时期大量洋行在沿海的开设，大学等现代教育机构始兴办，租界当局的近代化市政管理的产生等，为新职业人群的产生奠定了社会基础。西方帝国主义对中国口岸城市进行所谓的“文明开化”，造就了除买办以外的大量为西方人的商务活动、行政管理、文化教育事业提供服务的城市职员阶层。同时，新式教育在上海等地的诞生，培养了一大批新型知识人，这些人从学校毕业后多数从事为工业化组织服务的律师、会计师、医生、公务员和工程师等典型的职业。

近代职业会计师群体逐步壮大和崛起得益于资本主义工商业的发展和公司制度的推行。1918年北洋政府农商部颁布了我国关于会计师制度的第一部行政法规《会计师暂行条例》，领到第1号会计师证书的是谢霖，他于1921年与

① 江文君：《近代上海职员生活史》，上海辞书出版社2011年版，第132页。

秦开等会计师在天津、北京创办了中国最早的会计师事务所。据不完全的统计，自1921年谢霖领到第1号会计师证书直至1925年7月间，全国获政府认证具会计师资格者约在140～160人之间，实际开业的人数可能略低，各地相较以上海最为集中，到1934年3月底，上海会计师公会会员约有263人左右，到1939年3月底，约有330人左右。①

新闻职业人也是突出的群体。由于西方文化的侵入和适应现代新闻发展的需要，出现了最早的新闻出版人，康有为、梁启超、章太炎、鲁迅等等一大批爱国的知识分子成为新闻从业人员的佼佼者。

二、职业道德生活的新风貌

近代以前，在社会分工的基础上，也存在职业的不同，对不同的职业也有不同的规范。但是，此前的职业道德和社会其他领域，如人际道德、家庭道德等，是不可分的，是一体的，因此可以说，出现专门化的职业道德是从近代中国开始的。

1. 从师徒情感到契约道德

近代以前，除了世代的农业生产中地主-佃户模式外，中国的职业人员大多为作坊式的雇工和雇主。这种职业关系模式中的道德来源于两个方面，或者是这两个方面的复制。一是雇主和雇工的关系采取了类似家庭道德关系的构建策略，即雇主和雇工的关系既是师徒关系，也是类父子关系，雇工之间的关系即类兄弟关系，他们之间的道德关系类家庭的孝悌关系。二是就商家和顾客的关系看，其道德关系一方面是邻里和朋友关系的延伸，另一方面是个人道德感的外射。

中国的近代化是从家庭革命开始的。光绪三十年(1904年)，《江苏》杂志发表《家庭革命说》，疾呼："革命，革命，中国今日不可以不革命！中国今日家庭不可以不革命！"把民主革命和家庭革命联系在一起，并把家庭革命看作民主革命的起点(康有为曾在《大同书》中有消灭家庭的设计，以此为基础消灭国界、种界)。随着新的职业的出现，职业道德的思想来源就不限于家庭和熟人社会的

① 参阅魏文享：《近代职业会计师之诚信观》，《华中师范大学学报》2002年第5期。

道德规范，呈现了从师徒情感到契约道德的过渡状态。

传统作坊式生产大多注重店风教育，以质量获得信誉，要求店员礼貌、诚信、重交情。而近代工商业除了承续此类道德规范外，还更把源于西方的契约道德纳入公司的日常管理和经营之中。比如，如果想进入银行业，因银行工作的特殊性和对银行职员的"人性恶"预设，必须保人担保。而银行保人，多为家境殷实或有比较高的社会身份的人。因要承担风险，故入银行者皆为这些非富即贵的人的亲朋。但也有银行规定，本行行员的直系亲属、配偶、叔伯兄弟都不能为保人。同时，银行基于现代契约的精神，也不得不冒一些信用风险。比如，对于高级雇员，如支行的经理、副经理等不要求找保，因为其"所负之责任綦重，经收之款项尤多，若令其找保，一则要觅此相当资格之保人，颇费易事；二则反显示行方于经副襄理尚有不信任之处，既不信任，何能予以如此重任"。[①] 反映了其时的职业人员在道德约束上从情感道德到契约道德转变的特点。

2. 女性入职及其道德困境

早在清末，就不断有人撰文鼓励女子外出工作，认为女子就业是造福社会的大事情。随着《马关条约》的签订，大量外国资本涌入，清政府实施新政，对民间设厂限制放宽，于是纺织业对工人的需求激增，妇女也往往争先恐后地进入工厂，"一闻有人招雇女工，遂觉勃然以兴，全家相庆，举国若狂，利之所在，人争趋之……无论小家碧玉、半老徐娘，均各有鼓舞、踊跃之心，说项钻求，惟恐不能入选"[②]。清末民初，受到过新式教育的女性，开始有了思想觉悟甚至公开介入政治事务，关心国家大事，如秋瑾那样的女性决心把妇女的解放和革命联系在一起。

随着轻工业的发展，近代女工在新式工人中占相当大的比重。1916 年前后，全国共有男工 39 万多，女工 24 万多。其中江苏、广东、山东、安徽、浙江 5 省女工就达 20 多万人，占女工总数的 84％左右，有些省份的女工比男工还要多。[③] 同治末光绪初，上海租界内开始出现女性京剧演员。光绪二十年(1894 年)，上海出现第一家京剧女班戏园——美仙茶园，天津、北京等地也先后出现

① 章云保：《银行保证制度之研究》，《银行周报》1937 年第 2 期。
② 《论妇女作工宜设善章》，《申报》1888 年 4 月 1 日第 1 版。
③ 参阅程维荣：《中国近代宗族制度》，学林出版社 2008 年版，第 205 页。

此类戏班，并逐步实现男女同台表演。

在上海，现代的职业女性群体被称为摩登女郎，尽管当时多数职业妇女仍如以前那样从事传统家务。在20世纪30年代以后，在西方文明的侵入背景下，受到开放思想影响的女性以美丽、自信、活泼的形象出现在公共生活。20世纪30年代的一位作者曾经记录20年代末上海的女子理发师：公司的老板据说是一个新女性，员工全是貌美的女性，年纪轻，有一定的知识，这不仅方便当时追求时髦的女性来理发，而且也吸引了男性光顾，生意不错。① 此外，在近代也出现了最早的女子职业教育机构，培养了一些职业女性。在20世纪30年代以后，女子职业也有一定规模，"商号中雇佣女职员的潮流已风起浪涌，如先施、永安、新新三大公司现都雇佣女职员，以代男性，也有和男店员同柜的。其他如银行、各公司的书记和打字，尤以女性为多。华人创办之南市公共汽车，售票人概用女子充任，至南京路之女子商业银行，顾名思义，当然以女子充行员了"。② 另外，铁路、会计、大学教授、官吏、记者、编辑、律师等都不乏女子的身影。从事农耕、纺织、刺绣、渔业的女子暂且不论，从事女工、女佣、女堂倌、女说书、女伶的也多有见。

女子走出家门从事社会职业应该是男女平权、反对性别歧视和性别压迫的结果。但也正因为有着这样的道德诉求，女子从业在当时的道德舆论下也存在着某种被误解的现象。在上海，一些在男人身上具有积极、进步、健康和理性的生活往往在女性身上被视为相反。大工厂的生产方式促使妇女社会化，由此形成新的生产生活方式，妇女的许多行为亦开始与传统习俗、道德大相径庭，保守的士人非但不理解妇女承担家庭经济重担的苦心，反而责怪女工没有廉耻，以致当时从《申报》到地方小志，皆众口一词地严厉苛责。如：

吾乡农妇向端庄，少女专求纺织良。自设缫丝轧花厂，附膻集粪蚁蝇忙。（案：各洋厂雇用妇女，辄以数百计，害俗甚大。）

上工一路散工时，环绕浮头状醉痴。脚捏手牵诸丑态，竟容白昼众旁

---

① 参阅黄影呆：《从女子理发说到女子擦鞋》，《上海生活》1939年第7期。
② 郁慕侠：《上海麟爪》，上海书店出版社1998年版，第20页。

窥。(案:各女工种种丑态,招摇过市,全不避人,廉耻扫地矣。)

都是良家好女儿,刁强奸苦厂工欺。夭桃稚柳葳蕤质,骤雨狂风蹂躏时。(案:心计最毒者在厂男工,半用刁钻,半用强奸,哀此少女,几能自全耶?)①

往往有监工、收发等司事之人与妇女调笑……又有临出门时防其窃藏出外,人各搜检,虽系大庭广众之地,而亦不免于丧其廉耻。②

特别是,有些人囿于传统道德思维,对从事"下等"职业的人采取了某种歧视的态度,如针对女佣、女堂倌,较著名的文章有《女堂倌诱人财物》、《论女堂倌负情受辱事》、《讨女堂倌檄》、《禁烟馆女堂倌说》、《杜渐防微》、《查究女堂烟馆》、《惩办女堂倌案復讯》等,都带有时代的道德偏见。很多人认为,女性从业对传统道德生活有大的冲击,比如,男女大防的打破,见利忘义,不顾家庭本职,诱人为恶,等等。对于女子走向社会,有很多来自不公平的、反潮流的批评。有的认为,女子的天职就是生育,她们根本不适合参政,女子的见识低下,没有能力参政。女子应该在家处理家务,专于治内,女子从事职业会和治家发生冲突,相夫教子成为空谈。

当时,女子的职业之路是坎坷的,歧视女性从业的事件是经常的。北洋政府的《暂行民律草案》规定,不经过丈夫的允许,妻子不得从事职业。有很多单位要求女子不能结婚。有的女性职员还会受到男性上司的骚扰,造成巨大的心理压力和背负了沉重的道德包袱。《上海生活》杂志 1939 年第 4 期刊文《上海职业界的女职员》,对当时职业女子的处境给予了深切同情:"她们在生活的漩涡中挣扎着,而在这男性中心社会里,她们还是到处被利用,被轻视,被人侮辱为'花瓶'。"③特别是一些低级的职业,如女招待等,还受到顾客的欺侮,虽然也有人同情女招待为应酬的苦恼,但有的也认为是变相的娼妓生活,只会增加社会的罪恶。在这种情况下,女子从业同工不同酬的现象也

① 顾炳权编著:《上海历代竹枝词》,上海书店出版社 2001 年版,第 222 页

② 叶秀宝口述、程郁整理:《1950 年前后上海的纺织女工生活》,《史林》2011 年增刊,转引自杨蕾:《清末民初上海女性生活的嬗变与传统》,上海师范大学硕士学位论文,2012 年。

③ 杨公怀:《上海职业界的女职员》,《上海生活》1939 年第 4 期。

就不奇怪了。

3. 士人入职及其道德处境

清末政府无能，社会风气也走向腐败。科举制度也渐成作为知识分子的士人阶层晋升以改善自己生活处境的主要方式，以致科举过程作弊丛生，科举制使读书成为谋利的工具。加上士人过剩，科举难以消化，一些士人被迫走向社会逐利，加入到工商职业群体中来。1872年《申报》记载："上海为商贾辐辏之地，铺户林立，各省趋利之徒已少长咸集，而寒士之谋馆者，亦若以乐土之可居而群贤毕至。"①不少士人，已经开始从事商业活动。有些士人士绅为了谋利，还做出了与名分不符，甚至被视为下贱的行为，如有士人参与戏馆、妓馆、赌馆的经营，等等，以致引来不少批评，认为他们是"衣冠中之败类，知有利而不知有义"。

士人从事职业遭遇到前所未有的道德处境。首先，原有的社会现象及其承载的道德价值受到质疑；其次，知识被进一步贬值，士人的社会地位进一步降低；再次，士人入职，为西方科技文化思想及其道德价值观念的传入提供了方便。这些有知识的群体不仅为职业价值得到新的诠释创造了条件，而且带动了社会道德的转变。有的士人还开办新式学校，教百姓子弟学习不同的技能，可谓开民智之先。

4. 新旧行业的职业价值认同冲突

清末民初，不仅一些原有的行业得到了新的发展，而且出现了一些新的行业。对于新出现的行业及其从业人员的看法在中西文化碰撞的大背景下也呈现为不同的取向，特别是在道德认知上，有的新旧行业的职业价值认同还存在冲突。

西医是近代新出现的行业，这给传统的中医带来了冲击，并引发了社会上在支持中医还是支持西医之间的舆论战。如在对待尸体的态度上，西医对尸体的解剖触犯了国人固有的道德观念："保守尸体为吾国最神圣不可犯之旧习，国人见其如此也，遂哗然以为杀人食人，如水浒绿林之所为矣，百口辩解，终莫肯

① 转引自薛君度、刘志琴主编：《近代中国社会生活与观念变迁》，中国社会科学出版社2001年版，第321页。

信。”[①]尤其是中西医之间的病源争夺战也影响了和谐的医患关系的建立,使得这种讨论具有了道德评判的条件。中西医之间的斗争,中西医内部不同派别的斗争使得医界混乱不堪,医生之间相互诋毁,同行相轻。久之,病家也习惯双方的相互指责,往往在西医面前诉说中医的不是,在中医面前抱怨西医的无能。一些不良医生甚至为拉拢生意,用尽手段,道德泯灭,再经过《申报》、《点石斋画报》、《大公报》众多媒体的宣传,在全社会营造了乌烟瘴气、医德滑坡的医界现象。[②] 但有的激进的知识分子也迷信西医而排斥中医,他们把对西医的信仰和科学救国的理念联系在一起,就连鲁迅也认为中医为骗子了。我国第一部医学伦理学著作——宋国宾的《医业伦理学》指出了类似的问题:西医在中国确实曾遭遇前所未有的生存困境,特别是在废止中医的迷梦被打破后,西医受到来自患者和社会公众的强烈质疑,医患关系势同水火,西医被控案件时有发生,就连西医人士也毫不讳言,称这几年为“医讼年”。[③]

这种新旧行业的价值认同冲突是中国近代急遽变化的时代社会整体道德观念变化的表征。余英时在《中国知识分子论》中讲到,谭嗣同的《仁学》与康有为的《大同书》可以说互为表里。这两本书所构建的新社会基本上是以西方为模式,是一个接近空想社会主义的社会。《仁学》写于戊戌政变以前,而到了“五四”,不过20年,已经没有人讲“仁”了。这说明,在社会急遽变革的时期,随着新旧社会制度的交替和社会结构的变化,人们的道德观念发生了巨大的变化,理论正是现实生活的反映,这在职业生活中也不例外。

5. 职业的不平等依然存在

除了上述女性从业受到歧视外,还存在对职业职位的不平等对待。如据费孝通的观察:“在我们所研究过的工厂里,凡是学校出身的,决不愿意当技工,一定要做职业”,因为“职业不但是一个社会地位,而是动笔、动嘴,不动手的人物”。[④] 反映了传统等差社会道德习惯的延续。

洋行中的外国职员地位高,薪水高,在日常公事上对中国雇员颐指气使,十

① 江绍原:《中国人对西洋医药及医药学的反应》,《贡献》1928年第2卷第4期。
② 参阅朱慧:《近代上海医业道德与医患纠纷研究》,安徽医科大学硕士学位论文,2011年。
③ 宋国宾:《医业伦理学》,上海国光印书局1933年铅印本,第1~28页。
④ 费孝通:《论知识阶级(节录)》,陆学艺主编《中国社会思想史资料选辑》民国卷(下),广西人民出版社2007年版,第27页。

足显示出“洋大人”的作风和气派。中国职员往往处于附属的地位，收入也相对很低，客观上也反映了职业道德对不同国籍雇员要求方面的不平等。当然，在中国职员的价值观里，也可以表现出某种殖民的现代性来，如，一些在洋行做事的中国人，自视比一般中国人身份高，不大关心国家民族，在上海这类人被称为“西崽”或“洋行小鬼”。

此外，在企业内部的科层结构中，还存在上级职业与下级职业间的对立冲突，这种冲突也是由于岗位或者职业身份的不平等造成的。

傅斯年认为，社会上的各种职业都是平等的，只有各项事业都获得迅速发展，中国才会走向稳定和富强，因此，我们每个人都要树立平等、终业、精业的职业道德思想。只有认为社会上各项职业都是平等的，才会选择社会上急需的事业，选择最能发挥自己能力和特长的职业，从一业，爱一业，精一业，为社会作出自己的努力。傅斯年认为，当时中国社会的混乱和缺乏秩序，就是由于人们的职业混乱造成的。“现在中国内部里的秩序，实在是七岔八乱。一个人今天做买卖，明天做起官来了；去年当工程师，今年当政客了。”当时的人们，以做官为最好之职业，使尽种种手段投机钻营，谋高位，从而带来了百业萧条。这是由于人们职业虚荣心和侈养心造成的。虚荣心是受旧传统、旧观念的影响，认为社会上的职业有尊卑之别；而侈养心即以收入与获利多少为选择职业的标准。而要去除这种不正确的心理，就要树立所有职业均为平等的观念。他认为：“知职业原属平等，虚荣心斯不足据；知奉养之俭侈，与心神之局泰无与，侈养心斯无从生。”为什么社会上所有职业都是平等的呢？“惟其皆为社会所需要，自无从判别其尊卑小大”。正因为社会上各行各业都会是社会发展所必需的，所以都会要有人去从事，因此，社会上的职业都是平等的，无论从事什么职业的人都是平等的。有了事业平等的思想，就可以根据自己的特长，按照自己的兴趣选择适合自己发展的职业，从一业而终，做到对自己的职业精益求精，把职业作为事业，这样才能为社会做出应有的贡献。“操一业以终其身，与数易其职业，所诣浅深，未可比论。”①当时中国的混乱有其深刻的经济和政治根源，他把职业的混

① 《傅斯年全集》第五册，(台湾)联经出版社公司 1980 年版，转引自黄富峰：《傅斯年伦理思想研究》，《湖南师范大学学报》2000 年第 5 期。

乱当成社会混乱的原因，显然是不正确的，但他这种从自我出发的职业救国思想还是有其积极意义的。

二、职业道德生活的价值取向

近代中国社会所面临的主要矛盾以及中华民族救亡图存的根本任务，也深深地影响了近代职业生活的价值选择。

1. 爱国御辱

在近代，救国成为急务，挽救民族危机是各行各业的共同诉求。近代华侨商人回国投资，并首先投资于商业不是偶然的。他们在国外处于海外孤儿地位，具有爱国爱乡传统，有了一定数量的货币资本后，多愿回家投资。尤其在半殖民地半封建的社会里，内受封建的束缚，外受帝国主义的排挤、打击，更增加了他们的爱国热情，形成一支不可忽视的政治力量。他们出钱出力，反对帝国主义的侵略。如商人宋则久于 1913 年创办了国货商店，不同洋货打交道，他说："我作绸布洋货，于己有益而于国家有损。我干国货，干得好国家受益大，干得不好国家受益小，但总是于国于民有益的。"陈嘉庚(1874—1961)的爱国事迹更是值得称道的，他"心怀祖国，希望报效"，愿"尽国民一分子之天职"，一生创办的包括商业、财经院校达百所以上。他要求商业院校的学生要"养成德性，裨益社会"。他所说的"德性"，主要是指崇高的爱国主义。

近代的职业教育虽然不发达，但对学生大多强调爱国兴业。著名民族实业家张謇在教育即将就业的年轻人时，要求他们："须是将先知觉后知，先觉觉后觉之责任，人人肩上各自担起。肯理会、肯担当，自然不惮繁琐，不逞意气，成己成物，一以贯之。"①

在日寇入侵中国时期，各个职业更是大规模加入到救国的行列，形成了爱国高潮。20 世纪 30 年代的上海救国会组织，就包括了各个职业团体，如各大学教授抗日会、律师公会、中国工程师学会等。九一八事变、一·二八事变以及华北事变对作为社会精英的职员带来了民族主义的刺激，他们纷纷组成团体，以期为救国效力。1936 年夏秋之际，中共上海地下党组织派党员王明扬、石志昂

---

① 《张謇全集》第四卷，江苏古籍出版社 1994 年版，第 25 页。

联系洋行华员抗日救国会，参加了“华联”（上海洋行华员业余联谊会）的筹备工作，“华联”成立后，经常邀请上海著名进步人士做形势报告和以青年修养、职业道德为内容的知识讲座等。① 保险联谊会一方面积极组织保险业的员工加入抗日的队伍中，另一方面把救亡运动同日常工作和生活结合起来，参加各界支援抗战的捐献活动，组织募捐棉衣。

2. 职业义利观

中国传统道德在相当的历史岁月，在生产力发展水平不高的阶段，对于维系中华的集权统一，促进古代中国社会和个人利益总量发挥了积极的历史作用。但我们应该看到，随着社会商品经济的发展，传统道德中“不患寡而患不均”、“为富不仁”、“无商不奸”的道德理念，以及对社会财富增长的带动原理的认识的缺位，日益成为束缚社会和个人利益总量的误区。近代以来，随着中国被迫向世界资本主义体系开放，国内市场经济发展需求受到前所未有的刺激，民族工商资本主义从萌芽迅速向社会经济制度形态转型，国人的经济伦理观发生深刻变化——逐渐从自然经济道德向市场经济道德转型。

典型的就是中国传统义利观在开埠通商之后发生了动摇。洋务运动时期，不仅商人对重义轻利观念不以为然，就是朝廷官员和绅士们也不再奉为圭臬。绅士们纷纷为“利”正名，明确主张只有财才是人们生活的动力，有利而后知义，有义而后可以获利，真正的利己之道一点儿都不和道德相悖。到清末民初时期，随着工商立国和私人工商地位的确立，官商利益的分离，使这种观念进一步强化，并开始在制度层面予以确认，“求富”、“争利”和救国救民的天然对接，使之成为政府和民众普遍的社会意识和价值诉求。

3. 诚信公正

这是对中国传统商业道德的延续，如明码标价、包退包换等，在近代工商业中普遍得到践履。张謇对即将从事职业的学生讲，“修身之道，固多端也，即就不说谎、不骗人做去亦可矣。至于今日随波逐流、趋炎附势之事，均为社会之恶习”，而应该“勉循职分，保全信用，行之以谨，持之以恒，自得社会之欢迎”②。

① 参阅江文君：《近代上海职员生活史》，上海辞书出版社 2011 年版，第 367 页。
② 《张謇全集》第四卷，江苏古籍出版社 1994 年版，第 151 页。

1913年，张謇在视察银行专修学校时发表演说指出："学术不可不精，而道德尤不可不讲。中国商人之道德，素不讲求，信用堕落，弊窦丛生，破产停业，层见叠出。况银行员日与金钱为缘，更非有优美之道德，不足以恢宏信用，扩张营业。"①

重庆会计师公会与上海会计师公会在致实业部的呈文中认为，"会计师之职业道德以信用为第一义，而信用决非货币价值或殷实铺保所能表示"。②

4. 敬业服务

所谓"敬业"，就是要认识劳动的意义，对所习职业具有嗜好心，深刻理解自己所从事的职业的重要性，对所任之职业具有责任心。"乐群"是指具有优美和乐之情操，以及共同协作之精神，具有利居人后、责在人先的精神，服务于社会。张謇说："大世界今日之竞争，农工商业之竞争也。农工商业之竞争，学问之竞争，实践、责任、合群、阅历、能力之竞争，皆我学生应知应行之事也。"③

《往昔玲珑》中记载了一位应聘银行职位的女职员和主管的谈话，反映了对新进职业敬业而做好服务的职责要求：

主任：女士这次是及格的，而且很不错。

职员：学校教育是有限的，关于社会的服务经验，以后还请先生指导。

主任：现在已把你派在储蓄部里，这是你的正式委任书。

职员：谢谢先生。

主任：不过，有……有一件事，我需对你说，银行职业是高级的，服务方面随时要请你注意。④

傅斯年认为，在从事某项职业时，首先要树立为社会服务的意识，这样会具有"道德的勇气"，才会有不怕困难、积极奋斗的精神。他在《医生看护的职业与道德的勇气》的演讲词中，满怀激情地鼓励即将毕业的医学院的学生说："以中

---

① 《张謇全集》第四卷，江苏古籍出版社1994年版，第110页。
② 上海档案馆：《重庆会计师公会致电上海会计师公会关于资本额限制》。
③ 《张謇全集》第四卷，江苏古籍出版社1994年版，第204页。
④ 黄晓艳编：《往昔玲珑》，北京图书馆出版社2004年版，第113页。

国目前情形之苦难，经济的、外患的，皆登峰造极……那么，所患不在将来之多困难与阻力，只看诸位有不有向之奋斗之准备罢了。不患人之钦佩鼓励与否，只看诸君服务时所需的道德的勇气有多么大……负着这勇气到社会上去，无论中国有多少阻碍，最后的成功总是诸位的，敬祝诸位为国服务，前程万里。”所以，在傅斯年看来，只有树立为社会服务的崇高职业道德理想，才能做些实实在在的工作，为民众造福，为国服务，实现自身的价值。

但是，在职业兴盛的背后也有浑水摸鱼、趁机取利者。清光绪三十四年(1908年)出版的写实性小说《医界镜》，对那种不学无术、草菅人命、制假卖假、骗取名利的种种恶行劣迹给予无情的揭露、辛辣的讽刺。该书自序称：“近世以来各种小说风行一时，几乎无美不备，然有关卫生及医界者尚付阙如。如今儒林医隐主人有鉴于吾国同胞，大多数不知卫生，且悯医道颓败，有江河日下之势，而沪上之医尤为五方杂处，良莠不齐，病家难以辨别，其名又多敷衍庸浅，实不副名，深恐病家靡所适从，而罹其害，医家囿于习俗而趋于下。”

5. 各种社会组织对职业道德的建树

清末的行会制度是商品经济发展到一定水平的产物，各行各业都有行会。行会设立公所祭神，客观上起到了聚会在一起交流信息、议事的作用。行会都有各自的行规，体现着本行的道德要求，是本行职业道德的主要内容，要求大家共同遵守。太平天国时期，行会受到了很大的破坏；太平天国失败以后，行会组织重新活跃，但由于失业人口增多，手工业部门的竞争激烈，有的地方的行会组织排斥外来的同业手工业者，破坏了公平竞争，有的同行因此付出了生命的代价。同时，由于不同的地方存在着各式各样的同乡会，受传统乡土观念的影响，有些行业的专业技术多是在同乡中传授，也在一定程度上限制了本行业的发展和竞争。在一些行业中，往往集中了某一地方的人，如山西人往往经营票号，上海小刀会起义之前，闽广商人多经营糖业，上海的技术工人多为福建、广东和宁波人，上海墨汁厂的工人全部来自安徽婺源，上海地毯厂的工人来自北京、天津等。

社会组织对职业道德的建树功能体现在两个方面：

第一，同乡的或者同业的会馆等在近代的职业道德建树方面起了不可替代的作用。由于会馆兼有为会员提供福利性服务的职能，可以协调、统一本记本行的社会化活动，调解、平息同他人的经济纠纷和冲突，因此会馆制度的类似行规或者职业要求的规定往往能得到会员的自觉遵守，起到了类似宗族和邻里道德约束的作用。有的会馆还设立祠堂、神庙，祭祀祖先、拜神等活动也强化了此方面的道德对会员的影响。

第二，企业中的同乡组织增强了企业员工的凝聚力。当时的很多成功的企业家，如英美烟草公司买办郑伯昭、无锡荣氏等都招收本乡的人为员工，便于管理。

1917年和1928年，北洋政府和南京国民政府分别颁布了《工商同业公会规则》和《工商同业公会法》，对各类公会组织的功能进行了界定，如：(1)在政治经济活动、社会互动中，团结同业、代表同业利益与政府和社会各方交涉和发生关系；(2)在生产经营中为会员企业提供各项服务，如组织商品展览会，设立试验场所，推进先进工艺，成立产品质量研究会等；(3)协调规范同业经营行文，维持企业生产、销售和市场秩序，各同业公会对各企业的生产原料、工艺制造、产品质量都有严格规定，不准以次充好，也不准任意跌价竞争；(4)在市场环境或供货条件变化的情况下，以企业协调为基础，统一企业意志，进行行业决策，从而强化同业市场行为的有效性。① 这些规定已经赋予了此类公会类似商会的特征。

由于近代中国没有系统的工业和服务业，因此，下面只能选择当时主要的几种代表性的职业的道德生活进行梳理，以大体呈现近代职业道德生活的面貌。

第二节　忠德观念的嬗变与官吏道德

由于官吏道德的特殊性以及基于近代中国政权变换的特点和政权的多重

① 参阅邵雍：《中国近代社会史》，合肥工业大学出版社2008年版，第43～44页。

存在样态,本节拟按政权的结构性存在来分别论述忠德观念的变化以及相应的官吏道德的多样性。忠德观念直接决定着官德,忠于谁具有本源意义。

一、晚清的忠德观念和官吏道德

晚清时期,社会尤其官场从上到下腐败成风。加之社会生产凋敝,外国经济、政治势力入侵,资本主义的器物进入国门,西方的生活方式和生活观念涌入,造成了官场道德观念的多变和多元。晚清买官鬻爵现象严重,遑论官德。此处所论忠德,当然不包括那些蝇营狗苟之徒的欺君而害下行为——虽然他们对待皇帝和国家的道德也是当时"忠德"的非常重要的方面。因此,我们选择最具有典型特征的洋务派和维新派的"忠德"思想作为本小节的主要内容。

1. 洋务派的忠德观念和官德表现

洋务运动是清后期至清末时,清廷洋务派官员抱着"师夷长技以制夷"的目的,在全国展开工业运动。该运动自1861年底(清咸丰十年)开始,至1895年大致告终,持续了近35年。按目标的不同,洋务运动可分为前期、后期两个阶段。在两次英法联军失利、太平天国起义后,清廷上层为应对内忧外患形成了"洋务派"与"守旧派"两个阵营。以李鸿章、曾国藩、左宗棠、张之洞为代表的洋务派官员主张摹习列强的工业技术和商业模式,利用官办、官督商办、官商合办等模式发展近代工业,以获得强大的军事装备,增加国库收入,增强国力,维护清廷统治。洋务派基本都是官员,因此他们的忠德观及其政治实践和洋务活动可以等于他们的官德的外在表现。

统观洋务派的忠德,其与此前官吏对君主或者皇帝的效忠不同,他们更多地表现为忠于职守,基本能做到忠于朝廷和忠于公职的统一,这也是洋务派不同于庸吏和恶吏忠于君主和皇帝的最大特点。因此,他们的忠德基本可等于官德,就如曾国藩言:"以勤字报君,以爱民报亲。"①

曾国藩是洋务运动的代表人物,是晚清社会急剧变革中率先由儒家传统经世致用转向学习洋务以图自救的代表人物。因此,其忠德思想堪称儒家官德在近代转型的典型代表。如果非要总结曾国藩忠德思想的最大特征,那就是学以

---

① 《曾国藩家书》,三秦出版社2008年版,第82页。

致用而利国利民。

由于善于学习中国传统文化，特别是儒家的道德文化，曾国藩在做官和为人方面达到了常人不可及的境界。他说："天下古今之庸人，皆以一惰字致败；天下古今之才人，皆以一傲字致败。"①科举成名后，曾国藩跻身于仕途的最高阶梯，但他并没有志得意满，在读书上更没有半点松懈，反而加紧与学者之间的交往、交流，为的是使读书彻底摆脱科举的桎梏，朝着学术化、综合化的方向发展。曾国藩正是在这样一种新的文化背景下坚持读书，从而继承和阐发中国传统文化中"经世致用"思想，并且着力付诸实践。他留心"经世"方面的著作与学问，如饥似渴地阅读、圈识。随着政治局势的进展，曾国藩日益留心与参与国事，不断认识到经世之学的重要性。他在翰林院"详览前史，求经世之学"，升任内阁学士之后，更注意充实自己的经世才识。曾国藩曾说，朝中有人，不如胸中有才，以才服人，万事备焉。因此，在为官之道上，自有一套。

综观曾国藩的官德，可以理出其主要的几条内容："公心胜私欲"是他为官之道的原则。"清廉"、"勤勉"、"谦谨"、"血诚"、"恕忍"是他长期为官的经验总结，也是其在日常公务中遵循的道德规范。而"明察物伦"、"虚静居敬"、"反躬内求"、"博采众长"是其作为高官的道德修养途径。在和各种政治势力打交道的过程中，力求表现出"明理君子"的道德形象。曾国藩在传统文化向近代文化嬗变的过程中承前启后，其修身、育人、克己的思想及实践，被后学奉为"立德、立言、立功"三不朽的为官楷模。正是有此道德修养和坚守，才使曾国藩成为清末的"中兴之臣"和"洋务之父"。基于挽救朝廷危机和国家危亡的考虑，曾国藩积极支持洋务，在他的倡议下，建造了中国第一艘轮船，建立了第一所兵工学堂，翻译、印刷了第一批西方书籍，安排了第一批赴美留学生。可以说，曾国藩是中国近代化建设的开拓者。曾国藩说："忠不必有过人之才智，尽吾心而已矣。"②

曾国藩官德是多种思想的糅合，在这些思想中不乏小农意识和虚伪特质。政治上的保守，使他终日诚惶诚恐，战战兢兢，压抑个性；不时将报皇恩与报国

---

① 刘惠燕：《官道曾国藩》，中国华侨出版社2011年版，第101～102页。
② 《曾国藩全集·家书》，岳麓书社1985年版，第378页。

等同起来，也体现了作为一个封建王朝末世官僚和一个衰败的末代封建王朝的多重矛盾。在时局多变、命运多舛的时代，曾国藩的各种为官行为和政治实践多受时人和后人的议论。比如，他镇压太平天国起义，以残酷闻名，被称为“曾剃头”、“曾屠户”；在处理天津教案的过程中，为不致和法国开战，而处死了为首的中国人 18 人，并赔偿外国人损失 46 万两银。特别是后者，使曾国藩受到全国朝野的唾骂。这反映了其忠德思想和为官道德的复杂性和难以评价性。章太炎曾评价曾国藩说：“曾国藩者，誉之则为圣贤，谳之则为元凶。”孙中山基于“中华”的自我认知，也认为曾国藩是“汉奸”，在于他起到了延续清廷苟延残喘的作用。毛泽东评价曾国藩说：“愚于近人，独服曾文正。观其收拾洪、杨一役，完美无缺，使以今日易其位，其能如彼之完满乎？”[①]又说：“曾国藩是地主阶级最厉害的人物……近代中国人尤其湖南人，从权贵政要、志士仁人到青年学子，大多佩服曾国藩，佩服其治学为人和带兵做事……其政治立场和作为，自是站在历史进步反面的，但他毕竟是个复杂的人，有着多种身份的人，是个很多方面都留下自己影响的人物，所谓‘道德文章冠冕一代’，是中国封建专制阶级最后一尊政治偶像。”[②]

李鸿章是晚清最重要的中兴大臣。关于李鸿章的忠德和官德，我们不妨根据与李鸿章同时代的梁启超对他的评论来作表述。梁启超在《〈李鸿章〉结论》中评价李鸿章说：“李鸿章必为数千年中国历史上一人物，无可疑也；李鸿章必为 19 世纪世界史上一人物，无可疑也。”在拿李鸿章和诸葛亮比较时，梁启超认为，李鸿章是“忠臣也，儒臣也，兵家也，政治家也，外交家也”。梁启超认为，李鸿章的才智完全超过诸葛亮，但生不逢时，“得君不及”诸葛亮，没有得到当朝的赏识；但李鸿章和诸葛亮的那种“鞠躬尽瘁，死而后已”的精神还是非常相似的。在朝廷处于内外交困、岌岌可危的时候，李鸿章担当大任，即使在遭贬的情况下，毫无怨言充当与强大外国势力进行谈判的代表，在不得已的情况下签订了一些于中国有大损失的条约，因此遭到当时“俗儒”的谩骂，把李鸿章比喻为秦桧。梁启超认为，这种骂声出在普通百姓之口尚可理解，但士人出此言，就不可

① 《毛泽东早期文稿》，湖南人民出版社 2008 年版，第 85 页。
② 转引自王开林：《敢为天下先》，经济日报出版社 2007 年版，第 12 页。

理喻，梁启超称之为“狂吠”。

作为曾国藩幕僚出身，李鸿章也大体传承了曾国藩的忠德观念，立志为朝廷效力，为国效命，勤奋工作，在江苏任时就大胆惩治腐吏，提拔了诸如郭松焘、冯桂芬等在近代史上颇有影响和建树的晚清名臣。正如梁启超言：“李鸿章之治事也，案无留牍，门无留宾，盖其规模一仿曾文正云。其起居饮食，皆立一定时刻，甚有西人之风。其重纪律，严自治，中国人罕有能及之者。”这可能是对李鸿章的最高的评价了。据说慈禧曾称李鸿章为“再造玄黄”之人，李鸿章去世消息传来，慈禧也泪眼哀叹“大局未定，尚有不测，再也没有人分担了”。由此可知，李鸿章的忠德和为官之道已经得到当政者的赏识，同时得到了同时代也是为后人最为钦佩的近代思想家和社会活动家梁启超的认同。

现在看来，对李鸿章的忠德的评价似乎也是两分的。正面的观点认为，李鸿章恪尽职守，力办洋务，为中国图强立下了汗马功劳，同时以弱国大臣身份与列强斡旋，已经尽了最大努力，以最小代价换取和解，等等，都是他为国有利的一面。负面的观点认为，李鸿章在任上也有很多失误，比如避战而重视海防，1885年在完胜日本的情况下签订的《中日天津会议专条》给予了日本可以派兵进入朝鲜的权利，甲午战争中指挥失误导致全输，中法战争胜利后反而签订了不平等条约，在镇压太平天国运动时杀人过多（此事梁启超也认为在道德上有所缺憾），等等。

从守旧派和洋务派的斗争也可以看出当时洋务派之忠德的先进性。以倭仁为代表的顽固派，高唱“立国之道，尚礼义不尚权谋，根本之图，在人心不在技艺”，主张“以忠信为甲胄，礼义为干橹”，抵御外侮。洋务派认为顽固派“陈甚高，持论甚正”，然而“以礼义为干橹，以忠信为甲胄，无益于自强实际。二三十年来，中外臣僚正由于未得制敌之要，徒以空言塞责，以致酿成庚申之变”。洋务派提倡“中学为体，西学为用”，希望利用先进的技术维护封建统治，改革但不触动封建制度。洋务运动虽然没有使中国走上富强的道路，但是它引进了西方资本主义国家的一些近代科学生产技术，培养了一批科技人员和技术工人，在客观上刺激了中国资本主义的发展，对外国经济势力的扩张，也起到了一些抵制作用。然而，洋务派也是封建忠德的坚定维护者，反对先进道德和先进政治理念，这也是其最终失败的根源。

2. 维新派的忠德观念

较之洋务派，维新派为官的时间都比较短，但其为官前后的思想大体都包含了其忠德观念和官德思想。

在近代的道德革命中，对传统道德的反思构成了一条主线。面对内忧外患，有良知的学者和有识之士首先把这种反思的目光投向了自己所处的社会制度，把对传统道德的反思和改良或者改革社会联系在一起。这在“忠德”观上也有反映。

戊戌变法时期，维新派首先从否定君权神授入手，对君为臣纲和忠君之德提出了批判。谭嗣同在《仁学》中写道：“生民之初，本无所谓君臣，则皆民也。民不能相治，亦不暇治，于是共举一民为君……夫曰共举之，则因有民而后有君；君末也，民本也……夫曰共举之，则且必可共废之。”①

谭嗣同在其著作《仁学》中，对封建的“三纲五常”说教进行了尖锐、深刻的批判，并提出了“冲决君主之网罗，冲决伦常之网罗”的富于革命性的口号。关于“忠”的意蕴，他指出：“古之所谓忠，以实之谓忠也。下之事上当以实，上之待下乃不当以实乎？则忠者共辞也，交尽之道也，岂可专责之臣下乎？……古之所谓忠，中心之谓忠也。抚我则后，虐我则仇，应物平施，心无偏袒，可谓中矣，亦可谓忠矣。”②这一说法既揭示了“忠”的本义，又阐明了忠范畴的伦理内涵和特征，赋予忠以新的含义，超越了忠君、忠人的内涵。

谭嗣同曾言：“各国变法，无不以流血而成。今日中国，未闻有因变法而流血者，此国之所以不昌也。有之，请自嗣同始。”表达了他为国牺牲的慷慨之气，也诠释了他关于忠君与忠国关系的思想。戊戌变法失败后，谭嗣同被捕，在刑场上谭嗣同对周围的群众喊道：“为了救国，我愿洒了我的血，但是今天每一个人的牺牲，将有千百人站起来，继续进行维新的工作，尽其忠诚去反抗篡权。”③但传言谭嗣同被杀时，曾遭遇百姓扔白菜帮子之辱④，倘若此传言为真，可知改良之艰难，亦可看出当时民众在忠德上与先觉人民的不同。

---

① 谭嗣同：《仁学》，华夏出版社 2002 年版，第 102 页。
② 同上书，第 106～107 页。
③ 《记祖父谭嗣同二三事》，《百科知识》1980 年第 2 期。
④ 参阅《谭嗣同就义，老百姓为何拿菜帮子扔他》，http：//news. ifeng. com/history/1/jishi/200811/1111_2663_871688. shtml

作为维新派的领军人物，康有为反对君主专制政体，主张君主立宪。他认为君主权威无限"大背几何公理"，主张"立一议院以行政，并民主亦不立"。又说："君臣一伦，亦全从人立之法而出，有人立之法，然后有君臣。今此立法权归于众，所谓以平等之意用人立之法者也，最有益于人道矣。"①由此，康有为在中国明确提出了作为资产阶级民主立宪理论基础的身份平等观，是近代忠德观念的典型代表。正如当时的先进知识分子都把爱国和救国作为己任一样，康有为在近代也因此具有了多重身份。比如，他以其《大同书》被称为中国式的空想社会主义者，清末他是保皇党的领袖，民国以后，又成为复辟派的一个头面人物。康有为针对当时中国的情况，提出了保国、保种和保教的主张，认为要保国必须先保种，要保种就要先保教。他把孔教作为中国最具有群众基础的信仰，成立了孔教会。这隐藏了他对中国处境的深切忧虑和深沉的爱国情怀。1902年，康门弟子中有人主张"自立"。康有为在印度得知此事，立刻写信回国制止，他引用印度灭亡的教训(印度被分成许多小帮而被英国分化消灭)，坚持必须维护祖国的统一。康有为还提出了"科技救国论"、"银行救国论"等。当然，康有为的忠德思想有很多落后的地方，比如为复辟造势，托孔子改制而把孔子打扮成维新主义的大师，等等，都没有超出其所处社会背景和阶级的局限性。

梁启超可以说是维新时期乃至后维新时期的一个传奇人物，其在思想上可谓近代杰出的巨人。他早年追随其师康有为鼓吹变法，戊戌政变后一度同情革命，欧洲游历后又倾心于君主立宪，民国时期投身北洋政府，其后专心学术和教育。不能不说梁启超是与时俱进的，基于爱国、救国的理想，他的每次选择都是真诚的。他每次都想把成功的可能性发挥到极致，以期实现他救国的理想。与其他维新派一样，其政治活动的动机也是挽救国家之危机。他对祖国有深厚的感情，对祖国的落后而痛心疾首，他在《忧国与爱国》中说："今天下之可忧者，莫中国若；天下之可爱者，亦莫中国若；吾愈益忧之则愈益爱之；愈益爱之，则愈益忧之。既欲哭之，又欲歌之。"反映了他作为一介书生的踌躇满志和不得其志。

梁启超的文化修养极高，可以说他是当时知识面最全面的思想家和社会活动家。对于当时大多数知识分子来说，很多人都只是盲人摸象，以为窥一斑便

① 康有为：《大同论二种》，三联书店1998年版，第18页。

能知全豹。而梁启超与他们不同。梁启超几乎在各个领域都触及东西方文化的本质，他是那个年代在思想上与东西方文化的本质同时都最接近的人。而其他很多知识分子，大多只是在某一个领域、某一个侧面接近了本质。梁启超1929年去世，时人有挽联：

三十年来新事业、新智识、新思想，是谁唤起？
百千载后论学术、论文章、论人品，自有公评！

可谓对梁启超比较全面和公允的评价。

与维新派这种忠德观念相对，守旧派或者保守派的忠德思想也值得一提。1894年公车上书后，康有为成立强学会，同时办《万国公报》（后改为《中外纪闻》），介绍西学，抨击时政，鼓吹变法。但强学会在保守派的努力下遭到封禁，《中外纪闻》被停刊。保守派"坚信天道永恒不变，在政治实践中，表现为以不变应万变，拘泥于传统政治经验与历史经验相结合的治国之道，无视国内外局势的变化，坚持对封建统治阶级的一统独尊，排斥其他新兴社会集团分享些许政权，实行一种毫无适应力与弹性的僵化统治术。"①1896年梁启超在《时务报》发表了代表自己变法主张的《变法通议》在国内引起了巨大反响，主张废除科举，开学校，变官制，除女子缠足，提倡男女平等。但他的激进引起了两江总督张之洞为代表的守旧派的不满和干涉，梁启超被迫离开《时务报》。1897年梁启超到长沙推动湖南维新运动，使得湖南的变法运动一时呈现民气攀升、生机勃勃的样态，但也遭到湖南的旧官僚的王先谦、叶德辉的猛烈攻击，骂"康、梁主张民权，无父无君"。1898年9月21日，慈禧太后发动政变，杀害六君子，最终维新失败。

当时的政治生态以及维新派的思想水平，使得维新派人士对君主还抱有很大的幻想。从他们把棋子押在光绪皇帝身上，而事实上造成与慈禧太后的对立可知，他们的传统忠德观念中的道统思想仍然在发挥着影响，这种不重策略而重"君臣之情"的做法可能也是维新运动失败的原因之一。在这里我们也可以

① 王开玺：《晚清政治新论》，商务印书馆2006年版，第228页。

看出，晚清先进的知识分子在忠君和爱国之间的痛苦抉择及其妥协。如果对此加以评论，我们想表达的是，在忠君和爱国之间，维新派是倾向于爱国的，忠君是形式，爱国是内容。当然，由于他们找不到更好的爱国道路，他们的忠君思想往往还是拖在爱国躯体后的大尾巴。当然，这个忠君的尾巴已经不同于传统的忠君思想了，而是塞进了忠于国家和民族的内容。随着时代的剧变，有的尾巴甩掉的多些（如梁启超），有的尾巴甩掉的少些（如康有为）。这也不难理解，为什么梁启超后来还是坚持改良而反对革命，而力主自由制度的严复晚年参加"筹安会"并声称开明专制适合中国的国情。

对晚清先进知识分子官僚这种忠德或者官德的考察时，我们不得不提到支撑这种道德的思想基础和心理特征。一是晚清知识阶层在半个世纪的民族灾难和西学的风行中得到了锤炼，科技的、法律的观念是他们基于民族危机对西学认识的深化。改良派知识阶层将西学崭新的政治观、伦理观付诸实践，倡导了可怜的"百日维新"，对民族危难的认知和对西学的认同，是这种忠德或者官德的思想基础。这使得他们初步具有了知识分子的现代性，从而有别于传统的士大夫。二是他们突破了传统的乡土观念，在各大城市进行活动，开始以整体形象出现在中国政治舞台，并对传统官德观念不自觉地进行了改造。他们在观念上淡化了与政府、权力的关系，自觉担负起传统知识分子一直赋有的改造社会的责任。三是在本国民族危机和外国坚船利炮面前，他们都有一种屈辱感，这种感觉充当了忠德或者官德所以表现的内在驱动力，是知识分子道德心理和现实碰撞的产物。

在晚清，除了这些为国疾呼和牺牲的优秀官员外，在官德的层面上我们还不得不提到当时的捐官风气。随着晚清资本主义的发展，一些士人加入了商人的行列，经济地位的提高，也使他们有机会弥补仕途不达的缺憾，因为仕宦的传统社会特权和社会身份一直为商人们所艳羡。晚清为镇压太平天国和办洋务，清政府需要大量的经费，鼓励民间捐资买官，大开捐纳，捐价屡降，这使有钱的商人可以获得分享官宦特权的机会。像上海的商贾，十之八九都有官名，甚至有妓院老板而跻身官场者。一旦成了仕宦，有了官衔，即使没有实职，也可以穿官服，结交上流，被人高看一等。上海的大酒楼、戏院，是这些所谓的官宦经常聚会的地方，穿戴官服官帽的商人们在那里摆宴席，学着官员的模样打躬作揖。

当时有竹枝词讽刺说:“往来同市胜同寮,个个头衔五品高。官体学来真道地,一声是是一弯腰。”这些假官僚混淆了士与商的界限,从而也模糊了传统士人与商人之间的雅俗之别,也反映了晚清官德标准的不一和对效忠朝廷之主流官德的讽刺。在社会变化的过程中,官、商二者的精神追求也逐渐趋于一致;同时,这也带动了社会道德观念对此类现象的新的认识和评价。一方面,人们羡慕商人的物质生活,另一方面,却仍然认为商人的社会身份是低下的,是本性好利而道德低下。这也是迫使商人捐官的内在道德动机。他们成为所谓官员以后,似乎自我感觉获得某种道德上的优越感,甚至自鸣得意,瞧不起那些稍微正统的士人了。而士人对这些商人的讽刺,也表明了这种道德上的对立以及晚清士农工商阶层的混乱和道德观念上的纠结,以至于需要重新认识传统的对商人的道德定位。

二、革命派和民国初期的忠德观念和官德意识

在20世纪初,刘师培在其著作《中国民约精义》的卷二中古编“王应麟”条下的按语中,就“忠”的本义和今人的误解作了历时性分析。他说:“中心为忠,在古有训。盖以忠为中心,则中心云者,无所偏倚之义也。无偏倚,斯为天下之至平。古人以此训忠,其意盖谓凡人之性或偏于爱憎,或趋于势利,则一损一益、一利一害之形见矣。如能守忠之义,则凡事准乎公理,无畸轻畸重于其间,而后一群之治安可保也。今之训忠者,专以为在下事上之名,设为佣奴事主之格,稍有不顺,即字之曰逆、谥之曰叛,忠之名义既失,遂以斯字为顺之代名矣。后世不审其义,凡在臣民皆以忠顺之说引以为己责,于是任其上之百方要求,必委曲求合于斯格,以博身后之荣誉,斯则可怪之甚者也!”①这个理论已经颇有革命的内涵。

民国创建前后,以孙中山、黄兴为代表的革命派是以全新的政治面貌登上历史舞台的。道德重建是从传统走向近代的一个重要任务。辛亥革命后,孙中山对革命的得失进行了持续的反思,愈益清醒地认识到道德重建对于革命的重要价值。围绕着国民道德的革命与革命者的道德这两个方面,孙中山阐发了诸

① 刘师培:《刘申叔先生遗书》(十六)《中国民约精义》,宁武南氏校印1934年版,第18页。

如“人格救国”、“替众人服务”、“为主义奋斗”以及“为主义牺牲”等道德主张。这些道德思想为当时的民族民主革命提供了重要的精神动力与价值引导,代表了忠德思想的转变。特别是他提出的为众人服务的道德观,在晚清和民初具有开创意义。他把新的忠德思想和改造国民性格联系起来,使其忠德思想达到了前所未有的理论深度和政治实践取向。

孙中山从个体人格的完善和改良来论忠,从人格解放入手来释忠,把人格的道德要求纳入忠的伦理内涵之中。孙中山认为,一个健全的人格应该包括“公共心”的道德意识和“替众人服务”的道德取向。这种人格是基于民国和帝国的不同的,是政治制度之伦理要求决定了的:“民国是和帝国不同的:帝国是由皇帝一个人专制,民国是由全国的人民作主;帝国是家天下,民国是公天下。”①他要让全体国民知晓,正因为民国是“公天下”,所以国民须培养与之相适应的“公共心”。他指出:“吾人今日由旧国家变为新国家,当铲锄旧思想,发达新思想。新思想者何?即公共心。”②所以,“替众人服务”的道德就是这种人格的应然和必然的、合乎逻辑的要求。“替众人服务是高尚的道德潮流,代表人类进步的方向,理当成为改良国民人格的规范内容。”“现在文明进化的人类,觉悟起来,发生一种新道德。这种新道德就是有聪明能力的人,应该要替众人来服务。这种替众人来服务的新道德,就是世界上道德的新潮流。”③“替众人服务”的道德规范充分体现了以一己之力造福于他人、造福于社会的道德宏愿,对于造就国民高尚人格具有首要的道德价值;如果国民能以“替众人服务”的行为来实现和巩固“公共心”,则高尚的国民人格之养成便是顺理成章、水到渠成之事了。基于此,孙中山对“忠德”给出了自己的理解:“古时所讲的忠,是忠于皇帝……我们在民国之内,照道理上说,还是要尽忠,不忠于君,要忠于国,要忠于民,要为四万万人去效忠。为四万万人效忠,比较为一人效忠,自然是高尚得多。故忠字的好道德还是要保存。”虽然这里还是讲“忠”这一传统规范形式,但“忠”的道德内容却是革命的、高尚的,是孙中山对“忠德”的继承和发展。

革命党人黄兴也几度论及“忠”的意蕴。他说:“秦汉以降,学说庞杂,道化

① 孙中山:《孙中山选集》,人民出版社 1981 年版,第 572 页。
② 同上书,第 508 页。
③ 《孙中山全集》第 10 卷,中华书局 1986 年版,第 156 页。

凌夷，君主私其国家；而忠之一字，解释最误，竟以奴事一人为确证。循至胡虏僭位，奉为神明，专制淫威，流毒滋甚。家庭之际，亦不免骨肉参商。忧时之士，眷怀世变，积痛在心，谓非破此痼习，无以尊重人道，此论诚然。”①至于“忠”的确切含义，他指出：“非如腐儒学说专指忠君而言，凡做事能着实做去即谓之忠。古人所谓‘为人谋而不忠’即此。可悟忠字之确解。”②又言：“以忠言之，尽职之谓忠，非奴事一人之谓忠。”③黄兴反对把“忠”与忠君等同起来，具有倡导人性解放的意义。以“凡做事能着实做去”和“尽职”诠释“忠”，就使“忠”具有了某种职业伦理核心范畴的特征和属性④。

革命派领袖是如此说的，也是如此做的，在推翻帝制的过程中实践着他们对国家和人们的忠心。如此忠德观念也是当时各位辛亥志士固有，他们为民族独立和人民自由而甘于牺牲，确如秋瑾《对酒》诗所言：“不惜千金买宝刀，貂裘换酒也堪豪。一腔热血勤珍重，洒去犹能化碧涛。”

但是民国完成统一之后，由于封建官僚体系和旧有官德的影响，除少数有识之士外，民国官员并没有表现出对共和和民主精神的尊重，也缺乏对国家和民族的责任担当。如时人谷钟秀等人认为：今我国号称共和，但共和其名，而专制其实。处共和国旗之下，行专制淫威之政。究其实，道德堕落为政治窳败之原因。在他看来，民国人民付出沉重代价所汲汲购得者，不过“共和”两字之虚名与五色旗飘扬于空中而已，与所谓共和为人民谋幸福毫毛不相属。朝野士夫道德沦丧，厚颜无耻，言论兴旺发达莫不为金钱势力所左右。是非颠倒，黑白混淆，而公理正义一切弗之顾恤。谷钟秀直言不讳地指出：现今实质上之民国乃“官国”而已，亦可名之曰“官僚世界”。在他看来，作为帝国之产物，官僚在形式上虽随帝国覆亡而匿迹销声，然其潜势力尚弥漫于社会。民国政乱实源自官僚与非官僚之竞争。对其危害，张东荪一语道破说，官僚政治乃万恶之源。有论者指出，大好河山为官僚、流氓、盗贼所侵占，无复商量之余地。民国既为一“官国”，那么，官吏所为不外聚敛民财与穷治党人而已。因此之故，现今国家对于

---

① 《黄兴集》，中华书局 1981 年版，第 194 页。
② 《近代史资料》(64)，中国社会科学出版社 1987 年版，第 41 页。
③ 《黄兴集》，中华书局 1981 年版，第 193 页。
④ 参阅裴传永：《中国传统忠德观的历时性考察》，山东大学博士学位论文，2006 年。

人民，只见横征暴敛，非刑无法；国家机关所在予人民以痛苦。而如此政治不良导致诸业难以振兴。环视世界，各国致亡之由莫不归于政象险恶，各有附丽政象之一种恶精神。返观吾国，此一现象“尤为古今中外所罕见”。其根源为一“私”字所害。谷氏说：民国政府三年来一举一动，无一非私之心力所贯彻。“苟害于国家，利于一人也，虽犯万难必为之；反是害于一人，利于国家也，虽宜为之事，亦必不为。”①在他们看来，民国社会真可谓流氓满途，盗贼充国，狐鼠凭势，豺狼作威，生机已戕，益以聚敛。国家税款，公然朋分，假借官权，大营商业。舆论可以混淆，公道可以收买，遂令举国之中软化于金钱政策之下。先王之道不必学，名节之防不必谨，日惟权变相尚，使贪使诈，以风历天下。苟有能供利用而便吾私者，罔不兼收而并蓄之。且躬为无赖之行以为之则，而纳天下于邪。②由此看，整顿社会，建立新的政治制度，才是重塑官德的必然途径。

三、红色根据地的忠德观念和官德要求

说到近代的忠德和官德，红色根据地时期是不能绕过的。红色根据地是中国共产党在新民主主义革命时期在各地建立的政权所能覆盖的区域，作为一个特殊的相对独立的区域，对其行政人员进行忠德观念和行政道德的梳理是必要的。

红色根据地建立之初一直到其从中国历史舞台上退出，根据地政权所践履的忠德就是“为国家的独立和民族的解放而牺牲”，外化其“官德”就是“为人民服务”。而这种忠德或者“官德”，在于中国共产党及其领袖和党员对共产主义信念的坚定和对中国人民力量的坚定依赖。在革命和战争中诞生的井冈山精神、延安精神、西柏坡精神等都是这种忠德观的具体表现。

胸怀理想，坚定信念，是井冈山精神的精髓。这种对理想的坚守和对信念的坚持，是共产党人对中国革命光明前途的坚定信念和不懈追求，是战胜困难、战胜敌人的精神力量。这种精神力量能够转化为在战场上冲锋陷阵、英勇杀敌的勇气，即使面对敌人的屠刀，也能慷慨就义，视死如归；即使在艰难困苦的环

① 谷钟秀：《中华民国开国史》，上海泰东书局 1914 年版。
② 参阅赵炎才：《民初政治理想人格的时代重塑》，《天府新论》2007 年第 5 期。

境中，也精神饱满，斗志旺盛。艰苦奋斗，敢于胜利，是井冈山精神的重要内容。建立革命根据地，离开艰苦奋斗精神是无法实现的。毛泽东、朱德等党和红军领导人身先士卒，以身作则，带领井冈山军民自己动手挑粮、种菜、编草鞋、挖草药、熬硝盐、办军械厂，克服各种困难艰险，打破重重包围封锁，巩固和扩大了井冈山革命根据地。依靠群众，无私奉献，是井冈山精神在人生观价值观和道德情操上的具体体现，是井冈山时期的忠德的表现之一。在井冈山艰苦创业的过程中，红军始终关心群众，相信和依靠群众，同群众打成一片。井冈山精神的原创意义在于，它是对民族精神的创造性传承。自近代以来，与忠德相关的爱国主义已经成为忠德发展的重要内容。中国共产党人是马克思主义者，也是彻底的爱国主义者。近代以来，中国一步步陷入半殖民地半封建的境地，面对帝国主义、封建主义、官僚资本主义的三重压迫，面对西方列强的侵略和亡国灭种的危险，无数仁人志士奋起抗争，救亡图存，演出了一幕幕爱国主义的壮剧，可以说中国共产党的爱国精神是近代爱国精神达到的最高峰，并在这种爱国精神的激励下找到了国家独立和民族解放的正确道路。

革命圣地延安，既是红军长征胜利的落脚点，也是建立抗日民族统一战线，赢得抗日战争胜利，进而夺取全国胜利的解放战争的出发点。从 1935 年到 1948 年，毛泽东等老一辈无产阶级革命家就是在这里生活和战斗了 13 个春秋，他们运筹帷幄，决胜千里，领导和指挥了中国的抗日战争和解放战争，奠定了中华人民共和国的坚固基石，培育了永放光芒的“延安精神”，谱写了可歌可泣的伟大的历史篇章。延安精神的主要内容是全心全意为人民服务的精神，自力更生、艰苦奋斗的精神，勤俭节约、艰苦朴素的精神，默默无闻、勇挑重担的“骆驼精神”。

毛泽东在张思德追悼会上所作的演讲，是这一时期对为人民服务精神的最早概括。

1944 年 9 月 5 日，张思德在陕北山中烧炭，炭窑崩塌而牺牲。毛泽东在这篇演讲中说：“人总是要死的，但死的意义有不同。中国古时候有个文学家叫做司马迁的说过：人固有一死，或重于泰山，或轻于鸿毛。为人民利益而死，就比泰山还重；替法西斯卖力，替剥削人民和压迫人民的人去死，就比鸿毛还轻。张思德同志是为人民利益而死的，他的死是比泰山还要重的。”自此，“为人民服务”成为共产党人的道德要求。

中共中央在西柏坡的时期，是中国革命的伟大历史转折时期，也是我党民主革命过程中最成功、最辉煌的时期。在西柏坡，中共中央不仅领导新民主主义取得全国胜利，而且为实现党的工作重心从农村到城市、从战争到建设的转变，为从新民主主义向社会主义过渡开辟了通途。新的革命任务和即将面临的新的历史使命，促使共产党人继续对忠德进行思考，在如何对待自己，如何对待人民，如何对待胜利等方面进行了多方面的教育和实践，形成了西柏坡精神。西柏坡精神的主要内容是敢于斗争、敢于胜利的开拓进取精神，坚持依靠群众、坚持团结统一的民主精神，戒骄戒躁的谦虚精神和艰苦奋斗的创业精神。在西柏坡共产党的领袖阐述了将来如何执政、如何从地方割据转向领导全国的思想准备，是共产党“忠德”观的转型和新的“官德”观念的诞生。

第三节　新式学堂与教师道德

近代以前的中国传统教育机构，无论官办还是民办，无论庠序、学校还是书院，大都为传承典籍，力求修身养性，正心诚意，培养治国平天下之才。于学生而言，或者为求治国安邦之才，或为取功名利禄。这些机构中的教师，或来自官方，或来自民间，而来自民间者尤多，特别是私塾或者书院之类，多为民间贤达和鸿儒。这些旧式学堂虽然也有对教师的一般道德要求，但他们往往自律为主，愿意为弟子榜样，以培养满天下桃李和治国安邦之才为己任，是儒家出世精神的践履者。

但中国社会进入近代以后，随着西式文化的侵入，社会的开放，教育观念和教育机构大改，封闭的传统教育逐渐衰落，教育开始迈入近代化的门槛，政府办教育成为共识，同时对教师的道德素质及其职业精神也提出了新的要求。近代的教师，作为当时知识分子的主体，除了教书育人和培养学生的德性外，也自觉担负了改造社会道德的责任。

一、新式学堂的出现

近代新式学堂的出现基于两个原因：一是鸦片战争后的中国在为半殖民地半封建的社会状况下的政治和经济危机，传统教育已经难以适应这种既开放又受压迫的国际、国内形势的需要，难以培养出解民于倒悬、救国于危卵的人才。二是传统的科举考试弊病丛生，学校已经不是传播知识和培养有识之士的场所，科举的功利性带动教育的功利性，士子求学不为知识，更不为国富民强，而是求得功名。因此，学校成了科举考试的附庸，科举考什么，学校就教什么；科举怎样考，学校也就怎样教。科举考试的内容空疏，形式专制，考场作弊现象严重。“答策随题敷衍，无所发明，实不足以得人”；“词赋只尚浮华，而全无实用”①，八股文的结构束缚了士子的思想，致使不学无术之徒充斥晚清士林。整个教育的失败来自晚清政府的官场腐败，无论官学还是私学，均与官场有着千丝万缕的联系和利益勾连。由于不是为培养人才而进行教育，教育体制和教学制度陷于混乱。即使如最高学府的国子监，也无严格的管理制度，学堂混乱，学生入监读书，不过是为了取得一个进身做官的资格。这种功利取向造成了士子境界低下，他们毫无读书求学的渴望，常是口衔烟袋，手捧茶杯，东游西荡。作为教师，大多也无传道、授业、解惑之自觉担当，或以此度日，如同行尸走肉。政府对外实行闭关锁国，对内大兴文字狱，采取高压政策进行思想钳制；士子长期钻在故纸堆里，孤陋寡闻，不思进取，逃避政治，研究与现实毫无关系的义理、考据、辞章之学，形成了许多以考证为主要特征的学术流派；民族精神空虚乏力，思想界呈现出一片冷落沉寂的景象，社会上形成了“非朱子之传义不敢言，非朱子之家礼不敢行”的不正学风。这样的学术氛围是不可能造就有真才实学的人才的。

对此有深刻认识的洋务派和维新派人士开始着手改革教育，新式学堂应运而生。中国近代最早开办的新式学堂是洋务运动时期由洋务派在北京创办的京师同文馆，创办时间是 1862 年。后来才有戊戌变法时期康有为等人主办的京师大学堂，即现在北京大学的前身。

---

① 转引自孙培青：《中国教育史》（修订版），华东师范大学出版社 2000 年版，第 284 页。

洋务教育是近代中国官办教育的开端。两次鸦片战争失败后，在内忧外患中产生的洋务派，为挽救民族危亡，应付日益频繁的外交事务，以及在创办洋务事业过程中对于各种新式人才的需求，深刻认识到“自强之道，以育人才为本；求才之道，尤宜以设学堂为先”①，因此洋务派创办了一系列新式学堂。主要涉及外语学堂和军事技术学堂两大类型。京师同文馆是洋务派于 1862 年创办的第一所近代新式学堂，江苏武备学堂是洋务派创办于 1890 年的最后一所新式学堂。这期间洋务运动共创办新式学堂近 40 所，其中京师同文馆和福州船政学堂是清末洋务运动中最具代表性、影响最大的两所新式学堂，在中国近代教育史上占有相当重要的地位。洋务学堂的产生，适应了“西学东渐”这一主流趋势，所开设的教育内容主要有外国语、自然科学和实用科学等“西学”课程，成为和封建教育区别的重要标志。洋务学堂为近代中国培养了第一批翻译人才、外交人才、海军人才和科技人才，从而大大促进了中国教育近代化进程。

洋务派创办的新式学堂以学习西方的科学知识为目的，主要停留于器物层面。与洋务派不同的是，维新派建立的新式学堂则主要以学习西方的文化、思想和制度为目的。维新派认识到了国家衰弱的根本在于人才的落后，而人才的落后在于教育的不良和学术不能创新。因此，维新派创建新式学堂是为其变法服务的，并且是变法内容的一个重要的组成部分。维新派主张将教育改革作为变法之本，因而积极倡导新学。当时维新派创办了许多新式学堂，尤以康有为创办的万木草堂和谭嗣同、黄遵宪等主办的时务学堂影响最大。还有盛宣怀创办的北洋西学堂和南洋公学以及梁启超等人倡议的经正女学，可谓是领风气之先。其他类型的有通艺学堂、浏阳算学馆、绍兴中西学堂等，在当时产生了重要影响，培养了许多新式人才。

新式学堂的大量涌现出现在清末新政时期。1901 年 9 月 14 日，清政府颁布兴学诏书，下令全国各地书院分别改为大、中、小学堂，指出：“人才为政事之本，作育人才，端在修明学术……除京师已设大学堂，应行切实整顿外，着各省所有书院，于省城均改设大学堂，各府及直隶州均改设中学堂，各州县均改设小

① 转引自孙春芝：《略论洋务运动与中国近代化》，《山西大学学报》1996 年第 3 期。

学堂，并多设蒙养学堂。”[①]各地纷纷响应清廷的兴学诏书，新式学堂在新政时期如雨后春笋般获得大发展。据统计，1903 年，有新式学堂 769 所，1904 年猛增至 4 476 所，1905 年达 8 277 所[②]，其发展速度之快，令人难以想象。从中可以看出，此时的新式学堂逐渐成为中国近代教育的主体，从而促进了中国教育近代化的实际进程。

晚清的很多高等学堂，如公立的上海南洋公学（1896 年）、四川中西学堂（1896 年）、求是书院（1897 年）、京师大学堂（1898 年）、山东大学堂（1901 年）、中央大学（1902 年）、湖南高等学堂（1903 年）、暨南学堂（1906 年）、清华学堂（1911 年），私立的如复旦公学（1905 年）、中国公学（1906 年）、德文医学堂（1907 年），教会办的如圣约翰大学（1879 年）、文会馆（1872 年）、金陵大学（1888 年）、格致书院（1888 年）、东吴大学（1900 年）、沪江大学（1906 年），等等，都为民国继承，或在其基础上改变了名称，或在原有基础上得到发展。民国建立以后，还成立了一些大学，国立的如河南大学（1912 年）、国立武昌高等师范学校（1913 年）、东北大学（1923 年）、国立广东大学（1924 年）、国立师范学院（1938 年），私立的如北京协和医学院（1917 年）、南开大学（1919 年）、无锡国学专修学校（1920 年）、厦门大学（1921 年）、辅仁大学（1925 年）、光华大学（1925 年）、晓庄师范学院（1927 年）、立信会计学校（1928 年），教会办的如金陵女子大学（1913 年）、燕京大学（1916 年），等等。此外还有在红色根据地的陕北公学以及后来在其基础上发展而成的华北联合大学、华北大学等。

需要指出的是，各省新式学堂多为大学和中学，而小学堂并没有得到普及。自 1904 年建立近代教育体系以来，逐渐形成了金字塔式的学校系统，往往是大学建在省会，中等以上学校建在城市和县城，高等小学建在县城和大城镇。从中央到省、市、县的各级政府只对中、高等教育投入注意力和资金，而把初等教育放任给乡村和士绅甚至私人。清政府下令设立新式学堂以后，各省绅商纷纷在私塾的基础上设立公立或者私立的小学堂，私塾的地位受到动摇。1911 年以前，清政府对私塾仍采取改良的态度，但民国之后则由改良逐渐演变为全面取

---

① 转引自李国钧、王炳照主编：《中国教育制度通史》第六卷，山东教育出版社 2000 年版，第 261 页。
② 同上书，第 267 页。

消。1912年,浙江省曾一度发布通令:凡私塾设在学校附近一里半以内者,一律关闭。但是,所有这些变革都是缓慢和漫长的,那些模仿现代教育制度而在农村建立的少量新式学校并没有真正成为广大乡村教育的主流。①

二、近代教师的道德生活

随着新式学堂的建立,新式教师纷纷登场,他们展现了具有时代特色的职业道德面貌。

1. 献身教育,立志救国

讲近代新式教师,大学教师是具有代表性的。对于大学,蔡元培说是"囊括大典,网罗众学之学府也";竺可桢说大学是"求是"之地;张伯苓说"教育之事,非独使学生读书习字而已,尤要在造就人才,三育并进而不偏废";梅贻琦说"大学者非谓有大楼之谓也,有大师之谓也"。近代以来,特别是民国时期,正是因为有蔡元培、蒋梦麟、唐文治、张伯苓、梅贻琦、陶行知、马相伯、李登辉、郭秉文、竺可桢、茅以升、罗家伦、傅斯年、胡适等这些受近代文明熏陶、热情追求真理、具有崇高人格的教育家,全面提升了中国大学的品质。② 有这些人做导师,使得当时的大学培养了大批以后成为国之栋梁的人才。

梁启超在《时务学堂功课详细章程》中提出:"学生之成就与否,全视教习。教习得人,则纲目毕举;教习不得人,则徒糜巨帑,必无成效。"③在学生的学习成长过程中,教师起着举足轻重的作用。救国亦是如此:要大力培养维新人才,这样才能救中国,所以"救天下之道,莫急于讲学;讲学之道,莫要于得师"④。这是近代优秀教师的共同认知。

1892年,年仅24岁的蔡元培中了进士,26岁被授予翰林院编修。这位"年少通经,文极古藻"的年轻翰林,没有循着一般士大夫的道路走下去,甲午战败后《马关条约》的签订,让他意识到为民族国家和个人计,必须寻找一条新的道路。维新运动兴起后,他"一改旧日所学,留心西学,思想为之一变"⑤。1898年

---

① 参阅李涛:《浙江近代乡村教育史》,杭州出版社2009年,绪论第2页。
② 参阅李沐紫、杨倩、刘兆祥:《大学史记:近代中国的那些大学》,济南出版社,第14页。
③ 梁启超:《时务学堂功课详细章程》,《饮冰室集外文》上册,北京大学出版社2005年版。
④ 梁启超:《梁启超全集》第一册,北京出版社1999年版,第152页。
⑤ 唐振常:《蔡元培传》,上海人民出版社1985年版,第15页。

秋，蔡元培从京城辞职，回到家乡绍兴专研西方教育，并开始从事教育实践活动。1907年不惑之年的蔡元培申请留学德国成功，怀抱教育兴国的愿望，半工半读，以苦为乐。在德国期间，蔡元培感受了德国精神，对德国的哲学进行了系统学习和研究，理解了大学不仅仅是一个机构，更重要的是在于有新的人群，即近代知识分子的聚集；德国成为大国，与其先进的教育是分不开的。这使蔡元培认识到知识阶层在社会结构中的重要地位。蔡元培主政北大时，贯彻"思想自由，兼容并包"的办学原则，对各类人才不拘一格录用，其时就有胡适、鲁迅、陈寅恪、钱玄同、辜鸿铭、李大钊、陈独秀等一大批学术和政治主张不同的知名学者汇其麾下。他到任北大的演讲颇能见其治校之理念及其为师之德操。在这个演讲中，蔡元培告诫学生："诸君来此求学，必有一定宗旨，欲求宗旨之正大与否，必先知大学之性质。""大学者，研究高深学问者也。"蔡元培认为，当时人们指摘北大腐败，主要是在学生专门学习那些能够升官发财的学科，而招收学生有时候也以官阶取舍。学生当以努力学习为天职，不能仅仅为了某一个生计。同时，在演讲中，蔡元培要求学生要砥砺德行。他认为，"方今风俗日偷，道德沦丧，北京社会，尤为恶劣；败德毁行之事，触目皆是，非根基深固，鲜不为流俗所染"。作为大学学生应该以身作则，力矫颓俗，"诸君为大学学生，地位甚高，有此重任，责无旁贷"①。

蔡元培一改读书为了当官的教育陋习，提出读书为救国。许德珩在《吊吾师蔡孑民先生》一文中曾回忆道："先生把学校内部的空气变换了以后就提出一个'读书不忘救国'的口号来。""是在先生这个口号之下，改正了人们的思想，发动了当年的'五四运动'"。也因此，蔡元培要求学生把学业放到第一位，以学到的知识救国强国，认为"救国之道，非止一端。根本要图，还在学术"。即使在五四运动期间，他主张不要过分上街游行，而在学生被捕后，甚至以辞职相要挟以救学生。这是因为他看到了最宝贵的是年轻人，而他们是国家的未来。蔡元培还提倡解除女禁，开创了男女同校的先例。此举对社会道德亦有良好影响，可显示近代良师之职业良心。

① 蔡元培：《就任北京大学校长之演说》，陈学恂主编：《中国近代教育文选》，人民教育出版社1983年版，第332～333页。

蔡元培作为一代名师，具有独立自尊的人格，这与他强烈的爱国心和责任感是不可分的。在那个动荡的年代，学校事务经常遭到当局的干扰，蔡元培在任职北大10多年中有7次提出辞去北大校长职务，甚至发布与当局不合作的宣言，显示了近代优秀知识分子的勇气和独立精神。

值得一提的是，民国时期以梁漱溟、陶行知、晏阳初、高阳和彭禹廷为代表的乡村建设运动，是作为知识分子同时作为基层教师的一次改造社会的实践，同时也可以看作是教师救国潮流的一朵亮丽浪花。

20世纪前半叶的中国，生产力极其不发达，农村生产和农民生产和生活问题成为当时中国最棘手的问题。当时，农民的温饱尚不能得到满足，更谈不上教育、医疗保健等问题的解决。在这一时期的中国农村，天灾、人祸不断，国家动荡，军阀混战，匪患遍地，农民处于水深火热之中。农村“破产”，是当时朝野上下、社会各界的共同结论。这种破产，表现为大量农业人口因战乱和灾荒而损失或者流离失所；农产品滞销，价格惨跌，并致土地价格下跌；农村金融枯竭，农民购买力下降，负债比例和幅度上升；农民离村率上升，土地抛荒现象严重，等等。与经济落后相伴而生的，是文盲充斥、科学落后、卫生不良、陋习盛行、公德不修等不良现象。正是在这样的现实背景下，救济农村、改造农村逐渐汇集成一股强大的时代潮流。

在此背景下，蒋介石政府成立了“农村复兴委员会”，在加强对农村控制的同时，也想谋求改变农村现状的途径。1931年，蒋介石先后会见了晏阳初和梁漱溟，与他们讨论乡村建设。1932年，南京国民政府先后成立河南、山东、江苏和安徽等省的地方自治筹备委员会，指定晏阳初为河北省地方自治指导员，梁漱溟则负责山东的自治指导工作。1932年12月，在国民政府召集的第二次内政会议上，晏阳初、梁漱溟、高阳等人积极倡导发起全国乡村工作讨论会，并于1933年7月14日至16日在山东邹平召开了第一次全国乡村工作讨论会。在20世纪的二三十年代，全国从事乡村改良运动的团体达到600多个，建立乡村试验点或者实验区1 000多处。这些运动基本上都是由一批受过西方教育的知识分子所倡导，他们主张将自己的活动中心由城市转向农村，提倡到农村去，到民间去，提出复兴农村、建设农村等口号，致力于农民的教育和农村社会改造。他们认为，中国的问题不是政治问题，也不是经济问题，而是文化或者教育问题;中国不需要任何制度性的根本改革,而应返回到“农本社会”、“伦理本位社会”。[1] 他们的理想是乌托邦式的,不能了解农民的根本需要是生存问题。但不能因此否认他们对农村作出的牺牲,也不能否认他们作为近代知识分子的爱国情怀。

近代的知识分子大都关心时政和国家民族命运,这是那个时代知识分子的宿命和性格。特别是民国时期的学者,他们兼具传统士人的风骨,更因为习染了西学而具有现代批判精神。他们对中国的问题认识得比较清楚,而对西式文明也有了解,希望通过或渐进或激进的变革来改变中国的现状。他们的这种思想影响了学生,并把挽救民族于水火和救国于危难的希望寄托在学生或者教育对象身上,但仍不能免其时代的局限性。

2. 倡扬新德,改良风俗

近代的教师多为饱学之士,他们或者以学术观人生,或者以思想导风俗。他们继承了传统知识分子的入世精神,立言立德。这既是他们职业生活的一个重要的组成部分,也是近代文化发展史上的一道风景。

1912 年中华民国成立后,担任南京临时政府教育总长的蔡元培在阐述他的教育方针时,明确提倡“公民道德”。他说:“何谓公民道德? 曰法兰西之革命也。所揭示者,曰自由、平等、亲爱(博爱),道德之要旨,尽于是矣……三者诚一切道德之根原,而公民道德教育之所有事者也! ”[2]

1919 年 4 月 27 日,李大钊发表《废娼问题》一文,他认为尊重恋爱生活不可不废娼,公娼的存在使得自由的恋爱生活受到侵犯。他希望中国主持正义的男子和自觉的妇女联合起来,让社会不再有为人作娼、作妾的妇女,不再有拿人作娼、作妾的男子。从 1923 年 4 月到 6 月,仅在北京《晨报副刊》上发表的讨论稿件就有文章 24 篇,信函 11 件,可以看出以教师为主体的知识阶层想要破除旧道德来构造他们的新道德标准的努力。除了报纸杂志的宣传外,抨击传统婚制与提倡恋爱自由的剧目如《终身大事》、《孔雀东南飞》等更是带来了强烈的影响,在女性中掀起了“不能成为男子的玩物” 等强烈呼声。郭沫若创作了历史剧

---

[1] 参阅《浙江近代乡村教育史》,杭州出版社 2009 年版,第 3~4 页。

[2] 蔡元培:《对于教育方针之意见》,《蔡元培全集》第 2 卷,浙江教育出版社 1997 年版,第 10 页。

《三个叛逆的女性》，矛头直指旧道德，对贞烈、一夫多妻进行猛烈批评，要求建立新道德。大量的文学作品也通过描写知识分子对美好爱情与婚姻的追求来宣传新风尚，如胡适《尝试集》、郭沫若的《女神》等，对五四时期的青年进行"爱情启蒙"。而对一些影响较大事件的及时声讨则表现出教授们所倡导的新道德以及对传统贞操观的日渐漠视。如蔡元培和陈独秀前往北京女高师李超追悼会发表演说，胡适则替"一个素不相识的可怜女子"做了长达六七千字的传记。大学教授群体对新道德的树立起到率先垂范的作用。蔡元培提出新的征婚条件：第一，不缠足；第二，识字；第三，男子不得娶妾，不能娶姨太太；第四，如果丈夫先死，妻子可以改嫁；第五，意见不和，可以离婚。杨步伟和赵元任更是举行了一场新式的结婚仪式，不收礼，不操办，他们除了租一间房屋外，一概从简，意为破除近来新旧界中的俗陋和繁费的习气。随着新风尚和新道德的逐步确立，到 30 年代初，新式知识分子基本都采用文明结婚的方式。民国初年的大学教授，在理想与现实的矛盾冲突中，在身份认同迷失的困境中，他们认识到要建立一种新的文明标准，必须先打破旧的制度。狎妓不再是教授们所认同的雅事，他们对狎妓、纳妾等不文明的行为进行猛烈的批判，一夫一妻制成为主要的婚姻制度，而且新式婚礼成为教授阶层广受欢迎的形式。他们对传统道德与社会秩序的批判和对新文化新风尚的讨论，折射出社会转型过程中的深层面的变异，对新道德的建构同时也成为大学教授认同的文明标准。①

五四运动时期，激进的民主革命者提出了科学与民主的口号，涉及科学能否指导人生的问题。在人生观问题的争论中，持各种观点的知识分子纷纷加入，其中多为教师。如陈独秀提出了"科学人生观"，强调科学可以指导人生观，科学可以解决人生定向；胡适则主张"自然主义人生观"，赞同没有上帝等至上神的主宰、为适应自然环境和改造社会而追求幸福的人生观；以张君劢为代表的一派，以玄学反对科学，以"自由意识"代替自然科学，强调人生观是人的直觉与冲动，不受科学支配，科学不能解决人生观问题；以李石岑为代表的一派则以

① 参阅范文平：《文化趣味与身份认同——民国初年教授群的文化生活》，华东师范大学硕士论文，2010 年。

佛学人生观(生命哲学)反对科学人生观。这些人生观主张都是近代社会生活的哲学反映,是学者试图以其思想介入生活的尝试。

3. 良莠不齐,各有特点

作为知识分子的教师的道德也总是社会总体道德的一个剪影,他们的精神境界也是参差不齐的。

当时的教师虽多有主张西式道德,但仍不能脱离传统,显示了中国知识分子的特色,是整个时代交替时期道德观念的典型表现。如,严复在翻译约翰·穆勒的《自由论》(On Liberty)时,因找不到相应的中国观念和名词来翻译 Liberty,最后把 On Liberty 翻译为《群己权界论》,由此可以看出中国当时的个人主义与西方个人主义的异同:相同的都是肯定个人自由和解放的价值,不同的是西方以个人为本位,中国却在群体和个体的界线上考虑自由问题。① 有的高校教师甚至还保留着落后的个人生活兴趣,而与社会进步之道德要求相悖。比如,民国成立后,文人狎妓遗风尚存,在北京就以"两院一堂"的文人和官员为著。所谓"两院"即指参议院、众议院;"一堂"即指当时的北京大学堂。但北大秉承开放风气,对教师的个人生活不予干涉,而仅观其学术是否有水平。

辜鸿铭精通几个国家的语言,满腹经纶。但他是民国成立后北大著名的留辫子的教师,对君主专制情有独钟,甚至对传统文化的落后方面抱残守缺。他曾经和严复、林纾等几个人共餐时大放厥词:"恨不能杀二人以谢天下!"有客问他二人是谁,他回答道:"是严复和林纾。"严、林二人均在同席,严复涵养好,对辜鸿铭的挑衅置若罔闻;林纾则是个暴脾气,当即质问辜氏何出此言。辜鸿铭振振有词,拍桌叫道:"自严复译出《天演论》,国人只知物竞天择,而不知有公理,于是兵连祸结。自从林纾译出《茶花女遗事》,莘莘学子就只知男欢女悦,而不知有礼义,于是人欲横流。以学说败坏天下的不是严、林又是谁?"听者为之面面相觑,林纾也无从置辩。②

---

① 参阅余英时:《中国知识分子论》,河南人民出版社 1997 年,第 150 页。

② 参阅王凯林:《辜鸿铭:语不惊人死不休》,光明网:http://www.gmw.cn/02sz/2007-04/01/content_620232.htm

第四节 法律诉讼与律师道德

近现代中国社会仍是一个典型的宗法社会，宗法道德仍然在中华民族社会生活中发挥着很强的影响作用。宗法道德的依据是宗法等级，即血缘自然等次中的等级秩序，表现为家长制下的不平等。然而随着晚清、民国时期人们以平等互利为纽带的业缘关系日益取代地缘、血缘关系，日益成为日常生活中人际关系的主要类型，“契约”日益成为中华民族日常生活的重要道德范畴。所谓“契约”，是具有独立地位的个人或实体相互之间，自由平等的相互承诺与协约。从宗法道德转向契约道德，是近现代中华民族道德生活的又一个进步。

一、契约道德的产生和发展

1. 新型契约关系的产生和契约伦理的发端

在都市特别是开埠较早的上海等城市，人们最新接受契约道德生活范式，他们开始重业缘而轻血缘，重利益而轻地缘；重协议而轻强权，日益成为人们日常生活道德行为方式；重平等而轻尊卑，开始成为人们日常相处的道德观念；公共利益高于宗族利益，多方共赢优于一方单赢，开始成为人们新的道德理念；而广大农村人群契约道德生活范式也在缓慢发育。

在传统农村社会中，村庄的水面权属于祖宗传下来的宗族公产，本村人可以去打鱼，外乡人不能擅自进入打鱼。例如吴江县开弦弓村，河荡中的所有水产(包括鱼、虾、水藻)是村子的公共财产，“村里的居民对于这些水产享有平等的权利，其他村庄的人们则排除在外”。但是，晚清、民国以来，城市人或外乡人入村寻租、开发，人数越来越多，该村于是打破了祖宗的规矩，将水面租与外人。“1925 年，周村长把村西的湖中捕鱼的权利租给了湖南省来的人，这是由于那时村庄需要钱来修理河上自卫用的栅栏。签了合同以后，周向村民宣布，今后不得有人去该湖捕鱼。”[①]这一

① 费孝通：《江村经济》，江苏人民出版社 1986 年版，第 125 页。

个案中，恩惠族人的宗法伦理让位于优惠客商的契约诚信。

越来越多的农村人群寻求和建立超血缘、跨地域的经济合作与拓展机制。如台湾芦州的李氏家族，自清代乾隆年间李公正从福建同安迁移至台北芦州以来，经过四五代族人的不懈努力，终于形成了当地颇有社会影响力的大家族。他们首先着眼于传统农业，大量购买土地田园山林，但是在近代的条件下，又毅然走出家族圈，从传统农业经济中分化出来，跨地域从事工商业。如李氏六房次子李应梦，1915 年到 1921 年由农村芦州来到台北市，向店主王秋承包经营“丸王运送店”，1922 年又向“台湾运输组合”申请加入该组织，从而取得合法经营的同业资格，融入了台北市的工商业社会。之后，其他李氏族人也纷纷效仿，投入台北水果销售、建筑经营等工商行业中。这一个案中，聚族而居的宗族伦理法则已让位于市场取向的契约合作法则。

公共意识开始取代宗族意识，宗族势力控制农村圩市状况得到明显改善。农村的家族内部，“伦理差序格局”开始解构，成员关系、家庭关系开始出现“独立化”、“平等化”、“契约化”迹象。

(1) 中国农村发生了“家庭小型化运动”。例如，河南省巩县西侯村周家从 18 世纪乾隆年代后期，经过了 7 代人，百年来未分家，人口达到 99 口人；但在光绪三十三年(1407 年)当家的周永顺去世之后分家，就是因为在经济上难于管理之故。因为大家族的财产共有与小家庭的独立经营由于产权不清晰而存在矛盾，这种矛盾已不适应近现代农村商品经济发展的需求。只有家庭的小型化、独立化，从大家族支配中摆脱出来，才能打破家族大锅饭，才有条件与外界发生市场契约关系。①

(2) 族权渐渐式微。如河北省良乡县“凡一家中年长者为家长，一族中辈数较高者为族长，家族之事咸取决于家长及族长”。在 20 世纪三四十年代，在冀东农村，族长已成为一个历史概念，许多村庄已经没有了族长。据对乐亭、滦县、迁安、迁西、遵化、丰润、丰南、昌黎 9 个县 24 个村庄的调查，无族长的有 18 个，占总数的 75%。②

---

① 参阅周云光：《西侯“老七院”旧闻录》，《巩义市文史资料》第 16 辑。

② 参阅魏宏运主编：《二十世纪三四十年代冀东农村社会调查与研究》，天津人民出版社 1996 年版，第 367～369 页。

（3）男女平等迹象呈现。比如民初机器丝业的发展，增加了家庭妇女家庭外就业的机会，使妇女在家庭中的地位有所提高。如开弦弓村一位在村中丝厂工作的女工，因为下雨时丈夫忘记给她送伞，竟公开责骂她的丈夫。费孝通据此分析道："这是很有意思的，因为这件小事指出了夫妻之间关系的变化。根据传统观念，丈夫是不伺候妻子的，至少在大庭广众之下，他不能这样做。"[①]又如民国时期的革除妇女缠足的运动。

中国共产党领导的根据地人民建立新型的契约伦理关系，对宗法理念产生强大的冲击，反封斗争矛头直指族权、父权、夫权、神权。

从法律与道德生成机制来讲，所有法律都是在习惯法或自然道德基础上提炼生成的，而法律一旦形成，又会作为一种固定有形的载体，滋生与自身相配伍的法律道德，从而使社会道德不断高级化，法律从极限、预警的角度对社会发生着具有强制威慑力的道德教化作用。中华法系以其历史悠久影响广泛而著称于世，"以礼入法"的儒学法律化，也使得以儒家思想为核心的传统道德对社会有着极强的影响力。但是，我们应该看到，中国古代国家法律主要侧重于刑法的发展，对社会日常生活领域的民事、商事的规范规定极其缺乏，表现为民商法和私法极不发达，而这一领域的法律空白，不能不由各地方、各宗族的习惯法（霍布斯又称之为自然法或道德法）来弥补，这也使得传统道德在社会生活的主要日常领域长期处于习惯道德的水准：理性进化度不高，适用范围有限，互不统一，技术形式粗陋，极不严密完备，逻辑误区诸多，甚至常带原始野蛮，未能及时高级化到法制道德水平。近现代以来，我国全面引进西方法律制度，并结合国情，初步建立起近现代化的国家法律和司法体系，我国道德生活范式也因此而增添了全新发展动力的新杠杆，中华道德不断产生出许多与现代法律精神相配伍的新的道德范畴，从而开始了从习惯道德向法制道德转型。

但是，中国宗法社会并没有根本改变，宗法道德仍然是中国最重要的道德生活方式。在城市，宗法传统仍然保留浓厚的残余，如近现代民族资本企业大多保留着家族管理的特点；包办婚姻、宗族家长制仍在社会生活中相当程度地延续。在农村，宗法崇尚仍是主要的生活理念，如族权、父权、夫权、神权仍是农

---

① 费孝通：《江村经济》，江苏人民出版社 1986 年版，165 页。

民头上的四大绳索，表现在社会规范、族规家法依然盛行，表现为家庭关系父权、夫权、族权仍居强支配地位，包办婚姻、买卖婚姻仍相当普遍；表现在财产关系大家族与小家庭依然产权不清，如土地房产转让转租，仍奉行同族优先和宗族认同，经营自主权不完整；表现在族外关系，宗法崇尚仍然盛行，与外宗族发生经济矛盾、民事矛盾常引发宗族性的纠纷与械斗。

2. 法制生活的起步与近现代法律体系相配伍的法制道德初步形成

尊重司法独立，崇尚法律至上日益成为人们日常的现代公德。宣统二年(1910年)，浙江省城及商埠各级审判厅开办后，呈现出焕然一新的面貌："开厅伊始，惟期将旧问刑衙门之积习一扫而光，俾诉讼当事感激悦服，以维司法独立之精神。现在派出各员争思自勉，庭丁巡警人等亦无旧日恶习，逐渐进步。"①

捍卫法律，捍卫正义，日益成为崇高的社会伦理。如山东高级审判厅厅长张志秉公执法，对抗践踏法律的奉系军阀张宗昌，在社会上传为美谈，1925年，奉系军阀张宗昌担任山东都督，所有山东军政各机关首长概易其亲信，唯司法独立，直属政法司法部，军人不得干涉，所以只有山东高级审判厅厅长一职暂无更换，仍由张志担任。张志素以廉洁自持，讼狱为清，体恤民艰，执法如山，在民间有慈佛厅长之称。有一次，张宗昌的小妾亲属戚某，在烟台倚仗威势，私捕平民，欺诈取财，经被害人告发，诉至烟台地方检察官，将戚犯捕获证实，送交同级审判厅审明，判处戚某有期徒刑5年。戚之家属托求张宗昌解免。张宗昌公然命令山东审检厅长会令烟台地审厅，将戚某释放，并撤销承办此案的检察官推事。张志说："此事与法权存亡有关。"坚决拒绝。张宗昌亦无可奈何。②

学习掌握法律知识，日益成为人们的良好的心智追求。如清朝末年1904年开始，清王朝为了推进法制改革，在全社会兴起了举办法政学堂，推广法律知识，培养法律人才的热潮。1905年10月，成立直隶法政学堂，招生对象为45岁以下的直省候补人员。③ 宣统元年(1909年)，全国各省共设有法政学堂47所，学生12 282人，分别占学堂总数的37%和学生总数的32%，比例最高。这些学生主要是"已仕人员"，尤其是在职文官。可见，清王朝已高度重视在职官员的

① 中国第一历史档案馆藏《法部档案》，宪政筹备处，审判开庭，浙江福建，第32207卷。
② 参阅《近代中国大案纪实》上卷，《文史精华》编辑部编，河北人民出版社1997年版，第125页。
③ 参阅《直隶总督袁奏拟定法政学堂章程规则折》，载《东方杂志》第六年第九期。

法律知识培训，社会上学习和普及法律的热潮前所未有。此外，民间也兴起了建立私立法政学堂的热潮，并且得到了清王朝的认可，1910 年，“凡繁盛商埠及交通便利之地，经费充裕、课程完备者，一律准予呈设立法政学堂，以广造就”。① 甲午战后，大批志士留洋留学。初始，选学法政者，人数很少；而 1904 年以后，选学法政者，急剧增多。日本法政大学为中国留学生设立法政速成科，由清政府选取在官及候补官员，或者有汉文根底、20 岁以上士绅中之有志者入学，学制 1 年半。法政速成科自 1904 年 5 月开办，到 1906 年年底接收第五批学生结束，培养毕业生共计 1145 人。此后，留洋习法形成热潮。此外，宣统元年（1909 年），宪政编查馆奏定《法官考试任用暂行章程》，该章程共分 14 条，规定法政毕业生就职法官前必须参加法官考试；此外刑名幕友中之“确系品端学裕者”、举贡及五品以下京外官也具备资格参加法官考试。考试分笔试、口试两种，考试内容包括大清现行刑律、在用的其他法律和暂行章程及外国法典等。②

对法律知识的热切追求，蔚为风气，显著地提高了各地司法办案水平。比如，由于选拔了具备先进法律知识的法官，天津独立审判在试办数月后成绩卓著，“积牍一空，民间称便”，外国人也多有“到堂呈诉、请求审断者”，于过堂时则脱帽致敬，于结案时则照交讼费，悉遵该厅章程。③ 对弱者给予法律关怀，给人们的慈善事业注入了新的内涵。对犯罪行为的法律追究成为人们义不容辞的社会责任。

当然，从习惯道德转向法制道德的有限性是存在的。我国引进西方法律制度起步较晚，在近现代百年中，是后 50 年的事，这影响着习惯道德转向法制道德的进度和深度。由于中国资产阶级民主革命的失败，中国的司法尚没有完全独立的条件，权大于法，官大于法，有法不依，甚至军阀独裁者为了镇压人民凭借政权随心所欲，制定违反法律精神的“恶法”现象时有发生。民间的习惯法，仍强势存在，始终没有被取代。两千多年的封建专制主义积习很深，常常死灰复燃。由于中国民众的教育程度低，知法懂法群体小，法制道德在社会中形成面不广，仍远比不上习惯道德的影响面。

---

① 朱有：《中国近代学制史料》第二辑下册，华东师范大学出版社 1989 年版，第 491～492 页。
② 赵晓华：《清末法制改革中的人才准备》，《华南师范大学学报》2004 年第 2 期。
③ 参阅《光绪朝东华录》，中华书局 1958 年版，第 5694 页。

二、律师职业道德建设

与其他新鲜事物一样，律师也是外来的职业。洋务派开始就有意引进西方的律师制度。“中学为体，西学为用”是洋务思想体系的特点，要求保守中国传统封建文化，坚持把孔孟之道和封建纲常名教作为治国之本。在保持这一根本的基础上，为适应近代社会的需要，适当地采用西方的新式武器、工业技术，学习外国语言文字、政治法律知识，对封建专制制度进行枝节上的修改。根据这一思想体系，面对清朝末年变法改革的社会潮流，张之洞强调法律改革必须坚持维护封建纲常名教的原则。“三纲为中国神圣相传之圣教，礼政之本原”。“圣人之所以为圣人，中国之所以为中国，实在于此”。对这个根本问题，不能有任何的怀疑与动摇。从这种思想出发，在清末封建专制统治岌岌可危的局面下，张之洞主张整顿封建旧律。在对封建司法的弊病做了一定程度的批判后，联合两江总督刘坤一，从儒家仁政思想出发，针对《大清律例》，提出了 9 条改革措施，即禁讼累、省文法、省刑责、重众证、修监羁、教工艺、恤相验、改罚锾、派专官。其中心是一定程度地废除野蛮的刑讯制度，改善封建司法和监狱管理。与此同时，主张聘请西方国家的著名律师，制定商律、(铁)路律、矿律和交涉刑律。但张之洞极力反对“民权”，因此反对在中国本土实行律师制、陪审制，理由是实行律师制，就会使“讼师奸谋适得尝试”，将古代讼师和近代律师等量齐观，混淆了讼师和律师的区别及其性质差异。张之洞认为，由于中国人历来厌讼，故推行陪审制，就会造成出庭陪审者“非干预词讼之劣绅，即横行乡曲之讼棍”。①

但是律师制度的引进似乎是大势所趋，传统的讼师已经不能适应时代发展的需要。近代的社会转型为律师在中国的出现创造了条件。开明的洋务派人士沈家本、伍廷芳制定《大清刑事民事诉讼法》和《大清新刑律》，采用西方资产阶级的陪审制、律师制、罪刑法定、公开审判和审判独立等反映西方资产阶级民主、平等观念的法律制度。

1906 年 3 月，沈家本、伍廷芳等引进西方与日本法律，拟定《刑事、民事诉讼

---

① 北京大学法学百科全书编委会编：《北京大学法学百科全书 · 中国法律思想史》，北京大学出版社 2000 年版，第 1008～1009 页。

法草案》,设律师制度。沈、伍在草案中明确提出了从事律师职业的四个条件:一是法律学堂毕业资格;二是到高等公堂申请出庭辩护;三是必须有两名殷实之人提供品行端正、文凭无假冒的担保;四是向高等公堂宣誓:不作伪,不故意唆讼,不陷害他人。沈、伍在草案说明中强调,"拟请嗣后凡各省法律学堂,俱培养律师人才。择其节操端严,法学渊深,额定律师若干员……酌量录用,并给予官阶,以资鼓励"。① 由此可见,晚清政府在引入律师制度之初就非常重视律师职业道德建设,但是给予律师一定的官阶,又说明了晚清律师还未成为专业的职业身份,故还不是严格意义上的职业规范。

传统社会是道德治国,是人治。处理人际纠纷和经济关系依赖道德约束和人格自律,因此,对诉讼有一种文化上的抵制。特别是在司法不公、权力干预司法严重的情况下,人们对讼师的印象是不佳的,甚至是反面的不道德形象。讼师被视为拨弄乡愚、教唆诉讼的祸首而严厉禁止。

辛亥革命爆发后,伍廷芳立即发电催促清帝退位,并以极大的热情投入到民国法制建设之中。伍廷芳在改良司法方面提出了较系统的主张。他认为,中国不改良司法就很难"收回治外法权"。同时,他还认为,西方之所以强盛,欧美"富强之真相"也在于他们法制的优越。因此,要使中国富强,必须"尊重法律,崇敬法官","锐意改良司法"。他所说的司法改革主要有两项:一是司法独立,由"审判官""独扼法权",使"司法之权"虽"君主总统莫能干预"。二是"文明审判"。他反对刑讯,在任南京临时政府司法总长时,曾以大总统令的形式,正式宣布禁止刑讯。他主张实行陪审制、辩护制、公开审判。伍廷芳认为平权与自由"殆指律例上而言"。"国家法律,上下人须一律恪遵。位极长官,亦难枉法。犯者无论上下,一同治罪。此之谓平等也"。他的平等就是适用法律上的平等。他又说:"何谓自由,凡人于法律界内,不出范围,可以自由行事,无人可为拘制,如有稍涉拘制而不依法律者,即可执拘制之人,起诉于法官,或官或民,犯者一律惩治。"②虽然民初律师职业合法性与人权保障职责确立,但律师职业的有偿服务特点以及污名化讼师的不良影响,社会各界对律师整体评价负面,律师的

① 徐家力:《中华民国律师制度史》,中国政法大学出版社 2008 年版,第 17～18 页。
② 栗劲、李放主编:《中华实用法学大辞典》,吉林大学出版社 1988 年版,第 646～647 页。

贪婪与对强权的献媚屡有发生，不时臣服于金钱与强权之下，丧失了法律赋予的人权保障使命。最为人诟病的是律师道德操守沦丧。在民国时期，律师违反道德风纪乃至违法的事情时有发生，在相关文选以及民国档案中，律师“欺诈取材”、“殆行职务”的案件随处可见。律师欺诈与怠行职务不仅损害了当事人的权益而且严重违背了律师职业道德。在民国律师制度确立的当年 1912 年，《申报》就撰文对律师职业道德表示担忧：“各国之有律师，所以尊重法律保护人权也。乃中国自行律师以来，一般无学识之徒及从前专以刀笔为生涯者，亦皆厕足其间，颠倒是非，其遗害实甚。”①与此同时，大多律师也强烈感受到加强律师职业道德建设应对律师执业危机的重要性。针对律师“流品太杂，恶草害稼，恶马害群，惟社会不察，遂疑操是业者悉颠倒黑白，舞弄文法之徒”，北京律师刘震呼吁加强律师职业道德品质的教育与培养，完善律师章程与律师公会会则有关职业行为与风纪，制定一部更为全面的律师道德法，提高律师职业道德标准，加强律师职业道德监管，增加社会对律师的信任。正是在国家与社会共同呼吁下，民国政府在建构律师制度之初就非常注重律师职业道德规范与建设。②

1911 年辛亥革命爆发，清政府被推翻，中华民国建立，各地方政府相继建立现代法院，推行律师制度。北洋政府于 1912 年 9 月 16 日颁布《律师暂行章程》来规范地方律师制度。该暂行章程从“律师义务”和“律师德义”两个方面规定了律师职业道德内容。1913 年 3 月、12 月，1917 年 11 月先后三次修正。1918 年 1 月 1 日起施行。1920 年 4 月第四次修正。共 7 章 39 条。规定：“律师受当事人之委托或法院之命令，得在通常法院执行法定职务。并得依特别法之规定，在特别审判机关行其职务。律师得受当事人之委托，为契约遗嘱之证明，或代订契约等法律文件。”对于律师的资格，规定限年满 20 岁以上的男子，并须“依律师考试合格，或依本章程有免试之资格”。详细规定了“不经考试得充律师”者的资格要求，以及不得充任律师的条件。规定取得律师证书的律师应列入律师名簿。第 5 章关于律师的义务，规定：“律师执行职务时，不得兼任官吏或其他有俸给之公职”，“不得兼营商业”，“不得辞法院所命之职务”，“不得收买

---

① 佚名：时评，《申报》1912 年 11 月 1 日。
② 参阅李严成：《民国时期律师职业道德的规范与监管》，《伦理学研究》2014 年第 2 期。

当事人间所争之权利”,“对于委托人,除约定之公费外,不得别立名目索取报酬”,“不得利用委任关系,别为利益自己、损害委托人之法律行为”,“不得故意延滞诉讼之进行”。第6章还对律师公会有所要求,规定:“律师应于地方审判厅或高等分厅附设地方庭所在地,设立律师公会。律师非加入公会,不得执行职务。”“律师公会受所在地地方检察长或高等分厅监督检察官之监督。”从而在组织上保证律师的道德要求。在第7章还专门规定了惩戒制度:“律师有违反本章程及律师公会会则之行为者,律师公会会长应依常任评议员会或总会议之决议,声请所在地地方检察长,将该律师付惩戒。”惩戒处分分为训诫、停职(1月以上,2年以下)、除名三种。“受除名处分者,非经过四年,不得再充律师。”

《律师暂行章程》中有关律师道德义务规定在律师执业中明显表现不足,司法机关在1915年又专门制订了《律师应守义务》作为补充,为使其更加符合实际,次年予以修订。《律师应守义务》主要从律师与当事人的关系、律师疏忽责任以及律师诚实信用原则三个方面规范律师职业道德行为。因《律师暂行章程》已专章设“律师义务”,这样《律师应守义务》独立存在显然与立法体例相悖,1920年公布修订后的《律师暂行章程》除了新设律师义务外,将原已生效的《律师应守义务》并入。随着《律师暂行章程》、《律师章程》以及《律师法》相继修订,律师道德义务得以进一步完善与强化。

民国律师职业道德由律师公会这一行业组织具体规范与监管,是律师职业专业化、职业化的内在要求,因此国家授权律师公会监管。律师公会依法制定律师公会会则(章程),上报国家最高司法机关批准执行。律师公会会则对律师资格、入会及退会、职务范围、权利义务、收费标准、道德纪律、礼节以及公会领导机构都作了详细规定,是规范、指导律师行为的总章程。各律师公会会则设“德义”或“风纪”专章具体规范律师从业道德标准,规定律师对当事人就法律条款应作“和平解释”,不得为取悦当事人作任何“稍存偏倚”解释,不得涉及与案件无关的情节;律师不得沾染“不良嗜好”,即吸大烟、赌博、嫖娼等。雇佣人员也必须品学端正,不得沾染不良嗜好。① 律师公会的会长除了专业知识超群外,

① 佚名:《上海律师公会建议律师界四大改革》,《民国日报》1929年4月4日。参阅李严成:《民国时期律师职业道德的规范与监管》,《伦理学研究》2014年第2期。

还须道德高尚。如，天津律师公会改选会长时，有记者采访选举预测，有舆论就认为“现任会长许云舫，为人忠诚和平，且法律学识宏富，又为律师界之道德家，多认许会长有连任之希望云”。[①]

另外，律师公会还负有社会责任，这同时也是律师会员的道德义务。如，1935 年 3 月 31 日，天津律师公会正式成立贫民法律扶助会，对贫苦民众无偿予以法律扶助。天津沦陷后，律师公会仍未停止活动。日本投降后，天津律师公会又重新成立，并于 1946 年 3 月 27 日在天津私立河东中学礼堂召开了第一届会员成立大会。会议通过并公布了《天津律师公会章程》，选举产生常务理事 3 人，理事 6 人，候补理事 3 人，常务监事 1 人，监事 2 人，候补监事 1 人，共有会员 310 人。1946 年 10 月，天津律师公会制定公布了《天津律师公会平民法律扶助实施办法细则》，共 25 条。《细则》对法律扶助之对象、任务作了具体规定。[②]

1929 年 4 月，全国律师协会在南京召开大会，上海律师公会代表吴迈以上海律师公会的名义提出屏除嗜好提案，获得十余省代表赞同并署名。吴迈指出：“夫人必自侮然后人侮之，易言之，即人必自重者然后人重之。烟赌两项，最足为品行之玷。每见多数同人，不惟视赌博为寻常，甚且眈鸦片如性命，习非成性，殊甚痛心。兹姑置禁赌不谈，至于吸烟一层，以后应由本会规定严密办法，通令各会，凡入会者须令先赴当地拒毒会或禁烟委员会，取其证明查验，并无嗜好证明书，其已在会之会员，每六个月定期聘请医生，公开调验，若涉嫌疑，限期戒绝，违者或抗不听验者，悉予除名，并通告全国各会，禁止转移，加以名誉上之制裁。”对于吴迈提议案，上海各大报纸如《申报》、《民国日报》等竞相报道，并认为是上海律师公会改革律师职业道德大纲。但上海律师公会则认为该提案称“每见多人嗜好烟毒”与事实不符，上海律师公会素重风纪，严厉禁止吸食鸦片。[③] 而吴迈坚持认为律师界普遍存在吸食鸦片现象，为维持律师风纪，“图同业人格之向上”，要求律师公会必须“自涤其污”。[④] 1931 年 2 月，上海律师公会

① 天津市地方志编修委员会办公室、天津图书馆编，郭凤岐、陆行素主编：《益世报》，《天津资料点校汇编》(一)，天津社会科学院出版社 1999 年，第 524 页。

② 参阅来新夏、郭凤岐主编：《天津大辞典》，天津社会科学院出版社 2001 年，第 253～254 页。

③ 佚名：《上海律师公会建议律师界四大改革》，《民国日报》1929 年 4 月 4 日。参阅李严成：《民国时期律师职业道德的规范与监管》，《伦理学研究》2014 年第 2 期。

④ 吴迈：《呈司法行政部文》，中国第二历史档案馆藏。

起草整顿律师风纪方案呈请司法行政部核准。此外,上海、四川、天津等律师公会先后曾在20世纪30年代通过加强整顿律师风纪的决议案。

虽然各律师公会章程在职业道德内容上详细规范并严格监管,但南京国民政府为因应"党国体制"与战时体制的需要,逐渐收回了国家授权监管模式。1936年南京国民政府司法行政部颁布《律师公会标准会则》,要求各律师公会不能超出国家标准。1944年社会部、司法行政部进一步制定《律师公会章程订立办法》,指导各律师公会遵照修订。国家通过上述举措逐渐剥离了包括退会处分在内的律师职业道德监管权,进而强化了对包括律师公会在内的行业组织控制。

律师公会对律师违背律师道德与风纪的监管,主要通过提请律师惩戒委员会惩戒与行业自律两种方式。民国时期对执业律师的惩戒主要由高等法院组成的律师惩戒委员会实行,律师公会仅有提请而未有参与惩戒权,有律师公会试图借鉴西方增强律师公会的监管地位,但大都无功而返。20世纪30年代汉口律师公会因律师会员的阻力失败,上海律师公会也在1928年草拟《上海律师公会修正暂行会则》使用"提付"惩戒,被司法行政部指令修改为"提请"惩戒。

虽然传统讼师欺诈形象在人们大脑中消除不会因民国时期其合法身份的确立一蹴而就,但起初人们还是对律师的主持社会正义、实现社会公平、作为人权保障寄托着厚望。民国肇始,人们亦试图以西方律师为标准对待本国律师,一度出现"当事人对律师异常尊重,法院方面尤其优待律师"①的局面。国家与律师界本身对这一职业定位为"高尚职业",非其他职业可比。在法律地位上,律师与检察官、法官处于同等地位,共同构成司法三大职务;在职业性质上,定位为非营利性社会公职。律师与律师公会也试图以此作为律师职业最高理想和执业标准。但随着律师双重监管模式的失效,律师道德监管缺失,因而展现在世人面前的民国律师多是奸诈、唯利是图的画像,媒体更是将其描述为"讼棍"、"现代刀笔吏"、"黑律师"、"妓女律师"、"花花律师"等负面形象。民众自然把对律师的不满与讼师的欺诈联系起来,不满与痛恨与日俱增。民国政府制定、颁布了太多、太复杂的法律法规对律师公会实行党政军警全方位控制,还嫌

① 尤英夫:《中国律师制度概论》,台北出版社1972年版,第7～10页。

不够,在1935年汉口律师公会改选纠纷发生后,还发出“除《律师章程》外别无其他法律可以制裁”的感叹。

同时不能否认的是,近代律师和律师制度虽然存在各种弊端,但在近代化过程中具有不可忽视的地位和历史作用。有良知的律师积极参与救助弱势群体,维护犯人的基本人权,积极捐资而改善在押犯人的生存条件;推动立法,保障人权和进行冤狱赔偿运动;参与收回法权运动,维护国家主权和民族尊严;在抗日战争时期积极参与救亡运动。1923年在京汉铁路工人大罢工中牺牲的共产党员施洋(1889—1923年)就是一位这样的律师,1922年6月施洋加入中国共产党,同年被聘为汉口江岸工人俱乐部、武汉工团联合会、粤汉铁路徐家棚工人俱乐部法律顾问,参加了粤汉、京汉铁路大罢工斗争。1923年2月1日在郑州率领工人群众冲破军警阻拦,参加京汉铁路总工会成立大会,领导工人向军阀吴佩孚作斗争。会后回到武汉领导当地工人与各界人士支援京汉铁路工人罢工。2月7日被反动派逮捕,在法庭上与敌人进行针锋相对的斗争,15日在武昌英勇就义。由于他与工人打成一片,处处维护工人群众的利益,献身于工人运动,在当地工人中享有很高威望,深受爱戴,被称为“工人大众的律师”,又称“劳动者的律师”。他们构成了中国近代史上一道独特的风景。

第五节 报刊出版与编辑道德

1912年10月22日,梁启超在报界欢迎会致辞时说:“去秋武汉起义,不数月而国体丕变,成功之速,殆为中外古今所未有。……问其何以能如是,则报馆鼓吹之功最高,此天下公言也。世人或以吾国之大,革数千年之帝政,而流血至少,所出代价至薄,诧以为奇。岂知当军兴前军兴中,哲人畸士之心血沁于报纸中者,云胡可量?”①梁启超对近代本刊功能的感慨是有切身体会的。上海是开埠最早的城市,其新闻力量的发展也是最先进的。《申报》是当时最为有名的报

① 梁启超:《鄙人对于言论界之过去及将来》,见《〈李鸿章〉结论》,第251页。

纸，由英国商人美查创办于 1872 年。虽为外国人投资兴办，但主笔都是华人。这些华人都是满腹经纶，并且社会阅历丰富，其对时局的评论大多中肯，非常受国人的欢迎，迎合了人们对国家和民族危机的关心，《申报》一时成为全国最大的报馆。时人有评："巷论街谈费讨寻，一时声价重鸡林。蜃楼结撰虽无碍，清议原存愤世心。"①

中国近代是中西思想文化激烈碰撞、社会生活急剧变迁的时代。与此相适应，在这一历史阶段，随着知识传播的需要，编辑群体开始出现，并呈现为近代独特的历史文化景观。对编辑本身的关注应该成为对近代文化进行考察的一个重要方面。在那个时代，为各类知识传播服务的先进知识分子编辑们也以他们的天职思考着自身的角色定位和职业要求，构成了当时编辑群体的自我认识，展示着其时编辑群体特有的职业精神，标志着中国编辑队伍职业意识的初步形成。先进知识分子编辑群体特指那些勇于担当时代责任而不随波逐流的报刊出版职业工作者，这些人构成了近代文化传承和参与文化碰撞的重要力量，有别于那些纯粹为谋生的"小报"编辑，后者的"不思进取"也是前者在办报刊过程中坚决反对的。他们的职业因构成了中国近代文化发展的重要环节而具有特殊的值得纪念的地方，其职业精神就是这一群体共同展现的职业意识、职业素养和职业操守。

一、坚守宗旨、救国新民的价值取向

对于近代中国的衰弱，先进的知识分子都有切肤之痛，他们普遍认为，"中国之弱，由于民愚；民之愚，由于不读万国之书，不知万国之事也"。② 因此，作为编辑的知识分子首先把办报刊的宗旨定为开民智、新国民以图救国，并将这样的宗旨在办报刊过程中一以贯之。

同治年间，为传教士在华的民间出版机构做编译的王韬，留心于普法战争的报道，收集了很多战事记录汇编成册，名为《普法战纪》，目的在于惊醒国人，不要因当前的劣势而沮丧，而要抓住时机，养精蓄锐，一雪国耻，充分表达了他

---

① 李默庵：《申江杂咏》，转引自李长莉：《晚清上海社会的变迁——生活与伦理的近代化》，天津人民出版社 2002 年版，第 34 页。

② 梁启超：《梁启超全集》，北京大学出版社 1999 年版，第 1048 页。

的爱国主义思想。他还给当时任福建巡抚的丁日昌写信，建议福建设立肄习舟师馆和翻译西书馆，收集、翻译各国的各个专业的典籍为我所用，以备不时之需，体现了他“位卑未敢忘忧国”的情怀。① 王韬面对列强在华的报刊对中国的事务指手画脚十分愤懑，主张中国人应编辑自己的西文报刊进行反击。他认为，要学习西方、了解西方并且反击西方，非编辑报刊不可，“汇观各处日报而撷取要略，译以华文，寄呈总理衙门”，让朝廷在应对外国时胸有成竹。移居香港期间，王韬1874年主办《循环日报》，宣布该报的宗旨是：“日报立言，义切尊王；纪事载笔，情殷敌忾，强中以攘外，诹远以师长。”②该报设有“中外新闻”栏目，几乎每天都发表时评文章，很多文章都是王韬亲自撰写，以报纸为阵地，宣传资产阶级改良思想。

光绪二十一年（1895年）中日甲午战争以后，民族危机严重，康有为等资产阶级改良派发动的“公车上书”不达，“日以开会之义号之于同志”，认为“思开风气、开知识，非合大群不可”，“合群非开会不可”，于是先办《万国公报》，于1895年8月17日创刊，“遍送士夫党人”，使之“渐知新法之益”。11月中旬，强学会成立，又称译书局，或强学书局。“先以报事为主”，改《万国公报》为《中外纪闻》，于12月16日出版，双日刊，有阁抄、新闻及“译印西国格致有用之书”诸栏，译印后有附论，专论不多。后强学会被封，《中外纪闻》随之停刊，梁启超感慨颇多，但也认为，除了言论之外，也没有其他途径为国效力了。此后，梁启超更加倾力办报刊，以实现自己的抱负。

戊戌变法失败后，梁启超东渡日本，在冯镜如等的支持下，于1898年12月创办《清议报》。他在阐述其办刊宗旨时说：“一曰倡民权。始终抱定此义，为独一无二之宗旨，虽说种种方法，开种种门径，百变而不离其宗。海可枯，石可烂，此义不普及于我国，吾党弗措也。二曰衍哲理。读东西读硕学之书，务衍其学说以输入中国，虽不敢自谓有得，而得寸则贡寸焉，得尺则贡尺焉。《华严经》云‘未能自度而先度人，是为菩萨发心’，以是为尽国民责任于万一而已。三曰明朝局。戊戌之政变，己亥之立嗣，庚子之纵团，其中阴谋毒手，病国殃民，本报发

① 王韬：《上丁中丞书》，《弢园尺牍》，中华书局1959年版。
② 转引自方汉奇：《中国新闻事业通史》第1卷，中国人民大学出版社1992年版，第531～532页。

微阐幽，得其真相，指斥权奸，一无假借。四曰厉国耻。务使吾国民知我国在世界上之位置，知东西列强待我国之政策，鉴观既往，熟察现在，以图将来。内其国而外诸邦，一以天演学物竞天择、优胜劣败之公例，疾呼而棒喝之，以冀同胞一悟。此四者，实唯我《清议报》之脉络之神髓，一言以蔽之曰：广民智，振民气而已。”①1902年梁启超在《敬告我同业诸君》一文中说：“吾侪业报馆，请与诸君纵论报事。某以为报馆有两大天职：一曰，对于政府而为其监督者；二曰，对于国民而为其向导者是也。”②

1907年梁启超在给朋友的信中论及《政论》月刊的编辑内容时说：“弟所欲作之文，一为世界大势与中国前途，一为宪政之运用，一为货币政策（此大意如此，命题或尚有斟酌），颇欲对于政府举措，常为批评训导，如此乃尽我辈之责任。”③

1897年严复在天津开办《国闻报》，论其宗旨时说：“《国闻报》何为而设也？曰：将以求通焉耳。夫通之道有二：一曰通上下之情，一曰通中外之故。为一国自立之国，则以通下情为要义。塞其下情，则有利而不知兴，有弊而不知去，若是者国必弱。为各国并立之国，则尤以通外情为要务，昧于外情，则坐井而以为天小，扪龠而以为日圆，若是者国必危。”④

1897年4月，受维新思潮的影响，唐才常任主笔的湖南第一份近代报刊《湘学新报》（后改为《湘学报》，实为期刊创刊），其目的在于介绍新学、开民智、育人才、图富强。该报设有“掌故”、“史学”、“舆地”、“算学”、“商学”、“交涉”等栏目。著名学者和先进的知识分子如唐才常、梁启超、李善兰等都是其作者。唐才常在《湘学新报例言》中阐明创刊的初衷时说：“民智恶乎开，开于学；学术恶乎振，振于师。顾安所得天下之老师宿儒，悉以明体达用之新法谕之，则报馆其师范嚆矢也。故周知时事，察验新理，目营四海，目属九洲，舍此别无良法。”⑤谭嗣同在1898年3月18日《湘报》第11期发表了《湘报后叙》，借周文王“周虽旧邦，其命维新”的话阐述了《湘报》的宗旨在于“助人日新”，以新民而新国，是孔子所谓

---

① 梁启超：《清议报一百册祝辞》，《饮冰室合集》第11册，中华书局1989年版。
② 梁启超：《敬告我同业诸君》，《梁启超全集》，北京大学出版社1999年版，第970页。
③ 欧阳哲生：《梁任公先生年谱长编初稿》，中华书局2010年版，第247页。
④ 严复：《国闻报缘起》，《严复集》，中华书局1986年版，第1～4页。
⑤ 转引自杨建辉：《〈湘报〉研究》，湖南师范大学硕士学位论文，2007年。

“日新之谓盛德”。

章太炎在主编《民报》时，提出了该报要坚持的六大主义，即：颠覆恶劣的政府，建设共和政体，维护世界和平，土地国有，主张中日国民联合，要求列强赞成中国的革命事业。《民报》更是在《复报》刊登的广告上，宣扬其宗旨为“发挥民族主义、国民主义、民生主义，而主张我国种族革命、政治革命、社会革命”。①

张元济任职于商务印书馆时，曾主持出版了很多西方的学术和文化著作，他的目的在于传播西学以提振中国的民族精神，以匡救时弊，改良社会。他说：“吾之意在欲取泰西种种学术，以与吾国之民质、俗尚、教宗、政体相为调剂，扫腐儒之陈说而振新吾国之精神耳。”“一以国民精神为主，故学成之辈无不知爱其国，卫其种。”②

蔡元培在1902年和张元济创办《开先报》，取“开路先锋”之意，“以有裨实际为宗旨，凡放言琐事均不录”，期望凭借办报对社会实际有所裨益，无非想开风气之先，传知识，变风尚，革政治，新社会。五四前夕的1918年10月20日，蔡元培在《在〈国民杂志〉社成立会上的演说词》中对该杂志社的成立宗旨进行了充分表达：“诸君为此，志在拯救国家于危亡，深堪嘉尚。……若乃杂志之发行，实在提倡实业，发展学术，增进道德，诚足以抒救国之热忱矣。”③

1902年英敛之在天津创办《大公报》，一人身兼数职办报，在创刊号上发表的《大公报序》阐明该报的宗旨是“开风气，牖民智，挹彼欧西学术，启我同胞聪明”，④主张变法图强，反对封建专制，吁求民族独立，抗击外来侵略。

这种救国新民的情怀在近代先进的编辑群体中是普遍的，就连似乎以娱乐为目的的《月月小说》杂志的曾任主编吴趼人也说，“余向以滑稽自喜，年来更从事小说，盖改良社会之心，无一息敢自已焉”，视编辑小说刊物的宗旨为改良社会、教化人民。这种影响在读者那里也得到了印证，如曹聚仁回忆梁启超在东京办的《新民丛报》时曾说：“《新民丛报》虽是在日本东京刊行，而散播之广，乃

① 汤志钧：《章太炎年谱长编》上册，转引自《中国近代编辑家评传》，第75页。
② 汪家熔：《张元济主持的古籍影印工作》，《出版史料》第5辑，学林出版社1986年版。
③ 《国民杂志》1919年第1卷第1期。
④ 参阅陈建云：《中外新闻学名著导读》，浙江大学出版社2005年版，第44页。

及穷乡僻壤。清光绪年间，我们家乡去杭州四百里，邮递经月才到，先父的思想文笔，也曾受梁氏的影响；远至重庆、成都，也让《新民丛报》飞越三峡而入，改变了士大夫的视听。”①

可以说，对那时的报刊业人来说，救国和新民的时代职责与学问是一致的，历史的大环境向他们提出了历史的任务，把他们推上历史的舞台，他们所用以表演的就是他们的笔墨和他们的版面。

二、克勤敬业、孜孜以求的职业修养

较早从事编译工作的王韬，对编辑人才的标准有自己的看法，这种看法来自他任职传教士出版机构墨海学馆时对西方报刊的了解。他说："西国之为日报主笔者，必精其选，非绝伦超群者不得预其列。"②而对中国报刊的发展，他认为那种不是通才、见识不广、不识大体的人，或者那种挟私讦人、只顾自己泄私愤、品格低下的人都不应被录用。

梁启超先后主持过很多报刊的工作，他对报刊从业人的素质有着深刻的认识。他认为，要使报馆成为具有舆论理论的实体，对于报刊业人来说，应该"持五本、修八德"。

所谓"五本"，为常识、真诚、直道、公心、节制。这实际构成了报刊业人的基本道德规范。报刊人要懂得常识，即对自然界和人类社会的现象、规律、原理和世界上发生的重大事件要谙熟于心，如此"持论乃有凭借"；不然经不起他人的反驳，不能传播真理和知识，报刊也就失去自己的地位，缺乏影响社会的力量。真诚即"以国家利益为鹄，而不以私人利害为鹄"，即应以公心办报刊，从低层次讲不应以此谋取私人利益，从高层次讲甚至要牺牲自己的利益，抛弃自己的得失；同样，真诚办报刊，不能利用报刊为自己造势，不能"构煽舆论"，成为私人或者利益集团的舆论工具。直道，用现在的话来说就是坚持真理，不惧权贵，不依附权势，不欺负弱小，所谓"柔而不茹，刚而不吐，不侮鳏寡，不畏强御之精神"，不能因为遭遇权贵的弹压，就噤若寒蝉，更不能逢迎权贵的喜好。如此看，梁启

---

① 曹聚仁：《文坛五十年》，东方出版中心 2005 年版，第 31 页。
② 王韬：《论日报渐行于中土》，《弢园文录外编》，辽宁人民出版社 1994 年版，第 299 页。

超对报刊人的精神气质的要求颇似孟子“富贵不能淫，贫贱不能移，威武不能屈”的大丈夫气概，是中国传统知识分子的精神气节所在。公心，即不因自己的好恶判断是非，要不偏不倚，即使报刊为哪个党派所办，也不应迎合党派的言论而反对其他的言论，也不能打着“为民请命”的幌子一味迎合非正当要求而一概反对政府。节制，即要倡导真理、理性，而不能煽动和调拨情绪，不能“迎合佻浅之性，故作偏执之论”。①

所谓“八德”，即忠告、向导、浸润、强聒、见大、主一、旁通、下逮。这可以说是业人的八种基本业务素质。忠告就是对政府或者国民的不合乎正义、正道的言行加以规劝，不仅不能袒护和默许，而且不能似乎事不关己那样地看热闹、嘲讽挖苦，应该立足自己的职责苦口婆心地忠告，做到仁至义尽。向导也是一种职能，即引导社会正气、传播自然和社会的真知，循序渐进地影响国民和社会。浸润也是这个意思，即业人应该有坐冷板凳的心理素质，要认识到自己的工作是有意义的，要对受众有信心，对自己的工作的社会效果有信心，“月月而浸润之”，慢慢改造民心，改变社会风气，改革人们的生活方式，提升社会的整体素质。强聒可能在心理取向上与浸润相反，就是“旦旦而聒之”，每天要想着自己的职责，以强力的意志和无坚不摧的精神办刊，引导舆论，改造社会，对社会的不公和错误认识要敢于碰硬，奋起揭露和批判。见大的要求更为深远。作为一个报刊业人，面对种种的社会弊端和令人不满的现实怎么办？答案还是做好自己应该做的，不能因为这些问题而丧失对改造社会的信心，不能只顾及一事一时，面对这些外界的干扰更要专心致志，分清轻重缓急，要看到未来之“大”，要坚守自己的理想，循序渐进终能达致千里。能够见大，自然知道主从，心中有主，方可淡定而更专业，这就是主一，即业人要坚持自己的人生信念和报刊宗旨，“一以贯之，彻于终始”。没有宗旨，有可能是胡言乱语，形不成合力，也会使读者无所适从，对社会的影响就会大打折扣。旁通是一个好的编辑和业人的基础素质，其要求是掌握丰富的知识，各种资料齐备，就像人的粮食。各种资料“所凭借以广其益而眇其思”，如此，“进可以获攻错，而退可以助张目”。下逮即要求编辑和业人要充分了解读者，知道读者的需求和知识水平，所刊能够为读

① 梁启超：《国风报叙例》，《饮冰室合集·文集二十五》，中华书局 1989 年版。

者喜闻乐见，能够为其接受，起到最终影响其心智和道德的目的。那种奢谈学理、自我炫耀渊博的做法，只能会使自己和读者的距离越来越远。这种不顾读者实际和社会现实的做法是办刊人的大忌。① 由于当时的编辑大多为学有专长的大师，这种专业的素养是先进知识分子编辑群体都基本具备的。如王国维，不仅具有渊博的知识，而且对古往今来的器物和书籍烂熟于心，能够出入书本知识和生活知识，具有较高水平的考证能力和近代科学知识常识。由于王国维的素质高于常人，曾被聘为《教育世界》、《国学丛刊》、《学术丛编》多家报刊的主编或者主笔。他还对当时在学术界争论比较大的中西之争、新旧之争、有用无用之争等提出了新的见解，认为，学问没有这些区别，中西、新旧的学问都是同生共长的，可以相得益彰，好的学问不存在是否有用的问题。这样的观念不仅在他自己的学问中得到体现，而且落实到编辑活动中，使王国维成为学术大师与编辑家结合的典范。

《时报》早期接受康有为、梁启超指导。梁启超对其中的《纪事》栏目提出过比较详细的要求，体现了他对主持此栏目编辑的素养要求。梁启超认为，此栏目第一要博，访事员（记者）应该遍设要埠，及时采访，“使读者不出户而知天下”；第二要速度快，记者采访的内容要及时见报；第三要准确，记者和编辑不要道听途说，没有经过实证的消息不要刊登，刊登有误的要及时更正；第四要直，即要忠实事实，不能掐头去尾，断章取义，隐讳甚至歪曲事实，只要关乎国计民生，“必忠实报闻”；第五要正，对于私人攻讦、排挤他人、借机报复的言论要“概严屏绝”，严禁刊出②。梁启超认为，记者编辑做到这几条，才能实现本栏目的宗旨。这同样是栏目对记者和编辑提出的职业素养要求。

严复对编辑的素质也提出了很高的要求。他在光绪二十四年（1898 年）自己主持的《国闻报》发表的《说难》中指出，现在报馆的文章就像酒店的厨师和妓院的女人具有同样的习气。“此三事者，托业不同，而终于无以善其后则同”。意思说，报馆发表此类文章，没有什么立场，处处都想讨好以满足自己的生存。报馆刊登一些应付口味的文章，无关痛痒，于国家和国民的发展都无益，有的报

① 梁启超：《国风报叙例》，《饮冰室合集·文集二十五》，中华书局 1989 年版。
② 参阅李明山：《中国近代编辑家评传》，河南大学出版社 1993 年版，第 38 页。

馆报道事实不准，反而误导舆论。“或洋洋数千言，而茫然不见其命意之所在”。严复表面上是对刊载文章的批评，其实是对报刊编辑的批评和讽刺。他认为，对于报刊或者编辑来说，应该“就吾见闻，敬告天下，平心出之，正志以待之，如此而已矣”。①

章太炎曾作《敬告同职业者》一文，曰：“报章之作，所以上通国政，旁达民情，有所弹正，比于工商能言……是故，不侮鳏寡，不畏强御，是新闻记者之职也。”②

近代后期的大编辑家张元济对编辑人才的要求相当严格。他在负责商务印书馆期间，所聘请的编辑多为学有专长的青年才俊，如蔡元培、夏曾佑、高梦旦等均曾留学国外。并且张元济坚持对编辑岗位要给专业的人士，而不是用来照顾亲属的饭碗，体现了他对编辑工作的专业精神和敬业精神。

蔡元培于1918年在《国民杂志》创刊时对编辑们提出了希望：“爱国不可不有热诚，而救国之计划，则必持以冷静之头脑，必灼见于事实之不诬而始下判断，则正确之谓也。”③意即爱国和工作不可没有热情，作为我辈救国途径的办刊却不可专凭热情，还需要理性的头脑和实事求是的工作态度。

三、独立办刊、不畏强权的浩然气节

民族的灾难和国际国内的危机，使近代先进知识分子编辑群体普遍怀有某种敢于担当的气概，这种气概反映在办报刊上面就是独立办刊而不畏强权，坚守办刊的自由精神和浩然正气。

王韬是最早提出办报自由的人，他提出报人要“指陈时事，无所忌讳”。梁启超在《〈国风报〉叙例》中，提出了报刊应坚持的“直道”信仰，提倡“柔而不茹，刚而不吐，不侮鳏寡，不畏强御之精神”，这样舆论才可以发生。不能因为遭遇权贵的弹压，就噤若寒蝉，更不能逢迎权贵的喜好。梁启超用儒家之诚来论办刊的态度，他说：“诚者何？曰：以国家利害为鹄，而不以私人利害为鹄是已。”④

① 严复：《诗文》(下)，《严复集》，中华书局1986年版，第492页。
② 章太炎：《敬告同职业者》，《大共和日报》1912年1月7日。
③ 《国民杂志》1919年第1卷第1期。
④ 梁启超：《国风报叙例》，《饮冰室合集·文集二十五》，中华书局1989年版。

梁启超认为,监督政府和引导民智是报刊的天职:“而报馆者即据言论、出版两自由,以躬行监督政府之天职者也。”①如此看,梁启超对报刊人的精神气质的要求颇似孟子“富贵不能淫,贫贱不能移,威武不能屈”的大丈夫气概,是中国传统知识分子的精神气节所在。

谭嗣同的《湘报后叙》提出了报刊应成为“民史”、“民口”的观点。报纸要成为“民史”,就是说报纸所记载的应该是“民之生业”、“民之教法”和“民通商、惠工、务材、训农之章程”,而不是专图“一己之私”的封建王朝起居注的“官书”。同时,报纸还要成为反映民意、为民呼吁的“民口”。② 为此报刊应坚持己见,直笔而言,这才对得起民众。

在近代,社会动荡,在外国媒体挤压的背景下,国内经济凋敝,越是这样的情况下,能够坚持报刊人的社会效益操守,越显得难能可贵。在当时,由于经费紧张,有的报刊因得到了资助而逐渐丧失了报刊的自由,从而使报刊受制于人,逐渐脱离的自己的办刊宗旨。对此,梁启超在《时事新报五千号纪念辞》中说:“吾侪不能革涤社会罪恶,既以兹愧,何忍更假言论机关,为罪恶播种?吾侪为欲保持发言之绝对自由,以与各方面罪恶的势力奋斗,于是乎吾侪相与自矢,无论经济若何困难,终不肯与势力家发生一文钱之关系。”③由此看出,时局维艰、经费紧张的情况下,梁启超尚能鼓励同仁要保持独立办刊的自由,对此矢志不渝,的确值得敬佩。

1926年《大公报》总编张季鸾发表《本社同人之志趣》的文章,倡言“不党”、“不卖”、“不私”、“不盲”的原则,坚守报刊的社会效益优先。就拿“不卖”说,张季鸾认为:“欲言论独立,贵经济自存,故吾人声明不以言论做交易。换言之,不受一切带有政治性质之金钱补助,且不接受政治方面之入股投资是也。是以吾人之言论,或不免囿于知识及感情,而断不为金钱所左右。”④

四、不断创新、与时俱进的开放情怀

报刊编辑体例、报刊语言和风格等的业务创新是近代报刊的非常鲜明的方

---

① 梁启超:《敬告我同业诸君》,《梁启超全集》,北京大学出版社1999年版,第970页。
② 参阅陈建云:《中外新闻学名著导读》,浙江大学出版社2005年版,第40页。
③ 梁启超:《国风报叙例》,《饮冰室合集・文集二十五》,中华书局1989年版。
④ 张季鸾:《本社同人之志趣》,《大公报》1926年9月1日。

面，这反映了近代先进知识分子编辑群体的开放眼光和务实态度。

首先表现为具有一定的世界眼光，如梁启超认为“凡真善良之报，能使人读其报，而全世界之智识，无一不具备焉”。[①] 基于此种认识，梁启超在办《清议报》的时候大胆在编辑体例上进行创新，“多设门类，间册论载”。梁启超认为，尤其丛报，各学科的知识，如政治、理财、法律、哲学、教育、宗教、格致、农工商、军事、文学、艺术等都应刊载，因此，他对欧美的丛报倍加推崇。梁启超对那种热衷于刊载警察小偷故事、家长里短新闻、风花雪月情事的报刊十分不屑，认为报刊应该负有改造社会与国民的责任，不能囿于传统的内容转递。所以，他一生所办报刊除了传播新知识、新道德的内容外，时事评论的内容占有很大的篇幅。这源于梁启超的世界眼光。他认为，西洋的很多报刊都具有强大的社会影响力，能够左右政治，启迪民智，中国的报刊应该向西方学习。

其次是报刊编辑业务(技术)的创新。近代是白话文兴起的时期，白话文的出现打破了文人对知识话语权的垄断，特别是新文化运动的开展，白话文大大得到普及。这期间报刊和编辑起到了十分重要的作用。早期，黄遵宪就认为“语言与文字离，则通文者少；语言与文字合，则通文者多”[②]，主张对文体的改变适应普及文化的需要，以新式语言为大众接受的素质教育的工具。梁启超对此十分支持，并在自己创作和办刊的过程中形成了自己的文体。这种文体因比较平易流畅并杂有俚语，不像旧式的文言文，“其文条理明晰，笔锋常带感情，对于读者别有一种魔力”。[③] 这种文体因在梁启超主持的《新民丛报》运用较多，加上《新民丛报》的巨大影响力而得到广泛认知，被称为“新民文体”，成为近代报刊文风发展的重要里程碑。

对版式和编排格式的创新，在近代的报刊也多有表现。梁启超任《时务报》主笔时，对《时务报》的编辑业务有过很多创新和改革。他把该报的版式改为新式版面布局，使报纸两面都印制内容。每面分为四栏，每栏再分两小栏，从而方便读者阅读，这种版式为许多新式报刊效仿。对于内容的分门别类地编排，梁启超也有自己的想法，如他在《〈时报〉发刊例》中说“本报编排，务求秩序”，报纸

---

① 梁启超：《清议报一百册祝辞》，《饮冰室合集》第 11 册。
② 黄遵宪：《日本国志》，天津人民出版社 2005 年版，第 811 页。
③ 梁启超：《清代学术概论》，上海古籍出版社 1998 年版，第 86 页。

的内容，如评论、电报、谕旨等“皆有一定之位置”，每期都在同样位置安排，不同国家的新闻，也以国别为目做出安排；不同的字号按照内容的重要性而不同适用，不同的标点符号用在它们该用的地方，标题和正文内容使用不同的字号和符号。严复于1897年在天津创办《国闻报》，其编辑体例就“略仿英国《泰晤士报》之例”。1903年6月，《苏报》开始编辑改良，先后刊载《本报大改良》、《本报大注意》、《本报大沙太》、《本报大感情》、《本报重改良》的改良按语，指出，“本报发行之趣意，谅为阅者诸公所谬许。今后特于发论精当、时议绝要之处，夹印二号字样，以发明本报之特色，而冀速感阅者之神经”，使重要的时论内容以重要字号出现，目的在于吸引读者的快速注意。在《本报重改良》中，该报重提改良的重要性，指出：“本报自五月初六改良以来，仍有未臻完善之处，无以副读者诸君之望，心窃歉然。兹于本日闰月一日起，重加一次改良。”这次改良，《苏报》重新划分了栏目，增加了一些新的内容，像章太炎的《驳康有为论革命书》和为邹容《革命军》的作序得以发表。① 由此看，《苏报》的版式改良和其内容的革命精神是一致的，其以报刊影响革命、匡救时弊的宗旨在报纸改良的用心良苦上可见一斑。

装订的创新也是一个方面。随着外国出版和印刷技术的传入，“洋装”被引入书籍和期刊的装订，平装、精装也相继出现，封面的设计越来越考究。1900年12月郑贯公等在日本创办宣传革命的杂志《开智录》，“是我们看到的第一种用洋装形式出版的中文书刊”。② 此后的宣传革命的新式书刊大都采用此类装订出版。

报刊的内容如何，其彰显的社会效益就如何。近代的报刊种类繁多，专业复杂，但很多报刊的内容多是家长里短、风月场闻、警察小偷、权贵往来等。就拿当时报刊业比较兴盛的上海、广州和香港来说，其内容也是“沪滨冠盖”、“瀛眷南来”、“祝融肆虐”、“图窃不成”、“惊散鸳鸯”、“甘为情死”等。这些内容在当时以救国为宗旨的知识分子看来，都是不痛不痒、于事无补的。对比来看，梁启超等的编辑思想中社会效益的观念就相对先进。梁启超在戊戌时期办的《中外

---

① 参阅李明山：《中国近代编辑家评传》，河南大学出版社1993年版，第74页。
② 姚福申：《中国编辑史》，复旦大学出版社1990年版，第280页。

纪闻》、流亡日本办的《新民丛报》等都开有时评栏目,充分发挥报刊的议政和新民的作用。初期主张君主立宪的《时报》接受康有为、梁启超指导时期,梁启超对《时报》的"论说"栏目提出了四点要求:一是以公为主,不对任何政党偏私;二是以要为主,要讨论关系国家和社会的大问题;三是以周为主,对大问题要讲明白,力求让国民理解;四是以适为主,无论怎样的理论要适合中国当时的实际情况,否则社会效果适得其反。可见,梁启超对栏目的定位的把握还是比较准确的,其启示栏目要生存,要持续有生命力,应该明确自己的定位,要主题鲜明,不能眉毛胡子一把抓,体现出栏目的专业性的特点来。梁启超还认识到"著书须问将以供何等人之读"①的问题,他特别强调在编辑史书方面要注意让人民来读的理念,要让人民知道除了君主还有国家,除了个人还有群体,除了旧事还有新事,除了事实还有理想。

时代的变迁,知识分子的边缘化和边缘知识分子的出现,致使话语权下移。近代报刊的出现体现了中国出版史上官家出版到民间出版的过渡阶段。深刻的民族危机,使得近代知识分子编辑群体普遍怀有救国的焦躁情绪,这也反映在对报刊编辑素养的要求具有时代的特色。当时马克思主义对中国的影响尚浅,报刊业人囿于其阶级地位、世界观、历史观、政治观的局限,其编辑素养要求不免带有其局限性,但就办刊办报而言,又有其丰富的普遍性意义。

---

① 梁启超:《饮冰室合集》专集73,中华书局1989年版,第29页。

第六章

移风易俗与公共生活道德

近代中国始终处于风雨飘摇之中。西方资本主义的入侵，中国反帝反封建运动的开展，使中国社会结构发生了巨大变化。原有的“伦理本位”的社会结构受到冲击，家庭之外的公共生活领域不断扩大，新型伦理关系开始形成。然而，绵延近两千年的封建文化却根深蒂固地存在于人们的思想意识之中，存在于风俗习惯之中，社会生活的激烈变革亟须对传统的封建陋习进行批判和清算。

第一节　革故鼎新与社会风俗的改造

早在明清之际，中国的思想家们，如李贽、颜元、戴震、顾炎武等人，就开始了反理学的斗争。近代以来中西文明的交汇，进一步推动了国人对传统文化的反思和批判。尤其是西方文明中“自由、平等、民主”的价值观念对中国传统文化中尊卑有等的等级观念形成了巨大冲击。要祛除绵延两千年的等级观念，除了彻底推翻封建王朝统治，建立全新的社会制度外，还必须变革传习这种等级观念的社会习俗，消除等级观念存在的社会文化土壤。

在“西俗东渐”潮流的推动下，晚清社会的价值观念开始更新，封建性的古老习俗受到不同程度的冲击，男耕女织、重农轻商的淳朴民风日渐式微，传统礼俗发生了变化和解体。在清代后期，社会风俗的发展经历了太平天国的“礼俗改革”和戊戌变法时期的“天下移风”，辛亥革命时期的风俗改革使社会风尚发生了突变，逐步进入了现代化时期。在国民党统治时期，为应对国际国内形势，蒋介石集团也提出了“新生活运动”的风俗改革设计。而共产党领导的红色根据地地区，也在马克思主义的指导下，对旧风陋俗进行了整治，对新风新俗进行了提倡，体现了阶级革命和社会革命的一体化进程。

太平天国的起义者们在服饰方面，采取“禁头变服”措施，即禁止汉族民众剃发蓄辫，恢复明代服饰制度，视清朝的打拱、作揖、打千、叩头等礼节为“妖礼”而加以禁止，只保留对尊长的长跪礼；在婚礼方面，规定“凡天下婚姻不论财”；在丧葬方面，“父母死，禁不得招魂设醮”，反对墓葬讲风水；在社交方面，强调男女平等。太平天国的风俗改革有些符合历史潮流，有些则有悖传统道德。①

在戊戌变法时期，康有为、梁启超、严复、谭嗣同等维新志士把破除旧习陋俗、树立新风作为"开民智、新民德、鼓民力"的社会启蒙运动的重要内容。这个时期的风俗的主要变化表现在：首先，满汉风俗进一步融合。光绪二十七年（1902 年）清廷颁布了准许满汉通婚的"懿旨"，光绪三十三年，又发布昭告，更大面积废除了满汉之间的畛域。其次，兴办女学。对"女子无才便是德"的传统观念造成了重大冲击，利于女子走向社会。再次，禁烟戒赌，改造恶风陋习。

辛亥革命后，帝制覆灭，共和初成。以孙中山为首的资产阶级临时政府成立伊始便着手推行全国范围内的习尚改革，本着资产阶级民主主义的精神，革除封建社会的种种陋习。在不到两个月的时间里，临时政府颁布了一系列有关风习改革的文告、法令，内容涉及改历法，改纪年，严禁鸦片，改革称谓，推行剪辫，劝放足，禁赌博，禁唱淫戏，管制娼妓，禁止体罚，禁止刑讯，禁止买卖人口，解放贱民，改革礼仪，树立新风等方面。一时间，全国各地兴起了声势浩大的移风易俗潮流。1912 年 3 月 5 日《时报》的《新陈代谢》一文中说："共和政体成，专制政体灭；中华民国成，清朝灭；总统成，皇帝灭；新内阁成，旧内阁灭；新官制成，旧官制灭；新教育兴，旧教育灭；枪炮兴，弓矢灭；新礼服兴，翎顶补服灭；剪发兴，辫子灭；盘云髻兴，堕马髻灭；爱国帽兴，瓜皮帽灭；爱华兜兴，女兜灭；天足兴，纤足灭；放足鞋兴，菱鞋灭；阳历兴，阴历灭；鞠躬礼兴，拜跪礼灭；卡片兴，大名刺灭；马路兴，城垣卷栅灭；律师兴，讼师灭；枪毙兴，斩绞灭；舞台名词兴，茶园名词灭；旅馆名词兴，客栈名词灭。"②

北洋政府时期及其以后的南京国民政府时期，虽然都是具有浓厚封建色彩的专制政权，但在改革风俗、倡导新道德方面也在一定程度上顺应了历史的潮流。比如，对剪辫、禁止缠足、禁烟、禁赌、禁娼等方面也发布了不少法令和文告，并采取措施加以执行。如从 1927 年至 1937 年十年间，南京国民政府三令五申，至少 5 次颁布禁令、训令，或指定调查，采取奖惩措施，严禁妇女缠足，甚至 1940 年以后，内政部仍多次颁布《禁止妇女缠足条例》，令各省切实查禁。

① 参阅徐杰舜主编，万建中、周耀明著：《汉族风俗史》第五卷《清代后期 · 民国汉族风俗》，学林出版社 2004 年版，第 8 页。

② 转引自郑大华等：《中国文化发展史 · 民国卷》，山东教育出版社 2013 年版，第 545 页。

新民主主义革命时期，中国共产党在历次革命战争中建立的工农革命政权，对以封建族权、神权和夫权为中心的旧习俗进行了前所未有的冲击，对中国农村的社会风尚的改变起到了巨大的推动作用。在广大的农村革命根据地，黄、赌、毒、买卖婚姻、封建迷信等生活陋俗和弊习都被扫除，革命的、民主的、文明的新风尚得以形成。

下面我们仅以维新时期、辛亥革命时期、民国时期和共产党领导下的根据地时期几个具有代表性的风俗改革事件来表述当时风俗改变对道德生活的影响。

一、剪辫易服：对封建"道德符号"的抛弃

鸦片战争掀起的腥风血雨使国人深刻认识到了自身的守旧落后。面对西方列强，国人迫切希望变革图强，去除身上一切封建落后的符号。而发辫服饰就是封建伦理纲常最为外在的表现。资产阶级革命派就这样指出："辫发组以三，而字曰'三纲'，长褂扣以五，而拟'五常'。"于是，剪辫易服成为反对封建帝制、迈入近代文明的一个重要标志。可见，剪辫易服不是发式、服饰的简单改变，从伦理、文化的角度看，它代表的是人们对封建落后的否定和抛弃，是对以崭新的面貌开创和步入新的历史时期的美好期盼。

1. 从着辫到去辫

在中国古代社会中，发式不仅反映着人的形象，而且承载着一定的道德观念。儒家《孝经》云："身体发肤，受之父母，不敢毁伤，孝之始也。"①剃发显然是对孝道的违背，得不到道德的支持。道家重"全身"、"养生"，杨朱"拔一毛而利天下不为也"，并非因其吝啬、自私，而是出于对身体的重视，对自然之道的尊重。在这种伦理文化的熏陶之下，除了那些看破红尘、皈依佛门、做了和尚或尼姑的人才把头发剃光之外，中国古人无论男女一般都蓄发不剃。至于一些少数民族，有的劗发，有的髽首，有的剃一部分，留一部分，形式丰富多样。

清军入关后，清朝统治者为了强化大一统观念，巩固自己的统治，不惜动用政治暴力在全国普遍推行剃发蓄辫。顺治二年六月初五（1645 年 6 月 28 日），

① 《孝经·开宗明义》。

清政府向全国颁布剃发令：

> 向来薙发之制，所以不即划一，听令自便，盖欲天下大定，始行此制。今者天下一家，君犹父也，父子一体，岂容违异。若不划一，终属二心，不几为异国之人乎？此事无俟朕言，想天下臣民亦必自知也。自今布告之后，京城内外限旬日，直隶各省地方自部文到日亦限旬日，尽令剃发。遵依者，为我国之民；迟疑者，同逆命之寇，必置重罪；若规避惜发，巧辞争辩，决不轻贷。该地方文武各官，皆当严行察验。若有复为此事渎进章奏，欲将朕已定地方人民，仍存明制，不随本朝制度者，杀无赦。[①]

自此，剃发蓄辫成为中华民族的主要发式。

然而，鸦片战争后，拖曳于脑后的长辫成为中国落后的标志，国人也因之饱受屈辱。中国男子的辫子被西方人嘲笑为“猪尾巴”，中国男子被戏称为“半边和尚”、“拖尾奴才”。据容闳《西学东渐记》载：1855年，当他回国抵达澳门时，看到“无数华工，以辫相连，结成一串，牵往囚室。其一种奴隶牛马之惨状，及今思之，犹为酸鼻”。[②] 国人的屈辱遭遇深深地刺痛了国民的民族自尊心。为此，维新派首倡剪去长辫，学习西方。谭嗣同指出，西方发式“既足以护脑，而又轻其累，是得两利”，清朝发式“既无以蔽护于前，而长发垂辫，又适足以重累于后，是得两害”。[③] 康有为则于1898年9月5日向光绪皇帝上《请断发易服改元折》，历数蓄辫的弊端，指出辫子“去之无损，留之反劳”，请求光绪皇帝率先断发易服。

如果说维新派更多的是从发式的合理性角度主张剪去长辫的话，那么资产阶级革命派则将发辫视为封建的标志，将剪去发辫视为反封建的勇气和决心的表现。他们指出：“欲除满清之藩篱，必去满洲之形状，举此累赘恶浊烦恼之物，一朝而除去之，而后彼之政治乃可得而尽革也。”[④]资产阶级革命派还以剪辫的

① 《清世祖实录》卷17，顺治二年六月丙寅。
② 容闳：《西学东渐记》，湖南人民出版社1981年版，第98页。
③ 谭嗣同：《仁学》，华夏出版社2002年版，第149～150页。
④ 张枬、王忍之：《论辫发之原由》，《辛亥革命前十年间时论选集》第一卷下册，三联书店1960年版，第745～749页。

实际行动来带动社会大众破除蓄辫陋俗。1895年，孙中山、陈少白在日本横滨剪去辫子；1900年，章太炎在上海剪去长辫；邹容、陈独秀等留日学生，不仅剪了自己的辫子，还于1903年将清政府派去监督管理留日学生的官员姚文甫的辫子也剪了下来，将之悬挂在学生会馆大厅横梁之上，在留日学生中产生了巨大的轰动效应。受此影响，鲁迅随后将自己的辫子剪去。在革命党人的影响下，新军不少官兵也陆陆续续地剪去了辫子，以示与清政府的决绝。

1911年辛亥革命爆发后，剪辫浪潮席卷全国，相当多的中国人自觉地剪去了辫子。1912年初，中华民国南京临时政府临时大总统孙中山向全国下达了限期剪辫令，内容如下：

> 今者满廷已覆，民国成功，凡我同胞，允宜涤旧染之污，作新国之民。兹查通都大邑剪辫者已多，至偏乡僻壤，留辫者尚复不少。仰内务部通令各省都督，转谕所属地方一体知悉。凡未去辫者，于令到之日限二十日，一律剪除净尽，有不遵者以违法论。该地方官毋稍容隐，致干国纪。①

至此，蓄辫陋习被明令废止，全国各地的男子基本上剪辫理发，精神面貌顿时焕然一新。此后，男子理短发成为中华民族的风俗之一。男子剪辫具有积极的历史意义，他们剪掉的不仅仅是辫子，更是缠绕在身上的封建绳索；摆脱的不仅仅是身上的累赘，更是清朝统治者施加的民族压迫和精神枷锁。男子剪辫是对忠君思想、盲从意识的一次大扫除，它标志着人民群众获得了一些自由和权利。

男子剃发留辫，原是清代满族统治者初入中原时强迫汉人接受的方式。在清代男子蓄辫与否，成为衡量其是否效忠朝廷的标志。因此，男子的辫子被承载了相当多的政治伦理内涵，已经不是一个与传统道德相关的问题，也不是一个与传统习俗相悖的问题。但不可否认的是，正是因为留辫子与传统道德相悖，辫子在男人头上的存在就天生缺乏了社会心理的基础。进入到民国，原由

---

① 孙中山：《临时大总统关于限期剪辫致内务部令》，中国第二历史档案馆：《中华民国史档案资料汇编》（第二辑），江苏人民出版社1981年版，第32页。

满族统治者强加于汉族社会的男子剃发留辫风俗，随着清朝统治的灭亡和社会历史条件的改变，也就难以持续下去了。资产阶级革命党人认为，衣冠发式是“民族之徽识”，“常与民族精神相维系，望之而民族观念油然而生”。因而号召人民剪辫，对于那些不愿剪辫的人，当局则给予处罚。如浙江都督规定：“元年二月十七日即阴历年底为止，为一律剪尽之期。”“黄县民政长张汉章于十月十六日出示限期七日一律剪发。”就是南京政府所出的剪辫令，也只给了20天限期，不少地方将留辫者简直当成了敌人，“其有保存发辫者，非讥之为豚尾，即詈之曰满奴，甚欲削夺其选举权，以实行强迫手段”。据回忆，当时“无数的汉人，都兴高采烈地剪去这条奴隶标志的辫子。也有迷信的，事先选择吉日，拜祭祖先，然后庄重地剪除，把辫子烧了。更有联合多人同日剪辫，并燃放爆竹，举行公宴来庆祝的”。当时的《京华竹枝词·剪发》曰：

弹冠相庆一时新，海内同风有几人？
最是当僧又还俗，一身变化两层身。

由此足见当时人们欢呼雀跃的心情。

各地政府的剪辫的法令及革命党人的热心倡导，很快得到了普遍的响应，剪辫热潮在全国范围内迅速兴起。在广东，“实行反正之议既决，无论老弱少壮之男子以及士农工商兵，罔不争先恐后，纷将天然锁链剪去。……统计是日剪辫者，尽有二十余万人”。在长沙，“剪辫子是革命后最早形成的一种风气，大家认为不剪辫子就是甘心做满奴和亡国奴的显明标志，于是在学校中剪掉同学的辫子，当街剪掉路人的辫子”。即使在远离大陆的台湾，“剪发的风气开始在……各城市流行起来，而终于遍及到广大农村”。人们的是非价值观念也逐渐发生了变化，审美观点也不同了。“昔以豚尾垂垂之长辫宽袍阔褂红顶花翎为美观，今以中山濯濯之秃头窄袖短发阜帽革履为时尚，足见人心之趋向，为世界所转移矣。”

其实，民初的剪辫子时尚也是服饰本身发展规律使然。因为西装与辫子是格格不入的。实行新军服制的清兵身着西式军服脑后一条辫子已让人觉得不伦不类，西装革履本是为更精神、更简洁，如脑后一条不便洗涤的又长又臭的

"猪尾巴"则会让人作呕。实用和美观是物质风俗的主要追求,在服饰方面更是如此。剪辫便于动作,益于身体。随着商品经济的发展及近代西方物质文明的输入,至19世纪末20世纪上半叶,中国人的生活方式、风尚习俗也出现了某些欧化的趋势。华人的辫发胡服,委实牵掣行动,妨碍操作,游历他邦同遭人耻笑,"于时为不宜,于民为不便",不论是从卫生还是从审美的角度看,均毫无可取之处。时人已看到了剪辫"可以强兵"、"可以强种"、"可便行役"、"可振工艺"等优点,剪辫乃"大势所趋","所谓变亦变,不变亦变"。"先代之结发,满清之辫发,西人之短发,发凡三变,而世界之风潮,日新月异而岁不同,进化文明之程度,亦不知相去几千矣。"可见,男子剪辫之举反映了国人对于西方文明的追求以及振兴中华的热望,理所当然地得到了汉族社会绝大多数男子的响应。当然,一种旧习俗的革除,绝非是一蹴而就的,许多求稳守旧者则在群众性的剪辫大潮面前,死保长辫不放,"有盘结头顶者,有乘坐肩舆者,有垂辫领内者",不一而足。①

2. 服饰的改变

中国古代社会的服饰既与自给自足的小农经济相适应,也是等级尊卑社会秩序的一种体现。小农经济下,人们无须远足,生活节奏缓慢,人们的服饰宽大松缓,通常是男子穿袍,女子穿裙,于生产、生活皆无影响。此外,服饰也是等级身份的标志。官服与平民百姓的服装相区别;不同等级的官员在服装的图案、颜色等方面也有区别。

鸦片战争之后,在中西文化碰撞和交流的过程中,中国传统服饰比较充分地暴露出了自身的劣势。这种服饰不仅适应不了近代快节奏的时代步伐和竞争激烈的生存环境;而且其等级分明的服饰与近代平等、自由、个性解放的伦理道德观念相抵触。所以,尽管遭致了清朝统治者的极力反对和阻挠,中国传统服饰不可避免地在近代发生了变革。

戊戌变法期间,维新派强烈要求易服。康有为于1898年9月5日向光绪皇帝上《请断发易服改元折》,主张废除繁文缛节,借鉴中外古今的经验,自上而

① 参阅徐杰舜主编,万建中、周耀明著:《汉族风俗史》第五卷《清代后期·民国汉族风俗》,学林出版社2004年版,第249~251页。

下地易服，这样不仅能振兴“举国尚武之风”，而且可以减少变法的障碍。

戊戌变法失败后，国人就易服问题作了进一步的探讨，服装西化的呼声更加强烈。有人提出，“衣饰之繁缛”是导致中国人贫困的一个重要原因；并且，这种服饰“不便操场”，“不耐劳动”，缺乏尚武精神。于是他们主张“一律改用西装”。① “西装之精神，在于发奋踔厉，雄武刚健，有独立之气象，无奴隶之性根”。②

辛亥革命发动后，服饰革命随即到来。1912 年 1 月 1 日，中华民国南京临时政府内务部发布告示：“国民服制，除满清官服应行禁止穿戴外，一切便服悉暂照旧，以节经费而便商民。”在北京，“宫廷内外，一切前清官爵命服及袍褂、补服、翎顶、朝珠，一概束之高阁”。③ 满式服饰在各地的衣庄、帽庄、靴店很难销售出去。与此同时，着西装的人却不断增多，即使是在一些偏远的小县城，人们也以穿西装为时尚。而女性的服装逐渐改变为上衣下裤或者上衣下裙，行为方便自如。至此，服饰中所包含的等级文化色彩逐渐消退。平等观念在社会生活领域得到贯彻，它不再是“辨等威，昭品秩”的政治标识。自大总统以至平民百姓，其式样完全一致。值得一提的是，孙中山在西装的基础上进行改良，发明了“中山装”，并将“三民主义”的政治伦理思想融入其中。袖口上的 3 颗纽扣象征民族、民权、民生三大主义；胸襟上的 5 颗纽扣，象征五权宪法，即立法、司法、行政、弹劾、考试这 5 种权力各自独立；衣袋上的 4 颗纽扣象征选举、创制、罢免和复决 4 种权利；4 个口袋象征礼、义、廉、耻之“四维”。

显然，近代以来国人的形象发生了历史性的改变。这种改变不仅仅具有风俗学的意义，更具有伦理意义。它内在包含的是人们对等级尊卑、封建落后的自觉抛却，以及对平等自由、先进文明的向往和追求。

二、女性解放：对男尊女卑的反叛

近代中国，人们对封建等级制度的冲决以及对平等的追求还表现为对男尊

① 张枬、王忍之：《辛亥革命前十年间时论选集》（第一卷上册）《剪辫易服说》，三联书店 1960 年版，第 472～475 页。

② 张枬、王忍之：《辛亥革命前十年间时论选集》（第一卷上册）《论辫发之原由》，三联书店 1960 年版，第 745～749 页。

③ 胡朴安：《中华全国风俗志》（下），上海书店出版社 1986 年版，第 17 页。

女卑的反叛。女性开始追求自由、平等、个性。她们崇尚自由，摆脱了缠足之束缚；她们要求平等，积极求学，粉碎了“女子无才便是德”的古训；她们追求个性，活得更加自立、自信和充实。这一时期，女性走出了家庭，步入到更广阔的社会领域之中，成为一股重要的社会力量。

1. 女子放足

中国古代妇女有缠足之俗。虽其源头无从考证，但在宋时就已较为多见，故南宋末年，“小脚”已经成为女性的代名词。及至明清时期，缠足之风极为盛行，并对女性缠足有了更多的要求。此种风俗之盛，就是到了清代，政府下令禁止女子缠足，都无法禁止。应该说，“小脚”、“三寸金莲”是男性变态审美的产物，以摧残生理之自然来迎合男性的审美需求，这本身就反映出女性对男性的依附。同时，缠足也十分有利于将女性禁锢在家庭之中，限制她们的活动范围。元代伊世珍《琅嬛记》：“吾闻圣人立女而使之不轻举也，是以裹其足，故所居不过闺阁之内，欲出则有帏车之载，是以无事于足也。”贺瑞麟《改良女儿经》：“为什事，裹了足？不因好看如弓曲，恐她轻走出房门，千缠万裹来拘束。”如此看来，缠足之俗是对女性的禁锢与摧残，是女性卑贱地位的体现。随着反帝反封建运动的开展，对女性缠足的批判日渐深刻，女性放足成为大势所趋。

近代在中国较早提出放足主张的是来华布道的西方传教士，他们从“上帝生人，不分男女各予两足”，缠足亦失“爱主爱人之道”的基督教教义出发，批评缠足是陋习，劝女性放足。洪秀全受美国传教士罗孝全的影响，在太平天国定都天京之后，也规定女性不准缠足。但他毕竟没有彻底跳出封建主义的藩篱，他又命有姿色的女童缠足，以供天王宫里使唤。

维新派则从强国、改良人种的角度提倡女性放足。如，严复认为，中国礼俗中，“害效最著者，莫若吸食鸦片、女子缠足二事”，这是“种弱”、“国贫”、“兵窳”之根源。梁启超则认为要强国，必须兴女学，开女智；而这就必须破除缠足陋习。康有为更是极力反对缠足，他不仅力排众议，不让自己的女儿缠足，而且与他人一起创办了中国人自办的不缠足会。1895 年，又与其弟康广仁在广州创办了“粤中不缠足会”。此后，上海、湖南、福建、湖北、天津等地也成立了大量的不缠足会。康有为还上书光绪帝，请求皇上下诏，严禁妇女缠足，“如此则风行草偃，恶俗自革；举国弱女，皆能全体；中国传种，渐可致强；外人野蛮之讥,可以销释”。[1] 康有为此主张得到了光绪帝的支持。

1906年,孙中山等人制定了《同盟会革命方略》,明确提出要扫除缠足之害。[2] 黄花岗七十二烈士之一的林觉民也动员妹妹、妻子、兄嫂、弟媳放了足,并进入女师学堂读书。吴玉章在家乡带头不给女儿缠足。革命党人的表率在社会上产生了巨大的影响,他们成为当地人效仿和学习的榜样,于是放足之风愈演愈烈。

1912年,中华民国南京临时政府成立,孙中山颁布了《临时大总统关于劝禁缠足致内务部令》,正式以法律的形式废除了沿袭千年左右的缠足陋习。此后,女子缠足陋习逐渐销声匿迹。

女子放足,强烈冲击了男尊女卑、夫为妻纲的封建礼教。女性首先从身体上摆脱了长期束缚自己的枷锁,获得了自由。这种自由的获得,进而又为女性走向社会,争取更多的权利,丰富自己的社会角色,实现更大的人生价值,提供了条件。

2. 提倡女学

女子放足,为女性走出家庭,走向社会,创造了条件。步入社会的女性亟需提高自身的素质和能力,以适应社会性工作的需要。因此,让女性享受平等的教育权利,成为必要。这一时期,女学兴起,女子获得了平等的受教育权利,这反过来为女性更好地承担社会责任创造了条件。女学教育涉及众多学科。《清史稿·选举志二》:“先是学部官制已将女学列入职掌。光绪三十三年(1907年)奏定女子师范、女子小学章程,以裨补家计,有益家庭教育为要旨。师范科目:修身、教育、国文、历史、地理、算学、格致、图画、家事、裁缝、手艺、音乐、体操。四年毕业。音乐得随意学习。小学分两等,高等科目:修身、国文、算术、中国历史、地理、格致、图画、女红、体操,得酌加音乐,为随意科。初等科目:修身、国文、算术、女红、体操,得酌加音乐、图画二随意科。均四年毕业。其授业钟点,较男子小学减少,与男子小学分别设立,不得混合。”[3]

---

① 康有为:《请禁妇女裹足折》,杨家洛:《戊戌变法文献汇编》第2册,(台湾)鼎文书局1973年版,第242~244页。

② 参阅《中国同盟会革命方略》,《孙中山全集》第1卷,中华书局1981年版,第297页。

③ 转引自王俊良:《中国历代国家管理辞典》,吉林人民出版社2002年版,第1336页。

(1) 兴女学是强国保种、促进经济的保证。早期维新派受西方教育制度的影响，建议“通饬各省，广立女塾，使女子皆入塾读书”，其目的在于使妇女“为贤女、为贤妇、为贤母”，“能相子佐夫”，而“不致虚糜坐食”。[①] 戊戌变法时期，维新派更是从保种强国、促进经济发展的角度出发，力主兴女学。梁启超认为“教男子居其半，教妇人居其半，而男子之半，其导原亦出于妇人，故妇学为保种之权舆也”，“天下积弱之本，必自妇人不学始”，“妇学实天下存亡强弱之大原也”。“女学最盛者，其国最强，不战而屈人之兵，美是也。女学次盛者，其国次强，英、法、德、日本是也。女学衰，母教失，无业众，智民少，国之所存者幸矣，印度、波斯、土耳其是也。”[②]因此，兴女学实为保种强国的必由之径。

(2) 兴女学是男女平等、女性自立的前提。辛亥革命时期，资产阶级革命派将兴女学同女性的平等、自立结合起来，认为兴女学是女性争取平等权利、实现自立的重要保证。张肩任提出，“女学不兴，则女权不振”，“女学不兴，则平等永无能行之一日”。

这一时期，女学日益兴盛，鼓吹女权、女学的团体与报刊日益增多。社会团体如中国女维新会、共爱会、女子兴学保险会、雄辩学会等；报刊有《女学报》、《白话报》、《中国女报》等。借助于各种社会团体以及报刊的宣传，女学、女权的观念影响日渐广泛和深远。

与此同时，女子走到了兴女学、争女权的前沿。很多女性，如秋瑾、张竹君等都积极加入到争取女性解放的运动中来。秋瑾认为，女性“欲脱男子之范围，非自立不可；欲自立，非求学艺不可”。女子受压迫的一切根源就在于“女子不谋养活自己的学问艺业”，“唯知依靠男子”，不能自立。如果“女子皆能自己学习学问手艺，有了生业，就可养活自己，不致再受这样的惨苦”。[③]

晚清才华卓越的女教育家曾懿还专门出版了名为《女学篇》的专著，1907 年在长沙刊刻问世。全书由“自序”、“总论”和“结婚”、“夫妇”、“胎产”、“哺育”、“襁褓教育”、“幼稚教育”、“养老”、“家庭经济学”和“卫生”等 9 章组成。在“自序”和“总论”中，着重论述了兴办女学的必要性和可能性。作者认为“男尊女

---

① 郑观应：《女教》，《郑观应集》上册，上海人民出版社 1987 年版，第 288 页。
② 梁启超：《论女学》，《饮冰室合集·文集(之一)》，中华书局 1989 年版，第 43 页。
③ 秋瑾：《致湖南第一女学堂书》，《女子世界》1905 年第 1 期。

卑”的世俗观念压抑了广大妇女之人才，是国家贫弱穷困的重要原因之一，而“欲破男尊女卑之说，必以兴女学为第一义”。因为“男女智识相等，强弱自能相等，不求平权，而自平权矣”。兴女学不仅十分重要，而且完全可能，因为“女子之心，其专静纯一，且胜于男子，果能教之得法，宜可大胜于男者”。基于这种认识，她呼吁妇女同胞“勉力同心，共起竞争之志，以守起天赋之责任”。认为只要做到全社会普及女子教育，那么国家就可以富强起来。“九章”分别阐明结婚成家后的女子具体教育的内容和方法。在“结婚”一章中，主张为人父母不要包办婚姻，勿过多干涉子女婚姻，子女的婚姻大事应与子女协商后定夺，并提出结婚年龄以“男在20岁以上，女在19岁以上”为宜，女子选择配偶的标准应以“人品纯良，才学优长者为最”。而夫妻之情只有以“相爱相敬为基础”，才能做到“爱情互相专注”。在“胎产”、“哺育”两章中，从医学卫生角度讲述了妇女围产期的卫生、保健及科学喂养婴儿的方法，认为作为家庭主妇，应当兼懂医理；在“养老”一章中，提倡爱幼尊老、尊敬长辈、赡养父母的道德风尚，反对弃父母如路人的陋习。曾懿在《女学篇》中还就教学方法提出了许多颇有见地的看法，如根据教育对象的体格强弱、年岁大小等不同情况，分别训诲；为人师表者应注重言传身教等。《女学篇》突破了以往许多女教读物“三从四德”的老调，大胆提出了一些富有科学与民主倾向的见解。

至“五四”时期，人们更加重视对女性独立人格的培育和塑造，宣扬个性解放、个性自由，女性应当承担起更多的社会责任。胡适在《美国的妇人》一文中写道：“我是堂堂的一个人，有许多该尽的责任，有许多可做的事业，何必定须做人家的良妻贤母，才算尽我的天职，才算做我的事业呢?”陈以益更是提出女性的理想目标：“勿以贤母良妻为主义，当以女英雄女豪杰为目的。”①

（3）兴女学应以实现男女教育平权、女子平民教育为目标。清朝末年，清政府颁布《女子学堂章程》，允许女性在小学、中学、师范就读。1905年，教会办的华北协和女子大学招收女生，这是我国第一所女子大学。1908年、1915年，华西女子大学、金陵女子大学先后成立。女性的受教育权利得到了一定的实现。但是，男女同校还没有实现，也就是说，男女之间的受教育权利还没有真正的

---

① 陈以益：《女尊女卑与贤妻良母》，《女报》1909年第2期。

平等。

“五四”时期,兴女学运动进一步向纵深发展。此时,兴女学已经不再仅仅是应该尊重和满足女子受教育权利的问题,而且已经深化为女性应该享有同男性一样的平等教育权的问题。既然都是人,理当享受平等的权利。男性可以受教育,女性也应当享有受教育的平等权利。于是,有识之士开始极力促成男女同校、男女共同接受教育。戴季陶指出:“高等专门学校及大学,不能设‘性的限制’,使女子可以和男子一样,得受高等教育的机会。”①周炳林、陶行知、蔡元培、徐彦之、李达等人也先后撰文,极力呼吁男女同校。周炳林提出,“教育是人的教育,男子是人,女子也是人,男子受教育,女子同样的受教育”,因此,“男女共校是当然应该的办法”。② 在大家的呼吁之下,1919 年,北京大学第一次招收女性入学,之后,男女同校在所有大学得到实现。1922 年,民国政府颁布《学校系统改革草案》,正式规定了不分性别的教育制度,从此男女都可以在平等的原则下受到同等的教育。

这一时期,对男女教育平权的理解还进一步深化为所有的女性,不仅上层妇女,而且普通的劳动妇女,都应该享有平等的受教育权。为了保障平民女性的受教育权利得以实现,平民女学开始创建。

1925 年 12 月 30 日,中国共产党中央妇女部所领导的上海各界妇女联合会创办机关刊物《中国妇女》。初为旬刊,1926 年 7 月从第 18 期起改为月刊。编委杨之华、贺敬挥(中共早期党员),沈雁冰、陈望道任顾问。设有评论、论文、译著、消息、通讯、讨论、杂感、文艺等专栏。该刊报道上海各界妇女联合会的宗旨及其活动;发表杨之华有关妇女运动理论的重要论述,如:认为上海妇女运动分为教会派妇女运动、贵族妇女运动、女学生运动、女工运动,并逐一进行分析评论,主张建立妇女组织,动员妇女参加反对帝国主义的民族解放运动等。1926 年下半年停刊。1939 年 6 月 1 日在延安创办《中国现代妇女报刊》,由中共中央妇女运动委员会主办,延安中国妇女社编辑,新华书店发行。吴平任第一主任。毛泽东为创刊号题词,朱德、吴玉章、王明、张闻天都撰写过文章。该刊的发刊

① 戴季陶:《女子解放从哪里入手》,《中国妇女问题讨论集》第 1 册,上海书店 1937 年版,第 100 页。
② 徐彦之:《北京大学男女共校论》,《少年世界》1920 年第 1 期。

词宣告其宗旨:“企图对于动员和组织二万万二千五百万妇女大众积极参加抗战建国大业工作尽一份绵薄的力量。”它以中国共产党的妇女干部、妇女工作者、进步的女工、农妇、女知识分子为宣传对象,其主要内容是指导全国的妇女运动,及时传达中共中央及中央妇委关于妇女运动的决定、指示;阐明中国共产党对抗日战争的主张;总结妇女运动的经验;探讨妇女运动理论和实践问题,开展对妇女受压迫原因、新女性恋爱观、中国妇女参政等问题进行讨论;刊登中国妇女运动史料和著名妇女领袖、妇女人物的生平传记;报道国统区、沦陷区妇女斗争情况;介绍苏联妇女及韩国、西班牙、意大利、德国、英国、法国妇女生活及反法西斯斗争的事迹;宣传妇幼卫生保健知识。1941 年,因经济困难而停刊。共出 2 卷 22 期。但该刊在延安《解放日报》定期出副刊。1941 年 9 月《中国妇女》半月刊复刊,罗琼是主任编辑,鲁燕、纪潜、季洪任编辑,蔡畅、邓颖超、张琴秋、丁玲、区梦觉为撰稿人。报道根据地妇女的婚姻、参政、教育、生产状况。1942 年 3 月再次停刊,共出 12 期。1949 年 3 月 25 至 4 月 3 日召开的中国妇女第一次代表大会上决定创办全国性妇女报刊。1949 年 7 月该刊正式复刊,初名《新中国妇女》,由中华全国民主妇联主办。主要内容是对妇女进行社会主义思想教育。①

综上所述,女学的兴起,使女性获得了自立的能力,为妇女摆脱男性的束缚创造了条件。同时,女学的兴起,也开阔了女性的视野,提高了女性的能力,为其走上社会舞台,承担更为重要的社会责任提供了可能。女性传统的角色定位被颠覆了。

3. 男女平权

女性平等权利、平等地位的实现不仅表现在教育领域,而且表现在社会生活的方方面面。1929 年 9 月 10 日,中国广西第一次代表大会通过了《妇女运动草案大纲》,明确规定:“男女教育、经济、政治、工商一律平等。”1934 年 1 月,第二次全国苏维埃代表大会通过了《中华苏维埃共和国宪法大纲》,规定:“中华苏维埃政权以保证彻底的实行妇女解放为目的,承认婚姻自由,实行各种保护妇

① 参阅裴娣娜、刘翔平主编:《中国女性百科全书·文化教育卷》,东北大学出版社 1995 年版,第 543 页。

女的办法,使妇女能够从事实上逐渐得到脱离家务束缚的物质基础,而参加全社会经济的政治的文化的生活。"

首先,女性除了从事传统的保姆、媒婆、绣女、卖唱、娼妓等职业以外,近代时期,女性的职业更加多样化,而且突破了以往的职业界限,向许多男性从事的职业渗透。近代工业的发展需要大量产业工人,从家庭束缚下解放出来的女性成为产业工人的重要来源,并且是缫丝、纺织等产业的主力军。"甲午中日战争前,产业女工约有三万五千人;到了五四运动前,则发展到三十五万人,分别占当时产业工人总数(不包括矿山)的35%左右。"①除了从事体力劳动外,随着女性知识水平的提高,女教员也成为一种新兴的女子职业。一些留学归来的女性纷纷从事教育事业,加之中国女子师范教育事业得到发展,这为教育事业中女教员的输送提供了源源不绝的后备力量。随着西医在中国的传播和发展,女医生尤其是女护士也成为女性的一个重要职业。此外,还有为数不多的女性投身商业和实业,成为女企业家、女经理等。

其次,女性参与政治的热情高涨。这一时期,涌现出了不少杰出的女性代表人物,她们活跃在政治舞台,为争取女性平等权利,为捍卫国家主权,为抵抗帝国主义侵略,奔波呐喊,杀身成仁,舍生取义。秋瑾、向警予、宋氏三姐妹在政治领域都有一定的影响。尤其是宋庆龄、宋美龄,在中国近代史上留下了浓墨重彩的一笔。不仅如此,这一时期,女性关心政治、参与政治已经成为普遍现象。在反对清政府、反对蒋介石政府的一系列学生运动中,不乏女学生的身影。鲁迅笔下的刘和珍,就是在学生运动中牺牲的女性代表。这一时期还有不少女性团体纷纷成立。1903年,留日女学生胡彬夏、林宗素等在东京创立了共爱会,首批成员12人,其宗旨是"拯救二万万之女子,复其固有之特权,使之各具国家之思想,以得自尽女国民之天职"。1904年,秋瑾和陈撷芬等人在日本成立的团体也沿用"共爱会"之名,宗旨是反抗清政府,并且主张女子从军。共爱会强调女子的社会责任,强调男女平等。抗日战争爆发后,1937年成立的中国职业妇女会,1938年改名为中国职业妇女俱乐部,茅丽瑛任主席,领导妇女进行抗日救亡活动,经常参加活动的约有600人。茅丽瑛也因此引起日伪特务的注意,在

① 郑永福、吕美颐:《近代中国妇女生活》,河南人民出版社1993年版,第267页。

遭到多次威胁后，1939 年，茅丽瑛遭日伪特务枪击，牺牲时，年仅 29 岁。在江西，1938 年成立妇声社，劳君展任社长，这是江西最早的妇女抗日救亡团体，其队伍由最初的 13 人，发展到后来的 500 人左右。此外，这一时期的妇女团体还有女学会、中国女维新会、对俄同志女会、卫生讲习会、中国妇女启明社、女子雄辩学会、国耻会，等等。说明女性已经开始有组织地参与政治。

男女平等是中国新民主主义婚姻家庭制度的一项重要原则，它形成并确立于革命根据地的施政纲领和婚姻法规中。如 1922 年 6 月《中国共产党第一次对于时局的主张》最早提出："承认妇女在法律上与男子有同等的权利。"同年 7 月《中国共产党第二次代表大会宣言》也提出：废除一切束缚女子的法律，女子在政治上、经济上、社会上、教育上一律享受平等权利。1923 年 6 月中国共产党第三次代表大会通过的党纲草案和决议案中，具体规定：公私法上男女一律平权，男女教育平等，男女职业平等，男女社交自由，男女工资平等。第二次国内革命战争时期，1931 年《中华苏维埃共和国宪法大纲》规定：在苏维埃政权领域内，工人、农民、红色战士及一切劳苦民众和他们的家属，不分男女，"在苏维埃法律前一律平等"。毛泽东在 1934 年 1 月《对第二次全国苏维埃代表大会的报告》中指出，"为了实行真正男女平等的婚姻制度"，在 1931 年 11 月颁布了婚姻条例。这种民主主义的婚姻制度，打碎了中国四千年束缚人类尤其是束缚女子的封建锁链，建立了适合人性的新规律，这也是人类历史上伟大胜利之一。抗日战争以后，各边区政府的施政纲领中，都明确规定了男女平等的原则，并将此原则写入婚姻法规中。如 1939 年 4 月《陕甘宁边区抗战时期施政纲领》规定，"实行男女平等"的婚姻制度。1941 年 8 月《晋冀鲁豫边区婚姻暂行条例》规定本条例"根据平等"原则制定之。1945 年 3 月《山东省婚姻暂行条例》以及 1949 年 7 月的修正条例，都规定根据"男女平等"原则制定本条例。中华人民共和国成立后，便将男女平等作为一项重要原则，确定在《中华人民共和国宪法》和《中华人民共和国婚姻法》中。①

在根据地，知识分子以文艺的形式展示了男女对平等的追求和根据地政权为保障男女平等所做出的努力。如阮章竞 1949 年 3 月创作的著名作品《漳河

① 参阅何立婴主编：《中国女性百科全书·婚姻家庭卷》，东北大学出版社 1995 年版，第 441～442 页。

水》，是继李季的《王贵与李香香》之后，又一部以民歌形式写成的著名的现代长篇叙事诗。全诗分为三部分，第一部《往日》，写的是太行山区漳河岸边三个劳动妇女荷荷、苓苓、紫金英在封建婚姻压迫下的苦难；第二部《解放》写她们在新的民主根据地追求男女平等，婚姻自主；第三部《长青树》写她们在婚姻上的彻底解放。这三个部分完整形象地展示了中国旧社会劳动妇女从受压迫到觉醒到获得解放的过程，且揭示了妇女解放与社会政治、经济革命的内在联系。

4. 追求个性解放

近代时期的女性在获得了一定的解放之后，开始追求个性的解放。她们一改传统的女性形象，由保守走向开放，走向标新立异。女性焕发出新的精神面貌。这主要反映在女性形象和气质的变化中。

传统女性在严格的封建礼法的约束下，言行举止均要遵守规范。“三从四德”就是对女性的束缚。从服饰上来说，应当严格禁止“性”的显露与挑逗，因此，妇女的服饰都是宽大的衣裙，除了唐朝时期少有的妇女服饰上有些开放之外，其他的历史时期，妇女的服饰基本上都是从脖子以下都包裹得严严实实，即使是脚，也要藏在裙下。而且，从服装款式上看，也基本上千篇一律。

近代时期，女性的解放思潮和运动造就了一批“新女性”。她们抛弃了传统的价值观念，以崭新的形象出现在世人面前。在发型上，出现了短发、烫发。在服装上，出现了裤装、旗袍，传统的裙装也逐渐缩短，变得更加合体，注重展现女性的身材曲线。尤其是旗袍，尽展女性的身材曲线，女性的胳膊、大腿也大方、自信地展露出来。旗袍的款式也是多样的，其领型、袖型、开衩、身长等都不断变化，体现着不同的时尚。在鞋子上，高跟鞋进入日常生活，成为时髦女性的基本配件。这样，女性成为社会生活中一抹靓丽的风景。

当然，女性装扮在不断凸显女性特征的同时，也出现了另一种潮流，即，女性的男性装扮。她们留短发，戴男士的鸭舌帽或者礼帽，身着西装、西裤。辛亥革命时期，秋瑾就是其中典型代表。她酷爱男装，“穿着西式男装，横戴着黑色的鸭舌帽掩盖了半个耳朵。……手中拿着一根细拐杖。从又细又大的西服裤下面，可以瞧见茶色的靴子。胸部的领带松松的往下垂”。① 秋瑾不仅着男装，

① 时彬：《民国万象》，团结出版社 2005 年版，第 52 页。

而且喜欢模仿男性的行为，如习武、操练、骑马、怀揣勃朗宁手枪、腰佩短剑。这种男性装扮和男性行为反映出当时女性追求和渴望男女平等的强烈愿望，同时也反映了她们特立独行、桀骜不驯、打破常规的个性。

近代时期，女性开始从封建的牢笼中解放出来，新的女性形象和伦理观念开始建立和形成。这是中国女性开始走向平等、独立、个性的开始。

三、公民教育：对新型道德的提倡

中国自古是一个依靠宗法血缘关系凝结在一起的“伦理社会”，人们有着十分浓厚的家庭、家族观念，“私德”发展得较为充分，而公共意识却十分匮乏，公德观念极为淡薄。近代中国，公共生活领域急剧拓展，这在客观上亟需对国民进行公民教育，培养人们新的道德素养。

1. 梁启超的新民说

梁启超认为，要从根本上改变中国落后挨打的历史命运，除了学习西方先进的科学技术之外，还必须进行道德上的革命，打破旧的传统道德观念，建立新的道德，培养新的国民。只有国民普遍觉醒，社会变革才能成为国民的自觉要求。因此，梁启超致力于新道德的推行。新道德就是资产阶级的“公德”，新国民就是具有“公德”的国民。

“公德”与“私德”相对。“人人相善其群者谓之公德”，“人人独善其身者谓之私德”。显然，“公德”是人相对于国家、社会而言的，它是“人群之所以为群，国家之所以为国”的根基。公德注重的是个人对于国家、民族的责任和义务；私德注重的是个人自我德性的养成。两者是统一的。“无私德则不能立，合无量数卑污、虚伪、残忍、愚懦之人，无以为国也。无公德则不能团，虽有无量数束身自好、廉谨良愿之人，仍无以为国也。”①然而，国人私德兴盛，公德欠缺，个人对国家、社会的责任感和义务感不强。当国家、民族处于危难之际，同胞遭受蹂躏之时，如果国人还在麻木不仁地吃着“带血的馒头”，这是十分可悲的。因此，唯有兴公德，造就新国民，中华民族才有希望和未来。

敢于和能够承担责任和义务的新国民应该具有独立的人格。首先，新国民

---

① 梁启超：《新民说·论公德》。

应当具有权利意识，这是人得以有尊严地生存的前提。梁启超认为，“天生人而赋之以权利，且赋之以扩充此权利之智识”。① 然而，“我国蚩蚩四亿之众，数千年受制于民贼政体之下，如盲鱼生长黑壑，出诸海而犹不能视；妇人缠足十载，解其缚而犹不能行。故步自封，少见多怪，曾不知天地间有所谓‘民权’二字”。② 没有权利意识，国家就不能富强，“以之当外患，则槁木遇风雨之类也”。③ 其次，新国民应当具有独立、自由之个性。“独立者何？不依赖他力，而常独往独来于世界者也。”④梁启超欣赏的新国民摆脱了奴性，他不依附于任何权势，不屈从于任何强力，能够独立自主地做出个人的判断和选择。因此，人也是自由的。但是，梁启超所言的自由不是个人的任意妄为，他强调，自由有界限，它“以不侵人之自由为界”，⑤是对他人权利的肯定和尊重。

梁启超对“公德”的提倡，对新国民的企盼，主要还停留在理论的探讨和宣扬，在封建帝制没有被推翻，社会制度没有发生根本变革的条件下，国民的权利、自由、个性都只能是空谈。

2. *蒋介石与新生活运动*

1934 年 2 月 19 日，蒋介石在南昌发表题为《新生活运动之要义》的演讲，新生活运动正式开始。至 1949 年结束，历时近 16 年。“新生活运动”的发端虽然从某种角度看，“是为了从文化和政治上配合对中国共产党领导下的革命根据地和工农红军的军事‘围剿’，并利用中国固有的封建道德规范禁锢人们的言论和行动，强化其专制统治”⑥，但是从伦理文化的角度，其中也包含有对社会公德的提倡和建设。这与“公共观念”的萌生不无相关，“公共观念不失为一切公德之本”。⑦

新生活运动首先从江西开始。当时，长期的战争以及公共意识的匮乏造成了公共卫生堪忧，公共秩序混乱。当时的很多地方环境卫生都十分糟糕，公共

---

① 梁启超：《新民说·论进步》。
② 梁启超：《爱国论》。
③ 梁启超：《新民说·论权利思想》。
④ 梁启超：《十种德性相反相成义》。
⑤ 梁启超：《新民说·论自由》。
⑥ 关志钢、赵哲：《试论新生活运动之缘起》，《深圳大学学报》（人文社会科学版）1994 年第 2 期。
⑦ 梁漱溟：《中国文化要义》，学林出版社 1987 年版，第 68 页。

场所也缺乏必要的秩序。梁漱溟就这样描写道:“试看车站或戏院售票的门窗前,西洋人自然鱼贯成行,顺序而进;中国人却总是争前躐后,虽有警察,犹难维持秩序。”[①]对于这种现象,宋美龄极难忍受,她说:“经过一个拥挤污浊的内地城市,我心中烦扰不安之至,而飞机在云雾弥漫中,冒险前进的时候倒不觉得什么。”[②]因此,对于蒋介石推行的新生活运动,宋美龄也是极力支持。

在《新生活运动纲要》中,蒋介石指明了新生活运动的主旨:“新生活运动者,我全体国民之生活革命也,以最简易而最急切之方法,涤除我国民不合时代不适环境之习性,使趋向于适合时代与环境之生活。”具体来说,就是培养人们在衣食住行等方面良好的生活习惯。在《新生活须知》中,蒋介石对食、衣、住、行等方面进行了行为规定。饮食方面如:“饮具须净,食物须洁……饮嚼无声,座必正席;饭屑骨刺,毋使狼藉。”衣着方面如:“衣服章身,礼貌所寄……洗涤宜勤,缝补残破;拔上鞋跟,扣齐钮颗;穿戴莫歪,体勿赤裸。集会入室,冠帽即脱。被褥常晒,行李轻单。”居住方面如:“黎明即起,漱口刷牙;剪甲理发,沐浴勤加。……莫积垃圾,莫留尘土。厨房厕所,尤须净扫;捕鼠灭蝇,通沟清道。”“行”的方面如:“举止稳重,步武整齐。乘车搭船,上落莫挤;先让妇孺,老弱扶持。走路靠左,胸部挺起;两目平看,端其听视。……喷嚏对人,吐痰在地,任意便溺,皆所禁忌。公共场所,遵守纪律。就位退席,鱼贯出入;莫作吵闹,莫先抢说。”不得不承认,蒋介石对衣食住行提出的要求恰恰是社会公德的基本内容。这些要求概括起来,不外乎“整齐、清洁、简单、朴素”。蒋介石认为“如此的生活才可以叫做新生活,过新生活的人才配做一个新时代的人”。这是实现民族复兴的伟大力量,它甚至“比用什么武器什么军队的力量都要大”,所以,“我们做人、教人、革命与复兴民族,都要从这一点做起”。[③]

蒋介石认为,要完成“安内攘外”的任务,就必须使全国国民实现“军事化”,而“军事化”的前提,是要养成国民生活之整齐、清洁、简单、朴素、迅速、确实等习性,守秩序,重纪律,尽责任,以便随时为国家民族同仇敌忾,捐躯牺牲,尽忠报国。除上述外,蒋介石还要求革除那些旧思想、旧习气,造成一个良好的文明

---

① 梁漱溟:《中国文化要义》,学林出版社 1987 年版,第 67 页。
② 宋美龄:《我的宗教观》,《蒋夫人言论集》上集,国民出版社 1939 年版,第 1 页。
③ 蒋介石:《新生活之要义》。

的思想行动，使全国国民的精神和行动“现代化”，即“科学化”、“组织化”、“纪律化”，概括地说，就是使国民生活“彻底军事化”，这样才能成为一个“现代的人”。蒋介石发动和推行“新生活运动”，始终是和他的反共、“剿匪”、“戡乱救国的使命”、巩固国民党的统治等目的联系在一起。

蒋介石对社会公德的提倡一直持续到1949年，成效并不显著。因为在当时战乱频仍、国贫民穷、民不聊生的条件下，人们尚且食不果腹，衣不蔽体，生存堪忧，此时却要求其讲究干净卫生，显然是十分虚伪的。

3. 根据地的文化教育和道德教育

中国共产党在领导新民主主义革命的同时，非常重视苏区根据地和解放区的教育工作，始终把教育作为培养共产主义新人的重要工具。1931年的《第二次苏维埃代表大会的报告》指出，苏维埃文化教育的总方针“在于以共产主义的精神来教育广大的劳苦民众，在于使文化教育为革命战争与阶级斗争服务，在于使教育与劳动联系起来，在于使广大中国民众都成为享受文明幸福的人”。苏区根据地重视军队教育和干部教育，先后建立了红军大学、红军步兵学校、红军特科学校、游击队干部学校、红色医务学校等，还建立了苏维埃大学、马克思共产主义学校、中央农业学校、高尔基戏剧学校、高级和初级师范学校等。社会教育的重点是识字和扫盲，把“提高工农的文化水平”作为首要任务。为了培养“共产主义建设的新后代”，对儿童实行免费的义务教育，从而使儿童的入学率大大提高。据统计，到1934年时，江西、福建、广东等省苏区根据地的2 932个乡中，有列宁小学3 052所，学龄儿童多数都能免费入学。抗日战争爆发之后，毛泽东代表中共中央提出在解放区实施“国防教育”，“实行抗战教育政策，使教育为长期战争服务”的教育方针，把干部教育和成人教育放在首位。解放区相继开办了许多干部学校，如中央党校、抗日军政大学、陕北公学、鲁迅艺术文学院、中国女子大学、华北联合大学、延安自然科学院、延安大学等高等学校和鲁迅师范学校、边区中学等中等学校。在成人教育方面，广泛开展了扫盲运动，通过识字班、宣讲班、技术训练班等多种形式的冬学和民校，并结合当时的中心任务和工作提高工农群众的政治觉悟和文化水平。同时，还普遍开展小学教育，重视“以民族精神教育新后代”。随着解放战争的胜利进展，解放区的教育也蓬勃发展，入学人数和学校规模进一步扩大，学校的设施和物质条件进一步得到改善，教育教学质量大大提高，之后，经过几次调整和改革，学校教育逐步向着正规化和制度化的方向发展。苏区根据地和解放区的教育实践和教育活动给我们留下了丰富的宝贵经验。这些经验表明，教育必须与党和人民所面临的基本任务紧密结合起来并为之服务，必须与生产劳动相结合，坚持理论联系实际的原则，必须坚持勤俭办学的方针，必须贯彻群众路线，尊重群众的创造性和能动性，必须培养一支又红又专的教师队伍，必须坚持和加强党对教育的领导，使教育事业沿着正确的方向发展。①

中国共产党在革命过程中，也十分重视对纪律精神的培养。“三大纪律八项注意”就是共产党人严明纪律观念的反映，也是人民军队区别于一切旧式军队的重要标志。“三大纪律八项注意”是不断发展的。1927 年 9 月，建军后不久，毛泽东在领导秋收起义时，就要求官兵说话和气、买卖公平、不打人、不骂人。之后内容不断丰富，并且固定化为“一切行动听指挥，不拿群众一针一线，一切缴获要归公；说话和气，买卖公平，借东西要还，损坏东西要赔，不打人骂人，不损坏庄稼，不调戏妇女，不虐待俘虏”。至 1947 年 10 月，毛泽东起草了《中国人民解放军总部关于重新颁布三大纪律八项注意的训令》，将之以命令的形式固定了下来。

四、变革礼俗：对节俭平等的倡导

中国古代社会十分注重礼制。礼制中夹杂有浓厚的等级文化色彩，而且礼仪十分烦琐，这与近代以来的平等观念以及简单明快的生活节奏有些不太适应。于是，在这样一场宏大的移风易俗的变革中，传统礼俗也是其中十分重要的内容。这一时期的礼俗逐渐向节俭平等的价值理念靠拢。

1. 去奢崇俭

近代中国，国贫民穷，加之受西方简单文明礼仪的影响，节俭之风在国内盛行。因此，对于传统的颇费周章又有些奢侈浪费的繁文缛节，一些人开始予以变革。

中国人很重视婚丧嫁娶，认为婚丧嫁娶是人生之大事，而且应当遵循礼仪

① 参阅林崇德主编：《中国中学教学百科全书·教育卷》，沈阳出版社 1990 年版，第 355 页。

的规定。中国自奴隶社会以来，对于嫁娶就有明确的仪礼规定。据《仪礼》一书记载，嫁娶之礼包括：纳彩、问名、纳吉、纳征、请期、亲迎六个环节。后世虽不尽相同，但基本上万变不离其宗。办一场婚礼，往往劳民伤财，“以至中人之家不敢轻言婚事”。20 世纪 30 年代初，此种风俗有所改变。例如在山西临汾，“更有家中不结一彩，不悬一灯，一切布置统假城内饭庄行之”①，婚礼无须持续三两日，一日之内就可完成，大家觉得尤为便利。

清朝末年开始，接触西方文化较多，受西方文化影响较深的地方和国民，主要是一些沿海城市以及社会上流人物，开始兴起文明婚礼。尤其是留学生，回国后大多举行新式婚礼。久而久之，新式婚礼日渐流行，由省会大城市向中小城市蔓延。例如在江苏，光绪年间，爱国学堂学生王雅先与务本女学学生吴霞结婚，二人都着西服，先行婚礼，之后见家族，接受族人祝贺，继而由女生合唱自由结婚歌，唱完婚礼即结束。② 这种婚礼十分简单，与传统的婚礼形成了鲜明对照。但是西式婚礼有时也很费钱，为了更加节俭，20 世纪 30 年代，集体婚礼应运而生。1935 年 4 月 3 日，上海市政府大礼堂举行了第一次集体婚礼，影响甚广，后风靡全国，重庆在 1943 年底之前就一共举办了 21 届集体婚礼，每次场面都很热闹。

解放前，在共产党控制的根据地和解放区，婚俗也进行了改革，婚礼更是崇尚简单、庄重、节省。例如，20 世纪 40 年代，华北抗日根据地盛行简单的结婚仪式。人们不择吉日良辰，不看生辰八字，不要聘礼嫁妆，不坐花轿，不宴请宾客。通常是由主婚人主持婚礼，新郎新娘向父母、主婚人、介绍人、来宾鞠躬，礼成即可。这种形式简单的新式婚礼由于节省了大量的人力、物力、财力，并且体现了男女平等的精神，受到了根据地百姓的赞赏和支持。加之党员干部带头，对群众影响很大。

丧葬之礼也发生了很大的变化，其形式也逐渐变得简单、庄重。20 世纪 30 年代初，山西安泽，“丧葬之礼……有棺无椁，大小二殓，多不能举。其魂帛、灵床、功布、云妾，以及方相险道之制，间有行者；至葬后虞祭，则概未行之”。③ 随

① 丁世良、赵放：《中国地方志民俗资料汇编·华北卷》，北京图书馆出版社 1989 年版，第 644 页。
② 参阅李又宁、张玉法：《近代中国女权运动史料》，（台湾）龙文出版有限公司 1995 年版，第 1314 页。
③ 丁世良、赵放：《中国地方志民俗资料汇编·华北卷》，北京图书馆出版社 1989 年版，第 647 页。

着社会的进一步发展，传统的丧葬仪式也被新式仪式所取代。清朝末年，追悼会开始出现，之后被寻常百姓所接受，逐渐取代吊丧。追悼会的形式一般由报告开会宗旨、宣读祭文、鞠躬致礼等环节构成；参加追悼会的人一般着深色服装、戴白花，没有了传统礼制中关于披麻戴孝的要求。这样的葬礼既简单节约，又庄严肃穆，表达哀思，受到了民众的欢迎。同时，城市中还出现了火葬和公墓。这对于传统观念构成了极大的冲击。

2. 改元纪年

用年号纪年，从汉武帝开始。由于年号开始的第一年称为元年，所以，改换年号的举动就被称作为“改元”。之后，每个皇帝即位，都要更换年号。以年号纪年，显然是在宣扬“普天之下，莫非王土；率土之滨，莫非王臣”的君主专制统治思想，是在强化人们的忠君意识。

近代以来，受西方纪年的影响，人们开始提出了改变纪年方式的主张。有人提出按照西方公历纪年，以耶稣降生为元年，遭到众多反对。也有人提出了唐尧纪年、夏禹纪年、黄帝纪年等主张。维新派康有为主张实行孔子纪年法。他对其他种种纪年方法进行了否定。他认为，“以帝王称号为纪……于考史最为不便”，所以此法应当废弃。但是，以耶稣纪元，其普遍度“尚不及世界人数三分之一”，基督教义也未能“涵盖全世界”，加之“中国民族固守国粹”，此三种因素决定中国“不便”使用耶稣纪元。以黄帝纪年，“无真确之年代可据”。其他如夏禹纪年、唐尧纪年，“皆无大理公益之可援引”。所以，最适合中国的，就是孔子纪年。因为“孔子为泰东教主，中国第一人物，此全国之所公认也。而中国史之繁密而可纪者，皆在于孔子以后”。① 康有为、梁启超的主张得到众多维新人士的支持。湖南维新志士唐才常撰写《师统说》一文，指出，以孔子纪年可在“君统”之上树立“师统”。他甚至认为：“不纪年则无统，不立统则无师，不系统于师则无中国。”

资产阶级革命以后，改元的呼声更为高涨，在具体纪年方法上，人们仍然围绕之前的几种纪年进行争论。1903年，刘师培发表《黄帝纪年论》，倡导黄帝纪年。他认为，一个民族必须追溯自己的起源，中华民族自称是“炎黄子孙”，黄帝

---

① 梁启超：《中国史叙论》，《梁启超全集》第1册，北京出版社1999年版，第451～452页。

被认为是中华民族的人文始祖。以黄帝纪年，是再适合不过的。刘师培的这一主张得到了宋教仁的极力支持。宋教仁提出，其他纪年法，包括孔子纪年法，“揆之民族主义，皆无大纪念、无大关系”，只有采用黄帝纪年，才合乎民族主义。他主张以黄帝即位之年为黄帝纪元。然而黄帝何时出生，何时即位，都无信史可查，因此他推定1904年为黄帝纪元4602年。这一纪年法被同盟会以及革命派所采用。同盟会的机关报《民报》以及《江苏》、《黄帝魂》等革命报刊均采用了黄帝纪年。武昌起义爆发后，革命派发布的《中华民国公报》和文告也大多采用黄帝纪年法。但是黄帝纪年同样也遭到革命派中一部分人的反对。他们认为黄帝乃传说中的人物，具体时间无法考证；黄帝代表的是专制政体，与共和政体相矛盾，“若欲以此为民主国之纪元，则与新民国之民主主义大相剌谬”①。因此，中华民国不应采用黄帝纪年，而是主张采用公元纪年，认为这样十分简单，世界通行。在长期的争论之后，1912年1月2日，孙中山向全国颁发《临时大总统改历改元通电》：“中华民国改用阳历，以黄帝纪元四千六百九年十一月十三日，为中华民国元年元旦。”1912年成为民国元年。这样，国号纪年法取代了帝王年号纪年法。它使封建帝王的神圣和封建君主专制的权威在人们心中轰然倒塌，随之树立起来的是人们的国家观念。随着新民主主义革命取得胜利，国民党政府倒台，社会主义的新中国即将诞生。1949年9月，就在新中国成立前夕，中国人民政治协商会议第一届全体会议在北平召开。27日，会议通过决议：“中华人民共和国的纪年采用公元。”近代以来的改元到此圆满结束。

纪年办法的变革历程从一个侧面反映了人们政治道德观的变化，促进了进步道德观的生成。

统观整个近代社会，风俗的演变及其道德嬗变呈现为承前启后、中西融合和非均衡发展三个特点。

在这个时期，中国的政治、经济、文化、社会诸方面都有一个由传统向现代转变的问题，这种转变对社会风俗的影响也使之呈现为承前启后的特点。一方面，古老的传统习俗仍顽固地要保住地盘；另一方面，新的社会习尚艰难地夺取

---

① 老圃：《论黄帝纪年》，转引自《历史教学》1959年第4期。

阵地。正如李大钊在 1918 年 5 月的《新青年》第四卷第五号上的《新的！旧的！》一文中指出的："中国人今日的生活全是矛盾生活，中国今日的现象全是矛盾现象……矛盾生活就是新旧不调和的生活，就是一个新的，一个旧的，其间相去不知几千万里的东西，偏偏凑在一起，分立对抗的生活。……中国今日生活现象矛盾的原因，全在新旧的性质相差太远，活动又相邻太近。换句话说，就是新旧之间，纵的距离太远，横的距离太近；时间的性质差的太多，空间的接触逼的太紧。同时同地不容并存的人物、事实、思想、议论走来走去，竟不能不走在一路来碰头，呈现出两两配映、两两对立的奇观。这就是新的气力太薄，不能努力创造新生活，以征服旧的过处了。"①

即使民国成立以后，虽说有革命的推动，但全国看来，新旧杂陈、中西并立的现象极为常见。长袍马褂等传统服饰依然盛行于城乡，作为两大陋习的男子蓄辫、女子缠足仍在很多地区长期存在。在大街上，既可以看到西装革履，也可以看到中山装和新式的旗袍，这种情况在婚礼上更是典型："有西装者，有便服者，有仍服满清时礼服者，形形色色，无奇不有。"②也有人中西服装混搭，上身着西装，下身则穿中裤扎绑腿，颇为滑稽。总之，"西装东装汉装满装，应有尽有，庞杂至不可名状"③。而人们的住房，除传统中式的四合院、大杂院、窑洞甚至草棚外，新式的公寓大楼、里弄、洋房或中西合璧的住宅也与日俱增。岁时节气方面，阴历与阳历并行，新式节日、西式风俗与传统节日和中式节庆并存。礼仪方面，虽然鞠躬、握手、互递名片等新式礼仪流行，但跪拜、作揖等旧式礼节仍未退出历史舞台。新的称谓如"先生"、"君"等多为人接受，但"大人"、"老爷"等旧式称谓在守旧人士和下层民众中仍然盛行。而在不同的场合，各种称谓和礼节也是更替使用。如山西《翼城县志》卷十六《礼俗》篇记载民国初建时期的脱帽、鞠躬礼节情况："自帝制推倒，国改共和以来……现今乡间人民，通行对于官长、平辈咸遵是礼。"但是也"间有用揖拜礼、握手礼者"。而"惟对于家长节礼并祀祖先、鬼神者，仍循跪拜之古俗而不知改"。在城乡之间，与百姓日常生活有关的各种礼仪活动，如婚礼、丧礼等，有比较大的差别。在开埠比较早的地区和闭塞

① 转引自郑大华等：《中国文化发展史・民国卷》，山东教育出版社 2013 年版，第 540 页。
② 胡朴安：《中华全国风俗志》下编，河北人民出版社 1986 年版，第 182 页。
③ 《大公报》1912 年 9 月 8 日。

的偏远地区，这种差别就更大了，显示了风俗改变的地域不平衡性和新旧派的人群不平衡性。

近代中国社会的巨大变革带动了风俗习惯的移易，这给社会生活带来了许多新的气象。在这种移风易俗的运动中，中国人的思想正在潜移默化地发生变化，旧的思想观念不断被新的价值观念所取代，中国社会也在这一过程中不断向近代文明过渡和进发。

第二节 新型人际关系与新型交往道德

由于近代以来，中国社会结构发生了一定的变化，公共领域不断扩大，在客观上带来了“陌生人”社会不断发展，人们的交往方式、交往道德也随之发生了巨大的变化。同时，对封建等级制度的批判，以及对自由平等的追求，也表现在人与人的交往之中。以往尊卑有等的合乎“礼”的交往道德，被平等互助的交往道德所取代。

一、从传统“熟人社会”到“陌生人社会”的深刻变迁

近代中国，公共生活领域空前扩大，人们跳出了传统的家庭活动范围，超越了以往的私人交往空间，于是，表现在交往方面，就是人们的交往范围扩大，交往对象更加多样和复杂。

1. 宗法血缘关系纽带开始断裂

中国自古宗法血缘关系十分浓厚，梁漱溟称之为“伦理社会”。人们的家庭观念极强。人总是家庭中的一员，而极少个体、权利之观念。

近代以来，中国的家庭结构发生了很大的变化。传统的大家庭逐渐被核心家庭、直系家庭取代。尤其是辛亥革命以后，自由平等、天赋人权的思想进一步向家庭领域渗透，人们对于封建宗法家庭道德的批判也日趋激烈。鲁迅在谈少时读“郭巨埋儿”的孝行时，这样写道：“我最初实在替这孩子捏一把汗，待到掘

出黄金一釜，这才觉得轻松。然而我已经不但自己不敢再想做孝子，并且怕我父亲去做孝子了。”李大钊也这样评论：“看那二千余年来支配中国人精神的孔门伦理，所谓纲常，所谓名教，所谓道德，所谓礼义，哪一样不是损卑下以奉尊长？哪一样不是牺牲被统治者的个性以事统治者？哪一样不是本着大家族制下子弟对于亲长的精神？”①还有一些人以文学的方式对旧家庭给予了抨击。周作人在《新青年》上发表译作——易卜生的《玩偶之家》，娜拉为摆脱痛苦而毅然离家出走的情节触动了许多青年人，他们纷纷效仿娜拉。20世纪30年代，巴金的《家》、《春》、《秋》三部曲问世，他无情地撕开了封建家族制度虚伪的面纱，揭示了它已走向穷途末路；年轻人应当勇于同封建的家庭制度进行抗争，冲出封建家庭的牢笼，走向新生。

在宗法血缘家庭之中，人们的交往范围十分有限，其交往对象通常是家庭、家族中的“熟人”。宗法血缘纽带的断裂，人们挣脱血缘家庭的锁链后，步入到广阔的社会舞台，其所面对的不再是熟悉的亲人，而是大量的陌生人。

2. 公共领域不断拓展

传统宗法血缘纽带的断裂只是为人们步入公共领域提供了条件，这一时期，职业的发展、公共节日以及娱乐活动的出现和丰富极大拓展了人们的公共活动空间，这为丰富人们的公共生活提供了直接的便利。

（1）新式节日的出现提供了更多的公共交往机会。民国时期的农事节令、祭祀节日、纪念节日、庆贺节日、社交游乐节日，大多仍保持了原先的一套活动方式，但在这种节日习俗的传承中，我们还是不难发现其中的变异，闻到一股新时代的气息。

首先，原带有宗教迷信、盲目信仰的旧节令习俗逐渐衰落和被废除。如：迁安县“七月十五，为‘盂兰盆会’。向年有僧道荐醮，投放河灯，以救溺鬼，近数年其例废除”。完县“三月二十日，祀雹神（庙在北坎，旧日演剧四班，今渐衰落）。三月二十日，祀城隍（今改建设局，祀事久废）。……四月二十八日，祀药王（庙在关，今久废不行）。……五月十三日，祀关帝（旧于是日必演剧致祭，改革以后，迄未举行）”。新河县“十月朔日，祭祖先。是日，城隍辇出巡游（此举今废）”；

① 李大钊：《我的马克思主义观》，《新青年》第6卷第5号。

“清明日，士女头戴柳枝、拜扫祖茔。城隍是日坐巡，会末人舁之游郊外(此举今废)”。年节时祭祀意识的淡化，是与民国初期崇尚科学、破除迷信的思潮分不开的，是“五四”时代精神渗入年节风俗的结果。

其次，一些原本以祈福纳祥为目的的祀祭节日，演化为娱乐性的体育竞技活动。如当时苏州河北有所谓黄大仙会者，每逢出会，人数众多，新奇百出，旗伞仪仗之外，有高跷、臂锣、舞叉、打对子等，时人称为武会，以别于城隍出巡之“文会”。而民国十五年(1925 年)上海的观音会，更推出了高至丈二的大高跷及活观音等新奇节目，在市内迂回游行，行程费一整天，沿途所过，都设座架棚，万头聚观，人山人海，为自上海有庙会以来所未有之盛况。这类赛会，虽起于宗教祭祀的傩戏，但在民国特定的人文环境中，已完全演化为市民性的喜庆竞技活动了。

再次，西洋式的游乐项目被大量纳入我国传统的年节习俗之中，逐渐形成了新的群体性的游乐节俗。如原来流行于沪上殖民商人中的赛马游乐，民国时已成为上海民众的主要岁时娱乐活动。“每岁春秋二季有跑马之戏”，“每次必跑三日，跑毕，又有跳浜、跳花、萁架诸戏”。致“观者几如恒河沙数，而教坊中姐妹，更无不高架马车，逐队而行”。更有赛船，“每春夏之交，在苏州河赛船为乐，其船用八人打桨，轻提如飞。”有跳跃之戏，“每年必举行二次”，“戏必以夜，燃地火灯千百盏”，“客袖短衣，互相搏斗”。有打弹子，“择巨室，设长木台长丈许，阔半之，覆以哆吡，而高其边。碾象牙为圆子，如鸭卵大者四枚，拔以木棒，互相撞击，以角输赢”。有溜冰，“择科日严寒之时，空一室，浇水于地”，“冰厚盈尺，西人乃穿铁齿高屐飞行其上”。在节日娱乐中，民国时期纸牌、麻将成为首选之俗。此外，还有演奏会、赛花会、俱乐部、西式饭店、酒店、烟馆、戏院、“西国青楼”、“梨园北里”、“粉黛南都”等冶游渊薮，在上海、广州等大都市盛行开来，已成了现代节日文化不可或缺的部分。①

民国时期，中国出现了一些新节日，如：元旦节、国庆日、孔子诞辰纪念日等。不同于传统节日对家庭伦理的重视，这些新节日更多的是传递公共生活的

---

① 参阅徐杰舜主编，万建中、周耀明著：《汉族风俗史》第五卷《清代后期·民国汉族风俗》，学林出版社 2004 年版，第 317～320 页。

观念,伴随这些节日的,也多是一些公共活动。

1912 年 1 月 2 日,孙中山向全国颁发《临时大总统改历改元通电》,规定 1 月 1 日为元旦节。1915 年元旦,北京盛况空前。“正阳门外珠市口,当中建有五色电光花彩牌楼。开放先农坛,任人游览祭奠。中华门内开放临时市场,所有商贩、艺剧等项莫不云集,并有茶棚、咖啡馆热闹非常”。“东城之隆市、西城之护国寺两庙会,亦加增会期。在此三日,所有商铺一律挂旗结彩,京城地面,气象一新”。[①] 1912 年 9 月 29 日,孙中山发布临时大总统令,公布 10 月 10 日为国庆日。于是在 1912 年 10 月 10 日第一个国庆日,北京临时政府举行了隆重的阅兵仪式、追祭先烈活动和国庆茶会;长沙举行了提灯游行活动,“城厢内外之游人……有不远数十里或数百里而来者”[②];上海社会各界开完庆祝大会后,“举行提灯会,沿途高唱国歌,至(晚)十一时始行散队”[③]。之后,国庆日逐渐成为宣传爱国精神的良机。每逢国庆日,学校组织学生上街游行、演讲、散发传单。1934 年,国民政府将 8 月 27 日定为孔子诞辰纪念日,为法定纪念日,放假一天,全国一律悬旗志庆。孔子诞辰纪念日这天,各机关、学校、团体分别召开集会,宣讲孔子生平事略、孔子学说、孙中山思想与孔子思想的关系。

此外,还有其他新节日,如:劳动节(5 月 1 日)、妇女节(3 月 8 日)、革命先烈纪念日(3 月 29 日)、国耻纪念日(5 月 9 日)、植树节(清明日)、儿童节(4 月 4 日)、学生运动纪念(5 月 4 日)、体育节(9 月 9 日)、音乐节(4 月 5 日)、戏剧节(2 月 5 日),等等。

公共节日的出现,意味着传统的私人活动领域被打破,公共领域、公共活动逐渐受到重视,人与人之间在公共场所交往的机会进一步增多。

(2) 公共娱乐活动的丰富使交往形式多样化。在大量公共节日出现的同时,公共娱乐活动也日渐丰富,这使人们之间的交往形式更为多样化了。而且,在公共娱乐活动中,充斥的是大量的陌生人,陌生人之间的交往日渐频繁。

近代以来,受西方文化的影响,人们的娱乐方式增添了许多新的内容。电

---

① 《申报》1915 年 1 月 6 日。
② 《湖南光复纪念会志盛》,《申报》1912 年 10 月 22 日。
③ 《举行国庆志盛》,《申报》1912 年 10 月 12 日。

影、话剧、夜总会、舞厅等新兴的娱乐活动成为城市生活中一道道亮丽的风景线，吸引着众多国民。电影一出现就受到人们的喜爱，这推动了电影事业的迅速发展，民国时期，“就电影制片厂来说，先后有数十家；就所拍影片讲，有成百上千部；就电影观众讲，有数千万乃至上亿人；就电影导演、演员讲，也出现了一大批享誉海内外的人物”①。上海是中国引入电影最早的城市，1935年，上海就有维多利亚、卡尔登等50多个电影院，全国范围内则有几百个之多，说明此时看电影已经成为人们重要的日常生活需要。中国电影事业的发展也造就出像胡蝶、阮玲玉、周璇等家喻户晓的女演员。电影的出现和发展，在丰富人们日常生活的同时，也开阔了人们的视野，使人们了解到了新的生活方式，并接触了新的价值观念。

舞厅也是民国时期一个新鲜事物。交谊舞由西方引进，逐渐成为上层人士热衷的娱乐活动。与其他娱乐活动不同，交谊舞更有利于促进任何人之间的交往，它成为当时上流社会交际、交往的一种方式。其他如话剧、跑马场、逛公园等活动，使人们从家庭中走了出来，过上了丰富的公共生活。在形式丰富多样的娱乐活动中，人们的交往形式呈现出多样化的特点。

(3) 交通的发展使交往范围进一步扩展。“父母在，不远游，游必有方”。中国古代社会里，封建的小农经济将人限制在土地上，人们的活动范围十分有限。受活动范围的制约，人们的交往范围也十分有限。近代以来，交通的发展，尤其是汽车、火车的出现，极大地拓展了人们的活动范围，这使跨地域的交往成为可能和普遍的现象。

交通的现代化首先起步于上海、天津等国际通商口岸。1874年3月24日，法国人米拉从日本引进了人力车，并在上海租界取得营业执照，开始营业。之后，人力车迅速普及，成为城市中一种重要的交通工具。1909年上海发放了8 471辆人力车牌照；1931年上海的人力车就达到了24 300辆；1937年，上海的人力车夫有80 000人，全国的人力车夫则达到了上百万。② 就在人力车出现后不久，1886年，上海又出现了自行车，10年后，自行车在中国开始流行，并逐

① 转引自《中国社会通史・民国卷》，山西教育出版社1998年版，第360页。
② 参阅陈明远：《百年生活巨变1840—1949》，文汇出版社2010年版，第199～200页。

渐得到推广。20世纪初期，中国开始进入汽车、火车等道路交通和轨道交通时代。1901年，上海出现了轿车，最初只有2辆，在城市里通行，相当惹眼。1903年全上海也只有5辆。但是到了1908年就迅猛增加到了119辆，1912年增加到1 400辆。[①] 1906年，有轨电车首先在天津运营，其后，上海、大连、北平、沈阳、哈尔滨、长春等地也先后出现有轨电车；1914年，上海首现无轨电车。1922年汽车开始运用于公共交通领域，公共汽车在上海最先运营，先是市内公共汽车，之后又发展到长途汽车。在汽车发展的同时，铁路交通也在发展之中。1876年，吴淞铁路开通，这是在中国运营的第一条铁路。之后至20世纪初，津榆铁路、粤汉铁路广三支线、京汉铁路、沪宁铁路、京张铁路、津浦铁路等相继运营。

交通工具的发展，极大地拓展了人们的活动范围。首先，人们的活动半径增大。随着交通的发展，人们的流动性增大，工作地点可以在离家较远的他乡，人们不得不面对陌生的城市、陌生的人群。其次，交通工具也成为大量陌生人聚集的公共场所。在交通工具上如何与他人相处，应当遵守怎样的规则，也是人们需要学习的事情。再次，交通的便利使旅游成为人们生活的重要点缀。为满足人们的旅游需求，旅行社也应运而生。起初，旅行社多为外国人开办，如英国的通济隆旅行社、美国的运通旅行社、日本的国际观光局等。为了更好地服务中国人，1927年，陈光甫创办了中国旅行社。旅游业开始逐渐发展起来。旅游业的发展在客观上进一步推动了不同地域、不同职业、不同年龄的社会成员间的交往和互动。

公共节日的增多、公共娱乐活动的丰富以及公共交通的发展，为人们走出家门、进行更为广泛的社会交往创造了条件。交往开始从过度局限于熟人社会向陌生人社会转变。

二、平等的社交礼俗的形成

公共领域的发展在客观上要求人们发展起新的道德观念。在传统的熟人社会，人伦关系是人们交往不可逾越的鸿沟，因此在交往中难免要遵循尊卑有

---

① 陈明远：《百年生活巨变 1840—1949》，文汇出版社2010年版，第217页。

别的等级秩序。然而在陌生人社会中，人与人之间缺乏宗法血缘纽带的连接，每个人都是公共场所中的一员，每个人都是平等的。于是，公共生活领域中，平等的社交礼俗逐渐形成。

1. 鞠躬礼取代跪拜礼

跪拜礼在中国具有悠久的历史。早在西周时期，礼制中就将跪拜划分为稽首、顿首、空首三种形式。虽然三者在细节上有所区别，但是其共同之处则是行跪拜礼的人必须双膝跪地，表达的是对跪拜对象的尊重和敬意。起初，跪拜礼是双方相对同时向对方施礼，但是汉代以后，随着王权的巩固和不断加强，跪拜礼逐渐成为等级尊卑的标志，并被广泛运用于官场和家庭之中：官场中，臣拜君，下级拜上级；家庭中，子女拜父母。跪拜作为一种礼仪，实际是对"君为臣纲"、"父为子纲"等级纲常的践行；通过跪拜，等级观念不断得到强化，成为人们的习惯性思维和习惯性行为。

鸦片战争以后，中国的跪拜礼开始受到冲击。首先冲击这一礼仪的是外国使节。由于中国贫困落后、被动挨打，与西方国家之间处于不平等的地位，签订了多个不平等条约，中国作为"天朝大国"接受各国朝拜的情景已为明日黄花。于是，西方使节认为向清朝皇帝行跪拜之礼"有碍于国体"。1858 年《中英天津条约》规定："英国自主之邦与中国平等，大英钦差大臣作为代国秉权大员，觐大清皇上时，遇有碍于国体之礼，是不可行。"

受西方平等思想影响，当时的一些进步人士也开始倡导平等，主张打破传统的等级观念，废除跪拜礼。高凤谦著《论拜跪之礼不可行于今》，指出：古人席地而坐，行跪拜礼十分方便。况且，"古之所谓跪者，犹今之危坐而已"，"古之所谓拜者，犹今之拱手而已"，"故君有拜臣之文，而项王亦长跪以礼樊哙，未闻拜跪之为重礼也"。然而现在，人们坐凳、椅，再行跪拜，已十分不便。此外，西方人觐见清帝时，"吾人拜稽而西人鞠躬"，中国人和西方人打官司时，"吾人长跪而西人挺立"。高凤谦认为这"损国威，挫民气"。这也是跪拜之礼不便行于今的重要原因。他更指出，"中国不变拜跪，自主之权断难一朝而复也"。[①] 维新派也力主废弃跪拜之礼。梁启超认为，"今日欲求变法，必自

---

① 高凤谦：《论拜跪之礼不可行于今》，《时务报》1897 年第 24 期。

天子降尊始,不先变去拜跪之礼,上下仍习虚文,所以动为外国讪笑也”。[①] 谭嗣同对传统仁学进行了重释,他认为仁就是“通”,包括中外通、上下通、男女内外通和人我通。所谓通就是平等之意。因此他也极力主张废弃跪拜之礼。维新派的主张遭到了顽固势力的强烈反对和抵制,湖南士绅叶德辉攻击梁启超,认为废弃跪拜之礼,让天子降尊,乃是“悖妄已极”。[②]

然而,随着封建帝制的彻底被推翻,跪拜礼也被废除。1911 年 8 月 17 日,中华民国政府颁布《礼制》,明确规定:男子礼为“脱帽鞠躬”,女子礼为鞠躬。[③] 这样,人们之间的交往开始在礼仪上呈现出平等的特点。1912 年 8 月 17 日,北洋政府正式以法律的形式颁布了普通《礼制》,共 2 章 7 条,具体内容为:

第一章　男子礼

第一条　男子礼为脱帽鞠躬。

第二条　庆典、祀典、婚礼、丧礼、聘问,用脱帽三鞠躬礼。

第三条　公宴、公礼式及寻常庆吊、交际宴会,用脱帽鞠躬礼。

第四条　寻常相见,用脱帽礼。

第五条　军人、警察,有特别规定者,不适用本制。

第二章　女子礼

第六条　女子礼适用第二条、第三条之规定,但不脱帽。寻常相见,用鞠躬礼。

第七条　本制自公布日施行。

与废除跪拜礼密切联系,南京临时政府也实行革除“大人”、“老爷”等不平等称呼。1912 年 3 月 2 日,孙中山发布《令内务部通知革除前清官厅称呼文》,全文如下:

官厅为治事之机关,职员乃人民之公仆,本非特殊之阶级,何取非分之

① 《中国近代史资料丛刊・戊戌变法》第 2 册,上海神洲国光社 1953 年版,第 548 页。
② 同上。
③ 参阅《中国大事记》,《东方杂志》1912 年第 4 期。

名称？查前清官厅，视官等之高下，有大人、老爷等名称，受之者增惭，施之者失体，义无取焉。光复以后，闻中央、地方各官厅漫不加察，仍沿旧称，殊为共和政治之玷。嗣后各官厅人员相称，咸以官职，民间普通称呼，则曰先生，曰君，不得再沿前清官厅恶称。为此令仰该部遵照，速即通知各官署，并转饬所属，咸喻此意。

民国初年社交礼改革中所推行的鞠躬礼，在本质上已不同于古代社会中的鞠躬礼。传统的鞠躬礼仅仅单方面行之于下对上的恭谨，在上者是不用鞠躬回礼的；新的鞠躬礼则推广于全社会，人人奉行，含有平等的意义。民国十七年(1928年)，国民政府内政部在民国初年礼仪改革的基础上，进一步拟订《相见礼》，虽未正式公布，但已在各省试行推广，对社交礼俗变迁也产生了重大影响。《相见礼》原文如下：

一、官厅。甲、职员于初次任职谒见主官时，由传达先行通知主官，于会客室或办公室延见。职官入即脱帽，向主官行一鞠躬礼，主官答礼，各就位。主官训话毕，职员告辞，向主官行一鞠躬，主官答礼。乙、职员奉委出差，到差销假，或其他相见时，均行一鞠躬礼，主官答礼。丙、其他机关职员及地方人民因公来见者，由传达先行通知，并说明事由，主官认为有相见之必要时，即于会客室延见。客脱帽向主官行一鞠躬礼，主官答礼，各就坐。事毕，客兴辞，相向鞠躬而别。

二、社会。甲、朋友相见时，彼此互行一鞠躬礼，或握手礼。临行，主人送至门外，相向鞠躬，或握手而别。乙、亲族往来：属兄弟行者，通用甲项之规定；幼与尊长相见时，卑幼先行一鞠躬礼，尊长颔首或握手示意。临行，在卑幼家，卑幼送至大门外；在尊长家，尊长送至户外，鞠躬而别。

三、家庭。远出或远归时，卑幼向尊长行三鞠躬礼，平辈行一鞠躬礼。①

---

① 徐杰舜主编，万建中、周耀明著：《汉族风俗史》第五卷《清代后期·民国汉族风俗》，学林出版社2004年版，第338～339页。

2. 人际称呼趋于平等化

交往的平等化倾向还表现在人际称呼的变化上。古代社会重等级尊卑，称呼上也要体现身份地位。通常地位高贵之人，男性被尊称为“老爷”、“大人”，女性被尊称为“夫人”；而地位低下之人则自称“卑职”、“下人”、“奴才”等。

辛亥革命旨在推翻封建帝制，建立共和政体。官不再高高在上，享受特权；百姓也不再卑躬屈膝，而是作为国家的一员，享有应有的权利。官和民的关系发生了根本性的改变。中华民国成立后，孙中山下达了《关于革除前清官厅称呼致内务部令》，明确规定“职员乃人民之公仆，本非特殊之阶级”，故百姓应称呼各级官员为“先生”、“君”，不宜再使用“大人”、“老爷”的称呼。废除“大人”、“老爷”之类的称呼，也是从民主共和制度建立考虑的，对于破除封建等级观念具有重要意义。然而，职员称呼“咸以官职”，仍显得与“人民之公仆”的宗旨不相适应，包含有新的等级意义；而民间称“先生”、称“君”，在广大劳动群众中也觉得过于文雅，难于普遍实行。

与“先生”、“君”等称呼开始使用的同时，另外一种称呼“同志”也开始兴起并逐渐流行。“同志”主要是伴随革命运动产生的。通常在革命团体内，人们互称同志，表达志同道合之意。1905 年同盟会刚成立，孙中山就开始使用“同志”称呼，并且被许多人接受。之后，共产党人也接受了这个称呼，并且成为共产党队伍内部主要的称呼。

综上所述，公共生活空间的进一步拓展，陌生人社会的形成，在客观上强化了人们变革传统交往道德、寻求平等交往的道德需要和道德观念。

第三节 慈善救助与社会正义

慈善救助、扶危济困在中国有着悠久和优良的传统，宋代以后尤其明清时期日趋兴盛。近代以来的中国，天灾人祸不断，百姓生活堪忧，在对外开放的背景下，一班有识之士和社会贤达在观念和实践上开始对慈善和救助进行了思考和践行，使慈善、救助事业得到发展，其所表现出来的道德精神及其产生的道德影响构成了近代道德生活的重要部分。由于近代复杂的社会环境造成的人民疾苦的多样性，近代的慈善救助也表现出不同的地域、群体色彩，从其实践慈善救助和扶危济困的主体看，主要可以分为三类：民间、宗教团体和政府。

一、近代民间的慈善救助

随着近代中国社会的转型，民间慈善救济的理念和方法也在逐渐发生变化。以绅商为主创办的新型慈善机构，变以往的乐善好施的“个人”义举为社会性的公益慈善事业，民间的慈善活动突破了地域的限制。这说明民间的慈善行为已经具有更宽广的国家意识和民族意识，同时使民间慈善逐步走向成熟，并积极发挥其救济百姓和倡扬道德的作用。戊戌变法前后，由于商人及社会各界的努力，民间善举开始变为具有近代意义的社会公益事业，并与救亡图存的变法运动联系起来。

晚清以前的义赈还基本处于个体行为，并且处于官方劝捐、民捐官办的阶段。嘉庆十九年(1814年)初，扬州大旱，时任两江总督幕僚的名士包世臣就明确建议“率以义赈，裒富益贫”。道光年间，义赈已经成为常态。道光三年(1823年)江南水灾期间，宝山县江湾粥厂的董事便声称：“自来义赈，分作三股，董事、三捐、典商各居其一。”华亭县知县王青莲在为记载本县赈灾行动的《赈余备荒碑记略》中也说：“惟民艰较重，有例赈所未及者，用是续谋义赈。”苏州官府也在此次水灾中“劝谕绅富捐助义赈以继”。① 由此看出，在晚清的相当长的时间内，民间捐助是被作为官府救助的一个补充，这种民捐官办的方式在政治权力比较强的时期得到了延续。如，道光年间扬州水灾期间，仪征知县王检心不仅连续发出“劝捐义赈各事宜”的告谕，而且称举办这种“延请绅董，广为劝谕，量力捐输”的“义赈”系奉上级之命而为。这种义赈还远远没有获得足以与官赈相提并论的地位。之所以如此，在于这种义赈仅限于当地，并且没有自主权，其影响有限。

---

① 参阅朱浒：《地方性流动及其超越：晚清义赈与近代中国的新陈代谢》，中国人民大学出版社2006年版，第24～25页。

进入晚清,"义赈"的社会化得到了发展,在道德境界上也显示出与此前义赈的不同,因此也有人认为,真正的义赈开始于近代的晚清。晚清义赈的创始人之一的经元善就说,"从前未兴义赈","自丙子、丁丑创办沭阳、青州义赈以来,开千古未有之风气"。[①] 对晚清义赈有着理论思考的盛宣怀也说:"窃查前清光绪二、四年,山西、直隶等省旱灾,赤地千里,上海仁济善堂董事施善昌等,慨然以救济为己任,筹款选人,分头出发,是为开办义赈之始。"[②]此时的义赈更多地体现为某种道德的自觉和行为的自发。如光绪五年(1879 年)四月间,《申报》的社论指出:"江浙诸善士共恢恻隐,慨谋施济,纷纷集资解往赈济……盖灾本为从来未有之灾,赈亦为从来未有之赈。"而《申报》在光绪十三年(1887 年)的一篇社论更是强调某一义赈:"谢、严、金、李、经、熊等诸君子奋然而起,创千古未开之义举,为从来未有之经纶。"[③]

在"丁戊奇荒"[④]中,人口大量流亡,政府救济无力,广为劝告"各州县积善富绅耆老及当邑盐商,各色富店,并一切上富、中富、小富之家,务期共发慈悲,好行其德。除周恤亲族六姻外,或系附近市邻,或属同村共社,凡遇饥民衣不蔽体者,统望各量资力之可能,就近施给棉衣,以恤穷困"。[⑤] 在政府的号召下,山西商人积极捐助。"徐邑城坊四镇商贾骈集,其资本多寡不同,而当奇荒大劫,不忍坐视"[⑥]。浙江红顶商人胡雪岩"上年闻陕省亢旱成灾,饥民待赈孔亟。拟捐银二万两,白米一万五千石。……改捐银三万两,共捐实银五万两解陕备赈"[⑦]。李金镛、胡光墉在光绪二年(1876 年)淮徐灾后,"集十余万金往赈,为义赈之始。后遂赈直隶、山东,皆躬身役"[⑧]。在他们的影响下,"义声倾动,闻者风起。自上海、苏、扬及杭、湖,愿助赈者众"[⑨]。

① 虞和平编:《经元善集》,华中师范大学出版社 2011 年版,第 121、326 页。
② 转引自朱浒:《地方性流动及其超越:晚清义赈与近代中国的新陈代谢》,中国人民大学出版社 2006 年版,第 26 页。
③ 同上书,第 27 页。
④ 丁戊奇荒是指从 1876 年一直持续到 1879 年上半年以山西、河南、陕西、直隶、山东五省为核心,波及苏北、皖北、陇东和川北的时间长和范围广而致死人数(以千万计)为历史之最的大灾荒,因在光绪三年(丁丑年)和四年(戊寅年)达到高潮而得名。
⑤ 毕苑:《晋中商人的角色特征与阶层流动分析》,《清史研究》2002 年第 2 期。
⑥ 同上。
⑦ 〔清〕朱寿朋:《光绪朝东华录(一)》,张静庐等校点,中华书局 1958 年版,第 588 页。
⑧ 赵尔巽等撰:《清史稿·列传二百三十八·李金镛》,中华书局 1977 年版,第 12567 页。
⑨ 赵尔巽等撰:《清史稿·列传二百三十八·谢家福》,中华书局 1977 年版,第 12570 页。

为应对北方灾民的大批南逃，江南士绅也主动组织到北方进行救助。光绪二年（1876 年）谢家福在《申报》发表《拟上当事筹恤淮灾书》，对当时难民源地之一的苏北地区投入了极大关注。同年的苏北灾荒也引起了李金镛等绅商的关注，其中包括袁子鹏、秦玮斋、庄小山、杨殿臣、朱寿崖、尹敏斋、胡雪岩、李秋亭、唐廷枢等。上海果育善堂"醵银千两，专派司事附入招商局唐、徐二君，速赴淮徐，相机接赈"。在苏州，有一王姓绅士自己就捐资五百金。在常州，巨绅刘云樵、恽光业、盛康（盛宣怀之父）等人不仅在光绪二年（1876 年）底就向李金镛捐资 2 000 两，而且在各方支持下，义赈活动持续 3 个多月，总共筹集善款 13 万两。而那些亲赴苏北的人"抛去公私正务，专以救灾为事"，而且"均不开支薪水"，①由此可观其道德自觉性。

在趋于组织化的救济之中，经元善被认为具有代表性的人物。以经元善为首的上海绅商在 1877 年创立了"上海公济同人会"，可谓现代意义的义赈开始。在此基础上，郑观应、经元善、谢家福、严作霖同年在上海设立协赈公所，则标志着义赈的全面兴起。在虞和平看来，这种由民间自设机构，领导一方民众进行义赈活动的方式，不仅在上海未曾有过，而且在全国亦属首创。这种义赈组织的施济对象已经超出了本地和临近地区的范围，成为江浙绅商的一项联合的社会公益活动，反映了早期江浙资产阶级的进步，促使他们初步形成了一个社会组织网络，成为一种具有公益理念和民族观念的社会群体，其道德基础已经是基于民族共同体命运认识的家国情怀。《申报》曾发表文章称赞协赈公所"在事之人无不悉心竭力，所集之款涓滴归公。遂觉自有赈务以来，法良意美，当以此为第一善举"。②

分布在各地的会馆也是民间筹集善款组织救助的重要机构。其中尤以丰备义仓为典型。

中国自古有仓储的传统，丰年备下粮食供灾荒或者歉收之年救济。到了清代，备荒仓储体系已经形成了平仓、社仓和义仓三足鼎立的局面。丰备义仓由道光年间的陶澍创立。道光三年到五年（1823—1825 年），陶澍在安徽任巡抚，

---

① 参阅朱浒：《地方性流动及其超越：晚清义赈与近代中国的新陈代谢》，中国人民大学出版社 2006 年版，第 94～95 页。

② 朱英：《经元善与晚清慈善公益事业的发展》，《华中师范大学学报》2001 年第 1 期。

恰逢重大水灾，在救灾过程中即着手创办义仓，并将此命名为“丰备义仓”，取“以丰岁之有余，备荒年之不足”的意思。丰备义仓的体制在安徽得到了很好的推广。道光十五年(1835 年)，时任两江总督的陶澍和江苏巡抚林则徐联合上奏，在江宁和苏州办义仓，仍沿用“丰备义仓”的名称，并要求各地仿行。江苏的丰备义仓建立后，得到了地方士绅的积极捐助，官府对这种行为进行表彰也推进了义仓资产的扩大。咸丰十年(1860 年)，太平军席卷苏南，丰备义仓毁于兵燹，在重建过程中地方士绅发挥了重要作用，他们负责管理义仓。苏州的丰备义仓从设立到重建一直把救灾当作主要任务，一方面无偿赈济，一方面在灾荒年月粮价升高时平价售粮以平米价。此外，丰备义仓还针对特殊的人群进行救助，比如对失业的手工业者救助，极大地丰富了义仓的道德含义。此外，丰备义仓还承担了官府的部分职能，比如清代苏州的粥厂本为官办，但在太平天国战争之后，地方士绅开始参与此事，增设粥厂。光绪三十二年(1906 年)，在收回路权的运动中，全国兴起商办铁路的浪潮，江苏也成立了商办铁路公司，计划修筑苏杭甬铁路，但缺乏资金。丰备义仓便借给江苏 10 万银元，作为股本收取利息，用作苏州蒙小学堂的发展。除此之外，丰备义仓还为苏州的其他社会慈善机构提供经费支持，从民国二年(1913 年)七月到民国三年(1914 年)三月间，就为苏州的栖流所(后改为贫民习艺所)提供银两 4 746 元，用于该所收养贫民并教授其各种手工工艺，反映了丰备义仓社会救济水平的提高。

1922 年潮汕风灾后，在上海的潮州商人通过潮州会馆利用各种形式，“共募集大洋二十五万九千零九十八元二角一分五厘。此外还有捐助药品者，多捐助数千瓶，数十包不等。……捐助棉衣棉被，共结支银三万七千七百八十五元八角五分。捐助灾区修筑堤围款，共结支银五万一千元。为掩埋受灾死难者遗体，购置义冢及安葬费等，共结支银三万八千九百三十八元七角”。[①] 近代商人，除了把赈济灾荒作为其慈善公益活动的主要内容外，还通过众多的慈善团体如善堂、善会，从事抚恤老弱，发放衣米，施舍粥饭、棺材，收容、埋葬尸体，创办义塾等活动。1910 年至 1930 年在上海成立的 119 个慈善团体，除去无明确主持人的 25 个，在有明确主持人的 94 个中，近三分之一(30 个左右)是直接由商人

---

① 郭绪印：《老上海的同乡团体》，文汇出版社 2003 年版，第 173～174 页。

主持或创办的,其中规模最大的同仁辅元堂又隶属于商人主持的上海慈善团。在天花流行时期,一些善堂在商人们的组织与资助下,还专门从事施种牛痘的活动。

作为近代慈善活动主体的近代商人,活跃在各种公益活动当中。他们或在家乡修桥补路造福民众;或输粮捐资,赈济灾民;或兴办教育,教养子弟;或施医送药,救济穷人,或开办善堂,收养弃儿;或捐助养老,倡导善风。此外,他们还在继承发展传统公益的基础上开拓创新。

在实业救国的感召下,张謇于1905年在南通创办了通海垦牧公司,招募在上海的困苦小工,给予土地耕种。经元善、张謇等还出资兴修水利,改造了淮河。1898年经元善动员家人和其他各界人士捐资,在上海创立了经正女学,提倡女性受教育的权利,以开民智,改风气;1912年张謇等人在南通创办医学专门学校并兴建医院;1915年,张謇还在南通创办了济良所,收容那些不良妇女和妓女,对改良社会风气和保障妇女身心健康起到了积极作用。①

从道德动机的角度看,除了“民胞物与”的道德情感推动外,在近代救灾慈善行动中,畅行于民间的类似宗教道德的福报说起了一定的作用。中国传统自古就有“人在做,天在看”的因果报应观念。很多的慈善同人对传统的因果说有共鸣,如上海果育堂在首次发布的劝捐公启中就说:“下民造孽,上天降灾……至于为善获福,理有必然。”经元善在首次公开发表的劝捐书中也说:“凡遇灾荒赈务,能呕心挖肉,竭其力之所尽,不转瞬间而大富贵逼人来。天道好还,丝毫不爽。”就连批评过传统灾异说的郑观应,也在自己劝捐而特地编录的《救灾福报》一书中说:“盖德愈积,福愈大,不求果报,不求人知,天之报施,愈觉其丝毫不爽。”②这种宣传能够得到一般百姓甚至绅商的认同,这是因为传统文化中有深厚的因果报应的根基,事实上这也产生了一定的积极响应,在一定程度上也具有现实合理性。就实际道德生活来讲,行善得福在现实中也是存在的,并且能够得到舆论的认可和传播。这种情况在江南地区尤为具有民意基础和社会基础,很多慈善人士参与救灾以后,没有子嗣的得到了儿子(如侯敬文),得了重

---

① 参阅兰天祥:《近代商人的慈善公益活动》,《宁夏社会科学》2006年第6期。
② 参阅《地方性流动及其超越:晚清义赈与近代中国的新陈代谢》,第393页。

病的能够痊愈(如谢家福)。在整个丁戊奇荒时期的义赈活动结束后,一共出现了30个这样的应验例子,其中21例都在江南地区,这在客观上起到了道德榜样的作用。像李金镛、经元善等对此都深信不疑。这也从侧面证明了,在近代灾荒多变的情况下,为什么江南慈善人士以群体的面貌出现了。

从官方的态度看,义赈因其具有的道德功能也得到了官方的认可。官方力量的不足也需要民间义赈给予援助,有的官员甚至把义赈的行为和勤王联系起来,赋予了义赈政治道德的含义。许多地方大员也都认同义赈对当地赈济的重要性,甚至认为义赈优于官赈,对义赈进行表彰,从而使其活动具有政治的合法性。这对义赈的深入开展和扩大其影响产生了积极的效果,甚至出现了官赈仿效义赈和义赈主持官赈的现象。

从整个慈善观念近代化的角度来说,伴随西学东渐的浪潮和外国势力的入侵,近代先进的绅商多具有知识和文化,他们站在外国的对立面被逼重新审视自己的国家,形成了近代初步的国家整体观念和民族共同体意识。同时,他们开始发现重养轻教的中国传统善堂较之西方国家教养兼施的慈善机构有明显的缺陷,因而提出了变革主张;从实践而言,中国传统善堂逐渐扩大职能范围,创设新的慈善内容,尤其是顺应时代发展潮流、有利于提高国民素质的内容,从而使得传统慈善事业发展为近代慈善公益事业。近代慈善公益活动的作用,不仅仅限于对鳏寡孤独、贫病残疾之人的救助,有利于社会的稳定,更主要的是面向社会大众,使社会走向进步和发展。传统慈善事业的近代转型是与中国的近代化同步进行的,是中国近代化的一个组成部分。

但是,在考察近代,特别是晚清的慈善和救助事业时,从道德生活的角度,我们也不能忽视这么一个生活的事实,即在救灾的过程中些许富商和民众还表现出与先进绅商、知识分子和官吏不同的道德境界。

如在丁戊奇荒时期,相当的一批华北绅富不愿意动用自己的财力来参与救荒或者其他善举。光绪三年(1877年),一些前往山东助赈的江南绅士刚刚抵达山东境内就听一位莱州同知说,“山东绅富向不肯输财仗义,欲捐十两八两亦不可得”①。当

---

① 谢家福:《齐东日记》,光绪三年五月二十日四条,转引自《地方性流动及其超越:晚清义赈与近代中国的新陈代谢》,第57页。

他们抵达青州时，想找个能联合赈济的当地士绅都不可得："所难者本地士绅无熟办善举之人"，"无从延访公正之士"。同样，在光绪四年(1878 年)，前往河南助赈的另一批江南士绅也有同样的体会，在开封就发现"此间绅矜除钱姓外，无一肯办善事"[①]。甚至当时河南官府所办的"筹备局方向民间借款，月加息一分，当道之竭蹶甚矣。而为富不仁之户仍紧握双拳，不施一粒，甚或清歌漏舟，痛饮焚屋"。面对如此情形，江南人不由发出感叹："由是观之，奇荒之来虽曰天命，亦人事有以酿之。"[②]

一些在外地的山西籍绅富即使家乡受灾，仍然不肯捐助，有的票号也仅仅象征性地捐些银两，"纵劝者谆谆，而听者仍藐藐"[③]。一些民众本身自己有能力自救，却也纷纷去沾救济之光，有的粥厂甚至有穿金戴银、涂脂抹粉的女人前来接受施舍。

值得提及的是，在近代民间的救灾行为中，也出现了外国人的身影。1906 年 11 月，上海公共租界出现了一个由在华外国人士发起、中外合办的慈善机构——华洋义赈会，发起人是英商卜内门公司总经理李德立。也许是受到 1904 年"上海万国红十字会"中外合办的启示，华洋义赈会筹备之时，就力邀盛宣怀等参加。华洋义赈会成立后，会长为前外部尚书、商约大臣吕海寰，副会长中、外各一人，盛宣怀与好博荪(江海关税务司)。主事者则是李德立、李佳白(美国商会总董)、沈敦和。董事分为西董和华董，几乎所有重要在沪的西方企业主、传教士、驻华外交使节都在董事之列。在徐、淮、海水灾赈济活动期间，华洋义赈会通过驻华外交使领馆和各国红十字会向国内募捐，在上海则通过举办义演、义卖、义赈赛会等富有西方特色的形式开展募捐活动。事后统计，经华洋义赈会募捐所得赈银共七十万两，赈灾支出六十三万两，与上海广仁堂此前的冬赈款项大致相齐。作为晚清时期在上海出现的中外合办民间慈善组织，华洋义赈会在赈灾救济活动中与中国传统善会、善堂的合作和互相影响，是中西慈善

---

① 孙传鸬：《汴游助赈丛钞》，转引自《地方性流动及其超越：晚清义赈与近代中国的新陈代谢》，第 58 页。

② 《齐豫晋直赈捐征信录》卷四，《南豫放赈录一》，苏州二十四日，转引自《地方性流动及其超越：晚清义赈与近代中国的新陈代谢》，第 58 页。

③ 《申报》第 11 册，第 381 页，光绪三年九月十三日。转引自《地方性流动及其超越：晚清义赈与近代中国的新陈代谢》，第 59 页。

伦理融合的结果，反映了中国慈善救助的道德价值的近代特征。[①] 而在救灾行为中出现的传教士身影，我们放在宗教慈善的小节来论。

无论1840年以前的前近代的义赈，还是1840年以后的近代意义的义赈，或是辛亥以后的民间组织的慈善和救助，其道德基础大体是相同的。即，从事这些慈善和公益活动的主体多为传统知识分子和有良知的绅商或者官吏。他们秉承的还是作为传统知识分子持有的儒家经世济民的道德理想，特别是近代科举取消以后，大批知识分子或者士人不能通过仕途来经邦安国和经纬天下，但传统的那种"治国平天下"的情怀始终存在。除了那种在民族危机面前"天下兴亡，匹夫有责"的内在道德责任感驱使外，还有那种经世济民以实现自身价值的冲动在里面。因此，可以说，晚清乃至近代的慈善公益行为，是这种民族危机感和社会责任感共同作用的结果，是传统的慈善公益思想在近代特有的国际和国内环境共同作用下的发展。

二、宗教团体的慈善救助

近代慈善机构呈现为多元化的发展。当时在中国存在的各种宗教如基督教、佛教、道教、伊斯兰教等各团体几乎都有慈善组织，积极参加公益活动。民国以后，基督教在各地遍设男女青年会，广泛开展社会服务。在太虚法师"人间佛教"的倡导下，各地佛教协会相继开设慈善机构，如湖南佛教慈儿院、汉口佛教正信会慈济团，都以收养贫苦孤儿、救灾济贫扶困为职志。20世纪20年代初，镇江穆斯林杨星斋、谈友兰等发起回教敬恤会，捐献基金万元，每月以利息扶贫恤孤。[②] 其中，基督教作为近代大规模新进的宗教，在晚清乃至民国时期对中国的慈善救助事业参与比较广泛，其特点非常具有近代的典型性，因此此处我们仅以西方传入的宗教为例来说明宗教团体的慈善救助行为及其道德意味。

西方在华开战赈灾活动早在晚清前的道光年间就已出现，不过当时规模十分有限，而且主要集中在开埠较早的上海地区。[③] 而在丁戊奇荒期间，在华传教

---

① 参阅冯金牛：《近代上海的民间慈善组织在赈灾救济活动中的地位和影响》，《都市文化与都市生活——上海、纽约都市文化国际学术研讨会论文集》，2008年6月。

② 参阅王卫平：《中国慈善史纲》，中国劳动社会保障出版社2011年版，第159页。

③ 参阅葛壮：《宗教和近代上海社会的变迁》，上海书店出版社1999年版。

士开始群体性地有组织地参与救灾，发挥了独特作用，其所传播的道德价值也得到了中国民众的认可，带来了中西道德观念的碰撞和对改革社会的新认识。

鸦片战争以后，中国沦为半殖民地半封建国家，在不平等条约的钳制下，清廷被迫取消教禁，大批传教士来华，教会势力兴旺起来。虽然说西方宗教的传入有西方列强从文化上冲击中国传统文化的目的，而且实际上来中国的外国传教士中也有一些人确实参与了殖民者的侵略行动，但是，不可否认的是基督教文化在中国的传播确实对近代慈善事业产生了巨大影响。这不仅源于基督教本身具有丰富的慈善思想，比如“爱人如己”的博爱思想、财富属于上帝的财富观，认为捐献是上帝的命令，是蒙上帝喜悦和赐福的事情。早在《旧约》中，上帝就给人规定了要拿出十分之一的收获奉献的条文，这是信徒的宗教义务，也是道德义务；《圣经》中多次描述了上帝要求在收割庄稼和采摘果实时要故意留下部分，不可割尽田角，也不可拾取遗落的，要留给那些穷苦无所依的人；而对于穷人来说，获得救济在上帝那里是一项权利，不必经过任何人的许可，更不用拿自己的尊严去换得粮食、果实，而是尽管去收割和拾取。这样贫困者可以直接获取生活所需，而不是从富裕者那里获取施舍，充满了人文关怀。《圣经》宣称“施比受更为有福”的价值观，“周济穷人的，不至缺乏；佯为不见的，必多受诅咒”。由此可看出，对于富人来说，他们有义务减轻穷人因贫穷造成的不幸或者痛苦，这不仅仅是施舍，而是自我实现的展示。

随着西方宗教势力的深入，传教士在通商口岸兴办了育婴堂、孤儿院、诊所、医院等慈善机构；另外还在各地开办慈善学校，吸收一部分贫穷人家的子女学习宗教知识和科学基础知识。他们开办的医院大多用博济、仁济、广济、博爱、普爱、同仁、广仁等命名，反映了教会医院的慈善性质；教会医院一般都对贫困者实行慈善医疗，免费医疗和送药，有的还给一些贫病者免费提供食宿，虽然有的为了筹集资金而开设了服务富人的高等级病房和私人病房，但对贫困者的减免费用是传统。这些诊所或者医院广布于华东、华南、华北各省，并向西南、西北、东北等边陲地区延展。1915 年，宁波大美浸会医院新建病房和手术室，添置医疗器械，改名为华美医院；后又筹款近 10 万元，扩充面积，开展义诊和赠药。由英国循道公会创设的体生医院，1923 年在扩大规模后改名天生医院。民国年间，天主教在江苏创办了一批慈善医疗机构，主要有南京圣心儿童医院、无锡若瑟医院、江阴后滕敦博医院、海门教区广济医院、徐州慈惠医疗所等。1920年基督教在湖南设立的教会医院有 18 所，分布于长沙、衡阳等 15 个城市，至新中国成立前夕，基督教在湖南的教会医院已有 30 所，天主教也有 4 所。就全国范围看，截至 1937 年，英、美基督教会在华所办的医院有 300 所，病床约为 21 000张，另有小诊所 600 多处。[①] 这为西医在中国的传播，为中国人接纳西医以及其医疗道德提供了极为有利的条件。在此影响下，中国人也开始设立类似的慈善医疗机构。

教会的学校一般都为慈善学校，不收取任何学费或者收取极少的费用。基督教还开设了大学，比较有名的有苏州东吴大学（1901 年）、武昌文化大学（1903 年）、上海圣约翰大学（1905 年）、华北协和女大（1905 年）、南京金陵大学（1909 年）等，促进了中国近代教育的发展，也培养了一批后来对中国作出贡献的知识分子。[②] 传教士还兴办了慈幼教育事业，包括育婴堂、孤儿院、盲童学校、聋哑学校等。比较著名的慈幼机构有上海徐家汇圣母院育婴堂、上海土山湾孤儿院、上海浦东唐桥墓女孤院、汉口孤儿所等。教会的儿童救助机构大都采取养、教、工三者结合的救助方式。每当遇到灾荒或者战乱，大量的婴孩被弃，教会则对其收养，给以衣食。儿童除了在此接受宗教知识和必要的识字教育外，一般还可以参加力所能及的劳动，培养他们的自救能力和尊严感。

教会慈善机构的经费多为自筹，一是来自信徒的捐助，二是引进国际慈善资源，比如来自其母国所在母会的捐献。还在"丁戊奇荒"爆发之初，来自西方的传教士就积极地做出了反应。他们积极救助当地的灾民，其中以李提摩太（又被称为李佳）为著名。李提摩太于 1875 年初就开始在山东青州一带进行传教活动，很快稳定下来。在目睹当地灾情日益严重的情况下，于 1876 年 7 月初就开始自行向一些灾民散赈，接着向在烟台的西方人士募捐，后来又把山东的灾情以及自己的行为向上海的西方人士进行了通报，使很多西方人士参与到救助的行为之中。同时，西方人的救助也开始走向有组织，在不少通商口岸西方人士都成立了赈灾委员会，并且增加了散赈的传教士数量。《申报》当时报道

---

① 参阅王卫平：《中国慈善史纲》，中国劳动社会保障出版社 2011 年版，第 147 页。
② 参阅王俊秋：《中国慈善与救济》，中国社会科学出版社 2008 年版，第 148～149 页。

说:“今岁山东……困苦饥饿之形,目前有西国教士由彼至沪者,业已历历言之,故麦家园之英教士慕先生与其门人劝捐往赈。”同时,《申报》还以此呼呼国内士绅积极参与救灾:“夫畛域不分,一视同仁,蚁驮一粒,鳌戴千钧,各视其力之所能至,无非皆恻隐之心。西人尚如此,而况我同为食毛践土之华人。”“未有他国之人捐赈救饥,而本国之人反漠然视之者。现在山东青州一带,因去岁饥荒,穷民待毙,旅居上海之西商前经捐银助赈本埠南门外饥民,今复捐赈山东饥民,此义举也。中国饥民与西商何与,而为此急公好义之事?则中国绅商宜如何激发天良,以救此同在版图之穷黎哉!”“西人借箸代筹、劝捐办赈之举,更可钦佩。本馆既叹西人之难得,尤深愿富绅大贾闻此义举,亦皆踊跃输将,救拯穷困,实为莫大之功德焉。”①该报既赞扬了西方传教士和西方商人对中国灾荒的救助中所表现出的崇高道德,也以此激励国人积极参与本国的救助行为。

据统计,到光绪三年(1877 年)三月初,西方汇集到山东的赈银就达到了22 200余两。在他们的影响下,中国的绅商也积极行动。像李金镛等人就在苏北转战山东,更多的江南士绅注意到了西方传教士的行动,在他们的刺激下,也决定救助山东,并形成了一种有组织的力量。

西方传教士虽然总体力量没有中国国内的绅商的力量大,他们提供的款物等也有限,但对中国的救助也得到了民间的认同。如光绪三年(1877 年)五月间,“有教士自烟台回津门者,饥民均制万民伞旗,以志活命恩德”。李提摩太离开山东时,有“耆老犹复制匾制联,以送其行旌,以志其感悃”。② 当然,宗教的道德观念同时也得到了传播,教众由此也得到了扩充。

但受当时的政治环境决定,也有人认为,西人此举实为收买人心,并且以赈灾为掩护收集情报,窥探虚实,因此,朝廷也下令山西巡抚曾国荃、河南巡抚涂宗瀛等,凡是遇到外国人来,要婉转开导他们,劝他们离开。曾国荃还对来山西的李提摩太多加阻碍。民间同样如此,有的灾民坚拒西人的援助,山东有灾民更是表示宁愿饿死也不受洋人的赈济,河南的灾民也拒绝领取教士分给的银子。这反映了近代以来,中国深受外国欺辱,国人对外国人的印象总体上是负

① 《申报》报道参阅《地方性流动及其超越:晚清义赈与近代中国的新陈代谢》,第 104～105 页。
② 以上引文见《申报》第 11 册,转引自《地方性流动及其超越:晚清义赈与近代中国的新陈代谢》,第 127 页。

面的。在此背景下，也有中国士绅出现了道德上的焦虑，因他们最初在筹措钱物上由于中国经济的落后而出现了难比西人的情况。比如其时积极参与救灾的谢家福面对无力筹集款物而悲叹："越说得要紧，越无人肯捐，一人不捐，便无人肯为先施，事无成而先捐，必无人肯捐"，"一双空手，几个穷友，惟一枕黄粱，对天恸哭而已"。而前往山东的袁遂也感叹："天不使我有财，奈之何哉！外国人可以至中国，中国人不能至中国；外国人有钱肯赈济，中国人无钱不能赈济。天耶？人耶？"[①]后来有更多的绅商加入，这种忧虑才有改变。但其中也不乏有对抗洋人、树立本族尊严和维护本国人心的初衷。正如谢家福在一次聚会上对一个帮洋人筹措钱物的信徒说的："某之所办者，不第在教门之良莠，尤重中外之界限。山东灾民受洋人赈恤，三月有余，几几乎知有洋人，不知有中国矣……若不能权自我操，反为洋堂筹费，如国计何？"[②]

来华的传教士除了救灾之外，还设立机构教化妓女等。最早设立此类机构的是上海的女传教士包慈贞。1896 年，包慈贞在华传道时，见娼妓卖淫可怜，有了救助之意。1901 年 9 月 1 日，上海济良所正式由上海的一些女传教士和领事夫人创立，其经费主要来自西人的救助，也由西人负责管理运作。济良所以有志从良的妓女为救助对象，被迫卖淫的妓女可以到济良所申诉，济良所设法营救，遭受虐待的婢女和童养媳也可以得到这方面的救助。为使收容的妇女能彻底改正，去除陋习，便于日后重返社会，济良所还传授各种知识和技能，或者被送到圣经班或教会学校学习。济良所收容的妇女如能真的改掉陋习，可以嫁为人妇，但不能为妾。上海济良所之后，西方传教士力图在中国各地推广济良所，包慈贞还在苏州设立了分所，也请驻上海的美国总领事致函清朝地方官员，希望得到朝廷的支持；还在组织上进一步制度化，制定了章程和宣告中外。在他们的努力下，全国各大城市纷纷设立了济良所。济良所对改善当地风俗、维护家庭婚姻道德和保护妇女权益起到了积极的作用，后来也得到了中国绅商的经费支持，到民国时期更是得到大的发展，反映了中国传统主流道德对西方慈善道德理念的融合和接纳。

---

① 谢家福：《齐东日记》，光绪三年四月二十二日、五月初六日条。参阅《地方性流动及其超越：晚清义赈与近代中国的新陈代谢》，第 112 页。

② 同上书，第 117 页。

抗日战争时期，不少宗教团体和人士积极参与救助难民的行动。如1938年，随着战事的发展，武汉、长沙等地聚集了大批难民，除了国民政府的有关赈济机构外，像中华基督教全国联合会等宗教团体在汉口组织了“基督教难民服务团”，利用教会学校收容难民数千人。中国基督教青年会等其他慈善团体在桂林、昆明、贵阳、重庆、成都等后方城市也进行了形式多样的难民救济与服务活动，支援了中国的抗战事业，支持了中国抗战的信心，具有特殊的道德意义。

西方宗教文化通过慈善行为在中国近代得到了传播，影响了中国传统慈善与救济的内容和对象。中国传统意义上的慈善救济内容仅限于育婴、恤嫠、养老、施棺、舍药，主要对象是社会上极端贫困和处于弱势的人群。近代以来，我国的慈善救济将古代的民本思想为基础的慈善理念与西方宗教文化中的博爱精神结合，丰富了其人文主义内涵，不仅扩大了慈善救济的内涵，增加了教育的内容，而且服务对象也空前得到扩展，从而对社会道德发展和社会风气的改善的促进更加有力和广泛。

三、政府的扶危济困

清末西方社会救济制度和思想传入中国后，促进了中国新救济观念的产生。近代官方救济思想的确立主要表现为以恩恤为特征的传统思想开始让位于“人民有难，国家有责”的意识。① 清代直隶地区就有留养局、养济院。鸦片战争以后，国人开始睁眼看世界，西方慈善观念传入中国，成为中国慈善理念和实践发生改变的起点。

在太平起义期间，冯桂芬避居上海，除了提出了比较著名的政论外，还撰写了《收贫民议》，介绍了荷兰的贫养局和教贫局，主张学习西方国家教养贫民的方法，提出发扬传统，“推广义庄”，并“饬郡县普建善堂，与义庄相辅而行，官为定制”。这种由政府管理的慈善机构设立养老室、育婴室、恤嫠室、读书室、严教室，吸收荷兰、瑞典等国的做法，对社会上的民间不肖子弟收养教化，教授他们

① 参阅蔡勤禹：《国家、社会与弱势群体：民国时期的社会救济(1927—1949)》，天津人民出版社2003年版。

耕田、园艺技术，还收容妓女，教授纺织技术，以求达到没有游民、没有饥民，没有妓女的目的，以此淳化风俗，改良道德。在镇压太平天国的过程中，洋务派崛起，他们进一步宣传西方的慈善理念，并在一定程度上进行实践，推动了传统慈善事业的近代转型。同治十二年（1873年）八月九日的《申报》发表了题为《拟添局收养强壮乞丐使之工作以儆懒惰论》的文章，对中西收养乞丐的善堂的职能进行了比较，提出由国家出资除了收养老弱病残者外，也收养那些强壮的乞丐，对之进行教养，成为有用之人。著名的改良派思想家陈炽于1895年完成的《庸书》中也主张仿效西方国家的善举措施。在他看来，西方各国善举值得中国学习的有8个方面：一是收留病人的慈善医院，经费由绅士富人捐助；二是育婴堂，费用一半民捐，一半政府拨款；三是义学堂；四是养老院，收容老而无靠的人；五是老儒会，是救济寒士宿儒，由政府送粮给他们；六是绣花局，收容家道中落的世家妇女无依无靠的，从事纺绣，产品由政府代为销售；七是养废疾院，收养残疾人；八是养瞽堂，收容盲人。

郑观应曾对西方国家的善举机构做了比陈炽更为详细的介绍，他所列举的外国的慈善机构包括恤穷院、工作场、养病院、训盲哑院、育婴堂、义学堂、养老院、老儒会、绣花会、童艺院、保良会、疯人院、劝世会、戒烟会、化罪会、防恶会、劝和会、劝农会，等等。戊戌变法期间，新型社会公益事业发展迅速，各种新式民间公益机构和团体如阅报会、阅书会、戒烟会、不缠足会、新学堂、保卫局等大量出现，成为中国慈善公益事业发展的重要时期。

在众多的慈善思想家和实践家的推动下，清政府也更弦易辙，对传统慈善事业进行了变革。中国传统的善堂重养轻教，容易养成被收养人的惰性；而西方国家的慈善机构，普遍重视教养结合。清政府号召在善堂内附设工艺厂或独立设置工艺所。在发现有不少青壮年混迹粥厂的情况下，光绪三十一年（1905年）商部要求变通官粥厂，改设教养局。光绪三十三年（1907年），民政部奏请各省督抚严饬地方官会同士绅查明善堂的情况，责令地方官绅在育婴堂附设蒙养学堂，而养济院、栖流所、清节堂附设工艺厂等。自此以后，教养并重的慈善机构在全国各地普遍设立。①

① 参阅王卫平：《中国慈善史纲》，中国劳动社会保障出版社2011年版，第91页。

慈善机构除了进行传统的赈济和收养等救助行为外，在清末到民国期间还诞生了一种新的慈善机构——借钱局。这种类似当代放贷行为的金融机构实质上是慈善组织，其目的在于帮助贫民依靠自身的力量摆脱贫困，化“输血”为“造血”，是对传统救助理念的突破。借钱局最早出现在扬州，主要初衷在于解决由于太平天国战争造成的百姓贫困的问题，由绅士严寿彭等筹钱发起。借钱局日常的运作机制符合现代金融借贷的运行，除了对借贷人的资金状况有足以可供借给的贫困程度和还贷能力进行评估外，还对借贷者的道德操守有要求，比如吸洋烟者不借，赌博游荡者不借，无家室者不借，不能联保者不借，僧尼道士不借，屠户不借，兵勇差役不借，剃头修脚者不借。这些规定多出于道德方面的考虑，反映了当时社会的道德标准和伦理观念，因此，从此意义上说，借钱局还具有道德教化功能。借钱局对道德的影响还有另外一方面，即挤压了高利贷的生存空间，为一般想借钱而又无处筹措的人提供了生存的机会，使他们道德上会有不同的觉悟；同时，使那些想创业而无资本的游民免于游荡，稳定了社会，再者也有敦促诚实劳动和节俭的风气的作用。因此，借钱局得到了社会舆论的支持，也得到了官府的褒扬，光绪八年（1882 年），两江总督左宗棠下令推行此法。后来宁波也出现了类似的便民局，武昌出现了因利局，都是官府办理。清末新政以后，兴起地方自治，借钱局等也被要求推行。民国时期，借钱局得到进一步发展，很多城镇都设立了借钱局、因利局等。1917 年，熊希龄主持赈济京津特大水灾时，曾设立因利局 309 处。1921 年直隶省长曹锐为救荒，在各县也设立因利局。1932 年江苏省实业厅也建议各县筹设因利局，办理借贷，救济贫民。最后，借钱局逐渐融入国家实施的社会保障体系，成为政府的市政职能。1928 年，国民政府内政部颁布《各地方救济院规则》，规定各地方政府皆应设立救济院，救济院下设贷款所。到 1943 年国民政府又颁行《社会救济法》，其中仍然包括可以低息或无息贷款给贫困者的规定。①

基于政府对当地士绅以道德上的信任，政府的放赈或者救助往往依靠当地士绅来执行，而制度上的监管缺陷，也证明了政府救济的制度伦理的不足。如陕西富平县的知县刘志同听信士绅之词，设粥厂救济饿民，但离得远的贫民根

---

① 参阅王卫平：《中国慈善史纲》，中国劳动社会保障出版社 2011 年版，第 110 页。

本不能吃到，而办理赈济的士绅却和家丁私自贪污抽捐的粮食。有的地方士绅欺上瞒下，乱报救济粮食数量，而自己中饱私囊，所报和所用差距巨大。如一些华北绅富由于和当地政府有着千丝万缕的联系，在接受赈济的过程中，不顾民生之危而中饱私囊，先顾自己的亲戚。有的对待赈济根本不负责任，工作粗略。如当时的一个陕西灾民曾有抱怨："赈济一事，城厢或可沾润，乡民则不能得也。即城厢能得者亦多隶役亲友，与绅耆姻娅，真贫民不在此数，不敢望也。至郊外远乡，必素有名色者，始得列名。列名者村不过数人，大抵皆不贫者耳。邑宰深居简出，不能逐户查看……大绅士养尊处优，不肯逐户查看，又各使数十小绅士分办之，小绅士则成见在胸，不用逐户查看，乃各出其所知者参办之，饱者一家列数名，饿者数家无一名。甚至放粮者为领粮之人，领粮者仍多放粮之子。统一县之计，死者数已过半，皆其人不幸而不为诸绅士所识也。"①曾国荃办理山西赈务时以严厉著称，但还有地方士绅私自转卖救济粮，得钱私分；而河南的不良士绅则和官吏沆瀣一气，鱼肉乡里。这反映了当时政治道德的腐朽。

从获得道德合法性基础的角度考虑，朝廷当然想能救则救；基于社会稳定的考虑，江南各省也尽量在当地安排南逃的北方灾民，设法就地截留给养，以便尽量使其不扰乱江南地区的安定。这种措施在江南不少地方得到了实施。光绪三年(1877 年)初，仅扬州五台山共设收养粥厂 11 所，截留饥民 42 000 多人②。应该指出的是，这种留养活动并不意味着江南城镇对北方饥民的接纳，官府认为，等到冬季一过，发给一些口粮便会被遣令回乡。政府的救济也得到了民间慈善人士的响应。

如在丁戊奇荒时期《申报》的一篇报道详细记载了常州的官民合力救济的情形：

先是，九月间灾民陆续渡江而来，经巨绅刘云樵、恽畹芗两观察、董云阶太守倡议城乡分别留养，拟议章程禀商府县，具禀各大宪，已蒙批准允

① 王庸：《流民记》卷二，第 14 页。转引自《地方性流动及其超越：晚清义赈与近代中国的新陈代谢》，第 60 页。

② 参阅《申报》第 10 册，光绪三年三月初三日，第 337 页。

> 行,并通饬一律照办。常郡现留养一千名,搭盖棚厂,按照查明册开各州人数,分别城乡安插。每人每日大口给米八合,小口六合,十日一放,并给盐菜,至明年四月间酌给川资,遣散回籍。……其余路过灾民,临时查看形状,每人酌给白文或数十文不等,由东门外戚墅堰两次对票发给。类似层层照料,想路过及留常灾民自可不致路毙流亡矣。惟留养七月之久,断不止此千名,加以川资及各杂用,为费甚巨,计非五六千串不能竣事。幸由刘绅捐钱二千千,恽绅捐米四百石,盛绅捐钱五百千,无锡石塘湾孙姓亦赴常捐钱一百五十千,得有头绪。

《申报》对此举的道德意义也给予了积极评价,认为:"现在各州县皆有灾民,如宦绅等皆能广为设法筹济,勿使一夫失所,在常郡纵未能专美余前,而景仰欢欣者要岂仅常郡之流民也哉!"①

但也有地方保护主义出于自己所辖地域安全的考虑,拒绝向外省施救。如在丁戊奇荒中,虽然江南绅商勇担道义,积极救助北方,但江南不少地方官府却从另一个角度来考虑问题。一些官员借助华北灾荒强调本地的粮食问题。宁波知府在劝办积谷的告示中称:"近岁西北各省连岁奇荒,饥民至数百万之多,死亡枕藉,人至相食。前车可鉴,殷鉴不远,岂得不思预防?"②当李鹤年和袁保恒向朝廷奏请借用江南各州县义仓的部分积谷以济河南赈粮时,居然遭到了身为河南人的江苏巡抚吴元炳的断然拒绝。与民间绅商的全国观念和民族整体意识相较,政府官员的慈善观念和道德境界显得落后,是政治腐朽的表现。

到了辛亥革命前后,中国的慈善救助事业发展到了一个新的阶段。

孙中山作为近代著名的革命家,以富民强国为己任,同时形成了自己独特的救荒思想,就是把救荒与政治和经济制度联系起来,把扶危济困和国家的建设联系起来。中华民国临时政府成立之前,孙中山探讨了中国自然灾害发生的原因,提出了以发展农业来进行社会救济的设想。孙中山在光绪二十三年

① 《申报》第9册,光绪二年十月二十一日,第541页。转引自《地方性流动及其超越:晚清义赈与近代中国的新陈代谢》,第91页。

② 《申报》第12册,光绪四年五月十三日,第537页。

(1897年)3月发表了《中国现在和未来》，指出："中国所有一切灾难，只有一个原因，那就是普遍的又是系统的贪污。这种贪污是产生饥荒、火灾、疾病的主要原因。"①

民国建立以后，慈善救助逐步制度化、规范化，民间的很多慈善做法逐步被纳入政府的社会保障之中。慈善救助之事成为检验政府良心和表现其道德合法性的重要途径。1912年3月，安徽等省发生水灾，孙中山立即颁发《咨参议院核议借款救济皖灾案文》，强调不要耽误，"本总统忝为公仆，实为疚心"②，"本总统每一念及我同胞流离颠沛之惨象，未尝不为之疾首痛心，寝食俱废也"③。

孙中山十分重视社会救济的立法和专门的慈善机构的建立和完善，民国成立之初，就向各省发布了《救民疾苦之通电》，严惩不法官员。他多次把慈善事业和教育并论，认为"国家收入的渊源除供国家行政费用，余额则兴办教育、慈善事业"，"吾人应注意青年之养育与衰老羸弱之安抚"，督促民政部设立社会事业局，专管福利事业和慈善团体。他重视官赈和义赈的结合，重视社会救济的科学方法和技术。这都源于孙中山的博爱精神和对博爱的提倡。

除了上述三种慈善救助主体外，在近代不能不提及的是中国共产党在红色根据地政权支持下的慈善事业和社会救济，它是共产党革命宗旨体现的一个重要方面，对改善根据地的社会风气和获得根据地民众的道德支持具有重要作用。

综观近代慈善和救助现象，如果对其进行总结，可以得出如下的几个方面：第一，近代的民族危机促使了善良的知识分子和士绅对救灾的民族生存意义的觉醒，这是其传统爱国主义的发展；第二，政府的救助由于政府的无能及其所属官吏的普遍道德堕落，致使其救助的效率低下，而内部的腐败及其面向敌对国家的软弱，并没有使救助转化为其执政的道德合法性基础；第三，传统的小农意识中的爱占便宜、自私和狭隘人情观念致使慈善和救助行为面临被落后道德牵

① 广东社科院编：《孙中山全集》第1卷，中华书局1981年版，第95页。
② 广东社科院编：《孙中山全集》第2卷，中华书局1981年版，第170页
③ 广东社科院编：《孙中山全集》第4卷，中华书局1981年版，第95页。

绊的危险，这种慈善和救助所表达的道德积极性并没有得到很好的发挥；第四，红色根据地的慈善行动和社会救助承载了新型的道德价值，把慈善行为个体和社会救助主体的道德与共产党倡导的无产阶级道德统一起来，开创了慈善道德的新阶段。

第七章

近代民族关系与民族道德生活

鸦片战争之后，导致在中国古老的大地上出现了两种华夷体制：一种是传统的朝贡体制，一种是条约体制。从朝贡体制看，清王朝要比其域外的蛮夷地位要高，大清皇帝起码是天下名义上的最高统治者；但从条约体制看，不但不存在前述关系，而且缔约的"蛮夷"反过来通过武力迫使"天朝上国"缔结了不平等条约，谁主谁从、谁强谁弱恰恰发生了大逆转。在这种同时并存的双轨制的华夷关系制度下，中国的有识之士以及历史后来的选择是超越这样两种对立的体制，建立一种既不是朝贡体制的华夷关系，也不是不平等条约体制下的华夷关系，而是要建立一种平等的民族国家关系。这意味着必须重新塑造中国人民的共同体意识，这一意识不但要求中国域内各民族平等，而且要求建立在域内各民族平等基础上的并且处于融合进行时态的中华民族共同体也能平等地对待域外民族或被域外民族平等地对待，总而言之，即朝着中华民族立于世界民族之林的方向塑造民族共同体。

从上述中华民族近代道德生活史的线索——构建中国域内民族相互之间平等关系，并在相互团结融合的基础上，成长为一个能够推翻列强通过战争和不平等条约强加于其身上的不平等关系，并进而与中国域外民族平等相处的中华民族国家看，中华民族近代道德生活史本质上具有追求域内民族平等的性质，同时还具有使整个中国域内民族与当时作为域外民族的洋人平等相处的性质。前一种平等意味着必须通过改良或革命剥夺清朝统治者的统治特权，实现中国域内民族的大平等，于是，反清、排满、立宪、革命都因此获得了道德合法性；后一种平等意味着通过外交、军事、经济、政治、文化等手段剥夺或消除洋人的特权，追求与列强在国际关系中的平等地位，使中华民族能够平等地屹立于世界民族之林，于是，反对洋人的入侵、反对洋人的经济剥削、反对洋人的文化渗透、反对洋人所强加的不平等条约、反对洋人的一切歧视活动或运动，都因此获得了道德合法性；在这一以平等为核心价值的时代洪流中，一切能够促进中国域内民族平等、团结、融合、自强的言行也都具有了道德合法性。这三方面或三种意义上的道德合法性共同汇聚于革故鼎新的时代变化之中，也必然意味着这一时代是一个由不平衡态向平衡态运动的时代，是一个破旧立新的时代，是一个由大乱到大治的时代，是一个中华民族由自在的民族到自为的民族的时代，是一个社会大转型的时代，是一个英雄辈出的时代，是一个波澜壮阔的大变局时代，是一个中华民族的凤凰涅槃时代，是一个创造中国历史并且同时也是创造世界历史的时代。

为了实现这一伟大时代的历史使命，中国的仁人志士自觉或不自觉地举起了反帝反封建的义旗。从华夷关系的角度看，反帝的本质在于废除不平等的条约体制，而反封建的本质在于唾弃不平等的朝贡体制以及中国域内统治者所拥有的特权制度。从这种角度看，中华民国的成立以及更后的中华人民共和国的成立都是超越这两种体制的成果，也是中华民族意识觉醒的必然产物。于是，从民族道德生活的角度看，反对和唾弃朝贡体制以及清除作为统治者的旗人的特权，摧毁不平等条约体制的努力与活动都不但具有了道德合法性，而且还成为这一时期民族道德生活的实质内容。这种努力与活动最终浓缩为一个近现代史上的关键词——革命。通过对朝贡体制、旗人的特权制度和条约体制的革命以塑造中华民族共同体，是近代民族道德生活的根本线索。与中国以往的历史完全不同的是，历史上的改朝换代意义上的革命，都是一家一姓为主所领导的革命，而近代意义上的革命却是革命政党所领导的革命，政党具有超越家族局限和种族局限的优势，在塑造新型的中华民族这一道德共体方面具有不可代替的优势。可以说，正是中华民族的历史使命促进了政党的兴起。康有为、梁启超领导的改良党曾经具有这样的党性，孙中山领导的国民党曾经是这样的革命党，其后的共产党较之前两者具有更高远的目标，但就其阶段性目标而言，亦是这样的革命党。正是国民党与共产党为主的革命党先后或同时合作地凝聚了中华民族的力量，并在革命的过程中引领了中华民族这一新型的道德共同体，也因此重新塑造和确立了内外民族道德关系，最终使中华民族成为国际民族大家庭中平等的一员，从而为中华民族的伟大复兴打下了必要基础。

第一节 近代民族觉醒及民族道德关系的重建

近代是民族国家自我发现的时代，尽管不同的国家自我发现的方式不同。

民族国家的自我发现过程也是国内民族关系重建的过程。这一过程对于中华民族来说当然显得更为曲折艰难。

一、鸦片战争前的"自在"民族与华夷格局

中华民族近代之前作为本土民族是缺乏作为整体的民族自觉意识的,用费孝通的话来说,就是当时的中华民族是处于"自在"状态的民族。这一状态的民族是没有自觉的民族意识的,如果勉强说存在着民族意识,也只不过是一种文化意义上的民族意识。因为在古人那里,由于地理知识的限制,再加上所处东亚的相对封闭的地理环境,使得中国人长期误以为黄河中下游一带就是整个大地的中心,并相应地形成了以中心化和等级化为特色的天下主义的世界观和社会心理以及风俗制度等意识。这种意识明确地反映在《诗经·北山》之中,其中有所谓"溥天之下,莫非王土;率土之滨,莫非王臣",也明确地反映在秦始皇出巡琅琊时的刻石之中:"普天之下,抟心揖志。器械一量,同书文字。日月所照,舟舆所载。皆终其命,莫不得意……六合之内,皇帝之土。西涉流沙,南尽北户。东有东海,北过大夏。人迹所至,无不臣者。"为了使这种"天下"意识在实践上具有可操作性,古代中国人以其特有的智慧创造了畿服制度或中国特色的朝贡制度。

这种制度本质上是将首都以外的地区,按其与中央的关系以及距离首都的远近划分为一定数量或层次的具有行政意义的大区域。如在《尚书·禹贡》中就有假托于夏代的五服说:"令天子之国以外五百里甸服:百里赋纳总,二百里纳铚,三百里纳秸服,四百里粟,五百里米。甸服外五百里侯服:百里采,二百里任国,三百里诸侯。侯服外五百里绥服:三百里揆文教,二百里奋武卫。绥服外五百里要服:三百里夷,二百里蔡。要服外五百里荒服:三百里蛮,二百里流。"可以看出,五服制度是古代的中国统治者在天下主义世界观的支配下所确定的族群关系架构或制度模式,其后以至于鸦片战争的数千年岁月中,中国的最高领导当局都是以这样的模式来指导和处理族群关系的实践的。

畿服制度或朝贡制度所确认和强化的惯性思维潜在地否定了中国的域外民族与域内民族之间发展平等的民族关系或国家关系的可能性,这意味着现代意义上的民族关系在古人那里,本质上也只能是一种君臣关系。虽然这种君臣关系在权利与义务方面可以与中原王朝直接控制的区域内的君臣关系有所不

同，但其中的领导与被领导关系却是坚定不移的。于是，在这种格局下，中国的域内民族与域外民族从政治道德的角度看，都应当接受域内最高领导人，即天子的领导。这种格局，每当中原王朝强大之时，就会出现比较理想化的贯彻实施。历史上中国的汉朝、隋朝、唐朝、元朝、明朝、鸦片战争前的清朝都曾经程度不同地沉浸在“九天阊阖开宫殿，万国衣冠拜冕旒”的美梦里。这是古代的中国梦，这一“梦境”不但显示了中国域内道德生活的和谐，而且也显示了包括四夷在内的天下道德生活的和谐，更显示了天子的领导有方，如《前汉书平话》卷下所记载的“忠臣扶立千门圣，汉家天下已回春。日正端门登极位，万国来朝有道君”的情境，就在一定程度上反映了这种道德生活的盛况。

就朝贡体系下的道德生活而言，其中存在着中央王朝与四夷的道德前提、道德权利与道德义务。就道德前提而言，首先是中央王朝必须保持域内的统一和强大；其次是中央王朝存在着相对于四夷而言的文化优势或文化先进性，这种先进性不但指政治和道德礼仪的和谐有序性，而且也指经济和军事的强大性；再次是中央王朝的最高当局拥有开放进取的雄才大略。这是朝贡体系下的道德生活得以存在的前提条件。就道德权利而言，中央王朝的最高领导人享有天下共主的尊位，也因此享有万国朝拜的仪礼之权利；中央王朝的最高领导人拥有对四夷的统治者授予封号，赐以官印，让他们采用中央王朝的历法，并给贡使颁发通行敕书的权利，并通过批准四夷统治者的继位，来行使予夺王位的大权。就中央王朝的义务而言，中央王朝的天子必须以家长式的慷慨大度对朝拜的四夷一视同仁，并以此证明他的至高无上地位。就四夷的统治者而言，其道德权利主要在于享有天下共主平等对待的权利；在必需的时候，有提出请求中央王朝提供保护的权利；有世袭王位和爵位的权利。四夷的道德义务主要有：按规定的时间和仪式朝拜中央王朝的最高领导人，接受中央王朝的敕书封印并以汉字作为文书往来的工具等，承认对于中央王朝的臣属关系等。

所有这些道德权利与道德义务的维系主要是基于中央王朝所拥有的权力或能力，这种权力表现在军事方面，就是对于不服从朝贡体系下的道德约束的四夷，则以军事力量的征伐为威慑，《左传》中所说的“德以柔中国[1]，刑以威四

---

① 此文献中所说的“中国”，指周代所分封于中原一带的各诸侯国。

夷”就包含着此种主张和做法;表现在行政方面,就是通过四夷中的头人(土司)对非汉人的土著居民(主要是在西南)实行政治统治,类似对汉人本身实行的统治那样;表现在道德方面,即通过显示中央王朝最高统治者的德威,来发挥合乎准绳或思想意识的道德榜样的影响,这种影响在清朝甚至具体地变化为利用宗教的影响来维护一些四夷尽其道德义务,尤其在同拉萨的关系上,清初的统治者就充当了支持当地僧侣阶层的明王(庇护者);表现在经济方面,就是对于中央王朝所鞭长莫及的蛮夷,用物质利益(经济利益)的诱导方法使之遵守朝贡体系下的道德义务,这首先是采取允许通商的形式或采取赐赠礼品的形式,这种手法成功地被清朝统治者施于荷兰人身上,1795 年荷兰使节在寻求贸易特许时,就曾在清朝宫廷里频频行叩头礼;表现在外交策略方面,就是以夷制夷。

就世界历史而言,鸦片战争前的整个东亚秩序乃至包括中亚在内的秩序就是这种华夷格局下的秩序,这一广大区域虽然存在着众多的民族和国家,但这些民族或国家并没有为清王朝所正视,而是被置于不平等的地位。在中原王朝与周边民族或国家长期的博弈中,周边民族通过朝贡活动中所内含的道德权利与道德义务的实践,也认可了这种格局。历史上虽然发生过周边民族入主中原的情况,但最终都以被中原的文化同化,并同时与中原的民族相融合而结束。这说明朝贡体系并不简单地是一种不同民族之间的关系格局,而是一种和平与秩序机制,得到了此地域民族和国家的普遍认同。当哥伦布发现新大陆后,东亚人还昏睡在他们共同缔造的华夷秩序中;当西洋人乘着文艺复兴、宗教改革和启蒙运动的进步之风掀起波澜壮阔的殖民运动时,东亚人依然沉睡在华夷格局的美梦中;当英国人发动鸦片战争时,大清帝国还继续以天朝上国的梦话解释和处理清英关系。但事实上,此时的洋人再也不同于历史上的蛮夷了,他们以其先进的文化,从根本上摧毁了朝贡格局存在的前提。在洋人反复的入侵下,中国人逐渐认识到洋人的入侵所产生的变局是东亚历史上“三千年未有的变局”,中国人必须重新整理他们固有的世界观、价值观、人生观、群己观和四夷观。在这一整理过程中,中华民族的观念得以诞生。这一观念虽然仅仅是一种观念,但它的形成却不但是中国历史上的大事,而且也是世界历史上的大事。正是在此观念的召唤下,无数中华儿女投入到民族独立和民族复兴的洪流之中,不但使中国历史翻开了新的一页,而且也使世界历史不得不翻开新的一页。

从此，中华民族不但要雄立于世界民族之林，而且要在此基础上以新的姿态再造周边的民族和谐和国家和平，并要缔造全球的泰和局面。

二、列强入侵语境下的民族觉醒诸阶段

中国近代的民族觉醒，发端于鸦片战争，成就于19世纪末至20世纪初。它不仅是近代中国人民抵御外来侵略，争取民族独立的政治伦理思想解放和思想觉悟运动，而且是积极推动中国近代政治和伦理与世界潮流相顺应的运动。近代的民族觉醒持续时间长，觉醒程度深浅不同，表现为觉醒内容的前后变化和阶层变化，呈现为随着时间的靠后而加深的特色，觉醒主体涉及当时社会各阶层，如鸦片战争时期的士大夫阶层中的一些先进人士，太平天国时期的一些反清反帝运动的领导者，因各种机缘而游学海外的爱国人士，洋务运动中的开明官员，维新运动中的涌现的先进人士以及后来以推翻清廷为要务的革命者等。

近代的“民族觉醒”既是国内各民族互动的结果，也是国内各民族和海外异域民族互动的结果，这种互动特别是其中的非正常交往或相互作用，是当时民族觉醒的前提和基础。民族觉醒本质上是对本民族的一种体认、爱护与肯定和对异民族的一种疏远、排斥和否定的思想觉悟。这种觉醒通过人们的言论、思想或者一些社会行动等形式表现出来。中国近代民族觉醒表现为对内和对外两种情况，从因觉醒而提出民族的主张的不同来看，对内的民族觉醒表现为推翻满清统治以实现域内各民族在政治法律和伦理诸领域的平等；对外的民族觉醒则在于通过建立民国而实现整个中华民族与域外民族平等相处的局面。

中华民族的觉醒乃至中华民族观念的形成，不但是对洋人入侵的回应，而且也是对新型的道德共同体的创造和新型道德关系的适应。如果把当时的大清帝国及其君臣和民众比做一位沉睡的巨人，那么，英国所发动的鸦片战争则恰如一把利剑刺入这位巨人的躯体，虽然刺得不深，一下子也不会致命，但却足以使这位巨人感到疼痛，她至少会发生某种无条件反射。而鸦片战争的结果，中英《南京条约》的签订，正是这种反射的结果，清朝统治者至少从中意识到洋人是不同于以往的四夷的，洋人不但不能被编入数千年就存在着的朝贡体系之中，而且相反，他们是破坏和瓦解朝贡体系的异己力量，他们虽然在本质上具有开辟殖民地以灭亡大清帝国的愿望，但在力量不济的情况下，也只能通过签订

不平等条约的方式确立双方的不平等的权利与义务。虽然这一条约是兵临城下的条约,是不平等的条约,但却通过这种不平等使睡梦中的国人看到了一个“他者”的存在,而对“他者”强大力量的承认则具有打破朝贡体制的意义。对“他者”的日益清醒的认识,必然伴随着对“我”的反思,而这种反思在逻辑上必然要求要确立“我”与“他”的界线,界线的明确则进一步要求处理“我”、“他”关系。“我”与“他”孰强孰弱?战争的结果表明,“我”弱“他”强。“我”应怎么办?在这种入侵——反应模式的多次反复下,中华民族通过其民族精英的反思活动和宣教活动最终实现了由“自在”的民族转化为一个“自为”的民族。当然,此一时期的民族精英的反思活动并不是孤立进行的,而是建立在以一定的方式获得来自洋人的情报的基础上的,有些精英人物的思想直接就是来自西方传教士的。有些精英人物则是因为留学或外交活动,而在洋人那里受到激发而产生了民族自觉意识。这些精英人物的共同点,首先在于能够理性地睁眼看世界。从道德生活的角度看,这一过程是一个唤醒民族道德主体和塑造民族道德主体的过程,也是一个由个人精英到群体精英再到超越群体的全民族的民族共同体的觉醒过程。

中国近代民族觉醒程度,与民族危机的加深程度大体上正相关,这是符合“国难兴邦”的历史规律的。以中日甲午战争为界线,当时的民族觉醒大体上可以分为两个阶段。中日甲午战争以前,中国民族的危机大都由中国人不熟悉的西方列强的入侵所引起,当时的统治者甚至在传统惯性思维的作用下,还力图把西方人纳入东方古老的朝贡体系之中;但甲午战争却具有不同于与西方列强之间的战争性质,因为日本长期以来曾被纳入朝贡体系之中,经过明治维新而在短期内打败、打痛一个“天朝上国”,从而在中国人心中形成了巨大的历史反差和心理反差,这种反差是如此之大,以致使甲午战争成为当时的民族觉醒进入深度觉醒的一个标志。因为在这场战争之前,中国民族的觉醒主要表现为反侵略的民族意识,而甲午战争后所激发的民族觉醒则超越了反抗列强侵略的民族意识,而是要求建立国内一切民族平等的新的国家制度。从这个意义上看,甲午战争后的民族觉醒运动是整个近代民族道德生活史上的大事件,它标志着中华民族的真正觉醒。甲午战争所产生的民族觉醒所具有的这一意义,只要将之与此前的民族觉醒相比较就会使人得到领悟。此前的民族觉醒还停留在对原来的国体进行维持与修补的水平,而此后的民族觉醒在内容上却要求改变国体。这意味着中国近代的民族觉醒不是独立自在、一成不变的，而是经历了不同的历史发展阶段。

第一阶段是民族觉醒的发端阶级，时间对应于第一次鸦片战争时期。大英帝国以“炮舰政策”打开了中国闭关锁国已久的大门，这对于一个从来未受过如此“奇耻大辱”的“天朝上国”来说，无异于当头一棒。在当时的地主阶级内部，一些有骨气、有正义感的爱国士大夫们，一方面纷纷奋起抵抗大英帝国的侵略；另一方面寻求着图自强、雪大耻的良方。在战争中他们注意到了大英帝国的三大长处：战舰、火器、养兵练兵之法。因而提出学习西方，“尽得西洋之长技，为中国之长技”①的主张。这种主张的提出，表明了具有先进思想的中国人已经开始意识到了本民族的落后。它标志着中国近代民族意识的萌生，以及建立近代民族独立国家的历史趋势。当然，像林则徐、魏源、徐继畲等封建地主阶级中的爱国士大夫们，虽然他们的国家民族观念也未能突破华夏之辨、特权等级的传统格局，但却是代表中华民族从朦胧的民族意识中觉醒的开始。从民族最初觉醒所具有的意义看，林则徐、魏源、徐继畲可以被称为近代民族初醒“三杰”。

林则徐在禁烟期间，曾主动组织人力搜集洋人情报，将洋人讲述中国的言论翻译成《华事夷言》以供国内官吏参考；将英商主办的《广州周报》译成《澳门新闻报》；又以英国人慕瑞的《世界地理大全》为基础编撰《四洲志》；翻译瑞士法学家瓦特尔的《国际法》。从这些文献看，林则徐无愧于中国近代史上“睁眼看世界第一人”（范文澜语）之称，他率先提出“师夷之长技以制夷”的主张。对洋人与中国人之间的先进与落后的清醒认识，使林则徐成为中华民族觉醒的先知之一。他在所译资料中发现沙俄对中国民族的威胁，促成了他抗英防俄的国防思想，成为近代“屯田耕战”的“防塞论”的先驱。他曾告诫左宗棠等人：“终为中国患者，其俄罗斯乎！吾老矣，君等当见之。”②其后沙俄蚕食鲸吞中国数百万平

---

① 魏源：《海国图志》第2卷《筹海篇三·议战》。

② 1849年10月，林则徐因病势加重辞去云贵总督之职回闽治病养老。途经长沙时，经人推荐在舟中召见了左宗棠。鸦片战争时，20多岁的左宗棠就对这位老人无比钦慕，见面后便拜师求教，两人彻夜畅饮阔论天下形势。林则徐此前在新疆办理过屯垦和水利，深感西北边防须未雨绸缪，并把自己收集的资料送给了正在研究地理和兵法的左宗棠。当左宗棠请他畅谈对英国等海上强敌的制敌方略时，林则徐却说：“终为中国患者，其俄罗斯乎！吾老矣，君等当见之。”参阅穆智：《林则徐：近代中国睁眼看世界第一人》，《北京青年报》2002年8月30日。

方公里国土的事实显示了林则徐的先见，亦显示了他正视洋人，承认洋人强而天朝弱的局势，从而具有突破古代华夷观的意义。

1844年春，徐继畲[①]和美国新教传教士雅裨理(David Abeel)在厦门询问了许多有关世界各地的情况，也因此使中国人始知世界上还存在着源于古希腊、古罗马的西方现代民主政治思想和法律制度，这是一种迥异于中国传统文化的异域文化。这促使他对中国传统的专制制度的合法性和永恒性产生怀疑，更促使他用5年时间撰写了于1848年出版的《瀛环志略》，率先在民族道德生活领域突破根深蒂固的天朝意识和华夷观念，在中国历史上首次放弃以“夷”来指称西方各国，从而建构起一种具有近代意义的话语模式，构建了从传统观念的“天下”到近代意义的“世界”的新的认知体系。在新的世界观和新的华夷观的指导下，徐继畲清醒地认识到了鸦片战争的性质和后果。他第一个指出“变局论”(“此古今一大变局”)，并提出备战和戎、平等外交的观点，主张“镇静为主”，力求“民夷两安”。他将中国定位于世界的一隅，具有突破中国是天下中心观念的意义，也因此具有重新定位道德共同体的意义。他使国人看到西方民主政治思想的价值体系，具有突破中华文化自古独优的华夷观念，也因此具有重新定位华夷道德关系的意义。他甚至通过对华盛顿的崇敬，而改变了中国人对圣人的看法。他在该书中说道：“华盛顿，异人也。起事勇于胜广，割据雄于曹刘，既已提三尺剑，开疆万里，乃不僭位号，不传子孙，而创为推举之法，几于天下为公……其治国崇让善俗，不尚武功，亦迥与诸国异。余尝见其画像，气貌雄毅绝伦，呜呼，可不谓人杰矣哉！米利坚(即美利坚)合众国之为国，幅员万里，不设王侯之号，不循世袭之规，公器付之公论，创古今未有之局，一何奇也！泰西古今人物，能不以华盛顿为称首哉！”徐继畲这种勇于承认他国的优点，勇于承认自己的不足，全面客观地展现了一幅幅世界各国真实的社会画卷的做法，成为中华民族道德共同体构建的逻辑起点。

与林则徐、徐继畲相比，中国近代史上的另一位睁眼看世界的巨人魏源，在

---

① 徐继畲(1795.12.4—1873.3.30)字松龛，又字健男，别号牧田，书斋名退密斋，山西代州五台县人。道光六年(1826年)进士，历任广西、福建巡抚、闽浙总督、总理衙门大臣、首任总管同文馆事务大臣。徐继畲是中国近代开眼看世界的伟大先驱之一，又是近代著名的地理学家，在文学、历史、书法等方面也有一定的成就。著有《瀛寰志略》、《古诗源评注》、《退密斋时文》、《退密斋时文补编》等。

某种程度上可以说是当时睁眼看世界的集大成者。他依据林则徐组织编撰的《四州志》,参考以历代史志、明以来《岛志》以及当时夷图夷语编成《海国图志》50卷,后经修订、增补,到1852年又吸收了徐继畲的《瀛环志略》及其他资料,扩充成为百卷本。这本书涉及世界地理、历史、政制、经济、宗教、历法、文化、物产诸方面,极大地扩大了中国人的世界视野,使中国人更深刻地认识到传统的华夷观的局限性以及当时中国的落后。魏源这些观点逻辑地包含着发展民族海防事业,促进民族工商业和实行民族民主的国策。为了强国御侮、匡正时弊,他像林则徐一样,告诫国人在"英吉利蚕食东南"之时,勿忘"鄂(俄)罗斯并吞西北之野心"。在《默觚》中,他发挥了"变古愈尽,便民愈甚"和"及之而后知,履之而后艰"的主张,对清王朝长期昧于世界大事,夜郎自大,固步自封,封关锁国的政策和媚外求和的路线予以犀利的批判。他认为西方的长技并不限于技术,而更在于其先进的政治制度。他称誉瑞士"不设君位,不立王侯","推择乡官理事",是"西方桃花源";又说"墨利加北洲(指美国)之以部落代君长,可垂奕世而无弊"。虽然当时中国内忧外患不断,但魏源依然对中华民族充满信心,他认为只要经过努力,若干年后,必然"风气日开,智慧日出,方见东海之民,犹西海之民",这里已经显示了某种民族平等的意识。魏源的这些思想后来成为救亡图存的中国人创建新的民族共同体,开创全新的民族道德生活的宝贵思想资源,他的有所立和有所破的主张使它成为近代改良思潮的前驱和革命思潮的基础。

第二阶段的民族觉醒对应着太平天国运动。这一运动是鸦片战争的产物。这使得太平天国不同于既往的历次农民战争,因为此时的农民战争已经有了反殖民运动的意义,它已经不是简单地反映地主阶级与农民阶级的矛盾,而是反映了由于外国资本主义的侵入而迅速激化的封建主义与城乡人民群众之间的矛盾。矛盾的性质决定了太平天国是中国近代一次以农民为主体,而且由农民自己发动的大规模的反帝反封建的民族运动。在这一波澜壮阔的运动中,为了在战争中取得胜利,太平天国也面临着"师夷制夷"的选择,这一选择意味着他们既要学习西方又要抗御外侮。这方面的民族觉醒成果集中表现在太平天国后期"总理朝纲"的洪仁玕的《资政新篇》之中,这是他游学香港感触时代的产物,也是中国近代史上主张洋为中用的重要文献。他主张"革新政治,用人察先",铲除腐朽习俗,提倡"福音真道";主张建立刑法制度,"国家以法制在先:尤其是社会经济政策方面，应该仿效西方国家，开矿山、修水利、办工厂、设银行，学校、报馆、邮政、医院应有尽有，甚至还当创设士民公会”。从这些主张看，当时的太平天国领袖甚至已经有了“学习西方，振兴中华”的意蕴，它为中国展示了资本主义救中国的构想，蕴涵着这次农民战争中处于萌芽状态的民族觉醒的新趋向。

第三阶段的民族觉醒对应于太平天国之后清朝官方所从事的洋务运动时期。从当时的用语变化来看，洋务运动之前，涉及向西方学习和与西方交往的事务被称为“夷务”，在中国的语境中，“夷”具有对中国民族以外的民族的歧视性含义；而洋务运动时将此类事务改称“洋务”，说明当时的清朝官员在对其他民族的态度上已消除了歧视的民族心态，而代之以平等的心态，这在相当的程度上显示了当时中国官方的民族觉醒。这种觉醒意味着当时的人们已经感觉到中国不但不再是一个威震四海的天朝上国，而且是整个世界中的一个弱国。这是一种能够较客观地看待中国民族与列强民族之间关系的民族觉醒，在他强我弱的认识下，一种“自强富国”的主张就被提了出来。这一主张是当时民族觉醒的重要成果，它揭开了中国近代史上洋务运动的序幕，而伴随着洋务运动的广泛开展和进行，近代民族觉醒的观念也越来越明确。中国近代洋务运动时期的民族觉醒正是产生于“采西学”、“制洋器”中，产生于中国民族与西方民族在政治、经济、文化等利益的冲突中。洋务运动时期的民族觉醒从所觉醒的内容看主要反映在以下几个方面：

1. 提出了中国要“自强”的主张

“自强”思想的提出是建立在人们对中国和西方的一种新的认识基础之上。它是在民族危机紧要关头的觉醒意识，因而包含了一种强烈的民族自奋、抵抗外侮的民族觉醒内容。这一思想的提出始于当时清王朝的重臣奕䜣、曾国藩、张之洞、李鸿章等人，并广泛地被当时许多开明官吏和封建知识分子所接受。奕䜣在其《统筹全局折》中强调：“治国之道在于自强，而审时度势，则自强以练兵为要，练兵又以制器为首。”曾国藩讲得更为明确：“欲求自强之道，总以修政事、求贤才为急务，以学作炸炮、学造轮舟等具为下手功夫。”①

---

① 《曾国藩全集》第十七册，岳麓书社 1988 年版，第 748 页。

2. 提出了“与西人争利”、“商战”与经济保护的主张

洋务运动时期，中国近代民族觉醒的另一个重要内容就是“与西人争利”、“商战”和一系列经济保护主张的提出。这些主张后来成为经济民族主义的重要内容。随着洋务运动的展开，人们越来越意识到了只有与西人争利才能强国的重要性。因此，从清王朝的重臣王韬、郑观应到李鸿章、左宗棠等人都不同程度地提出了这一主张。王韬在《弢园文录外编》中说：“今日崇尚西学，仿效西法，渐知以商力浚利源，与西商并驾齐驱而潜夺其权。”他认为“驭外之法”的首要点是“握利权”，中国只有广开“五金之利”、“织纴之利”、“造船之利”、“兴筑轮车铁路之利”、“冶铁之利”、“煤铁之利”，才能与西人争利并夺西人之利。郑观应在《论商务》中则认为：“既不能禁止通商，惟有自理商务，核其出入，与之抗衡，以期互相抵兑而已。”为了抵御西方列强的经济侵略，郑观应还提出了“商战”的主张。他在著名的《商战》中说：“彼之谋我，噬膏血非噬皮毛，攻资财不攻兵阵，方且以聘盟为阴谋，借和约为兵刃。迨至精华销竭，已成枯腊，则举之如发蒙耳。故兵之并吞祸人易觉，商之掊克敝国无形。我之商务一日不兴，则彼之贪谋亦一日不辍。纵令猛将如云，舟师林立，而彼族谈笑而来，鼓舞而去，称心餍欲，孰得而谁何之哉？吾故得以一言断之曰：习兵战不如习商战。”这是一种多么强烈的民族觉醒意识，它充满着民族的义愤和拯救民族的情感。

3. 主张在国际交往中，要有平等和尊重国家主权意识

要求平等地进行国际之间交往的主张为当时不少从事外交活动的官员所重视。郑观应、曾纪泽、李鸿章等人越来越注意到了中国被排斥于国际公法之外而导致事实上中国与其他国家交往中不平等的局面，他们强烈要求按国际公法办事，对中国要以平等国家视之。他们积极主张利用国际公法来处理中国和外国的一些争端，从而维护中国的利益。这种平等意识的产生源于对整个民族利益的思考，是近代民族觉醒的一个重要内容。另外，从民族利益出发，郑观应、曾纪泽、李鸿章等人已开始在国际交往事务中，注意到收回国家各种主权的重要性，迫切意识到国家主权的丧失对民族利益造成的重大损害。郑观应曾建议任命中国人担任海关副税务司，以便逐步取代洋人，独立自主地掌握本国的海关权；并坚决反对任命赫德为中国“总海防司”。曾纪泽、李鸿章等人也曾就此事多次提出了反对意见。这些情况都表明近代国家主权的民族意识，在洋务

运动时期，已在越来越多人的头脑中觉醒。

此一时期的民族觉醒自有其特点，这主要表现在：第一，此时期的民族觉醒在内容上无暴力色彩，在民族危机面前，不怨天尤人，而是很理性地"诉诸己"，这显示了此时期民族觉醒的某种成熟性。如主张自强、与西方列强在经济领域和平"争利"，平视外国民族，与当时的国际法保持一致等主张，在很大的程度上显示了此时期民族觉醒的策略性和智慧性。第二，此时期的民族觉醒超越了此前官方的虚骄态度。此前的官方在中国已落后衰退的情况下，还以天朝上国的心态自居，固守朝贡礼制，耻于义利；而洋务运动时期的官方却主张"商战"、主张保护关税、关心国家民族的经济主权，从而超越了千年以来在义利问题上的重义轻利国策，也超越了把对外贸易看作是对外恩赐的不平等看法。第三，此时期的民族觉醒主要是面对西方国家而言的，是站在中华民族整体利益上，而不是只站在汉民族或统治民族的满族这某一个民族立场上，反抗西方列强的侵略，从而超越了国内狭隘的民族主义。第四，需要说明的是，此时期的民族觉醒也不可避免地存在着其局限性，这就是未能触及数千年的专制特权，导致与日本在东亚的竞争中惨败。

第四阶段的民族觉醒对应着维新运动时期的民族觉悟。甲午战争后的19世纪末至20世纪初，中国的民族危机更加严重，民族觉醒的深度和广度都发生了超越性的变化。中法战争的不败而败以及甲午中日战争中北洋海军的覆灭，给中国各阶级和各阶层的爱国人士以极大的震动，这使人们看到，学习西方的"坚船利炮"并不能改变中国落后挨打的局面。于是，当时的中国人把学习西方推向更高的水平，他们已不再满足于"师夷长技以制夷"、"中体西用"以及"商战"、"工战"之类的口号，他们初步接受了西方的进化论和近代社会政治学说，认为没有政治革新作为保证，经济和文化方面的革新就不可能完全成功。出于对国家和民族前途的关注，呼吁中国必须寻找一条新的道路，主张以变法求自强。这一更高层次、更新水平的民族觉醒使洋务运动黯然失色，它造就了维新志士一时间独领风骚的社会局面。中日甲午战争后的三年是维新变法的三年，为时虽然短促，但其影响则一直延续到20世纪初叶。这一时期的维新变法运动，已经比较明确地与建立资产阶级政权和发展资本主义经济的要求相联系，已经具有了在封建专制制度崩溃时代资产阶级民族觉醒的根本属性。维新派扬弃了洋务派“中学为体，西学为用”的口号，他们毫不讳言要以日本明治维新等外国模式来改造旧中国。变法的筹划和鼓吹触及社会生活的各个领域，强烈的民族忧患意识使维新志士的宣传语言具有感人肺腑的力量，救亡图存与政治革新的结合促成了一次较大规模的思想解放，所有这些都说明中国近代的民族觉醒在中日甲午战争后正走向一个新的历史发展阶段，显示了此一时期的民族觉醒与以往各阶段的民族觉醒具有质的不同，它甚至已经上升到了民族主义的高度。

维新变法运动这一时期的民族觉醒，首先表现在民族觉醒的广度和深度的空前性。而造成当时空前的广度则在于广泛的舆论宣传。那时候，严复在《直报》上连续发表政治文章，介绍社会进化论，警告人们，当今世界处于“种与种争，群与群争，弱者常为强肉，愚者常为智役”的时代，号召人们奋起救亡。康有为等人则大声疾呼：“俄北瞰，英西睒，法南瞵，日东眈，处四强邻之中而为中国，岌岌哉！”“吾中国四万万人，无贵无贱，当今一日在覆屋之下，漏舟之中，薪火之上，如笼中之鸟，釜底之鱼，牢中之囚，为奴隶，为牛马，为犬羊，听人驱使，听人宰割，此四千年中二十朝未有之奇变。加以圣教式微，种族沦亡，奇惨大痛，真有不能言者也。”并沉痛地指出：“今日人人有亡天下之责，人人有救天下之权！”①

就当时民族觉醒的深度而言，则在于以西方民族主义为鉴。当时的维新人士在介绍西方民族觉醒的同时，还大赞特赞西方的民族独立精神。19 世纪末至 20 世纪初，是西方民族主义思想系统地引入中国并广泛传播的时期，梁启超在研究欧洲民族觉醒发展情况之后兴奋地指出：“十八、十九两世纪之交，民族主义飞跃之时代也。”②就西方民族主义的性质而言，他介绍道：“民族主义者，世界最光明正大公平之主义也，不使他族侵我之自由，我亦毋侵他族之自由。其在于本国也，人之独立；其在于世界也，国之独立。”③梁启超还认为，在帝国主义瓜分中国的紧急关头，应当“速养我所固有之民族主义以抵制之”。“故今日欲救中国，无他术焉，亦先建设一民族主义之国家”。④ 从社会进化的观点出发，维新人士强调，在民族激烈斗争的剧场中，要么成为独立之国，独立

---

① 汤志钧编：《康有为政论集》上册，中华书局 1981 年版，第 237 页。
② 梁启超：《国家思想变迁异同论》，《饮冰室合集·文集(之六)》，中华书局 1999 年版，第 20 页。
③ 同上。
④ 梁启超：《论民族竞争之大势》，《饮冰室合集·文集(之十)》，中华书局 1999 年版，第 35 页。

之民；要么成为奴隶之国，奴隶之民。两者之间，别无选择。在他们看来，独立“为天下间至贵、至重、至宝，而不可少缺之要物。得之则生，失之则死；得之则存，失之则亡；得之方可顶立于天地，失之则不得齿算于宇宙”。所以，国家和民族的存亡决定于国民独立精神，捍卫国家和民族的独立是每一位国民义不容辞的责任。

此时期的民族觉醒除有了空前的广度和深度外，还在于在民族理论的创新方面有重要贡献。这主要表现为当时他们提出了“满汉不分，一致对外”和“种族革命”两种新的中华民族主体理论。“满汉不分，一致对外”的命题的提出是基于“分则弱，合则强”的认识，一些维新人士认为，“满汉分治”，犹如鹬蚌相持，渔人得利，莫如平满汉之界，一致对外。因为救国存亡的问题是压倒一切的大问题，国内的民族矛盾应当服从于挽救祖国危亡的大局。并由此提出了“君民合治，满汉不分”的民族主义变法纲领。建议满洲贵族通过“散籍贯”、“通婚姻”、“并官缺”、“广生计”等具体措施，“平满汉之界”，“行同民之实”，使中国成为一个新的民族国家。而“种族革命”命题则是受到以孙中山为代表的革命派的影响而提出的。1894 年孙中山上书受挫后，开始视清政府如同“外国”政权①，广泛联络爱国志士，走上了组织团体，武装推翻满清政府的斗争道路。他于同年组织了檀香山兴中会，以“驱除鞑虏，恢复中国”为宗旨。在这个时期，不独孙中山持有民族独立的观点，维新变法阵营中，也有不少激烈反满的革命要求，例如梁启超在湖南时务学堂，一面在课堂上教学，以种族意识启迪学生，一面与人秘密刊刻明季稗史的反满资料，鼓吹“自立易种”和“种族革命”。

虽然维新运动时期的民族觉醒在广度和深度上达到了前所未有的程度，但随着运动的失败，也使这一运动中兴起的民族主义运动成为暗流。当时提出的保国、保种、保教的民族主义主张具有激发全民族的民族意识，凝聚全民族力量的作用，但因这一民族主义的民族独立和民族平等主张与专制特权的最高统治者的利益发生了冲突，最终导致掌握实权的部分统治者通过政变的方式终止了

---

① 参阅广东省社会科学院历史研究室、中国社会科学院近代史研究所中华民国史研究室、中山大学历史系孙中山研究室合编：《孙中山全集》第一卷，中华书局 1981 年版，第 88 页。

维新变法运动，从而使中国的民族觉醒运动发生了大倒退，甚至义和团的“民族觉醒”被朝廷利用。义和团运动后，中国的民族危机更加严重，清政府成了“洋人的朝廷”，对外实行“量中华之物力，结与国之欢心”的卖国政策，对内实行极端腐朽的专制统治。这就迫使人们得出一个结论：要救国救民，就必须打倒清王朝。于是就催生出了20世纪初到辛亥革命时期的民族觉醒新阶段。

此一时期的民族觉醒内容以推翻清朝腐朽统治为宗旨。一时间，“驱除鞑虏，恢复中国”和“排满”成为时代的最强音。这一民族运动迅速兴起，并以不可遏制的势头向前发展，成为当时社会占主导地位的政治伦理思潮，并最终促使辛亥革命爆发，导致了统治中国260余年的清王朝的垮台和中华民国的建立。这一时期的民族觉醒，冷静地研究了西方的历史和现状，探索了流行西方世界的各种政治文化思潮，不仅看到了西方文明的先进性，而且也多少看到了一些这种文明背后的阴暗面。因此克服了过去长期存在的一些偏激观点，摒弃了笼统排外的狂热情绪，并同“夷夏之辨”彻底划清了界线，把斗争目标归结为建立民族独立的资产阶级民主共和国，彻底抛弃了一个民族压迫其他民族的民族特权，从而使中国19世纪末至20世纪初以后兴起的民族觉醒经历了从“驱除鞑虏，恢复中国”开始，以“中华民族的自救解放”和“中国境内各民族一律平等”及“联合世界上以平等待我之民族共同奋斗”为终结的新旧两个不同的发展阶段，使这一时期的民族觉醒更具有了以民族平等为导向的政治伦理特色，也因此使这一时期的民族觉醒达到了中国近代民族觉醒历史演进的最高发展阶段。

需要说明的是，中国近代史上的民族觉醒虽然存在着不同的阶段，各阶段虽然存在着不同的觉醒主体和觉醒内容，但毫无疑问，这些不同的阶段之间也存在着一些共同的规律。这些规律主要有：

第一，爱国主义始终是各时期各阶段民族觉醒的动力。自从鸦片战争爆发以后，以救亡图存为标志的爱国主义，是推动中国近代民族觉醒不断向前发展的强大动力。爱国主义是中国近代民族觉醒的重要内容和鲜明主题，它始终贯穿于中国近代民族觉醒历史演进的全部过程。无论是虎门销烟的林则徐，还是中国民族民主革命的伟大先行者孙中山，爱国主义是他们抵御外来侵略，保卫中华民族而不惜流血牺牲的巨大精神力量。当然,爱国主义也是一个历史演进中的范畴,它既有贯穿整个历史时期的共性,又有各个时代的个性。如果以不同民族觉醒阶段的爱国者是否赞同和反对专制特权为标准,大体上可以看出,以林则徐为代表的地主阶级的爱国内容之中存在着忠君的内容,而忠君本质上就包含着对专制特权的赞同;同样,太平天国运动中出现的民族觉醒也存在着忠于洪天王的内容,而这与林则徐等人的忠君爱国并无本质区别。再如洋务运动中的民族觉醒,其中含有对当时的等级特权制肯定的内容,而义和团运动虽然也可以被界定在反帝爱国之列,但这一运动中出现的"扶清灭洋"口号,亦包含着对满族特权的肯定。但维新运动时期和辛亥革命时期的民族觉醒却不存在对专制特权的肯定,相反,此两时期的民族觉醒在内容上就是要推翻特权制度。这些情况的存在说明不同的历史时代,决定着爱国主义的不同内涵,也因此使不同时期的民族觉醒发生着范式转换。中国近代民族觉醒在范式转换的历史演进过程中,继承了中华民族的爱国主义优良传统,同时又对其内涵革故鼎新加工改造,不断给它赋予新的历史内容,使它日益完善和成熟,成为近代中国人民的道德生活的准则和道德文化心理,成为赶走帝国主义侵略势力,推翻封建专制统治的一种伟大的凝聚力和向心力。

第二,虽然民族觉醒运动存在着阶段性,但可以肯定的是,知识分子在各阶段的民族觉醒中起着先知先觉的导师作用。自鸦片战争以来,以林则徐为代表的中国优秀知识分子在阵发性的民族危机面前,为了寻找战胜危机的良方,总是上下求索,潜心仿习西方,努力探求救国救民的真理,使中国近代民族觉醒的内容不断得到升华,从而成为整个中华民族在民族觉醒方面的先知先觉者。严重的民族危机刺激着传统的知识分子,使他们在传统文化中形成的民族意识、忧患意识、探索精神和参政意识急剧升华,在新的历史条件下成为民族觉醒的先知和导师。受西方文化影响的中国知识分子,他们既是西方文明的宣传者,又是中国近代民族觉醒思想的传播者,甚至是这种思想的转运者。这决定了他们在民族觉醒运动中的先进性。那时候,先进的知识分子则主要是从时局的感受中,即从民族危机和社会政治危机中受到震动,从而自觉地接受新知,首先实现自身的先知先觉。例如魏源作为洋务运动的导师,他的思想甚至领先这个时代20年;又如林则徐早就预知沙俄将成为中国之大患,建议同胞加强海防和塞防；再如容闳的教育救国思想对于当时的民族危机而言都具有先知先觉的特征。需要说明的是，说当时的知识分子是民族觉醒的先知先觉者，并不意味着非知识分子在民族觉醒运动中没有这方面的作用。早在鸦片战争前，一些沿海居民出于谋生的需要，就与西方人打交道，就本能地表现出了向西方学习的能力和行为，但由于他们缺乏知识话语权，虽然他们早就开始了“师夷长技”，却未能起到唤醒民众的作用。话语权的缺乏使他们的影响力相对小，他们虽然也可能是先知先觉者，但却没有起到民众导师的作用。这一点是需要澄清的。

三、近代国内民族道德关系的重建面相

鸦片战争之前，统治中国大地的是代替明朝、入主中原的清朝统治者，清朝统治者所建立的中国域内民族之间的关系是不平等的关系，其中高居于统治上层的是被称为“满族”中的旗人①，其次有被称为“蒙古族”中的部分旗人和被称为“汉族”中的部分旗人参与分享上层统治权，而其他包括人数最多的被称为“汉族”的绝大多数民族中的人则沦为被统治者。相对于被统治者而言，旗人，尤其是满人中的旗人享有诸多特权。这主要表现在满族旗人与非满族旗人诸多权利与义务的不同：一是兵饷不同。八旗兵丁俸饷高于绿旗汉兵，满族八旗兵有军功者，予以功牌，“兵部计其叙功，与之世职”。而汉军绿营兵则大为逊色，“核计功加二十四次，始叙一云骑尉，较之八旗功牌，殊为屈抑”。二是分居。内城由满族八旗驻守，汉人迁到外城，形成居住歧视的局面。三是诉讼机关不同。满族旗人不归一般司法机关管辖，要由步军统领衙门和内务府慎刑司负责审理。四是不同刑。满族旗民可以枷号代刑，“凡旗人犯罪，笞、杖各照数鞭责，军、流、徒免发遣，分别枷号”。五是收监不同。满族旗人犯罪不下普通监狱，而下内务府监所，或圈入满族八旗高墙之内，宗室贵族入“宗人府空房”。即是被编入统治者体制之中的旗人与非旗人亦有不同的权利与义务：如当时的官缺制度就规定，不同官缺只能由本族人出任或补授。满官缺多于汉官缺，且都是要

① 为了征服和统治中国，清代统治者主要靠的是旗人组织。当时不但存在着满族八旗，而且还存在着蒙古八旗和汉军八旗。此处所说的旗人包括上述三种八旗中的“旗人”。

害部门的重要职位，汉缺都是次要职位，严禁汉人补满缺，且满人可以补汉缺。地方政权也是如此。①

如此不平等的国内民族之间的关系，必然会引起非旗人特别是非满族旗人的反抗活动，这决定了反抗满族旗人的统治当然成为国内民族道德生活的重要面相。就近代民族道德生活此方面的内容而言，鸦片战争以后，大规模地反抗满族旗人统治和满族旗人特权的运动主要有太平天国的“反清”运动。当然，并非所有的反满族旗人运动都具有近代民族道德生活的正面意义，比如鸦片战争前存在的反清复明活动，从道德生活的角度看，并不具有近代的意义。因为参与反清复明的人所要建立的王朝是类似明朝的王朝，而这样的王朝本质上与清朝的统治模式无本质区别，只不过其目的在于建立以汉族为统治者的不平等统治，它充其量具有“忠”的道德意义。而近代的民族道德生活，就其建设性而言，其目的在于建立中国域内各民族相互平等、相互团结和相互融合的道德关系和社会制度，从这个意义上看，近代历史上虽然不乏反清的义举，但从近代道德生活的目的看，只有其中那些怀着使中国域内各民族平等团结、融合自强的反清运动才具有道德生活的意义。而太平天国运动中出现的反清面相，就其中文献所反映的运动目的看，符合或接近近代民族道德生活追求的这一目的，故太平天国运动理所当然成为近代这一民族道德生活面相的重要环节。

早在金田起义前，洪秀全就在《原道醒世训》中抨击了当时“一出于私”、“世风日下”的特权社会，提出要建立一个“公平正直之世”——“大同世界”，来代替那个“陵夺斗杀之世”。在《原道觉世训》中，他则更进一步强调上帝与妖魔的对立，提出“天下凡间我们兄弟姊妹当共击灭”“阎罗及其妖徒鬼卒”的反清主张。

定都天京后，太平天国这一具有近代民族道德生活意义的反清思想主要体现于《天朝田亩制度》等文献之中。这一文献规定“天下人人不受私，物物归上主”，“凡分田照人口，不分男女。算其家口多寡，人多则分多，人寡则分寡，杂以

① 总督一级多由满人担任，知府、知州、知县则多由汉人担任。而边疆大吏如驻防将军、副都统、参赞大臣、办事大臣，则由满人专任。就全国官员总数而言，汉人多于满人，但京城内外文武要缺，则满人多于汉人，保证了人数较少的满人集中控制中央和地方的要职。据《清朝文献通考》记载，乾隆五十年(1785 年)中央机关官缺计：满缺 2 751 缺，八旗蒙古缺 253 缺，八旗汉军缺 142 缺，汉缺 558 缺。至清末，清朝的统治日益衰微，掌握大权的汉官人数才不断增多。参阅《试论清朝对汉族的政策》，孙淑秋：《中央民族大学中国民族理论与民族政策研究院》，《满族研究》2011 年 1 期。

九等”。①

对于受田年龄，规定“男妇每一人自十六岁以上受田多于十五岁以下一半”。《天朝田亩制度》还规定：“凡当收成时，两司马督伍长，除足其二十五家每人所食可接新谷外，余则归国库。”“凡麦、豆、苎、麻、布、帛、鸡、犬各物及银钱亦然”。至于人民“所有婚娶弥月喜事，俱用国库；但有限式，不得多用一钱”。这显示农民分到的田，只是使用权，而所有权则归天王的国家所有。从这一农业社会主义的乌托邦思想看，太平天国的运动目标具有使中国各民族平等互助的面相。与当时清朝统治者的特权和社会的不平等相比，太平天国“奉天讨胡”的暴力运动理应成为近代民族道德生活的重要组成部分。

从太平天国与当时的洋人列强的关系看，亦具有民族道德生活的意义。这种意义主要表现在太平天国提出了与域外民族平等的理念，并且在一定程度也贯彻落实了这样的理念。早在金田起义前，洪秀全就曾说：“如果上帝助吾恢复祖国，我当教各国各自保管其自有之产业，而不得侵害别人所有；我们将彼此有交谊，互通真理及知识，而各以礼相待。”②这是主张国与国、民族与民族之间应当平等友好交往，不得侵害别人所有，干涉他国内政。这一思想和主张不但具有一定的反对外国侵略意义，而且也具有使中华民族与域外民族平等地立于世界民族之林的意义。当1853年至1854年英、法、美第一批公使访问天京时，北王韦昌辉根据上述平等友好交往的原则，在回答英国公使文翰时说：“吾等不特彼此相安无事，而且可以成为亲密的朋友。”③虽然洪秀全尚有自诩为“天下万国真主”的天下主义思想，也不能掩盖他对外平等友好的开放立场。这一点，甚至连法国公使布尔布隆也承认：“广西革命军人对外国态度是友好的。”太平天国这种独立、平等、友好的对外交往原则与当时清朝闭关锁国政策，形成显明的对照。也因此具有重塑民族道德共同体和重建内外民族关系的民族道德生活意义。

太平天国的理想是丰满的，但他们的实践却是骨瘦如柴的。事实上，定

---

① 所谓杂以九等，就是按田亩产量，把土地分为上上、下下九等。“如一家六人，分三人好田，分三人丑田（坏田），好丑各一半”。

② （瑞典）韩山文：《太平天国起义记》，《中国近代史资料丛刊·太平天国》（六），第854页。

③ 同上。

都天京后，太平天国的上层迅速腐败并且内讧，这意味着他们建立的天国在本质上是一个比旗人的体制更具有特权的不平等体制。这是一场南辕北辙的运动，他们的覆灭虽然不可避免，但它在中国近代史上产生的民族道德生活效应却是不灭的。首先，他们提出的独立平等理念为后来的革命党所继承，他们在工商业方面的理念和实践为洋务或自强运动所借鉴和移植，而这两点恰是近代民族道德生活的重要面相。其次，他们掀起的反清运动有效地动摇了清朝的统治，提升了在镇压太平天国运动中崛起的汉族实力集团在统治者中的地位，降低了旗人的统治色彩。正如范文澜所说："曾国藩为首的湘军，挽救了满清，同时客观上也削弱了满清，满汉统治者之间，势力起着显著的变化，逐渐向汉族军阀转移。"再加上曾国藩、左宗棠、李鸿章等搞洋务运动，"其结果倒不是加强反革命，而是成为有利于新的革命火焰爆发的因素之一"①。最后，太平天国运动为后来一系列的反清运动提供了经验教训和历史动力，为后来中华民国的建立减少了来自旗人的阻力。诚如容闳所言："太平军一役，其可称之为良好结果者，即天假此役，以破中国顽固之积习，使全国人民皆由梦中警觉，而有新国家之思想，观此后1894、1895、1898、1900、1901、1904、1905年种种事实之发生，足以证予言之不谬也。"②容闳的这一看法得到史料的证明。如在戊戌维新期间，康有为等借金田起义的事例促使光绪皇帝变法，而他著的《大同书》，则与太平天国"大同"思想暗合，孙中山先生的师友何启亦产生过类似的思想，而义和团的领导人张德成、曹福田则以洪秀全和杨秀清自比。孙中山更是把洪秀全称为"反清第一英雄"，而他自称为"洪秀全第二"。李大钊认为孙中山等革命志士是在吸取太平天国的经验教训的基础上推进辛亥革命的，孙中山先生"承接了太平天国的正统，而淘汰了他们的帝王思想、宗教思想"。③ 他的旧三民主义中，"驱除鞑虏"的民族主义是对洪秀全"奉天讨胡"的继承，民生主义是对《天朝田亩制度》中"贫富均等，不能以富者压迫贫者"的思想发展。至于民权主义，虽然是孙中山顺应时代潮流的创新，但也总结了太平天国"大家想做皇帝"而发生腐败和内讧反面教训的结果。辛亥革命另一领导人黄兴，也是受太

---

① 范文澜：《中国近代史》，人民出版社1962年版，第454页。
② 容闳：《西学东渐记》商务印书馆2011年版，第73页。
③ 《李大钊选集》，人民出版社1959年版，第543页。

平天国影响参加革命的。①

需要说明的是，几乎与太平天国运动同时兴起的捻军起义对于削弱和动摇满清的特权统治亦发挥了重要作用，该起义曾有力地配合了太平天国和北方各地的起义，其经验教训后来亦为辛亥革命所吸取，由此看来，该起义在稍次的程度上亦具有与太平天国运动相似的道德生活意义。同样，响应太平天国起义的云南回民起义亦具有类似的道德生活意义。

与太平天国运动相比，同属社会下层的以农民为主所参与的义和团运动，从民族道德生活的角度看，存在着复杂的价值和意义。

首先，此次运动斗争的矛头主要是针对洋人的，也因此对中外道德关系产生了双重影响。历史事实表明，洋人在不平等条约中获得治外法权的特权后，不但在华传教的神职人员不受清政府管辖，而且一般信洋教的中国信徒也常获教会庇护。再加上地方政府不能主持公道，导致下层民众深切地感受到了洋人的剥削和特权，于是，不约而同地以暴力的方式仇洋排洋。这意味着从此次运动发生的原因上看，它具有废除不平等条约，使中国人民团结对外的民族道德生活意义。从此次运动对洋人产生的效应看，它具有两面性：一是不分青红皂白地仇洋排洋灭洋，导致洋人具有统一战线意义的联军形成，而联军的形成进一步加强了洋人的在华势力，也导致数量庞大的中国人惨遭屠杀。这不但不利于消除洋人的特权，而且反而加强了他们的特权，从而在客观上使向民族平等为趋向的民族道德生活发生了倒退。如事后的《辛丑条约》中就有“赔款白银四亿五千万两；划定使馆区，不准中国人居住；拆毁大沽口炮台；外国可以在北京至山海关之间驻扎军队”等，根据这些条款，洋人获得了更多的特权，大大发展了不平等条约制度体系，将其推进到一个新的阶段，使得这一特权制度更为完备、严密。这进一步加剧了洋人与中国人之间的不平等。当然，这种不平等反过来又会进一步激起中国民众的反抗，此是后话。二是此次运动虽然失败了，但其中的暴力色彩和民气对于洋人具有惊醒作用，使洋人心存对中国土著人的敬畏之心，不敢肆意地瓜分中国。当时八国联军的统帅瓦德西在向德皇威廉二世报告时说：“吾人对中国群众，不能视为已经衰弱或已失德性之人，彼等在实

---

① 参阅方之光：《论洪秀全反清革命思想与实践》，《安徽史学》1998 年第 1 期。

际上，尚含有无限蓬勃生气。”“至于中国所有好战精神，尚未完全丧失，可于此次‘拳民运动’中见之。”因此他得出结论：“无论欧、美、日各国，皆无此脑力与兵力。”“故瓜分一事，实为下策。”义和团运动对洋人的这两方面的影响显示了民族道德生活的客观辩证性。

其次，虽然此运动的矛头主要是指向洋人的，但由于清政府的反复无常以及它最终选择与洋人联手绞杀义和团的事实，从而使民众进一步认清了作为统治者的旗人的本质，也因此具有削弱旗人统治威信的意义。统治者的愚昧、昏庸、腐败与无能，在此次事件中暴露无遗，使不少维新派人士亦转而支持革命，从而加速了国内民族平等的步伐和民族意识的觉醒。

再次，从此时期民族道德生活的建设性层面看，义和团运动不但使民众看清了洋人的本质，也使民众看清了作为统治者的旗人的本质，而这促使民众的民族意识觉醒。这明确地显示在义和团领袖于栋成所发布的一个布告，布告写道：“若辈洋人，借通商与传教以掠夺国人之土地、粮食与衣服，不仅污蔑我们的圣教，尚以鸦片毒害我们，以淫邪污辱我们。自道光以来，夺取我们的土地，骗取我们的金钱；蚕食我们的子女如食物，筑我们的债台如高山；焚烧我们的宫殿，消灭我们的属国；占据上海，蹂躏台湾，强迫开放胶州，而现在又想来瓜分中国。”这里不但认识到了洋人与中国人的不同，而且也控诉了洋人对于中国人的剥削和种种特权，对于中华民族的道德主体认同具有一定作用。再如，维新派人士容闳于义和团运动失败后的次年告诉他的学生刘禺生说：“予默观现时大势及中国将来情形，当竭诚以授汝，汝其阐行吾志乎？汝以义和团为乱民乎？此中国之民气也。民无气则死，民有气则动，动为生气，从此中国可免瓜分之局，纳民气于正轨，此中国少年之责也。（美国）十三州独立，杀英税吏，焚英货船，其举动何殊义和团？”这段话清楚地表明了义和团运动所具有的民族觉醒意义。同样，陈独秀《我们对于义和团两个错误的观念》（1924 年）亦看到了义和团运动所具有的此种意义：“他们不曾统观列强侵略中国，是对全民族的，不是对于少数人的；剧烈的列强侵略，激起了剧烈的义和团反抗，这种反抗也是代表全民族的意识与利益，决不是出于少数人之偶然的举动。”最后他认为：“我读八十年来中国的外交史、商业史，我终于不能否认义和团事件是中国民族革命史上悲壮的序幕。”

在镇压太平天国运动中兴起的以曾国藩、李鸿章、左宗棠为代表的地方实力派为了消除与洋人之间的强弱差距，在清朝中央内部部分官员的支持下，提出了“自强”和“求富”的口号并很快付诸实践，从1861年曾国藩创办的安庆军械所开始到甲午战败，整个洋务运动历时长达35年。虽然这个运动的结果与其当初提出的目标相比，是失败了，但从民族道德生活的角度看，这一运动亦是近代民族道德生活的重要环节。第一，这一运动暗含着在技术上赶超洋人的民族诉求，这一民族诉求具有消除作为列强的洋人强加于中国之上的不平等条约体系的趋向，这正是近代民族道德生活的核心诉求之一。第二，洋务运动塑造了代表中国先进生产力的民族资产阶级，也在一定的程度上参与塑造了代表中国先进生产力的无产阶级，而这两个阶级都先后成为塑造新型民族道德共同体的领导阶级，这正是洋务运动所具有的民族道德生活意义之根本所在。第三，洋务运动中于1861年设立的“总理各国事务衙门”，具有超越传统的华夷格局的体制意义，也因此具有与作为列强的洋人平等外交的意义。第四，兴办新式学堂，派遣留学生，培养洋务人才，具有培养新型民族精英的意义。第五，此一时段，民间自办了约20种近代报刊。除福州、厦门各地外，其余主要在上海、香港、广州和汉口。[1] 其中主要的和闻名的报刊有《申报》、《万国公报》、《西国近事汇编》以及王韬主持的《循环日报》等。这些报刊对于开拓中华民族的视野、沟通中外文化和培养民族精神发挥了建设性作用。

在洋务运动后期，于1883年发生了中法战争，1885年以中方险胜结束，从而显示了洋务运动在对付洋人方面的初步成就；但1894年与日本的战争结果却从根本上断送了洋务运动的成果，当1895年4月，《马关条约》签订的消息传到了北京，犹如晴天霹雳，朝野震惊。率先清醒的中国精英人士在康有为、梁启超组织下，联合1 300多人签名上书，要求拒和、迁都、变法图强，从而拉开了维新运动的序幕。维新运动虽然从一般的定性上看，认为它是中国民族资产阶级领导的一场资产阶级改良运动，但从民族道德关系和民族道德生活方面看，它也是追求国内民族平等，追求中国人与洋人之间的国际民族平等，促进中国域内民族团结进步以形成新的民族道德共同体的运动。这一道德生活运动表现

① 参阅胡蕾、王兴华：《洋务运动对中国报刊的影响》，《时代报告》2011年10月下期。

在如下诸方面：

第一，从维新运动的组织准备看，在公车上书失败后，维新派进行了积极的宣传和组织活动。他们著书立说，介绍外国变法经验教训，在各地创办了许多报刊、学会、学堂，为变法制造舆论，培养人才。维新变法运动逐渐在全国兴起。就当时的报刊看，以上海的《时务报》和天津的《国闻报》居于舆论界的领导地位。这些活动起到了启发民智、制造舆论的作用，从而无形中使一般民众获得了国家大事和世界大事的知情权，而从前这些权利是被官方垄断并且作为官方的特权而存在的。而维新运动中所产生的议论时政、集会结社，从道德权利方面看，具有削弱旗人话语特权的意义，从而也使维新运动中的这一面相具有重塑国内民族道德关系的意义。

第二，从维新运动所宣传的意识形态看，主要是在古今中外的变法图强的经验教训的基础上，引入达尔文的进化论并使之成为倡导变法合理性的根据。古今中外变法图强的经验教训和达尔文主义“物竞天择，适者生存”的思想，促进了光绪皇帝下了变法维新的决心，意味着他和维新派人士一起放弃或超越了传统的以祖宗崇拜和“华夏中心”论为主要内容的意识形态。这种放弃或超越传统意识形态的行为，具有重要的民族道德生活意义。因为传统的祖宗崇拜本质上是将祖先、祖制神圣化，从而使任何改革都可以被扣上“数典忘祖”、“不肖子孙”、“大逆不道”的帽子。“华夏中心”论则从根本上否定了民族之间的平等，它认为不平等才是天经地义的。而这种不平等在华夷之间的展开就是认为，中国是“天朝上国”，只有中国文化最优秀，其他民族、国家、文化都是“狄”、“夷”、“蛮”、“番”，并以距离中国的远近为标准，把“化外”的“狄夷”或“蛮夷”划分为“生番”和“熟番”。这种划分本质上是一种国家或民族文化上的差序格局，它不可避免地对其他文化表现出强烈的排斥和歧视。而对这种传统意识形态的放弃或超越本身，就具有塑造新型的民族或国家关系的意义，从而也因此使维新运动成为近代民族道德生活的有机构成部分。

第三，从维新运动所选择的洋人变法参考看，一是把法国革命看作反面教材，而把日本明治维新和俄国彼得大帝的变法看作正面的教材。法国革命导致反复而长期的国内战争，代价极高，“臣读各国史，至法国革命之际，君民争祸之剧，未尝不掩卷而流涕也。流血遍全国，巴黎百日而伏尸百二十九万，变革三次，君主再复，而绵祸八十年。”而被记载于《日本明治变政考》和《俄罗斯大彼得变政记》中的日本与俄罗斯变法则效果好而成本低，倡导向俄罗斯、日本这样的洋人学习。当时康有为、梁启超特别强调向日本学习。在梁启超所写的《变法通议》一文中，他对日本明治维新赞赏有加：日本在明治维新以前曾“受俄、德、美大创，国几不国，自明治维新，改弦更张，不三十年而夺我琉球、割我台湾也”。在中国被日本打败、举国同仇敌忾之时，维新派人士并没有被自己的热血沸腾所冲昏头脑，他们没有停留在对敌人的谴责、痛斥阶段，没有否定侵略者包括体制在内的种种优长之处，而是冷静地提醒人们看到敌人的长处，提出要向敌人学习。这种主张向强敌学习的疾呼，对长期以天朝自居的中国人而言，无疑具有重要的民族道德生活意义。因为向作为敌人的洋人学习，意味着放弃“天朝”的身段和歧视心态，意味着要平等地与域外民族交往，甚至也意味着由民族的盲目自尊到民族的盲目自卑心态的转变，这种转变，从民族道德生活的角度看，无疑是重要的事变，它具有重塑华夷道德关系的意义。

第四，从维新运动的变法内容看，结合当时的历史文化传统，就会发现其中具有深远的民族道德生活意义。1898 年 6 月 11 日，在康有为、梁启超等维新派人士的推动和筹备下，光绪帝颁布了“明定国是”诏书，变法正式开始。变法的主要内容有：经济上，设立农工商局、路矿总局，提倡开办实业；修筑铁路，开采矿藏；组织商会；改革财政，取消旗人由国家供养特权，令其自谋生计奖励。政治上，允许士民上书言事；改订律例；裁撤冗员；澄清吏治；军事上，裁汰绿营，编练新军；添置船舰；扩建海军。文化上，废八股，兴西学；设立中小学堂；创办京师大学堂；设译书局，翻译外国书籍；允许设立报馆、学会；派留学生；奖励科学著作和发明。这些革新政令，虽然目的在于学习西方文化、科学技术和经营管理制度，发展资本主义，建立君主立宪政体，使国家富强；但从国内与国际两个层面的民族道德生活而言，具有重要的意义。首先，从国内民族关系而言，具有消除或削弱旗人特权，使之与域内各民族平等相处的意义。其次，从与域外民族的关系而言，具有通过强国以及扩大民权的方式以缩小与域外民族，特别是作为列强的洋人之间的不平等关系的意义。这两方面意义的贯彻落实，同时也具有塑造新型内外民族道德主体和道德关系的意义。

1898 年 9 月 21 日，慈禧太后发动了戊戌政变，囚禁了光绪帝，宣布“亲政”，下令搜捕维新派,废除变法法令,逮捕杀害"戊戌六君子"。这一系列活动标志着维新运动的失败。从民族道德生活的角度看,政变的成功和维新运动的失败具有延缓塑造新型的内外民族道德主体和道德关系的作用,同时也具有增加塑造新型的内外民族道德主体和道德关系的成本的作用,这从后来发生的义和团运动与八国联军侵华事件以及再后来的辛亥革命运动等大量的流血事件中可以看出。

《马关条约》签订之后,清政府的虚弱和无能暴露无遗,于是,列强们乘着日本取得在华权益的风势,掀起了瓜分和争夺在华势力范围的狂潮。列强在中国取得合法的势力范围,对于当时日益觉醒并且欲构建新的内外民族道德主体与民族道德关系的中国人而言,是非常不利的,这一形势具有分离和分化中国人的凝聚力的客观作用。从此以后,各帝国主义列强为了便于奴役所在势力范围内的中国人民,他们都在其所获得的势力范围内寻找奴役中国人民的代理人,而一些地方上的实力派强人亦希望获得洋人的支持,于是中国域内的人民便很容易陷于支离破碎的境况,这对于中华民族的重塑是极为不利的。事实上,势力范围的划分虽然在客观上亦削弱了满族旗人的统治,从而有利于构建中国域内各民族之间的平等关系,但就整个中国人而言,由于势力范围内洋人势力与地方强人统治势力的合流,对于整个中华民族的平等团结和共同抵御外侮产生了极大的不便和障碍,如义和团运动中出现的"东南互保"①就具有这样的意义。虽然换个角度看,当时的"东南互保"亦具有避免事态扩大和保护中国最富庶地区安全的意义,但也因此在中国近代史上首次显示了中央与地方尾大不掉格局的形成。它不但使得清廷虚弱表露无遗并且威信扫地,而且使各省亦因八国联军入侵而自觉有自卫的武力需要,并且因此进一步使清廷治下各省及各实力派人物由此开始军阀化。② 至辛亥革命时,十余省宣布独立,虽然有利于推翻清朝政府,但这种中央与地方实力派之间这种尾大不掉格局却没有实质性的变化。

---

① 1900年6月,英、美列强与清朝南方各省督抚达成互保协议。北方义和团运动兴起后,英、美等国家及南方地方实力派深恐波及属其势力范围和辖区的长江流域,便与各国驻沪领事商定保境之法,清室向十一国宣战后,地方实力派称皇室诏令是义和团胁持下的"矫诏、乱命",从而在东南各省违抗支持义和团的命令,同时与各国驻沪领事达成协议,形成《东南保护约款》和《保护上海城厢内外章程》两个文件,规定长江及苏杭内地均归各省督抚保护,上海租界归各国共同保护。史称之为东南互保。

② 典型例子即为淮军发展而来的袁世凯系北洋军阀诸部及原满清广西绿营及巡防营发展而来的旧桂系陆荣廷部。

中华民国成立后，又拉开了民国军阀时代的序幕。这一局面直到国共两党合作，通过北伐战争才有所改善，1928年国民党南京政府成立后才在名义上或一定程度上得以消除，而它最终从根本上得到消除则是中华人民共和国成立后的事了。而在此前中国长期的战乱则在“东南互保”一事上已显露出来。如果从构建统一的多民族的中华民族国家的历史结果看，肇始于“东南互保”的地方势力与洋人势力的勾结，对于中华民族道德共同体的重建，对于中华民族所追求的与域外其他民族平等相处的关系而言，它都具有负面的民族道德生活意义。首先，地方实力派与洋人合流或勾结不但直接对于域内中国土著居民的民族团结起到破坏作用，而且甚至直接起到分裂中华民族的作用。如后来外蒙古地方部分王公贵族与苏俄势力合流脱离中国，清朝的末代皇帝等满清的遗老则与日本军国主义合流建立伪满洲国以及全面抗日战争爆发后各地的汉奸政府等，都具有此种民族道德生活的负面意义。这些地方实力派一方面相互之间时不时地兵戎相见，一方面又与帝国主义列强勾勾搭搭，甚至沦为损害中华民族利益的汉奸或卖国贼，这两方面都祸害着中国人民重塑新型民族道德主体的中华民族的努力。这意味着只有超越地方实力派的全国性的党派才能成为塑造中国新型民族道德主体的力量，而后来国民党和共产党先后都承担了这样的历史角色。与国民党相比，共产党更具有超越地方势力的意义，因为国民党内部还存在着隐性的地方派系，故它不足以真正成为担当历史重任的党，共产党后来居上，真正担当起塑造中国新型民族道德主体的历史重任，从中国人民近代追求域内民族平等和确立与域外民族平等的道德主体关系的民族道德生活看，是具有历史必然性的。

第二节　“驱除鞑虏，恢复中华”与近代民族主义道德

清政府的权威丧失以及地方势力派的坐大及其与洋人势力的勾连都使得以自在方式存在的中华民族面临分离和分裂的危机，为了挽救中华民族的整体

性存在，中华民族必须涌现出自己的英雄儿女以自救，必须形成一种新的民族凝聚力量以对冲分离分裂整个中华民族的力量。时势造英雄的社会辩证法适时地涌现出了中华民族的精英，也同时孕育出了新型的民族凝聚机制。

当时的民族精英主要是已经睁眼看世界并在获得世界眼光后又以世界眼光审视中国的知识志士，以孙中山为代表的创立中国同盟会的民族主义人士就是这样的民族精英。正是这样的精英群体通过他们的民族主义思想影响了海内外的中国人，并使当时越来越多的中国人接受了超越国内行政地域、超越自古以来就存在的家族文化、超越强调尊卑的传统官方价值，甚至超越具有黑社会性质的会党组织并结合中国实际在改造西方民族主义思想基础上所形成的中国特色的民族主义思潮。这种民族主义思潮虽然在维新派人士和革命派人士那里有不同的表现，但建立中国域内平等的民族关系并在此基础上使自在的中华民族与其他民族平等相处的指向却是当时整个民族主义思潮的共有宗旨。

随着清政府对国内控制力的下降，随着列强在中国划分势力范围的加强，随着中华民族危机的加深，一时间，再也没有什么原有的社会力量或社会组织能够承担起整合整个中华民族的历史重任了。旧有的抱有大一统的天下主义的儒家所持有的观念由于包含着不平等的域内外民族关系宗旨自然不能当此大任，而以康有为、梁启超为代表的维新派人士由于选择与抱有民族特权意识的清廷合作也是难以担当这一历史重任的，于是，历史只能选择新的社会力量或社会组织承担起这一历史重任。以孙中山为代表的志在推翻清廷的革命志士及其形成的组织光荣地承担了这一历史使命。

由于孙中山为代表的革命者建立的革命组织的宗旨之中包含着内外民族平等的理念，这使得以孙中山为代表的革命者建立的革命组织及其运动天然地具有民族道德生活的意义。对他们的革命宗旨、革命组织、革命宣传、革命运动的考察就是对当时民族道德生活的再现。

一、“驱除鞑虏，恢复中华”之宗旨及其民族道德意蕴

就当时的革命宗旨而言，虽然随着革命组织的演化而使得革命宗旨在语言表达上有所差异，但直到辛亥革命成功为止，“驱除鞑虏，恢复中华”都是整个革命运动宗旨的重要内容。从后来革命志士成功推翻清政府的历史结果看，当时

“驱除鞑虏、恢复中华”的革命宗旨的提出是近代民族道德生活史上的大事，是中华民族走向内部民族平等和民族团结并最终作为一个民族整体而屹立于世界民族之林的重要环节。“鞑虏”是历史上汉人对中国北方少数民族如蒙古族、满族等的蔑称。虽然早在元末农民战争中就由朱明政权提出了“驱逐胡虏，恢复中华，立纪陈纲，救济斯民”的口号①，但与此相比，近代反清的革命派所提出的“驱除鞑虏、恢复中华”的口号却具有完全不同的民族道德生活意义，这主要在于：朱元璋政权提出这一口号，只是单纯地恢复汉人的集权统治，根本不存在建立平等的域内民族关系的目标，而近代革命派提出这一口号，虽然与朱元璋在用语上具有相同性，但时代却不可同日而语了。孙中山为代表的革命派所处的时代是一个被时人称之为“三千年未有之变局”的剧变时代，此时中国历史已不可逆转地成为世界历史的组成部分，而此时的世界历史已是世界资产阶级所掀起的全球化运动，在这一运动下，任何民族或国家都不可能关起门来依然故我地建立不平等的域内民族关系了。孙中山等革命党人当时掀起的“驱除鞑虏，恢复中华”运动就是对当时的世界历史大势的顺应，用孙中山本人的话来说就是“世界大势，浩浩荡荡，顺之者昌，逆之者亡”，故当时以孙中山为代表的革命派“驱除鞑虏，恢复中华”的目的在于建立域内平等团结的新型民族国家，而当时的清朝政府不但享有统治中国域内其他民族的特权，而且沦为西方列强压迫整个中华民族的工具，这意味着清朝政府实质上不但起着维护中国域内民族不平等关系的作用，而且也起着加深整个中华民族与西方强势民族不能平等相处的作用。这种双重的民族不平等作用使得以孙中山为代表的革命派不得不首先选择推翻清朝统治者，然后在此基础上建立域内外平等的民族关系。事实上，清朝政府直至灭亡都没有能够放弃其作为统治民族的民族特权，也没有终止其作为列强殖民势力侵华工具的作用。这说明清朝政府正是当时在中国建立新型民族道德关系的拦路虎，要使中华民族成为域内平等团结的民族，就必然要兑现“驱除鞑虏，恢复中华”的革命宗旨。从这个意义上看，以孙中山为代表的革命派在1905

① 1368年，明太祖朱元璋为了恢复汉室江山，推翻当时蒙古人的统治，在《喻中原檄》一文中提出了“驱逐胡虏，恢复中华，立纪陈纲，救济斯民”的口号。

年成立同盟会时,以“驱除鞑虏,恢复中华,创立民国,平均地权”十六字为政治纲领,具有近代民族道德生活的建设性意义,其中的“驱除鞑虏,恢复中华”宗旨是近代中华民族道德生活史之枢纽所在。

二、“驱除鞑虏,恢复中华”之组织及其道德生活意义

有了革命的宗旨,就必须建立革命的组织,只有革命的组织与革命的宗旨相结合,才能使革命的宗旨成为一种现实的力量,于是,再现当时奉行“驱除鞑虏,恢复中华”宗旨的革命组织及其发展壮大就成为再现当时民族道德生活的重要构成方面。就当时“驱除鞑虏,恢复中华”的革命组织而言,大体上经历了一个由海外到海内,由少到多,由分散到集中并伴随有团结、吸纳和转化旧有会党和在新军中发展革命组织的工作过程。

从现有史料来看,最早在其革命宗旨中包含有“驱除鞑虏,恢复中华”宗旨的革命组织是以杨衢云①为首的“辅仁文社”②。而影响最为深远的革命组织则是由孙中山创立的兴中会。这一革命组织成立于 1894 年。当年,孙中山亲赴檀香山宣传革命,仅仅几个月,就结识和发展了二十多名华人革命同志。其中邓荫南及孙中山胞兄孙眉两位革命同志甚至倾家襄助革命。这年 11 月 24 日,孙中山与这些革命同志在檀香山创立了兴中会,该会的宗旨是“专为振兴中华、维持国体”③。该组织成立仅仅数月后,就发展到数百人。在海外建立了总部和其他分支机构。1895 年 2 月,孙中山从檀香山来到香港,与杨衢云领导的辅仁文社合并建立兴中会总部,杨衢云任会长,许多港澳同胞、华侨积极响应和支持。随着革命形势的发展,孙中山进一步在日本、越南、比利时、德国、法国、旧金山等地建立了兴中会分支机构。那时候,在海外除了杨衢云、孙中山等积极

---

① 杨衢云是革命先行者之一。他组织了我国近代第一个砥砺志节、研究西学的爱国学术团体。他与一批原辅仁文社成员及联系人加入兴中会,为之募款、集人、购械及策划,为广州起义作了有益的工作。在东南亚、南非,他扩大了兴中会的影响。他参加了横滨侨界对保皇派的斗争。为准备惠州起义,他积极奔走,并发展了像李纪堂这样有地位的成员。参阅李吉奎:《杨衢云与近代中国民主革命》,《中山大学学报》1997 年第 6 期。

② 该社系杨衢云于 1892 年 2 月底与好友广东人谢缵泰等人于香港百子里一号二楼成立,制订对内、对外的文社纲领,是中国第一个资产阶级革命党团。参阅苏通海:《辛亥革命先驱者杨衢云》,《炎黄纵横》2011 年第 6 期。

③ 孙中山:《檀香山兴中会章程》,《孙中山全集》第一卷,中华书局 1981 年版,第 19 页。

建立革命组织之外，还有尢列[①]组织的中和堂[②]。其中在日本的中和堂组织在当时革命派反对改良派的斗争中发挥了重要作用，而在南洋的中和堂组织则为国内的反清起义提供了人力和资金的支持。

受海外革命组织发展和壮大的影响，一些回国的海外留学生或国内知识分子也在国内建立革命组织，这些组织先后有华兴会、兴中会、上海光复会、湖北群治学社、武昌日知会、江苏爱国学社、安徽岳王会、横滨独立协会、云南保滇会、山西大同学社、广西救国会、广东群知学社等。其中影响较大的有华兴会、光复会等。华兴会于1904年2月15日成立于长沙。会长为黄兴，副会长为宋教仁、刘揆一等人。该会宗旨为"驱除鞑虏，复兴中华"；革命方略为"湖南发难，各省响应，直捣幽燕"。为了避免官方的注意，该会以"兴办实业"的"华兴公司"为掩护，入会者均称"入股"，股票即为会员证。会员通讯也都用商号作为化名。为了壮大革命组织，该会成立不久即与会党首领马福益建立同仇会以推进革命运动。

光复会1903年冬由王嘉伟、蒋尊簋、陶成章、魏兰、鲁迅、龚宝铨等人在东京酝酿协商，1904年初又经陶成章、魏兰回上海与蔡元培商议，至同年11月，以龚宝铨组织的军国民教育会暗杀团为基础，在上海正式成立。蔡元培任首任会长，宗旨是"光复汉族，还我山河，以身许国，功成身退"。以暗杀和武装暴动为革命的主要手段。光复会成立后，既联络地方会党，壮大革命组织，如光复会会员徐锡麟1905年初在嵊县、诸暨、义乌、东阳等县奔走联络，结交了不少俊杰之士，并介绍他们参加光复会。而女革命家秋瑾更是通过联络会党而组建了数万人的光复军，为壮大革命组织作出了突出贡献。1905年光复会在加入同盟会后，因章炳麟、陶成章等人与孙中山发生歧见而退出同盟会。1910年2月在日本东京重建的光复会，以章炳麟为会长，陶成章为副会长。在南洋设立执行总部，以李燮和、魏兰、沈钧业为执行员。1912年1月14日，陶成章被授意于陈其

---

① 尢列，生于1865年，卒于1936年，广东顺德北水乡新基坊人。青年时代与孙中山、陈少白、杨鹤龄并称"反清四大寇"。中年时代成为中和堂领导人及同盟会元老。晚年居香港设皇党书院讲学。1936年9月扶病到南京谒祭中山陵。两月后病逝于南京，享年71岁。著有《四书章节易解》、《四书新案》等。

② 1897年尢列就在香港组建中和堂，1900年他至日本，被选为中和堂会长。1901年赴南洋各地，组织中和堂分会，以联络华侨中工人与小商贩。至同盟会成立，中和堂遂归于同盟会。

美的蒋介石派人暗杀后，光复会即消失于无形。

随着革命组织数量的增加，如何协调革命行动就成为必须被提到革命者议事日程上的任务了。1905年，日本在日俄争夺中国东北势力范围的战争中获得胜利的事实确证了日本成为可以与西方列强平起平坐的民族国家，同时，也使日本成为离中国本土最近的强国，这种情况极大地影响了中国投身于民族自救的人士，一时间，更多的中国留学生选择赴日留学，更多的革命流亡者选择旅居日本，这样，在东京就出现了革命精英大集会的场面。东京集中了数量远超欧美的中国留学生和反清流亡者，这使得东京成为壮大和发展革命组织的良好土壤。1905年7月，孙中山适时从法国来到东京，经日本友人宫崎寅藏介绍，与华兴会首领黄兴相识。这二位革命领袖一见如故，达成了联合共同致力于民族民主革命的意向。7月30日，孙中山邀集各省有志革命的留学生和旅日华侨70余人在东京召开同盟会筹备会议，与会者有以黄兴为主要领导的华兴会，以蔡元培为主要领导的光复会和以刘静庵为主要领导的科学补助所等多个革命小团体的革命志士，他们确定联合组织革命新团体，命名为中国同盟会，简称同盟会。孙中山提议同盟会宗旨为“驱除鞑虏，恢复中华，建立民国，平均地权”，获得大会通过，并制定誓约：“当天发誓，驱除鞑虏，恢复中华，创立民国，平均地权，矢信矢忠，有始有卒，如或渝此，任众处罚。”经黄兴提议，公推孙中山为同盟会总理。8月20日，在东京召开同盟会正式成立大会，通过了《中国同盟会总章》，确定“驱除鞑虏，恢复中华，建立民国，平均地权”16字纲领为同盟会宗旨，会议决定将《二十世纪之支那》作为同盟会机关报。这些革命组织措施标志着以凝聚整个中华民族之力并重新塑造新的自为的中华民族的全国性组织和机制的产生。

从近代中华民族从自在走向自为的历史看，中国同盟会的宣告成立，是中华民族道德生活史上具有里程碑意义的大事。从此，中华民族有了全新的民族向心力和民族凝聚力。虽然这一革命组织与以往历史上的革命组织具有革命的共性，但中国同盟会领导的革命却超越了以往所有仅仅具有改朝换代意义的革命，以往的革命最终都指向一家一姓成为天下共主的结果，而中国同盟会领导的革命却是以建立中华民族共和国为宗旨的革命。这一革命组织虽然也存在着种种不成熟的问题，但所要建立的中华民族国家既不同于历朝历代的帝国，也不同于后来国民党建立的党国，还不同于西方资产阶级建立的资本之国，而是要建立中华民族的共和国，这从它所具有的"平均地权"的革命主张中可以看出，这一主张甚至使得中国同盟会具有某种社会主义性质，这是当时中国人既超越自己的传统，又超越西方的创新性成果。

中国同盟会的成立，从中华民族获得新生的历史趋势看，使中华民族从此有了初步的民族凝聚核心，有了公认的领袖孙中山，有了超越以往历史的民族英雄谱系，从前的民族英雄都带有君主奴仆的色彩，而中国同盟会领导下的民族自救运动中涌现的民族英雄则带有民主民权的色彩，这样的民族英雄是全新的民族英雄，是应对"三千年未有之变局"的民族英雄。这些民族英雄为后来国民党和共产党领导全民族抗击日本帝国主义的侵略树立了榜样，成为激励后人投身于民族解放事业的榜样和力量。中国同盟会所具有的上述民族道德生活意义，决定了自身发展壮大的道德合法性，于是，促进这一革命组织成长壮大①的努力亦成为当时民族道德生活的有机构成部分。

在促进革命组织发展方面，孙中山等革命者努力争取和转化海内外的地方会党工作。这一工作虽然无法与后来共产党在抗日战争时在敌后"放手发动群众，壮大革命力量"的策略相比，但在当时亦具有迅速壮大民族民主革命力量的意义，这使得这方面的工作亦具有了民族道德生活的意义。早在 1903 年，孙中山就以个人身份在美国加入当地华人会党组织——洪门(致公堂)并被封为掌握执法权的"洪棍"②。在成为洪门领导之后，他通过修改致公堂总章程的方式实现这一会党组织向革命组织的转化工作，修改后的章程规定美洲各地名称不同的洪门组织一律更名为致公堂，并明确"本堂以驱除鞑虏，恢复中华，创立民国，平均地权为宗旨"，使洪门成为具有民族民主革命色彩的组织。在国内，黄兴、宋教仁等亦积极壮大革命组织，联合哥老会等会党组织，特别是原华兴会后来在湖北新军中发展文学社与共进会等，为武昌起义准备了富有战斗力的革命

① 革命组织的快速壮大，与以孙中山为代表的革命志士的努力是分不开的，在当时的交通条件下，他们满怀革命热情，广泛地在世界各地设立革命组织的分支机构。在中国同盟会成立不久，即在越南的西贡、堤岸、河内、海防等地建立同盟会分会，1906 年又先后在新加坡、吉隆坡、南洋各地建立同盟会分会。同盟会在新加坡的晚晴园成立了东南亚总部并设立了同盟会南洋支部。1908 年又依次在暹罗、仰光、惠灵顿、澳大利亚及美国各地，建立同盟会分会，并在旧金山成立美国同盟会总会。

② "棍"即先锋，故洪门中人皆称孙中山为孙大哥。参阅童然星：《辛亥革命时期孙中山的海外活动与募捐》，《东方博物》第三十六辑。

组织。而原光复会的陶成章、秋瑾等革命志士亦有联络转化地方会党的工作，为武昌起义后江浙一带响应革命并攻占南京等地准备了组织基础。在这方面，孙中山甚至走得更远，如 1911 年 6 月在《少年中国晨报》与《大同日报》上宣示全体同盟会员加入洪门。这一举措显示了孙中山等革命者在组建革命组织方面的灵活性，这种联合一切可以联合的力量以促进革命的方法甚至可以被看作是中国共产党统战的渊源之一。总之，革命志士壮大革命组织的一切努力因为具有创造新的自为的中华民族的凝聚力的核心而使这方面的努力成为近代中华民族道德生活不可或缺的组成部分。

三、宣传“驱除鞑虏，恢复中华”的民族道德生活面相

革命志士在创立和壮大革命组织的同时，还努力对“驱除鞑虏，恢复中华”的革命宗旨进行宣传，这方面的宣传工作不但是壮大革命组织的手段，而且也是使自在的中华民族转化为自为的中华民族的机制，正是革命志士和革命组织在既有的以自在方式存在着的中华民族的成员中宣传“驱除鞑虏，恢复中华”，才使得越来越多的民族成员在接受革命思想后转化为自为的中华民族的构成部分，随着越来越多的民众接受革命思想，自为的中华民族的力量也越来越强大，从这个意义上看，当年以海外华人和留学生、地方会党和新军为重要来源的革命志士和革命组织所从事的革命宣传工作，正像革命组织本身的发展壮大一样，亦是近代民族道德生活的有机构成部分。对当年这些革命组织、革命志士的革命宣传工作的再现亦是构建近代中华民族道德生活的必不可少的方面。

那时候，包括孙中山在内的许多革命先行者往往每到一地，都会抓住机会向所在地的民众以演讲的方式宣传革命，孙中山本人就是以此方式向海外华人宣传革命的模范。革命者除了个人演讲以外，还往往通过报纸、刊物、革命图书等方式宣传革命。如，“陕西同盟分会以《夏声》杂志作为联系各个方面进步力量的枢纽，便在人与人之间、机构与机构之间、地区与地区之间，起了沟通革命思想的作用，从而把许多方面的进步力量结合到一起，推动了革命潮流的不断发展。”①再如，康有为和梁启超在“百日维新”失败后流亡日本之时，在海外华侨

① 尹洁：《浅析同盟会革命活动对陕西辛亥革命的影响》，《西安电子科技大学学报》2000 年第 4 期。

和留学生中组织保皇会，形成与革命派争夺群众的态势，当时的革命派利用设在日本横滨的革命刊物《开智录》和香港的《中国日报》对保皇派设在香港的《清议报》、《商报》、广州的《岭南报》及以后的《新民丛报》等的宣传改良的言论进行批驳。

当时，革命派为了唤醒群众使之不被改良派所迷惑，在报刊宣传上下了大功夫，在革命经费并不宽裕的情况下，将相当数量的经费用于革命宣传，说明当时革命派与改良派之间的舆论斗争事关重大。当时的舆论斗争不但可以说是事关新的自为的中华民族凝聚于何种组织的斗争，而且也关系到近代民族道德生活的走向。如果改良派在当时的舆论中取胜，则当时尚处于自在状态的中华民众可能凝聚于保皇派周围，虽然保皇派亦存在着使中华民族自立于世界民族之林的民族主义宗旨，但保皇派走的是一条与清廷合作的路线。事实证明，清朝政府一直到被推翻前都没有放弃其民族特权，这意味着改良的路线至少在推进中华民族觉醒的策略上有误导之嫌，这意味着当时最为重大的舆论战对于革命派和改良派而言都具有生死存亡的意义。为了巩固革命力量，以孙中山为代表的革命派组织了得力同志分别在香港、檀香山、旧金山、日本、新加坡、缅甸等地创办、改组或支持 13 种中文报刊①。在改组这些报刊的同时，还大量刊印邹容的《革命军》，陈天华的《猛回头》、《警世钟》，章太炎的《驳康有为论革命书》等革命图书。1904 年，孙中山甚至亲自为《檀香山新报》撰写《警告同胞书》、《驳保皇派》两篇文章，严厉驳斥保皇派的保留清朝政府的反革命主张。

在宣传"驱除鞑虏，恢复中华"的革命主张方面，革命志士首先正面树立和宣传"驱除鞑虏"的道德合法性。如 1901 年章太炎在《国民报》上发表的《正仇满论》一文中说："然则满洲弗逐，而欲士之争自濯磨，民之敌忾效死，以期至乎独立不羁之域，此必不可得之数也。浸微浸衰，亦终为欧美之奴隶而已矣。非种不锄，良种不滋，败群不除，善群不殖。自非躬执大彗以扫除其故家污俗，而

① 这些报刊创刊的时间和地点是：1899 年香港的《中国日报》，1901 年日本的《国民报》，1903 年檀香山的《檀香山新报》，1905 年日本的《民报》，1907 年加拿大的《大汉公报》、暹罗的《暹罗新报》和新加坡的《中兴日报》，1908 年缅甸的《光华日报》，1910 年美国的《大同日报》和《少年中国晨报》、加拿大的《新民国报》和马来西亚的《光华日报》，1911 年菲律宾的《公理报》。参阅尚明轩：《孙中山传》，北京出版社 1981 年版，第 94 页。

望禹域之自完也，岂可得乎?”在这段话中，章太炎主张要确立中华民族与世界强势民族之间的平等的民族关系，必须废除落后的清朝政府对整个中华民族的领导。这里不但蕴含着建立平等的域内外民族关系，而且认为要建立这样的关系，就必须通过革命的方式推翻清政府，废除满族贵族的统治特权。正是建立平等的域内外民族关系的道德目标赋予了推翻清廷的道德合法性。同年，《开智录》刊载的《义和团有功于中国说》亦表达了类似的思想，不但正面主张推翻清政府，而且给出了推翻清政府的理由，等于向世人宣示了“革命有理”的正面主张。

其次，在树立了革命有理或“驱除鞑虏”的道德合法性之同时，革命志士们在宣传上还进一步给出了革命的思想武器——民族主义。这种民族主义思想武器可以被看作是“洋为中用”的一种具体形式:“欲达此莫大之目的，必先合莫大之大群;而欲合大群，必有可以统一大群之主义，使临事无涣散之忧，事成有可久之势。吾向欲觅一主义而不得，今则得一最宜吾国人性质之主义焉。无他，即所谓民族主义是也。”①为了增强民族主义思想武器的力量，当时的革命志士还自觉地把当时所倡导的民族主义融入世界民主主义潮流之中:“吾言民族主义，何以必推源于法国大革命? 曰:民族主义与专制政体不相容者也。民族主义之大目的，在统一全族以立国。然兹所谓统一云者，志意的统一，非腕力的统一也;共同的统一，非服从的统一也。……若专制政体，则何有矣!”②对当时“驱除鞑虏”的革命目标的这种看法，实际上已经把当时的革命在看作是民族革命的同时，亦看作是民主革命，即当时所宣传的革命实际上是民族民主二合一的革命。为了澄清这种二合一的民族主义革命的优越性，当时的革命志士还通过对旧的盲目灭外兼盲目扶内的“扶清灭洋”式的民族主义予以分析批判:“彼无意识之排外虽甚剧烈，其发念不过从耳目接近之忿恨点而起，而非从爱国心之点而起。故虽讲尊亲之学深厚如徐桐，尚不知割台湾、租胶岛、借旅顺、广(州)湾为何事，惟使馆市街有侵其府第一寸土者即忿忿不能平。适拳民亦妒教士之势横，两盲同意，二聋联盟，遂决欲铲除东交民巷使馆，及烧毁四牌楼教堂，

① 竞盦:《政体进化论》,《江苏》第3期，1903年6月。
② 《民族主义论》,《浙江潮》第2期。

以为如此外人即可莫予毒。乌呼！此即挟民族主义之国民举动乎？扶清者，仅扶东交民巷及四牌楼；灭洋者，仅灭公使馆及天主堂，如此彼尚知国家国民为何解乎？”[①]这种分析批判不仅入木三分地揭示了一些人爱国的浮浅和虚伪本质，而且惟妙惟肖地显示了“扶清灭洋”的荒唐形象，从而不但使这一分析批判具有了分辨民族主义问题上的是非善恶的功能，而且也使之具有了唤醒民众、转化民众并进而再造新的中华民族的功能。

再次，为了激发占中国人口大多数汉族的革命激情，当时的革命者大都能身为表率，有义有勇、有情有理地以自己特有的才华宣传革命。在通过自创的充满革命激情的文字以激发同胞革命激情方面，邹容、章太炎、陈天华可以称为当时的三杰。自比为“革命军中马前卒”的邹容在其约两万字的《革命军》中，从官制、兵制、田赋、捐税等方面，壮怀激烈地论述和判定了清政府已成为洋人的奴隶，而汉人则是奴隶的奴隶，主张只有革命才能使汉人摆脱奴隶地位：“革命是天演之公理，世界之公理，得之则生，失之则死。”中国要自由、富强、独立，“不可不革命”。而革命的方法则是效法华盛顿，走卢梭自由、民主的道路。革命的目的则是推翻清朝统治，建立“中华共和国”。邹容的《革命军》在当时鼓励同胞革命方面发挥了无与伦比的作用，诚如 5 月 14 日章士钊撰写在《苏报》上发表的书评《介绍〈革命军〉》一文中所言：“卓哉！邹氏之《革命军》也。以国民主义为主干，以仇满为用，驱以犀利之笔，达以浅直之词，虽顽懦之夫，目睹其字，耳闻其语，则罔不面赤耳热，作拔剑砍地、奋身入海之状。呜呼！此诚今日国民教育之第一教科书也！”

与邹容的《革命军》相比，章太炎的《驳康有为论革命书》[②]则是一篇气势磅礴、笔锋犀利的民族民主革命檄文。该文即使现在亦可以成为“思维与论辩”方面的范文，在当时激扬革命文字的语境中，章太炎站在鲜明的民族民主革命立场上，针对性地逐条驳斥了康有为的改良论据。他首先通过列举清政府压迫汉

---

① 《箴国民》，《苏报》1903 年 5 月 8 日。

② 康有为的文章标题为《答南北美洲诸华商论中国只可行立宪不可行革命书》。当时的背景是，维新运动失败后，南北美洲华侨中的保皇会会员认为一向忠心保皇的保皇会员反遭清政府缉捕、杀害，不如“以铁血行之，仿效华盛顿革命自立，或可以保国民”。为了说服这些华人继续保皇，康有为写了这封复信。在这封书信中，康有为主张把慈禧、荣禄等后党顽固派势力与光绪皇帝区别开来，并以庸俗进化论为理论依据，旁征博引地论述了他主张保皇、反对革命的主张。

族的历史事实驳斥了康有为的“满汉平等”论。其次，通过揭露光绪皇帝在清廷权力结构中的处境和获得权力的动机批驳了康有为关于光绪“圣仁英武”的观点。再次，以“人才论”驳斥了康有为关于光绪皇帝享有“天命”的谬论。第四，批驳了康有为所谓立宪可以避免流血之论调，认为“立宪”比“革命”更流血。最后，针对康有为信中所谓“公理未明，旧俗俱在”而不能革命的谬论，以“公理之未明，即以革命明之，旧俗之俱在，即以革命去之”的主张有力还击之。通过这些条理缜密、内容丰富、感染力强的论辩，章太炎这篇雄文不但使革命者立场更坚定，而且也促进了维新派向革命派转变的步伐，也因此提高了中华民族由自在的状态向自为的状态转变的效率。

在民族革命宣传和鼓动方面，另一位留下不朽作品的是湖南留日学生陈天华。在文言文风行的时代，陈天华大胆使用白话文，《猛回头》与《警世钟》以说唱文艺形式出现，是早于后来新文化运动中“文学革命”所主张的白话文文体的一种可贵的移风易俗的举动。他的“作品，通俗易懂，对人有极大感染力。‘各兵士每每读《猛回头》、《警世钟》诸书，即奉为至宝，秘藏不露。思想言论，渐渐改良。有时退伍，散至民间，则用为歌本，遍行歌唱，其效力之大，不可言喻。而文学堂之青年，亦时以偷看《猛回头》为乐。’他的著作成为当时激发广大士兵、学生走向革命的教科书”①。

需要说明的是，当时奋力投身于革命宣传工作的革命者并不限于上述三杰，除了三杰之外，还有朱执信、胡汉民、汪精卫等人，这些早期革命志士也是当时革命宣传的主将和先锋。在宣传方面，值得一提的还有革命家谢缵泰以漫画②为武器进行形象生动地宣传，还有江苏革命家赵声③以演讲和诗歌的形式

---

① 周聿峨：《同盟会成立前后留日学生的革命活动》，《内蒙古大学学报》1982年第2期。

② 谢缵泰这方面的代表作是《时局图》，该画背景是一幅中国地图，画中的野兽分别暗示着当时瓜分中国的帝国主义列强，形象又夸张地描绘出清政府任人宰割、国家民族处于危急存亡关头的现实。画的左上方题诗一首：“沉沉酣睡我中华，那知爱国即爱家。国民知醒今宜醒，莫待土分裂似瓜。”从1898年《时局图》问世到1904年的数年间，各报刊编辑及出版商根据形势的发展对漫画及其画题进行过多次修改，甚至配以各种图说。后来，漫画大师廖冰兄将这类漫画称为“反帝反封，为国为民的漫画”。

③ 赵声，江苏镇江人，能文能武，曾组织南京鼓楼岗附近的北极阁集会，开创了中华大地利用聚会和公开演说形式鼓动革命、抨击时弊、宣传群众的先河。代表作为《保国歌》“莫打鼓来莫打锣，听我唱个保国歌；中国汉人之中国，民族由来最众多……仔细听我保国歌，天和地和人又和，取彼民贼驱异类，光复皇汉笑呵呵！”《保国歌》用人民大众所喜闻乐见的七字唱词形式写成，全文共134句，近千字，语言激昂慷慨，悲壮感人。

宣传革命。这说明当时的革命宣传是一个民族道德生活领域的英雄群体的行为，数年间，不但唤醒了越来越多的民众，而且取得了对于保皇派的压倒性胜利，以至于梁启超后来有如此感慨和概括："数年以来，革命论盛行于国中，……其旗帜益鲜明，其壁垒益森严，其势力益磅礴而郁积，下至贩夫走卒，莫不口谈革命而身行破坏。……革命党指政府为集权，詈立宪为卖国，而人士之怀疑不决者，不敢党于立宪。遂致革命党者，公然为事实上之进行，立宪党者，不过为名义上之鼓吹。气为所摄，而口为所藉。"①

四、"驱除鞑虏，恢复中华"实践中的道德情操与风尚

需要说明的是，当时的革命者的革命道德实践并非与当时确立革命宗旨、成立革命组织、联合革命力量、宣传动员革命民众诸方面可以分开，恰恰相反，革命实践与革命宗旨和革命组织以及革命宣传之间是有机的密不可分的关系，只是为了研究和再现民族道德生活的方便，才将这四个方面分开来谈。从广义的角度说，确立革命宗旨、成立和扩大革命组织以及宣传动员革命力量本身就是革命实践的不同侧面，从狭义的角度看，当时的民族民主革命实践主要表现为以暴力起义的方式推翻清政府，建立中华民国的行动。这些行动如果细分，则有为革命捐资捐财，为革命出力捐躯两个方面。这两个方面的民族道德实践中涌现出了无数可歌可泣的人与事，从而有效地推动着自在的中华民族朝着自为的中华民族前进，这些方面的道德实践中所表现出来的道德情操和道德风尚主要集中在义勇方面。

就义勇的道德情操而言，孙中山与黄兴是这方面的典型。孙中山自从成为民族觉醒的志士之后，虽然挫折不断，但从未放弃"驱除鞑虏，恢复中华"的民族主义理想，面对清廷的通缉、革命经费的匮乏、帝国列强的为难、保皇派的唇枪舌战、革命阵营内部的分离和亲密战友的分歧，在极其艰难充满风险的环境中，他始终不屈不挠，战斗不息，从建立兴中会、同盟会，发动广州、惠州、黄花岗等十次武装起义，到领导辛亥革命、建立中华民国临时政府，始终百折不挠地朝着既定目标奋勇前进，他所领导的民族主义运动，从民族道德生活的方面看，体现

① 梁启超：《论中国现在之党派及将来之政党》，《新民丛报》第92期，1907年5月。

了典型的义勇道德情操。

黄兴在这场民族民主革命运动中是仅次于孙中山的重要领袖，早在1902年赴日留学期间，为反对沙俄拒不从东北撤兵，他同留日学生二百多人组织拒俄义勇队，就显示了义勇的道德风尚和道德情操。1904年发起组织反清革命团体华兴会时，为筹集革命经费，他出卖了在长沙东乡凉塘的祖遗田产三百亩，并很快组织反清起义，再次凸显了他的义勇品德。和孙中山共同发起组织了中国同盟会，他放弃了自己当时拥有的票决优势，直接提议孙中山为同盟会总理。在以后发动并亲自指挥的钦州、防州起义，镇南关起义，钦州、廉州、上思起义，云南河口等起义中，虽屡遭失败，却愈战愈勇，这些都显示了他的义与勇。1911年4月23日，他与赵声在广州发动黄花岗起义，率敢死队百余人，攻入两广总督衙门，右手负伤，断两指，仍然指挥队伍英勇杀敌，直到战至最后只剩他一人，更显示了他的义与勇。武昌起义爆发后，他由上海到达汉口，被任命为革命军战时总司令，率民军在汉阳前线与清军奋战二十余日，又于12月赶往南京指挥战事，一举攻下南京城，为中华民国的创立建立了不朽功勋，但他从不居功自傲，不争权夺利，不争名誉地位，不考虑个人得失。辛亥革命前，在原光复会一些会员发动的数次"倒孙"①风波中，不少人都希望黄兴取代孙中山为同盟会总理，但是他坚决表示"成事不必在我"。所有这些言行都显示了他身上散发着义的道德情操之光。

在义勇的道德风尚和道德情操的散发方面，原光复会的领导和成员徐锡麟、秋瑾等也都可以看作是义勇的典型，而武昌起义的组织者孙武等人亲自试制炸弹，蒋翊武等人果断提前起义的行为都确证了当时革命志士在民族主义实践中存在着义勇的道德风尚。当时革命志士中一些人采取暗杀的方式推进"驱除鞑虏，恢复中华"的实践，虽然此方式存在着争议，但无可否认的是，这是当时革命志士中存在的义勇道德风尚的特殊表现。这方面的典型是吴樾、黄兴、汪精卫等人。仅当时的暗杀团就有黄兴暗杀团、蔡元培暗杀团、吴樾暗杀团、方君瑛暗杀团、刘思复暗杀团、李应生暗杀团，汪精卫暗杀团以

① 1907年，光复会的章太炎、陶成章等人以潮州起义失败为由，要求罢免孙中山的总理职务，另举黄兴担任，黄兴坚决推辞；1909年秋天，陶成章等起草《孙文罪状》，再次对孙中山发难，要求改选同盟会总理。黄兴在给孙中山的信中，表达了"陶等虽悍，弟当以身力拒之"的态度。

及陈独秀暗杀团等。从事暗杀活动的后果对于暗杀者来说是再清楚不过的，也正是因为清楚才更能显出这些人的义勇情操，而暗杀团的存在则意味着义勇风尚的存在。

在义勇道德情操和道德风尚的表现方面，黄花岗起义的革命志士作为一个英雄群体有必要一提：此次起义，好多革命志士都做好了以身殉国的准备。起义前，黄兴特草绝命书，以表决一死战之决心。起义爆发，黄兴组织先锋队，民族志士争相赴难。如当时的革命志士朱执信本来有其他任务，但他却义无反顾地投身到更具有危险的战斗中去了，表现了为革命勇于献身的精神。再如参加此次起义后被俘的华夏杰出志士林觉民，在临行前回家探望了父母和妻子陈意映，知道妻子已经怀孕的情况下，毅然参加起义。

在“驱除鞑虏，恢复中华”的历次革命起义中，广大海外华侨中所散发的义勇道德风尚亦是当时整个中华民族道德生活的不可缺少的部分。“1895 年，为支持广州起义，檀香山华侨邓松盛、孙眉变产助饷，捐助 4 612 美元。1900 年惠州起义费钱 10 万以上，除大约 2.5 万元以外，其余均在海外华侨中募集。1907 年至 1908 年，孙中山连续在粤、桂、滇三省边境发动 6 次武装起义，耗费数十万港元，其中多半是东南亚华侨捐助的，其中以越南华侨资助最多。黄花岗之役的军费，本来计划筹集港元 13 万元，结果筹得港币 187 000 余元，其中美洲华侨捐了 77 000 元，南洋华侨捐了 80 000 余元。”①华侨除了捐资帮助革命外，还亲自参加孙中山、黄兴领导的多次起义，这两方面共同显示了当时革命实践中海外侨胞所涌现的义勇风尚。

正是因为“驱除鞑虏、恢复中华”的民族民主革命实践中存在着义勇的道德情操和道德风尚，才使得当时的民族道德生活在当时自在的中华民族向自为的中华民族转化过程中发挥了不可估量的作用。中华人民共和国成立后以“义勇军进行曲”作为国歌不是偶然的，国歌中对义勇二字的凸显是对当年民族主义实践中涌现的义勇情操和义勇风尚的高度肯定，而今中国人民取得了域内外民族平等的民族关系，中华民族已立于世界民族之林，抚今追昔，后人应永远发扬当年的义勇情操，继承当年的义勇道德风尚。

---

① 童然星：《辛亥革命时期孙中山的海外活动与募捐》，《东方博物》2010 年第 3 期。

第三节 “五族共和”的道德意蕴及其实践

“五族共和”最早见于1912年1月1日，孙中山在南京发布的《中华民国临时大总统宣言书》，其中有“国家之本，在于人民。合汉、满、蒙、回、藏诸地为一国，即合汉、满、蒙、回、藏诸族为一人，是曰民族之统一”。这一思想是清末民初民族主义思想与当时中国的历史现实相结合的产物。从当时的现实看，中国当时还是帝国主义列强扩展殖民地的对象，国外殖民主义者的瓜分阴谋和国内边疆民族地区的分裂危机同时并存，使得当时的中国民族主义者必须面对此阴谋和危机，给出光明正大且理直气壮的对策，而“五族共和”的主张恰恰符合这一时代需要，它对于解决当时单一族群建国还是多族群建国，如何在确保疆域完整和族群团结的基础上确保统治权的和平转移等问题具有积极意义。从这个意义上看，“五族共和”是救亡图存语境下的民族主义救国的道德原则。

一、“五族共和”的理论渊源与背景

早在“五族共和”提出之前，西方“每个民族都是一个国家、一个民族只有一个国家”的单一民族建国思潮就已传入中国，使得孙中山等革命者曾经相信，只有以汉族为民族单位的民族国家构造，才能完成国家稳固、强盛的目标；再加上清朝统治者的腐朽统治使得传统中国的华夷之别观得以重新强化，排满和建立汉族国家，即“驱除鞑虏，恢复中华”，成为当时革命党人最直接的政治诉求。但梁启超等立宪派关于区分政治革命与种族革命，在当时帝国主义侵略和边疆危机之下，应合汉、满、蒙、回、藏组成一大民族，合四万万人之力，以达成救亡图存，避免狭隘的种族革命所产生的自伤元气的主张深深地影响了孙中山等革命派，于是“五族共和”的新民族主义思想在辛亥革命成功后最终取代了革命派早先坚持的“驱除鞑虏，恢复中华”的民族主义主张。

近代中国，用李鸿章的说法是“三千余年一大变局也”，船坚炮利的西方殖民者，使得一向闭关自守的天朝大国割地、赔款，这不仅仅是中国丧权辱国，更使中华民族的自信心发生了危机。中国陷入了制度、社会、文化全方位的自信心危机，这种危机意识，在1895年中日《马关条约》签订后达到了一个顶峰。当时的驻日公使郑孝胥，在两年前还嘲笑日本的明治维新为“外观虽美而国事益坏”，但《马关条约》签订的第二天，就在日记中写下了：“闻之心胆欲腐，举朝皆亡国之臣，天下事岂复可问？惨哉！”①中国人的文化自信心在中日甲午战争后达到了空前的危机。

为了救亡图存，恢复中华民族的自信心，严复适时地于1895年将西方当时流行的达尔文主义介绍到了中国，并向同胞们发出了“亡国灭种”的警告：“谓民物之于世也，樊然并生，同享天地自然之利。……民民物物，各争有以自存。其始也，种与种争，及其成群成国，则群与群争，国与国争。”②同时，针对有人认为“今夫异族为中国患，不自今日始也”，所以亡国灭种是杞人忧天的观点时，严复指出：“今之满、蒙、汉人，皆黄种也。由是言之，则中国者，遂古以还，固一种之所君也。”③严复的这一看法显然与后来的“五族共和”主张之间存在着某种相似关系，前者可以看作是后者的萌芽。

1901年，梁启超在《国家思想变迁异同论》中介绍了“民族主义”和“民族帝国主义”：“今日之欧美，则民族主义与民族帝国主义相嬗之时代也；今日之亚洲，则帝国主义与民族主义相嬗之时代也。”④此后，在1902年的《新民说》中，梁启超又指出：“欧洲之所以发达，世界之所以进步，皆由民族主义所冲激磅礴而成……驯而19世纪之末，乃更进而为民族帝国主义……故今日欲抵挡列强民族帝国主义，以挽浩劫而拯生灵，唯有我行我民族主义之一策。”⑤，这里存在着通过学习西方的民族主义建国理论以制约西方的民族帝国主义，显然与魏源关于“师夷长技以制夷”存在着逻辑上的同构关系。同年的《论民族竞争之大势》中，梁氏历数西方诸贤在民族主义大潮下因势利导、建造“民族的国家”的历史，并从西方诸民族国家

① 《郑孝胥日记》，中华书局1993年版，第482页。
② 《严复集》，中华书局1986年版，第5页。
③ 同上书，第9～10页。
④ 《梁启超全集》，北京出版社1999年版，第458页。
⑤ 同上书，第656～657页。

各自人口剧增，世界资源又有限，所以民族主义必然变异为民族帝国主义（即帝国主义）的世界大势出发，指出在弱肉强食、强权即公理的帝国主义扩张面前，“欲救中国，无他术焉，亦先建设一民族主义之国家而已”。[①] 与梁启超思想相似的还有1902年的《新民丛报》第11期上刊登的雨尘子《论世界经济竞争之大势》中的思想：“近世欧洲意大利之独立，日耳曼之联邦，皆以同一种族，建一国家，民族主义之势力，大振于政治界。吾国之不振，非欧族使之然，自族不建国家之故也。”[②]同样，余一在《民族主义论》中也指出：“今日者，民族主义发达之时代也，而中国首当其冲，故今日而再不以民族主义提倡于吾中国，则吾中国乃真亡矣。”[③]

西方的单一民族建国的民族主义理论并不适合中国国情，因为中国自古以来就是一个多民族国家，而当时清王朝本身又是一个少数民族入主中原的王朝。这样，如果完全仿照西方民族主义理论，必然导致中国自身分崩离析。当时雨尘子在《近世欧人之三大主义》中就提出了这样的质疑：“呜呼，今之执我主权施行法律，以代表我国者，非黄帝之子孙也；奏章诏论，所称为列祖列宗者，讴歌而扬颂之者，非吾民之祖先，与历史无关系也。既非同族，则何从而爱之？既无历史之观念，则何从而起感情，是中国所以终亡也夫！”[④]从西方民族主义的逻辑看，在中国一定会得出汉族应当在排满的基础上建立汉族自己的国家，但过于强调汉族单一建国，又很容易使本就在西方殖民主义者的挑唆离间之下的边疆分裂势力得到口实。于是，到了1903年，西方民族主义引进人梁启超开始力倡“合汉合满合蒙合回合苗合藏组成一大民族”，即于小民族主义之外更提倡大民族主义。[⑤] 这本质上是西方民族主义的中国化理论。在《政治学大家伯伦知理之学说》一文中，梁氏首先介绍了伯伦知理关于国民与民族区别的论断，即民族为民族沿革所生之结果，具有其始也同居一地、其始也同一血统、同其肢体形状、同其语言、同其文字、同其宗教等八大特质，子孙相传，遂为民族；而国民一

---

① 《梁启超全集》，北京出版社1999年版，第887～893页。

② 雨尘子：《论世界经济竞争之大势》，载张枬、王忍之编：《辛亥革命前十年间时论选》第1卷，三联书店1963年版，第205页。

③ 余一：《民族主义论》，载张枬、王忍之编：《辛亥革命前十年间时论选》第1卷，三联书店1963年版，第485页。

④ 雨尘子：《近世欧人之三大主义》，载张枬、王忍之编：《辛亥革命前十年间时论选》第1卷，三联书店1963年版，第348页。

⑤ 参阅梁启超：《饮冰室合集》文集之十三（第2册），中华书局1999年版，第74～76页。

为“人格也，据有有机之国家以为其体”，即国民组成国家并具有国家成员的资格可“发表其意想，制定其权利者也”；二为“法团也，生存于国家中之一法律体也，国家为完全统一永生之共同体”，即国民组合成国家这样一个法律共同体。所以，民族为建国之阶梯，但其未联合以创一国之时，则“终不能为人格、为法团”。接下来，梁氏又援引伯伦知理的国家理论，指出单一民族并非建国之独一无二法门，还包括“化其人民而别造一新民族”、“合并同族诸邦为一大帝国”、“联合国内多数之民族而陶铸之，始成一新民族”等多种情况，且“合多数之民族为一国家，其弊虽多，其利亦不少”。① 可以看出，梁启超正是通过介绍伯伦知理的学说，而成功地将西方的民族主义理论符合中国国情化了。他深刻地指出，当务之急是改革现有政治体制，培养国民的政治能力与政治资格（即新民），革命党人的排满仅仅是建国的手段而不应是建国的目的，其将排满作为建国手段的做法实际上已经是由建国主义沦为复仇主义，在国家内忧外患的危急关头显然属于本末倒置；而且，依照伯伦知理的学说，并非只有单一民族才能完成民族建国大业，即不是只有通过排满才能完成建设现代国家的任务，同时，还要涉及蒙、苗、回、藏等民族。所以，“吾中国言民族者，当于小民族主义之外更提倡大民族主义”，这种大民族主义，实际上就是合汉、满、蒙、回、藏为一体，共同缔造现代民族国家，实际上是中国本土固有的多民族共同建国，这与后来孙中山提出的“五族共和”已经有相同的学理了。

但在清王朝尚未被推翻之前，梁启超的中国化了的西方民族主义理论尚未被革命派所认同。1905 年，同盟会机关报《民报》在其发刊词中，孙中山将其革命纲领明确归纳为民族、民权、民生的三大主义，而其中，民族主义为首，即“今者中国以千年专制之毒而不解，异种残之，外邦逼之，民族主义、民权主义殆不可以须臾缓”。《民报》创刊后，先后就君宪还是共和、排满还是容满等重大政治问题与梁启超等主办的立宪派报纸《新民丛报》展开了激烈的论战，双方争论的焦点在满汉矛盾、种族革命还是政治革命等民族问题上；这些问题的根本点实质上是当时民族道德生活中的道德选择和道德决策问题，而这一道德选择的问题可归结为：到底是建立一个单一的汉族共和国，还是建立汉、满、蒙、回、藏等

① 参阅梁启超：《饮冰室合集》文集之十三（第 2 册），中华书局 1999 年版，第 74～76 页。

多民族平等的新型民主国家。

当时革命派的道德选择和对上述问题的回答是建立一个汉民族的单一制民族国家，这表现在汪精卫在《民报》上连续发表的《民族的国民》一文的主张中。他直指梁启超援引伯伦知理的关于民族与国民概念区分的论断，认为民族国家意为单一民族建国。针对立宪派认为满人200多年来已被汉化，属于同族的观点，汪精卫分别从其所列的习惯、擅长、精神气质、宗教、官制、军制、司法、公民权利等具体要素方面的比较，得出了“三百年满汉之界，昭然分明”的结论，并将立宪派的大民族主义嘲讽为“有类梦呓”，从而提出了革命派的民族道德选择：“吾愿我民族实行民族主义，以一民族为一国民。”最后，汪精卫认定清朝统治本身为“六千年来君权专制之延续”，故欲“颠覆六千年之君权专制政治”，必须通过革命实现共和，而要实现民族平等，就必须排满，而立宪派试图通过立宪实现满汉平等，实现宪政，均系幻想。[①] 继汪精卫之后，革命志士朱执信、陈天华、汪东等都先后发表了类似观点，认为立宪无法得行的最关键原因在于满汉民族差异。

针对革命党人的攻势，梁启超先后发表了《开明专制论》、《申论种族革命与政治革命之得失》、《答某报第四号对本报之驳论》等文，遍引卢梭、孟德斯鸠等西方诸贤学说，强调政治革命与种族革命之区别，认为满、汉两族也很难说是“纯粹的异民族”。梁启超以汪精卫所提出的民族界定六要素为例，主张在语言、习惯、宗教方面满、汉很难绝对界分。而革命党人所强调的满、汉界分实际上只是对顺、康年间的旧事重复而已，而清末时，满、汉种族差别已经消失而成为同一民族了。梁启超的论证旨在反对革命派的排满运动，但太平天国以后清廷削弱汉人权力和清末对义和团的利用以及在立宪运动中组建皇族内阁的事实，使梁氏无视满、汉民族差别的论证处于下风。这说明当时的排满运动之所以成为主流，并不一定是处于理论上的原因，而更是对现实民族道德关系主体的所作所为的道德反应，正是清朝统治者抱着专制特权不放的态度激起了不可逆转的排满浪潮。这不但说明了公道自在人心，而且也显示了民众是有能力作出道德选择的。虽然历史的逻辑在清朝统治者那里表现为“自作孽，不可活”、“多行不义必自毙”，但这并不意味

---

① 参阅精卫(汪兆铭)：《民族的国民》，载张枬、王忍之编：《辛亥革命前十年间时论选》第2卷，三联书店1963年版，第82～113页。

着当时的理论争论没有任何意义，民族道德生活领域的正确的道德选择也是需要以充分的辩论为前提的。事实上，在双方关于民族、宪政等问题的激烈辩论中，也存在着修改、调整的现象。如1906年，在《民报》周年纪念大会上的演说中，孙中山就对“灭满”的极端言论予以修正：“‘民族革命，是要尽灭满洲民族’，这话大错。民族革命的原故是不甘心满洲人灭我们的国家，主我们的政，定要扑灭它的政府，光复我们的民族国家。这样看来，我们并不是恨满洲人，是恨害汉人的满洲人。假如我们实行革命的时候，那满洲人不来阻害，我们决无寻仇之理。”[①]在此，孙中山第一次以革命派领袖的身份对邹容、陈天华、章太炎等人在排满宣传中的过激言辞予以修正，显示了对革命派的论敌观点的吸纳。事实上，这种吸纳还远不止此，从革命派后来放弃汉族单一建国思想的实践看，后来“五族共和”的思想渊源是可以追溯到革命派的重要论敌梁启超那里的。

二、“五族共和”共识的达成

革命派之所以后来放弃汉族单一民族建国的设想，与当时立宪派对当时国际国内形势的澄清分不开。1907年，杨度在其主办的《中国新报》上开始刊登其《金铁主义说》的长文[②]，系统阐述了其君主立宪救国的思想；提出了“五族一家”的五族君主立宪论，充分展示了当时爱国的仁人志士从实际出发的现实民族主义态度。杨度认为：“独是汉人扑满之后，欲本民族主义，独建立国家以自存于世界，斯亦必为势所不能。何也？以今日之中国国家论之，其土地乃合二十一行省，蒙古、回部、西藏而为其土地，其人民乃合汉、满、蒙、回、藏而为其人民。”他进一步分析道，排满之后，“若不进一步排蒙、排回、排藏，则不能达其一以民族成一国家之目的，而全其民族主义，使其如此，则蒙、回、藏固亦主张民族主义之人也，不仅我排彼，彼且排我。于是全体瓦解，外人乘之”。杨度对单一的汉民族建国视域下的国际国内民族形势的精辟分析使革命派深受启发，他们在认识到清末民初多民族国家建构的严峻性之后，汪精卫等人的汉族单一建国论、满

① 《在东京〈民报〉创刊周年庆祝大会的演说》，载广东省社会科学院历史研究室等合编：《孙中山全集》第1卷，中华书局1981年版，第325页。

② 《金铁主义说》全文长约14万字，分“今日中国所处之世界”、“予所持者世界的国家主义”、“世界的国家主义之内容”、“中国现政府之不负责任”、“中国国民之责任心与能力”、“政治革命”、“君主立宪”、“世界将来之中国”八个部分。参阅刘晴波主编：《杨度集》，湖南人民出版社1986年版，第258页。

洲非中国人、明末建州非中国之领土等观点就基本失去市场。杨度在指出单一民族建国所导致的灾难性后果的基础上，进而建设性地认为，“五族分立”为“亡国之政策”，而必须合五族之人民为中国之人民，合五族之土地为中国之土地，即加强中国、中华民族的现代民主国家建构。在杨度看来，领土、人民、统治权为国家之至关重要的要素，中国从王朝到现代民主国家的转型中，这三个要素必须得到保持，即“国民之汉、满、蒙、回、藏五族，但可合五为一，而不可分一为五”，“至于合五为一，则此后中国，亦为至要之政”。在此，杨度已看到了以五族为建国的民族基础也不会是一帆风顺的，在建立以平等为导向的民族国家的视域下，君主立宪与民主立宪两者并无本质区别，关键在于在当时国内外政治局势下，何者更符合中国域内民族的长远利益和共同利益，这才是问题的实质所在。他认为，民主立宪国之国民文化需基本均质化，但“满、蒙、回、藏人之文化，不能骤等于汉人”，这意味着很难实现“五族平等、共同选举”。而且进一步看，这些地区的民众宗族、部族观念强于国民观念，极易产生分裂主义；假如建立单一的汉族民主共和国，在“汉人的兵力不能骤及于蒙、回、藏地区”的情况下，当地民族分裂分子在西方殖民者的挑唆下必然会产生分裂国家的念头。因此，从“欲保全领土，则不可不保全蒙、回、藏；欲保全蒙、回、藏，则不可不保全君主；君主既当保全，则立宪亦可”的连环分析看，虽然这与杨度曾经主张的君主立宪的建国结论相契合，但仅从保障中华民族的整体性和统一性的角度看，也是有其道德合理性的。

在杨度所作的深刻分析之后，立宪派成立的政闻社在《政闻社宣言书》及政闻社主笔蒋智由的《变法后中国立国之大政策论》中更进一步支持了五族建国的理论和设想。他们主张“于立宪之下，合汉、满、蒙诸民族皆有政治之权，建设东方一大民族之国家，以谋竞存于全地球列强之间是也”。这里，已清楚地表达了在建国问题上，中国域内各民族的政治权利是平等的先进主张，坚决反对“一族为主，各族为奴”特权思想。为了实现民族权利平等，他们主张“以政治权分配于数个之民族，使人人皆有国家主权之一分，而视国家为己所有之物，则对于国家亲切之心日增，即对于民族憎怨之情日减”①。可以看出，随着政治局势的

① 蒋智由：《变法后中国立国之大政策论》，载张枏、王忍之编：《辛亥革命前十年间时论选》第2卷，三联书店1963年版，第1066页。

发展，近代中国的仁人志士们在处理民族关系方面越来越具有民族政治伦理道德的原则共识了。

三、“五族共和”的道德意蕴及其实践

前述民族政治伦理道德原则共识的日益达成，为以后孙中山在辛亥革命后提出“五族共和”打下了理论基础和民意基础。孙中山领导的南京临时政府后来所颁布的《中华民国临时约法》，以及其他一些宪政措施中所确立的民族平等、民族团结、维护国家统一和边疆安定的宪政努力，都可以看作是对前人关于五族建国设想的继承和肯定。尽管南京临时政府存续时间极短，政令所达之处也极为有限，但其“五族共和”的治理政策却为后来的中华民国政府所继承。从实践的角度看，当时的“五族共和”国策中不但包含着各民族权利平等的道德原则，而且还存在着国内各民族团结的道德原则，这从辛亥革命后南北和议中所达成的《关于大清皇帝辞位之后优待之条件》、《关于清皇族待遇之条件》、《关于满、蒙、回、藏各族待遇之条件》等文件中可以看出。这些文件不但宣示了民族平等和民族团结的道德原则，而且发挥了中华民族相对于其他民族而享有的独立自主的道德权利。

就“五族共和”国策中所含的民族团结道德原则而言，它清楚地显示于辛亥革命后南北议和所达成的优待清室的文件中。优待条件的推出，在相当大的程度上分化了满洲贵族势力，避免了国家的分裂和整个中华民族的分离。“五族共和”所产生的这一历史功绩从当时的一些历史细节中可以看到：辛亥革命后虽然军权已掌握在身为汉人的袁世凯手中，但满洲贵族并不甘心就此丧失既得利益，在当时御前会议上列席的蒙古王公就曾强烈反对和议，而以铁良为代表的宗社党人也纠集党羽，打算作最后的抵抗。[①] 还有的满洲贵族为了挽救即将覆亡的政权甚至不惜阴谋叛国，如肃亲王善耆就试图和日本浪人川岛浪速联合，劫持宣统皇帝，在东北建立由日本控制的傀儡政权。[②] 而“五族共和”国策下出台的《清室优待条件》的提出与签订，对于满洲贵族最后放弃抵抗，同意结束

---

① 参阅李剑农：《近百年政治史》，复旦大学出版社 2007 年版，第 301～302 页。
② 参阅会田勉：《川岛浪速与“满蒙独立”运动》，载《近代史资料》1982 年第 2 期。

清朝统治起到了至关重要的作用。诚如溥仪所言："胜了固然好，要是败了，连优待条件不是也落不着了吗？"①民族平等和民族团结的道德原则在清帝退位的若干文件中的体现，使得"日本军阀的满、蒙独立计划失去了借口，潜往东北的肃亲王善耆也难以打着清室的旗号进行活动"②，国家避免分裂，日本侵略者的野心也得以破产；而退位诏书中"仍合满、汉、蒙、回、藏五族完全领土为一大中华民国"的宣示，都显示了"五族共和"国策中所体现的民族道德生活中的道德原则的合理性。

袁世凯就任中华民国总统后，继承了孙中山等革命派所倡导的"五族共和"思想，如他在政府机构中废除理藩部就具有贯彻落实民族平等的道德原则。在1912年4月22日颁布的大总统令中，他重申了民族团结和民族平等的道德原则："现在五族共和，凡蒙、藏、回疆各地方，同为我中华民国领土，则蒙、藏、回疆各民族，即同为我中华民国国民，自不能如帝政时代再有藩属名称。此后，蒙、藏、回疆等处，自应通筹规划，以谋内政之统一，而冀民族之大同。"③该大总统令清楚地表明了袁世凯在处理民族问题的态度上，是以继承"五族共和"思想为宗旨。去掉"理藩"名称，不但意味着中央政府对国家要素中领土、人口的郑重宣示，而且意味着共和国时代各民族人民均为民国国民的宪政平等观的体现，其中所强调的"蒙、藏、回疆等处，自应通筹规划，以谋内政之统一，而冀民族之大同"，也表明了中华民国政府对民族地区主权的行使。

中华民国成立后，历届政府都对"五族共和"国策予以坚持，努力贯彻落实其中所包含有的民族平等和民族团结道德原则。这些原则不但体现在当时的法律文件中，而且亦体现在当时国家机构的设置上。

首先，国家法律的文件中有大量的民族团结和民族平等规定。如1913年10月31日通过的《中华民国宪法草案》(天坛宪草)中，第1条"国体"规定"中华民国永远为统一民主国"；第2条中华民国国土依其固有之疆域，国土及其区划，非以法律不得更变之；第3条规定"凡依法律所定属中华民国国籍者，为中华民国人民"；第4条规定"中华民国人民，于法律上无种族、阶级、宗教之别，均

---

① 溥仪：《我的前半生》，群众出版社1996年版，第43页。
② 喻大华：《清室优待条件新论：兼析溥仪潜往东北的原因》，载《民族研究》2009年第3期。
③ 《中国大事记》，载《东方杂志》1911年第8卷第12号。

为平等”。这些规定都显示了民族团结和民族平等的民族道德原则。再如，1914年5月1日公布的《中华民国约法》(袁记约法)中，第1条“中华民国，由中华人民组织之”；第2条“中华民国之主权，本于国民之全体”；第3条“中华民国之领土，依从前帝国所有之疆域”；第4条“中华民国人民，无种族、阶级、宗教之区别，法律上均为平等”，这些规定又再次显示了对“五族共和”国策中蕴涵着的民族平等、民族团结道德原则的贯彻意志。

另外，如果考虑到帝国主义一直存在着分化中国的阴谋，就可以看出当时的一些有关民族团结的规定所具有的时代意义了。如《中华民国约法》附则中第65条“中华民国元年二月十二日所宣布之大清皇帝辞位后优待条件、清皇族待遇条件、满蒙回藏各族待遇条件，永不变更其效力。其与待遇条件有关系之蒙古待遇条件，仍继续保有其效力；非依法律，不得变更之”，并在《蒙古待遇条例》、1913年颁布的《待遇西藏条例》对于蒙古王公世爵、藏族喇嘛阶层特殊地位的保留进行了具体规定。再如《参议院议员选举法》和《众议院议员选举法》中对于蒙古、西藏、青海地区各盟、各部参议员、众议员名额、选举办法的规定，以及对于议员选举资格中价值500元以上不动产资格“于蒙藏青海得就动产计算之”中对于少数民族地区经济、文化、生产方式等方面特殊性的考虑，特别是1913年4月北洋政府颁布的《西藏第一届国会议员选举法》，使得藏族同胞第一次享受到选举国会代表的政治权利，此后北洋政府举行的立宪会议中也均有藏族代表的身影[①]。这些做法，均是试图通过给予少数民族上层分子优厚待遇来确保民族团结道德原则的贯彻落实的特别规定。

其次，国家的机构设置上亦体现了民族团结和民族平等的政治伦理道德原则。如北洋政府成立伊始，曾于内务部中下设蒙藏事务处办理民族事务；不久后即升格为蒙藏事务局，直属于国务总理；1914年《中华民国约法》颁布后，蒙藏事务局升格为蒙藏院，直属大总统。从蒙藏事务处到蒙藏事务局，再到蒙藏院，隶属机关也由内务部到国务总理直至大总统，这种变化足以表明北洋政府不但对民族事务越来越重视，而且也显示了民族团结和民族平等在维护国家统一方面的重要性。这些涉及少数民族机构的设置不但有效地挫败了西方殖民主义

---

① 参阅李鸣：《中国近代民族自治法制研究》，中央民族大学出版社2008年版，第92页。

者时有瓜分中国的野心，而且也打击了边疆分裂分子在其挑唆之下也趁机欲行分裂的阴谋。当时正是英国觊觎着西藏、沙俄蚕食着新疆、日俄争夺着东北的多事之秋，这些涉及民族地区事务的机构的设立加强了中央政府与少数民族同胞的沟通，尤其是加强了中央政府与少数民族上层人士的感情联络，为确保中国民族团结、边疆安全发挥了建设性作用。

再次，以发布政令的方式促进“五族共和”国策下的民族团结和民族平等的政治伦理原则。如，1912 年 8 月 13 日，北洋政府外交部在成立后不久，即指示我国驻各国临时外交代表分别向所驻国政府声明：“中国对满、蒙、藏的主权：满、蒙、藏为中国完全领土，凡有关满、蒙、藏各地之条约，未经民国承认者，不得私订，已订者亦均无效……民国政府对于满、蒙、藏各地，有自由行动之主权，外人不得干预……”①这些声明无不具有维护民族团结、捍卫国家主权的政治伦理意义，也因此而被看作是民族道德生活中的正能量。再如，为了维护民族平等、促进民族团结，袁世凯先后颁布了《劝谕蒙藏令》、《蒙藏主权声明》、《劝谕汉、满、蒙、回、藏联姻令》、《恢复达赖喇嘛号令》等政令，在国力不济和外患严重的情况下显示了发布政令者竭力维护民族平等、促进民族团结的良苦用心。这从 1912 年 3 月 25 日颁布的《劝谕蒙藏令》的一些具体内容中可以看出：“达赖喇嘛、班禅额尔德尼、哲布尊丹巴呼图克图，分驻蒙藏，为黄教尊主，历辈相传，咸深信仰。凡我蒙藏人民，率循旧俗，作西北屏藩，安心内向。近年边疆大吏，措施未善，每多压制，甚且有一任官吏，敲诈剥削，以致恶感丛生，人心涣散，言念及此，不禁慨然。现在政体改革，连共和五大民族，均归平等。本大总统坚心毅力，誓将一切旧日专制弊政，悉行禁革。蒙藏地方，尤应体察舆情，保守治安。兹据驻京扎萨克喇嘛等，公恳组织蒙藏统一政治改良会，核其宗旨，系为宣布五族平等，伸我蒙藏人权起见，应准其先行立会。自兹以往，内外扎萨克蒙古各旗盟暨两藏地方，历来疾苦之事，应俟查明，次第革除。并望各王公呼图克图喇嘛等，于中央大政及各该地方应兴应革事宜，各抒所见，随时报告，用备采择。务使蒙藏人民一切公权私权均与内地平等，以期大同而享幸福，是所至望。”可以看出，此令的主旨在于促进五大民族的平等和团结。而《劝谕汉、满、蒙、回、藏

---

① 《中国大事记》，载《东方杂志》1912 年 8 月 1 日，第 9 卷第 4 号。

联姻令》则更具有促进和加强各族人民之间的交流与融合政治伦理意义。同样,《恢复达赖喇嘛号令》的颁布,不但有利于促进藏族地区的社会安定,而且也直接就是对五族共和国策的贯彻落实,这从袁世凯关于"现在共和成立,五族一家,前达赖喇嘛诚心内向,从前误解自应捐释,应即复封为诚顺赞化西天大善自在佛,以期维持黄教,赞翊民国,同我太平。此令"①的声明中可以看出。这一政令不但彰显了中央政府对西藏主权的行使,而且也是13世达赖喇嘛悦服中央政府管理、赞同五族共和的确证。

最后,需要补充的一点是,为了贯彻落实"五族共和"的国策,促进民族团结和民族平等,捍卫中华民族的整体利益,当时的革命派甚至在国家标志性的符号上也消除了原有的分歧。辛亥革命爆发后,武汉军政府为怀有建立汉族单一的民族国家的革命者所主宰,在国家的标志国旗的选择上,这些革命者选择了象征18省汉族铁血团结的"十八星旗"为中华民国国旗,这无疑是清末革命派中存在着基于狭隘的"民族建国主义"理念的宣示,它视满、蒙、回、藏等少数民族聚居区域为可有可无之地,这客观上为日本黑龙会等国外侵华势力分裂中国提供了可乘之机,也导致国内满、蒙、回、藏各族对革命充满疑惧而产生离心倾向。这意味着"十八星旗"所包含的大汉族主义色彩具有导致中国领土分裂和由此引发大规模民族仇杀的巨大危机和灾难。为了避免这一可能的危机和灾难,以孙中山为代表的革命者以维护国家领土完整和民族团结为重,通过努力使江浙一带象征"五族共和"的"五色旗"取代武汉军政府选择的"十八星旗",使"五色旗"成为中华民国国旗,这标志着"五族共和"代替了狭隘的汉族立场并被确立为国策。这不但使国家转危为安,而且为以后中华民国政府增加民族团结、贯彻民族平等的政治伦理原则打下了基础,从而显示了国旗选择的民族政治伦理意义。

1926年,北洋政府在共产党和国民党联合的打击下最终垮台,而象征中国统一的南京国民政府成立后,在继承"五族共和"国策的同时,还对之有了创造性发挥。那时候,虽然以蒋介石为代表的国民党通过南京政府象征性地统一了全国,但军阀割据的局面并没有大的改观,再加上日本军国主义对东北的侵占,

① 《恢复达赖喇嘛号令》,载《东方杂志》1912年12月1日,第9卷第6号。

使中华民族的生存面临空前挑战，边疆形势也愈加恶化。在这种情况下，维护民族团结，增进民族平等，更具有了紧迫性。于是，当时的官方提出了“中华民族是一个”的“国族”观念，这种民族主义观念上的创新旨在淡化族裔观念，强调国家的统一和不可分裂。沿着族裔观念淡化的思路，甚至出现了中华民族之下没有具体民族、只有宗族的极端观点，这种无视国内多民族的事实，虽然与日本侵华使中华民族处于空前的危机事实相关，但亦存在着大汉族主义的嫌疑。虽然有此嫌疑，但由于国家处于战争之中，由于目的在于强化边疆民族对于中华民国、中华民族的认同，于是，这种观念甚至在抗战期间的立宪建国活动中，将“国内各民族均为中华民族之构成分子”写进了当时的《中华民国宪法草案》之中。如果将这一民族主义新观念与此前的“五族共和”思想加以比较，不难发现，这种观念的创新之处，也不难发现它所指向的民族团结原则得到了空前的强化。在某种程度上，这种民族主义观念上的继承与创新也揭开了当时民族主义的新篇章，因为它强调了对国内多民族朝着一个民族的方向进行塑造的努力。这是一种有潜力从根本上解决民族问题的努力，从这个意义上看，中华民国时期的民族主义方面的理论与实践对于中华民族意识的“自觉”，对于国内各民族对于中华民族的民族认同，对于中国这个多民族国家的现代民族国家的建构，对于国际上对中华民族的认可，对于作为整体的中华民族能够立于世界民族之林，均起到了重要作用。此处如果借用费孝通关于“中华民族作为一个自觉的民族实体，是在近百年来中国和西方列强的对抗中出现的，但作为一个自在的民族实体，则是在几千年的历史过程中形成的”①的著名论断，不难看出，近代之前的中华民族并不是一个不存在的民族，只不过是她处于一种自在的状态，但“五族共和”之后的中华民族，由于民族主义的新觉醒，也由于存在着这种觉醒基础上的新的民族主体的自觉建构，使得中华民族由一个自在的民族在近代转化为一个自为的民族了。自为的民族在建构其民族主体时，自然存在着用以建构新的民族主体的理论指导问题，而“五族共和”的民族主义理论恰恰承担了这一理论和实践重任。而这种理论和实践的重任的承担机制毫无疑问地归

① 费孝通：《中华民族的多元一体格局》，载《费孝通民族研究文集新编》(下)，中央民族大学出版社2006年版，第244～281页。

结于政治上层建筑，即国家机构及其意识形态，具体而言就是中华民国时期的历届政府。这从徐杰舜的概括中可以得到一定程度上的领悟："中华民国在中华民族形成的过程中占据了非常重要的地位，虽然梁启超在1903年就提出了'中华民族'这一概念，但这一概念深入人心确实在民国时期；中国实现了从'天下'观念向'国家'观念的转变，民族国家观念的形成对于中华民族的形成起到了决定性的奠基作用。"①这说明了国家在自觉地塑造和构建新的统一的民族过程中存在着不可或缺的作用。如果考虑到国家背后执政党的作用，则可以进一步发现，现代中华民族主体的自觉构建更是一种政党行为，而政党的背后则是强大的民意基础的支持，这意味着民众才是中华民族自身塑造自身的终极力量，这也是历史唯物主义的当然结论。

其实，国家在对现代中华民族的自觉塑造作用早在梁启超那里就被蕴涵着，他曾指出："今日欲救中国，无他术焉，亦先建设一民族主义之国家而已。"当时的民族主义理论家虽然没有明确提出"中华民族"的说法，但在国家的立宪立法活动以及政令活动中也确实进行着一些整合国内各族成为一个整体国族的努力。鉴于当时的民族主义者已自觉或不自觉地意识到了国家在构建和塑造民族主体中的作用，也就不难理解清末一些革命派主张单一建国、主张排满，因为他们已自觉或不自觉地意识到了清朝统治者所掌握的国家力量也是建立新型民族主体的最大障碍，因此，为了塑造新的民族主体，就必须进行排满革命；而当时的维新派人士则从反面看到了民族主体的认同对于国家的反作用，即如果少数民族不认同作为中国土著民族整体的中华民族，必然会出现国家分裂的危机，为了避免国家分裂，就必须强化对有利于国家统一的民族主体的认同，这也就是为什么当辛亥革命胜利后，革命派很快放弃单一的汉族建立纯汉族国家的打算。其实国家与民族之间存在的这一深层相互作用，早已为当时的革命者所应用于实践之中。如当时黄兴等人发起的"中华民族大同会"，即以化除五族畛域、共谋统一、同护国权为目标；袁世凯授意成立的"五族国民合进会"也提出"满、蒙、回、藏、汉五族国民，固同一血脉，同一枝派，同是父子兄弟之俦，无可疑者"的看法，都具有意识形态的功能，更具有民族道德生活的功能。民国建立

① 徐杰舜：《从多元走向一体：中华民族论》，广西师范大学出版社2008年版，第67页。

后,“万民齐等”,五族国民如骨肉重逢,当“举满、蒙、回、藏、汉五族国民合一炉以冶之,成为一大民族”①等理论,都发挥了塑造新的民族主体的实践作用,这种民族主义理论指导实践的案例甚至被记载于史。例如,当外蒙古分裂分子在帝国主义者挑唆下成立“大蒙古帝国”后,众多爱国王公一致决议反对库伦独立,赞同五族共和,并通电声明:“蒙古疆域与中国腹地唇齿相依,数百年来,汉蒙久为一家。我蒙同系中华民族,自宜一体出力,维持民国。”袁世凯在致书库伦活佛哲布尊丹巴的时候也强调:“外蒙同为中华民族,数百年来,俨如一家。现在时局阽危,边事日棘,万无可分之理。”

国共合作第一次分裂后,共产党在革命根据地和解放区继续推行民族团结和民族平等的民族政治伦理原则,与中华民国的国家行为不同的是,中国共产党人选择了民族区域自治制度作为中国这个多民族国家贯彻落后民族团结和民族平等道德原则的制度安排,但由于国际分裂势力的渗透,这一制度建设亦面临着完善和优化的问题,而“五族共和”的民族主义理论及其实践或许可以为现今完善民族区域治理提出有益借鉴。

① 黄兴涛:《现代“中华民族”观念形成的历史考察:兼论辛亥革命与中华民族认同之关系》,载《浙江社会科学》2002 年第 1 期。

本卷结语

1840年发生的鸦片战争，是“五千年中国第一大变局”，中国社会性质由封建社会转变为半殖民地半封建社会，中国社会和中华民族面临着“亡国灭种”的深重危机。鸦片战争后，世界范围内的资本主义列强均把侵略的魔掌伸向了中国这片富饶而广博的大地，他们发动了一次次侵华战争，掀起了瓜分中国的狂潮。他们强占香港，霸夺广州，火烧圆明园，血洗北京城，大肆掠夺中国的领土，勒索中国的“赔款”，取得在中国的土地上驻兵和开设银行、工厂等特权，控制中国的通商口岸、交通线和海关，并在中国的土地上挂起了“华人与狗不得入内”的牌子。为了救斯民于水火，扶大厦之将倾，中华民族的无数仁人志士抛头颅、洒热血，踏上了救亡图存的漫漫征程，苦苦探索救国救民的道路。救亡图存，自然成了近代中国的时代主题。一部中国近代史，就是中国人民反帝反封建的革命斗争史；一部中华民族近代道德生活史也即是一部在苦难与屈辱中觉醒进而批判旧道德、提倡新道德的精神发展史。从传统道德向现代道德转型，道德革命与革命道德成为这一时期道德生活史的主旋律。

一、中国传统道德生活的近代转型

中华民族近代道德生活的主基调是由传统道德生活向现代道德生活转型，这一转型不是自发形成和自然出现的，而是在西方列强的侵略下中华民族面临亡国灭种的危险状况由外向逼迫而产生的，表现为由精英阶层发动而向民间不断推扩与贯彻的过程，也即是一个由城市而乡村的递进过程。这种转型既是艰难的、痛苦的，也是复杂的、纠结的，与近代中国社会一样充满着各种矛盾与困顿，总的来说，是一个由臣民道德转向公民道德，由宗法道德转向契约道德，由习惯道德转向法制道德,由小群体道德转向社会公共道德的过程。

1. 从臣民道德转向公民道德

中华传统社会生活中,君权至上、臣民隶从是天经地义的根本大德,鸦片战争后,以宪政限君、以议会立民、以共和政体取代君主专制的崭新的政治道德标准或者说社会正义标准逐渐形成,并日益深入人心。中华民族的身份自我意识,开始形成独立的道德人格和权利意识,逐渐从君主制下的臣民转化为宪政共和政体下的公民。中华民族政治上的道德追求,逐渐从对以血缘正统为标识的帝王政治的顺从维护,转化为对以独立、自由、平等、公正为美德政治内涵,承载公民权利和义务的民主政治的追求,和对当局危害公民权益的不正当行径的不服从。

民国时期,尽管由于资产阶级民主革命的失败,民国徒有其形,无论是北洋军阀,还是蒋、宋、孔、陈四大家族,都以民国之名行专制独裁之实,中国人民的公民权利无法得到充分保障,但是,毕竟共和政体的形式已经确立,资产阶级民主革命的经济、政治、法律、文化等成果得到相当程度的保留,新型的现代公民道德观在社会生活中不断地得以践行,并对社会发挥出良好的规范、推动作用。

第一,维护公民权利,履行公民义务,开始成为国人新的道德规范,公民对社会、国家的责任意识大为增强。如人们的参政热情,比清朝时期空前增长,比如民初即使处于弱势地位的妇女参政的事例也比比皆是。对政府当局违反公共利益的不正当行径,国民也开始运用不服从伦理原则,并展开依法抗争。如反对袁世凯与日本签订《二十一条》,学生掀起五四运动,工人阶级举行六三罢工,商人举行声援罢市;又如 20 世纪 40 年代国统区人民反对蒋介石统治的反饥饿、反内战、反压迫的“三反”大游行。

第二,乡村善治、民主自治开始成为农民新的政治道德追求。如河北省定县 1915 年到 1930 年的乡村自治。社会底层维护公民权益的依法斗争意识大增,如省港工人罢工、京汉铁路工人二七大罢工等,这些罢工以改善劳动条件、缩短劳动时间、增加劳动工资为目标。

第三,以武装斗争和暴力革命的形式反抗当局恶政,推翻帝国主义、封建主义、官僚资本主义三座大山的统治,以争取真正的公民权利,摆脱被奴役的地位,构成中国人民前仆后继的义举,如孙中山领导的护国战争、护法运动,中国共产党领导的新民主主义革命。新三民主义及中国共产党最低纲领提出的“扶助农工”构成公民道德观的新发展。

2. 从宗法道德转向契约道德

近现代中国社会仍是一个典型的宗法社会，宗法道德仍然在中华民族社会生活中发挥着很强的影响作用。宗法道德的依据是宗法等级，即血缘自然等次中的等级秩序，表现为家长制下的不平等。然而随着晚清民国时期人们以平等互利为纽带的业缘关系日益取代地缘、血缘关系，日益成为日常生活中人际关系的主要类型，“契约”日益成为中华民族日常生活的重要道德范畴。所谓“契约”，是具有独立地位的个人或实体相互之间自由平等的相互承诺与协约。从宗法道德转向契约道德，是近现代中华民族道德生活的又一个进步。

经济契约关系开始形成，宗族伦理本位开始松解。越来越多的农村人群寻求和建立超血缘、跨地域的经济合作与拓展机制。农村的家族内部，“伦理差序格局”开始解构，成员关系、家庭关系开始出现“独立化”、“平等化”、“契约化”迹象。

中国共产党领导的根据地人民建立新型的契约伦理关系，对宗法理念产生强大的冲击，反封斗争矛头直指族权、父权、夫权、神权。

但是，中国宗法社会并没有根本改变，宗法道德仍然是中国最重要的道德生活方式。在城市，宗法传统仍然保留浓厚的残余，如近现代民族资本企业大多保留着家族管理的特点；包办婚姻、宗族家长制仍在社会生活中相当程度地延续。在农村，宗法崇尚仍是主要的生活理念，如族权、父权、夫权、神权仍是农民头上的四大绳索，表现在社会规范、族规家法依然盛行，表现为家庭关系父权、夫权、族权仍居强支配地位，包办婚姻、买卖婚姻仍相当普遍；表现在财产关系大家族与小家庭依然产权不清，如土地房产转让转租，仍奉行同族优先和宗族认同，经营自主权不完整；表现在族外关系，宗法崇尚仍然盛行，与外宗族发生经济矛盾、民事矛盾常引发宗族性的纠纷与械斗，如广西与福建表现得较典型。

3. 从习惯道德转向法制道德

近现代以来，我国全面引进西方法律制度，并结合国情，初步建立起近现代化的国家法律和司法体系，我国道德生活范式也因此而增添了全新发展动力的新杠杆，中华道德不断产生出许多与现代法律精神相配伍的新的道德范畴，从而开始了从习惯道德向法制道德转型。

捍卫法律捍卫正义，日益成为崇高的社会伦理。学习掌握法律知识，日益成为人们良好的心智追求。对法律知识的热切追求，蔚为风气，显著地提高了各地司法办案水平。

近现代法律体系在中国初步建立和运行，标志着习惯道德向法制道德转型，但这并不意味着习惯法及与之相配伍的习惯道德退出了历史舞台，现实中，习惯美德仍普遍地在社会生活中，尤其是农村社会中发挥着巨大作用。我国引进西方法律制度起步较晚，在近现代百年中，是后50年的事，这影响着习惯道德转向法制道德的进度和深度。由于中国资产阶级民主革命的失败，中国的司法尚没有完全独立的条件，权大于法，官大于法，有法不依，甚至军阀独裁者为了镇压人民凭借政权随心所欲，制定违反法律精神的“恶法”现象时有发生。2 000多年的封建专制主义积习很深，常常死灰复燃。民间的习惯法，仍强势存在，始终没有被取代。最后，由于中国民众的教育程度低，知法懂法群体小，法制道德在社会中形成面不广，仍远比不上习惯道德的影响面。

此外，从小群体道德转向社会公共道德，从自然经济道德转向市场经济道德，也是中华民族近代道德生活转型的重要内容。虽然秦汉以来的大多数岁月中，中国是一个统一的中央集权国家，但是，由于长期实行君主专制，当然也由于科学技术手段不发达，社会的公共生活不发达，社会的、公共领域是极其有限的、狭小的，自然经济的指数，家庭关系、地域关系的分割，将人们间隔为一个个小群体，因此，当时作为人际关系重要的规范，社会道德都是小群体道德，无论是宣传道德，还是习惯道德，都是如此。经过官学教化的儒家伦理道德，似乎带有一定公共性，但是主要内化为士人个人修身养性的“私德”。近现代以后，这种情况开始发生变化，社会生活的公共性大为提高，社会公共领域迅速成长，空间迅速扩大，中国的社会道德生活，开始从小群体道德向社会公共道德转型。

中国传统道德在相当的历史岁月，在生产力发展水平不高的阶段，对于维系中央的集权统一、促进古代中国社会和个人利益总量发挥了积极的历史作用。但我们应该看到，随着社会商品经济的发展，传统道德中“不患寡而患不均”、“为富不仁”、“无商不奸”的道德理念，以及对社会财富的增长及带动原理的认识的缺乏，日益成为束缚社会和个人利益总量的误区，表现在家族内是产权不清的大家族"大锅饭"的伦理组合，表现在社会上是重农抑商，表现在法律构建是私权乏位，工商群体贱位，国家的战略视野是闭关自守。近代以来，随着中国被迫向世界资本主义体系开放，国内市场经济发展需求得到前所未有的刺激，民族工商资本主义从萌芽迅速向社会经济制度形态转型，国人的经济伦理观发生深刻变化——逐渐从自然经济道德向市场经济道德转型。

二、近代中国社会的道德革命

近代中国是一个变化剧烈的时代，在内忧外患的双重逼迫下，面临着"四千年来未有之变局"。西方列强的侵略使中国从一个主权独立的国家逐步沦为任人宰割的半殖民地半封建国家，将中华民族推向深重的生存危机之中。正如康有为所说，"方今当数十国之觊覦，值四千年之变局"①。严复也说："观今日之世变，盖自秦以来，未有若斯之亟也。"②中国社会的近代化历程，实际上就是由传统向现代发生转变的一个社会转型过程。在此之中，"救亡"和"启蒙"的双重变奏，构成了整个近代化的共同主题。帝国主义和中国封建主义相结合，把中国变为半殖民地半封建的过程，也就是中国人民反抗帝国主义及其走狗的过程。从鸦片战争开始，无数仁人志士苦苦探索救国救民的真理，发动了一次又一次救亡图存的运动，太平天国运动、戊戌变法运动、义和团运动，中国人民进行了不屈不挠的斗争。这些斗争和探索，每一次都在一定的历史条件下推动了中国的进步，但是由于反动势力的强大和革命主体的阶级局限一次一次地失败了。孙中山领导的辛亥革命，推翻了统治中国几千年的君主专制制度，对中国社会进步具有重大意义，但也未能改变中国半殖民地半封建的社会性质和人民的悲惨命运。"事实表明，不触动封建根基的自强运动和改良主义，旧式的农民战争，资产阶级革命派领导的民主革命，以及照搬西方资本主义的其他种种方案，都不能完成救亡图存的民族使命和反帝反封建的历史任务。"③

与民族民主革命相契合的是近代中国开展了道德革命。道德革命也可以

① 康有为：《上清帝第二书》，《戊戌变法》第 2 册，上海人民出版社 1961 年版。
② 严复：《论世变之亟》，《严复集》第 1 册，中华书局 1986 年版。
③ 江泽民：《在庆祝中国共产党成立八十周年大会上的讲话》，《江泽民文选》第 3 卷，人民出版社 2006 年版，第 265 页。

依据历史的发展变化区分为以资产阶级领导的旧民主主义的道德革命和以无产阶级领导的新民主主义的道德革命。资产阶级领导的道德革命形成的是资产阶级的伦理道德，无产阶级领导的道德革命形成的则是无产阶级和共产主义的伦理道德。在中国近代独特的社会历史条件下，一些先进的知识分子开始深入思考，他们发动了对封建道德的批判，掀起了道德革命的运动，并把道德革命视为道德上救国的重要组成部分。近代一批忧国忧民的先进思想家们在深痛民困邦危的强烈情感驱使下，在拯救民生、振兴祖国的历史情结缠绕下，强调在道德领域开展道德革命，肯定主体道德的选择自由，变传统道德的自觉原则为自愿原则，批判道德宿命论，提倡道德能动论，促使旧道德向新道德转化。

梁启超是在中国近代明确提出“道德革命”的思想家，他敏锐地捕捉历史变革的脉搏，喊出了“道德革命”的时代强音，矛头直指以“三纲五常”为核心的封建礼教和旧道德，同时也抨击了封建士大夫“让而不争”、“束身寡过”之类的弱者道德观念。他指出：“道德革命之论，吾知必为举国之所诟病。故吾特恨吾才之不逮耳，若夫与一世之流俗人挑战决斗，吾所不惧，吾所不辞。世有以热诚之心爱群、爱国、爱真理者乎？吾愿为之执鞭，以研究此问题也。”①梁启超反对全盘否定中国传统道德文化的民族虚无主义，也反对墨守故纸、故步自封的国粹主义，主张把中华民族的优良道德传统与西方近代道德文化的先进成果结合起来，构建一种全新的国民道德观念和心理品质。在他看来，中国所以不能维新之大源，在于国民之道德素质低下，因此他提出了以改造国民道德素质为主要内容的新民说。

在戊戌变法时期，维新志士谭嗣同以冲决罗网的大无畏精神对旧礼教作了最猛烈的抨击。他认为，在“三纲五伦”之中，“君臣一伦，尤为黑暗否塞，无复人理，沿及今兹，方愈剧矣”。② 他从天赋人权以及民为邦本等的认识出发，反对封建主义的忠君观念，指出：“君为独夫民贼，而犹以忠事之，是辅桀也，是助纣也。其心中乎不中乎？呜呼，三代以下之忠臣，其不为辅桀助纣者几希！”③谭嗣同批判了“忠君”、“死节”的封建道德，提出了“仁——通——平等”的伦理道德观，向

---

① 梁启超：《新民说论公德》，《梁启超文选》，上海远东出版社 2011 年版，第 51 页。
② 谭嗣同：《仁学》，《谭嗣同全集》，中华书局 1990 年版，第 337 页。
③ 同上书，第 340 页。

往自由、平等、博爱的人道主义伦理道德观。谭嗣同对宋明理学的"去人欲，存天理"说作了更尖锐的批判。他说："世俗小儒，以天理为善，以人欲为恶，不知无人欲尚安得有天理？"①公开指责提倡"去人欲"的宋明理学家是"世俗小儒"。

20世纪初，随着中国民族资本的初步发展，资产阶级革命派登上政治舞台，先后提出了"道德革命"、"家庭革命"等口号，更加深入广泛地批判了封建旧道德。他们明确举起了"排孔"的旗帜，认为封建道德乃是"伪道德"，唯有自由、平等、博爱才是"根于心理"的"真道德"。章太炎从总结近代革命的历史教训中得出了"是故庚子之变，庚子党人之不道德致之也"，"吾于是知道德衰亡，诚亡国灭种之根极也"②的结论。在章太炎看来，"且道德之为用，非特革命而已。事有易于革命者，而无道德亦不可成就"。③ 章太炎认为革命不是为一人，而是为中国的伟大事业，必须要有革命道德的武装。他强调道德革命的极端重要性，指出"无道德者不能革命"，革命要想取得成功，必须以革命的道德作为精神的基础和价值的支撑。他提出了"知耻"、"重厚"、"耿介"和"必信"的革命道德观，在辛亥革命时期影响了一批革命志士。

孙中山是中国革命的伟大先行者，他将生命与革命融为一体，鞠躬尽瘁，死而未已。1894年11月，孙中山在檀香山创建中国第一个革命组织——兴中会，提出了"驱除鞑虏，恢复中国，创立合众政府"的口号，以"振兴中华，维持国体"为目标。1905年，孙中山与黄兴携手，联合宋教仁、陈天华等各省革命骨干，于8月在东京创建中国同盟会。1906年秋冬间，《同盟会革命方略》之《军政府宣言》提出："今日为国民革命。所谓国民革命者，一国之人皆有自由、平等、博爱之精神，即皆负革命之责任，军政府特为其枢机而已。"孙中山除了致力于救亡图存的革命实践外，还从理论层面上如何开展道德革命作出了深度阐发。他把三民主义的革命原则运用于道德问题的考察，反对封建的"君臣之义"和帝国主义"弱肉强食"的强权道德，认为道德根源于人类的"互助"本性，其作用在于使人类"减少兽性，增多人性"，消除竞争，扩大互助，以促进社会的进化。他试图改造中国传统道德规范，赋予革命民主主义的内容，提出了忠孝、仁爱、信义和

① 谭嗣同：《仁学》，《谭嗣同全集》，中华书局1990年版，第301页。
② 章太炎：《革命之道德》，《章太炎全集太炎文录初编》，上海人民出版社，第288页。
③ 章太炎：《革命之道德》，《章太炎全集：太炎文录初编》，上海人民出版社2014年版，第288页。

平等的道德规范以及“天下为公”的道德理想。在他看来，革命是一项崇高而伟大的事业，必须要有革命的道德或精神来指导、来支撑。他特别强调革命党人要立远大宏伟之志，亦即立振兴中华之志，立创立共和之志，立革命之志。革命党人除了遵行一般的社会道德外，更要“修明党德”。孙中山宣扬的党德，可概括为两大方面：一指全党的党德，二指党员自身的党德。关于党员的党德，孙中山注目于品行与纪律。关于团队纪律，孙中山将党员思想自由，组织涣散视为“二次革命”失败的根由，因此从筹建中华革命党时起，他便着力整饬纪律，强化服从观念。

发动道德革命的思想家们的理论出发点是从西方传入的快乐主义人性论，亦即 18 世纪法国唯物主义者所推崇并倡言的趋乐避苦、趋利避害是人的天性的自然主义人性论。与此相关，他们渴望建立的新道德，也与爱尔维修、霍尔巴赫等人所提倡的合理利己主义相差无异。从戊戌变法到新文化运动时期，几代力主道德革命的代表人物都大力提倡利己主义，认为利己乃是人类共同的天性，人类的生活、行为、追求、选择都是以利己为轴心而展开的，故“利己主义为人类生活唯一之基础”；而且“不谋一己之利益即无由致社会之发达”①，利己又是推动社会进步的原动力。但是他们虽认为利己是人类的天性却并未鼓吹那种极端的、公开的利己主义，而是选择、采纳了将利己与利他结合起来的“合理利己主义”。他们在鼓吹利己的同时，又主张“自利利他”、“利己而不偏私”，希望实现人我、群己、公私“两利”。中国近代道德革命的基本方向是向近代西方道德文化学习并求取建设新道德的真理，对法国大革命所提出的自由、平等、博爱、天赋人权等伦理思想表现出浓厚的兴趣和价值偏好，并主张以此为基础来推进中国的道德革命，建设新道德。但是不管是早期资产阶级改良思想家，还是后来的维新思想家和革命思想家们都是把西方近代自由平等的道德文化当作一种救亡图存的工具来思考的，目的是希望建立一种适应中国近代社会的新道德。故此他们主张将西方近代道德文化中的自由、平等、博爱与中国传统道德文化中的优秀因素结合起来，在学习、借鉴西方道德文化先进成果的同时，继承中国传统道德文化的优秀遗产，重视对中国“固有道德”的继承、改造。

---

① 高一涵：《共和国家与青年之自觉》，《青年杂志》1915 年第 1、2 期。

资产阶级所倡导的道德革命，在一定意义上促进了中华民族近代道德生活的形成和整个社会道德风习的转化，自由、平等和个性解放的思想观念得到较大范围的传播。但是，由于中国资产阶级先天的缺陷和后天的软弱，他们想革命又怕革命的性格也渗透在其伦理思想和道德品质中，进而导致了他们所提出的道德革命只能是西方资产阶级伦理思想的简单移植和对中国传统伦理思想的简单批判，缺乏对中国革命深入的思考和科学的总结。他们所倡导的道德革命很难得以成功，历史注定了他们无法完成中国民族民主革命包括在中国进行道德革命的目标和任务。

20世纪初至五四运动前夕，中国传统伦理文化和西方近代伦理文化均发生了深刻的意义和价值危机。在中国，伴随着近代民主革命而开展的道德革命矛头直指传统伦理道德，儒学及儒家伦理文化被视为封建主义的东西而遭到猛烈抨击和痛斥。1905年废除科举取士，切断了儒学与功名仕途的联系，1911年辛亥革命，制度化的儒学被彻底轰翻，1915年开展的新文化运动，以“批判旧道德提倡新道德”而著称于世，整体上宣告了传统伦理文化的破产或寿终正寝。在西方，20世纪初的尼采在“上帝死了”的判断中，对西方基督教文明和资本主义文明予以清算，认为西方近代伦理文明是“病态”或“将死”之文明。1914年发生的第一次世界大战是近代资本主义种种罪恶的大爆发。1918年斯宾格勒出版了《西方的没落》一书，把歌德式的观相方法和尼采式的批判精神结合在一起，从宏大的文化比较形态学的角度，通过对西方文化的精神逻辑和时代症状的描述，预言西方文化终将走向没落。1918年，梁启超自欧洲归国，出版《欧游心影录》，他以耳闻目睹、亲身考察的事实，向国人介绍欧洲资本主义世界在第一次世界大战和俄国十月革命后凄惨衰败的景象；认为现在欧洲“全社会人心，都陷入怀疑沉闷畏惧之中，好像失了罗针的海船遇着风，遇着雾，不知前途怎生是好”。① 中国传统伦理文化和西方近代伦理文化在20世纪初发生的双重危机，给近代中国“古今中西”之争以当头棒喝，陈独秀意识到新道德必须超越中国传统道德文化和西方近代道德文化的局限，他说：“近几百年，西洋物质的科学进步很快，而道德的进步却跟他不上……我们希望道德革新，正是因为中国和西

① 梁启超：《欧游心影录》，《晨报》副刊1920年3月6日至8月17日。

洋的旧道德观念都不彻底，不但不彻底，而且有助长人类本能上不道德的黑暗方面的部分……我们主张的新道德，正是要彻底发达人类本能上光明方面，彻底消灭本能上黑暗方面，来救济社会悲惨不安的状态。”①这清楚地表明，以陈独秀为代表的近代改革者之所以发动道德革命，不只是出于对以“三纲”为核心的中国旧道德、旧礼教的憎恶，也是出于对西方资本主义社会道德状况的不满。十月革命一声炮响，给中国人民送来了马克思列宁主义。它给正在苦思焦虑地探索救亡图存道路的中国知识分子以深刻影响。诚如李大钊所说：“东洋文明既衰颓于静止之中，而西洋文明又疲命于物质之下，为救世界之危机，非有第三新文明之崛起，不足以渡此危崖。”②李大钊所向往的第三种文明即为按照马克思列宁主义理论所建构起来的苏俄文明。中国先进的知识分子以马克思主义的唯物史观和辩证法来观察中国伦理文化发展的前途和命运，使得一部分先进的知识分子加速了对马克思主义伦理思想的认同和接纳过程，并开始了在中国传播马克思主义伦理思想的历程。自从中国人学会了马列主义以后，中国人在精神上就由被动转入主动。

五四运动以后，中国共产党正式登上历史舞台，近代民主革命由旧民主主义革命进入新民主主义革命阶段。新民主主义革命不同于旧民主主义革命的地方在于领导权发生了根本性的变化，因此性质也就完全不同。如果说，旧民主主义革命是由资产阶级和小资产阶级领导的旨在建立资产阶级共和国和走资本主义道路的革命，那么新民主主义革命则是无产阶级领导的反帝反封建的民族民主革命，它的目标是建立人民共和国，前途是走社会主义道路。第一次国内革命战争之后，中国面临着两条道路、两种命运和两种道德生活方式的选择，即以共产党人为代表的无产阶级革命道路、社会主义前途、无产阶级道德生活方式和以国民党为代表的资产阶级革命、资本主义前途、资产阶级道德生活方式（主要是买办资产阶级和官僚资本主义）的历史性选择，经过国共两党长达20多年的斗争，以马克思主义理论武装的无产阶级道德取得了决定性的胜利，国民党所标榜的“道德建设”宣告破产。在20世纪三四十年代的中国，出现了

① 陈独秀：《调和论与旧道德》，《新青年》第7卷第1号，1919年12月。
② 李大钊：《东西文明根本之异点》，《言治》季刊第3册，1918年7月1日。

两种截然不同的人生追求和道德生活方式,一种是国统区的利己自私和人人自危,一种是共产党领导的革命根据地的奋发向上与团结互助。国统区的道德生活呈现出腐化堕落及尔虞我诈、巧取豪夺等特点,而共产党领导的革命根据地的道德生活则体现出甘于牺牲和以苦为乐、不计名利等特点。

三、中国革命道德的形成与发展

中华民族近代道德生活史的突出成就是形成并发展起了中国革命道德。中国革命道德是中国共产党人、人民军队、一切先进分子和人民群众在中国新民主主义革命时期所形成的革命道德传统的集中体现,是中国共产党领导中国人民进行长期革命道德实践的精神凝聚,是中华民族优良道德文化在新的历史条件下的发展和创新,是马克思主义伦理思想与中国革命的道德生活实践相结合的产物。

中国革命道德萌芽于1919年五四运动,发端于中国共产党成立以后伟大的工人运动和农民运动,历经北伐战争、井冈山时期的斗争、抗日战争、解放战争而日益完善,并在社会主义革命和建设时期发扬光大。

中国革命道德是在现代中国社会大变革中产生和发展起来的。在建党和第一次国内革命战争时期,由于当时党在革命理论、路线、道路等问题上还没有全面的成熟的认识,还没有自己的根据地,党的革命影响并不能在一个相对固定的地域内发挥主导社会道德的作用,因而,中国共产党人只是根据当时的革命实践提出了革命救国、共产主义理想与信仰、为民众的解放而奋斗、革命牺牲精神等这些初步的共产主义道德内容。他们在中国历史上第一次把爱国与反帝反封建联系起来,崇尚既同封建主义道德对立,也与资本主义道德决裂的共产主义道德,这种对共产主义道德的认同或向往成为中国革命道德萌芽的重要标志;共产党人以解放全人类为自己的目标,以实现共产主义为自己的理想。这一时期,怀着强烈的爱国情感和追求真理的毛泽东、周恩来、朱德等一大批先进分子在经过对各种救国主张的对比和选择以后,树立了对共产主义的坚定信念,从而走上了革命道路,之后,不管风吹浪打,流血断头,他们对自己的选择从不动摇。

第二次国内革命战争时期即土地革命战争时期,中国革命道德初步形成。

1927年春夏，蒋介石和汪精卫控制的国民党勾结帝国主义和封建势力发动了四一二反革命政变和七一五反革命政变，残酷屠杀共产党人和革命人民，制造了前所未有的白色恐怖，导致第一次国共合作全面破裂，使轰轰烈烈的大革命失败，中国革命暂时处于低潮。这时，年轻的中国共产党面临着严峻艰难的革命形势，更面临着如何激励广大共产党人和革命人民把中国革命继续推向前进、走什么样的革命道路这样重大的抉择。从1927年到1928年上半年，32.1万多党的优秀分子和革命群众牺牲在敌人的屠刀之下，中国革命的处境异常险恶。同时，来自党内的“左”倾错误，尤其是王明“左”倾冒险主义所导致的红军第五次反“围剿”的失败和红军的被迫长征，使异常险恶的处境雪上加霜，这对每一个党员和革命群众来说都是一种锻炼和考验。一些在革命高潮时参加党的不坚定分子，有的宣布退党，有的则叛变变节。但更多的共产党人“更坚决地继续着死难烈士的遗志，踏着死难烈士的血迹”勇往直前。在这种激烈的斗争环境中，除了坚持已形成的道德要求外，又有一些的道德规范应运而生，被明确地提出来。井冈山时期，为了使红军真正成为人民的军队，真正得到人民群众的拥护，毛泽东提出了“三大纪律、六项注意”，根据斗争的需要，后发展为“三大纪律、八项注意”；自力更生、艰苦奋斗本是中华民族的传统美德，中国共产党人继承了这一优秀传统并把它同革命的目标、人民的利益结合起来。井冈山革命斗争时期，红军战士吃红米饭、喝南瓜汤、睡门板、盖稻草，却精神振奋、斗志昂扬。当时流行一首歌谣：“红米饭，南瓜汤，秋茄子，味好香，餐餐吃得精打光；干稻草，软又黄，金丝被儿盖身上；不怕北风和大雪，暖暖和和入梦乡。”形象地描绘了红军战士以苦为荣、以苦为乐的革命乐观主义精神和英雄气概。井冈山时期，中国共产党领导的人民军队中艰苦奋斗的精神已经十分突出，长征途中，又进一步得到强化，使其成为体现中国革命道德的井冈山精神和长征精神的重要内容；全体党员要“真心实意地为群众谋利益”，这是革命胜利的“真正的铜墙铁壁”。1934年10月，中国工农红军开始离开江西瑞金进行战略大转移，至1936年10月止，红军走过了赣、闽、粤、湘等11个省，经过了五岭山脉、湘江、乌江、金沙江、大渡河以及雪山草地等万水千山，行程达两万五千里。这就是举世闻名的二万五千里长征。长征，在人类历史上前所未有，极其伟大。它创造了无与伦比的英雄业绩，谱写了惊天地、泣鬼神的伟大革命诗篇。它是中国革命史上的奇迹，世界军事史上的伟大壮举。它在世界人民的心中，早已成为一部不朽的英雄史诗。长征精神是中华民族百折不挠、自强不息的民族精神的最高表现，是保证我们革命和建设事业从弱小走向强大的精神力量。中国革命道德培育出名垂青史的井冈山精神和长征精神。而井冈山精神和长征精神则标志着中国革命道德的核心已基本明确，为人民服务的精神和集体主义原则得以确立，反对个人主义，反对自由主义和坚持集体主义的价值观成为共产党人、革命战士应有的道德操守和人格品质。

抗日战争时期，中国革命道德走向成熟，突出的标志是共产主义道德核心的确立和原则的提出，即以为人民服务为核心，以无产阶级集体主义为基本原则，表明中国革命道德作为一个完整的道德体系的成熟。抗日战争爆发后，抗日民族统一战线的建立，使革命斗争的形势和环境发生了重大变化。在新形势下，如何使革命队伍适应新的形势和任务，培养党的干部和对党员的道德教育成为党的工作和革命斗争的重要环节。如果说在这以前是严酷的斗争形势对中国革命道德的规范起着促进作用的话，那么，抗日战争时期，中国革命道德建设就带有主动性和自觉性。以毛泽东为代表的共产党人从党长期反对教条主义、本本主义的历史经验中，要求“共产党员应是实事求是的模范，又是具有远见卓识的模范。因为只有实事求是，才能完成确定的任务”。在为延安中央党校题词时，毛泽东把“实事求是”作为党的高级干部培养的目标和要求；对共产党员、党的干部、一般干部的道德要求等，这一时期都作了明确的规定。革命道德的核心、原则的明确，其他革命道德规范的丰富，标志着中国革命道德已经形成为一个代表无产阶级和广大劳动人民利益和要求的完整的道德体系。以坚定正确的政治方向，解放思想、实事求是的思想路线，全心全意为人民服务的根本宗旨，自力更生、艰苦奋斗的创业精神为主要内容的延安精神是中国共产党，也是中华民族的宝贵精神财富，它对中国历史发展进程产生着巨大和深远的影响。延安时期，由于共产党人和八路军战士大公无私，勇于为民请命，保家卫国，使延安迅速成为一代青年向往、崇拜的革命圣地。艾青曾写诗描绘延安的精神风貌：“在这些山沟里有什么秘密，把它们向世界宣布吧——我们的政府不进行财政的偷窃，没有购买外汇的官吏，没有侵吞公款的职员，没有私带金条乘飞机到外国去的人，没有因大家削瘦而肥胖起来的家伙。……一切为了反对法西斯主义,为了几万万人民的自由与幸福,为了这个古老的国家的独立与解放……所有的人们团结在信仰的周围,一切的技术组织在共同的目的里,人人获得了自由、博爱与平等。"[①]在无产阶级道德的熏染和砥砺下,中国共产党内涌现出一大批杀身成仁、舍生取义的民族英雄:张思德、刘胡兰、左权……他们用自己的实际行动谱写了一曲又一曲共产主义道德的壮丽史诗。

解放战争时期,中国革命道德获得进一步发展并日趋完善。在整个解放战争中,中国共产党、军队和人民在"一切为了新中国"旗帜的激励下,始终充盈和升腾着一股蒸蒸日上的浩然正气,以压倒一切的气概,掀起推翻旧世界的狂飙。经过"三大战役"的决战,中国共产党及其领导的人民军队对在全国取得最后胜利充满必胜的信念。解放战争彰显了"战争的伟力之最深厚的根源,存在于民众之中"。进行解放战争,解放军没有后勤部,后勤部就是老百姓;没有野战医院,野战医院就是广大老百姓的炕头。打淮海战役时,常常是被围困的国民党军那边,到了晚上一片漆黑,什么灯光也没有,而包围圈外围全是火把。这是周边江苏、河南、山东和安徽数省约600万老百姓推着小车、挑着担子从四面八方连夜支前。反观国民党一方,他们彻底失去民心,完全被老百姓抛弃了。中国人民解放军的胜利和中国革命的胜利与国民党的失败实质上是人心的向背所决定的,反映了"得道多助,失道寡助"的历史发展规律。解放战争时期革命军人表现出来的高尚道德品质、先进道德情操和严肃的纪律观念,不仅令全国人民欢欣鼓舞,也极大地震撼了国统区的知识分子和部分军人,使得他们从心灵深处加快了对中国共产党和人民解放军的认同和接受过程。全国解放前夕,中共中央在河北省平山县西柏坡召开七届二中全会,毛泽东提出西柏坡精神,为许多共产党人所践行。西柏坡精神是中国共产党人在革命即将取得全国性胜利的历史转折时期所表现出来的既善于破坏旧世界,又善于建设新世界的革命精神,它既是对党的优良传统和优良作风的概括和总结,又是中华民族自尊、自信、自强精神在新民主主义革命时期的升华。西柏坡精神是中国革命道德的结晶,是井冈山精神、长征精神和延安精神的延续和发展。从某种意义上说,中国革命的伟大胜利是无产阶级道德和共产主义道德的伟大胜利,是共产主义人生

① 《艾青诗选》,人民文学出版社1955年版,第195～197页。

观、价值观和道德观的伟大胜利。

中国革命道德是中华民族道德发展的新阶段，它的产生和形成是中国伦理道德发展史上空前的革命性变革，标志着占统治地位的封建主义道德体系的终结；中国革命道德的产生和形成又是道德进步规律使然，它同古代传统道德既有联系又有本质上的区别，既有继承又有创新，是在对古代传统道德扬弃和超越的前提下形成的马克思主义伦理思想中国化的又一时代性成果。中国革命道德既有科学的思想理论内核，又有深厚的中华民族文化底蕴，内涵极为丰富。[①] 诸如，坚定的社会主义和共产主义理想信念，全心全意为人民服务的执政宗旨和人生观，坚持无产阶级的集体主义道德原则，倡导自强不息、艰苦奋斗、一不怕苦二不怕死的革命英雄主义精神，致力于民族振兴、祖国统一、富强的爱国主义传统，团结友爱、一方有难八方支援的社会风尚，等等。这些高贵品德和精神，既继承了中华优秀传统道德精神，又生动地体现了无产阶级世界观、人生观和价值观，成为凝聚和激励中华民族建设新社会的强大精神力量。中国革命道德传统是中华民族优良道德传统的继承和发展，是革命前辈留给我们的宝贵精神财富。如井冈山精神、长征精神、延安精神、红岩精神、西柏坡精神等，都是伟大中华民族精神的具体体现。中国革命道德是近代以来中国社会大变革的时代性成果，它的生成和发展是伦理道德领域的一次空前革命，标志着封建主义伦理道德体系的终结，开创了中国伦理道德发展的崭新阶段，具有不可磨灭的划时代意义。

“天若有情天亦老，人间正道是沧桑”。中国革命道德催化了中华民族道德生活史的现代转型，造就了现代中国的一个个人间奇迹，成为凝聚中华儿女团结奋进的精神魂魄，其范围之广、动员之深、力量之大、影响之远，乃世所罕见，使得一个崭新的中国巍然屹立于世界的东方。

---

① 参阅乔法容：《中国革命道德：马克思主义中国化的重要理论成果》，《伦理学研究》2013 年第 6 期。

参考文献

(一)

[1]《马克思恩格斯选集》第1卷,人民出版社1995年版。

[2]《德意志意识形态》(节选本),人民出版社2003年版。

[3]《列宁选集》第2卷,人民出版社1995年版。

[4]《列宁全集》第3卷,人民出版社1984年版。

[5]《孙中山全集》第1卷,中华书局1981年版。

[6]《孙中山全集》第4～5卷,中华书局2011年版。

[7]《孙中山全集》第9～10卷,中华书局1986年版。

[8]《毛泽东选集》第1～4卷,人民出版社1991年版。

[9]《毛泽东早期文稿》,湖南人民出版社2008年版。

[10]《毛泽东文集》第1～2卷,人民出版社1993年版。

[11]《毛泽东文集》第3卷,人民出版社1996年版。

[12]《毛泽东文集》第6卷,人民出版社1999年版。

[13]《毛泽东早期文稿》,湖南出版社1990年版。

[14]《周恩来选集》下卷,人民出版社1984年版。

[15]《刘少奇选集》上卷,人民出版社1981年版。

[16]《邓小平文选》第3卷,人民出版社1993年版。

[17]《习近平谈治国理政》,外文出版社2014年版。

[18] 中央文献研究室编:《毛泽东年谱》中卷,人民出版社、中央文献出版社1993年版。

[19] 中华人民共和国全国妇女联合会编:《毛泽东主席论妇女》,人民出版社1978年版。

[20] 中央档案馆编:《中共中央文件选集》第9册,中共中央党校出版社1985年版。

[21] 中央档案馆编:《中共中央文件选集》第11、12、13册,中共中央党校出版社1991年版。

[22] 中央档案馆编:《中共中央文件选集》第14册,中共中央党校出版社1992年版。

[23] 中共中央文献研究室:《关于建国以来党的若干历史问题的决议(注本)》,人民出版社1983年版。

(二)

[1] 中国人民政治协商会议广西壮族自治区委员会文史资料研究委员会编:《李宗仁回忆录》(下),广西人民出版社1980年版。

[2] 中华全国妇女联合会妇女运动历史研究室编:《中国妇女运动历史资料1840—1918》,中国妇女出版社1991年版。

[3] 罗检秋:《近代中国社会文化变迁录》,浙江人民出版社1998年版。

[4]《民国丛书》编辑委员会编:《民国丛书》第一编《中国妇女问题讨论集》(上)第3册,上海书店出版社1989年版。

[5] 中华全国妇女联合会妇女运动理事研究室编:《五四时期妇女问题文选》,三联书店1981年版。

[6] 季羡林编:《胡适全集》第1卷,安徽教育出版社2003年版。

[7] 蔡和森:《蔡和森的十二篇文章》,人民出版社1980年版。

[8] 张岂之、陈国庆:《近代伦理思想的变迁》,中华书局2000年版。

[9] 张怀承:《天人之变——中国传统道德的近代转型》,湖南教育出版社1998年版。

[10]《中国革命道德》丛书(编者的话),中央党校出版社1999年版。

[11] 沙健孙:《中国近现代史纲要》,人民出版社1995年版。

[12] 费正清:《剑桥中华民国史》第1卷,上海人民出版社1991年版。

[13]《中国近代史》编写组:《中国近代史》,中华书局出版社1983年版。

[14] 严中平:《中国近代经济史统计资料选辑》,科学出版社1955年版。

[15] 汪敬虞:《中国近代工业史资料》第2辑下册,中华书局1962年版。

[16] 陈真、姚洛:《中国近代工业史资料》第1辑,三联书店1957年版。

[17]《太平天国文书汇编》,中华书局1979年版。

[18]《中国近代史资料选编》上、下册,中华书局1977年版。

[19] 广东文史研究馆编:《三元里人民抗英斗争史料》(修订本),中华书局1978年版。

[20] 中国科学院历史研究所第三所编:《庚子记事》,科学出版社1959年版。

[21] 胡德坤主编:《中国近代史纲要》,武汉大学出版社2005年版。

［22］本书编写组：《中国近现代史纲要》，高等教育出版社 2013 年版。

［23］彭泽益：《中国近代手工业史资料》第 1 卷，中华书局 1962 年版。

［24］李文治：《中国近代农业史资料》第 1 辑，三联书店 1957 年版。

［25］唐凯麟、王泽应：《20 世纪中国伦理思潮》，高等教育出版社 2003 年版。

［26］魏源：《魏源集》，中华书局 1976 年版。

［27］吴廷嘉：《戊戌思潮纵横论》，中国人民大学出版社 1988 年版。

［28］陈独秀：《陈独秀著作选编》，上海人民出版社 2009 年版。

［29］陈独秀：《陈独秀文章选编》，三联书店 1984 年版。

［30］包世臣：《庚辰杂著四》，《安吴四种》卷三。

［31］包世臣：《庚辰杂著二》，《安吴四种》卷二六。

［32］林则徐：《林则徐集·奏稿》，中华书局 1965 年版。

［33］曾国藩：《曾国藩全集·日记》（二），岳麓书社 1988 年版。

［34］曾国藩：《曾国藩家书》，三秦出版社 2008 年版。

［35］曾国藩：《曾国藩全集·家书》，岳麓书社 1985 年版。

［36］曾纪泽：《曾纪泽日记》（中），岳麓书社 1998 年版。

［37］王韬：《弢园文录外编》，中华书局 1959 年版。

［38］康有为：《康有为全集》第 3 集，上海古籍出版社 1992 年版。

［39］汤志钧编：《康有为政论集》上册，中华书局 1981 年版。

［40］上海市文物保管委员会编：《列国游记——康有为遗稿》，上海人民出版社 1995 年版。

［41］梁启超：《饮冰室合集》，中华书局 1989 年版。

［42］谭嗣同：《谭嗣同全集》，中华书局 1981 年版。

［43］李大钊：《李大钊选集》，人民出版社 1978 年版。

［44］李大钊：《李大钊全集》第 3 卷，河北教育出版社 1999 年版。

［45］任建树、张统模、吴信忠编：《陈独秀著作选》第 1 卷，上海人民出版社 1993 年版。

［46］向警予：《向警予文集》，湖南人民出版社 1985 年版。

［47］《李鼎铭：文集·纪念·传略》，中共中央党校出版社 1991 年版。

［48］梁漱溟：《梁漱溟全集》第 1 卷，山东人民出版社 1989 年版。

［49］梁漱溟：《梁漱溟全集》第 2 卷，山东人民出版社 1990 年版。

［50］梁漱溟：《梁漱溟全集》第 5 卷，山东人民出版社 1992 年版。

［51］中国史学会主编：《太平天国》第 1、3、4、6 册，神州国光社 1951 年版。

［23］中国史学会主编：《鸦片战争》第 1～6 册，神州国光社 1954 年版。

[53] 中国史学会主编:《洋务运动》第5册,上海人民出版社、上海书店出版社2000年版。

[54] 中国史学会主编:《戊戌变法》第1、2册,上海人民出版社、上海书店出版社2000年版。

[55] 吴虞:《家族制度为专制主义根据论》,《民国丛书》第二编96《吴虞文录》卷上,上海书店1990年版。

[56] 胡适:《关于"我的儿子"的通信》,《父父子子》,人民文学出版社1990年版。

[57] 刘海鸥:《中国传统家庭伦理的道德嬗变》,中国社会科学出版社2005年版。

[58] 中国社会科学院近代史研究室编:《五四运动回忆录(续)》,中国社会科学出版社1979年版。

[59] 文庆等编:《同治朝筹办夷务始末》,故宫博物院1930年版。

[60] 厦门大学法律系、福建省档案馆选编:《中华苏维埃共和国法律文件选编》,江西人民出版社1984年版。

[61] 陕西省档案馆、陕西省社会科学院编:《陕甘宁边区政府文件选编》第1辑,档案出版社1986年版。

[62] 人民出版社:《一二九运动资料》第一辑,人民出版社1981年版。

[63] 中国人民政治协商会议广西壮族自治区委员会文史资料研究委员会编:《李宗仁回忆录》(下),广西人民出版社1980年版。

[64] 党德信、杨玉文主编:《抗日战争国民党阵亡将领录》,解放军出版社1987年版。

[65] 中国社会科学院近代史研究室编:《五四运动回忆录(续)》,中国社会科学出版社1979年版。

[66] 王铁崖编:《中外旧约章汇编》第1册,三联书店1957年版。

[67] 王明伦选编:《反洋教书文揭贴选》,齐鲁书社1984年版。

[68] 彭明主编:《中国现代史资料选辑》第五册(下),中国人民大学出版社1989年版。

[69] 杨国祯:《林则徐传》,人民出版社1995年版。

[70] 胡绳:《从鸦片战争到五四运动》下册,人民出版社1997年版。

[71] 严复:《严复集》,中华书局1986年版。

[72] 汤志钧、陈祖息:《中国近代教育史资料汇编》,上海教育出版社1993年版。

[73] 梁启超:《五十年中国进化概论》,中华书局1989年版。

[74] 李国祁等著:《近代中国思想人物论——民族主义》,台湾时报出版公司1982年版。

[75] 欧阳哲生:《胡适文集》第3～5卷,北京大学出版社1998年版。

[76] 陈寅恪:《挽王静安先生》,《王国维学术经典集》,江西人民出版社 1997 年版。

[77] 唐君毅:《文化意识宇宙的探索》,中国广播电视出版社 1992 年版。

[78] 严中平:《中国近代经济史统计资料选辑》,中国社会科学出版社 2012 年版。

[79] 徐中约:《中国近代史》,世界图书出版公司 2002 年版。

[80] 余绳武、刘存宽:《19 世纪的香港》,中国社会科学出版社 2007 年版。

[81] 芮玛丽:《同治中兴》,中国社会科学出版社 2002 年版。

[82] 冯天瑜:《中华开放史》,湖北人民出版社 1996 年版。

[83] 刘志超、关捷:《争夺与国难——甲辰日俄战争》,辽海出版社 1999 年版。

[84] 中共党史研究会:《中国抗日战争与世界反法西斯战争》,中共党史资料出版社 1988 年版。

[85] 邹谠:《美国在中国的失败》,芝加哥大学出版社 1963 年版。

[86] 秦孝仪:《对日抗战时期战时外交》第 3 编,中央文物供应社 1981 年版。

[87] 荣孟源:《辛亥革命》第 4 册,上海人民出版社 1981 年版。

[88] 郑德荣:《郑德荣文存》第 3 卷,辽宁人民出版社 2006 年版。

[89] 任东来:《争吵不休的伙伴——美援与中美抗日同盟》,广西师范大学出版社 1995 年版。

[90] 贺长龄主编:《清经世文编》中册,中华书局 1992 年版。

[91] 康有为:《康有为全集》第 3 集,上海古籍出版社 1992 年版。

[92] 王小锡:《道德资本与经济伦理》,人民出版社 2009 年版。

[93] 王维礼主编:《中国现代史》,辽宁人民出版社 1984 年版。

[94] 武吉庆主编:《中国近代史》,高等教育出版社 1999 年版。

[95] 张鸿翼:《儒家经济伦理》,湖南教育出版社 1987 年版。

[96] 赵靖主编:《中国经济管理思想史教程》,北京大学出版社 1993 年版。

[97] 中国企协古代管理思想研究会编:《中国传统管理思想的新探索》,企业管理出版社 1988 年版。

[98] 张静如:《中国现代社会史》,湖南人民出版社 2004 年版。

[99] 郑观应:《盛世危言》,图书集成局 1896 年版。

[100] 杨荫溥:《民国财政史》,中国财政经济出版社 1985 年版。

[101] 顾龙生:《毛泽东经济年谱》,中共中央党校出版社 1993 年版。

[102] 许毅主编:《中国革命根据地财政经济史长编》,人民出版社 1982 年版。

[103] 卫兴华等主编:《中国共产党经济思想史论》,江苏人民出版社 1994 年版。

[104] 张锡勤等编著:《中国近现代伦理思想史》,黑龙江人民出版社 1984 年版。

[105] 杨国祯：《林则徐传》，人民出版社 1995 年版。

[106] 党德信、杨玉文主编：《抗日战争国民党阵亡将领录》，解放军出版社 1987 年版。

[107] 汤志钧编：《康有为政论集》上册，中华书局 1981 年版。

[108] 李文海主编：《民国时期社会调查丛编 · 婚姻家庭卷》，福建教育出版社 2005 年版。

[109] 李长莉：《晚清上海社会的变迁——生活与伦理的近代》，天津人民出版社 2002 年版。

[110] 潘光旦、麦惠庭：《中国之家庭问题研究》，上海书店出版社 1990 年版。

[111] 魏象枢：《寒松堂集》，山西人民出版社 1992 年版。

[112] 石方：《中国性文化史》，黑龙江人民出版社 2003 年版。

[113] 杨剑利：《女性与近代中国社会》，中国社会出版社 2007 年版。

[114] 师复：《废婚主义》，《师复文存》，革新书局 1927 年版。

[115] 麦惠庭：《中国家庭改造问题》，商务印书馆 1935 年版。

[116] 顾秀莲主编：《20 世纪中国妇女运动史》，中国妇女出版社 2008 年版。

[117] 石方：《中国性文化史》，黑龙江人民出版社 2003 年版。

[118]《鲁迅全集》第 1 卷，人民文学出版社 1981 年版。

[119]《鲁迅全集》第 3 卷，人民文学出版社 1959 年版。

[120] 刘达临：《20 世纪中国性文化》，上海三联书店 2000 年版。

[121] 林语堂：《生活的艺术》，陕西师范大学出版社 2003 年版。

[122]《周作人民俗学论集》，上海文艺出版社 1999 年版。

[123]《苏青文集》上册，上海书店出版社 1994 年版。

[124] 张竞生：《美的社会组织法》，北新书局 1926 年版。

[125]《潘光旦文集》第 9、12 卷，北京大学出版社 2000 年版。

[126] 尚静宏、王振军、王凤玲、陈永明：《中国女性文学教程》，现代教育出版社 2010 年版。

[127] 钟叔河：《周作人文类编》，湖南文艺出版社 1998 年版。

[128] 段友文：《黄河中下游家族村落民俗与社会现代化》，中华书局 2007 年版。

[129] 钱理群：《话说周氏兄弟》，山东画报出版社 1999 年版。

[130]《罗学瓒给毛泽东的信》，《新民学会资料》，人民出版社 1980 年版。

[131]《独秀文存》，安徽人民出版社 1987 年版。

[132] 张国刚主编：《中国家庭史》第五卷，广东人民出版社、人民出版社 2013 年版。

[133] 戴绪恭：《向警予传》，人民出版社 1981 年版。

[134] 张研、毛立平:《19 世纪中期中国家庭的社会经济透视》,中国人民大学出版社 2003 年版。

[135] 张枬、王忍之编:《辛亥革命前十年间时论选集》第 1 卷上册,三联书店 1960 年版。

[136] 张枬、王忍之编:《辛亥革命前十年间时论选集》第 1 卷下册,三联书店 1977 年版。

[137] 王忍之编:《辛亥革命前十年间时论选集》第 2 卷下册,三联书店 1960 年版。

[138] 中共中央书记处:《六大以前——党的历史材料》上册,人民出版社 1981 年版。

[139] 中共中央书记处:《六大以来——党内秘密文件》上册,人民出版社 1981 年版。

[140] 王章维等:《"五四"与中国现代化》,北京师范大学出版社 1999 年版。

[141] 山曼:《山东民俗》,山东友谊出版社 1988 年版。

[142] 刑义田、林丽月主编:《社会变迁》,中国大百科全书出版社 2005 年版。

[143] 李倩:《民国时期契约制度研究》,北京大学出版社 2005 年版。

[144] 邓伟志:《近代中国家庭的变革》,上海人民出版社 1994 年版。

[145] 江文君:《近代上海职员生活史》,上海辞书出版社 2011 年版。

[146] 程维荣:《中国近代宗族制度》,学林出版社 2008 年版。

[147] 朱寿朋编:《光绪朝东华录》,中华书局 1984 年版。

[148] 杨蕾:《清末民初上海女性生活的嬗变与传统》,上海师范大学硕士学位论文,2012 年。

[149] 朱慧:《近代上海医业道德与医患纠纷研究》,安徽医科大学硕士学位论文,2011 年。

[150] 宋国宾:《医业伦理学》,上海国光印书局铅印本 1933 年版。

[151] 陆学艺主编:《中国社会思想史资料选辑》民国卷(下),广西人民出版社 2007 年版。

[152] 郁慕侠:《上海鳞爪》,上海书店出版社 1998 年版。

[153] 顾炳权编著:《上海历代竹枝词》,上海书店出版社 2001 年版。

[154] 傅斯年:《傅斯年全集》第 5 册,联经出版社公司 1980 年版。

[155] 曹从坡、杨桐主编:《张謇全集》第 4 卷,江苏古籍出版社 1994 年版。

[156] 黄晓艳编:《往昔玲珑》,北京图书馆出版社 2004 年版。

[157] 邵雍:《中国近代社会史》,合肥工业大学出版社 2008 年版。

[158] 王开林:《敢为天下先》,经济日报出版社 2007 年版。

[159] 谭嗣同:《仁学》,华夏出版社 2002 年版。

[160] 裴传永:《中国传统忠德观的历时性考察》,山东大学博士学位论文,2006 年。

[161]《黄兴集》,中华书局 1981 年版。

[162] 谷钟秀:《中华民国开国史》,上海泰东书局 1914 年版。

[163] 孙培青:《中国教育史》(修订版),华东师范大学出版社 2000 年版。

[164] 李国钧、王炳照主编:《中国教育制度通史》第 6 卷,山东教育出版社 2000 年版。

[165] 李涛:《浙江近代乡村教育史》,杭州出版社 2009 年版。

[166] 李沐紫、杨倩、刘兆祥:《大学史记:近代中国的那些大学》,济南出版社 2010 年版。

[167] 唐振常:《蔡元培传》,上海人民出版社 1985 年版。

[168]《蔡元培全集》第 2 卷,浙江教育出版社 1997 年版。

[169] 范文平:《文化趣味与身份认同——民国初年教授群的文化生活》,华东师范大学硕士论文,2010 年。

[170] 余英时:《中国知识分子论》,河南人民出版社 1997 年版。

[171] 费孝通:《江村经济》,江苏人民出版社 1986 年版。

[172] 魏宏运主编:《二十世纪三四十年代冀东农村社会调查与研究》,天津人民出版社 1996 年版。

[173]《文史精华》编辑部编:《近代中国大案纪实》上卷,河北人民出版社 1997 年版。

[174] 朱有:《中国近代学制史料》第 2 辑下册,华东师范大学出版社 1989 年版。

[175] 北京大学法学百科全书编委会编:《北京大学法学百科全书·中国法律思想史》,北京大学出版社 2000 年版。

[176] 徐家力:《中华民国律师制度史》,中国政法大学出版社 2008 年版。

[177] 栗劲、李放主编:《中华实用法学大辞典》,吉林大学出版社 1988 年版。

[178] 梁启超:《梁启超全集》,北京大学出版社 1999 年版。

[179] 王韬:《上丁中丞书》,《弢园尺牍》,中华书局 1959 年版。

[180] 方汉奇:《中国新闻事业通史》第 1 卷,中国人民大学出版社 1992 年版。

[181] 杨建辉:《〈湘报〉研究》,湖南师范大学硕士学位论文,2007 年。

[182] 汪家熔:《张元济主持的古籍影印工作》,《出版史料》第 5 辑,学林出版社 1986 年版。

[183] 陈建云:《中外新闻学名著导读》,浙江大学出版社 2005 年版。

[184] 曹聚仁:《文坛五十年版》,东方出版中心 2005 年版。

[185] 王韬:《论日报渐行于中土》,《弢园文录外编》,辽宁人民出版社 1994 年版。

[186] 李明山:《中国近代编辑家评传》,河南大学出版社 1993 年版。

［187］胡朴安：《中华全国风俗志》（上、下），河北人民出版社 1986 年版。

［188］康有为：《请禁妇女裹足折》，杨家洛：《戊戌变法文献汇编第 2 册》，鼎文书局 1973 年版。

［189］王俊良：《中国历代国家管理辞典》，吉林人民出版社 2002 年版。

［190］康有为：《大同论二种》，三联书店 1998 年版。

［191］刘师培：《刘申叔先生遗书》（十六）《中国民约精义》，宁武南氏校印 1934 年版。

［192］郭凤岐、陆行素主编：《益世报》，《天津资料点校汇编》（一），天津社会科学院出版社 1999 年版。

［193］来新夏、郭凤岐主编：《天津大辞典》，天津社会科学院出版社 2001 年版。

［194］尤英夫：《中国律师制度概论》，台北出版社 1972 年版。

［195］黄遵宪：《日本国志》，天津人民出版社 2005 年版。

［196］梁启超：《清代学术概论》，上海古籍出版社 1998 年版。

［197］姚福申：《中国编辑史》，复旦大学出版社 1990 年版。

［198］万建中、周耀明著：《汉族风俗史》第 5 卷，《清代后期·民国汉族风俗》，学林出版社 2004 年版。

［199］郑大华等：《中国文化发展史》民国卷，山东教育出版社 2013 年版。

［200］容闳：《西学东渐记》，湖南人民出版社 1981 年版。

［201］谭嗣同：《仁学》，华夏出版社 2002 年版。

［202］戴季陶：《女子解放从哪里入手》，《中国妇女问题讨论集》第 1 册，上海书店 1937 年版。

［203］郑观应：《女教》，《郑观应集》上册，上海人民出版社 1987 年版。

［204］裴娣娜、刘翔平主编：《中国女性百科全书·文化教育卷》，东北大学出版社 1995 年版。

［205］郑永福、吕美颐：《近代中国妇女生活》，河南人民出版社 1993 年版。

［206］何立婴主编：《中国女性百科全书·婚姻家庭卷》，东北大学出版社 1995 年版。

［207］时彬：《民国万象》，团结出版社 2005 年版。

［208］梁漱溟：《中国文化要义》，学林出版社 1987 年版。

［209］宋美龄：《我的宗教观》，《蒋夫人言论集》上集，国民出版社 1939 年版。

［210］林崇德主编：《中国中学教学百科全书·教育卷》，沈阳出版社 1990 年版。

［211］丁世良、赵放：《中国地方志民俗资料汇编·华北卷》，北京图书馆出版社 1989 年版。

［212］李又宁、张玉法：《近代中国女权运动史料》，龙文出版有限公司 1995 年版。

［213］朱汉国主编：《中国社会通史》民国卷，山西教育出版社 1996 年版。

［214］陈明远：《百年生活巨变 1840—1949》，文汇出版社 2010 年版。

［215］朱浒：《地方性流动及其超越：晚清义赈与近代中国的新陈代谢》，中国人民大学出版社 2006 年版。

［216］虞和平编：《经元善集》，华中师范大学出版社 2011 年版。

［217］朱寿朋：《光绪朝东华录》(一)，中华书局 1958 年版。

［218］赵尔巽等撰：《清史稿・列传二百三十八・李金镛》，中华书局 1977 年版。

［219］赵尔巽等撰：《清史稿・列传二百三十八・谢家福》，中华书局 1977 年版。

［220］郭绪印：《老上海的同乡团体》，文汇出版社 2003 年版。

［221］冯金牛：《近代上海的民间慈善组织在赈灾救济活动中的地位和影响》，《都市文化与都市生活——上海、纽约都市文化国际学术研讨会论文集》，2008 年。

［222］王卫平：《中国慈善史纲》，中国劳动社会保障出版社 2011 年版。

［223］王俊秋：《中国慈善与救济》，中国社会科学出版社 2008 年版。

［224］蔡勤禹：《国家、社会与弱势群体：民国时期的社会救济(1927—1949)》，天津人民出版社 2003 年版。

［225］江泽民：《在庆祝中国共产党成立八十周年大会上的讲话》，《江泽民文选》第 3 卷，人民出版社 2006 年版。

［226］梁启超：《新民说论公德》，《梁启超文选》，上海远东出版社 2011 年版。

［227］章太炎：《革命之道德》，《章太炎全集太炎文录初编》，上海人民出版社 2014 年版。

［228］《艾青诗选》，人民文学出版社 1955 年版。

［229］方志敏：《死》，《方志敏文集》，人民出版社 1985 年版。

［230］《郑孝胥日记》，中华书局 1993 年版。

［231］李剑农：《近百年政治史》，复旦大学出版社 2007 年版。

［232］溥仪：《我的前半生》，群众出版社 1996 年版。

［233］李鸣：《中国近代民族自治法制研究》，中央民族大学出版社 2008 年版。

［234］费孝通：《中华民族的多元一体格局》，载《费孝通民族研究文集新编》(下)，中央民族大学出版社 2006 年版。

［235］徐杰舜：《从多元走向一体：中华民族论》，广西师范大学出版社 2008 年版。

(三)

［1］本杰明・史华兹：《寻求富强：严富与西方》，江苏人民出版社 1989 年版。

[2] H. B. Morse：The Chronicles of the East India Company Trading to China，1635—1834(《东印度公司对华贸易编年史》)，(Oxford，1926)，Vol. Ⅱ，Appendix：G.

[3] 赫尔：《赫尔回忆录》第2卷，上海申报馆1948年版。

[4] 谷寿夫：《机密日露战史》，东京原书房1978年版。

[5] 维戈斯基：《外交史》第3卷下册，三联书店1979年版。

[6] 戈尼昂斯基：《外交史》第4卷上、下册，三联书店1980年版。

[7] 托恩比：《轴心国初期的胜利》下册，上海译文出版社1983年版。

[8] 信夫清三郎：《日本外交史》下册，商务印书馆1980年版。

[9] 迪特·海茵茨希：《中苏走向结盟的艰难历程》，新华出版社2001年版。

[10] 弗拉吉米尔·杰吉耶尔：《铁托传》下，三联书店1963年版。

[11] 哈里·杜鲁门：《杜鲁门回忆录》第1卷，三联书店1974年版。

[12] 日本外务省：《日本外交文书》，大正六年版第3册，日本国际联合协会1936年版。

[13]《国际条约集》，商务印书馆1976年版。

[14] 罗斯福：《罗斯福选集》，商务印书馆1982年版。

[15] 鲍里索夫：《苏中关系(1945—1980)》，三联书店1982年版。

[16] 罗素：《社会改造原理》，张师竹译，上海人民出版社1986年版。

(四)

[1] 吕正惠：《中华文明史上的黄金时代》，《读书》2015年第4期。

[2] 贾猛：《旧民主主义革命时期的“六大运动”》，《文教资料》2007年3月号中旬刊。

[3] 孙瑞新、刘治泰：《〈辛丑条约〉与中国半殖民地半封建财政》，《现代财经》1992年第1期。

[4] 梁义群：《试论中国半殖民地半封建财政的形成》，《宝鸡师院学报(哲学社会科学版)》1992年第3期。

[5] 韩廉：《对中国“半殖民地半封建”社会性质的再认识》，《湖南师范大学学报》1998年第2期。

[6] 方小年：《中国半封建社会形成问题刍议》，《湖南师范大学社会科学学报》1995年第5期。

[7] 李迎超、梅倩：《一战后民族工业短暂兴盛原因的再分析》，《成功》2008年第7期。

[8] 曾健敏：《近代中国救亡图存与思想启蒙的二律背反难题的选择及其现代意义》，《内蒙古农业大学学报》2003年第2期。

[9] 宋富安：《启蒙：中国近代爱国主义的历史主题》，《江汉论坛》1996年第2期。

[10] 程佐林、徐绍清:《论五四对传统文化的批判与继承》,《社会科学战线》1993年第3期。

[11] 贺麟:《儒家思想的新开展》,《思想与时代》1941年第1期。

[12] 杜亚泉:《迷乱之社会人心》,《东方杂志》5卷4号。

[13] 杜亚泉:《静的文明与动的文明》,《东方杂志》1916年第10期。

[14] 汪永平:《20世纪初东西文化论战中"西化派"的历史困境》,《西北工业大学学报》2004年第1期。

[15] 胡适:《充分世界化与全盘西化》,《大公报》1935年6月30日。

[16] 谭双泉:《五四时期的东西文化论战》,《湖南师范大学社会科学学报》1999年第6期。

[17] 陈独秀:《调和论与旧道德》,《新青年》第7卷第1号,1919年12月。

[18] 李大钊:《由经济上解释中国近代思想变动的原因》,《新青年》第7卷第2号,1920年1月。

[19] 嵇文甫:《漫谈学术中国化问题》,《理论与现实》1940年第4期。

[20] 蒋大椿:《关于鸦片战争的评价问题》,《安徽师范大学学报》(人文社会科学版)1999年第3期。

[21] 戴鞍钢:《国际背景下的鸦片战争》,《军事历史研究》2010年第2期。

[22] 刘丽君:《日俄战争对中国、日本的影响》,《闽江学院学报》2004年第3期。

[23] 李淑娟、杨晓梅:《略论顾维钧在巴黎和会拒签对德合约中的作用》,《北方论丛》1998年第2期。

[24] 会田勉:《川岛浪速与"满蒙独立"运动》,《近代史资料》1982年第2期。

[25] 马庚存:《民国初年新旧势力较量中的地妇女运动》,《青岛大学学报》1991年第3期。

[26] 秦燕:《抗日战争时期陕甘宁边区的婚姻家庭变革》,《抗日战争研究》2004年第3期。

[27] 魏文享:《近代职业会计师之诚信观》,《华中师范大学学报》2002年第5期。

[28] 江绍原:《中国人对西洋医药及医药学的反应》,《贡献》1928年第2卷第4期。

[29] 黄富峰:《傅斯年伦理思想研究》,《湖南师范大学社会科学学报》2000年第5期。

[30] 杨公怀:《上海职业界的女职员》,《上海生活》1939年第4期。

[31] 谭吟端:《记祖父谭嗣同二三事》,《百科知识》1980年第2期。

[32] 赵晓华:《清末法制改革中的人才准备》,《华南师范大学学报》2004年第2期。

[33] 李严成:《民国时期律师职业道德的规范与监管》,《伦理学研究》2014年第2期。

［34］秋瑾：《致湖南第一女学堂书》，《女子世界》1905 年第 1 期。

［35］陈以益：《女尊女卑与贤妻良母》，《女报》1909 年第 2 期。

［36］关志钢、赵哲：《试论新生活运动之缘起》，《深圳大学学报》1994 年第 2 期。

［37］吕芳上：《另一种伪组织：抗战时期婚姻与家庭问题初探》，《近代中国妇女史研究》1995 年第 3 期。

［38］毕苑：《晋中商人的角色特征与阶层流动分析》，《清史研究》2002 年第 2 期。

［39］朱英：《经元善与晚清慈善公益事业的发展》，华中师范大学学报 2001 年第 1 期。

［40］兰天祥：《近代商人的慈善公益活动》，《宁夏社会科学》2006 年第 6 期。

［41］乔法容：《中国革命道德：马克思主义中国化的重要理论成果》，《伦理学研究》2013 年第 6 期。

［42］喻大华：《清室优待条件新论：兼析溥仪潜往东北的原因》，《民族研究》2009 年第 3 期。

［43］黄兴涛：《现代"中华民族"观念形成的历史考察：兼论辛亥革命与中华民族认同之关系》，《浙江社会科学》2002 年第 1 期。

［44］鲁迅：《我之节烈观》，《新青年》第 5 卷第 2 号。

［45］胡适：《贞操问题》，《新青年》第 5 卷第 1 号。

［46］瑟庐：《产儿限制与中国》，《妇女杂志》第 8 卷第 6 号。

［47］瑟庐：《家庭革新论》，《妇女杂志》第 9 卷第 9 号，1923 年 9 月。

［48］章璞：《性欲教育谈》，《平民教育》第 70 期，1923 年 11 月 30 日。

［49］周作人：《读报的经验》，《晨报五周年纪念增刊》1923 年 12 月 1 日。

［50］傅斯年：《万恶之源》，《新潮》第 1 卷第 1 号。

［51］吴贯因：《改良家庭制度论》，《大中华杂志》第 1 卷第 4 期。

［52］高思廷：《理想家庭》，《妇女杂志》第 9 卷第 8 号，1923 年 9 月。

［53］刘郎全：《我国女子取得财产继承权的经过》，《妇女杂志》第 17 卷，1931 年 3 月。

［54］沈登杰、陈文杰：《中国离婚问题之研究》，《东方杂志》第 32 卷，1935 年 7 月第 13 期。

［55］黄影杲：《从女子理发说到女子擦鞋》，《上海生活》1939 年第 7 期。

［56］《中国大事记》，《东方杂志》1912 年第 4 期。

［57］高一涵：《共和国家与青年之自觉》，《青年杂志》1915 年第 1、2 期。

［58］梁启超：《欧游心影录》，《晨报》副刊 1920 年 3 月 6 日至 8 月 17 日。

［59］陈独秀：《调和论与旧道德》，《新青年》第 7 卷第 1 号，1919 年 12 月。

［60］李大钊：《东西文明根本之异点》，《言治》季刊第 3 册，1918 年 7 月 1 日。

[61]（署“来稿”）《异哉满学生异哉汉学生》，《苏报》1903 年 3 月 14 日。
[62] 竞盦：《政体进化论》，《江苏》1903 年 6 月第 3 期。
[63]《民族主义论》，《浙江潮》第 2 期。
[64] 郑贯一：《义和团有功于中国说》，《开智录》1901 年 3 月第 6 期。
[65]《箴国民》，《苏报》1903 年 5 月 8 日。
[66]《恢复达赖喇嘛号令》，《东方杂志》第 9 卷第 6 号，1912 年 12 月 1 日。

（五）

[1] 胡绳：《关于中国近代史研究的若干问题》，《光明日报》1981 年 4 月 20 日。
[2]《论瓜分变相》，《外交报》第 100 期，1904 年 12 月。
[3]《本埠新闻・定重婚罪》，《申报》1913 年 2 月 25 日。
[4] 柳隅：《留日女学会杂志题辞》，《留日女学会杂志》第 1 期，1911 年 4 月。
[5]《女学生按户宣讲　阐以内则君主之》，湖南《大公报》1919 年 6 月 12 日。
[6]《本馆与罗素博士来往之函件》，《申报》1920 年 10 月 16 日。
[7]《退缴昏(婚)帖》，《大公报》1906 年 2 月 15 日。
[8] 香苏：《李欣淑女子出走后所发生的影响》，长沙《大公报》1920 年 2 月 28 日。
[9]《中外近事・婚嫁自由》，《大公报》1903 年 9 月 6 日。
[10]《又一婚姻奇案：新妇自往男家》，长沙《大公报》1919 年 11 月 18 日。
[11]《论妇女作工宜设善章》，《申报》1888 年 4 月 1 日。
[12] 章云保：《银行保证制度之研究》，《银行周报》1937 年第 2 期。
[13] 章太炎：《敬告同职业者》，《大共和日报》1912 年 1 月 7 日。
[14] 张季鸾：《本社同人之志趣》，天津《大公报》1926 年 9 月 1 日。
[15]《湖南光复纪念会志盛》，《申报》1912 年 10 月 22 日。
[16] 高凤谦：《论拜跪之礼不可行于今》，《时务报》1897 年第 8 期。

索　　引

人名索引

E

F

G

H

J

K

L

M

P

Q

R

S

T

W

X

Y

Z

文献索引

A

B

C

D

F

G

H

J

K

L

M

N

O

P

Q

R

S

T

W

X

Y

Z

后　记

在中华民族几千年文明发展史上，近代的百年是一个非常特殊的历史断面。相对于以往稳态演进的社会发展节奏而言，中国近代史可谓矛盾丛生，跌宕起伏。中华民族的生存发展从未遭遇到过如此大的挑战，她所受到的欺侮和付出的牺牲也都是空前的。而在这种独特的历史境遇中，中华民族的伟大民族精神也得到了空前的激发，民族的凝聚力和向心力得到进一步的加强，终于打碎了捆绑在身上的道道枷锁，赢得了国家、民族和人民的新生。正是因为如此，近代百年在史册上留下的文字记忆特别丰富，学术界的研究成果也积累得特别丰厚，这为我们研究中华民族近代道德生活史奠定了坚实的基础，但同时也对我们的理论素养和研究能力提出了挑战：如何在浩如烟海的文献中正确地鉴别、分析和选择？如何把前贤方家的研究成果充分吸收？而能否做好这些工作直接关系到中华民族近代道德生活史的研究能否达到我们预期的目的，即充分展现中华民族近代道德生活的特质和全貌，以服务于中华传统美德的创造性转化和创新性发展。

在这部书稿即将付梓之际，我们也只能说，我们认真做了上述工作，但是由于在写作过程中，许多因素的制约导致这部著作的写作经历了很多反复，因而书稿在很多方面不尽如人意。我们只能在今后认真学习的基础上，加强研究，用更好的研究成果补充和修正我们在此书中所留下的粗疏与浅陋。

本书是集体合作的一个产物，具体分工如下：

绪论和第一章由李培超教授撰写，第二章和结语由王泽应教授撰写，第三章由彭定光教授撰写，第四章由李桂梅教授撰写，第五章由李彬副编审撰写，第六章由鲁芳教授撰写，第七章由高恒天教授撰写。受课题组委托，李培超和李彬做了统稿和参考书目、索引录入等工作。

另外，于建东博士、匡列辉博士、黄斌博士和硕士研究生陈俐也为本书的完成作出了贡献，在此表示诚挚的感谢。

李培超　李彬

2015 年 9 月 31 日

图书在版编目(CIP)数据

中华民族道德生活史.近代卷/唐凯麟主编;李培超,李彬著.—上海:东方出版中心,2015.11
ISBN 978-7-5473-0882-0

Ⅰ.①中… Ⅱ.①唐… ②李… ③李… Ⅲ.①伦理思想—思想史—研究—中国—近代 Ⅳ.①B82-092

中国版本图书馆CIP数据核字(2015)第262930号

丛书策划: 梁 惠
责任编辑: 梁 惠
技术编辑: 徐儒静
装帧设计: 一步设计

中华民族道德生活史·近代卷

出版发行: 东方出版中心
地　　址: 上海市仙霞路345号
电　　话: 62417400
邮政编码: 200336
经　　销: 全国新华书店
印　　刷: 浙江新华数码印务有限公司
开　　本: 710×1020毫米 1/16
字　　数: 464千字
印　　张: 30.5 插页2
版　　次: 2015年11月第1版第1次印刷
ISBN 978-7-5473-0882-0
定　　价: 77.00元(精装)